国外电子与通信教材系列

CMOS数字集成电路
——分析与设计
（第四版）

CMOS Digital Integrated Circuits
Analysis and Design
Fourth Edition

［美］　Sung-Mo Kang

［瑞士］　Yusuf Leblebici　著

［韩］　Chulwoo Kim

王志功　窦建华　等译

电子工业出版社
Publishing House of Electronics Industry
北京·BEIJING

内 容 简 介

全书详细讲述了 CMOS 数字集成电路的相关内容，为反映纳米级别 CMOS 技术的广泛应用和技术的发展，全书在第三版的基础上对晶体管模型公式和器件参数进行了修正，几乎全部章节都进行了重写，提供了反映现代技术发展水平和电路设计的新资料。全书共 15 章。第 1 章至第 8 章详细讨论 MOS 晶体管的相关特性和工作原理、基本反相器电路设计、组合逻辑电路及时序逻辑电路的结构与工作原理；第 9 章至第 13 章主要介绍应用于先进 VLSI 芯片设计的动态逻辑电路、先进的半导体存储电路、低功耗 CMOS 逻辑电路、数字运算和转换电路、芯片的 I/O 设计；第 14 章和第 15 章分别讨论电路的产品化设计和可测试性设计这两个重要问题。

本书是现代数字集成电路设计的理想教材和参考书，可供与集成电路设计领域有关的各电类专业的本科生和研究生使用，也可供从事集成电路设计、数字系统设计和 VLSI 设计等领域的工程师参考。

图书在版编目（CIP）数据

CMOS 数字集成电路：分析与设计：第四版 /（美）康松默（Sung-Mo Kang），（瑞士）优素福·莱布莱比吉（Yusuf Leblebici），（韩）金哲佑著；王志功等译. —北京：电子工业出版社，2022.1
（国外电子与通信教材系列）
书名原文：CMOS Digital Integrated Circuits: Analysis and Design, Fourth Edition
ISBN 978-7-121-42722-0

I. ①C… II. ①康… ②优… ③金… ④王… III. ①CMOS 电路－电路分析－高等学校－教材 ②CMOS 电路－电路设计－高等学校－教材 IV. ①TN432

中国版本图书馆 CIP 数据核字（2022）第 014864 号

责任编辑：杨　博
印　　刷：三河市鑫金马印装有限公司
装　　订：三河市鑫金马印装有限公司
出版发行：电子工业出版社
　　　　　北京市海淀区万寿路 173 信箱　　邮编：100036
开　　本：787×1092　1/16　印张：30.5　字数：878 千字　彩插：4
版　　次：2004 年 11 月第 1 版（原著第 3 版）
　　　　　2022 年 1 月第 2 版（原著第 4 版）
印　　次：2022 年 1 月第 1 次印刷
定　　价：119.00 元

凡所购买电子工业出版社图书有缺损问题，请向购买书店调换。若书店售缺，请与本社发行部联系，联系及邮购电话：(010)88254888，88258888。

质量投诉请发邮件至 zlts@phei.com.cn，盗版侵权举报请发邮件至 dbqq@phei.com.cn。

本书咨询联系方式：yangbo2@phei.com.cn。

译 者 序

CMOS Digital Integrated Circuits: Analysis and Design，即《CMOS 数字集成电路——分析与设计》一书是曾任韩国科学技术院(KAIST)院长的 Sung-Mo(Steve)Kang 教授和瑞士联邦理工学院的 Yusuf Leblebici 教授编著的一本讨论 CMOS 逻辑电路的教材。该书于 1995 年首版，1998 年、2002 年、2013 年分别出版了第二版、第三版和第四版，在美国被多所大学选为教材。

我们受电子工业出版社的委托，对本书第三版进行了翻译，意在为我国正在蓬勃兴起的集成电路设计人才培养提供可直接使用的教材，或为采用该原版教材进行双语教学的师生提供对照阅读的中译本。经过近几年多所大学的使用，对此书反映普遍较好，为集成电路设计人才的培养发挥了一定的作用。所以，如今又对此书的第四版进行了翻译，以满足更多读者的需求。

在第四版的翻译过程中，合肥工业大学的潘敏、于红光老师都对该书做出了贡献，王翔宇、赵亦濛、陈强云、杨茜、刘国树等也参与了部分章节的翻译工作，在此对他们表示感谢。

鉴于时间紧迫，译者水平有限，译文中难免有错误之处，敬请读者批评指正。

译　者

为便于读者对照原著阅读，书中符号和正、斜体等尽量与原著保持了一致。

作者简介

Sung-Mo（Steve）Kang（康松默）于美国加州大学伯克利分校电机工程系取得博士学位，主要研究全定制 CMOS VLSI 芯片。在美国新泽西州默里山 AT&T 贝尔实验室，他研究出了世界上第一个 32 位全 CMOS 微处理器及外围芯片。他曾在美国伊利诺伊大学厄巴纳-香槟分校、美国加州大学圣克鲁兹分校、美国加州大学默塞德分校以及韩国科学技术院（位于韩国大田）教授数字集成电路课程。他还在全球一些主要的会议和大学中，就 CMOS 数字电路、可靠性，以及计算机辅助 VLSI 电路和系统的设计等问题，发表特约演讲及担任特邀讲师。

Kang 教授是 IEEE、ACM 及 AAAS 会士。曾获诸多奖项，包括 IEEE Millennium 奖、IEEE 研究生教育技术领域奖、IEEE 电路与系统协会 M. E. Van Valkenburg 奖、IEEE 电路与系统协会技术成就奖、SRC 卓越技术奖及 Chang-Lin Tien 教育领导奖。他曾在美国伊利诺伊大学厄巴纳-香槟分校任系主任，美国加州大学圣克鲁兹分校任工程系主任，美国加州大学默塞德分校担任名誉校长，现在在韩国科学技术院担任院长。

Yusuf Leblebici 于美国伊利诺伊大学厄巴纳-香槟分校电气和计算机工程系取得博士学位，是美国伊利诺伊大学厄巴纳-香槟分校的客座副教授，土耳其伊斯坦布尔科技大学电气和电子工程系的副教授，美国伍斯特理工学院电气和计算机工程系的副教授。曾担任土耳其萨班哲大学微电子项目的协调人。目前，他是瑞士联邦理工学院的全职（主）教授，并兼任微电子系统实验室主任。主要研究高性能 CMOS 数字及混合信号的集成电路设计，VLSI 系统的计算机辅助设计，智能传感器接口，半导体器件的建模与仿真，以及 VLSI 可靠性分析。他是 IEEE 会士，获北大西洋公约组织科学研究会奖，土耳其科学技术委员会年轻科学家奖，美国伍斯特理工学院 Joseph Samuel Satin 杰出人物奖。曾被选为 IEEE 电路与系统协会 2010—2011 年度杰出演讲人。

Chulwoo Kim 于韩国高丽大学电子工程系取得理科学士学位和硕士学位，于美国伊利诺伊大学厄巴纳-香槟分校电气和计算机工程系取得博士学位。1999 年，曾在美国加利福尼亚州圣克拉拉的英特尔公司设计工艺部门进行暑期实习；2001 年 5 月，加入位于得克萨斯州奥斯汀的 IBM 微电子部，研究单元处理器设计；2002 年 9 月，加入韩国高丽大学电子和计算机工程系，现任该系教授。他曾任美国加州大学洛杉矶分校和美国加州大学圣克鲁兹分校的客座教授。目前主要研究有线线路收发器、存储器、功率管理及转换器。

Kim 教授曾获三星人机工程论文比赛铜奖，ISLPED 低功率设计比赛奖，DAC 学生设计比赛奖，SRC 发明家奖，韩国科学技术部青年科学家奖，Seokto 优秀教师奖，ASP-DAC 最佳设计奖。现任 IEEE VLSI 系统交流会编委会委员及 IEEE 固体电路国际会议科技项目委员会成员。

前　　言

互补金属氧化物半导体(CMOS)数字集成电路是当今信息时代的一种领先技术。由于具有低功耗、大噪声容限以及易于设计等固有的特点，CMOS 集成电路在开发研制随机存储器(RAM)、微处理器、数字信号处理(DSP)和专用集成电路(ASIC)芯片方面得到了广泛的应用。随着在移动计算平台、可穿戴设备、智能手机和多媒体系统等芯片开发方面对于低功耗、低噪声电子系统日益增长的需求，CMOS 电路的广泛应用将持续增长。

CMOS 集成电路涉及的领域非常广泛，通常分为数字 CMOS 电路和模拟 CMOS 电路两类。本书将集中讨论 CMOS 数字集成电路。然而需要指出的是：随着纳米制作工艺、极低的工作电压和吉赫兹(GHz)级工作频率带来的挑战，经典的数字 CMOS 电路设计与模拟 CMOS 电路设计的界限已渐趋模糊。因此，作者将试图从"模拟"的角度来分析和设计数字 CMOS 电路，例如用器件和电路的模拟及连续特性来实现数字化功能。

作者在 20 世纪 90 年代初期即计划撰写本书，当时两位主要作者正在从事本科及研究生的数字集成电路基础的教学。在美国伊利诺伊大学厄巴纳-香槟分校任教期间，在高年级工程技术选修课(即 ECE382——大规模集成电路设计)的教学中作者曾尝试选用已有的教材，然而教师和同学们一致反映需要一本深入讨论 CMOS 逻辑电路的全新教材，因此作者通过整理多年的课堂讲义开始编撰本书。从 1993 年起，作者在美国伊利诺伊大学厄巴纳-香槟分校、土耳其伊斯坦布尔科技大学、美国伍斯特理工学院、瑞士联邦工学院使用了这些新版的讲义。从广大同学、同行及审阅者的好评中，我们得到了极大的肯定和鼓舞。于 1995 年底出版了《CMOS 数字集成电路——分析与设计》的第一版。

在第一版出版后不久，使用本书的众多师生提出了许多建设性的意见，作者迫切感到本书有待修订。作者对低功耗电路的设计、高速电路设计中的互连线问题、深亚微米电路设计等问题进行了修改和补充，并针对存储电路的新发展提供了众多更为精确有效的处理方法。在 CMOS 数字电路这个发展异常迅速的领域中，一本教材只有通过不断修订，及时反映当今的技术发展水平，才能保证具有高的学术水平。基于这种认识，作者不断地对本书进行了修订，先后于 1998 年、2002 年出版了第二版和第三版，以反映技术水平和电路设计实践的最新发展。

从 2002 年本书第三版发行到现今的 13 年里，CMOS 数字集成电路领域一直以越来越快的速度发展。纳米科技的出现以及集成大量功能模块的片上系统的广泛应用给 CMOS 数字集成电路的设计方式带来了巨大且亟需应对的改变。因此我们认为仅对内容进行增加修订已经不能满足本教材下一版本的要求了，而是需要对几乎所有章节进行全面重写。我们的作者团队加入了一位重要成员，来自韩国高丽大学的 Chulwoo Kim 教授。我们一起对本教材进行了大量修订。本书的第四版终于在付出艰辛努力后诞生了。

本书可作为高年级本科生和一年级研究生的教材，也可供从事集成电路设计、数字设计、VLSI 等领域的工程师参考。数字集成电路设计正在持续高速地发展，作者也竭尽全力对本书所涵盖的内容提供最新的资料。本书共分 15 章，依据作者的教学经验，在一学期内教授本书所有内容略显仓促，因此推荐按照如下计划授课：在面向本科生的教学中，用一学期的时间来讲授第 1 章至第 10 章有关 CMOS 数字集成电路的内容。如时间允许，还可以有选择地讲授第 11 章"低功耗 CMOS 逻辑电路"、第 12 章"算术组合模块"和第 13 章"时钟电路与输入/输出电路"的内容。本书也可安排为两学期讲授，可以对后面章节中的新问题进行详细的探讨。在面向研究生的教学中，本书的全部章节可安排在一个学期内讲授。

本书的第 1～8 章详细讨论 MOS 晶体管及其相关特性、静态和动态工作原理与分析及基本反相器电路的设计、组合逻辑电路及时序逻辑电路的结构与工作原理。第四版第 1 章的内容有大量扩充，将详细介绍一些 VLSI 的设计方法。由于本书的前半部分主要讨论的是与数字 VLSI 及 ASIC 设计相关的一些数字 IC 设计方法，作者认为有必要在本书的开头加以说明。第 6 章深入讨论芯片上的互连线模型及互连线上的延迟时间计算，并将完整介绍数字集成电路的开关特性。第 9 章单独介绍应用于达到领先水平的 VLSI 芯片上的动态逻辑电路。第 10 章在内容和表达形式方面都做了全面的修改，深入地介绍许多达到当今领先水平的半导体存储电路。

由于低功耗电路设计的重要性日益增加，作者在第 11 章将致力于低功耗 CMOS 逻辑电路的讨论，全面覆盖了低功耗大规模数字集成电路的设计方法和实例。第 12 章介绍关键算术运算模块，并重点介绍高性能多位加法器和乘法器。

第 13 章将对时钟电路和芯片的 I/O 设计进行详细介绍。对如 ESD 保护电路、时钟分配、时钟缓冲及闩锁效应等一系列不可忽视的问题也给出了详细的讨论。最后，第 14 章和第 15 章分别讨论电路的可制造性设计和可测试性设计这两个重要问题。

作者曾就本书中的 nMOS 电路进行了长篇幅的讨论。从教学的角度来看，对 nMOS 电路进行一些介绍是有益的。为了强调广泛应用于数字电路设计的负载的概念，第 5 章介绍了基本的电阻型负载和伪 nMOS 反相器电路以及与其对应的 CMOS 电路，并在第 7 章介绍伪 nMOS 逻辑门（与非/或非）。

本书提供的 Cadence 设计教程和彩图可登录 highered.mheducation.com/sites/0073380628 或华信教育资源网（www.hxedu.com.cn）注册下载。教辅资源包括教师手册（习题解答），采用本书作为教材的教师可以通过向 te_service@phei.com.cn 发送邮件申请。

目　　录

第1章 概　　论

1.1　发展历史

由于集成技术和大规模系统设计的飞速进步，电子工业在过去的几十年里得到了惊人的发展。集成电路在高性能计算、通信以及消费类电子等领域中的应用一直在飞速发展。事实上，正是这些应用所需要的计算和信息处理能力成为电子领域快速发展的驱动力。图 1.1 所示的是近几十年信息技术的发展趋势。当前的前沿技术(如低比特率视频和蜂窝通信)已经为终端用户提供了一定的处理能力和便捷性，人们希望这种对 VLSI(超大规模集成电路)和系统设计具有重大影响的趋势能够延续下去。对高性能的处理能力和带宽的不断增加的需求是信息业务最重要的特征之一(如处理实时的视频信号)。另一个重要特征是信息业务更趋向个人化，这将意味着信息处理设备必须更加智能化，并具有便携性。便携化的趋势(即分布式系统结构)成为系统集成的主要驱动力之一。当然，集中化的趋势［例如在 NC(网络计算)和视频业务中需要的高性能信息系统］也同样需要。

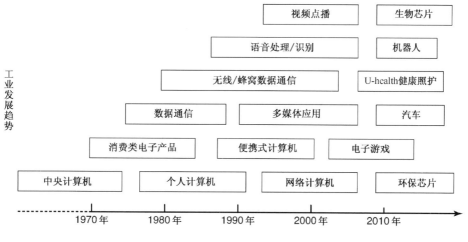

图 1.1　信息技术的发展趋势

随着各种数据处理和通信设备功能越来越复杂，将众多功能集成在一块小芯片之上的需求一直在增加。集成度是由单块芯片上逻辑门的数量来衡量的。由于工艺技术和互连技术的快速进步，集成度一直在稳步提高。表1.1所示的是集成电路逻辑复杂度的发展以及每个时期的里程碑。这里把电路复杂度作为唯一的衡量标准。

根据功能的不同，一个逻辑块可以包含 10～100 个晶体管。而微处理器芯片，例如 IBM 公司的双核 Power6 芯片或英特尔公司的安腾芯片(代号为 Tukwila) 包含了 7.9～20.5 亿个晶体管。片上系统(SoC)用数字和模拟知识产权(IP)将所有的系统组件集成在一个芯片上。而在封装系统(SiP)中，不同的模块或集成电路(IC)将被组合在一个封装中。在许多移动设备的应用程序里都会使用封装系统，对处理器、内存、闪存和无源器件进行集成。

表 1.1　集成电路逻辑复杂度的发展

电路规模	年　　代	复杂度*（每个芯片上逻辑块的数量）
单个晶体管	1958	<1
逻辑单元（1 个门）	1960	1
多功能	1962	2～20
复杂功能	1964	20～100
中等规模集成电路（MSI）	1967	100～1000
大规模集成电路（LSI）	1972	1000～200 000
超大规模集成电路（VLSI）	1978	200 000-
片上系统（SoC）	20 世纪 90 年代后期	多重知识产权
封装系统（SiP）	21 世纪早期	多种结构集成

*此项技术开始发展时的复杂度。

一块集成了大量功能的芯片通常有以下几个特点：

● 更小的面积/体积，更加紧缩；

● 更低的功耗；

● 需要更少的系统级测试；

● 由于改进了芯片的互连，可靠性更高；

● 由于明显降低了互连长度，速度更快；

● 更节省费用。

因此，在未来的一段时间内，电路将继续朝着集成迈进。设备制造技术的进步使得集成电路的最小特征尺寸（即晶体管的最小沟道长度或芯片上可实现的互连线宽度）逐步减小。图 1.2 所示为 20 世纪 70 年代后期以来集成电路中晶体管最小特征尺寸的发展过程。在 1980 年，也就是 VLSI 时代刚刚开始的时候，典型的最小特征尺寸为 2 μm，并且当时预计 2000 年到 2010 年将从 0.3 μm 减小到 65 nm。然而实际技术的发展远远超出人们的预想：1995 年最小特征尺寸就达到了 0.25 μm，而在 2001 年已经达到 0.18 μm，2007 年则达到了 65 nm。到 1994 年，第一个 64 MB 的 DRAM（动态随机存储器）和 Intel Pentium 微处理器芯片就包含了 300 万个晶体管，这是当时集成密度的极限。2007 年下半年，

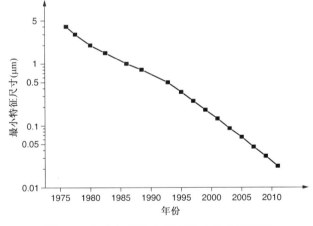

图 1.2　集成电路最小特征尺寸的发展过程

三星公司宣布第一个基于 30 nm 制造工艺的 64 GB NAND 闪存生产成功。根据 ITRS（国际半导体技术路线图）的预计，在 2020 年之前，金属氧化物半导体（MOS）晶体管的特征尺寸将达到 10 nm，每个芯片上集成的晶体管数将达到 240 亿个。

比较集成电路的集成度时可以发现，存储芯片与逻辑芯片之间有明显的区别。图1.3 所示的是从1970 年以来存储芯片与逻辑芯片集成度的发展。在过去几十年中，每个芯片所包含的晶体管数量呈指数形式增长，这就证实了摩尔在 20 世纪 60 年代早期关于芯片复杂度增长速

率的预言(摩尔定律:集成电路上的晶体管数目每 2 年翻一倍)。由于复杂的互连线占用了大量的芯片面积,逻辑芯片所包含的晶体管数量明显变少。而存储芯片则非常规则,因而互连线所占用的面积大大减少。这也是存储电路芯片复杂度(每个芯片含有的晶体管数量)增长速率更高的主要原因之一。

数字 CMOS(互补金属氧化物半导体)集成电路是超大规模集成电路在高性能计算和其他科学和工程领域中应用的驱动力,由于具有低功耗、高可靠性以及采用诸如动态电路来获得高速的技术和工艺技术不断进步等突出特征,人们对于数字 CMOS 集成电路的需求越来越大。

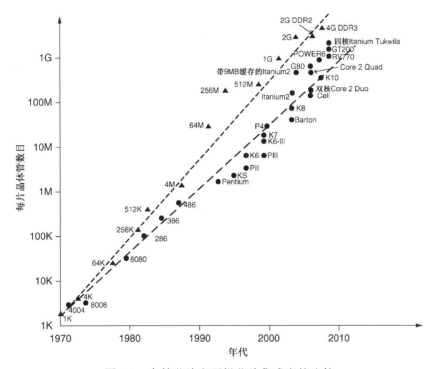

图 1.3　存储芯片和逻辑芯片集成度的比较

人们计划将非平面晶体管的集成电路的最小特征尺寸降到 5 nm。若能够达到这个技术水平,单个逻辑芯片上的集成度就能达到几百亿个晶体管,而对存储芯片来说集成度会更高。这对于芯片开发人员来说,无论是在工艺、设计和测试方面,还是在项目管理方面都是一个巨大的挑战。只有通过"各个击破"的策略,并采用更加先进的计算机辅助设计(CAD)工具和自动设计方法,VLSI 的设计问题才能得到解决。

1.2　本书的目标和结构

本书的目标是帮助读者培养对数字 CMOS 电路和芯片进行深入分析与设计的能力。超大规模集成芯片的开发需要一支由市场专家、系统结构设计工程师、逻辑设计工程师、电路与版图设计工程师、封装工程师、测试工程师以及工艺与器件工程师等不同专业人员组成的团队。最基本的任务是完成计算机辅助设计和优化。任何一本书中都不可能涉及所有的开发问题。因此,本书着重介绍数字电路,并且介绍深入理解 CMOS 数字电路所必需的器件规则和工艺的相关知识。

读者常常会感到"只见树木，不见森林"。然而对于超大规模集成电路的设计来说，采用适当的边界条件进行全面的优化设计是很重要的。最终的设计目标是关注所有互连的晶体管的整体性能而不是单个管子的性能，事实上这也是集成电路引人入胜之处。因此互连的问题与单个晶体管问题同样重要。不管单个晶体管的性能有多好，如果没有同样好的互连技术，就会由于寄生电容和寄生电阻的影响使总体性能变得很差，从而导致晶体管与逻辑门之间的互连线产生很大的延迟。

本书可作为高年级本科生和一年级研究生数字电路设计课程的教材，对 VLSI 设计工程师也会有很大帮助。书中绝大部分内容都作为本科和研究生课程的讲义在三位作者所在的伊利诺伊大学电子与计算机工程系等许多学校讲授数年。我们假定本书的读者已经具有足够的半导体器件、电子线路分析与设计以及逻辑理论的基础知识。全书非常强调逻辑设计、电路设计以及版图设计之间的相互联系，重点是晶体管级的电路分析与设计，这就要求读者除了对传输延时、噪声容限以及功耗这些器件特性如何影响电路的整体特性有深刻理解外，还需要有相当熟练的电流电压计算知识。

图1.4 描述了一门典型的数字电路课程各主题的相关顺序以及覆盖的范围。首先是电路分析、理解和使用各种金属氧化物半导体场效应晶体管(MOSFET)器件模型需要的基本器件的物理知识。复习完基本器件之后，重点将从单个器件转向诸如反相器一类的简单的双晶体管电路，然后转向更加复杂的逻辑电路。我们将看到，随着问题讨论的不断深入，每个标题所涉及内容的广度也在不断扩展。事实上，在实现复杂电路和系统时，我们应考虑众多的变化。因此，我们将研究大规模系统实现的一些典型例子，对性能、可靠性和制造工艺上的优缺点进行比较。

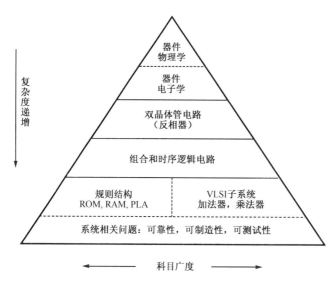

图 1.4　一门典型的数字集成电路课程所覆盖的科目顺序

本书从回顾与制造相关的问题开始。为了建立一个简单的工艺流程并给读者提供与工艺相关的重要术语，本书开篇简短地对具有代表性的集成电路制造技术进行了总结。本书介绍的MOS 器件物理学的层次和范围特别适合于手工电路设计与分析应用，因此采用的绝大部分器件模型相对简单。选择简单的器件模型会使准确性受到一定的限制；然而，在设计初期，主要强调对基本设计概念的清楚理解和对电路性能进行一些有意义的分析。同时计算机辅助电路仿真工具对 VLSI 设计也十分重要。本书包含大量基于 SPICE(集成电路模拟程序)的计算机仿真实例和问题。在很多计算平台上 SPICE 已经成为晶体管级电路仿真的事实上的标准。我们将用一整章内容来分析和比较在 SPICE 中实现的 MOSFET 模型,包括各种器件模型参数的确定。由于具有性能验证功能和良好的电路转换功能,计算机仿真已经并将继续成为设计过程中必不可少的部分。然而,重视仿真应与重视手工设计和分析预测加以权衡。不能因为计算机辅助技术的大量应用而忽略后者的重要性。

　　本书的重点是 CMOS 数字集成电路,但也介绍了大量关于伪 nMOS 数字电路的知识。尽管近年来大多数应用都选择 CMOS 技术,但 nMOS 管的基本概念为 CMOS 概念的理解和 CMOS设计的发展都提供了坚实的基础。第 5 章中的 5.9 节专门介绍基本的 CMOS 和部分伪 nMOS 数字电路的分析与设计。图 1.5 是一个说明各种不同类型电路分类和描述数字集成电路关系的“家谱”。按照基本工作模式可把电路分成两大类:静态电路和动态电路。静态电路又可以进一步分为标准 CMOS 电路(完全互补型)、传输门逻辑电路、传输晶体管逻辑电路以及级联电压转换逻辑(CVSL)电路。动态电路分为多米诺逻辑电路、NORA 和真正的单相时钟(TSPC)电路。

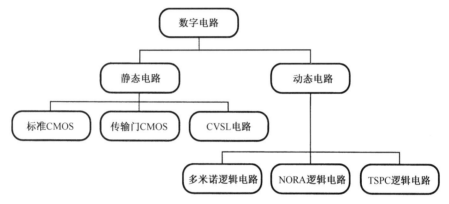

图 1.5　CMOS 数字电路分类

　　除了晶体管级电路设计问题外,在高性能数字集成电路设计中,尤其是对深亚微米工艺来说,对互连线寄生参数进行准确预测从而降低其影响已成为一个重要的课题。因此第 6 章的大部分内容将介绍互连线效应。第 10 章将详细介绍半导体存储器,还将重点介绍不同的静态和动态存储器类型的设计,比较它们的工作原理和性能特点。由于可移动系统的发展和高密度超大规模芯片对功耗(以及散热)的限制使低功耗设计近年来取得了引人注目的快速发展,我们将用一整章来介绍低功耗 CMOS 逻辑电路。在大多数情况下,对低功耗要求的同时也要求更高的集成度和更高的性能。我们还将用一整章内容介绍输入/输出(I/O)电路和包括ESD(静电放电)保护、电平转换、高级缓冲器设计以及闩锁保护等一些相关问题。最后关于制造设计和测试设计的两章介绍诸如成品率估计、统计设计和系统测试等重要内容,这些在VLSI 设计中应当给予特别重视。

　　本书的最新版中加入了一个全新的章节“算术组合模块”。在各种超大规模集成电路芯片,如微处理器、数字信号处理器、调制解调器中,高速运算及低功耗的算术组合模块都是其中的关键部分且被广泛的使用。在大多数情况下,对低功耗要求的同时也要求更高的集成度和更高的性能。由于以上所述技术的发展趋势,我们认为有必要单独分出一个章节来特别介绍算术组合模块。该章将详细讨论算术组合模块的方方面面,并介绍各种降低功耗提高性能的策略。

　　为了满足不同的课程安排和自学的需要，可以灵活安排各章节的学习。许多章节可以合在一起以适应特殊的课程教学。读者也可以跳过一些章节，而并不影响整体的连贯性。每一章都有大量例题和题解以帮助读者加深对内容的理解，同时在每章最后提供了一些习题，其中一些很适合利用计算机通过 SPICE 仿真来解决。

1.3　电路设计举例

　　为了帮助读者对数字电路设计流程获得一个整体概念，本章我们以一个"简单的例子"开始。作为一个电路设计者，不管我们做哪方面的实践都应从与设计指标相关联的逻辑图开始。首先把逻辑电路转换成 CMOS 电路，最初的版图就完成了。从版图中通过使用电路参数提取软件能把所有重要的寄生参数计算出来。一旦我们从最初的版图中得到了完全的电路描述，就可以应用电路级的仿真软件 SPICE 对电路的直流和瞬态特性进行分析，进而将结果与给定的设计指标进行比较。如果最初的设计不能满足指标中的任何一条要求，这也是设计中常见的情况，那么我们就设计一个改进的电路来达到设计指标。改进的设计将得到一个新的版图，并将重复设计和分析循环，直到满足所有的设计指标。图 1.6 所示的是电路设计过程的简单流程。注意，本书主要关注用虚线框起来的重要的两步：VLSI 设计和设计验证。

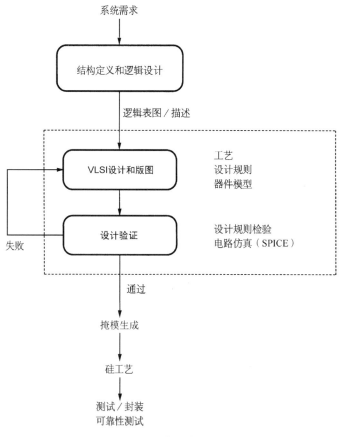

图 1.6　电路设计流程图

例 1.1

在下面的例子中我们考虑一个采用 45 nm 双阱 CMOS 工艺设计的一位二进制全加器电路的设计过程。设计指标是：

求和信号和进位信号的传输延时 <220 ps（最坏情况）；

求和信号和进位信号的转换延时 <220 ps（最坏情况）；

电路面积　<10 μm²；

V_{DD}=1.1 V，f_{max}=500 MHz 时的动态功耗　<20 μW。

我们从考虑二进制加法电路的布尔描述开始设计，设 A、B 代表两个输入变量（相加位），C 代表输入进位位，二进制全加器是满足以下真值表的有 3 个输入和 2 个输出的电路。

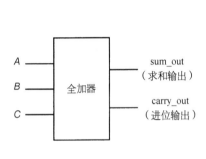

A	B	C	求和输出	进位输出
0	0	0	0	0
0	0	1	1	0
0	1	0	1	0
0	1	1	0	1
1	0	0	1	0
1	0	1	0	1
1	1	0	0	1
1	1	1	1	1

求和输出与进位输出信号是 3 个输入变量 A、B、C 的函数。

$$\text{sum\_out} = A \oplus B \oplus C$$
$$= ABC + A\overline{B}\,\overline{C} + \overline{A}\,\overline{B}C + \overline{A}\,\overline{C}B$$
$$\text{carry\_out} = AB + AC + BC$$

图 1.7 所示的是这两个函数的门级实现。应该注意，这里不是独立地实现这两个函数，而是用进位输出生成求和输出，因为输出可表示为

$$\text{sum\_out} = ABC + (A + B + C)\overline{\text{carry\_out}}$$

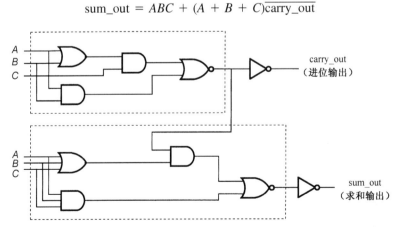

图 1.7　一位全加器电路的门级示意图

这种实现方案降低了电路复杂性，因此能够节省芯片面积。同时我们看到，包括几个门的两个单独的子网络（用虚线框圈住的）将被用来实现晶体管级的全加器电路。

　　注意，在从门级设计转换为晶体管级电路描述的过程中，求和输出与进位输出函数都由与-或-或非（AND-OR-NOR）结构表示（见图 1.7）。每个这样组合的结构（复杂的逻辑门）在 CMOS 中都可以由如下方式实现：“与”关系可由一系列串联的 nMOS 晶体管实现，“或”关系可以通过并联的 nMOS 晶体管实现，输入变量加到 nMOS（以及互补的 pMOS）晶体管的栅极。因此 nMOS 系统在输出端与地之间包含一系列以串并联方式联结在一起的 nMOS 晶体管。一旦实现了一个复杂的 CMOS 逻辑门的 nMOS 部分，相应的连接在输出与电源之间的 pMOS 网络就可以作为 nMOS 网络的对偶网络构造出来。图 1.8 所示的是晶体管级 CMOS 全加器电路设计的结果。我们看到，连同用来产生输出的两个 CMOS 反相器，该电路一共包含 14 个 nMOS 和 14 个 pMOS 晶体管。

　　在这个具体的例子中，我们可以看出对偶网络（pMOS）对 nMOS 网络的求和输出函数和进位输出函数是等效的，这就形成了一个完全对称的电路拓扑结构。图 1.9 所示的是采用这种对称原则得到的另一种电路。注意，由图 1.8 和图 1.9 所示的电路实现的布尔函数是一样的，然而图 1.9 所示的对称电路拓扑结构明显简化了版图，我们将在第 7 章详细讨论这些问题。

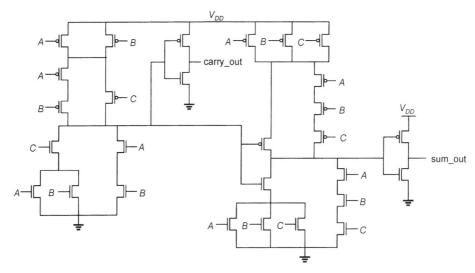

图 1.8　一位晶体管级全加器电路原理图

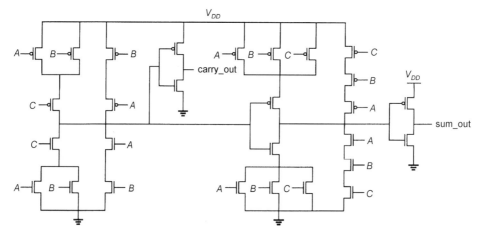

图 1.9　另一种一位晶体管级全加器电路原理图（注意 pMOS 网络与 nMOS 网络完全对偶）

首先，我们用宽长比(W/L)为 90 nm/50 nm 的晶体管设计所有的 nMOS 和 pMOS。这是在特定工艺中允许的最小晶体管尺寸。最初，这显然还不是最优的尺寸，以后可以根据加法器电路的性能要求加以改变。在设计的最初阶段选择最小尺寸的晶体管通常能简化电路功能的验证。

我们采用 SPICE 来仿真以确定电路的动态性能。为使所有 8 种可能的输入组合都能按逻辑顺序输入全加器电路，我们选取了三个输入波形(A，B，C)。假设这个加法器电路输出端将驱动另一个类似的电路，每个输出节点的负载电容代表了一个全加器的典型输出电容。图 1.10 所示的是仿真的输入和输出波形。但是仿真的结果显示，电路并未满足所有的设计指标，这是由于最小尺寸的晶体管不能有效地驱动容性输出负载，使得求和输出和进位输出的信号传输延时超过了延时限制。

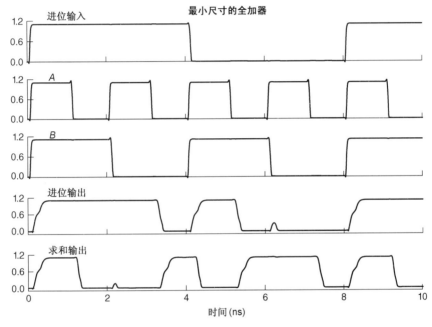

图 1.10　全加器电路的仿真的输入和输出波形

特别是最坏情况下的延时为 250 ps，而允许的最大延时为 220 ps。图1.11 所示的是当一个晶体管处于最坏情况时，两个输入信号的传输延时。为了解决这个问题，需要修改设计。因此，我们再返回到版图设计阶段。

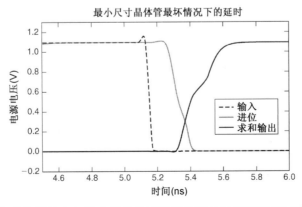

图 1.11　采用最优化晶体管的全加器电路的仿真输出波形显示了在最差过渡中的信号传输延时

一种方法就是提高开关速度，这样为了降低延时，就要提高电路中所有晶体管的宽长比。然而增加晶体管的宽长比同时也增加了栅极、源极和漏极的面积，因此增加了逻辑门负载中的寄生电容。因此改变晶体管的尺寸是一个反复的过程，包含这样几个步骤：版图修改、提取参数和仿真。由于进位输出信号是用来产生求和输出信号的，所以应优先考虑减少进位过程的延时，同时我们应仔细考虑所有的输入过渡过程：仅仅优化某一个特殊的输入过渡的延时可能导致其他过渡过程中出现出乎意料的传输延时。

当我们改变全加器电路中的 nMOS 和 pMOS 晶体管尺寸来满足时序要求之后，就生成了全加器电路的初始版图。这里为了简化总体几何结构和减少信号布线，我们采用规则的门矩阵版图风格。图 1.12 所示的是使用优化尺寸晶体管生成的初始版图。注意，在这个初始的加法器单元版图中，所有的 nMOS 与 pMOS 晶体管都放置在水平布置的电源与地线两条平行的线（金属）之间，所有的多晶硅连线都是垂直放置。n 型和 p 型扩散区之间的区域用来布置各自的金属互连线。同时注意为了节省芯片面积，相邻晶体管的扩散区尽可能地进行了合并。本例所采用的规则版图风格有其固有的优点：非常适合计算机辅助设计（CAD）。同时我们也可以把版图组织得更

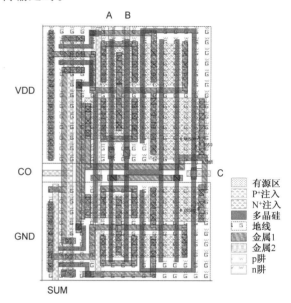

图 1.12　采用优化尺寸晶体管的全加器电路初始版图

加紧凑，从而增加硅面积利用率，降低单元间的互连寄生效应。这个全加器版图占用了 2.04 μm × 3.01 μm = 6.14 μm² 的面积，小于之前我们设定的 10 μm² 上限。

设计者需要使用自动设计规则检查工具以保证这个加法器版图完全符合物理版图设计规则。检查通常是在完成版图的同时进行的。下一步是从最初的设计中确定寄生电容和寄生电阻，然后用电路仿真工具（例如 SPICE）来估计加法器电路的动态性能。这样，我们就进入图 1.6 所示的设计流程图表中的设计验证阶段。寄生参数提取工具通过读取物理版图文件、分析各个掩模来辨别晶体管互连和引出端，计算这些结构的寄生电容和寄生电阻，最后生成一个能准确描述电路的 SPICE 输入文件（见第 4 章）。

对于优化的全加器电路，我们发现，所有的传输和过渡（上升和下降）延时都在 220 ps 的限制范围以内。图 1.13 所示的是图 1.11 中描述的在同样最差的输入过渡中两个输入信号的传输延时。我们看到传输延时约为 200 ps，比原来减少了 26%。这个电路的动态功耗估计为 4.9 μW。这样，电路就满足了最初给定的设计要求。

这个例子中设计的全加器电路可以用作一个 8 位二进制加法电路的基本单元。该电路在输入端接收两个 8 位二进制数作为输入，在输出端产生一个二进制的和数。8 位全加器电路可以级联成一个最简单的加法器。其中，每个加法器都执行两位的二进制加法，产生相应的求和位。并把其加入下一级作为输入，因此这种级联加法器结构被称为连锁加法器（见图 1.14）。传输链上的进位位的延时显然限制了连锁加法器的总速度。因此快速的输出响应对一个级联加法器的整体性能是非常重要的。

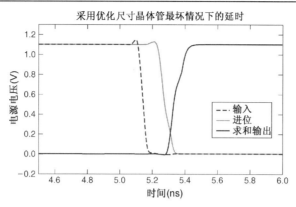

图 1.13 采用优化尺寸晶体管的全加器电路仿真输出波形, 显示了在同样差的过渡过程中的信号传输延时

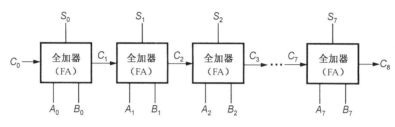

图 1.14 包含全加器的连锁加法器链

图 1.15 所示的是 4 位连锁加法器阵列的掩模版图, 这个电路是通过简单地级联全加器单元形成一个规则阵列实现的。我们看到把输入信号 A_i 和 B_i 沿着阵列底边的引脚输入到电路, 而输出信号 S_i(求和位)则沿着阵列的顶边输出。通过将输入总线放在底端, 而将输出总线放在顶端的布局简化了信号布线。同时我们也应看到, 由于连贯的全加器单元的输入与输出引脚位置是排成一线的, 因此没有给进位信号留下多余的路径。这种结构经常应用在诸如算术逻辑单元 (ALU)和数字信号处理(DSP)等需要进行大量算术运算的电路中。通过采取各种措施, 多位加法器的整体性能可以进一步提高, 我们将在后续章节中对某些措施加以讨论。

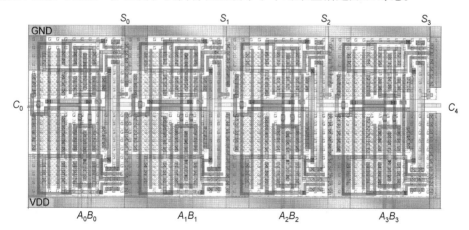

图 1.15 4 位连锁加法器阵列的掩模版图

图 1.16 所示的是 8 位二进制加法器电路仿真的输入/输出波形。我们可以看到最后一级加法器生成的最后求和, 并且总的延时为 0.7 ns。

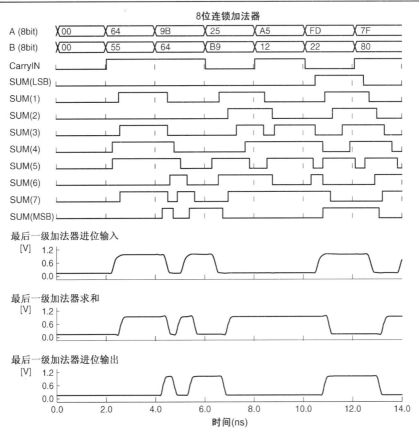

图 1.16　8 位连锁加法器电路的仿真的输入/输出波形，显示最大信号传输延时为 0.7 ns

这个例子告诉我们 CMOS 数字集成电路的设计包括许多问题，从布尔逻辑到门级设计，到晶体管级设计，到物理版图的设计，以及到为了设计调整和性能验证而进行的详细的寄生参数提取之后的电路仿真。实质上，集成电路设计的最终输出为掩模数据，这些数据是实际电路制造的依据。因此，版图设计是很重要的。可以这样说，正是掩模使制造出来的集成电路能够更好地满足测试要求。

为了实现这样的目标，设计者需要利用从版图数据中提取出的计算机模型进行多次仿真和反复的设计，直到仿真结果很好地满足要求。在讨论最基本的 CMOS 反相器电路以前，我们将讨论利用一系列掩模、版图设计规则和 MOS 晶体管电性能，以及它们的计算机模型来制造 CMOS 晶体管的过程。

1.4　VLSI 设计方法综述

前面已经指出，数字集成电路的结构复杂度（通常以每个芯片含有的晶体管数目表示）在过去的几十年里一直呈指数率增长。之所以能保持显著的增长率，主要是由于制造技术的不断进步以及人们对在单个芯片上集成更加复杂功能的不断增加的需求。对快速提高的芯片复杂度的要求给许多领域提出了巨大的挑战。事实上，成百上千个机构的成员正在进行 VLSI 产品的开发。其中包括了工艺、计算机辅助设计工具（CAD）、芯片设计、制造、封装、测试和可靠性验证的开发。在一个良好的设计方法结构体系下，以合适的方式有效地组织经济可靠的 VLSI 产品的开发是非常必要的。我们将在这一章介绍设计的总体流程，使读者了解一些重要的设计概念、不同的超大规模设计风格、设计质量以及 CAD 技术。

总体来说，像微处理器和数字信号处理器这样的逻辑芯片不仅包含大量的存储单元（SRAM/DRAM），还包含着众多不同的功能单元。因此，尽管先进的存储芯片也包含一些复杂的逻辑功能，但与存储芯片相比，逻辑芯片的设计复杂度更高。逻辑芯片的设计复杂度几乎随着被集成的晶体管数量呈指数形式增加。这就增加了设计周期，即从芯片开始开发到掩模交付的时间。设计者把设计的绝大部分时间用于以可接受的成本达到芯片性能的要求，这对于任何有竞争力的产品在经济上的成功是非常重要的。在设计过程中，电路性能会随着设计的改进而提高。这个过程在刚开始会快一些，然后比较缓慢，直到由于采用了特殊的设计风格和技术性能最终达到饱和。在一定的设计时间内，电路所能达到的性能等级很大程度上依赖于设计方法的效率以及设计风格。

图 1.17 定性地阐述了这一点。图中把设计同一产品时采用的两种不同的 VLSI 设计风格的优点进行了比较。使用全定制设计风格(每个芯片的位置和形状分别进行优化)需要很长的时间才能达到设计成熟，然而调整电路设计的各个方面这一固有的灵活性为在设计过程中改进电路性能提供了更多的可能性。最终的产品具有典型的高性能等级(高处理速度、低功耗)，并且由于芯片面积得到了较好的利用，硅片的面积较小。但这是以花费大量的设计时间为代价的。相反，使用半定制设计风格(如基于标准单元的设计或者 FPGA)达到设计成熟需要较短的设计时间。在设计初期，由于在半定制设计中使用的一些单元已经得到了优化，所以电路的性能比全定制的设计要高。但是半定制设计风格对于性能进一步提高的可能性较小，最终产品的整体性能不可避免地比全定制设计的产品低。

VLSI产品特定设计风格的选择取决于产品的性能要求、使用的技术、产品的寿命以及成本因素。下面我们将讨论不同的 VLSI 设计风格并比较它们对电路性能和总成本的影响。

除了选择合适的 VLSI 设计风格外，VLSI 制造技术的不断发展还带来许多必须考虑的其他问题。大约每两年就有一种新的技术产生，器件尺寸更小，从而带来了更高集成度和更高性能的产品。为了充分利用当前的技

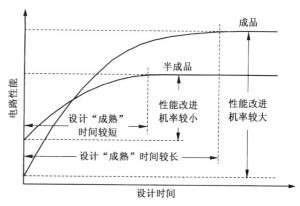

图 1.17　不同的 VLSI 设计风格对设计周期和电路达到的性能的影响

术，必须尽可能地缩短芯片的开发时间以便更快地完成芯片的制造，并适时地将产品送到消费者手中。但就像图 1.18 所示的那样，这可能使逻辑集成的水平和芯片性能达不到当前工艺技术所能达到的水平。

一个成功的 VLSI 产品的设计时间比开发一个性能最好的芯片所需的时间短，这就为芯片在当前技术窗口(Technology Window)下的生产和市场开发留出了足够的时间。当下一代制造技术出现时，可以利用更高集成度和更好的性能对设计进行升级。另一方面，如果利用当前的技术要花很长的时间才能使产品达到尽可能高的性能，就有可能错过利用新技术的机会。

较长的设计时间往往使产品有较好的整体性能，但为了能够收回开发成本，该产品必须在市场上保持一定的行销时间。因此，如果不能认识到下一代新的制造技术的优点，那么就等于降低了产品的竞争力。

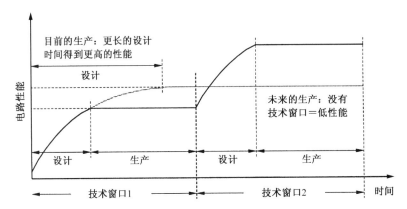

图 1.18　新的制造技术对 VLSI 产品性能的提高和缩短经济可行性设计时间的重要性

实际上，新一代芯片的设计周期与当前一代芯片的生产周期是重叠的，因而保持了芯片开发的连续性。采用尖端的计算机辅助设计工具和方法对于减少设计周期和解决不断增加的设计复杂度问题是必须的。

1.5　VLSI 设计流程

不同等级上的设计过程实际是在不断发展的。设计过程是从给定的某些要求开始的。最初的设计是针对这些要求进行开发和测试。当不满足要求时，就必须改进设计。当这样的改进不可能实现或代价太高时，设计者就必须考虑修改要求和分析影响。图 1.19 中的 Y 图（首先由 D. Gajski 提出）所示的是大多数逻辑芯片的简化的设计流程，该流程应用了像字母 Y 的三条基准线上的设计活动。

Y 图由三个表达域构成，它们分别称为性能域、结构域和几何版图域。设计流程从描述目标芯片特性的算法开始。首先定义处理器相应的结构。这种结构通过布局映射到芯片表面。特性域的下一步设计过程定义了有限状态机(FSM)，其原理是通过使用像寄存器和算术逻辑单元(ALU)这样的功能模块从结构上来实现的。为了使互连面积和信号延时最小化，设计者使用具有布线功能的自动模型配置 CAD 工具把这些模块再以几何角度布置到芯片表面。第三步从特性模块描述开始。单个模块用叶单元来实现。这一阶段，芯片用逻辑门(叶单元)来描述，可以使用单元配置和布线程序进行布局和互连。最后一步，首先给出叶单元详细的布尔描述，接下来是晶体管级的叶单元的实现和掩模生产的实现。在基于标准单元的设计风格中，叶单元在晶体管级预先设计好并储存在为逻辑实现准备的器件库中，这就有效地减小了晶体管级设计的需要。

考虑到各种表示以及设计的抽象过程：行为、逻辑、电路和掩模版图，图 1.20 给出了 VLSI 设计的更简化的流程图。应注意在这个流程的每一步对设计的验证都起着非常重要的作用。若初期没有适当地设计验证，将导致后期更大规模的、代价更高的返工，这最终将推迟产品投放市场的时间。

尽管我们用线性流程图简化了设计过程，但实际上在相邻的两步之间，有时甚至在相距较远、相互独立的两部分之间都有许多重复。尽管自顶而下的设计流程需要进行设计过程控制，但实际上没有真正单向的自顶而下的设计流程。一个成功的设计必须将自顶而下与自底而上的方法结合起来。如果一个芯片设计者没有准确地估计相应的芯片面积就定义了一个结构，那么最后的芯片版图很可能超过当前技术所允许的芯片面积的限制。在这种情况下，为了使结构适合所允许的芯片面积，一些功能可能不得不删掉并进行返工。这些改变可能导致对最初的要求做出重大的修改，因此尽早地进行自下而上的反馈是非常重要的。

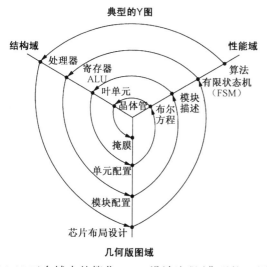

图 1.19 三个域内的简化 VLSI 设计流程（典型的 Y 图）

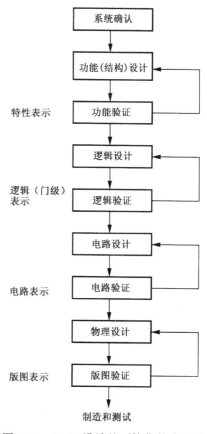

图 1.20　VLSI 设计的更简化的流程图

　　下面我们将介绍近几年来在复杂的软硬件工程中用到的设计方法和结构化的方法。如果不考虑工程的实际大小，那么结构化设计的基本原则将增加成功率。一些降低集成电路设计的复杂度的典型技术是层次化、规范化、模块化和本地化。

1.6　设计分层

　　应用分层或者"各个击破"技术把一个模块分成几个子模块，然后对子模块再重复这种操作直到更小部分达到能被处理的复杂度为止。这种方法和软件开发过程中把大的程序分成几个小的部分直到子程序能用函数和接口较好地定义的方法是相似的。在前面我们介绍过，VLSI 芯片的设计可以用三个域来表示。同样，一个分层结构能够在每个域内独立地描述出来。然而，为了简化设计，应将不同域内的层次很容易地连接起来。

　　作为结构层次的一个例子，图 1.21 所示的是把一个 CMOS 4 位加法器结构进行分解的示意图。该加法电路能被逐渐分成 1 位加法器，单独的进位和求和电路，最后分成单独的逻辑门。一个简单的电路在低层次上实现较好定义的布尔函数比在较高层次上实现起来更加容易。

　　在物理域中，把一个复杂的系统分成不同的功能模块可以为这些模块在芯片上的实现提供有价值的指导。显然，近似地估计每个子模块的形状和尺寸(面积)对布局设计非常有用。图1.22所示的是在物理描述域中(几何版图)一个 4 位全加器分解的层次图，形成了一个简单的布局设计。这个物理视图描述了加法器的外部几何形状、输入/输出引脚的位置以及允许信号(在这种情况下的进位信号)在没有外部布线的情况下从一个子模块传送到其他子模块的引线位置。在物理层的低层上，每个加法单元的内部掩模版图都定义了每个晶体管和线路的位置及连接。图1.23 所示的是16 位动态 CMOS 加法器的全定制版图并描述了物理层次较低的子模块。这里，16 位加法器包括 4 个级联的 4 位加法器，并且每个 4 位加法器又能分成其各自的如曼彻斯特链、进位/传输电路以及输出缓冲器等的功能模块。最后，图 1.24 所示的是 16 位加法器的结构层次，我们注意到在结构层次中对每一个模块都有相应的物理描述，例如物理视图中的元件与其结构视图是一致的。

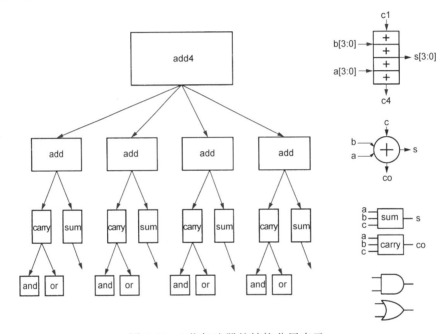

图 1.21 4 位加法器的结构分层表示

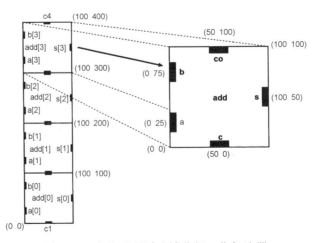

图 1.22 在物理(几何)域分解 4 位加法器

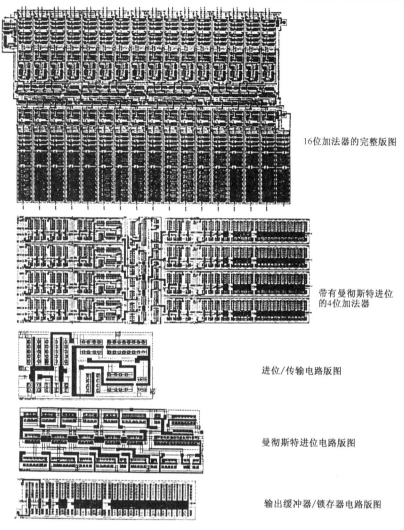

16位加法器的完整版图

带有曼彻斯特进位的4位加法器

进位/传输电路版图

曼彻斯特进位电路版图

输出缓冲器/锁存器电路版图

图 1.23 16 位加法器的版图以及其物理层次上的组件

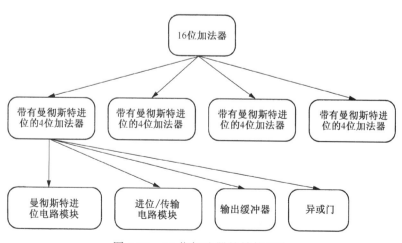

图 1.24 16 位加法器的结构层次

1.7　规范化、模块化和本地化的概念

层次化的设计方法通过将一个大系统分成若干子模块的方法降低了设计的复杂度。通常我们还需要采用其他设计概念和方法来简化设计过程。规范化意味着一个大系统的层次分解不仅应该简单而且要尽可能得到相似的功能模块，一个包含完全相同单元的阵列结构的设计（例如并行宏阵列）是规范化的一个很好的例子。规范化存在于所有的抽象层次上，例如，在晶体管级，统一所有晶体管的尺寸能够简化设计，并且可以在逻辑级使用完全相同的门结构。图 1.25 所示的是一个两路到一路的复接器（2-1 MUX）和一个 D 型边沿触发器的规范的电路级设计。我们注意到，这些电路都是仅使用反相器和三态缓冲器设计的。如果设计者拥有包含众多性能良好的基本模块构成的单元库，那么通过应用这些原理就可以实现许多不同的功能。规范化通常能在所有抽象层次上减少需要设计和验证的不同模块的数量。

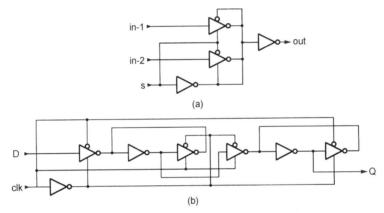

图 1.25　使用反相器和三态缓冲器作为基本单元的两路
到一路的复接器和 D 型边沿触发器的规范设计

模块化设计意味着组成较大系统的不同功能模块必须要得到很好定义的功能和接口。模块化允许每个模块可以彼此相对独立地进行设计，因为这些模块的功能和信号接口都非常明确。所有的功能模块在设计过程的最后阶段都能容易地组合起来形成大规模系统。模块化思想能使设计过程并行进行。得到很好定义的功能和接口也使人们在不同的设计中能使用通用的模块。

通过对系统中的每个模块都定义出性能良好的接口，我们就能有效地保证每个模块的内部都不受外部模块的影响，内部的具体细节仍然在本身的层次里。本地化的概念还能保证连接都是在相邻的模块之间，从而尽可能地避免长距离的连接。最后一点对避免较长的连接延迟是非常重要的。限制时间的操作应在本地执行而不需要访问较远的模块或信号。有时在本地使用远地的一些可复制的逻辑能够解决大规模系统结构中的这个问题。

1.8　VLSI 的设计风格

为了使芯片实现特定的算法或逻辑功能，我们可以考虑几种设计风格，每种设计风格都有自己的优点和缺点，因此，正如 1.4 节提到的那样，为了以最低的成本和适当的方法实现特定的功能，设计者必须选择一种适当的设计风格。

1.8.1 现场可编程门阵列(FPGA)

现场可编程门阵列(FPGA)芯片包含成百上千甚至更多具有可编程互连的逻辑门,用户可以用它进行常规的硬件编程来实现所要求的功能。这种设计风格为快速原型设计和节约芯片成本的设计,尤其是为低产量应用的设计提供了一种方法。典型的现场可编程门阵列芯片包括 I/O 缓冲器、可配置逻辑块(CLB)阵列以及可编程互连结构。互连的编程由 RAM 单元的编程实现,而 RAM 单元的输出端是与 MOS 传输晶体管的栅极相连的。因此,CLB 与 I/O 单元之间的信号布线是通过设置相应的可配置开关矩阵来完成的。图1.26 所示为 Xilinx 公司生产的 FPGA 芯片的总体结构。图1.27 给出了一个更加详细的视图,其中显示了用于互连布线的开关矩阵的位置。

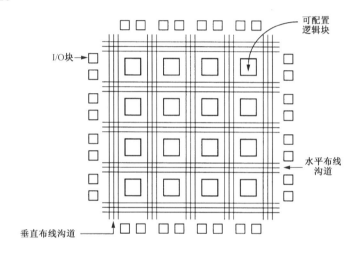

图 1.26　Xilinx FPGA 的总体结构

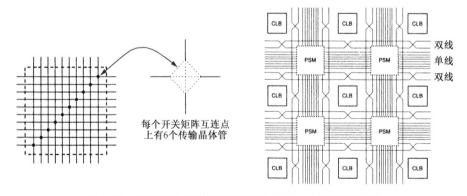

图 1.27　开关矩阵的详细视图以及 CLB 之间的互连布线

图 1.28 所示为 CLB 的简化模块图(Xilinx XC4000 系列)。这个实例中每个 CLB 包含两个独立的 4 输入组合函数发生器、一个时钟信号端、若干用户可编程复接器和 2 个触发器。函数发生器能够实现 4 变量布尔函数,因此被用作存储检验表。第三个函数发生器能实现三变量布尔函数,这三个输入分别为 F'、G'以及来自于 CLB 外部的一个输入。因此,CLB 最多可以实现 9 个输入变量的一系列函数,具有很大的灵活性。CLB 内的用户可编程复接器通过控制内部信号的布线来控制模块的功能。

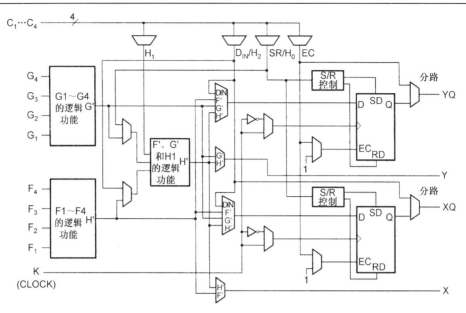

图 1.28　CLB 的简化模块图（Xilinx 的 XC4000 系列 FPGA）

一个 FPGA 芯片的复杂程度主要是由它所包含的 CLB 的数量决定的。在 Xilinx XC4000 系列的 FPGA 中，CLB 阵列的大小从 8×8（64 个 CLB）到 32×32（1024 个 CLB）。后者大约含25 000 个等效门。更大的 FPGA 芯片包含的等效门的数量为 200 000 个。FPGA 芯片能够支持时钟频率 $10 \sim 80$ MHz 的系统。通过使用专门的计算机辅助设计工具，门的利用率（FPGA 上实际用在设计中门的比例）可以超过 90%。

一个 FPGA 芯片的典型设计流程是从使用诸如 VHDL 这样的硬件描述语言对芯片的功能描述开始的，然后再把综合结构划分成电路或逻辑单元。在这个阶段，芯片设计完全是由逻辑单元来描述的。接下来在布局布线过程中，把单独的逻辑单元分配到 FPGA 的位置上（CLB），并且使各单元内的布线模式与整个网链的模式保持一致。布线完成后，我们可以在下载 FPGA 芯片的编程设计之前仿真并验证芯片的性能。除非重新编程，只要通电，芯片的程序就有效。

基于 FPGA 设计的最大优点是周期短，即从设计过程开始到芯片实现功能所需要的时间很短。因为定制 FPGA 芯片不需要物理制造过程，所以只要设计完成就可得到一个功能样品。对于同样的设计，FPGA 芯片的价格比其他诸如门阵列或者标准单元等可替代的同类设计的价格要高。但对 ASIC 芯片的小规模生产和快速原型设计，FPGA 是很好的选择。

1.8.2　门阵列的设计

在快速原型设计能力方面，门阵列（GA）排在只要几天设计周期的 FPGA 芯片之后位居第二。GA 需要金属掩模设计和工艺制造，而 FPGA 芯片的设计实现主要是用户编程。门阵列的实现需要两个制造阶段：第一个阶段是基于普通（标准）掩模在每个 GA 芯片上生成一个未连接的晶体管阵列，这些未连接的芯片可以保存起来以备下一阶段的开发使用。这是通过定义晶体管阵列之间的金属互连完成的（见图 1.29）。由于金属的互连是在芯片制造过程的最后完成的，所以周期可能很短，即几天到几星期。图 1.30 所示为门阵列芯片的一部分。包括左边和底部的焊盘，用于 I/O 保护的二极管，与焊盘相邻的用作芯片输出驱动电路的 nMOS 晶体管和pMOS 晶体管、nMOS 和 pMOS 晶体管阵列、下通道线段以及带接触孔的电源线和地线。

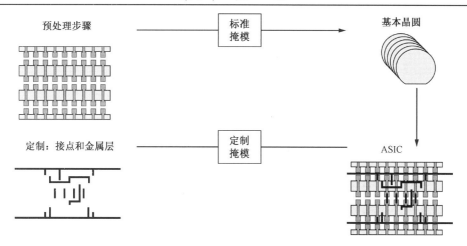

图 1.29 实现门阵列需要的基本工艺步骤

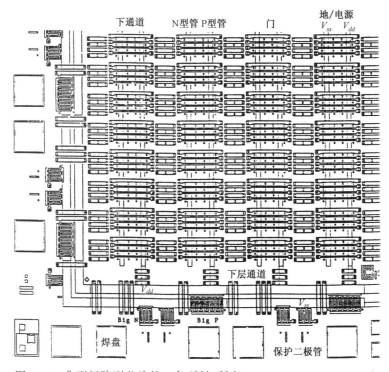

图 1.30 典型门阵列芯片的一角(版权所有© 1987 Prentice Hall, Inc.)

图 1.31 所示为采用金属掩模设计实现复杂逻辑功能的内部阵列的放大部分(粗黑线为金属线)。如图 1.30 和图 1.31 所示,典型的门阵列平台允许被称为通道的专门区域用来完成 MOS 晶体管行与列之间内部单元的布线。采用这些布线区域可以简化互连,甚至只使用一个金属版图。完成基本逻辑门功能的互连模块可以存于一个库中,然后根据网表的需要来定制未启用的晶体管行。

绝大部分门阵列平台仅包含几行被布线通道隔开的未启用的晶体管,而其他一些平台能够在需要存储功能的地方提供较高密度的专用存储阵列(RAM)。图1.32 所示为传统门阵列和具有两个专用存储块的门阵列平台的版图。

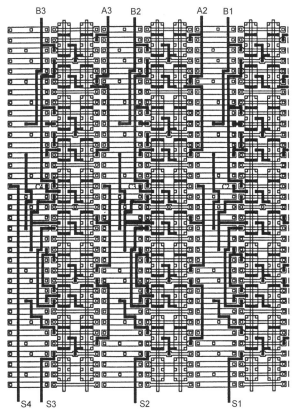

图 1.31   在通道门阵列平台上实现一个复杂逻辑功能的金属掩模设计

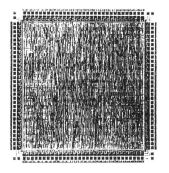 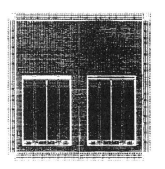

图 1.32   传统 GA 芯片（左）以及嵌入两个存储块的门阵列的版图（右）

　　绝大多数现代 GA 中不用单层而是使用多层金属来完成通道布线。通过采用多互连层，可以横跨有源区进行布线。因此就像在门海芯片（SOG）中一样可以移动布线通道。这里采用未启用的 nMOS 和 pMOS 晶体管覆盖了整个芯片的表面。与门阵列一样，相邻的晶体管使用金属掩模来形成基本的逻辑门。然而，为了内部单元的布线必然牺牲一些未启用的晶体管。这种方式的优点是内部互连更加灵活，并且密度通常很高。图 1.33 所示的是一个 SOG 芯片的基本平台。图 1.34 简单地比较了有通道布线方法（GA）和无通道布线方法（SOG）。

　　一般来说，由于使用金属掩模设计能实现更多定制的设计，以使用芯片面积除以总芯片面积来衡量，GA 芯片的利用率比 FPGA 的高，同时速度也比 FPGA 快。当前的门阵列芯片能实现成千上万的逻辑门的功能。

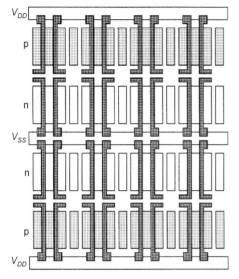

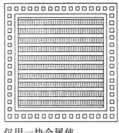

仅用一块金属使
布线问题更简化

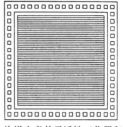

沟道定义的灵活性（位置和宽度）
跨单元布线
高封装密度
与RAM相容
支持变高单元和微单元

图 1.33 一个门海芯片的基本平台　　图 1.34 有通道布线方法(GA)与无通道布线方法(SOG)的比较

1.8.3 基于标准单元的设计

基于标准单元的设计风格是最流行的全定制设计风格中的一种，这种设计要求开发一套全定制掩模。标准单元也称为宏单元，在这种设计中，我们把所有常用的逻辑单元都开发出来，明确其特性，并储存在一个标准单元库中。一个典型的存储库可能包含诸如反相器、与非门、或门、与或非门、或与非门、D 闩锁器和 D 触发器等几百种单元。每种门都可以通过多种方式来实现，以便于为不同的扇出提供足够的驱动能力。例如，反相器可以有标准尺寸、双倍尺寸和四倍尺寸，可供芯片开发者选择合适的尺寸来实现较高的电路速度和版图密度。

每个单元根据许多不同的特点来分类，包括：

- 延时与负载电容的关系；
- 电路仿真模型；
- 定时仿真模型 ；
- 错误仿真模型；
- 用于布局布线的单元数据；
- 掩模数据。

为了使单元 p 的布局和单元之间的连接布线做到自动化，我们把每个单元版图都设计成固定高度以便大量的单元能一个挨一个地排成一行。电源线和地线应与单元的顶边和底边平行，以便相邻的单元共用电源线和地线，输入/输出引脚固定于单元的顶边和底边。图 1.35 所示的是一个典型标准单元的版图，注意，nMOS 被置于地线附近而 pMOS 被置于电源线附近。

图 1.36 所示为一个基于标准单元设计的布局，在为 I/O 单元保留的 I/O 框内，芯片域包含成行成列的标准单元。单元行之间是专为单元间布线用的通道，就像在门海芯片中采用跨单元布线一样，只要单元行能提供足够的布线空间，通道面积就可以减少甚至删去。逻辑单元的物理设计和版图应保证当单元排列成行时单元的高度匹配以及相邻单元彼此靠近，这样才能使每行的电源线和地线实现自然的连接。应充分应用电路仿真来选择晶体管的合适尺寸和优化每个单元的信号延时、噪声容限以及功耗。

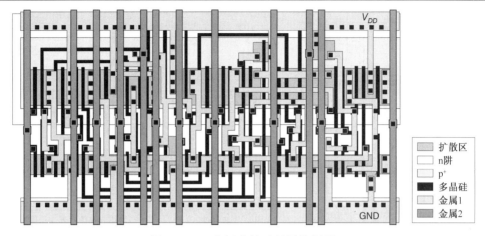

图 1.35　一个标准单元版图的例子

　　如果大量单元必须共用相同的输入和输出信号，我们可以在标准单元的芯片版图中嵌入一个公共的信号线结构。图 1.37 所示为一个在标准单元行之间插入了信号总线的简化示意图。注意，本例中的芯片由两个模块组成，并且电源和地线必须从版图的两边提供。基于标准单元的设计可能包含许多这样的微单元，每个这样的单元都相应于系统结构的特定单元，如时钟发生器、组合逻辑单元或者控制逻辑。

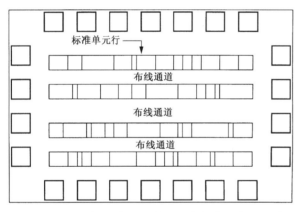

图 1.36　基于标准单元设计的一个简化的布局设计

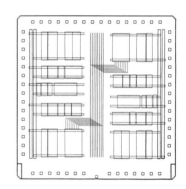

图 1.37　一个包含两个单独的功能块
　　　　　和一个公共信号总线的基于
　　　　　标准单元设计的简化版图规划

　　使用库中的标准单元完成芯片的逻辑设计之后，最具挑战性的工作是在电路速度、芯片面积和功耗方面严格按照设计要求把各个单元排成行并把它们连接起来。人们已经开发和使用了许多先进的 CAD 工具来布局布线。同时从芯片版图方面来说，可以提取包含互连寄生参数的电路模型，并将其用于时间仿真和分析，以便确定关键时间通道。从关键时间通道来说，为了满足时间要求，通常要采用合适的门尺寸。在诸如微处理器和数字信号处理芯片这样的 VLSI 芯片中，使用的是基于标准单元设计的复杂控制逻辑组件，一些全定制芯片仅采用标准单元就可实现。

　　最后，图 1.38 所示的是一个基于标准单元设计的芯片的详细掩模版图。该芯片由一个紧密相连的独立单元按行构成的模块以及置于芯片一侧的三个存储模块构成。在单元模块中，相邻行之间的间隔取决于单元行之间布线通道中连线的数量。如果在布线通道中能够实现较高的互连布线密度，那么标准单元行之间可以靠得更近些，从而使芯片面积更小。由于使用标准单元的存储元件会占用较大的芯片面积，所以使用专用的存储模块也可以减小芯片面积。

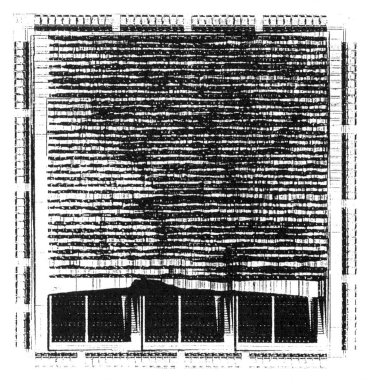

图 1.38 含有一个独立单元模块和三个存储块的基于标准单元设计的掩模版图

1.8.4 全定制设计

尽管基于标准单元的设计风格有时也称为全定制设计，但从严格意义上来讲，由于通常使用的单元预先已被设计好，并且在不同芯片的设计中常常使用同样的单元，所以基于标准单元的设计还不完全是全定制设计。在一个真正的全定制设计中，整个掩模设计都是重新做的，不采用任何库。然而，这种设计方式的开发成本高得让人无法接受。因此，为了降低开发成本和缩短设计周期，现在流行设计重用的概念。最严格的全定制设计可以说是存储单元的设计，不管是动态的还是静态的。由于设计总是重复同样的版图，所以对高密度存储芯片的设计来说必须重用。对逻辑芯片的设计来说，通过在同一芯片中运用标准单元、数据通道单元以及可编程逻辑阵列(PLA)等不同设计风格的组合是一个折中的办法。在真正的全定制版图中，每个晶体管的几何形状、方向以及位置选择都是由设计者逐个完成的，因此设计效率非常低——一般每个设计者每天能够完成几十个晶体管的布局和互连。

在数字 CMOS 超大规模集成设计中，由于占用很多的人力，所以很少采用全定制设计方式。诸如存储芯片、高性能微处理器以及 FPGA 这样的大批量产品的设计也很少采用这种设计方式。图 1.39 所示的 Intel 公司 4 核 Nehalem 处理器芯片的完整版图就是混合全定制设计的一个很好的范例。这里，我们在一个芯片上能找出 4 种不同的设计方式：存储模块(RAM 缓存)，包含位片(bit-slice)单元的数据通道单元，主要由标准单元组成的控制电路，以及 PLA 功能块。

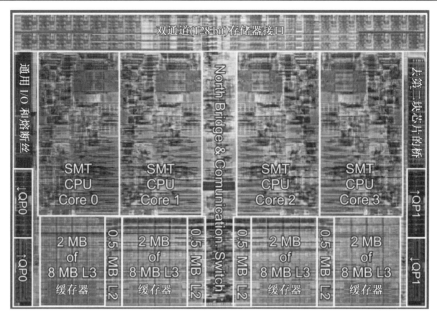

图 1.39   4 核 Nehalem 处理器芯片的掩模版图，作为一个全定制设计的范例，从该芯片的高性能和大批量可以判断出该公司为设计投入的精力（Nehalem 处理器，由 Intel 公司提供）

1.9   设计质量

为了提高芯片设计水平，需要评测设计的质量。尽管没有统一的和公认的标准来评测设计的质量，但下面的几条标准是很重要的：

- 可测试性；
- 成品率和可制造性；
- 可靠性；
- 技术升级能力。

1.9.1   可测试性

开发好的芯片最终要嵌入印制电路板或是构成宏芯片模型应用于系统。正确的系统功能依赖于使用的芯片功能的正确度。因此，制造好的芯片应完全可测，以保证所有通过具体测试的芯片不管是封装好的还是裸片形式都能嵌入系统而且不产生错误。这就要求：

- 优质测试矢量的生成；
- 可靠的全速测试装置的可用性；
- 可测试芯片的设计。

事实上，由于设计的可测试性不够，一些芯片计划不得不在芯片制造完成以后放弃。因为芯片的复杂度随着单片集成水平的提高而增大，所以必须设计包括用于自测试的附加电路以保证制作好的芯片完全可测。这将以增加芯片面积和影响芯片速度为代价，但在超大规模集成电路设计中这种代价是不可避免的。我们将在第 15 章讨论设计的可测性问题。

1.9.2　成品率和可制造性

假设我们的测试程序完美无缺，那么可以用测试芯片的总数去除测试结果为优的芯片的数目而得到芯片的成品率。然而，这个计算可能不能正确反映设计或加工的质量。成品率最严格的定义应该是用晶圆工艺开始时可利用的芯片数目去除测试结果为优的芯片的数目。然而，由于工艺失误或其他原因，一些晶圆在工艺线上就可能被废弃掉，所以这样的计算也可能反映不出设计的质量。同时，晶圆上芯片阵列设计不当也可能会导致一些芯片由于不可控制的因素和工艺问题的影响而出错。另一方面，水平差的芯片设计也会引起工艺问题，造成流片时的废弃。在这种情况下，第一种成品率的计算方法可能会高估设计的质量。芯片的成品率可以进一步分成下面两个子类：功能成品率和参数成品率。

功能成品率是在一个低于要求的芯片速度下对芯片的功能测试得出的。功能测试可以查出短路、开路以及泄漏电流的问题和逻辑设计错误。

参数测试通常是对通过功能测试的芯片在要求的速度上进行的测试，所有的延时测试都是在该阶段完成的。较差的设计由于未考虑不可控制的工艺因素会引起芯片性能的改变，而导致产生差的参数成品率，甚至出现严重的生产问题。为了实现较高的芯片成品率，芯片开发者应通过考虑到会引起芯片性能变化的实际设备参数的波动来实现芯片的可制造性。

1.9.3　可靠性

芯片的可靠性取决于设计和工艺条件。引起芯片可靠性问题的原因有以下几种：

- 静电放电（ESD）和过压（EOS）；
- 电迁移；
- CMOS 输入/输出电路和内部电路的闩锁（latch-up）；
- 热载流子引起的老化；
- 氧化层击穿；
- 一次事件干扰；
- 电源与地之间的反冲；
- 片上噪声和串音。

低成品率的晶圆通常也会影响可靠性。例如当一个特定的晶圆流片过程控制不好时，会引起铝的过腐蚀，使晶圆上的许多芯片产生金属互连开路。一些发生了严重的过腐蚀但互连还没有完全开路的芯片可能会通过测试。但是在电流的作用下，这样的互连会因为电迁移而断路，引起芯片和系统现场出现错误。任何优质的制造环节都应在加速可靠性测试中剔除这些潜在的失效器件。

然而，对任何特定的工艺都可以通过提高芯片设计水平来解决这种工艺相关的可靠性问题。例如，知道可能会发生铝的过腐蚀，可以提醒设计者把金属加宽，使之超过允许的最小值。同样，为了避免热载流子引起的晶体管老化问题，设计者可以通过选择合适尺寸的晶体管或者通过减少施加到 nMOS 晶体管栅极上的信号的上升沿时间来提高电路的可靠性。对输入/输出电路静电放电和闩锁进行保护也可以提高可靠性。我们将在第 13 章讨论设计可靠的输入/输出电路的具体方法。

1.9.4　技术升级能力

工艺技术的发展已经取得了巨大的进步，一种给定技术的寿命几乎是不变的，即使是对亚微米技术也是如此。然而在短期内开发出复杂度不断增大的芯片的时间压力却在不断加大。在这样的情况下，芯片产品必须从技术上更新，以适应新的设计规则。尽管芯片的功能没有任何改变，但采用新的设计规则更新掩模的工作是非常繁重的。所谓的"按比例收缩"方法尽管使掩模尺寸达到了整齐一致，但由于器件特性尺寸和技术参数无法达到理想标准，所以实际中很少使用。因此，应该选择那些以最少的费用就能实现芯片技术升级或者模块重用的设计风格。设计者应该采用先进的CAD工具自动生成物理版图。所谓的硅编译器就是采用合适的栅极尺寸或者晶体管尺寸来满足芯片的时间要求。

1.10　封装技术

初入门的设计者常常没有充分地考虑封装技术，尤其是在芯片开发的初期。然而，如果芯片开发者在设计中没有考虑到各种封装带来的影响和寄生效应，那么许多高性能 VLSI 芯片在封装以后就不能严格符合测试规范。

地线、电源线和焊盘的个数都严重影响片上电源和地线的特性。同时，芯片和封装载体之间压焊线的长度以及封装载体上引脚的长度将决定输出电路中的感性压降。另一个同样重要的问题是散热问题。优质的封装产生的热阻很低，因此功耗引起的温升不会超过环境温度。

由于选择合适的封装技术对于芯片开发的成功是至关重要的，所以芯片开发者从项目的开始就应该同封装设计者密切合作，对全定制开发者更应如此。同时，因为封装芯片的最终费用主要取决于封装成本本身，所以对低成本芯片的开发来说，设计者必须保证足够的设计容限，即芯片在有较大的寄生效应的影响和较小的热传导下使用低成本封装仍能正常工作。封装方面的一些重要问题是：

- 密封防潮；
- 热传导；
- 膨胀系数；
- 引脚密度；
- 寄生电感和电容；
- α 粒子保护。

对引脚数目的要求在这几十年来有显著的增高。可用来描述引脚数目的经验公式 Rent 定律如式（1.1）所示：

$$T = t \cdot B^P \tag{1.1}$$

式中，T 为引脚数；B 为逻辑块数；t 为平均每个逻辑块中的终端数；P 为 Rent 指数。Rent 指数一般取在 0.5～0.75 之间。图 1.40 展示了随着逻辑块数目的上升，引脚数显著增加。Rent 定律指出了在现代集成电路设计中，芯片会被引脚数目限制。而且，随着科技发展，在给定电路面积中的晶体管数目的增加还会加剧这种状况。因此在不远的将来，引脚数（而非电路面积）会成为设计瓶颈。

集成电路芯片可以采用多种类型的封装。集成电路的封装通常按在印制电路板(PCB)上焊接的方法分类。若封装引脚可以插入印制电路板上钻好的孔中，则称为引脚插孔法(PTH)；若封装引脚可以直接固定在印制电路板上，则称为表面贴装技术(SMT)。

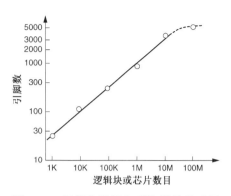

图 1.40 逻辑块数目和引脚数的关系图

引脚插孔封装法要求为每一个引脚在印制电路板上都钻出精确的孔，这会增加成本。而且每个孔都需在其内表面镀上金属以保证传导性。若电镀不合适可能会引起成品率和可靠性下降。然而，引脚插孔法的优点是可以采用相对便宜的焊接方法。相比较而言，表面贴装技术通常更具成本效益且空间利用率更高，不过在印制电路板上进行表面贴装(SMT)需要更昂贵的设备。

多年来，塑料一直是集成电路封装的主导材料，尽管它有透湿的缺点。当功耗、性能或者环境的要求胜出相对高的成本时，可采用陶瓷封装。今天，对电路的各种要求诸如高引脚数，高频操作，热损耗，多芯片封装等促使了封装技术的日新月异。一些常见的集成电路封装类型如下。

双列直插封装(DIP)：引脚插孔法 20 多年来一直是占主导地位的集成电路封装方法。双列直插封装具有低成本的特点，但 DIP 尺寸受到限制，尤其对小型便携式产品更是这样。双列直插封装还具有高互连感抗的特点，这在高频应用中将导致严重的噪声问题。DIP 的引脚数量一般限制在 64 个以内。

针栅阵列封装(PGA)：与双列直插封装相比，PGA 能提供更多的引脚数量(几百个)以及更高的热传导性能(因此，具有更好的功耗特性)，尤其当封装块上含无源或有源的热沉时更是如此。针栅阵列封装需要较大面积的印制电路板，并且封装成本比双列直插封装高，尤其是陶瓷针栅阵列封装。近年来为了降低高性能芯片的寄生效应，引入了球栅阵列封装技术。

芯片载体封装(CCP)：SMT 封装类型可分为两类，无引脚芯片载体和有引脚芯片载体。无引脚芯片载体可以直接将封装块固定在印制电路板上，并且可以支持更多的引脚数量。主要缺点是芯片载体和 PCB 之间在热系数上存在本质上的差别，这最终将导致在印制电路板的表面产生机械压力。由于加入引脚能容许由热系数不同引起的小范围变化，所以有引脚载体封装解决了上面的问题。

方形扁平封装(QFP)：除了在封装块下引脚向外延伸而不是变弯曲这点差别外，表面贴装技术封装方法与有引脚芯片载体封装很相似。近年来具有较多引脚(上限为 500 个)的陶瓷和塑料方形扁平封装成为流行的封装技术。

球栅阵列封装(BGA)：和双列直插封装与方形扁平封装相比，这种封装类型通过给电流提供一条短垂直路径从而使电感系数和电容更小。另外，电路下的焊球散热性要比方形扁平封装要好。球栅阵列封装的引脚数和有引线芯片基座差不多，不同的是它的引线是向外延展而不是折向封装体下方的。球栅阵列封装的最高引脚数可达 1800 个。

多芯片模块(MCM)：这种集成电路封装可以用到需要高性能的特殊场合，其中，多个芯片安装在一个封装块中的单片衬底上。因此，芯片间大量关键的互连可以在封装内完成，优点包括大大节省整体系统尺寸，减少封装中引脚的数量以及由于芯片可以更加靠近而使工作速度更快。

系统级封装(SiP)：系统级封装将多种功能和设备集成在一个封装包中，如 RF、MEMS、模拟、数字、内存。系统级封装能显著降低芯片的尺寸、重量、价格和功耗。此外，相比于片上系统，系统级封装更加高产和经济。近年来，3D 堆叠技术广泛应用于系统级封装。对于 3D 封装，目前的主要课题有散热管理、片间焊合、硅穿孔过程（TSV）、单片测试、仿真、临近界面技术等。上述课题中最重要的是非硅穿孔（TSV）。而 TSV 中最重要的问题是如何降低工业成本和通过制定统一标准接洽来自不同商家不同尺寸的模片。

表 1.2 提供了常用的封装特征参数。

表 1.2　64～68 引脚封装的一些特性参数

参　　数	封装类型				
	DIP（陶瓷）	DIP（塑料）	PGA	无引脚芯片载体	有引脚芯片载体
最大引脚电阻（Ω）	1.1	0.1	0.2	0.2	0.1
最大引脚电容（pF）	7	4	2	2	2
最大引脚电感（nH）	22	36	7	7	7
热阻（℃/W）	32	5	20	13	28
PCB 面积（cm²）	18.7	18.7	6.45	6.45	6.45

1.11　计算机辅助设计技术

计算机辅助设计（CAD）工具对于按时开发集成电路是非常必要的。尽管计算机辅助设计工具不能取代设计中的创造和发明，但设计中费时而且计算集中的机械性部分大都可以用 CAD 工具来完成。用于 VLSI 芯片设计的 CAD 技术可以分为以下几个方面：

- 高层次综合
- 逻辑综合
- 电路优化
- 版图
- 仿真
- 设计规则检查

1.11.1　综合工具

使用像 VHDL 或 Verilog 一类硬件描述语言（HDL）的高层次综合工具实现了设计中高层设计阶段的自动化。通过对芯片面积和信号延时这样的低层设计特性的准确估计，这些工具能有效地确定芯片设计中应包含的模块的类型和数量。人们已经开发了许多用于逻辑综合和优化的工具，并且可以对于诸如芯片面积最小化、低功耗、高速或它们的加权组合的特殊设计需求进行专门设计。

1.11.2　版图工具

电路优化工具包含使延时最小化的晶体管尺寸以及工艺变化、噪声和可靠性损伤。版图 CAD 工具包括用于布局、布线以及模块生成的工具。尖端的版图工具是目标驱动的，并且包括一定程度的优化功能。例如，时间驱动的版图工具的目标是产生能够满足时间要求的版图。

自动的单元定位和布线程序是一类非常重要的物理设计自动化工具。在基于单元的设计自动化中最有挑战性的一个工作是将芯片上所有的标准单元都放置在最优化或接近于最优化的位置，以便能够用最小的互连面积和最小的延时完成单元间的信号布线。由于为成千上万的标准单元找到最合适的位置通常花费太大，以至于不能作为一个常规的几何定位问题来解决，在绝大多数情况下，人们采用各种尝试性方法(例如，最短路径算法、最佳直接算法、模拟退火算法)来找到一种接近于最优的解决方法。

一旦设计中所有单元的物理位置都固定下来了，就在网表的基础上(正式的门级电路的描述)使用自动布线工具来生成单元端点之间的金属互连。就像在自动布局工具中那样，人们采用了大量的尝试性方法以最小的计算量寻找接近于最优化的布线方法。

1.11.3　仿真和检验工具

仿真，这个 VLSI CAD 工具中最成熟的领域包括许多工具：电路仿真(SPICE 及其衍生工具，如 HSPICE)、时序仿真、逻辑仿真以及特性仿真，还有其他许多用于器件仿真和工艺仿真的工具。所有的 CAD 仿真工具都是为了在设计过程的每个阶段判断设计的电路是否满足要求。

逻辑仿真主要是为了验证电路的功能，例如判断设计的电路实际是否具有要求的逻辑特性。电路结构门级的抽象已足够确认逻辑功能，单个门具体的电性能不是逻辑仿真所关心的。在逻辑仿真时，把许多测试向量(输入端)加到电路上，并且将实际输出图形与预期输出图形进行比较。逻辑仿真工具中可以加入有限的门延时信息，而电气仿真则可实现关键时域特性的详尽分析。

人们使用电路或者电气仿真工具来判断理论的和最坏情况下的门延时，以便确认关键延时信号通道或元件，并推测寄生效应对电路特性的影响。为了完成这些工作，用一个具体的物理模型代替电路中每个晶体管和每一条互连线的电流电压特性，并且在时域内求解描述电路暂态特性的联立微分方程。因此，电路仿真的计算费用比逻辑仿真高许多个数量级。所以，为了获得可靠的关于电路时间特性的信息，必须在电路级仿真以前根据掩模版图数据(版图提取)确定所有寄生电容和阻抗。

CAD 的设计规则检查包括版图规则检查、电气规则检查以及可靠性规则检查。版图规则检查程序对解决潜在的生产问题和电路故障非常有效。

习题

1.1　图 P1.1 是一个加法/减法逻辑电路。当 CAS = 0 时，电路执行加法操作；当 CAS = 1 时，电路执行减法操作。

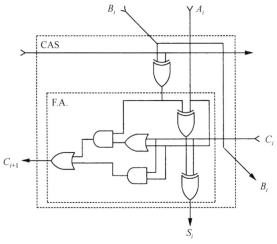

图 P1.1

a. 画出一个等效的 CMOS 逻辑图，但应注意除了传输门和异或门外绝大多数 CMOS 门都是反相的，例如与门是用一个与非门跟随一个反相器实现的。

b. 通过使用图 1.30 给出的门阵列平台实现 CMOS 电路。在比例方面应尽可能紧凑，垂直尺寸与水平尺寸比例应尽可能接近 1。

1.2 对于习题 1.1 中的 CMOS 电路：

a. 先开发一个小规模 CMOS 单元库。

b. 把所有单元都排成单独一行并且用适当的顺序将它们互连起来使互连线总长最小。

1.3 设计效率的度量能预测不同设计实现的方式需要的设计时间，比如像重复使用的晶体管（RPT），非重复、唯一的晶体管（UNQ），PLA，RAM 以及 ROM 晶体管，开发者经验水平（yr），每年效率的提高值（D）以及设计的复杂度（H）。由 Fey 提出的公式为：

$$工程师–月数 (EM) = (1+D)^{-yr}[A+Bk^{H}]$$

其中，k 代表设计中等效晶体管数量的数字，其表达式为：

$$k = UNQ + C \cdot RPT + E \cdot PLA + F\sqrt{RAM} + G\sqrt{ROM}$$

在这个公式中，晶体管数量是以千为单位，系数 A，B，C，D，E，F，G 和 H 是取决于开发者经验和 CAD 工具支持的参数，参数（yr）代表模型参数抽取以来花费的年数。这些参数的一些样本值是 $A=0$，$B=12$，$C=0.13$，$D=0.02$，$E=0.37$，$F=0.65$，$G=0.08$，$H=1.13$。

a. 讨论在设计的过程中如何提取模型参数。

b. 已设计了一个用 20500 个重复的晶体管、10500 个单个晶体管、105500 个 RAM 晶体管以及 150200 个 ROM 晶体管的 24 位浮点处理器。假设经验年数值 yr = 3，计算预期的开发时间（EM）。应注意方程中晶体管的数量是以千为单位的，例如 UNQ = 10.5 而不是 10500。

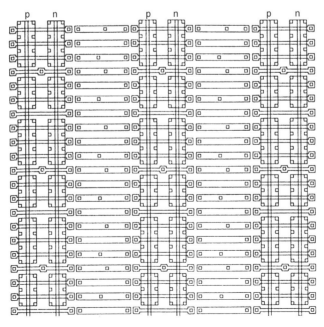

CMOS 门阵列平台（习题 1.1b）

1.4　用一组大型现场可编程逻辑阵列(FPGA)生产出一个大规模快速原型系统:

　　a．分析这种原型系统的优缺点，在考虑设计功用和速度的情况下对设计思想和例子进行讨论。

　　b．你如何比较硬件原型方法和计算机仿真方法?

1.5　随着芯片上晶体管数量的增加，设计复杂度也在增加，噪声也变得更加严重，在不同的地线和电源焊盘数量与配置方法以及地线和电源数目的情况下讨论封装对抑制芯片噪声方面的影响。

1.6　由于测试环境中的寄生效应的影响，测试超大规模集成芯片的速度变得越来越难。同时高速测试仪器的价格也非常高，因此，事实上小规模的生产商很难拥有这样的设备。讨论仅在低速条件下测试芯片会给采用这些芯片开发的系统的速度带来什么问题? 在没有速度测试仪器的条件下可以用其他什么方法来简化这个问题?

1.7　为芯片的开发起草一个设计周期和开发成本的计划，特别是如果当客户要求在一个月内、半年和一年内开发出芯片，你会分别选择什么设计方式?

第 2 章　MOS 场效应管的制造

2.1　概述

本章将讨论MOS芯片制造的基本原理和工艺流程的主要步骤。关于硅制造技术应在专门的课程中加以讨论，本章不做详细论述。相反，本章讨论的重点将放在一般工艺流程的步骤和各种工艺步骤间的相互影响上，它们将最终决定器件和电路的特性。后面的章节将说明在制造工艺、电路设计过程和最终的芯片性能之间存在着密切的联系。因此，电路设计人员必须具备芯片制造的实践知识，根据不同的制造参数有效地设计并优化电路。电路设计人员也应该对制造工艺中使用的各层掩模的作用以及如何使用掩模来定义片上器件的各种特性有清楚的了解。

下面将集中讨论已经比较成熟的 CMOS 制造工艺，这种工艺要求在同一块芯片衬底上形成 n 沟道（nMOS）和 p 沟道（pMOS）晶体管。为了合理地安排 nMOS 管和 pMOS 管，必须在片上设定一些区域，在这些区域内半导体的类型与衬底的类型相反。这些区域称为阱（well）或槽（tub）。p 型阱制作在 n 型衬底上，而 n 型阱制作在 p 型衬底上。这里介绍的简单 n 阱 CMOS 制造技术中，是在 p 型衬底中形成 nMOS 管，而在 p 型衬底上先形成 n 阱，再在 n 阱中形成 pMOS 管。在双阱 CMOS 技术中，为了优化器件，可以生成与衬底类型相同的附加的阱。

图 2.1 给出的是一个 p 型硅衬底上的 CMOS 集成电路简化制造工序。首先通过在衬底中注入杂质生成 p 型 MOS 管用的 n 阱区域。然后，在 nMOS 和 pMOS 有源区的四周逐渐形成厚氧化层。随后，通过热氧化作用在表层形成薄的栅极氧化层。这些步骤之后，通过注入形成源、漏和沟道停止的 n^+ 和 p^+ 区。最后形成金属连线。

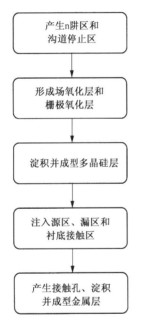

图 2.1　单层多晶硅的 n 阱 CMOS 集成电路制造工艺的主要步骤

由于没有给出具体的制造步骤，读者对图 2.1 所示的工艺流程可能会觉得过于抽象了。要对半导体制造工艺中包含的问题有更好的了解，我们首先必须更加详细地考虑一些基本步骤。

2.2　制造工艺的基本步骤

值得注意的是，每一道工序都要求通过专用掩模来确定芯片上的特定区域，因而可以认为集成电路就是制作掺杂硅、多晶硅、金属和绝缘二氧化硅的一系列材料层。一般来说，制造完一层之后，才能在芯片上淀积另一层材料。光刻就是将每一层掩模上的图形转移到芯片上的各个特定层。因为每一层都有各自不同的成型要求，所以对每一层都要使用不同的掩模重复进行光刻。

首先，通过图 2.2 所示的工艺流程来举例说明通过光刻对二氧化硅进行成型的制造步骤。第一步，通过在硅表面上的热氧化作用，在硅衬底的表层形成约 1 mm 厚的氧化层［见图2.2(b)］。然后在整个氧化层表面覆盖一层感光的、抗酸的有机聚合物——光刻胶。初始情况下，光刻胶不溶于显影液［见图 2.2(c)］。用紫外线曝光后，被曝光区域变成可溶的，因此不再具有抗蚀性。为了有选择地进行曝光，曝光过程中必须在光刻胶表层部分区域覆盖掩模。这样，覆盖有掩模的地方被紫外线曝光时，该区域就不会透光。另一方面，在紫外线可以穿过的地方，光刻胶因受到曝光而变得可溶［见图 2.2(d)］。

原先不可溶、但被紫外线曝光后变得可溶的光刻胶称为正光刻胶，图2.2中所示的工艺中用的就是正光刻胶。还有另一种最初可溶、但经过紫外线曝光变成不可溶的(硬化的)光刻胶称为负光刻胶。如果在光刻处理中使用负光刻胶，则未被不透明掩模图案覆盖的区域就变得不可溶。反之，有覆盖的区域在后面的溶解过程中就可以被刻蚀。负光刻胶对光更加敏感，但它们在光刻技术中的分辨率没有正光刻胶高，因此，在高密度集成电路制造中，负光刻胶的使用并不普遍。

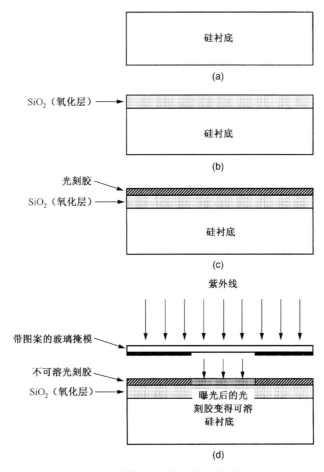

图 2.2　制作二氧化硅的工艺步骤

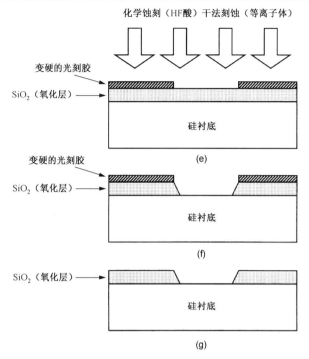

图 2.2(续)　制作二氧化硅的工艺步骤

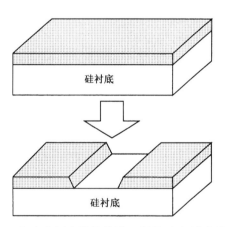

图 2.3　省略中间步骤的单道二氧化硅光刻成型工序
得到的结果。图 2.2(b) 和图 2.2(g) 所示的分
别是未成型结构（上）和已成型的结构（下）。

紫外线曝光之后，光刻胶未被曝光的
部分可以用一种溶剂去掉。现在，未被硬
化光刻胶覆盖的二氧化硅区域可以用化
学溶剂（HF 酸）或通过干法刻蚀（等离子
刻蚀）处理进行刻蚀［参见图 2.2(e)］。这
一步结束后，我们可以得到一个深达硅表
层的氧化物窗口［见图 2.2(f)］。其后，残
留在二氧化硅表面的光刻胶就可以用另
一种溶剂去掉，只留下图 2.2(g) 所示的已
成型的二氧化硅图案。

图 2.2 中列举的工艺流程实际上完成
的是将如图 2.3 所示的单一图形转移到二
氧化硅表面这一步。半导体器件的制造要
求在二氧化硅、多晶硅和金属上多次完成
这样的图形转移。而在所有的制造步骤中使用的制作工序都和图 2.2 中所示的工序十分相似。
同时也要注意到：在亚微米器件中，要生成精确的高密度图形，通常使用电子束光刻技术代
替普通光刻。接下来，我们将对 p 型硅衬底上的 n 沟道 MOS 管的主要工序进行讨论。

2.2.1　nMOS 晶体管的制造

该工序以硅衬底的氧化开始［见图 2.4(a)］，在衬底表面产生一层相对较厚的二氧化硅，
也叫场氧化物［见图 2.4(b)］。然后有选择地刻蚀氧化区，暴露出将用来生成 MOS 晶体管的

硅表面［见图 2.4(c)］。紧接着，用一层高质量的氧化物薄层覆盖在硅表面。这层氧化物最终
将形成 MOS 晶体管的栅极氧化物［见图 2.4(d)］。随后，在薄氧化层顶部淀积一层多晶硅［见
图 2.4(e)］。多晶硅可以用作 MOS 晶体管的栅电极材料，也可用作硅集成电路中的互连线。
未掺杂的多晶硅电阻较高，通过在多晶硅中加入杂质原子可以降低它的电阻。

　　在淀积好多晶硅层后，通过成型和刻蚀多晶硅层，形成互连线和 MOS 管的栅极［见
图 2.4(f)］。同时也将未覆盖多晶硅的那层薄栅极氧化物刻蚀掉，裸露出硅表层，这样就可以
在其上面形成源区和漏区了［见图 2.4(g)］。通过扩散或离子注入的方式，整个硅表层就会
被高浓度的杂质所掺杂(用离子注入施主原子的方式产生 n 型掺杂)。图 2.4(h)所示的是杂质
穿过硅表层的裸露区最终在 p 型衬底上形成源和漏两个 n 型区的过程。此外，空穴型杂质也
注入表层的多晶硅中，降低了它的电阻率。应该注意的是，在掺杂之前，制作的多晶硅栅极
所起的作用实际上是确定沟道区和源区、漏区的准确位置。由于这个过程很准确地确定了这
两个区域到栅极的相对位置，所以称为自对准工艺。

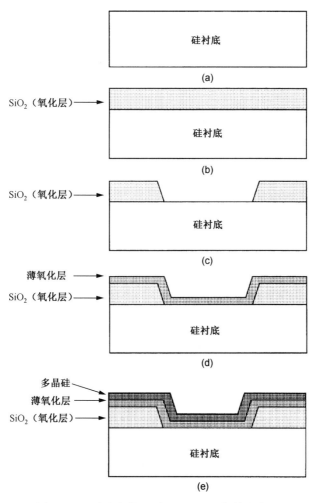

图 2.4　p 型硅上的 n 型 MOSFET 的制造流程

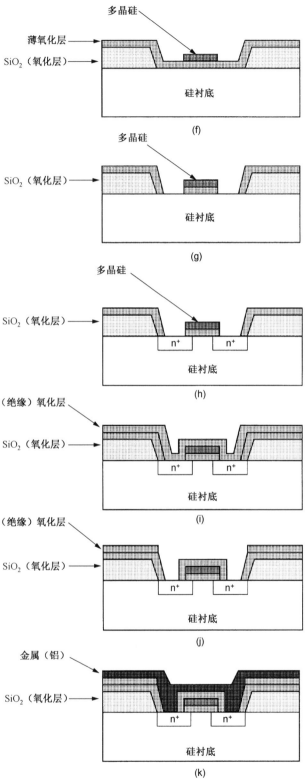

图 2.4(续)　p 型硅上的 n 型 MOSFET 的制造流程

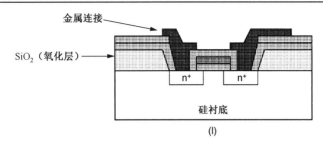

图 2.4(续)　p 型硅上的 n 型 MOSFET 的制造流程

源区和漏区形成后，再用一层二氧化硅绝缘层覆盖整个表面［见图2.4(i)］。然后对绝缘的氧化层成型得到源极和漏极的接触孔［见图2.4(j)］。再后，在表层蒸发覆盖一层铝，形成互连线［见图 2.4(k)］。最后，将金属层成型并刻蚀，就在表层形成了 MOS 管的互连［见图 2.4(l)］。通常情况下，通过再生成一层绝缘氧化层，刻出接触孔，淀积金属并使其成型，可以在衬底的顶层上再叠加第二层(和第三层)金属互连线层。本书彩图的插图 1 和插图 2 中举例说明了在 p 型硅衬底上生成 n 型 MOS 管的主要工序步骤。图像是采用 DIOS™ 多维处理仿真器，由瑞士苏黎士 AG 公司提供的 ISE 集成系统工程处理仿真软件完成的。

2.2.2　器件隔离技术

构成集成电路的MOS 管在制造过程中相互之间必须是电隔离的。为了防止器件之间形成不需要的通路，避免在晶体管沟道区外生成反型层并减少漏电，必须进行隔离。为了使芯片表层的相邻晶体管之间能形成充分的电隔离，通常需要在特定的区域生成器件，这些区域称为有源区。每一个有源区都被称为场氧化物的厚氧化区所包围。

在硅表层的有源区之间形成隔离的一个可行的技术就是首先在芯片的整个表层形成一层厚的场氧化物，然后再在特定的区域刻蚀掉氧化物来确定有源区。这种制造技术称为场氧化物刻蚀隔离技术，如图 2.4(b)和图 2.4(c)所示。这里，氧化物的有选择的刻蚀是为了暴露出一些硅表层，以便在其上生成MOS 管。尽管这种技术相对简单，但它也有一些缺点，最主要的缺点是氧化区的厚度会导致在有源区和隔离区的边界上形成相当大的氧化物台阶。在后面的工序中，当多晶硅和金属层覆盖在这些边界上时，边界上就会形成高度差，导致淀积层破裂，使芯片作废。为了避免这种情况的出现，大部分制造者采用将场氧化物部分凹进硅表层的技术来产生更为平坦的表层结构。

2.2.3　硅局部氧化(LOCOS)

硅局部氧化技术的原理是：在特定的区域有选择地生成场氧化物，而不是在氧化物生成后有选择地刻蚀出有源区。通过在氧化过程中用氮化硅(一般为 Si_3N_4)屏蔽有源区可以实现有选择地生长氧化物。这是因为(Si_3N_4)能有效抑制氧化物的形成。LOCOS 的基本步骤如图 2.5所示。

首先，在硅表层形成一层很薄的氧化物垫层(又称应力释放的氧化层)。紧接着淀积氮化硅层并成型以确定有源区［见图 2.5(a)］。在这里，氮化硅下面的薄氧化物垫层用来保护硅表面，使其在后面的工序中不受氮化物产生的应力影响。在硅表层上用来产生隔离区的暴露区域中，通过 p 型掺杂形成环绕晶体管的沟道停止注入［见图 2.5(b)］。然后，如图 2.5(c)所示，在没有覆盖氮化硅的区域生成一层厚的场氧化物。值得注意的是，由于热氧化作用要消耗掉一部分硅，所以场氧化物是部分凹进硅表层中的。此外，场氧化物在氮化物层下面会形成侧向的延伸部分，称为鸟嘴区。这种侧向的侵蚀会导致有源区减小。最后，通过刻蚀氮化硅层和氧化物垫层［见图 2.5(d)］形成部分凹进的场氧化物包围的有源区。

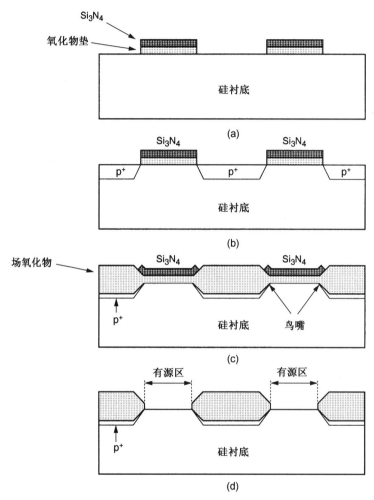

图 2.5　LOCOS 产生有源区周围氧化隔离层的基本步骤

　　LOCOS 是一种用来实现具有平坦表层结构的场氧化物隔离的较为普遍的技术。由于侧面鸟嘴侵蚀最终会限制 VLSI 电路中器件的规模和密度，所以近年来人们开发了一些其他的方法来控制侧面鸟嘴侵蚀。

2.2.4　多层互连结构和金属化

　　在当今的 CMOS 工艺中，芯片表面的晶体管、电源线、信号和时钟线之间常常采用多层金属（通常是 4 层到 8 层）来进行互连。通过绝缘材料（SiO_2）使相邻层之间实现电隔离的多层金属可以实现集成密度更高的复杂结构，实际上是增加了第三维空间，从而使设计更加有效。正如前面提到的，在层与层之间的电连接是由接触孔组成的，接触孔可以放在任何需要这种接触点的地方。在每一次新的金属化之前在隔离氧化物中产生一些窗口，并给这些氧化物窗口填上特殊的金属(通常用钨)塞子，这样就形成了接触孔。接触孔形成后，新淀积一层金属并且进行成型就形成上一层金属层。

应当注意，前面介绍的晶体管生产流程中包括 n 阱、p 阱形成，局部氧化，栅极形成等，这些处理过程会导致芯片表面变得凹凸不平。由于在不平坦的表层上淀积的金属层会出现局部很薄和不连续的现象，所以我们不直接在不平坦的表面配置金属的互连线。在不平坦的表面上进行光刻既困难又不准确。由于每个额外的金属层表层长条的持续累积，导致表层不连续问题会越来越明显，最终会导致芯片表面明显的凹凸不平。

通常采用在新一层金属层淀积之前对表面进行平坦化处理的方法来避免因表面不平坦结构而可能产生的问题。先在晶圆表面淀积一层较厚的 SiO_2 来覆盖所有的表面不连续的地方。然后采用一些技术，如格拉斯回流(热处理)、后向刻蚀或化学机械磨光(CMP)技术将这层厚的 SiO_2 的顶层整平。所谓 CMP 方法，主要是在晶圆表面使用有磨蚀作用的 SiO_2 浆体进行磨光。这种方法近年来在半导体工业中得到了较为广泛的使用，它使芯片上可以产生连续的金属互连层，并且每一新层都淀积在平坦化后的氧化层表面上。图 2.6 所示的是采用 CMP 技术制造的多层金属互连线在电子扫描显微镜下的剖面图。

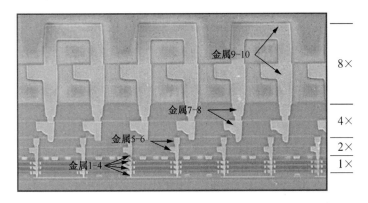

图 2.6　现代集成电路芯片的剖面图(IBM 的 Power 6 微处理
芯片)。该图展示的是用来在硅表面布线的复合金属层

2.3　CMOS n 阱工艺

在了解了单个 n 型 MOS 晶体管的生产过程和通过光刻进行图形转移的基本步骤后，我们可以再返回来看一看图 2.1 所示的 n 阱 CMOS 集成电路的整个制造工序。下面的几幅图从光刻掩模顶部和相关区域的横截面角度显示了 CMOS 反相器制造过程中的一些重要的工艺步骤。

n 阱 CMOS 工艺首先对 p 型硅衬底进行适度掺杂(杂质浓度一般小于 $10^{15}\,cm^{-3}$)。然后，在整个表面生成最初的氧化层。第一道光刻掩模确定出 n 阱区。作为施主原子的磷原子通过该氧化物窗口注入到硅中。

n 阱生成后，n 型和 p 型 MOS 管的有源区就可以确定了。图 2.7～图 2.12 举例说明了 CMOS 反相器制造工艺中的重要步骤。本书彩图的插图 3、插图 4、插图 5 也显示了制造 CMOS 反相器的主要工艺步骤。这里的截面图是使用由瑞士苏黎士集成系统工程协会提供的(DIOS™)多维处理仿真和 PROSIT™3D 结构模型工具生成的。

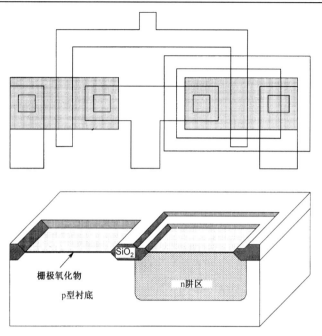

图 2.7　生成 n 阱区后，在晶体管的有源区周围生成一层厚的场氧化物，在有源区上面生成一薄层栅极氧化物。栅极氧化物的厚度和特性是很重要的两个参数，因为它们会对 MOS 管的工作特性和可靠性寿命产生很大的影响（W.Maly, Atlas of IC Technologies）

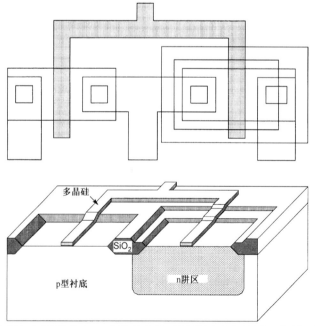

图 2.8　用化学气相淀积法（CVD）淀积多晶硅层并用干法（等离子）刻蚀使多晶硅层成型。产生的多晶硅线的作用是作为 nMOS 和 pMOS 晶体管的栅极以及它们的互连线。之后，多晶硅栅极作为自对准掩模在源区和漏区注入中起作用（W.Maly, Atlas of IC Technologies）

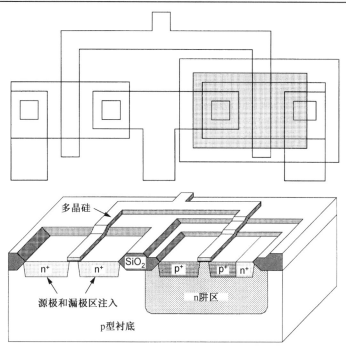

图 2.9　使用两张掩模，将 n+区或 p+区分别植入衬底和 n 阱。
　　　　对衬底和 n 阱的欧姆接触也在这一过程中注入
　　　　（W.Maly, Atlas of IC Technologies）

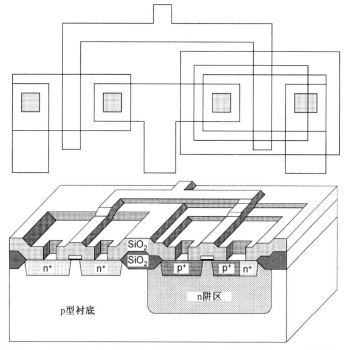

图 2.10　用 CVD 法在整个晶圆上淀积一层绝缘的 SiO_2。然后，
　　　　确定并刻蚀连接点，暴露出硅或多晶硅的接触孔。这些
　　　　接触孔在下一步采用金属层完成电路互连时是必不可少的
　　　　（W.Maly, Atlas of IC Technologies）

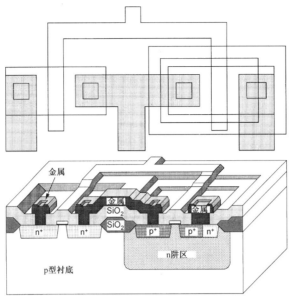

图 2.11　用金属蒸发法在芯片表面淀积金属(铝)，通过刻蚀形成金属线条。因为晶圆表面不平坦，在这一工序中生成的金属线条的质量和完整性对最终电路的可靠性非常关键（W.Maly, Atlas of IC Technologies）

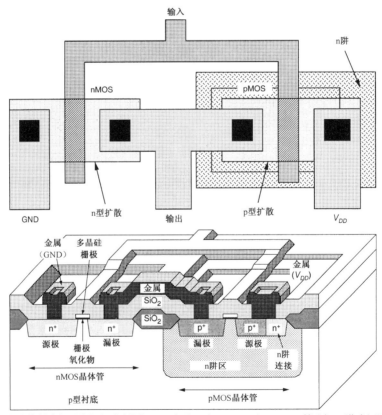

图 2.12　芯片最终的剖面图和合成版图。显示了一个 nMOS 和 pMOS 管(在 n 阱中)以及多晶硅和金属互连。最后一步是在芯片上除焊盘外的其他区域淀积钝化层，以起到保护作用（W.Maly, Atlas of IC Technologies）

2.4　CMOS 技术的发展

在最近的二十年，引入了许多新的 CMOS 工艺以提高器件性能、降低功耗及减小芯片尺寸，如表 2.1 所示。FEOL 与 BEOL 分别表示前道工序与后道工序，前者与晶体管工艺有关，而后者与互连工艺有关。采用深紫外线光刻技术可以达到 0.25 μm 工艺。248 nm 波长的光刻技术已经被开发应用于 0.18 μm CMOS 工艺。对于低于 100 nm 的器件，采用 193 nm 波长的图案形成。随着特征尺寸按比例缩小至 32 nm 的工艺，工业上已经出现波长范围为 11～14 nm（在电磁波谱中极紫外线区域，EUV）的光刻技术。EUV 光刻技术的成本非常高。在亚 100 nm 器件中，芯片设计的非重复性工程成本显著增加，这包括一次性开发成本，例如掩模生成与设计。

表 2.1 列出了每个工艺的关键技术革新。对于 0.5 μm 工艺，采用 2.2 节中介绍的 LOCOS 和自对准硅化物。自对准工艺的好处是在栅极、源极和漏极区域形成硅接触不需要光刻图案形成处理。0.35 μm 工艺采用轻掺杂的漏区，此漏区掺杂浓度的减小可控制漏极衬底击穿，同时也减小了漏电流，如图 2.13 所示。在漏极附近的沟道中，电场随着漏极和沟道之间的掺杂浓度下降而下降。在 0.25 μm 工艺中，采用了浅沟槽隔离（STI）和绝缘体上硅（SOI）。在小几何尺寸的器件中，LOCOS 工艺的鸟嘴入侵到有源区，如图 2.5 所示。嘴的尖点引起强磁场，晶格破坏，以及相邻器件之间的漏电流。为了克服这些问题，出现了 STI 去除鸟嘴问题，如图 2.13 所示。在 STI 工艺中，硅是通过半导体衬底采用等离子干蚀刻工艺进行蚀刻，然后将电介质材料（SiO$_2$）沉积到沟槽中的。如图 2.13 所示，袋状或光环状注入已被用于短沟道器件，以抑制沟道穿通和阈值电压的滚降，详细描述请参考 3.5 节。源漏结附近掺杂浓度高于通道中间的掺杂浓度，可以减小短沟道效应。

表 2.1　CMOS 技术的发展综述

工　艺	光　刻	～L_{Poly}	关键 FEOL 工艺创新
0.5 μm	i 线	250 nm	LOCOS，硅化物
0.35 μm	i 线	180 nm	轻掺杂漏极（LDD）
0.25 μm	i 线	135 nm	LOCOS/STI，绝缘体上硅（SOI）
0.18 μm	248 nm	90 nm	快速热处理一氧化氮（RTNO）
0.13 μm	248 nm	～65 nm	偏置垫片，铜/大马士革（BEOL）
90 nm	193 nm	～45 nm	应变工程，氧化物-氮化物-氧化物（ONO）
65 nm	193 nm	～35 nm	更积极的应力工程，氧化缩放结束
45 nm	193 nm	～25 nm	器件定制，金属/高 k 栅堆叠
32 nm	193 nm	～18 nm	物理缩放，添加剂缩放工程
22 nm	EUV	～12 nm	另一种沟道或新设备（平面或非平面）

1998 年，IBM 公司提出绝缘体上硅（SOI）器件，这种器件在硅器件和硅衬底之间放置一薄层绝缘体。图 2.14 显示了典型的 SOI 器件的横截面图。与传统的大部分器件相比，SOI 器件因其与大部分硅隔离而具有较小的寄生电容，从而可以减小功耗、提高性能。此外，这一工艺使 n 阱 MOS 和 p 阱 MOS 晶体管完全隔离，因而也完全消除了闩锁效应（详细内容参考 13.6 节）。在 SOI 器件中，衬底中由 α 粒子产生的电子-空穴对可以忽略不计，从而降低了软错率。然而，SOI 器件具有所谓的记忆效应——器件的传播延迟依赖于以前的逻辑状态。引起记忆效应的主要原因是寄生电流（栅极隧道、二极管、寄生的双极结晶体管电流），栅极、

衬底、源极和漏极之间的结电容，以及衬底效应。为了克服记忆效应，在 SOI 设计中应添加一定量的时序裕量。同时，SOI 的浮体特点增加了器件的可变性。采用 SOI 的另一个瓶颈是较高的制造成本，主要是由于衬底成本较高。

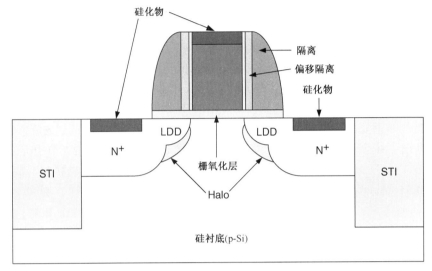

图 2.13　采用 LDD 和 STI 技术的元器件横截面示意图

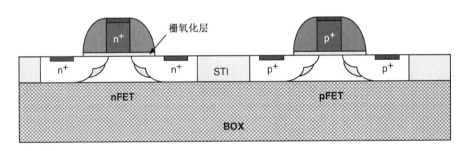

图 2.14　SOI 元件的横截面

对于较薄栅极的 CMOS 需要较高介电常数的材料，以保持器件电容的合理性，这是维持驱动电流必不可少的。为了获得高介电常数材料，可替代二氧化硅的氮氧化硅膜，提出了快速热—氧化氮（RTNO）。隔离层是一种氧化侧壁，广泛用于形成 LDD 器件；偏移隔离层引入了 0.13 μm 工艺，如图 2.13 所示。在 LDD 器件中，有效沟道长度可由偏移隔离层控制。一些偏移隔离层电介质已经被用来增加驱动电流，同时也可以减小漏电流。栅隔离层的宽度在决定器件尺寸中起着重要作用，这是因为按比例缩小的侧壁隔离层与沟道长度的缩小比例是不相称的。

在 0.13 μm 工艺中，用铜线代替铝互连，以减少延迟的增加，因为铜的电阻率比铝低大约 40%。此外，电子迁移的可靠性也提高了。在互连线中流过大的电流密度将引起电子迁移，该电流可能携带金属离子并积累在下游或在导线中留下不期望的空隙。和铝相比，铜具有较好的抗电迁移性能，因为铜具有较重的原子质量。为了获得铜的高效模式，开发了一种包含线路图案形成、沟槽金属填充以及化学机械平坦化技术（CMP）的镶嵌工艺。在镶嵌工艺中，在绝缘体上蚀刻沟槽，然后通过电镀填充金属导体。铜沉积之后，使用 CMP 技术而不是干蚀刻将金属和电介质表面抛光。经过 CMP 处理后，金属厚度更小(磨蚀效应)，其表面显示了一个半球形的形状(凹陷效应)，如图 2.15 所示，这是因为铜比电介质柔软。为了减小宽互连中严重的凹陷效应，可以将宽线开槽或穿孔。较高的金属密度会引起严重的磨蚀效应，可以通过填充虚拟金属以降低磨蚀效应。在双镶嵌工艺中，互连线和通孔同时被蚀刻到中间电介质层(ILD)并沉积，从而降低了工艺成本，如图 2.16 所示。

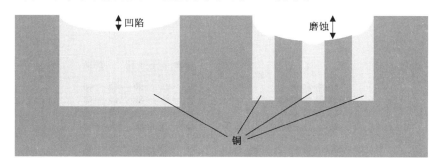

图 2.15　CMP 技术过程中的磨蚀和凹陷

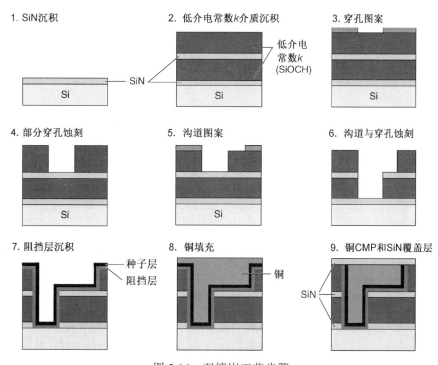

图 2.16　双镶嵌工艺步骤

关于比例缩放的 MOS 晶体管，为了增加驱动电流，可以降低氧化层的厚度和阈值电压，而这将导致电容和漏电流增加。同时，减小栅极长度可以增加场效应晶体管(FET)电流，但是这需要兼顾为减小漏电流而同比例缩小氧化层厚度和结深度。另一种方法可以提高电源电压，这将会导致更高的有功功率。最有效的方法是增大沟道中载流子迁移率，因为迁移率增强并不影响 MOS 晶体管其他方面的扩展性能。为达到此目的，引入了称为应变硅的硅层，应变硅中硅原子间距有了明显的扩张，超出了额定的距离。为了获得应变硅，在一层松弛的材料(如SiGe)上生长一层硅，如图 2.17 所示。然后，硅原子与 SiGe 原子通过延伸的硅层以达到晶格匹配。这种变形破坏了硅能带结构的对称性，并导致条带的分裂。在应变硅中，带间/谷间散射以及有效质量会减少，由于沟道电阻率的降低，使得信道中的电子流动更快。如图 2.17 所示，nMOS 晶体管的沟道中产生的应该是张应力，而在 pMOS 晶体管的沟道中产生的应该是压应力。单衬工艺可以提高 nMOS 或 pMOS 晶体管的性能，如果其中一个性能得到改善，那么另一个则可能会下降。双应力应变（DSL）工艺可以改善这两种晶体管的性能。应变硅技术可以与 SOI〔绝缘体上应变硅（SSOI）、绝缘体上 SiGe（SGOI）、绝缘体上超薄硅（SSDOI）〕结合，以提高晶体管的性能。

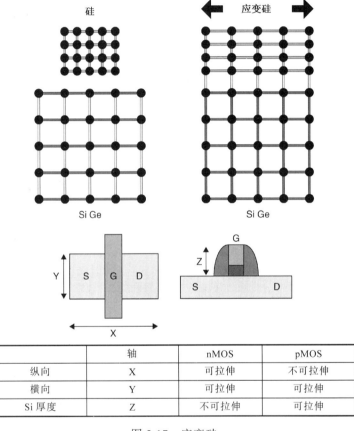

	轴	nMOS	pMOS
纵向	X	可拉伸	不可拉伸
横向	Y	可拉伸	可拉伸
Si 厚度	Z	不可拉伸	可拉伸

图 2.17　应变硅

　　与氧化物-氮化物-氧化物（ONO）隔离层作为栅介质相结合的鳍式场效应晶体管型器件结构改进了低于 50 nm 栅极长度存储设备的延展性。在移动应用中硅-氧化物-氮化物-氧化物-硅（SONOS）器件使用的是非易失性快闪存储器。

　　具有高介电常数的材料称为高 k 材料，可以容纳大量的电荷。取代二氧化硅的高 k 材料，如二氧化铪（HfO_2）、二氧化锆（ZrO_2）和二氧化钛（TiO_2）等，被用于 45 nm 或更高工艺中，以减小漏电流。此外，高 k 材料会增加晶体管的电容，这会增强晶体管开和关状态的转换特性。进一步地，薄栅氧化层引起的栅极漏电流则会显著降低。然而，高 k 材料会降低 MOSFET 沟道中电子迁移率。

　　n^+ 和 p^+ 多晶硅已分别应用于 nMOS 和 pMOS 器件。多晶硅作为栅极电极的缺点是：因为它的半导电性质，在其表面上它被渐渐耗尽，从而降低了 MOSFET 的电流驱动能力。金属栅

被用来消除多晶硅耗尽的问题，而这额外地减少了在给定的栅极过驱动以增加载流子迁移率
的横向电场。金属栅电极集成到高温（大于 1000℃）
MOSFET 的前端工艺是不容易的。包括 TiN 和 TiSiN。
TaN 和 TaCN 在内的一些金属氮化物在高温下是稳定
的。经过热处理后，这些金属氮化物的工作性能位于
4.4～4.7 eV 之间，这不适合于平面 CMOS 但是适合
多栅 MOSFET。由于高 k 电介质与多晶硅栅电极不
兼容，现在已经开发出金属栅，而且金属/高 k 栅的
堆栈［如图 2.18(b)所示］克服了 MOS 技术的比例
限制。

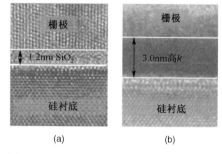

图 2.18　(a)多晶硅栅堆栈；(b)金属/高
k 栅堆栈（由 Intel 公司提供）

　　随着经典的 MOS 器件结构达到其比例限制，需
要更积极的应力工程和器件的定制，如多隔片、氧化物、阈值电压，以及 NMOS 与 PMOS
的不同应变工程。然而，将经典的 MOSFET 的尺寸缩减至 20 nm 以下几乎是不可能的。因此，
为了提高栅电极的能力，已深入研究了可替代性器件结构，从而达到控制电势分布和电流在
沟道区域流动。当沟道区的控制不仅受到栅极影响，而且还受到从源极和漏极区域的电场线
的影响时，大部分 CMOS 器件将会受到短沟道效应的影响。对于全耗尽 SOI(FDSOI)器件，
只有一部分电场线到达沟道区域，因为大多数电场线通过掩埋氧化物(BOX)传播，以及依赖
于硅膜厚度、BOX 厚度和掺杂浓度的短沟道效应影响。双栅极晶体管提供了一个更有效的器
件结构，在这种结构中，使用底栅电极阻断从源极到漏极的电场线，降低了短沟道效应。在
静电完整性(EI)因素方面，双栅器件的薄度看起来是等效 FDSOI 晶体管的两倍。为了更进一
步增加驱动电流和更好地控制信道，SOI 器件已经从平面进化到具有多栅结构的三维器件。
多栅晶体管可分为双栅、三栅和四/环绕栅晶体管，其中环绕栅 MOSFET 在控制沟道区域方
面要优于其他多栅结构。多环绕栅极沟道可以堆栈，以增加每单位面积的电流驱动能力，如
图 2.19 所示。不像其他具有一个单栅电极的多栅 MOSFET，独立的多栅 FET(MIGFET)具有
两个独立的偏置不同电位的栅电极。

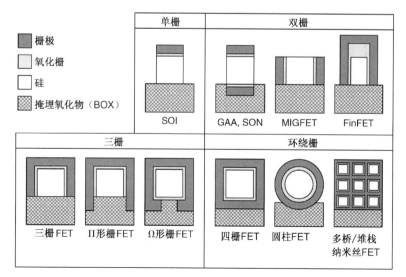

图 2.19　单栅与多栅 SOI 器件的横截面示意图

2.5　版图设计规则

用特定工艺制造电路的物理掩模版图都必须遵循一系列几何图形排列的规则，这些规则称为版图设计规则。这些规则通常规定芯片上诸如金属和多晶硅的互连或扩散区等物理对象的最小允许线宽、最小特征尺寸以及最小允许间隔。举例来说，如果金属线宽定得太小，那么在制造和此后过程中，有可能导致金属线断开，从而造成开路。如果两条线之间相互靠得太近，则在制造过程中可能会因为融合而造成短路。制定设计规则的主要目的是为了在制造电路时能用最小的硅片面积达到较高的成品率和电路可靠性。

通过适度的图形排列可以得到较高的成品率，通过将芯片上不同的器件进行高密度放置能得到更高的面积利用率，但这两者之间常常是相互矛盾的。一个特定制造工艺的版图设计规则通常指出了成品率和密度之间的一个最优的平衡点。必须强调的是，设计规则并不是区分错误设计和正确设计的分界线。一个违反某些具体设计规则的版图可能依旧会生成具有合理成品率的电路，而另一个遵守了所有设计规则的版图所生成的电路反而可能不能工作或者整体成品率很低。所以应该说，遵守版图设计规则通常大大增加了电路成品率的可能性。

设计规则通常有以下两类：

1. 微米准则：用微米表示版图规则中诸如最小特征尺寸和最小允许间隔的绝对尺寸。
2. λ 准则：用单一参数 λ 表示版图规则，所有的几何尺寸都与 λ 成线性比例。

最初提出基于 λ 的版图设计规则是为了简化工业标准的基于微米的设计规则，并能允许不同工艺按比例缩放。然而需要强调的是，大部分亚微米 CMOS 工艺设计规则不适合直接进行线性缩放。因此在亚微米工艺中使用基于 λ 的设计规则时必须十分小心。接下来，我们举例说明用基于 λ 的设计规则设计 MOSIS CMOS 的过程和一个包含两个晶体管的简单版图设计，介绍其中这些规则是如何应用的（见图 2.20）。本书彩图的插图 6 和插图 7 举例说明了一组完整的 MOSIS CMOS 尺寸可变设计规则。

天线规则　随着亚微米范围内有效沟道长度先进工艺的发展，栅极氧化层变得非常薄。因此，MOSFET 的栅极氧化层的单位面积电容（C_{ox}）增加，且阈值电压（V_{th}）减小。薄栅氧化层即使遇到很小的电撞击也很容易损坏。天线效应就是一种能破坏栅极氧化层的现象。

图 2.21 说明了天线效应产生的原因。芯片如果按图 2.18(a) 所示那样做出来，就不会发生该效应。然而，在制造过程中，因为某个确定的 MOSFET 的底层首先是按照图 2.21(b) 所示制造，所以可能导致栅极未连接到任何扩散层。如果不带氧化屏蔽层的导电层只连接到栅极氧化层，它则直暴露在到等离子体中。因此，这些由等离子体产生的大量电子将通过 (F-N) 遂穿对薄栅氧化层充放电。所以，薄栅氧化层可能遭到损坏。这种栅极氧化层的损坏称为天线效应。

版图中的天线规则用于检验天线比率（AR）是否超出栅极氧化层容许的范围。因为影响氧化层的电量正比于导电层的面积，AR 定义为

$$AR = \frac{Q}{A_{gate}}$$

其中，Q 为蚀刻时注入栅极氧化层的总电量，A_{gate} 为栅极面积。

MOSIS 版图设计规则（步骤举例）

规则编号	内容	λ 规则
	有源区规则	
R1	有源区最小宽度	3λ
R2	有源区最小间隔	3λ
	多晶硅规则	
R3	多晶硅最小宽度	2λ
R4	多晶硅最小间隔	2λ
R5	有源区上多晶硅层最小栅极延伸	2λ
R6	多晶硅与有源区边缘最小间隔	1λ
	（有源区外多晶硅）	
R7	多晶硅与有源区边缘最小间隔	3λ
	（有源区内多晶硅）	
	金属规则	
R8	金属层最小宽度	3λ
R9	金属层最小间隔	3λ
	接触孔规则	
R10	多晶硅接触孔尺寸	2λ
R11	多晶硅接触孔最小间隔	2λ
R12	多晶硅接触孔到多晶硅边缘的最小间隔	1λ
R13	多晶硅接触孔到金属边缘的最小间隔	1λ
R14	多晶硅接触孔到有源区边缘的最小间隔	3λ
R15	有源区接触孔尺寸	2λ
R16	同一有源区上接触孔的最小间隔	2λ
R17	有源区接触孔到有源区边缘的最小间隔	1λ
R18	有源区接触孔到金属层边缘的最小间隔	1λ
R19	有源区接触孔到多晶硅边缘的最小间隔	3λ
R20	不同有源区上接触孔的最小间隔	6λ

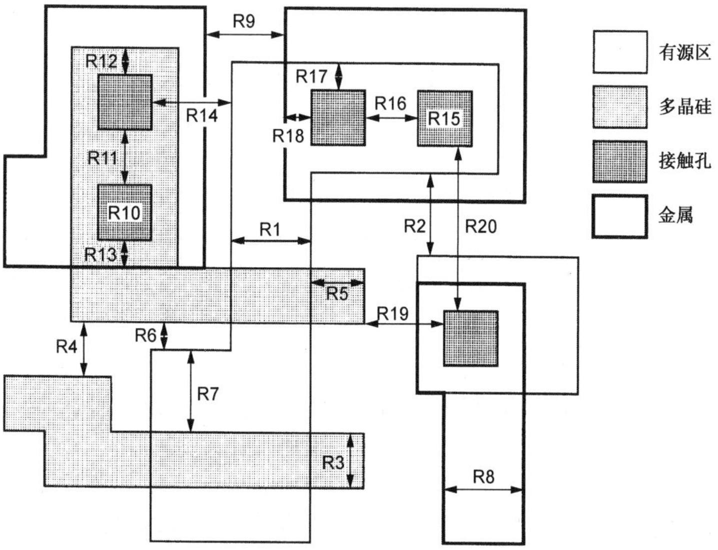

图 2.20　典型 MOSIS 版图设计规则

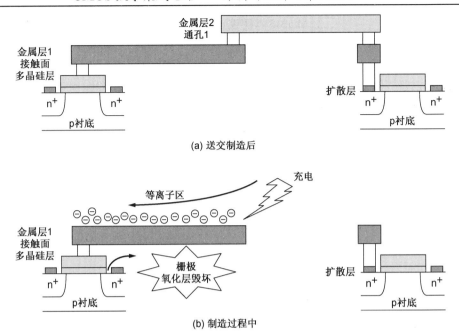

图 2.21　（a）送交制造后。简易的整体电路侧视图，该电路制造了栅
极和扩散层的连接；（b）制造过程中。天线效应的产生原因

　　有三种方法可以减轻天线效应：一种是分割信号线，通过通孔连接到上层金属层，然后最后一层金属层刻蚀完成之前，直接暴露在等离子体中的金属不与栅极相连。另一种方法是添加虚拟晶体管。将额外的栅添加到实际用的栅结点上，以增加总的栅面积。因此，AR 减小。最后一种方法是在导电层接一个反向偏置二极管，它能破坏氧化层，为等离子体产生的电流提供另一条路径。这样可以保护栅极氧化层不受天线效应的影响。

2.6　全定制掩模版图设计

　　这一节将讲述 CMOS 反相器和逻辑门的基本掩模版图原理。因为物理结构直接决定晶体管的跨导、寄生电容和电阻，以及用于特定功能的硅区，所以物理版图的设计与整个电路的性能(面积、速度、功耗)关系密切。另一方面，逻辑门精密的版图设计需要花费很多的时间与精力。这在按照严格的限制对电路的面积和性能进行优化时是非常必要的。但是，对大多数数字 VLSI 电路的设计来说，自动版图生成是更好的选择(如用标准单元库、计算机辅助布局布线)。为判断物理规范和限制，VLSI 设计人员对物理掩模版图工艺必须有很好的了解。

　　CMOS 逻辑门掩模版图的设计是一个不断反复的过程。首先是电路布局(实现预期的逻辑功能)和晶体管尺寸初始化(实现期望的性能规范)。在这一步中，设计者只能根据预计的扇出系数以及互连线的预期长度来估计输出节点的寄生负载。如果逻辑门包含 4～6 个以上的晶体管，拓扑图和欧拉路径法允许设计者决定晶体管的最佳排序(见第 7 章)。这样就能绘制出一个简单的电路版图，在图上显示出晶体管位置、管间的局部互连和接触孔的位置。

　　有了合适的版图结构后，就可以根据版图设计规则利用版图编辑工具绘出掩模层。这个过程可能需要多次反复以符合全部的设计规则，但基本布局不应有太大的改变。进行 DRC(设计规则检查)之后，就在完成的版图上进行电路参数提取来决定实际的晶体管尺寸，更重要的是确定每个节点的寄生电容。提取步骤完成后,提取工具会自动生成一个详细的 SPICE 输入文件。现在就可以使用提取的网表通过 SPICE 仿真确定电路的实际性能了。如果仿真出的电路性能(如瞬态响应时间或功耗)与期望值不相符,就必须对版图进行修改并重复上面的过程。版图修改主要是对晶体管尺寸中的宽长比进行修改。这是因为晶体管的宽长比决定器件的跨导和寄生源极和漏极电容。为了减小寄生效应,设计者也必须考虑对电路结构进行局部甚至全部的修改。图 2.22 所示的是这一重复过程的流程图。

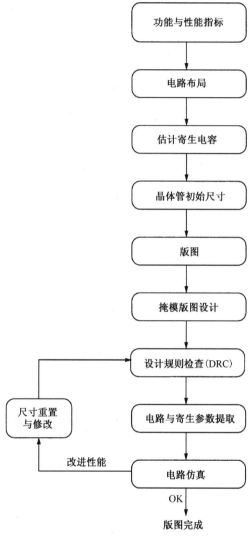

图 2.22　掩模版图设计流程图

CMOS 反相器版图设计

接下来,我们通过对 CMOS 反相器掩模版图的设计来逐步讲解版图设计规则的应用。首先,我们要根据设计规则生成每个晶体管。假设我们要设计一个具有最小晶体管尺寸的反相器。扩散区接触孔的最小尺寸(能满足源极与漏极互连)、扩散区接触孔到有源区两边的最小间隔决定了有源区的宽度。有源区上多晶硅层(晶体管的栅极)的宽度通常取最小宽度(见

图2.23）。最后通过下面的式子得到有源区总的最小长度：多晶硅最小宽度+ 2 ×（多晶硅与接触孔最小间隔）+ 2 ×（接触孔最小尺寸）+ 2 ×（接触孔与有源区边缘的最小间隔）。

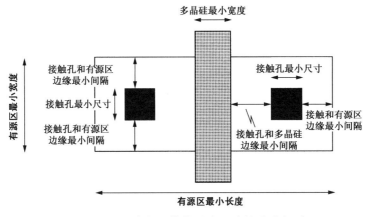

图 2.23   确定晶体管最小尺寸的设计规则

p 型 MOS 管必须放在 n 阱区，pMOS 的有源区、n 阱和 n⁺区的最小重叠区决定 n 阱的最小尺寸。n⁺有源区同 n 阱间的最小间距决定了 nMOS 管和 pMOS 管间的距离（见图 2.24）。通常，将 nMOS 管和 pMOS 管的多晶硅栅极对准，这样可以由最小长度的多晶硅线条组成栅极连线。在一般版图中要避免出现长的多晶硅连接的原因在于多晶硅线条过高的寄生电阻和寄生电容会导致明显的 RC 延时。因而，应尽可能多地用金属线组成局部信号接线。金属多晶硅接触孔可以在两层之间需要的地方提供电连接。

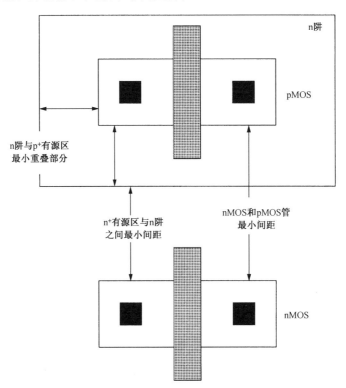

图 2.24   CMOS 反相器中决定 nMOS 和 pMOS 管的间距的设计规则

　　掩模版图的最后一步是在金属中形成输出节点 VDD 和 GND 接触孔间的局部互连（见图 2.25）。掩模版图中的金属线尺寸通常由金属最小宽度和最小金属间距（同一层上的两条相邻线间）决定。注意，为了得到合适的偏置，n 阱区必须也有一个 VDD 接触孔。

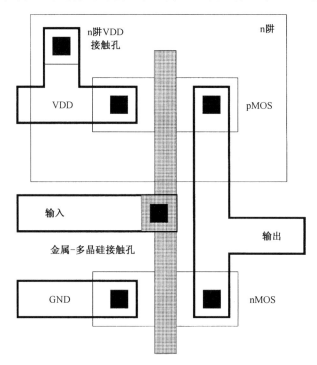

图 2.25　CMOS 反相器的最终掩模版图

　　了解了典型的 CMOS 反相器掩模版图设计的主要步骤后，我们要强调的是，这里举的例子仅仅是这个电路许多可能的版图中的一种。版图设计规则对掩模几何排列有一系列的限制，但是，全定制版图设计过程在器件尺寸、单个器件定位以及器件间互连布线方面都允许有一定的变化范围，甚至对只有两个晶体管组成的简单电路也是如此。根据主要的设计标准和设计规范（如整个硅区的最小化、延时的最小化、输入/输出引脚的定位等），人们可以选择某个掩模版图设计方案。本书彩图的插图 8 中列举了一些 CMOS 反相器和简单逻辑门的版图。注意，随着电路复杂度的增加，例如设计中使用到的晶体管数量的增加，可能的版图数量也会增加。

习题

2.1　为扩散、窗口和金属层设计三个掩模，实现一个 1 kΩ 的带 n 型扩散和金属引线的电阻器。要求 n 型扩散有 100 Ω/m^2 的方块电阻。最小特征尺寸：线宽和窗口尺寸为 1 μm。要求窗口上的金属长片和扩散长片有 0.5 μm 的延伸。

2.2　讨论习题 2.1 中的掩模能否准确实现电阻值。电阻上的窗口设计有什么作用？讨论至少两种其他的工艺机理，使得即使忽略窗口的影响，制作的阻值也会偏离目标值。

2.3　假设电阻的改变仅受线的特征尺寸影响，讨论采用最小线宽和大于最小线宽时的优缺点。

2.4　用硅化物淀积在多晶硅表面形成聚合物，可以减小多晶硅线的互连电阻。这种方法可以使方块电阻由 20 Ω 降到 2 Ω 甚至更小。在 MOS 管的源极和漏极扩散区上面淀积硅化物也可以起到相同的作用。因而，在 MOS 管的源区、漏区和多晶硅栅区上可以实现硅化物的单步淀积。讨论：怎样才能实现这一步，并保证晶体管栅极和源极或漏极间不会出现短路。

2.5　在有多层金属互连的 VLSI 技术中，金属线的成型是影响成品率的工序之一，尤其是当金属淀积在不平坦表面的情况下。我们介绍了获得平坦表面的 CMP 技术。讨论 CMP 技术对电路性能和 CMP 之后的工序的影响。

2.6　当窗口尺寸变化很大（例如同时有很大的矩形和最小尺寸的正方形）时，讨论制造一个窗口掩模的困难。尤其是当工序控制是建立在最小窗口监测基础上时可能遇到什么困难？如果工序控制建立在最大窗口监测的基础上，情况又会怎么样？

2.7　光刻技术使 MOS 芯片大规模生产实现了低成本，但是尽管在光刻技术和光刻胶材料方面有了很大的提高，在生产很小的亚微米特征尺寸的芯片时依然存在困难。X 射线制版和直接电子束直写技术可以替代光刻技术，讨论使用这些技术时会遇到什么困难。

2.8　考虑一个有 10 层掩模的芯片设计。假设每层掩模的成品率为 98%。确定 10 层掩模的复合成品率。问：工艺芯片成品率和该复合成品率哪个更高？如果答案不确定，说明不确定的理由。

第3章 MOS 晶体管

金属-氧化物-半导体场效应晶体管(MOSFET)是 MOS 和数字 CMOS 集成电路的基本构成单元。与双极结型晶体管(BJT)相比，MOS 晶体管占用的硅面积相对较小，并且制造步骤少。由于技术的进步和 MOSFET 运用的相对简化，MOS 晶体管已成为大规模集成电路(LSI)和超大规模集成电路(VLSI)中应用最广泛的开关器件。本章主要讲述 nMOS(n 沟道 MOS)和pMOS(p 沟道 MOS)器件的基本结构和电特性。nMOS 管在实际的所有数字电路应用中用作基本开关器件，而 pMOS 管大多与 nMOS 管结合在一起应用于 CMOS 电路。然而，nMOS和 pMOS 管的基本工作原理非常相似。

本章首先详细分析基于 MOSFET 结构的 MOS 系统的基本电特性和物理特性。考察外部偏置条件对 MOS 系统中电荷分布和自由导电载流子的影响。在场效应器件中，电流受电场控制，并且它的工作仅依赖于在器件两终端之间多数载流子的流动。接下来将详细讨论 MOS管的电流-电压特性，包括小尺寸器件带来的物理限制和 MOSFET 中的各种二阶效应。注意，这些考虑对于使用小尺寸 MOSFET 器件构成的大规模数字电路的整体性能尤为重要。

3.1 金属-氧化物-半导体(MOS)结构

首先，我们考察图 3.1 所示的简单两端 MOS 结构的电特性。该结构包含三层：栅极金属层、绝缘氧化(SiO₂)层和称为衬底的 p 型半导体层(Si)。因此，一个 MOS 结构形成一只电容，其中栅极和衬底作为两个电极，氧化层作为电介质。二氧化硅层的厚度通常在 1.5～3.5 nm之间。在半导体衬底中的载流子浓度和分布可由栅极和衬底之间的外加电压控制。对于在衬底中确立不同载流子浓度的偏置条件的基本理解将对复杂MOSFET结构的工作条件提供有价值的参考。

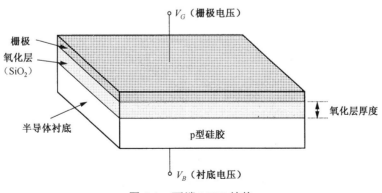

图 3.1　两端 MOS 结构

首先考虑作为MOS 电容的一个电极的半导体(Si)衬底的基本电特性。半导体中运动载流子的平均浓度服从浓度作用原理：

$$n \cdot p = n_i^2 \tag{3.1}$$

其中，n 和 p 分别为电子和空穴的运动载流子的浓度，n_i 是温度 T 的函数，代表硅本征载流子浓度。在室温下，即 $T = 300\,\mathrm{K}$ 时，n_i 约为 $1.45 \times 10^{10}\,\mathrm{cm}^{-3}$。假设衬底均匀掺杂一种受主（如硼）原子，浓度为 N_A，p 型衬底中平均电子和空穴浓度约为

$$n_{po} \approx \frac{n_i^2}{N_A}$$

$$p_{po} \approx N_A \tag{3.2}$$

掺杂浓度 N_A 的典型数量级约为 $10^{15} \sim 10^{16}\,\mathrm{cm}^{-3}$，它比本征载流子浓度 n_i 大得多。注意，式 (3.2) 中给出的本体电子和空穴浓度在远离表面（即半导体衬底和氧化层接触面）的区域是有效的。然而，表面条件对于 MOS 系统的电特性和工作状态非常重要，我们将对这些条件进行更详细的讨论。

图 3.2 为 p 型硅衬底能带图。硅的导带和价带的带隙约为 1.1 eV。在带隙内均衡费米能级 E_F 的位置取决于硅衬底的掺杂类型和掺杂浓度。费米电势 ϕ_F 是温度和掺杂浓度的函数，其值取决于本征费米能级 E_i 和费米能级 E_F 之差：

$$\phi_F = \frac{E_F - E_i}{q} \tag{3.3}$$

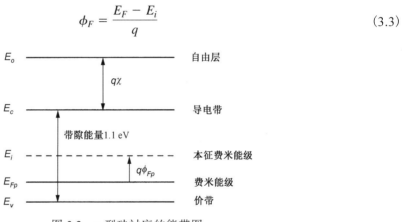

图 3.2　p 型硅衬底的能带图

对于 p 型半导体，费米电势约为

$$\phi_{Fp} = \frac{kT}{q} \ln \frac{n_i}{N_A} \tag{3.4}$$

而对于 n 型半导体（掺杂施主浓度为 N_D），费米电势为

$$\phi_{Fn} = \frac{kT}{q} \ln \frac{N_D}{n_i} \tag{3.5}$$

其中，k 为玻尔兹曼常数，q 为单位（电子）电荷。式 (3.4) 和式 (3.5) 中的定义导致 n 型材料的费米电势为正而 p 型材料的费米电势为负。我们在全书中使用这种约定。硅的电子亲和力的大小为导带能级和真空（自由空间）能级的电势差，在图 3.2 中表示为 $q\chi$。电子从费米能级跃迁到自由空间所需能量称作功函数 $q\Phi_S$，计算如下：

$$q\Phi_S = q\chi + (E_C - E_F) \tag{3.6}$$

硅衬底和栅极的绝缘二氧化硅层有一个大约 9 eV 的带隙，并且电子亲和力约为 0.95 eV。另一方面，铝栅极的功函数 $q\Phi_M$ 约为 4.1 eV。图 3.3 为 MOS 系统中三个分立部分的金属、氧化物和半导体层的能带图。

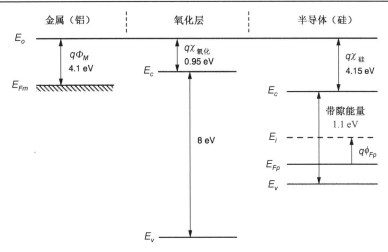

图 3.3　MOS 系统各组成部分的能带图

现在考虑理想 MOS 系统的三部分实现了物理接触的情况。构成图 3.1 所示的 MOS 电容的三种材料的费米能级必须排列起来。由于金属和半导体之间功函数的不同，在 MOS 系统中会出现电压降。这种内建电压降部分出现在绝缘氧化层上。其他电压降（电势差）出现在与氧化硅层相邻的硅表面，硅能带向此区弯曲。MOS 系统的组合能带图如图 3.4 所示。注意，半导体(Si)衬底和金属栅极的均衡费米能级有相同的电势。尽管表面费米能级更接近本征费米能级，但整体费米能级受能带弯曲的影响不明显。表面的费米电势也称为表面电势 ϕ_S，在数值上比整体费米电势小 ϕ_F。

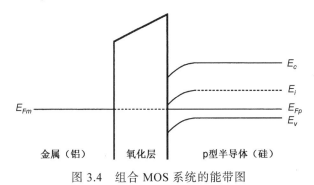

图 3.4　组合 MOS 系统的能带图

例 3.1

假设 MOS 结构由 p 型掺杂硅衬底、二氧化硅层和金属（铝）栅极组成。设掺杂硅衬底的平均费米电势为 $q\phi_{F_p} = 0.2\,\text{eV}$。利用图 3.3 所给的硅电子吸引力和铝的功函数，计算 MOS 系统的内建电势差。假设 MOS 系统在氧化层内或氧化硅交界处没有其他电荷。

首先，按式(3.6)计算掺杂硅的功函数。由于硅电子吸引力为 4.15 eV，功函数 $q\Phi_S$ 为

$$q\Phi_S = 4.15\,\text{eV} + 0.75\,\text{eV} = 4.9\,\text{eV}$$

现在计算在硅衬底和铝栅极间的功函数差。注意，图 3.3 给定的铝的功函数为 4.1 eV。则 MOS 系统的内建电势差为

$$q\Phi_M - q\Phi_S = 4.1\,\text{eV} - 4.9\,\text{eV} = -0.8\,\text{eV}$$

如果这个电势差对应的电压由栅极和衬底间的电压提供，那么表面附近的能带弯曲就可以补偿，即能带变直。因此这个电压定义为

$$V_{FB} = \varPhi_M - \varPhi_S$$

称为平带电压。

3.2 外部偏置下的 MOS 系统

现在，把我们的注意力转向外加电压偏置下 MOS 结构的电特性。设衬底电压为 $V_B = 0$，令栅极电压为控制参数。根据 V_G 的极性和幅值，可以观察到 MOS 系统的三个不同工作区：积聚区、耗尽区和反型区。

如果栅极外加负电压 V_G，则 p 型衬底的空穴被吸引到半导体-氧化层交界处。表面附近的多数载流子浓度比衬底的均衡空穴浓度大，这种情况叫作表面载流子积聚（见图 3.5）。注意，在这种情况下，氧化层内的电场指向栅极。负表面电势使得能带向表面弯曲。由于表面外加负的栅极偏置，表面空穴密度增大时，随着负电荷的电子进入衬底更深处，电子（少数载流子）浓度减少。

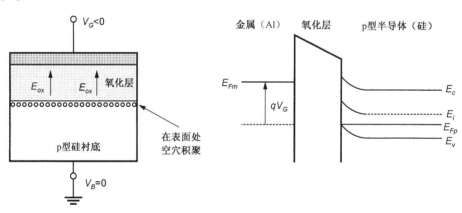

图 3.5   工作在积聚区的 MOS 结构的剖面图和能带图

现在，考虑栅极加一个小正栅极偏置电压 V_G 的情况。因为衬底偏置为零，在这种情况下，如图 3.6 所示，氧化层内电场强度指向衬底。正的表面电势导致能带在表面附近向下弯曲。多数载流子（即衬底的空穴）由于正的栅极偏置电压作用被排斥返回到衬底，并且这些空穴会留下固定的带负电荷的受主离子。这样，就在表面附近形成了耗尽区。注意，在这种偏置条件下，半导体-氧化物交界区域几乎没有可运动的载流子。

可以很容易地发现，表面耗尽区的厚度 x_d 为表面电势 $\varPhi_s$ 的函数。假设在平行于表面的水平薄层中的运动空穴电荷为

$$\mathrm{d}Q = -q \cdot N_A \cdot \mathrm{d}x \tag{3.7}$$

用转移面电荷 $\mathrm{d}Q$ 乘以到表面的距离 x_d 所需要的表面电势改变量可由泊松方程求出：

$$\mathrm{d}\phi_S = -x \cdot \frac{\mathrm{d}Q}{\varepsilon_{Si}} = \frac{q \cdot N_A \cdot x}{\varepsilon_{Si}} \mathrm{d}x \tag{3.8}$$

对式 (3.8) 沿垂直尺寸（垂直于表面）积分，得到：

$$\int_{\phi_F}^{\phi_S} \mathrm{d}\phi_S = \int_0^{x_d} \frac{q \cdot N_A \cdot x}{\varepsilon_{Si}} \mathrm{d}x \tag{3.9}$$

$$\phi_S - \phi_F = \frac{q \cdot N_A \cdot x_d^2}{2\varepsilon_{Si}} \tag{3.10}$$

从而，耗尽区深度为

$$x_d = \sqrt{\frac{2\varepsilon_{Si} \cdot |\phi_S - \phi_F|}{q \cdot N_A}} \tag{3.11}$$

并且，仅由固定受主离子组成的耗尽区电荷密度为

$$Q = -q \cdot N_A \cdot x_d = -\sqrt{2q \cdot N_A \cdot \varepsilon_{Si} \cdot |\phi_S - \phi_F|} \tag{3.12}$$

后面我们会看到，这个耗尽区电荷量对分析阈值电压很重要。

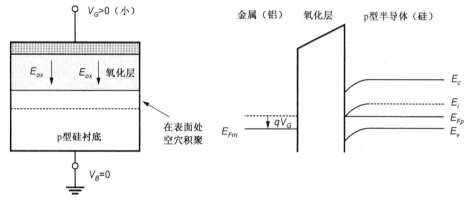

图 3.6　在栅极小偏置电压下，工作在耗尽模式的 MOS 结构的剖面图和能带图

　　为了得到不同偏置条件和它们对MOS系统影响的定性观察，下面考虑正栅极偏置的进一步增大。由于表面电势的增大，能带向下弯曲的程度也会增大。最后，中间的带隙能级 E_i 变得比表面的费米能级 E_{F_p} 还小，于是这个区域的衬底半导体变成n型。由于正栅极电势将额外的少数载流子(电子)从本底吸引到表面(见图 3.7)，这一薄层的电子密度比多数载流子空穴密度大。由正栅极偏置在表面附近产生的 n 型区域称为反型层，并且这种情况称为表面反型。表面带有大量运动电荷浓度的薄反型层可以用来在 MOS 晶体管的两个电极间传导电流。

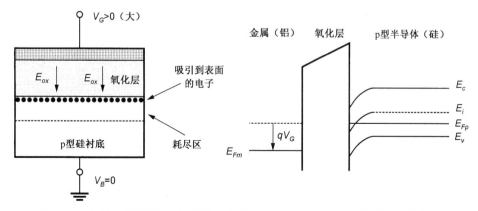

图 3.7　在较大栅极偏置电压下，表面反型时 MOS 结构的剖面图和能带图

作为实际定义，当表面运动电子密度等于本体(p 型)衬底中的空穴密度时，表面就称之为反型。这种情况要求表面电势和本体费米电势 ϕ_F 大小相等，极性相反。一旦表面反型，任何栅极电压的增大都会导致表面运动电子浓度的增大，而不是耗尽深度的增大，因而，若耗尽区深度在表面反型时达到最大耗尽深度 x_{dm}，则它将不再随栅极电压升高而改变。利用反向条件 $\phi_s = -\phi_F$，在表面反型时的最大耗尽区深度可由式(3.11)得到：

$$x_{dm} = \sqrt{\frac{2 \cdot \varepsilon_{Si} \cdot |2\phi_F|}{q \cdot N_A}} \tag{3.13}$$

外加栅极偏置电压产生的传导性的表面反型层是 MOS 晶体管电流传导的必然现象。在接下来的章节中，我们将讨论 MOS 场效应管(MOSFET)的结构和作用。

3.3　MOS 场效应管(MOSFET)的结构和作用

n 沟道 MOSFET 的基本结构如图 3.8 所示。这个四端器件由一个 p 型衬底构成，其中形成漏和源两个 n⁺扩散区。漏极和源极之间的衬底表面覆盖一层薄氧化层，在该栅极电介质上沉淀有金属(或多晶硅)栅极。器件的中段可以被看成前面几节所讨论的基本 MOS 结构。两个 n⁺区是器件的电流传导电极。注意，器件结构是关于漏极和源极完全对称的，这两个区的不同作用只在连接外加电压和电流方向时才能确定。

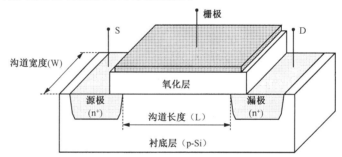

图 3.8　n 沟道增强型 MOSFET 的物理结构

在器件漏-源扩散区之间的器件中段之上施加栅极电压，最终会形成传导沟道。源-漏扩散区之间的距离是沟道长度 L，沟道的横向长度(垂直于沟道长)为沟道宽度 W。沟道的长和宽是控制 MOSFET 电特性的重要参数。覆盖沟道区的氧化层的厚度 t_{ox} 也是一个重要参数。

在零栅极偏置时没有传导沟道的 MOS 晶体管称为增强型(或增强模式)MOSFET。相反，如果在零栅极偏置时传导沟道已经存在，则器件被称为耗尽型(或耗尽模式)MOSFET。在 p 型衬底和 n⁺源-漏的 MOSFET 中，表面形成的沟道区是 n 型的。因而，这种 p 型衬底的器件称为 n 沟道 MOSFET。另一方面，在 n 型衬底和 p⁺源-漏区的 MOSFET 中，沟道是 p 型的，这种器件称为 p 沟道 MOSFET。

用于器件电极的缩略语如下：G(栅极)，D(漏极)，S(源极)，B(衬底或本体)。在 n 沟道 MOSFET 中，定义两个 n⁺区中电势较低的 n⁺区为源极，另一区为漏极。习惯上，器件的所有端电压都是相对于源极的电势来定义的。栅-源电压用 V_{GS} 表示，漏-源电压用 V_{DS} 表示，衬底-源电压用 V_{BS} 表示。n 沟道和 p 沟道增强型 MOSFET 的电路符号如图 3.9 所示。四端符号用来表示器件所有的外部接线，简化的三端符号也得到了广泛应用。注意，在简化的 MOSFET 电路符号中，小箭头总是标识源极的。

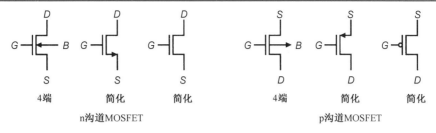

图 3.9　n 沟道和 p 沟道增强型 MOSFET 的电路符号

　　首先，考察图 3.8 所示的 n 沟道增强型 MOSFET。这种器件的简单工作原理为：用栅极电压变量产生的电场控制源极和漏极间的电流传导。因为沟道电流是由漏-源电压和衬底电压决定的，所以电流可被看成是这些外部端点电压的函数。我们将会详细讨论沟道电流（也称漏极电流）和端点电压的函数关系。然而，为了实现源极和漏极间的电流传导，必须先形成传导沟道。

　　可应用于 n 沟道增强型 MOSFET 的最简单的偏置情况如图 3.10 所示。源极、漏极和衬底都接地。为了在栅极下面产生传导沟道，在栅极上加正的栅-源电压 V_{GS}。在这种偏置条件下，源极和栅极扩散区之间的沟道区与 3.2 节中讨论的简单 MOS 结构的特性几乎相同。对于小的栅极电压，多数载流子（空穴）被排斥回衬底，并且 p 型衬底表面耗尽。由于表面禁止任何载流子运动，因此在源极和漏极间传导电流是不可能的。

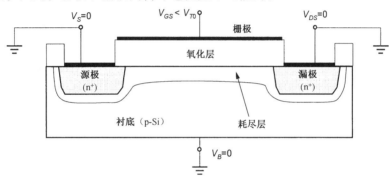

图 3.10　n 沟道增强型 MOSFET 的耗尽区结构

　　现在，假设栅-源电压进一步增加。只要沟道区表面电势达到 $-\phi_{F_p}$，表面就会反型，漏极和源极扩散区之间将产生导电的 n 型层（见图 3.11）。该沟道在两个 n^+ 区之间形成电气连接。一旦源极和漏极端点之间（见图 3.12）存在电势差，该沟道就允许电流传导。表面形成反型和传导沟道的偏置条件对 MOSFET 的作用非常重要。

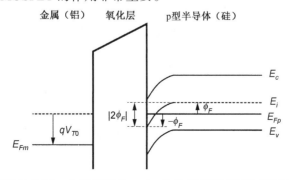

图 3.11　表面反型条件下，在栅极下的 MOS 结构能带图（注意表面能带弯曲为 $|2\phi_F|$）

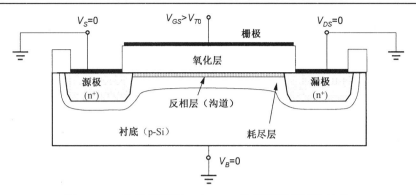

图 3.12　n 沟道增强型 MOSFET 的反型层(沟道)结构

用于产生表面反型层(为产生传导沟道)的栅-源电压值 V_{GS} 称为阈值电压 V_{T0}。任何小于 V_{T0} 的栅-源电压都不能产生反型层；因而，只有当 $V_{GS} > V_{T0}$ 时，MOSFET 才能在源极和漏极之间传导电流。另一方面，由于栅-源电压大于阈值电压，因此使少数载流子(电子)被吸引到表面，最终产生沟道传导电流。注意，把栅-源电压增大到超过阈值电压不会影响表面电势和耗尽型深度。两者的数量仍保持近似常数并且等于它们在产生表面反型时的值。

3.3.1　阈值电压

接下来，通过考虑各种 V_{T0} 分量来讨论影响 MOS 结构的阈值电压的物理参数。实际应用中，我们可以确定阈值电压的四个物理分量：(i)栅极和沟道间的功函数差；(ii)改变表面电势的栅极电压分量；(iii)补偿耗尽区电荷的栅极电压分量；(iv)补偿栅极氧化层和硅氧化层交界处固定电荷的电压分量。下面以 n 沟道器件为例进行分析，只要稍做修改，结果也适用于 p 沟道器件。

由 p 型衬底、薄的硅氧化层和栅极组成的 MOS 系统的内建电势可由栅极和沟道的功函数差 Φ_{GC} 加以描述。根据栅极材料，功函数差为

$$\Phi_{GC} = \phi_F(\text{衬底}) - \phi_M \qquad \text{用于金属栅极} \qquad (3.14)$$

$$\Phi_{GC} = \phi_F(\text{衬底}) - \phi_F(\text{栅极}) \qquad \text{用于多晶硅栅极} \qquad (3.15)$$

阈值电压的第一个分量是加在内建的 MOS 系统部分的电压降。现在，必须通过改变外栅极电压使表面反型，即使表面电势改变 $-2\phi_F$。这是阈值电压的第二个分量。

由于表面附近耗尽区内固定的受主离子的作用，外加栅极电压分量必须用于补偿耗尽区的电荷。利用式(3.12)可以计算出在表面反型($\phi_s = -\phi_F$)时耗尽区的电荷密度。

$$Q_{B0} = -\sqrt{2q \cdot N_A \cdot \varepsilon_{Si} \cdot |-2\phi_F|} \qquad (3.16)$$

注意，若衬底(本体)偏置与源极电势(接地电势参考点)不同，此时耗尽区的电荷密度为源-衬底电压 V_{SB} 的函数：

$$Q_B = -\sqrt{2q \cdot N_A \cdot \varepsilon_{Si} \cdot |-2\phi_F + V_{SB}|} \qquad (3.17)$$

补偿耗尽区的电荷分量等于 $-Q_B / C_{ox}$，其中，C_{ox} 为单位面积栅氧化层电容：

$$C_{ox} = \frac{\varepsilon_{ox}}{t_{ox}} \qquad (3.18)$$

最后，必须考虑此前一直被忽略的非理想物理现象的影响。由于界面有杂质和/或晶格的

不完善，因此在栅氧化层内和硅衬底交界处总是存在固有的正电荷密度 Q_{ox}。用于补偿交界面正电荷的栅极电压分量为 $-Q_{ox}/C_{ox}$。现在，合并所有这些电压分量即可得到阈值电压。对于零衬底偏置，阈值电压 V_{T0} 为

$$V_{T0} = \Phi_{GC} - 2\phi_F - \frac{Q_{B0}}{C_{ox}} - \frac{Q_{ox}}{C_{ox}} \tag{3.19}$$

另一方面，对于非零衬底偏置，耗尽电荷密度项必须修改为能反映出 V_{SB} 对电荷的影响，因此得到如下的阈值电压表达式：

$$V_T = \Phi_{GC} - 2\phi_F - \frac{Q_B}{C_{ox}} - \frac{Q_{ox}}{C_{ox}} \tag{3.20}$$

总的阈值电压形式也可以表示为

$$V_T = \Phi_{GC} - 2\phi_F - \frac{Q_{B0}}{C_{ox}} - \frac{Q_{ox}}{C_{ox}} - \frac{Q_B - Q_{B0}}{C_{ox}} = V_{T0} - \frac{Q_B - Q_{B0}}{C_{ox}} \tag{3.21}$$

注意，在这种情况下，阈值电压与 V_{T0} 的不同仅在附加项上。这个衬底偏置项是材料常量和源-衬底电压 V_{SB} 的简单函数：

$$\frac{Q_B - Q_{B0}}{C_{ox}} = -\frac{\sqrt{2q \cdot N_A \cdot \varepsilon_{Si}}}{C_{ox}} \cdot \left(\sqrt{|-2\phi_F + V_{SB}|} - \sqrt{|2\phi_F|} \right) \tag{3.22}$$

因此，可得到最通用的阈值电压 V_T 如下：

$$V_T = V_{T0} + \gamma \cdot \left(\sqrt{|-2\phi_F + V_{SB}|} - \sqrt{|2\phi_F|} \right) \tag{3.23}$$

其中，参数 γ 为衬底偏置（或体效应）系数：

$$\gamma = \frac{\sqrt{2q \cdot N_A \cdot \varepsilon_{Si}}}{C_{ox}} \tag{3.24}$$

式(3.23)中的阈值电压表达式可用于 n 沟道和 p 沟道 MOS 晶体管。然而必须注意，在 n 沟道(nMOS)和 p 沟道(pMOS)的实例中，公式中的一些项和系数有不同的极性。其原因在于，衬底半导体在 n 沟道 MOSFET 中为 p 型，而在 p 沟道 MOSFET 中为 n 型，特别是：

- 衬底费米电势 ϕ_F 在 nMOS 中为负，而在 pMOS 中为正。
- 耗尽区电荷密度 Q_{B0} 和 Q_B 在 nMOS 中为负，而在 pMOS 中为正。
- 衬底偏置系数 γ 在 nMOS 中为正，而在 pMOS 中为负。
- 衬底偏置电压 V_{SB} 在 nMOS 中为正，而在 pMOS 中为负。

一般来说，增强型 n 沟道 MOSFET 的阈值电压为正值，而 p 沟道 MOSFET 的阈值电压为负值。

例 3.2

计算一个多晶硅栅极 n 沟道 MOS 晶体管在 $V_{SB} = 0$ 时的阈值电压 V_{T0}，其参数如下：衬底掺杂浓度 $N_A = 4 \times 10^8$ cm^{-3}，多晶硅栅极掺杂浓度 $N_D = 2 \times 10^{20}$ cm^{-3}，栅极氧化物厚度 $t_{ox} = 16$ Å，氧化层交界面的固有电荷密度为 $N_{ox} = 4 \times 10^{10}$ cm^{-2}。

首先计算 p 型衬底和 n 型多晶硅栅极的费米电势：

$$\phi_F(\text{衬底}) = \frac{kT}{q} \ln\left(\frac{n_i}{N_A}\right) = 0.026 \text{ V} \cdot \ln\left(\frac{1.45 \times 10^{10}}{4 \times 10^{18}}\right) = -0.51 \text{ V}$$

因为多晶硅栅极的掺杂浓度非常高，高掺杂的 n 型栅极材料可发生晶格蜕变。因而，我们可以假设多晶硅栅极的费米电势大约等于导带电势，即 ϕ_F（栅极）= 0.55 V。现在计算栅极和沟道间的功函数差：

$$\Phi_{GC} = \phi_F（衬底） - \phi_F（栅极） = -0.51\ \text{V} - 0.55\ \text{V} = -1.06\ \text{V}$$

$V_{SB} = 0$ 时耗尽区的电荷密度为

$$Q_{B0} = -\sqrt{2 \cdot q \cdot N_A \cdot \varepsilon_{Si} \cdot |-2\phi_F（衬底）|}$$
$$= -\sqrt{2 \times 1.6 \times 10^{-19} \times (4 \times 10^{18}) \times 11.7 \times 8.85 \times 10^{-14} \times |-2 \times 0.51|}$$
$$= -1.16 \times 10^{-6}\ \text{C/cm}^2$$

氧化界面的电荷为

$$Q_{ox} = q \cdot N_{ox} = 1.6 \times 10^{-19}\ \text{C} \times 4 \times 10^{10}\ \text{cm}^{-2} = 6.4 \times 10^{-9}\ \text{C/cm}^2$$

通过硅氧化层电介质常数和氧化厚度 t_{ox} 可计算得到单位面积的栅极氧化电容为

$$C_{ox} = \frac{\varepsilon_{ox}}{t_{ox}} = \frac{3.97 \times 8.85 \times 10^{-14}\ \text{F/cm}}{1.6 \times 10^{-7}\ \text{cm}} = 2.2 \times 10^{-6}\ \text{F/cm}^2$$

现在，可以合并所有分量，得到阈值电压为

$$V_{T0} = \Phi_{GC} - 2\phi_F（衬底） - \frac{Q_{B0}}{C_{ox}} - \frac{Q_{ox}}{C_{ox}}$$
$$= -1.06 - (-1.02) - (-0.53) - (0.003) = 0.487\ \text{V}$$

在这种简化分析中，源极和漏极扩散区的掺杂浓度和沟道区的几何尺寸（物理尺寸）对阈值电压 V_{T0} 的影响未予考虑。

注意：由于掺杂浓度的不确定和变化，以及氧化厚度和氧化界面固有电荷的作用，在大多数实例中，MOS 晶体管阈值电压的准确值不能由式（3.23）得到。对于任何 MOS 工艺，阈值电压的标称值和统计范围最终都通过直接测量确定，这些内容将在后面的 3.4 节中讨论。在多数 MOS 制作工艺中，阈值电压可通过有选择地将掺杂离子注入 MOSFET 沟道区来改变。对于 n 沟道 MOSFET，其阈值电压可通过增加 p 型杂质（受主离子）来增大（正向增大）。另一方面，也可通过向沟道区注入 n 型杂质（施主离子）来减小（变负）。

由于附加注入的作用，阈值电压数值的改变可以近似估计如下：设注入杂质的密度为 N_I [cm^{-2}]。假设所有注入离子都起作用，即每个离子都会成为耗尽区电荷。那么，零衬底偏置（$V_{SB} = 0$）时的阈值电压 V_{T0} 的改变量就是 qN_I / C_{ox}。尽管它对阈值电压的变化提供了准确的估计，但是这种近似明显忽略了因为外部注入导致衬底费米电势 ϕ_F 的变化。

练习 3.1

考虑下面的 p 沟道 MOSFET 工艺：

衬底掺杂浓度 $N_D = 2.4 \times 10^{18}\ \text{cm}^{-3}$，多晶硅栅极掺杂浓度 $N_D = 2 \times 10^{20}\ \text{cm}^{-3}$，栅极氧化厚度 $t_{ox} = 18$ Å，氧化界面电荷密度 $N_{ox} = 4 \times 10^{10}\ \text{cm}^{-2}$。硅和二氧化硅的介电质系数分别为 $\varepsilon_{si} = 11.7\varepsilon_0$，$\varepsilon_{ox} = 3.97\varepsilon_0$。

(a) 计算 $V_{SB} = 0$ 时的阈值电压 V_{T0}。

(b) 确定使得阈值电压 $V_{T0} = -0.8$ V 的注入沟道离子的种类和数量。

　　注意,选择离子注入沟道时,n 沟道 MOSFET 的阈值电压也可以变为负值,这意味着 nMOS 晶体管在 $V_{GS}=0$ 时有导电沟道,只要 V_{GS} 大于负的阈值电压,源极和漏极之间就有传导电流。这种器件称为耗尽型(或常通型)n 沟道 MOSFET。在 MOS 数字电路设计中,我们将会看到耗尽型 nMOS 晶体管的几种实际应用。除了负的阈值电压,n 沟道耗尽型 MOSFET 和 n 沟道增强型 MOSFET 具有相同的电特性。图 3.13 为 n 沟道耗尽型 MOSFET 的简化电路符号。

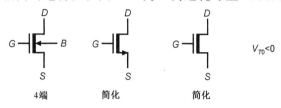

图 3.13　n 沟道耗尽型 MOSFET 的电路符号

例 3.3

　　考虑例 3.2 所给的 n 沟道 MOSFET 工艺。在几种数字电路的应用中,不能保证对所有晶体管都满足 $V_{SB}=0$。在本例中我们将讨论非零源-衬底电压 V_{SB} 是如何影响 MOS 晶体管的阈值电压的。

　　首先,通过例 3.2 中给定的工艺参数计算衬底偏置系数 γ:

$$\gamma = \frac{\sqrt{2 \cdot q \cdot N_A \cdot \varepsilon_{Si}}}{C_{ox}} = \frac{\sqrt{2 \times 1.6 \times 10^{-19} \times 4 \times 10^{18} \times 11.7 \times 8.85 \times 10^{-14}}}{2.20 \times 10^{-6}}$$

$$= 0.52 \text{ V}^{\frac{1}{2}}$$

现在,计算并画出阈值电压 V_T 关于源-衬底电压 V_{SB} 为参数的函数图。假设 V_{SB} 的电压值在 $0 \sim 1$ V 之间。

$$V_T = V_{T0} + \gamma \left(\sqrt{|-2\phi_F + V_{SB}|} - \sqrt{|2\phi_F|} \right)$$

$$= 0.48 + 0.52 \times \left(\sqrt{1.01 + V_{SB}} - \sqrt{1.01} \right)$$

　　可以看出在这个范围内阈值电压的变化约为 0.3 V,如果忽略这一点,设计就会出现严重问题。在接下来的几章里我们会发现衬底偏置效应在多数数字电路中是不可避免的,电路设计者要根据需要采用合适的方法来补偿阈值电压的变化。

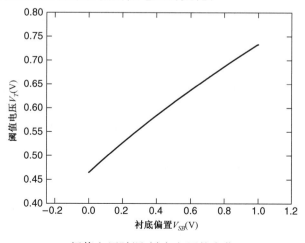

阈值电压随源-衬底电压的变化

3.3.2 MOSFET 工作状况的定性观察

在 p 型衬底上构造的 n 沟道 MOS(nMOS)晶体管的基本结构如图 3.8 所示。MOSFET 由带有两个靠近沟道区受 MOS 栅极控制的 pn 结和 MOS 电容组成。载流子(即 nMOS 晶体管中的电子)通过源极(S)和漏极(D)在栅极(G)控制下进入该结构，为确保两个 pn 结的初始极性相反，衬底电势要保持比其他三端的电势低。

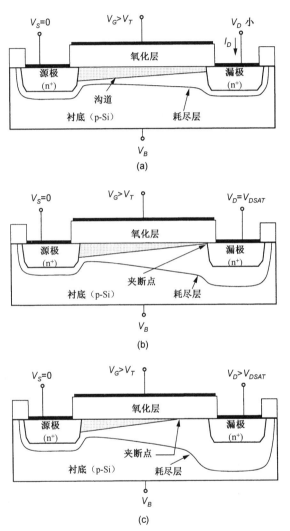

图 3.14 n 沟道晶体管(nMOS)的剖面图。
(a)工作在线形区；(b)工作在饱
和区边缘；(c)工作在过饱和区

我们发现，当 $0 < V_{GS} < V_{T0}$ 时，源极和漏极之间的受控区被耗尽，沟道中没有载流子流动。当栅极电压增大至超过阈值电压($V_{GS} > V_{T0}$)时，表面的中间带隙能量低于费米能级，导致表面电势 ϕ_s 变为正值并且引起表面反型(见图 3.12)。一旦表面上建立了反型层，源极和漏极之间就形成了能传导漏极电流的 n 型沟道。

接下来讨论在 $V_{GS} > V_{T0}$ 时漏-源偏置 V_{DS} 和漏极电流流动的不同模式对 nMOS 晶体管的影响。在 $V_{DS} = 0$ 时，反型沟道区存在热平衡，并且漏极电流 I_D 为零 [见图 3.14(a)]。如果施加很小的漏极电压 $V_{DS} > 0$，在源极和漏极之间的传导区就传导正比于 V_{DS} 的漏极电流。反型层即沟道形成了源极和漏极间连续的电流通路。这种工作模式称为线性模式或线性区。因而，在线性区工作时，沟道区相当于压控电阻。在这种情况下，沟道的电子速度通常远小于漂移速度的极限值。注意，随着漏极电压的增大，在漏极终端反型层的电荷和沟道深度开始下降。最终，当 $V_{DS} = V_{DSAT}$ 时，漏极反型层电荷减为零，称为夹断点 [见图 3.14(b)]。

当超过夹断点，即 $V_{DS} > V_{DSAT}$ 时，邻近漏极形成耗尽的表面区，并且随着漏极电压增大，此耗尽区开始向源极延伸。MOSFET 的这种工作模式称为饱和模式或饱和区。对于工作在饱和区的 MOSFET 来说，有效沟道长度会随着漏极处反型层的消失而减少，而沟道末端电压仍是常量且等于 V_{DSAT} [见图 3.14(c)]。注意沟道夹断(耗尽)部分吸收了大部分过量的电压降($V_{DS} - V_{DSAT}$)，并且在沟道末端和漏极边界之间形成高场区。从源极到沟道末端的电子被注入漏极耗尽区并且在这个高电场作用下向漏极加速运动，通常可达到漂移速度的极限值。在高漏极偏置下，夹断的发生或连续沟道的中断是 MOSFET 工作在饱和模式的标志。

　　在接下来的几节中将讨论这些工作条件对 MOS 晶体管外部(终端)电流-电压特性的影响。很好地理解这些关系和所涉及的各种因子对 MOS 数字电路的分析和设计是很重要的。

3.4　MOSFET 的电流-电压特性

　　要分析 MOSFET 的电流电压在各种偏置下的关系曲线,需要做许多近似以便使问题简化。如果没有这些简化,分析实际的三维 MOS 系统将是一项十分复杂的任务,甚至会得不到电压-电流方程的闭合形式。下面我们将应用渐变沟道近似(GCA)方法来建立 MOSFET 的电流电压关系。这将使分析有效地简化为一维电流问题。同时可以使我们设计出和实验结果一致的相对简化的方程。然而和每种近似方法一样,GCA 也有它的局限性,尤其对于小尺寸的 MOSFET 更是如此。我们将研究一些最重要的限制条件并且找出一些可能的补救方法。

3.4.1　渐变沟道近似

　　在进行电流分析之前,先观察 n 沟道的 MOSFET 工作在线性模式的剖面图,如图 3.15 所示。这里,源极和衬底都与地相连,即 $V_S = V_B = 0$。栅-源电压(V_{GS})和漏-源电压(V_{DS})是控制漏极电流 I_D 的外部参数。栅-源电压应比阈值电压 V_{T0} 高,以便产生漏极与源极之间的传导反型层。我们为这种结构定义如下的坐标系: x 方向垂直于表面层,向下指向衬底,y 方向与表面层平行。y 方向的起始点($y = 0$)在源极沟道的末端。和源极相关的沟道电压用 $V_c(y)$ 表示。现在假设在 $y = 0$ 到 $y = L$ 之间整个沟道区的阈值电压 V_{T0} 是恒定的。实际上,由于沟道电平不是常量,因此起始电压是随着沟道变化的。接下来假设沿 y 方向的电场分量 E_y 与沿 x 方向的电场分量 E_x 相比,前者起主导作用。这样的假设是把沟道中的电流流动简化为只有 y 方向。

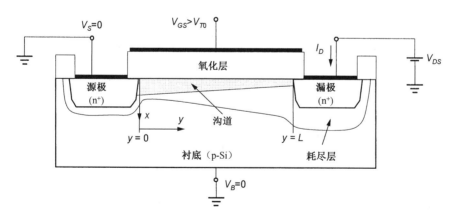

图 3.15　工作在线性区的 n 沟道晶体管的剖面图

　　注意,沟道电压 V_c 的边界条件是

$$V_c(y = 0) = V_S = 0$$
$$V_c(y = L) = V_{DS}$$

$$(3.25)$$

同时假设源极与漏极之间的整个沟道区是反型的,即

$$V_{GS} \geqslant V_{T0}$$
$$V_{GD} = V_{GS} - V_{DS} \geqslant V_{T0}$$

$$(3.26)$$

在横向电场分量 E_y 的作用下，沟道中的电子从源极漂移到了漏极，形成了沟道电流（漏极电流）I_D。由于沟道中的电流主要是由表面反型层运动电荷的横向漂移控制的，因此我们将具体考虑此反型层电荷数量与偏置电压的关系。

设 $Q_I(y)$ 为表面反型层中总的运动电荷量，它可用栅-源电压 V_{GS} 和沟道电压 $V_c(y)$ 表示如下：

$$Q_I(y) = -C_{ox} \cdot [V_{GS} - V_c(y) - V_{T0}] \tag{3.27}$$

图 3.16 所示的是表面反型层的空间几何形状并标明了重要的尺寸。注意，从源极到漏极反型层的厚度在逐渐变薄。这是由于导致表面反型的栅极沟道电压在漏极末端变小。

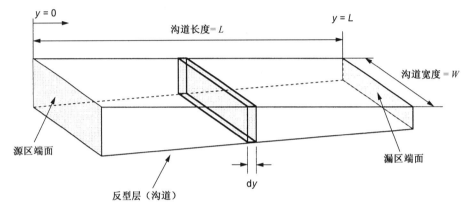

图 3.16　表面反型层（沟道区）的简化几何示图

现在来考虑图 3.16 所示的不同沟道部分的增量电阻 dR，假设反型层中所有运动电荷的表面速率为常量 μ_n，增量电阻可表示如下，注意负号表示反型层中的电荷 Q_I 是负极性：

$$dR = -\frac{dy}{W \cdot \mu_n \cdot Q_I(y)} \tag{3.28}$$

式 (3.28) 中使用的电子表面迁移率 μ_n 取决于沟道的掺杂浓度，其值大约为本体电子迁移率的一半。我们假设这一部分沟道的电流密度是均匀的。根据我们的一维模型，沟道（漏极）电流 I_D 是在源极与漏极之间的区域沿 y 坐标方向流动的，对这个部分应用欧姆定律得到沿 y 方向产生的电压降增量 dy。

$$dV_c = I_D \cdot dR = -\frac{I_D}{W \cdot \mu_n \cdot Q_I(y)} \cdot dy \tag{3.29}$$

将这个方程沿沟道积分，即从 $y = 0$ 到 $y = L$，使用式 (3.25) 中所给的边界条件积分得

$$\int_0^L I_D \cdot dy = -W \cdot \mu_n \int_0^{V_{DS}} Q_I(y) \cdot dV_c \tag{3.30}$$

方程的左边等于 LI_D，右边的积分可用式 (3.27) 代替 $Q_I(y)$ 来计算出来。因此

$$I_D \cdot L = W \cdot \mu_n \cdot C_{ox} \int_0^{V_{DS}} (V_{GS} - V_c - V_{T0}) \cdot dV_c \tag{3.31}$$

假设在式 (3.31) 中，沟道电压 V_c 是取决于位置 y 的唯一变量，则漏极电流为

$$I_D = \frac{\mu_n \cdot C_{ox}}{2} \cdot \frac{W}{L} \cdot \left[2 \cdot (V_{GS} - V_{T0}) V_{DS} - V_{DS}^2 \right] \tag{3.32}$$

式 (3.32) 表示漏极 I_D 为两个外加电压 V_{GS} 和 V_{DS} 的简单二次函数。这个电流方程也可以重新

写为

$$I_D = \frac{k'}{2} \cdot \frac{W}{L} \cdot \left[2 \cdot (V_{GS} - V_{T0})V_{DS} - V_{DS}^2 \right] \tag{3.33}$$

或者

$$I_D = \frac{k}{2} \cdot \left[2 \cdot (V_{GS} - V_{T0})V_{DS} - V_{DS}^2 \right] \tag{3.34}$$

参数 k 和 k' 的定义为

$$k' = \mu_n \cdot C_{ox} \tag{3.35}$$

且

$$k = k' \cdot \frac{W}{L} \tag{3.36}$$

  式 (3.33) 中给出的漏极电流方程为 MOSFET 的电流-电压关系最简单的近似分析。应注意，除了工艺变量 k' 和 V_{T0} 外，器件尺寸也影响电流-电压关系。事实上，在 MOSFET 数字电路设计中，宽长比 W/L 是最重要的参数之一。现在我们必须确定这个方程的适用范围以及它在实际应用中的含义。

例 3.4

  一个 n 沟道 MOS 晶体管的 $\mu_n = 76.3 \text{ cm}^2/\text{V} \cdot \text{s}$，$C_{ox} = 2.2 \times 10^{-2} \text{ F/m}^2$，$W = 20 \text{ μm}$，$L = 2 \text{ μm}$，并且 $V_{T0} = 0.48 \text{ V}$，求其端电压与漏极电流的关系。

  首先计算参数 k：

$$k = \mu_n \cdot C_{ox} \cdot \frac{W}{L} = 76.3 \text{ cm}^2/\text{V} \cdot \text{s} \times 2.2 \times 10^{-6} \text{ F/cm}^2 \times \frac{20 \text{ μm}}{2 \text{ μm}} = 1.68 \text{ mA/V}^2$$

现在电流-电压方程式 (3.34) 可写成

$$I_D = 0.84 \text{ mA/V}^2 \left[2 \cdot (V_{GS} - 0.48) \cdot V_{DS} - V_{DS}^2 \right]$$

为了确定漏-源电压和栅-源电压对漏极电流的影响，我们以绘图方式表示在不同 V_{GS}（常量）值时 I_D 与 V_{DS} 的函数关系，很容易看到，上面绘出的电流-电压二次方程对不同的 V_{GS} 常量是一系列反抛物线。

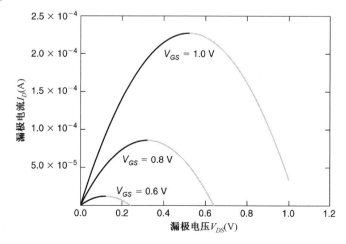

上图所示的漏极电流-漏极电压曲线在 $V_{DS} = V_{GS} - V_{T0}$ 时达到峰值。超过这个最大值时，在实际的 MOSFET 电流-电压测量值（用虚线表示的部分）中，我们观察不到每个曲线所反映出的负的微分电导。现在我们必须记住漏极电流方程（3.32）是根据以下的电压假设推导出来的，即：

$$V_{GS} \geqslant V_{T0}$$
$$V_{GD} = V_{GS} - V_{DS} \geqslant V_{T0}$$

这两个假设保证了位于源极和漏极之间的整个沟道区工作在反向偏置状态。这种条件与 3.4 节定性分析的 MOSFET 的线性工作模式是相对应的。因此电流方程（3.32）仅适用于线性模式。超过了线性区的边界条件，即 V_{DS} 的值大于 $V_{GS} - V_{T0}$，MOS 晶体管将假设工作在饱和状态，对于工作在这个区的 MOSFET，需要另一个不同的电流电压方程来描述。

　　例 3.4 表明，当超过线性区/饱和区边界时，即对于

$$V_{DS} \geqslant V_{DSAT} = V_{GS} - V_{T0} \tag{3.37}$$

电流方程（3.32）是不适用的。同样，漏极电流在 V_{GS} 为常量的情况下的测量值表明，超过饱和区边界时，电流 I_D 随漏极电压 V_{DS} 的变化不大，而是近似保持在当 $V_{DS} = V_{DSAT}$ 时达到的峰值附近。这个饱和区的漏极电流可以用式（3.37）代替方程（3.32）中的 V_{DS} 很容易地得到：

$$
\begin{aligned}
I_D(\text{饱和}) &= \frac{\mu_n \cdot C_{ox}}{2} \cdot \frac{W}{L} \cdot \left[2 \cdot (V_{GS} - V_{T0}) \cdot (V_{GS} - V_{T0}) - (V_{GS} - V_{T0})^2 \right] \\
&= \frac{\mu_n \cdot C_{ox}}{2} \cdot \frac{W}{L} \cdot (V_{GS} - V_{T0})^2
\end{aligned} \tag{3.38}
$$

因此，漏极电流 I_D 在超过饱和区边界时只是栅-源电压 V_{GS} 的函数。应该注意到，实际上这个近似不变的饱和电流值并不准确，并且饱和区漏极电流仍与漏极电压有一定关系。通过简单的手工计算，由式（3.38）可以推算出饱和区 MOSFET 漏极（沟道）电流的一个非常准确的近似值。

　　正如在电流方程（3.32）和方程（3.38）中描述的那样，图 3.17 表示了一个典型的 n 沟道 MOSFET 的漏极电流与漏极电压的关系。虚线表示线性区与饱和区的抛物线边界。图 3.18 所示的是通过绘制漏极电流与栅极电压的函数关系得到的 MOS 晶体管的电流-电压特性。饱和状态（$V_{DS} > V_{DSAT}$）下 $I_D - V_{GS}$ 的传输特性反映了漏极电流是栅-源电压的二次函数〔见方程（3.38）〕。对于任意小于阈值电压 V_{T0} 的栅极电压，电流显然等于零。

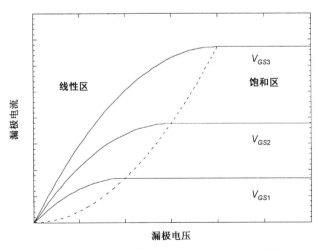

图 3.17　n 沟道晶体管的基本电流-电压特性

3.4.2　沟道长度调制

接下来，我们将详细讨论在饱和模式下的沟道夹断原理和电流的流动。并考虑式(3.27)中给出的表示反型层表面总运动电荷电量的 Q_I。沟道中源区端面处的反型层电荷为

$$Q_I(y = 0) = -C_{ox} \cdot (V_{GS} - V_{T0}) \tag{3.39}$$

沟道中漏区端面处的反型层电荷为

$$Q_I(y = L) = -C_{ox} \cdot (V_{GS} - V_{T0} - V_{DS}) \tag{3.40}$$

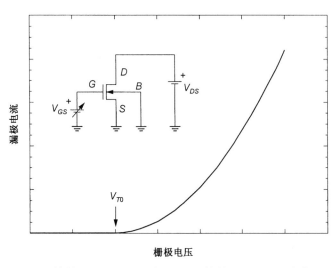

图 3.18　$V_{DS} > V_{DSAT}$（晶体管饱和)时 n 沟道 MOS 晶体管的漏极电流与栅极电压 V_{GS} 的关系

注意，在饱和区的边缘，即当漏-源电压达到 V_{DSAT} 时

$$V_{DS} = V_{DSAT} = V_{GS} - V_{T0} \tag{3.41}$$

根据式(3.40)，漏区端面处的反型层电荷为零。实际上，沟道电荷不一定变为0（记住 GCA 仅仅是沟道中实际条件的简单近似），但确实变得很小。

$$Q_I(y = L) \approx 0 \tag{3.42}$$

因此，可以说在式(3.41)给定的偏置条件下，在漏区端面处，即在 $y = L$ 处沟道是夹断的。沟道夹断是 MOSFET 开始工作在饱和模式的特征状态。如果漏-源电压进一步增大到超过饱和边界，以至于 $V_{DS} > V_{DSAT}$，将有更大范围的沟道夹断。

因此，有效沟道长度（GCA 仍然有效的反型层长度)降到了

$$L' = L - \Delta L \tag{3.43}$$

其中，ΔL 为沟道中 $Q_I = 0$ 部分的长度（见图 3.19)。因此，随着漏-源电压的不断增大，夹断点从沟道中的漏极向源极移动。夹断点与漏极之间的余下部分将工作在耗尽模式下。由于对于 $L' < y < L$ 部分 $Q_I(y) = 0$，因此夹断点的沟道电压仍为 V_{DSAT}，即

$$V_c(y = L') = V_{DSAT} \tag{3.44}$$

因此从源极向漏极移动的电子穿过长度为 L' 的反型沟道部分，然后注入到夹断点到漏极边界

的长度为 ΔL 的耗尽区。如图 3.19 所示，我们可以用一条沟道端电压为 V_{DSAT} 的缩短的沟道表示表面的反型部分。在这个区域中渐变沟道近似方法是适用的，因此沟道电流可以由式(3.38)得到

$$I_D(\text{饱和}) = \frac{\mu_n \cdot C_{ox}}{2} \cdot \frac{W}{L'} \cdot (V_{GS} - V_{T0})^2 \tag{3.45}$$

注意，该电流方程是与工作在饱和状态下有效沟道长度为 L' 的 MOSFET 相对应的。因此式(3.45)说明了沟道变短的实际原因，也称为沟道长度调制。由于 $L' < L$ ，因此在同样的偏置条件下，用式(3.45)计算得出的饱和电流将比用式(3.38)计算得出的值大。由于 L' 随着 V_{DS} 的增大而减小，因此饱和模式下的电流 I_D(饱和) 也随着 V_{DS} 增大。通过把有效沟道长度 $L' = L - \Delta L$ 近似为漏极偏置电压的函数，我们可以修改式(3.45)来反映这种漏极电压关系。首先把饱和电流方程改写如下

$$I_D(\text{饱和}) = \left(\frac{1}{1 - \dfrac{\Delta L}{L}} \right) \cdot \frac{\mu_n \cdot C_{ox}}{2} \cdot \frac{W}{L} \cdot (V_{GS} - V_{T0})^2 \tag{3.46}$$

这个饱和电流表达式的第一项说明了沟道调制效应，而表达式的其余部分与式(3.38)完全一样。可以看到沟道长度的缩短量 ΔL 实际上与 $(V_{DS} - V_{DSAT})$ 的平方根成正比

$$\Delta L \propto \sqrt{V_{DS} - V_{DSAT}} \tag{3.47}$$

为了进一步简化分析，我们采用 ΔL 与漏-源电压的经验关系式

$$1 - \frac{\Delta L}{L} \approx 1 - \lambda \cdot V_{DS} \tag{3.48}$$

其中，λ 为一个经验模型参数，称为沟道长度调制系数。假设 $\lambda V_{DS} \ll 1$ ，因此式(3.45)给出的饱和电流方程可以写成

$$I_D(\text{饱和}) = \frac{\mu_n \cdot C_{ox}}{2} \cdot \frac{W}{L} \cdot (V_{GS} - V_{T0})^2 \cdot (1 + \lambda \cdot V_{DS}) \tag{3.49}$$

这个简单的电流方程规定了线性漏极偏置与 MOS 晶体管中饱和电流的相关性，而沟道饱和电流是由经验参数 λ 决定的。尽管这种粗略的近似不能确切地反映沟道缩短量 ΔL 与漏极偏置的物理关系，但式(3.49)完全可以用于大多数一次性的手工计算式中。图 3.20 所示的是工作在线性区和饱和区的 n 沟道 MOSFET 的漏极电流与漏-源电压的关系曲线。饱和模式下的电流不是保持不变而是随着 V_{DS} 线性增大的。饱和区电流-电压曲线的斜率是由沟道长度调制系数 λ 决定的。

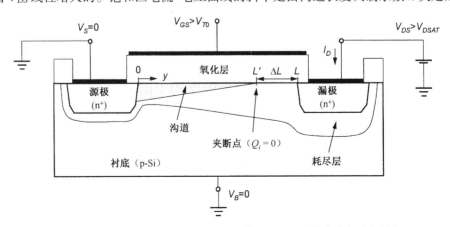

图 3.19　工作在饱和模式下的 n 沟道 MOSFET 的沟道长度调制

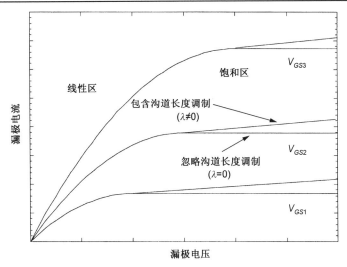

图 3.20 包括了沟道长度调制效应的 n 沟道 MOS 晶体管的电流电压特性

3.4.3 衬底偏置效应

注意,前文中的线性模式和饱和模式下的电流-电压特性的关系式是在假设衬底电位与源极电位相等即 $V_{SB}=0$ 的情况下导出的,因此电流方程中应用了零衬底偏置阈值电平 V_{T0}。另一方面,在许多数字电路的应用中,一个 nMOS 晶体管的源极电位可能比衬底电位高,从而使源极与衬底之间的电压 $V_{SB}>0$。在这种情况下,就必须考虑非零 V_{SB} 对电流特性的影响。回忆一下已经包含了衬底偏置项的阈值电压 V_T 的一般表达式(3.23),它反映了非零的源-衬底电压对器件性能的影响。

$$V_T(V_{SB}) = V_{T0} + \gamma \cdot \left(\sqrt{|2\phi_F| + V_{SB}} - \sqrt{|2\phi_F|} \right) \tag{3.50}$$

我们可以采用更通用的 $V_T(V_{SB})$ 项来简化代替线性模式和饱和模式下的电流方程中的阈值电压项:

$$I_D(\text{线性}) = \frac{\mu_n \cdot C_{ox}}{2} \cdot \frac{W}{L} \cdot \left[2 \cdot (V_{GS} - V_T(V_{SB}))V_{DS} - V_{DS}^2 \right] \tag{3.51}$$

$$I_D(\text{饱和}) = \frac{\mu_n \cdot C_{ox}}{2} \cdot \frac{W}{L} \cdot (V_{GS} - V_T(V_{SB}))^2 \cdot (1 + \lambda \cdot V_{DS}) \tag{3.52}$$

一般来说,我们仅用 V_T 代替 $V_T(V_{SB})$ 来表示通用(衬底偏置相关)的阈值电压。如例 3.3 所得知的,衬底偏置效应可以显著地改变阈值电平,从而改变 MOSFET 的电流性能。通过这种修改,我们最终得到漏极(沟道)电流特性与端电压的一阶非线性函数关系如下:

$$I_D = f(V_{GS}, V_{DS}, V_{BS}) \tag{3.53}$$

下面将对 n 沟道和 p 沟道 MOS 晶体管再次给出在一次渐变沟道近似下得到的电流-电压方程。图 3.21 所示的是外加端电压的极性和漏极电流的方向。注意,对 pMOS 晶体管来说,阈值电压 V_T 和端电压 V_{GS}、V_{DS} 以及 V_{SB} 都是负的极性。参数 μ_p 代表 pMOSFET 中的表面空穴迁移率。

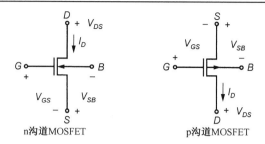

图 3.21   nMOS 和 pMOS 晶体管的端电压和电流

n 沟道 MOSFET 的电流-电压方程：

$$I_D = 0, \quad V_{GS} < V_T \tag{3.54}$$

$$I_D(\text{线性}) = \frac{\mu_n \cdot C_{ox}}{2} \cdot \frac{W}{L} \cdot \left[2 \cdot (V_{GS} - V_T)V_{DS} - V_{DS}^2 \right], \qquad V_{GS} \geqslant V_T \text{ 且 } V_{DS} < V_{GS} - V_T \tag{3.55}$$

$$I_D(\text{饱和}) = \frac{\mu_n \cdot C_{ox}}{2} \cdot \frac{W}{L} \cdot (V_{GS} - V_T)^2 + (1 + \lambda \cdot V_{DS}), \qquad V_{GS} \geqslant V_T \text{ 且 } V_{DS} \geqslant V_{GS} - V_T \tag{3.56}$$

p 沟道 MOSFET 的电流-电压方程：

$$I_D = 0, \quad V_{GS} > V_T \tag{3.57}$$

$$I_D(\text{线性}) = \frac{\mu_n \cdot C_{ox}}{2} \cdot \frac{W}{L} \cdot \left[2 \cdot (V_{GS} - V_T)V_{DS} - V_{DS}^2 \right], \qquad V_{GS} \leqslant V_T \text{ 且 } V_{DS} > V_{GS} - V_T \tag{3.58}$$

$$I_D(\text{饱和}) = \frac{\mu_p \cdot C_{ox}}{2} \cdot \frac{W}{L} \cdot (V_{GS} - V_T)^2 \cdot (1 + \lambda \cdot V_{DS}), \qquad V_{GS} \leqslant V_T \text{ 且 } V_{DS} \leqslant V_{GS} - V_T \tag{3.59}$$

3.5   MOSFET 的收缩和小尺寸效应

MOS VLSI(超大规模集成)技术中高密度芯片的设计要求电路中使用的 MOSFET 的密度尽可能高，因此，晶体管的尺寸应尽可能小。MOSFET 尺寸的减小通常称为收缩。我们希望 MOS 晶体管的工作特性随着尺寸的减小而变化。然而，一些物理约束最终限制了实际达到的收缩程度。尺寸减小的方式有两种基本类型：全收缩(也称为恒场强等比例收缩)和恒电压等比例收缩。两种收缩方式对 MOS 晶体管的工作特性有相同的影响。下面我们将详细分析这些收缩方式和它们的影响，我们也将考虑一些物理约束和对收缩的 MOSFET 来说必须考虑的小尺寸效应。

当器件的尺寸比例保持不变时，MOS 晶体管的缩小是与现有技术所允许的器件总体尺寸的系统化减小相关的。电路中所有器件按比例缩小肯定会使电路占用的总硅片面积减小，从而增大芯片的整体功能密度。为了解释器件的按比例收缩，我们引入收缩因子 S > 1。大尺寸晶体管的所有水平与垂直的尺寸都被这个收缩因子所除从而获得尺寸缩小的器件。显然，所能达到的收缩程度是由制造技术特别是由最小特征尺寸决定的。表 3.1 所示是典型 CMOS 门阵列工艺的特征尺寸减小的发展历史。从表中可以看到，每隔两三年新的制造技术就会取代以前的技术，并且最小特征长度的收缩因子 S 每一代都大约是 1.2 到 1.5。

表 3.1　典型 CMOS 门阵列工艺的最小特征尺寸减小的发展历史

表 3.1　典型 CMOS 门阵列工艺的最小特征尺寸减小的发展历史

年　份	1985	1987	1989	1991	1993	1995	1997
特征尺寸（μm）	2.5	1.7	1.2	1.0	0.8	0.5	0.35
年　份	1999	2001	2003	2005	2007	2009	2011
特征尺寸（nm）	250	180	130	90	65	45	32

　　我们考虑所有的三维尺寸都按同一收缩因子 S 按比例收缩。图 3.22 是关键尺寸减小以及掺杂浓度相应增大的典型 MOSFET。

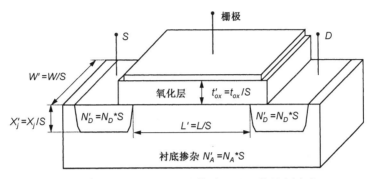

图 3.22　典型 MOSFET 按收缩因子 S 的比例变化

　　图3.22 中的基本数据表明了收缩的尺寸和掺杂的浓度。显然，所有尺寸按因子 $S > 1$ 缩小使得晶体管占用的面积按因子 S^2 减小。为了更好地理解按比例缩小对 MOSFET 电流-电压特性的影响，我们将在下面的内容中分析两种不同的缩小方式。

3.5.1　全收缩（恒场强等比例收缩）

　　在这种收缩方式下 MOSFET 内部电场强度保持不变，而各尺寸按因子 S 缩小。为了实现这个目的，所有电位必须以同一收缩因子按比例减小。注意，电位的缩小也会影响阈值电压 V_{T0}。最后，为了保持场强不变，描述电荷密度与电场关系的泊松方程要求电荷密度必须按因子 S 增大。表 3.2 列出了 MOS 晶体管的所有重要尺寸、电位以及掺杂浓度的收缩因子。

表 3.2　全收缩时 MOSFET 的尺寸、电位和掺杂浓度

参　　数	收　缩　前	收　缩　后
沟道长度	L	$L' = L / S$
沟道宽度	W	$W' = W / S$
栅极氧化面厚度	t_{ox}	$t'_{ox} = t_{ox} / S$
结深度	x_j	$x'_j = x_j / S$
电源电压	V_{DD}	$V'_{DD} = V_{DD} / S$
阈值电压	V_{T0}	$V'_{T0} = V_{T0} / S$
掺杂浓度	N_A	$N'_A = S \times N_A$
	N_D	$N'_D = S \times N_D$

　　现在考虑全收缩对 MOS 晶体管的电流-电压特性的影响。假设表面迁移率 μ_n 受收缩掺杂浓度的影响不明显。另一方面，单位面积的栅极氧化电容变为

$$C'_{ox} = \frac{\varepsilon_{ox}}{t'_{ox}} = S \cdot \frac{\varepsilon_{ox}}{t_{ox}} = S \cdot C_{ox} \qquad (3.60)$$

收缩时 MOSFET 的宽/长比保持不变。因此，跨导参数 k_n 将按因子 S 收缩。由于所有端电压

也都按因子 S 缩小，因此可以得到收缩后的 MOSFET 工作在线性模式下的漏极电流为

$$
\begin{aligned}
I_D(\text{线性}) &= \frac{k_n'}{2} \cdot [2 \cdot (V_{GS}' - V_T') \cdot V_{DS}' - V_{DS}'^2] \\
&= \frac{S \cdot k_n}{2} \cdot \frac{1}{S^2} \cdot \left[2 \cdot (V_{GS} - V_T) \cdot V_{DS} - V_{DS}^2 \right] = \frac{I_D(\text{线性})}{S}
\end{aligned}
\tag{3.61}
$$

同样，饱和模式下的漏极电流也按相同的收缩因子减小为

$$
I_D'(\text{饱和}) = \frac{k_n'}{2} \cdot (V_{GS}' - V_T')^2 = \frac{S \cdot k_n}{2} \cdot \frac{1}{S^2} (V_{GS} - V_T)^2 = \frac{I_D(\text{饱和})}{S}
\tag{3.62}
$$

现在考虑 MOSFET 的功耗。由于漏极电流在源极与漏极的端点之间流动，因此器件的瞬时功耗（收缩前）为

$$
P = I_D \cdot V_{DS}
\tag{3.63}
$$

注意，由于全收缩时漏极电流和漏-源电压按因子 S 减小，因此，晶体管的功耗按 S^2 减小

$$
P' = I_D' \cdot V_{DS} = \frac{1}{S^2} \cdot I_D \cdot V_{DS} = \frac{P}{S^2}
\tag{3.64}
$$

功耗的显著减小是全收缩最突出的优点之一。注意，因为前面讨论的器件面积按 S^2 减小因此对于全收缩的器件来说，单位面积的功率密度实际上不变。

最后，我们考虑栅极氧化电容 $C_g = WLC_{ox}$。它在 MOSFET 的瞬态工作中起着重要的作用，在 3.6 节我们将了解该电容的充电和放电。由于栅极氧化电容 C_g 按因子 S 减小，因此可以推测出收缩器件的瞬态特性，即充电和放电时间会相应地得到改善。另外，芯片上所有尺寸的按比例缩小会使各种寄生电容和寄生电阻都减小，这将提高芯片的整体性能。表 3.3 总结了全收缩（恒定场强）对关键器件特性的影响。

表 3.3　全收缩对关键器件特性的影响

参　　　数	收　缩　前	收　缩　后
氧化电容	C_{ox}	$C_{ox}' = S \cdot C_{ox}$
漏极电流	I_D	$I_D' = I_D / S$
功耗	P	$P' = P / S^2$
功率密度	P/Area	$P' / \text{Area}' = P / \text{Area}$

3.5.2　恒电压按比例收缩

在全收缩方式中，电源电压和所有的端点电压都随器件尺寸的减小而按比例减小，但是在许多情况下减小电压是不实际的。特别是外围器件和接口电路可能要求所有的输入和输出电压达到一定的电平，这反过来需要电源电压和多电平转换器。由于这些原因的存在，恒电压按比例收缩通常优于全收缩。

与全收缩相同，在恒电压按比例收缩中，MOSFET 的所有尺寸都按因子 S 减小，但电源电压和端点电压保持不变。为了保持电荷与电场的关系，掺杂密度必须按因子 S^2 增大，表 3.4 所示是特征尺寸、电压和密度的恒电压按比例收缩。我们将解释在恒电压按比例收缩中器件性能的变化与全收缩相比有显著的不同。单位面积的栅极氧化电容 C_{ox} 按因子 S 增大，这意味着跨导参数也按 S 增大。由于端点电压保持不变，收缩后的 MOSFET 在线性模式下的漏极电流为

$$I'_D(\text{线性}) = \frac{k'_n}{2} \cdot \left[2 \cdot (V'_{GS} - V'_T) \cdot V_{DS} - V^2_{DS} \right]$$

$$= \frac{S \cdot k_n}{2} \cdot \left[2 \cdot (V_{GS} - V_T) \cdot V_{DS} - V^2_{DS} \right] = S \cdot I_D(\text{线性}) \tag{3.65}$$

同样，恒电压按比例收缩后，饱和模式下的漏极电流将按因子 S 增大。这意味着漏极电流密度(单位面积上的电流)按因子 S^3 增大，这可能会给 MOS 晶体管带来严重的可靠性问题。

$$I'_D(\text{饱和}) = \frac{k'_n}{2} \cdot (V'_{GS} - V'_T)^2 = \frac{S \cdot k_n}{2} \cdot (V_{GS} - V_T)^2 = S \cdot I_D(\text{饱和}) \tag{3.66}$$

表 3.4　MOSFET 尺寸、电压以及掺杂浓度的恒电压按比例收缩

参　　数	收　缩　前	收　缩　后
尺寸	W, L, t_{ox}, x_j	按 S 减小($W' = W / S, \cdots$)
电压	V_{DD}, V_T	不变
掺杂浓度	N_A, N_D	按 S^2 增加($N'_A = S^2 \times N_A, \cdots$)

接下来考虑功耗。由于漏极电流按因子 S 增大而漏-源电压保持不变，因此，MOSFET 的功耗按因子 S 增大：

$$P' = I'_D \cdot V_{DS} = (S \cdot I_D) \cdot V_{DS} = S \cdot P \tag{3.67}$$

最后，经过恒电压按比例收缩后的功率密度(单位面积的功耗)按因子 S^3 增大，这可能会对器件的可靠性产生负面影响(见表 3.5)。

表 3.5　恒电压按比例收缩对关键器件特性的作用

参　　数	收　缩　前	收　缩　后
氧化层电容	C_{ox}	$C'_{ox} = S \cdot C_{ox}$
漏极电流	I_D	$I'_D = S \cdot I_D$
功耗	P	$P' = S \cdot P$
功率密度	P/Area	$P' / \text{Area}' = S^3 \cdot (P / \text{Area})$

　　总之，由于外部电压的限制，在许多实际情况中，恒电压收缩要比全(恒电场)收缩更常用。然而必须认识到，恒电压按比例收缩增大了漏极电流密度并按因子 S^3 增大了功率密度。电流和功率密度的大量增加最终可能会给收缩后的晶体管带来严重的可靠性问题，例如电迁移、热载流子退化、氧化击穿以及过电压。

　　随着器件尺寸通过全收缩或恒电压按比例收缩而系统化地减小，各种物理限制变得越来越突出，并且最终限制了一些器件尺寸的收缩量。因此，实际中可能只对 MOSFET 的某些尺寸进行收缩。同样，用于推导电流-电压关系的渐变沟道近似(GCA)方法不一定能准确地反映出较小尺寸晶体管中收缩的影响，因此必须相应地修改电流方程。接下来，我们将简要地考察一些小尺寸效应。

3.5.3　短沟道效应的电流-电压方程

　　如果一个 MOS 晶体管的沟道长度与源极和漏极耗尽区的厚度在同一数量级上，则该 MOS 晶体管称为短沟道器件。换句话说，如果一个 MOSFET 的有效沟道长度 L_{eff} 与源区和漏区的结深 x_j 大致相等，则该 MOSFET 定义为短沟道器件。这种情况下的短沟道效应可以引起

两种物理现象：(1)限制沟道中的电子漂移特性；(2)由于沟道长度缩短导致阈值电压改变，这点将在下节中解释。

在短沟道 MOS 晶体管中，沟道中载流子的速率也是法向(垂直)电场分量 E_x 的函数。由于垂直电场影响表面载流子的分布(载流子的碰撞)，因此相对于本体迁移率来说，表面迁移率减小。表面电子迁移率与垂直电场的关系可用下面的经验公式表示为

$$\mu_n(有效) = \frac{\mu_{no}}{1 + \Theta \cdot E_x} = \frac{\mu_{no}}{1 + \dfrac{\Theta \varepsilon_{ox}}{t_{ox}\varepsilon_{Si}} \cdot (V_{GS} - V_c(y))} \tag{3.68}$$

其中，μ_{no} 为弱场强表面电子迁移率，Θ 为一个经验因子。对与电场相关的迁移率的减少量进行简单地估计，式(3.68)可近似写成：

$$\mu_n(有效) = \frac{\mu_{no}}{1 + \eta \cdot (V_{GS} - V_T)} \tag{3.69}$$

其中，η 为一个经验系数，如果我们令 $\eta = 1.2$，$V_{GS} = 1.2\ \text{V}$，$V_T = 0.52\ \text{V}$(基于 65 nm 工艺的合理数值)，有效迁移率将下降 45%。

注意，由于有效沟道长度变小，因此沿沟道方向的横向电场 E_y 增强了。对于较小的电场值，沟道中的电子漂移速率 v_d 与电场成比例，当沟道电场较强时该值趋近饱和。当沟道电场 $E_y = E_{c,n} = 10^5\ \text{V/cm}$ 或更高时，电子漂移速率达到其饱和值，约为 $v_{sat} = 10^7\ \text{cm/s}$(如图 3.23 所示)。这个饱和速率对短沟道 MOSFET 的电流-电压特性具有重要的影响。用以下分段线性模型(模型 1)可以对漂移速度进行最简单的定义：

$$\begin{aligned} v_d &= \mu_n(\text{eff}) \cdot E_y & 当\ E_y < E_c \\ v_d &= v_{sat} & 当\ E_y \geqslant E_c \end{aligned} \tag{3.70}$$

尽管该简单模型可以大致描述这种物理现象的概况，但是当 $E_y = E_c$ 时，存在不连续导数，严重影响了该模型的精度。

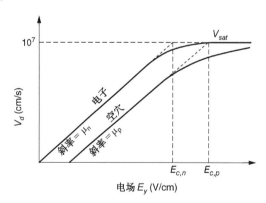

图 3.23　载流子电子与空穴的漂移速度

为了克服这个问题，分别考虑电子和空穴电子迁移率的不同，推导出一个连续模型(模型 2)。

$$v_d = v_{sat} \cdot \frac{E_y/E_c}{\left[1 + \left(\dfrac{E_y}{E_c}\right)^\alpha\right]^{\frac{1}{\alpha}}} = \mu_n(\text{eff}) \frac{E_y}{\left[1 + \left(\dfrac{E_y}{E_c}\right)^\alpha\right]^{\frac{1}{\alpha}}} \tag{3.71}$$

其中，计算电子时 α 为 2，计算空穴时 α 为 1。为方便起见，我们在计算电子和空穴时都令 $\alpha = 1$。

此模型的缺陷是，要使速度达到饱和，漏极中的电场要达到无穷大。为了克服这个缺陷，我们用另一个模型(模型 3)来计算漂移速率，如下所示

$$v_d = \mu_n(\text{eff}) \frac{E_y}{1 + \left(\dfrac{E_y}{2E_c}\right)} \qquad 当 E_y < 2E_c$$

$$v_d = v_{sat} \qquad 当 E_y \geqslant 2E_c$$

(3.72)

根据定义，该模型在 $E_y = 2E_c$ 时达到速度饱和，从而不需要无穷大电场。图 3.24 用曲线图比较了这三种模型。注意式(3.72)和式(3.71)，在 $\alpha = 2$ 时曲线形状很接近。为了简便起见，本书的其余章节将使用 $\alpha = 1$，用式(3.71)来计算漂移速度。

$$v_d = \mu_n(\text{eff}) \frac{E_y}{1 + \left(\dfrac{E_y}{E_c}\right)} \qquad 当 E_y < E_c$$

(3.73)

$$v_d = v_{sat} \qquad 当 E_y \geqslant E_c$$

(3.74)

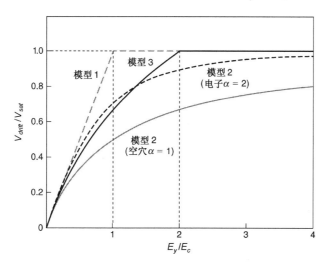

图 3.24　三种漂移速度模型的比较

为了满足在 E_c 界限连续的需要，将 $E_y = E_c$ 和 $v_d = v_{sat}$ 导入式(3.73)，得到 $E_c = (2v_{sat})/\mu_n(\text{eff})$。该模型适合手工分析。

当速度饱和时，电流方程式(3.55)、式(3.56)、式(3.58)和式(3.59)也需要作相应调整。考虑包括式(3.73)中漂移速度的线性漏电流。由于沟道长度缩短，有效沟道长度 L_{eff} 也会减小。

$$I_D(线性) = W \cdot v_d \cdot \int_0^{L_{eff}} q \cdot n(x) \cdot \mathrm{d}x = W \cdot v_d \cdot |Q_I|$$

(3.75)

$$I_D(线性) = W \cdot \mu_n \frac{E_y}{1 + \left(\dfrac{E_y}{E_c}\right)} \cdot C_{ox}(V_{GS} - V_c(y) - V_T)$$

(3.76)

由于 $E_y = \mathrm{d}V(y)/\mathrm{d}y$，将式(3.76)两边积分后得到

$$\int_0^L I_D(线性) \cdot y = W \cdot \mu_n \int_0^{V_{DS}} \left[C_{ox}(V_{GS} - V_c(y) - V_T) - \frac{I_D(线性)}{W \cdot \mu_n \cdot E_c} \right] \mathrm{d}V(y)$$

(3.77)

最后，我们推导出了强电场下包含不同电子空穴迁移率的电流方程

$$I_D(\text{线性}) = \frac{\mu_n \cdot C_{ox}}{2} \cdot \frac{W}{L} \cdot \frac{1}{1 + \left(\dfrac{V_{DS}}{E_c L}\right)} \cdot \left[2 \cdot (V_{GS} - V_T) \cdot V_{DS} - V_{DS}^2\right] \qquad (3.78)$$

该式与式(3.55)很接近，除了其中由于迁移率衰减带来的分母项。当 $V_{DS} \ll E_c L$ 时，该分母项可以忽略，此时式(3.78)将和式(3.55)完全相同。

假设沟道中的载流子速率已经达到极限值，我们来考虑饱和模式下的漏极电流。由于沟道长度缩短，因此有效沟道长度 L_{eff} 也将减小。

$$I_D(\text{饱和}) = W \cdot v_{sat} \cdot \int_0^{L_{eff}} q \cdot n(x) \cdot \mathrm{d}x = W \cdot v_{sat} \cdot |Q_I| \qquad (3.79)$$

由于沟道端电压为 V_{DSAT}，因此饱和电流为

$$I_D(\text{饱和}) = W \cdot v_{sat} \cdot C_{ox} \cdot (V_{GS} - V_T - V_{DSAT}) \qquad (3.80)$$

事实上，载流子速率的饱和使饱和模式下的电流值减小到由常规长沟道电流方程推出的电流值以下。电流不再是栅-源电压 V_{GS} 的平方函数，而且实际上它已与沟道长度无关。同样要注意，在这种条件下，当沟道中载流子的速率接近其极限值的 90% 时，器件就定义为工作在饱和状态。

在饱和区和线性区的分界处，MOS 晶体管漏源电压为 V_{DSAT} 并有 $I_D(\text{线性})=I_D(\text{饱和})$，所以 V_{DSAT} 可由下式求得：

$$V_{DSAT} = \frac{(V_{GS} - V_T) \cdot E_c L}{(V_{GS} - V_T) + E_c L} \qquad (3.81)$$

式(3.41)与式(3.81)的不同之处在于式(3.81)中的乘数 $E_c L / [(V_{GS} - V_T) + E_c L]$ 小于 1。因此，式(3.81)中的 V_{DSAT} 由于速度饱和而减小，这减小了饱和电流。同时，将式(3.81)导入式(3.80)，饱和电流方程可重写为

$$I_D(sat) = W \cdot v_{sat} \cdot C_{ox} \cdot \frac{(V_{GS} - V_T)^2}{(V_{GS} - V_T) + E_c L} \qquad (3.82)$$

$$= \frac{\mu_n C_{ox}}{2} \cdot \frac{W}{L} \cdot \frac{E_c L \cdot (V_{GS} - V_T)^2}{(V_{GS} - V_T) + E_c L} \qquad (3.83)$$

新的饱和电流表达式与式(3.38)比较，包含了式(3.81)中相同的乘数 $E_c L / [(V_{GS} - V_T) + E_c L]$。当 $V_{GS} - V_T \ll E_c L$ 时，该乘数可以忽略。此时式(3.83)将和式(3.38)完全一致。

下面我们通过重述 n 沟道和 p 沟道 MOS 晶体管的速度饱和电压-电流方程，来总结之前的知识。11.2 节中将详细介绍在小几何尺寸器件中当 $V_{GS} < V_T$ 时，不可忽略的漏电流以及该现象的起因。CLM 效应也可包含在速度饱和电流方程中。

短沟道 nMOS 晶体管的电流-电压方程

$$I_D = I_{leakage} \approx 0, \quad \text{当} \quad V_{GS} < V_T \qquad (3.84)$$

$$I_D(\text{线性}) = \frac{\mu_n \cdot C_{ox}}{2} \cdot \frac{W}{L} \cdot \frac{1}{1 + \left(\dfrac{V_{DS}}{E_c L}\right)} \cdot \left[2 \cdot (V_{GS} - V_T) \cdot V_{DS} - V_{DS}^2\right]$$

$$\text{当} \quad V_{GS} \geqslant V_T$$

$$\text{且} \quad V_{DS} < \frac{(V_{GS} - V_T) \cdot E_c L}{(V_{GS} - V_T) + E_c L} \qquad (3.85)$$

$$I_D(\text{饱和}) = W \cdot v_{sat,n} \cdot C_{ox} \cdot \frac{(V_{GS} - V_T)^2}{(V_{GS} - V_T) + E_cL} \cdot (1 + \lambda \cdot V_{DS})$$

$$\text{当} \quad V_{GS} \geqslant V_T$$

$$\text{且} \quad V_{DS} \geqslant \frac{(V_{GS} - V_T) \cdot E_cL}{(V_{GS} - V_T) + E_cL} \tag{3.86}$$

短沟道 pMOS 晶体管的电流-电压方程

$$I_D = I_{leakage} \approx 0, \qquad \text{当} \qquad V_{GS} > V_T \tag{3.87}$$

$$I_D(\text{线性}) = \frac{\mu_p \cdot C_{ox}}{2} \cdot \frac{W}{L} \cdot \frac{1}{1 + \left(\dfrac{V_{SD}}{E_cL}\right)} \cdot \left[2 \cdot (V_{SG} - |V_T|) \cdot V_{SD} - V_{SD}^2 \right]$$

$$\text{当} \quad V_{SG} \geqslant |V_T|$$

$$\text{且} \quad V_{SD} > \frac{(V_{SG} - |V_T|) \cdot E_cL}{(V_{SG} - |V_T|) + E_cL} \tag{3.88}$$

$$I_D(\text{饱和}) = W \cdot v_{sat,p} \cdot C_{ox} \cdot \frac{(V_{SG} - |V_T|)^2}{(V_{SG} - |V_T|) + E_cL} \cdot (1 + \lambda \cdot V_{SD})$$

$$\text{当} \quad V_{SG} \geqslant |V_T|$$

$$\text{且} \quad V_{SD} \leqslant \frac{(V_{SG} - |V_T|) \cdot E_cL}{(V_{SG} - |V_T|) + E_cL} \tag{3.89}$$

图 3.25 展示了 65 nm 工艺下，长沟道和短沟道器件漏电流的典型变化。由于载流子速度饱和，高偏置电压 V_{GS} 下短沟道 nMOS 晶体管（$L = 60$ nm）的电流相比于长沟道 nMOS 晶体管（$L = 600$ nm）明显降低了。短沟道器件电流已不再是 V_{GS} 的二次函数，而更接近 V_{GS} 的线性函数。注意，短沟道器件的 CLM 比长沟道器件的要大。短沟道 pMOS 晶体管的电流降低幅度要比相应的 nMOS 晶体管小。长沟道器件的漏电率（$I_{DS,n} / I_{DS,p}$）为 2.83 而短沟道器件为 1.86。所以，短沟道 pMOS 晶体管的驱动能力与短沟道 nMOS 晶体管是相当的。

3.5.4　参数测量

从式 (3.84) 到式 (3.89) 的 MOSFET 电流-电压方程和阈值电压的一般表达式 (3.50) 对 nMOS 和 pMOS 晶体管中电流和电压简单的一次性计算是非常有用的。然而，因为在它们的推导过程中包含了一些简化和近似，这些电压-电流方程的精确性受到了限制。为了利用这些简化的方程在计算中达到最大可能的精确度，出现在电流方程中的参数必须通过实验认真地确定。式 (3.50) 以及式 (3.84) 至式 (3.89) 中所使用的模型参数是零偏置阈值电压 V_{T0}，衬底偏置系数 γ，沟道长度调制参数 λ 以及下面的跨导系数：

$$k_n = \mu_n \cdot C_{ox} \cdot \frac{W}{L} \tag{3.90}$$

$$k_p = \mu_p \cdot C_{ox} \cdot \frac{W}{L} \tag{3.91}$$

下面将介绍一些在增强型 n 沟道 MOSFET 中确定参数的简单测量方法。首先，考虑图 3.26 (a) 建立的测试电路。将源极与衬底电极之间的电压 V_{SB} 设为常数，测量在不同栅-源电压 V_{GS} 下的漏极电流。由于晶体管的漏极和栅极在同一电位上，$V_{DS} = V_{GS}$，饱和条件 $V_{DS} > V_{GS} - V_T$ 总是满足的，即图 3.26(a) 所示的 nMOS 晶体管工作在饱和模式下。为了简化，忽略沟道长度调制效应，则漏极电流为

$$I_{D(sat)} = W \cdot v_{sat} \cdot C_{ox} \cdot \frac{(V_{GS} - V_{T0})^2}{(V_{GS} - V_{TO}) + E_C L} = \frac{k_n}{2} \cdot \frac{E_C L \cdot (V_{GS} - V_{T0})^2}{2(V_{GS} - V_{T0}) + E_c L} \tag{3.92}$$

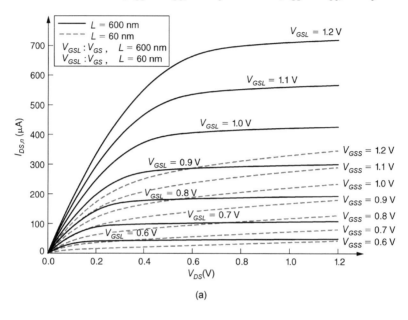

(a)

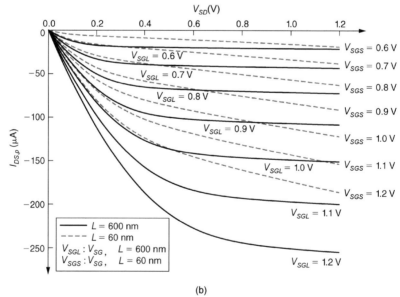

(b)

图 3.25　(a) nMOS 晶体管；(b) pMOS 晶体管的漏电流曲线

现在，漏极电流的平方根可以表示为栅-源电压的线性函数：

$$\sqrt{I_D} = \sqrt{\frac{k_n}{2}} \cdot (V_{GS} - V_{T0}) \tag{3.93}$$

如果画出漏极电流测量值的平方根与栅-源电压的关系曲线,则通过曲线的斜率和电压坐标轴的截距就可以确定参数 k_n,V_{T0} 以及 γ。图 3.26(b)所示的是在不同的衬底偏置下的漏极电流的测量值与栅极电压的关系曲线。通过把曲线外推到漏极电流的零点(电压轴的截距点),可以得到与每个 V_{SB} 相对应的阈值电压 V_T,当 $V_{SB}=0$ 时,曲线电压坐标轴的截距就是零偏置阈值电压 V_{T0}。注意,这样推的阈值电压值不一定与在某种非零漏极电流的情况下测得的阈值电压完全一致。我们只能认为它们是电流-电压方程中合适的参数。每条曲线的斜率等于 $(k_n/2)$ 的平方根,因此,跨导参数 k_n 可以由这个斜率简单地计算出来。

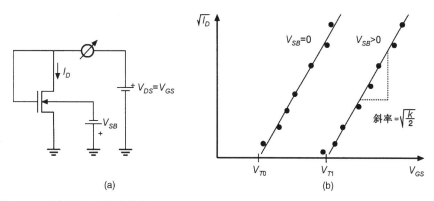

图 3.26　(a)测试电路的结构;(b)通过实验确定的参数 k_n,V_{T0} 以及 γ 的测量数据

　　接下来,考虑在非零衬底偏置电压下由电压轴截距得到的阈值电压值,使用一个有效的 V_{SB} 值,就可以得到衬底偏置系数 γ:

$$\gamma = \frac{V_T(V_{SB}) - V_{T0}}{\sqrt{|2\phi_F| + V_{SB}} - \sqrt{|2\phi_F|}} \tag{3.94}$$

　　图 3.27(a)所示的是由实验测量沟道长度调制系数 λ 时需要建立的另一个测试电路。栅-源电压 V_{GS} 设为 $V_{T0}+1$。选择漏-源电压足够大($V_{DS} > V_{GS} - V_{T0}$)以便使晶体管工作在饱和模式。然后在两个不同的漏极电压值 V_{DS1} 和 V_{DS2} 下测量饱和漏极电流。注意,饱和模式下的漏极电流方程为

$$I_{D(sat)} = \frac{k_n}{2} \cdot \frac{E_C L \cdot (V_{GS} - V_{T0})^2}{(V_{GS} - V_{T0}) + E_C L} \cdot (1 + \lambda \cdot V_{DS}) \tag{3.95}$$

因为 $V_{GS} = V_{T0}+1$,所以漏极电流的测量值 I_{D1} 和 I_{D2} 的比为

$$\frac{I_{D2}}{I_{D1}} = \frac{1 + \lambda \cdot V_{DS2}}{1 + \lambda \cdot V_{DS1}} \tag{3.96}$$

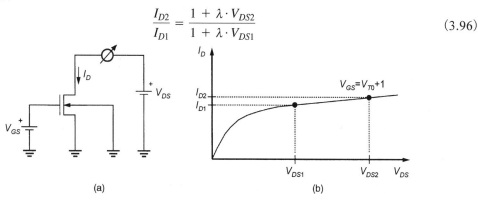

图 3.27　(a)测试电路的结构;(b)由实验确定的沟道长度调制系数 λ 的测量数据

该比值可用来计算沟道长度调制系数 λ。如图 3.27(b) 所示，该值实际上与饱和区漏极电流对漏极电压曲线的斜率相等。具体地说，斜率为 $(\lambda k_n / 2)$。

例 3.5

下面给出的是一个测得的 MOSFET 的电压和电流数据：

V_{GS} (V)	V_{DS} (V)	V_{SB} (V)	I_D (μA)
0.6	0.6	0	6
0.6	1.2	0	6.4
0.65	0.6	0	12
0.65	1.2	0.3	5
0.9	1.2	0.3	60
1.2	1.2	0.3	199

确定器件类型并计算参数 k_n，V_{T0}，V_T，γ 和 λ，假设 $\phi_F = -0.505$ V。

首先，由于 $V_{GS} > 0$ 且 $V_{DS} > 0$，因此 MOS 晶体管处于导通状态 $(I_D > 0)$。因而该晶体管一定是一个 n 沟道 MOSFET。假设晶体管是增强型的，并且由于 $V_{GS} = V_{DS}$，因此工作在饱和模式下。

$$I_D = W \cdot v_{sat} \cdot C_{ox} \cdot \frac{(V_{GS} - V_T)^2}{(V_{GS} - V_T) + E_c L}(1 + \lambda V_{DS})$$

当 V_{GS} 和 V_T 相近时，速度饱含项可忽略，从表中任选两对电流-电压 (V_{GS1}, I_{D1}) 和 (V_{GS2}, I_{D2}) 可计算出 V_{T0}，

$$\frac{I_{D1}}{I_{D2}} = \frac{(V_{GS1} - V_{T0})^2}{(V_{GS2} - V_{T0})^2} = > V_{T0} = \frac{\sqrt{\frac{6\mu A}{12\mu A}} \times 0.65 \text{ V} - 0.6 \text{ V}}{\sqrt{\frac{6\mu A}{12\mu A}} - 1} = 0.48 \text{ V}$$

$$I_D = \frac{k_n}{2} \cdot (V_{GS} - V_T)^2 \Leftrightarrow \sqrt{I_D} = \sqrt{\frac{k_n}{2}} \cdot (V_{GS} - V_T)$$

然后可以计算出跨导参数 k_n 的平方根：

$$\sqrt{\frac{k_n}{2}} = \frac{\sqrt{I_{D1}} - \sqrt{I_{D2}}}{V_{GS1} - V_{GS2}} = \frac{\sqrt{12\,\mu A} - \sqrt{6\,\mu A}}{0.65 \text{ V} - 0.6 \text{ V}} = 20 \times 10^{-3} \text{A}^{1/2}/\text{V}$$

因而这个 n 沟道 MOSFET 的跨导参数为

$$k_n = 2 \cdot (20 \times 10^{-3})^2 = 8 \times 10^{-4} \text{A/V}^2 = 0.8 \text{ mA/V}^2$$

为了求出衬底偏置系数 γ，必须首先确定源-衬底电压为 0.3 V 时的阈值电压 V_T，选用对应于 $V_{SB} = 0.3$ V 时的电流电压数据对中的一组，就可以求得 V_T 如下：

$$V_T(V_{SB} = 0.3 \text{ V}) = V_{GS} - \sqrt{\frac{2 \cdot I_D}{k_n}} = 0.65 \text{ V} - \sqrt{\frac{2 \cdot 5\,\mu A}{0.8 \text{ mA/V}^2}} = 0.54 \text{ V}$$

衬底偏置系数可表示为

$$\gamma = \frac{V_T(V_{SB} = 0.3 \text{ V}) - V_{T0}}{\sqrt{|2\phi_F| + V_{SB}} - \sqrt{|2\phi_F|}} \cdot \frac{0.54 \text{ V} - 0.48 \text{ V}}{\sqrt{1.01 \text{ V} + 0.3 \text{ V}} - \sqrt{1.01 \text{ V}}} = 0.43 \text{ V}^{1/2}$$

最后，得到衬底偏置系数为

$$\frac{1 + \lambda V_{DS1}}{1 + \lambda V_{DS2}} = \frac{I_{D1}}{I_{D2}}$$

$$\lambda = \frac{I_{D1} - I_{D2}}{V_{DS1} \times I_{D2} - V_{DS2} \times I_{D1}} = \frac{6.4\,\mu A - 6\,\mu A}{1.2\,V \times 6\,\mu A - 0.6\,V \times 6.4\,\mu A} = 0.119$$

3.5.5　小几何尺寸器件的阈值电压

接下来，我们考虑在小几何尺寸器件中阈值电压的修正。式(3.23)中的阈值电压是由长沟道长宽度且沟道掺杂浓度恒定的 MOSFET 中推导出来的。而以下这些效应会引起阈值电压的改变：不均匀的横向或纵向掺杂浓度，短沟道，窄宽度和漏极感生势垒的降低。已经研究出不同的定义和模型来精确地描述阈值电压的变化。由于式(3.23)中的 γ 项取决于表面到衬底偏置的深度，所以如果器件掺杂密度不均匀，该项需要做修正。沟道掺杂密度比衬底掺杂密度要高得多。有几种方法可以为非均匀衬底掺杂密度建模。不同掺杂密度的 N_{ch} 和 N_{sub} 下的两个衬底偏置系数 γ_1，γ_2 的推导如下

$$\gamma_1 = \frac{\sqrt{2q \cdot N_{ch} \cdot \varepsilon_{Si}}}{C_{ox}} \tag{3.97}$$

$$\gamma_2 = \frac{\sqrt{2q \cdot N_{sub} \cdot \varepsilon_{Si}}}{C_{ox}} \tag{3.98}$$

其中，N_{ch} 和 N_{sub} 分别为沟道和衬底的掺杂浓度。用这两项可将新衬底偏置系数 K_1 和 K_2 定义为

$$K_1 = \gamma_2 - 2 \cdot K_2 \cdot \sqrt{|2\phi_F| - V_{BS,max}} \tag{3.99}$$

$$K_2 = \frac{(\gamma_1 - \gamma_2)\left(\sqrt{|2\phi_F| - V_{BS}} - \sqrt{|2\phi_F|}\right)}{2\sqrt{|2\phi_F|}\left(\sqrt{|2\phi_F| - V_{BS,max}} - \sqrt{|2\phi_F|}\right) + V_{BS,max}} \tag{3.100}$$

使用式(3.99)和式(3.100)，包含非均匀垂直掺杂密度效应的阈值电压可写为

$$V_T = V_{T0} + K_1\left(\sqrt{|-2\phi_F + V_{SB}|} - \sqrt{|2\phi_F|}\right) + K_2 \cdot V_{SB} \tag{3.101}$$

在式(3.23)中假设沟道耗尽区仅由外加栅极电压作用形成，并且忽略与漏极和源极 pn 结相连的耗尽区。假设这个栅极产生的体(沟道)耗尽区是矩形的，且从源极延伸到漏极。然而，在短沟道 MOS 晶体管中，p 型衬底中的 n⁺漏极和源极扩散区引入了大量的耗尽型电荷，使得前面推导的长沟道阈值电压的表达式过高估计了由栅极电压维持的耗尽型电荷。因此根据式(3.23)得出的阈值电压值比短沟道 MOSFET 实际的阈值电压值要大。

图3.28(a)所示为短沟道 MOS 晶体管中栅极产生的本体耗尽区和pn结耗尽区的简化几何图。注意，为了准确表示栅极引起的电荷，假设本体耗尽区为不对称的梯形，而不是矩形。由于正的漏-源电压使漏-衬pn结反偏，因此我们希望漏极耗尽区比源极耗尽区大。事实上，栅极耗尽区总电荷的很大一部分来源于源极与漏极的结耗尽区而不是由栅极电压引起的体耗尽区。由于短沟道器件中的体耗尽区电荷比预计的要少，因此必须修正阈值电压的表达式来反映这种减少。修正体电荷项之后的短沟道 MOSFET 阈值电压为

$$V_{T0}(短沟道) = V_{T0} - \Delta V_{T0} \tag{3.102}$$

其中，V_{T0} 表示用常规长沟道公式 (3.23) 计算出来的零偏置阈值电压，ΔV_{T0} 表示由于短沟道效应造成的阈值电压偏移（减少）。减小量实际地表示了矩形耗尽区和梯形耗尽区之间电荷数量的差值。

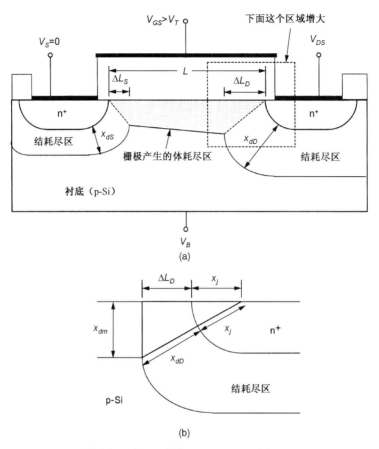

图 3.28　(a) 带有栅极产生的体耗尽区以及 pn 结耗尽区的 MOSFET
沟道区的简化几何图；(b) 漏极扩散边缘的特写视图

设 ΔL_S 和 ΔL_D 分别表示与源极 pn 结和漏极 pn 结相连的耗尽区的横向长度，则梯形区包含的体耗尽电荷为

$$Q_{B0} = -\left(1 - \frac{\Delta L_S + \Delta L_D}{2L}\right) \cdot \sqrt{2 \cdot q \cdot \varepsilon_{Si} \cdot N_A \cdot |2\phi_F|} \tag{3.103}$$

我们采用图 3.28(b) 中所示的简化几何图计算 ΔL_S 和 ΔL_D。这里 x_{ds} 和 x_{dD} 分别表示与源极和漏极相关的 pn 结耗尽区的深度。漏和源扩散区的边缘用四分之一圆弧表示，弧的半径等于结深 x_j。体耗尽区深入衬底的垂直深度用 x_{dm} 表示。结耗尽区深度可近似为

$$x_{dS} = \sqrt{\frac{2 \cdot \varepsilon_{Si}}{q \cdot N_A} \cdot \phi_0} \tag{3.104}$$

$$x_{dD} = \sqrt{\frac{2 \cdot \varepsilon_{Si}}{q \cdot N_A} \cdot (\phi_0 + V_{DS})} \tag{3.105}$$

结内建电压为

$$\phi_0 = \frac{kT}{q} \cdot \ln\left(\frac{N_D \cdot N_A}{n_i^2}\right) \tag{3.106}$$

从图 3.28(b)可得 ΔL_D 和耗尽区深度的关系如下

$$(x_j + x_{dD})^2 = x_{dm}^2 + (x_j + \Delta L_D)^2 \tag{3.107}$$

$$\Delta L_D^2 + 2 \cdot x_j \cdot \Delta L_D + x_{dm}^2 - x_{dD}^2 - 2 \cdot x_j \cdot x_{dD} = 0 \tag{3.108}$$

求解 ΔL_D ，可得

$$\Delta L_D = -x_j + \sqrt{x_j^2 - (x_{dm}^2 - x_{dD}^2) + 2x_j x_{dD}} \approx x_j \cdot \left(\sqrt{1 + \frac{2x_{dD}}{x_j}} - 1\right) \tag{3.109}$$

同样，长度 ΔL_S 为

$$\Delta L_S \approx x_j \cdot \left(\sqrt{1 + \frac{2x_{dS}}{x_j}} - 1\right) \tag{3.110}$$

现在，由短沟道效应引起的阈值电压的减小量 ΔV_{T0} 为

$$\Delta V_{T0,SCE} = \frac{1}{C_{ox}} \cdot \sqrt{2q\varepsilon_{Si}N_A|2\phi_F|} \cdot \frac{x_j}{2L} \cdot \left[\left(\sqrt{1 + \frac{2x_{dS}}{x_j}} - 1\right) + \left(\sqrt{1 + \frac{2x_{dD}}{x_j}} - 1\right)\right] \tag{3.111}$$

阈值电压的偏移项与 (x_j/L) 成比例。因此，对于沟道长度更短的 MOS 晶体管来说，该项更加突出，对于 $L \gg x_j$ 的长沟道 MOSFET，该项接近于零。下面的例子说明了在短沟道器件中阈值电压的变化是沟道长度的函数。

例 3.6

考虑具有下列工艺参数的 MOS 管：衬底掺杂浓度 $N_A = 4 \times 10^{18}\ cm^{-3}$ ，多晶硅栅极掺杂浓度 N_D(栅极) $= 2 \times 10^{20}\ cm^{-3}$ ，栅极氧化厚度 $t_{ox} = 1.6\ nm$ ，氧化界面固定电荷密度 $N_{ox} = 4 \times 10^{10}\ cm^{-2}$ ，以及源极和漏极扩散掺杂浓度 $N_D = 10^{17}\ cm^{-3}$ 。此外，为了调整阈值电压，沟道区注入 p 型掺杂物(掺杂浓度 $N_I = 2 \times 10^{11}\ cm^{-2}$)。源和漏扩散区的结深为 $x_j = 32\ nm$ 。

画出零偏置阈值电压 V_{T0} 的变化量与沟道长度的函数关系图(假设 $V_{DS} = V_{SB} = 0$)。并求当 $L = 60\ nm$ ， $V_{DS} = 1\ V$ ，以及 $V_{SB} = 0$ 时的 V_{T0} 。

首先，我们必须用常规公式(3.23)求得零偏置阈值电压。例3.2中已计算出相同工艺参数下没有沟道注入时的阈值电压 $V_{T0} = 0.48\ V$ 。附加的 p 型沟道注入将使阈值电压增大 qN_I/C_{ox} 。因此，我们得到上述工艺的长沟道零偏置阈值电压为

$$V_{T0} = 0.487\ V + \frac{q \cdot N_1}{C_{ox}} = 0.487\ V + \frac{1.6 \times 10^{-19} \times 2 \times 10^{11}}{2.2 \times 10^{-6}} = 0.501\ V$$

接下来，利用式(3.111)计算由短沟道效应引起的阈值电压的减小量。源和漏 pn 结的内建电压为

$$\phi_0 = \frac{kT}{q} \cdot \ln\left(\frac{N_D \cdot N_A}{n_i^2}\right) = 0.026\ V \times \ln\left(\frac{10^{17} \times 4 \times 10^{18}}{2.1 \times 10^{20}}\right) = 0.91\ V$$

对于零漏极偏置来说，源和漏 pn 结耗尽区的深度可写为

$$x_{dS} = x_{dD} = \sqrt{\frac{2 \cdot \varepsilon_{Si} \cdot \phi_0}{q \cdot N_A}} = \sqrt{\frac{2 \times 11.7 \times 8.85 \times 10^{-14}}{1.6 \times 10^{-19} \times 4 \times 10^{18}} \times 0.91}$$

$$= 1.72 \times 10^{-6}\ cm = 17.2\ nm$$

现在，由短沟道效应引起的阈值电压偏移量 ΔV_{T0} 是栅极（沟道）长度 L 的函数，计算如下：

$$\Delta V_{T0} = \frac{1}{C_{0x}} \cdot \sqrt{2q\varepsilon_{Si}N_A|2\phi_F|} \cdot \frac{x_j}{2L} \cdot \left[\left(\sqrt{1 + \frac{2x_{dS}}{x_j}} - 1 \right) + \left(\sqrt{1 + \frac{2x_{dD}}{x_j}} - 1 \right) \right]$$

$$= \frac{1.2 \times 10^{-6}\,\text{C/cm}^2}{2.2 \times 10^{-6}\,\text{F/cm}^2} \cdot \frac{32\,\text{nm}}{L} \cdot \left(\sqrt{1 + \frac{2 \times 17.2\,\text{nm}}{32\,\text{nm}}} - 1 \right)$$

最终的零偏置阈值电压为

$$V_{T0}(\text{短沟道}) = 0.501\,\text{V} - 0.24\,\text{V} \cdot \frac{32}{L(\text{nm})}$$

下图所示为阈值电压随沟道长度的变化情况。当沟道长度在亚微米范围时，阈值电压下降了大约 50%，而当沟道长度较大时其值接近 0.53 V。

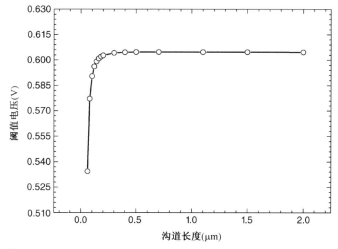

由于常规的阈值电压表达式 (3.23) 不能反映沟道长度较小时 V_{T0} 的显著减小量，因此该式在短沟道 MOSFET 中的应用必须严格限制。

现在，考虑阈值电压随外加漏-源电压的变化情况。式 (3.105) 表明了漏 pn 结耗尽区的深度会随电压 V_{DS} 增加。当漏-源电压 $V_{DS} = 1$ V 时，漏极耗尽结深为

$$x_{dD} = \sqrt{\frac{2 \cdot \varepsilon_{Si}}{q \cdot N_A}(\phi_0 + V_{DS})}$$

$$= \sqrt{\frac{2 \times 11.7 \times 8.85 \times 10^{-14}}{1.6 \times 10^{-19} \times 4 \times 10^{18}} \cdot (0.91 + 1.0)} = 24.8\,\text{nm}$$

通过替换式 (3.111) 中的 x_{dD}，可得阈值电压的最终偏移量为

$$\Delta V_{T0} = \frac{1}{C_{ox}} \cdot \sqrt{2q\varepsilon_{Si}N_A|2\phi_F|} \cdot \frac{x_j}{2L} \cdot \left[\left(\sqrt{1 + \frac{2x_{dS}}{x_j}} - 1 \right) + \left(\sqrt{1 + \frac{2x_{dD}}{x_j}} - 1 \right) \right]$$

$$= \frac{1.2 \times 10^{-6}}{2.2 \times 10^{-6}} \cdot \frac{32}{2 \times 60} \cdot \left[\left(\sqrt{1 + \frac{2 \times 17.2}{32}} - 1 \right) + \left(\sqrt{1 + \frac{2 \times 24.8}{32}} - 1 \right) \right]$$

$$= 0.15\,\text{V}$$

短沟道 MOS 晶体管的阈值电压为

$$V_{T0} = 0.494\,\text{V} - 0.15\,\text{V} = 0.344\,\text{V}$$

该值明显小于由常规长沟道公式 (3.23) 计算得到的阈值电压。

3.5.6　窄沟道效应

沟道宽度 W 与最大耗尽区厚度 x_{dm} 在同一数量级上的 MOS 晶体管称为窄沟道器件。与前面介绍的短沟道效应类似,窄沟道 MOSFET 也存在着常规的 GCA 分析不能说明的典型特性。最重要的窄沟道效应是这种器件的实际阈值电压大于由常规阈值电压公式(3.23)计算得到的值。下面我们将简要地解释引起这种偏差的物理原因。图 3.29 所示为一个窄沟道器件的典型横截面图。沟道区的氧化厚度为 t_{ox},而沟道周围被厚厚的场氧化物(FOX)覆盖。如图 3.29 所示,由于栅极电极也与场氧化物交叠,因此在这个 FOX 交叠区下面形成了一个相对较浅的耗尽区。因而,要建立传导沟道,栅极电压就必须维持这种附加的耗尽电荷。在宽器件中这种边缘耗尽区的电荷对总体沟道电荷的影响可以忽略不计。然而,对宽度较小的 MOSFET 来说,这种附加耗尽电荷的存在使实际的阈值电压增大了,即

$$V_{T0}(窄沟道) = V_{T0} + \Delta V_{T0} \tag{3.112}$$

由窄沟道效应引起的对阈值电压的附加影响可以写成:

$$\Delta V_{T0,NWE} = \frac{1}{C_{ox}} \cdot \sqrt{2q\varepsilon_{Si}N_A|2\phi_F|} \cdot \frac{\kappa \cdot x_{dm}}{W} \tag{3.113}$$

其中,κ 为取决于边缘耗尽区形状的经验参数。例如,假设耗尽区边缘是四分之一圆弧形的,则参数 κ 为

$$\kappa = \frac{\pi}{2} \tag{3.114}$$

对不同的器件尺寸和制造工艺,像 LOCOS、完全凹进的 LOCOS 以及厚场氧化物 MOSFET 工艺,可以对式(3.113)给出的简单方程做适当的修正。在所有的情况下,对 V_{T0} 的附加影响都与 (x_{dm}/W) 成比例。阈值电压的增大值仅对沟道宽度 W 与 x_{dm} 在同一数量级上的器件有意义。图 3.30 展示了 65 nm 工艺中,窄沟道效应引起的阈值电压上升。当 MOSFET 的宽度从 5 μm 降低到 0.6 μm 时,阈值电压增加了 14 mV。最后要注意,对于沟道长度和宽度都很小的最小尺寸 MOSFET 来说,由短沟道和窄沟道效应引起的阈值电压变化会互相抵消。

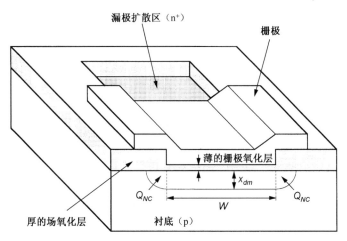

图 3.29　窄沟道 MOSFET 的剖面图(穿过沟道)。(注意,
Q_{NC} 表示由窄沟道效应产生的附加耗尽电荷)

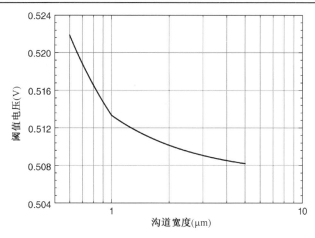

图 3.30　窄沟道效应引起的阈值电压上升

3.5.7　小尺寸器件引起的其他限制

对于小尺寸的MOSFET来说，源极与漏极之间沟道中的电流特性是由二维电场矢量决定的。简单的一维渐变沟道近似(GCA)方法是假设平行于表面和垂直于表面的电场分量有效地去耦，因此不能完全反映一些观察到的器件特性。然而，这些小尺寸特性可能会严重地限制晶体管的工作条件，从而限制器件的实际应用。准确地了解这些小尺寸效应是非常重要的，尤其对亚微米 MOSFET 更是这样。

沟道电流的二维特性造成的一种典型的情况是在小尺寸 MOS 晶体管中存在的亚阈值导通。我们在前面的章节中已经讨论过，沟道中的电流与表面反型层的产生和维持有关。如果栅极偏置电压不足以使表面反型，即 $V_{GS} < V_{T0}$，势垒区就阻碍沟道中的载流子(电子)的流动。栅极电压的增大减小了势垒区，最终使载流子在沟道电场的作用下流动。由于势垒区受到栅-源电压 V_{GS} 和漏-源电压 V_{DS} 的共同控制，因此在小尺寸 MOSFET 中，这个简单过程就变得比较复杂。如果增大漏极电压，则沟道中的势垒降低，从而出现漏极引起的势垒降低(DIBL)。即使栅-源电压小于阈值电压，势垒的降低最终也会使源极和漏极间有电子移动。在这种条件 $(V_{GS} < V_{T0})$ 下流动的沟道电流称为亚阈值电流。注意，在 $V_{GS} < V_{T0}$ 时，GCA 不能反映出任何非零漏极电流 I_D。通过小尺寸 MOSFET 的二维分析可得亚阈值电流的近似表达式如下：

$$I_D(\text{阈值}) \approx \frac{qD_nWx_cn_0}{L_B} \cdot e^{\frac{q\phi_r}{kT}} \cdot e^{\frac{q}{kT}(A \cdot V_{GS} + B \cdot V_{DS})} \tag{3.115}$$

其中，x_c 为亚阈值沟道深度，D_n 为电子扩散系数，L_B 为沟道中势垒区的长度，ϕ_r 为参考电位。注意，亚阈值电流与栅-源电压成指数关系。因为小电流也会严重干扰电路的工作，所以引入亚阈值电导对电路的应用是非常重要的。

除不均匀垂直掺杂浓度外，还要考虑不均匀横向掺杂浓度。甚短沟道器件中，如式(3.111)所示的阈值电压滚降将导致漏泄电流显著增大。采用图 2.13 所示的光环注入法能减小阈值电压的滚降和击穿效应。光环注入使得源/漏结附近的掺杂浓度比沟道中央的掺杂浓度大，这相应地减小了耗尽区的尺寸，并且由于平均沟道掺杂浓度的升高，阈值电压升高。对于较短的沟道器件，平均掺杂浓度较高，阈值电压按 $\Delta V_{T,RSCE}$ 升高。随着沟道长度的增加，中等长度沟道占据光环掺杂区的主要部分，阈值电压下降，这称为反向短沟道效应(RSCE)。长沟道器件中，光环注入法会产生的其他影响有漏极导致的阈值以 $\Delta V_{T,DITS}$ 变化（DITS）和低的输出阻抗。DIBL 和 DITS 分别是短沟道和长沟道器件的漏极偏置的函数。

小几何尺寸器件的全部阈值电压变化可表示为

$$
\begin{aligned}
V_T + V_{T0} + K1\left(\sqrt{|-2\phi_F + V_{SB}|} - \sqrt{|2\phi_F|}\right) + K2 \cdot V_{SB} \\
- \Delta_{T,SCE} + \Delta V_{T,NWE} - \Delta V_{T,DIBL} + \Delta V_{T,RSCE} - \Delta V_{T,DITS}
\end{aligned}
\tag{3.116}
$$

注意，每项符号表明了它是否会使阈值电压骤升或滚降。图 3.31 画出了 65 nm nMOS 晶体管的全部阈值电压变化。当沟道长度从 5 nm 减到 60 nm 时，V_{DS} 为 1.2 V，阈值电压增加了 150 mV 左右。由于 DIBL，栅极长为 60 nm 的 nMOS 器件在漏源电压为 1.2 V 时，其阈值电压为 40 mV，低于漏源电压为 0.6 V 时的阈值电压。

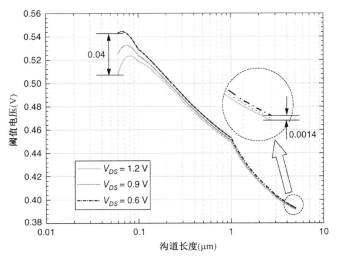

图 3.31　不同沟道长度和漏源电压对应阈值电压的变化

例 3.7

重新考虑例 3.2 中所给的 n 沟道 MOSFET 工艺，探究不均匀掺杂如何影响 MOS 晶体管的阈值电压。

首先，我们必须用预测工艺模型（PTM）参数和例 3.2 所给的工艺参数来计算耗尽区宽度 X_{dep} 和特征长度 l_t。假设 V_{DS} 为 1.2 V，V_{SB} 为 0 V。

$$
\begin{aligned}
X_{dep} &= \sqrt{\frac{2\varepsilon_{si}(|2\phi_F| + V_{SB})}{q \cdot N_A}} = \sqrt{\frac{2 \cdot 1.04 \times 10^{-10}(1.02 + V_{SB})}{0.640 \times 10^6}} \\
&= 1.80 \times 10^{-8} \cdot \sqrt{(1.02 + V_{SB})} \\
l_t &= \sqrt{\frac{\varepsilon_{si} \cdot t_{ox} \cdot X_{dep}}{\varepsilon_{ox}}} \cdot (1 - DV_{T2} \cdot V_{SB}) \\
&= \sqrt{\frac{1.04 \times 10^{-10} \times 1.6 \times 10^{-9} \cdot X_{dep}}{3.9}} \cdot (1 - (-0.032) \cdot V_{SB}) \\
&= 2.07 \times 10^{-10} \cdot \sqrt{X_{dep}} \cdot (1 + 0.032 \cdot V_{SB}) \\
&= 2.78 \times 10^{-14} \cdot \sqrt[4]{(1.02 + V_{SB})} \cdot (1 + 0.032 \cdot V_{SB})
\end{aligned}
$$

$$X_{dep0} = \sqrt{\frac{2\varepsilon_{si}\,|2\phi_F|}{q\cdot N_A}} = \sqrt{\frac{2\times1.04\times10^{-10}\times1.02}{0.64\ \times\ 10^6}}$$

$$= 1.82\times10^{-8}\ \mathrm{m}$$

$$l_{t0} = \sqrt{\frac{\varepsilon_{si}\cdot t_{ox}\cdot X_{dep0}}{\varepsilon_{ox}}}$$

$$= \sqrt{\frac{1.04\times10^{-10}\times1.6\times10^{-9}\times1.82\times10^{-8}}{3.9}}$$

$$= 2.79\times10^{-14}\ \mathrm{m}$$

现在我们可以通过式(3.101)计算阈值电压漂移

$$V_T = V_{T0} + K_1\left(\sqrt{|-2\phi_F + V_{SB}|} - \sqrt{|2\phi_F|}\right) + K_2 V_{SB}$$

$$= 0.53 + 0.673\cdot\left(\sqrt{1.02 + V_{SB}} - \sqrt{1.02}\right) + 0.01\cdot V_{SB}$$

当 $V_{DS} = 1.2\ \mathrm{V}$，$V_{SB} = 0.1\ \mathrm{V}$ 时

$$V_T = 0.53 + 0.673\cdot\left(\sqrt{1.02 + V_{SB}} - \sqrt{1.02}\right) + 0.01\cdot V_{SB}$$

$$= 0.53 + 0.673\cdot\left(\sqrt{1.02 + 0.1} - \sqrt{1.02}\right) + 0.01\times0.1$$

$$= 长沟道模型 + 非均匀横向掺杂分布$$

$$= 0.571 + 0.001 = 0.572\ \mathrm{V}$$

当 $V_{DS} = 0.6\ \mathrm{V}$，$V_{SB} = 0.6\ \mathrm{V}$ 时

$$V_T = 0.53 + 0.673\cdot\left(\sqrt{1.02 + V_{SB}} - \sqrt{1.02}\right) + 0.01\cdot V_{SB}$$

$$= 0.53 + 0.673\cdot\left(\sqrt{1.02 + 0.3} - \sqrt{1.02}\right) + 0.01\times0.3$$

$$= 长沟道模型 + 非均匀横向掺杂分布$$

$$= 0.624 + 0.003 = 0.627\ \mathrm{V}$$

前面已经分析过，小尺寸 MOSFET 的沟道长度与源极和漏极耗尽区的厚度在同一数量级上。当漏极偏置电压更大时，漏极周围的耗尽区向源极扩散得更远，最终两个耗尽区合并在一起，这种情况称为击穿。一旦击穿发生，栅极电压失去对漏极电流的控制，电流会急剧增大。通过材料的局部熔化，击穿会对晶体管造成永久性的破坏，这显然是我们不愿看到的，因此，在电路正常工作时我们应该防止击穿发生。

一些器件尺寸(例如沟道长度)会随着新一代产品的出现不断缩小，但是一些尺寸由于受到物理限制而不能随意收缩。栅极氧化厚度 t_{ox} 就是这样。将 t_{ox} 按收缩因子 S 减小，即生成一个 $(t'_{ox} = t_{ox}/S)$ 的 MOSFET 就会遇到生成很薄的均匀二氧化硅层的工艺难题。非均匀氧化生长的局部位置(也称针孔)可能会引起栅极与衬底之间的短路。另一个对缩小 t_{ox} 的限制是氧化击穿。如果垂直于表面的氧化电场超过一定的击穿场，则二氧化硅层可能在工作时受到永久性的破坏，导致器件故障。

最后，我们将考虑由器件中的强电场引起的另一个可靠性问题。我们已经看到，VLSI 制造技术的进步主要是基于器件尺寸的减小，例如沟道长度、结深和栅极氧化层厚度的减小，而电源电压并没有按比例缩小(恒电压按比例收缩)。通过增大衬底掺杂浓度使关键的器件尺寸减小到亚微米范围，就会引起沟道中水平方向和垂直方向上的电场显著增大。电子和空穴在电场中获得了很高的动能(热载流子)后，可能被注入到栅极氧化区，造成氧化层界面电荷分布的永久性改变，使 MOSFET 的电流-电压特性恶化(见图3.32)。因为器件尺寸的减小，热载

流子引起的 MOSFET 电流-电压特性恶化的可能性增大了，所以这个问题被认为是限制 VLSI 电路的器件实现更大密度的重要因素之一。

沟道热电子效应(CHE)是由沟道区中从源极流动到漏极的电子造成的。当漏-源电压很大时这种效应将非常明显，此时漏极的横向电场将加快电子的流动。到达 Si-SiO$_2$ 界面的电子具有足够的动能来跨过表面势垒注入到氧化层。由冲击电离产生的电子和空穴对电荷的注入也起了一定的作用。注意，沟道热电子电流以及栅极氧化层中并发的损伤位于漏极结附近(见图 3.32)。

热载流子在 nMOS 晶体管中产生的损伤会导致氧化层产生缺陷或二氧化硅界面上产生界面静电，甚至是两者皆有。由热载流子注入产生的损伤会引起跨导的恶化、阈值电压的偏移以及漏极电流整体性能的下降，从而影响晶体管的特性(见图 3.33)。这种器件性能的恶化会导致电路性能的恶化。因此，基于小尺寸器件的新的 MOSFET 技术必须仔细考虑热载流子效应并保证器件能长期可靠地工作。

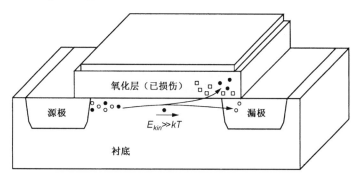

图 3.32   热载流子注入到了栅氧化区且导致了氧化损伤

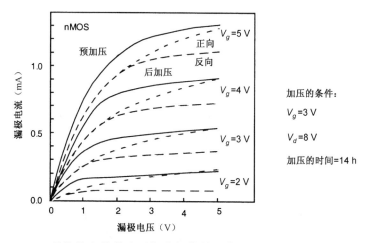

图 3.33   MOS 晶体管在热载流子氧化损伤前后典型的漏极电流与漏极电压特性

对小尺寸器件来说，其他可靠性方面的问题包括由电子迁移产生的互连损伤、静电放电(ESD)以及过压(EOS)。

3.5.8   纳米级技术中的易变性

CMOS 工艺缩小到 65 nm 及以下级别，使得晶体管集成度更高且成本更低成为可能。然而，集成电路设计者面临着易变性的新挑战。尽管制造工艺技术继续按比例缩小，但工艺的可控性并没有随着器件的缩小而按比例相应地增强。因此，晶体管的易变性成为纳米级集成电路最困难的挑战之一。

　　晶体管的易变性是由物理性限制、环境的不稳定性和工艺的差异所引起的。物理性限制包括光波长与掺杂原子的数量和位置。例如，在 0.5 µm CMOS 工艺中，沟道中有数以千计的掺杂原子，而 45 nm CMOS 工艺中，其数量减小到不足 100 个。掺杂数的减小无法避免随机差异，这种随机掺杂波动（RDF）主宰着器件的性能。图 3.34 是 50 nm 的 nMOS 晶体管掺杂原子位置的蒙特卡罗模拟 3D 视图。相比于浓度高的源极和漏极施主掺杂，受主沟道掺杂更易受统计差异的影响。

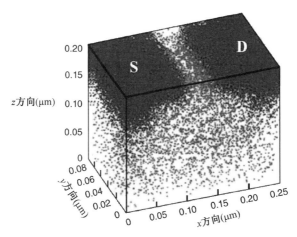

图 3.34　50 nm nMOS 晶体管中掺入粒子的随机分布（摘自：Bernstein, K.,
　　　　　Frank, D.J, Gattiker, A.E., Haensch, W., Ji, B.L., Nassif, S.R., Nowak, E.J.,
　　　　　Pearson, D.J., 和 Rohrer,N.J., 的《65 nm 及以下级别高性能 CMOS
　　　　　的易变性》中图 4。IBM J.Res.&Dev. 50 卷，4 号，2006 年 6 月）

　　电源电压、温度变化以及噪声耦合都属于环境上的不稳定性。芯片上电源电压和温度随时间和空间而变化。微处理器中电源电压和温度的具体变化分别如图 3.35(a)、(b)所示。工艺上的易变性包括晶体管长度的偏差，迁移率的偏差和阈值电压的偏差，这些偏差是由光刻错误、栅极介质差异和不规则的化学机械抛光（CMP）引起的。光学邻近效应修正（OPC）错误、掩模工艺错误、步进错误、布局不规则以及阻值不均匀均可导致光刻偏差。在多晶硅栅模式中，阻值不均会产生图 3.36 中所示的线边缘粗糙（LER）和线宽粗糙（LWR）。这些粗糙增加了亚阈值电流，降低了阈值电压特性。栅极介质差异可由氧化层厚度变化和表面阱引起。CMP 步骤用来磨平浅沟道隔离（STI）、金属连接、介电质和金属栅。不均匀的材料密度导致不同的磨平速率。例如，不平坦的金属连接点会造成破损和腐蚀，这能使金属阻值最多增加 10%。在空闲区域放上虚拟金属模块可减小化学机械抛光引起的偏差。图 3.37 所示为 200 只 nMOS 和 pMOS 晶体管（W=200 nm, L=100 nm）在相应工艺角中阈值电压的变化情况。尽管角结构仍可见——由于工艺角的差异，小型晶体管的不匹配与尺寸相似。数字集成电路的可变性会影响产量、速度以及功耗。

　　这些晶体管上的差异根据范围可以分为：

● 裸片内（WID）偏差——一个裸片上的偏差，由工艺引起的、随机的、电源和温度变化、布局相关的。
● 裸片到裸片（D2D）的偏差——一个晶圆上的偏差，是系统级的。

- 晶圆到晶圆（W2W）的偏差——晶圆间的偏差。
- 批量到批量的偏差——批量间的偏差。

在这些偏差中，芯片设计者考虑最多的是 WID 偏差，因为它随机性高而难以补偿。D2D 差异是系统级的，补偿相对较为简单。

随着晶体管尺寸的持续减小，器件老化衰退变得越来越常见，这可能导致电路性能急剧下降。负偏压下的温度不稳定性（Negative Bias Temperature Instability，NBTI）以及热载流子注入（HCI）是晶体管老化的两个原因。

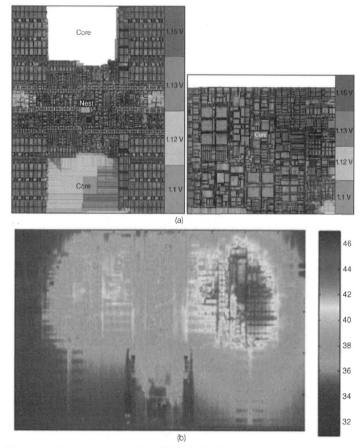

图 3.35　（a）IBM Power6 处理器巢区（非核心区）和核心区的电压等值
线图；（b）AMD Athlon II 240 双核处理器的温度等值线图

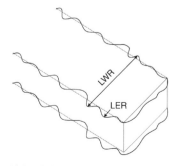

图 3.36　线边缘粗糙度（LER）和线宽粗糙度（LWR）的定义

电子迁移导致连接老化。在更好的技术结点处，老化机理可能会更严重。对于 90 nm 及以下级别晶体管，比起 HCI 引起的 nMOS 恶化，负偏压下的温度不稳定性引起的 pMOS 阈值电压变化是限制寿命的主要因素。负偏压下的温度不稳定性是由 pMOS 晶体管的 Si-SiO₂ 界面处生成的界面阱产生的。当器件工作时，沿着氧化层界面的 Si-H 结合可能会分解，使得 H 原子扩散到栅极氧化层，之后断裂的结合变成阱。如图 3.38 所示，如果给 pMOS 栅极加一个负电压，阈值电压改变，且因为有阱的缘故，流过沟道的电流减小。在温度高且氧化区为高电场时，NBTI 会加速栅极氧化层变薄。阈值电压的增加降低了噪声容限和数字电路的工作速度。处在恢复阶段，即 pMOS 的栅极电压很高且应力被清除时，栅极氧化层中的 H 原子扩散回 Si-SiO₂ 界面，Si-H 结合的重新组合降低了 pMOS 的阈值电压。

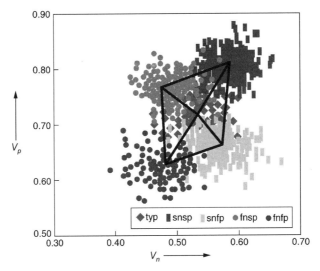

图 3.37   90 nm 级技术中 MOSFET 晶体管的阈值电压
变化（源自：Courtesy of Dr. Marcel Pelgrom）

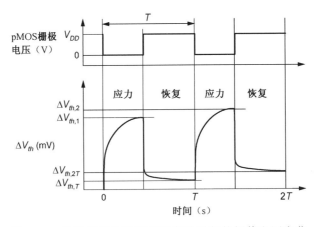

图 3.38   负偏压下的温度不稳定性引起的阈值电压变化

在上述差异中，电源电压、温度、负偏压下的温度不稳定性、热载流子注入，以及电迁移都与时间有关。其他像迁移率、阈值电压、长度以及噪声耦合与空间有关。

为了克服差异带来的问题并设计出可靠的芯片，在材料、器件、设备以及电路设计级别上，都采用了很多方法。例如，为了减轻 LER 和 LWR 的问题，采用了计算光刻技术。从电路设计方面来看，抗变化/耐老化的设计技术越来越普遍，这类技术将在第 14 章介绍。

3.6　MOSFET 电容

本章讨论的主要内容是 MOS 管的静态特性。所涉及的电流-电压特性曲线可以用来研究 MOS 电路在不同工作条件下的直流响应。另一方面，为了研究 MOSFET 以及由 MOSFET 组成的数字电路的交流响应，我们必须考虑 MOS 管寄生电容的特性和大小。

MOS 电路的片上电容是版图尺寸和制造工艺的复杂函数。这些电容绝大部分不是集总参数的，而是分布的。要准确计算这些电容值，就要建立一个复杂的、三维非线性电荷-电压模型。接下来，我们对片上 MOSFET 电容做简单的近似，这种近似可用于大多数手工计算中。这些电容模型能准确表述 MOSFET 电荷-电压间的重要特性，并且基于半导体器件基本理论建立的方程对多数读者来说都是很熟悉的。我们还将着重就互连线电容和与器件相关的电容之间的区别进行讨论。不同器件之间的金属互连线电容对数字电路中所有的寄生电容来说都是非常重要的部分。对这种互连线电容的估算方法将在第 6 章介绍。

图 3.39 是一个典型的 n 沟道 MOSFET 的剖面图和俯视图(掩模图)。此前，因为我们主要关注 MOSFET 中载流子的运动，因此介绍的都是器件剖面图。现在我们开始研究器件寄生电容，因此要熟悉 MOSFET 的俯视图。图中 L_M 表示栅极的掩模长度，L 表示实际沟道长度。栅极-漏极和栅极-源极重叠区的长度都用 L_D 表示，则沟道长度为

$$L = L_M - 2 \cdot L_D \tag{3.117}$$

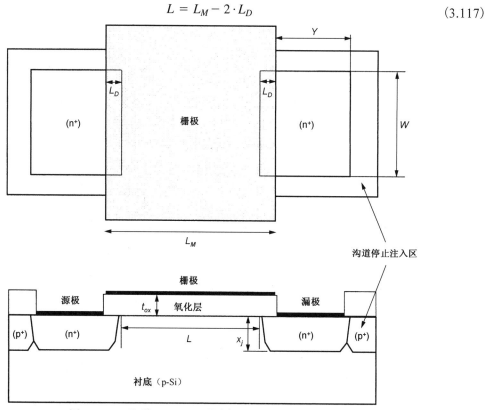

图 3.39　n 沟道 MOSFET 的剖面图和俯视图(掩模图)

注意，由于 MOSFET 结构的对称性，漏极和源极重叠区的长度通常相等。L_D 一般在 $0.1~\mu m$ 的数量级。源极和漏极扩散区的宽度均为 W。扩散区的长度用 Y 表示。注意，源极和漏极的

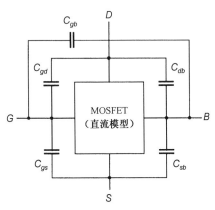

扩散区由 p^+ 掺杂区环绕，这个掺杂区也称为沟道停止注入区。顾名思义，这个附加的 p^+ 区的作用就是防止在两个相邻 n^+ 扩散区间形成不需要的寄生沟道，也就是确保两个 n^+ 扩散区之间的表面不会反型。因此，p^+ 沟道停止注入区的作用就是将相同衬底上的相邻器件进行电隔离。

我们将这种 MOSFET 结构所具有的寄生电容等效看成在器件端点之间观察到的集总等效电容（见图3.40）。这是因为这种集总表示易于用来分析器件的动态转移特性。然而，读者需要时刻注意的是，事实上，大部分器件寄生电容是由器件结构中三维分布的电荷-电压关系引起的。根据物理来源，器件

图 3.40   寄生 MOSFET 电容的集总表示

寄生电容可分为两类：氧化相关电容和结电容。首先讨论氧化相关电容。

3.6.1   氧化相关电容

前面已经提过栅电极和源区以及漏区在边缘处有交叠。分别用 C_{GD}（交叠）和 C_{GS}（交叠）表示由这种结构排列产生的两个交叠电容。假设源极和漏极扩散区的宽度相同，均为 W，则交叠电容为

$$C_{GS}(交叠) = C_{ox} \cdot W \cdot L_D$$
$$C_{GD}(交叠) = C_{ox} \cdot W \cdot L_D \tag{3.118}$$

式中

$$C_{ox} = \frac{\varepsilon_{ox}}{t_{ox}} \tag{3.119}$$

注意，这些交叠电容值与偏置条件无关，即它们是独立于电压的。

现在考虑因为栅极电压和沟道电荷的相互作用而产生的电容。因为沟道区和源极、漏极以及衬底都是相连的，所以我们能够在栅极和这些区之间确定三个电容，它们分别为：C_{gs}，C_{gd}，C_{gb}。注意，栅极-沟道间的电容实际上是分布式的且与电压相关。栅-源电容 C_{gs} 是从栅极与源极的端点之间看进去的栅-沟道等效电容；同样，栅-漏电容 C_{gd} 是从栅极与漏极的端点之间看进去的栅-沟道等效电容。通过观察截止模式、线性模式和饱和模式下沟道区的情况，可以大致了解这些电容与偏置的关系。

在截止模式下［见图 3.41(a)］，表层不反型。因而没有出现连接表层和源、漏极的传导沟道。因此，栅-源电容和栅-漏电容都为 0，即 $C_{gs} = C_{gd} = 0$。栅-衬底电容近似为

$$C_{gb} = C_{ox} \cdot W \cdot L \tag{3.120}$$

在线性工作模式下，源极和漏极间出现贯穿 MOSFET 的反型沟道［见图 3.41(b)］。表面导电的反型层有效防止了栅极电场对衬底的影响，因而 $C_{gb} = 0$。在这种情况下，可以认为栅-沟道的分布电容在源极和漏极间均匀分布，则：

$$C_{gs} \approx C_{gd} \approx \frac{1}{2} \cdot C_{ox} \cdot W \cdot L \tag{3.121}$$

当 MOSFET 工作在饱和模式时,表面的反型层未延伸到漏极就被夹断了[见图 3.41(c)]。因而栅-漏电容分量为 $0(C_{gd}=0)$。由于源极和导电沟道相连,因此沟道的保护作用也使栅-衬底电容为 0,即 $C_{gb}=0$。最终,从栅极与源极间看进去的分布的栅-沟道电容近似为

$$C_{gs} \approx \frac{2}{3} \cdot C_{ox} \cdot W \cdot L \tag{3.122}$$

表 3.6 列出了 MOSFET 在三种不同工作模式下的氧化电容近似值。图 3.42 绘出了分布寄生氧化电容随栅-源电压 V_{GS} 的变化情况。

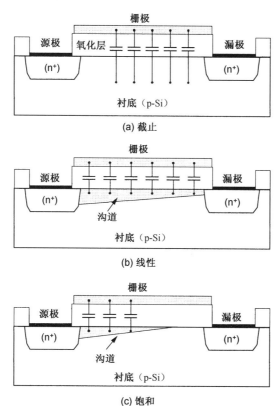

图 3.41　三种工作模式下 MOSFET 氧化层电容的图形描述

表 3.6　MOS 晶体管在三种工作模式下的近似氧化电容

电　容	截　　止	线　　性	饱　　和
C_{gb}（总）	$C_{ox}WL$	0	0
C_{gd}（总）	$C_{ox}WL_D$	$\frac{1}{2}C_{ox}WL + C_{ox}WL_D$	$C_{ox}WL_D$
C_{gs}（总）	$C_{ox}WL_D$	$\frac{1}{2}C_{ox}WL + C_{ox}WL_D$	$\frac{2}{3}C_{ox}WL + C_{ox}WL_D$

显然,为了计算外部器件终端间的总电容,必须将分布电容 C_{gs} 和 C_{gd} 同相应的交叠电容组合起来。还要提到的是,三个与电压有关的分布氧化电容之和 $(C_{gb}+C_{gs}+C_{gd})$ 有最小值 $0.66C_{ox}WL$(在饱和模式下)和最大值 $C_{ox}WL$(在截止和线性模式下)。在简单的手工计算中,可以认为三个电容并联。$C_{ox}W(L+2L_D)$ 在最坏情况下的值可作为常量用于 MOSFET 栅极氧化电容的总和。

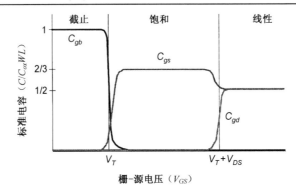

图 3.42　分布寄生氧化电容随栅-源电压 V_{GS} 的变化情况

3.6.2　结电容

现在分别考虑与电压相关的源-衬底和漏-衬底结电容 C_{sb} 和 C_{db}。这两个电容是由嵌入衬底中的源和漏扩散区周围的耗尽区电荷产生的。利用形成源-衬底和漏-衬底结的扩散区三维模型来计算相关结电容较为复杂。注意，这些结在 MOSFET 正常工作时都是反偏的，而且结电容的值是外加端电压的函数。图 3.43 是 n 沟道增强型 MOSFET 的部分几何图形，这里只关注其 p 型衬底中的 n 型扩散区。下面的分析对 n 沟道和 p 沟道的 MOS 管都适用。

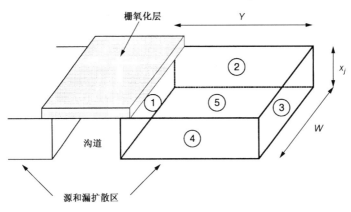

图 3.43　p 型衬底中 n⁺ 扩散区的三维视图

如图 3.43 所示，n⁺ 扩散区与环绕的 p 型衬底形成很多平面型 pn 结，图中用 1～5 表示。矩形框表示扩散区，其尺寸 W、Y 和 x_j 都已给出。为了简化，所有的结都采用突变（阶梯）的 pn 结剖面图。比较此图和图 3.39 我们发现，这里表示出的三个平面结（2，3，4）实际上都被 p⁺沟道停止注入所环绕。标号 1 结对着沟道，底部的 5 结对着掺杂浓度为 N_A 的 p 型衬底。因为 p⁺沟道停止注入浓度通常为 $10N_A$，所以这些侧壁的结电容与其他结电容不同（见表3.7）。注意，一般来说，掺杂剖面和扩散区的实际形状要更复杂些。这种简化分析法为相关结电容的一阶估计提供了有效的途径。

为了计算反向偏置突变的 pn 结的耗尽电容，首先要考虑耗尽区的厚度 x_d。设 n 型和 p 型掺杂浓度分别是 N_D 和 N_A，反偏电压为 V（负的），则耗尽区厚度为

$$x_d = \sqrt{\frac{2 \cdot \varepsilon_{Si}}{q} \cdot \frac{N_A + N_D}{N_A \cdot N_D} \cdot (\phi_0 - V)} \tag{3.123}$$

式中内建结电位为

$$\phi_0 = \frac{kT}{q} \cdot \ln\left(\frac{N_A \cdot N_D}{n_1^2}\right) \tag{3.124}$$

表 3.7　图 3.43 中 pn 结的类型和面积

结	面　积	类　型
1	$W \cdot x_j$	n^+/p
2	$Y \cdot x_j$	n^+/p^+
3	$W \cdot x_j$	n^+/p^+
4	$Y \cdot x_j$	n^+/p^+
5	$W \cdot Y$	n^+/p

注意，pn 结加正向偏压 V 时为正向偏置，加负向偏压时为反向偏置。根据耗尽区厚度 x_d 可以写出存储在该区域中的耗尽区电荷为

$$Q_j = A \cdot q \cdot \left(\frac{N_A \cdot N_D}{N_A + N_D}\right) \cdot x_d = A\sqrt{2 \cdot \varepsilon_{Si} \cdot q \cdot \left(\frac{N_A \cdot N_D}{N_A + N_D}\right) \cdot (\phi_0 - V)} \tag{3.125}$$

式中，A 为结面积。耗尽区结电容的定义为

$$C_j = \left|\frac{\mathrm{d}Q_j}{\mathrm{d}V}\right| \tag{3.126}$$

对式 (3.125) 中的偏压 V 进行微分，得到结电容的表达式为

$$C_j(V) = A \cdot \sqrt{\frac{\varepsilon_{Si} \cdot q}{2} \cdot \left(\frac{N_A \cdot N_D}{N_A + N_D}\right)} \cdot \frac{1}{\sqrt{(\phi_0 - V)}} \tag{3.127}$$

为了说明结的梯度，将该式写成一般形式：

$$C_j(V) = \frac{A \cdot C_{j0}}{\left(1 - \dfrac{V}{\phi_0}\right)^m} \tag{3.128}$$

式中，参数 m 为梯度系数。对于突变结剖面，其值为 1/2，对于线性梯度结剖面，其值为 1/3。显然，对于突变 pn 结剖面，即当 $m = 1/2$ 时，式 (3.127) 和式 (3.128) 是完全相同的。单位面积的零偏置结电容 C_{j0} 的定义为

$$C_{j0} = \sqrt{\frac{\varepsilon_{Si} \cdot q}{2} \cdot \left(\frac{N_A \cdot N_D}{N_A + N_D}\right) \cdot \frac{1}{\phi_0}} \tag{3.129}$$

注意，式 (3.128) 中给出的结电容 C_j 的值最终由 pn 结的外加偏置电压决定。因为 MOSFET 的端电压在管子动态工作时会发生改变，所以在瞬态情况下要准确估算出结电容的值就很麻烦，并且所有结电容的瞬时值也会相应地发生改变。根据定义，大信号平均 (线性) 结电容和偏置电压无关。如果我们改求大信号平均结电容，就可以简化在偏置条件变化的情况下对电容的估值。定义等效大信号电容为

$$C_{eq} = \frac{\Delta Q}{\Delta V} = \frac{Q_j(V_2) - Q_j(V_1)}{V_2 - V_1} = \frac{1}{V_2 - V_1} \cdot \int_{V_1}^{V_2} C_j(V)\mathrm{d}V \tag{3.130}$$

这里，假设 pn 结的反向偏压从 V_1 变化到 V_2。因此，等效电容 C_{eq} 总是通过两个已知电压间

的变化来求解。将式(3.128)代入式(3.130)可得

$$C_{eq} = -\frac{A \cdot C_{j0} \cdot \phi_0}{(V_2 - V_1) \cdot (1-m)} \cdot \left[\left(1 - \frac{V_2}{\phi_0}\right)^{1-m} - \left(1 - \frac{V_1}{\phi_0}\right)^{1-m}\right] \tag{3.131}$$

对于突变 pn 结的特殊情况，式(3.131)变为

$$C_{eq} = -\frac{2 \cdot A \cdot C_{j0} \cdot \phi_0}{(V_2 - V_1)} \cdot \left[\sqrt{1 - \frac{V_2}{\phi_0}} - \sqrt{1 - \frac{V_1}{\phi_0}}\right] \tag{3.132}$$

定义一个无量纲的系数 K_{eq}，将上述式子简写成

$$C_{eq} = A \cdot C_{j0} \cdot K_{eq} \tag{3.133}$$

$$K_{eq} = -\frac{2\sqrt{\phi_0}}{V_2 - V_1} \cdot \left(\sqrt{\phi_0 - V_2} - \sqrt{\phi_0 - V_1}\right) \tag{3.134}$$

式中，K_{eq} 为电压等效因子(注意，$0 < K_{eq} < 1$)。因此，系数 K_{eq} 考虑了结电容随电压的变化关系。通常通过式(3.133)和式(3.134)计算得到的大信号等效电容 C_{eq}，其精度对于一阶手工计算而言已经足够了。下面，我们将举例说明这里讨论的电容计算方法的实际应用。

例 3.8

考虑一个反向偏压为 V_{bias} 的不连续 pn 结，n 区的掺杂浓度为 $N_D = 2.2 \times 10^{18}$ cm^{-3}，p 区的掺杂浓度为 $N_A = 1.6 \times 10^{18}$ cm^{-3}，结面积为 $A = 10\ \mu m \times 10\ \mu m$。

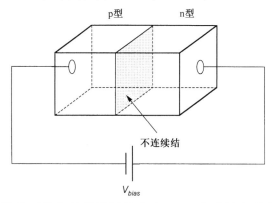

首先，计算该结构单位面积上的零偏置结电容 C_{j0}。内建结电位为

$$\phi_0 = \frac{kT}{q} \cdot \ln\left(\frac{N_A \cdot N_D}{n_i^2}\right) = 0.026\ V \cdot \ln\left(\frac{1.6 \times 10^{18} \times 2.2 \times 10^{18}}{2.1 \times 10^{20}}\right) = 0.97\ V$$

用式(3.129)计算零偏置结电容：

$$C_{j0} = \sqrt{\frac{\varepsilon_{Si} \cdot q}{2} \cdot \left(\frac{N_A \cdot N_D}{N_A + N_D}\right) \cdot \frac{1}{\phi_0}}$$

$$= \sqrt{\frac{11.7 \times 8.85 \times 10^{-14}\ F/cm \times 1.6 \times 10^{-19}\ C}{2} \cdot \left(\frac{1.6 \times 10^{18} \times 2.2 \times 10^{18}}{1.6 \times 10^{18} + 2.2 \times 10^{18}}\right) \cdot \frac{1}{0.97\ V}}$$

$$= 2.81 \times 10^{-7}\ F/cm^2$$

然后，假设反向偏置电压由 $V_1 = 0$ 变化到 $V_2 = -1\ V$，计算等效大信号结电容。这个变化中的

电压等效因子为

$$K_{eq} = -\frac{2\sqrt{\phi_0}}{V_2 - V_1} \cdot \left(\sqrt{\phi_0 - V_2} - \sqrt{\phi_0 - V_1} \right)$$

$$= -\frac{2\sqrt{0.97}}{-1} \cdot \left(\sqrt{0.97 - (-1)} - \sqrt{0.97} \right) = 0.82$$

接下来，用式 (3.133) 就可以计算出平均结电容：

$$C_{eq} = A \cdot C_{j0} \cdot K_{eq} = 100 \times 10^{-8}\ \text{cm}^2 \times 2.81 \times 10^{-7}\ \text{F/cm}^2 \times 0.82 = 230\ \text{fF}$$

在图 3.39 和图 3.43 中，一个典型 MOSFET 源或漏扩散区的侧壁都被 p⁺ 沟道截止注入包围，其掺杂浓度比衬底掺杂浓度 N_A 高。因而，侧壁电压等效因子 $K_{eq}(sw)$ 和侧壁零偏置电容 C_{j0sw} 与底层结上的 K_{eq} 和 C_{j0sw} 不同。假设侧壁掺杂浓度为 $N_A(sw)$，则单位面积上的零偏置电容为

$$C_{j0sw} = \sqrt{\frac{\varepsilon_{Si} \cdot q}{2} \cdot \left(\frac{N_A(sw) \cdot N_D}{N_A(sw) + N_D} \right) \cdot \frac{1}{\phi_{0sw}}} \tag{3.135}$$

式中，ϕ_{0sw} 为侧壁结的内建电位。因为在典型扩散结构中所有侧壁有近似相同的深度 x_j。所以，我们定义单位长度的零偏置侧壁结电容为：

$$C_{jsw} = C_{j0sw} \cdot x_j \tag{3.136}$$

电压在 V_1 和 V_2 之间改变时的侧壁电压等效因子 $K_{eq}(sw)$ 为

$$K_{eq}(sw) = -\frac{2\sqrt{\phi_{0sw}}}{V_2 - V_1} \cdot \left(\sqrt{\phi_{0sw} - V_2} - \sqrt{\phi_{0sw} - V_1} \right) \tag{3.137}$$

联立方程 (3.135) 和方程 (3.137)，求得侧壁长度 (周长) 为 P 的等效大信号结电容 $C_{eq}(sw)$ 为

$$C_{eq}(sw) = P \cdot C_{jsw} \cdot K_{eq}(sw) \tag{3.138}$$

例 3.9

下图是 n 沟道增强型 MOSFET。其工艺参数如下：

衬底掺杂	$N_A = 4 \times 10^{18}\ \text{cm}^{-3}$
源/漏极掺杂	$N_D = 2 \times 10^{20}\ \text{cm}^{-3}$
侧壁掺杂	$N_A(sw) = 8 \times 10^{19}\ \text{cm}^{-3}$
栅极氧化层厚度	$t_{ox} = 1.6\ \text{nm}$
结深	$x_j = 32\ \text{nm}$

注意，源和漏扩散区都被 p⁺ 沟道停止扩散区环绕。衬底偏置电压为 0 V。假设漏极电压在 0.1 V 到 1 V 之间变化。求平均漏极衬底结电容 C_{db}。

首先可以确认，矩形漏极扩散结构的三个侧壁和 p⁺ 沟道截止注入区共同形成 n⁺/p⁺ 结。而相对沟道的侧壁和底面形成了 n⁺/p 结。下面计算这两种结的内建电位：

$$\phi_0 = \frac{kT}{q} \cdot \ln\left(\frac{N_A \cdot N_D}{n_i^2} \right) = 0.026\ \text{V} \cdot \ln\left(\frac{4 \times 10^{18} \times 2 \times 10^{20}}{2.1 \times 10^{20}} \right) = 1.11\ \text{V}$$

$$\phi_{0sw} = \frac{kT}{q} \cdot \ln\left(\frac{N_A(sw) \cdot N_D}{n_i^2} \right) = 0.026\ \text{V} \cdot \ln\left(\frac{8 \times 10^{19} \times 2 \times 10^{20}}{2.1 \times 10^{20}} \right) = 1.19\ \text{V}$$

接下来，计算单位面积上的零偏置结电容：

$$C_{j0} = \sqrt{\frac{\varepsilon_{Si} \cdot q}{2} \cdot \left(\frac{N_A \cdot N_D}{N_A + N_D}\right) \cdot \frac{1}{\phi_0}}$$

$$= \sqrt{\frac{11.7 \times 8.85 \times 10^{-14} \text{ F/cm} \times 1.6 \times 10^{-19}}{2} \cdot \left(\frac{4 \times 10^{18} \times 2 \times 10^{20}}{4 \times 10^{18} + 2 \times 10^{20}}\right) \cdot \frac{1}{1.11 \text{ V}}}$$

$$= 54.1 \times 10^{-8} \text{ F/cm}^2$$

$$C_{j0sw} = \sqrt{\frac{\varepsilon_{Si} \cdot q}{2} \cdot \left(\frac{N_A \cdot N_D}{N_A + N_D}\right) \cdot \frac{1}{\phi_{0sw}}}$$

$$= \sqrt{\frac{11.7 \times 8.85 \times 10^{-14} \text{ F/cm} \times 1.6 \times 10^{-19}}{2} \cdot \left(\frac{8 \times 10^{19} \times 2 \times 10^{20}}{8 \times 10^{19} + 2 \times 10^{20}}\right) \cdot \frac{1}{1.19 \text{ V}}}$$

$$= 199.4 \times 10^{-8} \text{ F/cm}^2$$

单位长度上的零偏置侧壁结电容为

$$C_{jsw} = C_{j0sw} \cdot x_j = 199.4 \times 10^{-8} \text{ F/cm}^2 \times 32 \times 10^{-7} \text{ cm} = 6.38 \text{ pF/cm}$$

为了考虑已知漏极电压的变化，必须计算出这两类结的电压等效因子 K_{eq} 和 $K_{eq}(sw)$，这样就可以求出平均大信号电容值：

$$K_{eq} = -\frac{2\sqrt{1.11}}{-1 - (-0.1)} \cdot \left(\sqrt{1.11 + 1} - \sqrt{1.11 + 0.1}\right) = 0.675$$

$$K_{eq}(sw) = -\frac{2\sqrt{1.19}}{-1 - (-0.1)} \cdot \left(\sqrt{1.19 + 1} - \sqrt{1.19 + 0.1}\right) = 0.682 \approx K_{eq}$$

n^+/p 结的总面积等于底面积和与沟道区相对的侧壁面积的和：

$$A = (0.3 \times 0.15) \text{ μm}^2 + (0.15 \times 0.032) \text{ μm}^2 = 0.05 \text{ μm}^2$$

另一方面，n^+/p^+ 结的周长总和等于漏扩散区三边长之和。因而，总的等效漏-衬底结电容为：

$$\langle C_{db} \rangle = A \cdot C_{j0} \cdot K_{eq} + P \cdot C_{jsw} \cdot K_{eq}(sw)$$

$$= 0.05 \times 10^{-8} \text{ cm}^2 \times 54.1 \times 10^{-8} \text{ F/cm}^2 \times 0.675 + 0.75 \times 10^{-4} \text{ cm} \times 6.38 \times 10^{-12} \text{ F/cm} \times 0.682$$

$$= 0.509 \times 10^{-15} \text{ F} = 0.509 \text{ fF}$$

习题

3.1   已知一个 MOS 系统具有如下参数：

$t_{ox} = 1.6 \text{ nm}$

$\phi_{GC} = -1.04 \text{ V}$

$N_A = 2.8 \times 10^{18} \text{ cm}^{-3}$

$Q_{ox} = q 4 \times 10^{10} \text{ C/cm}^2$

a. 求室温（$T = 300 \text{ K}$）下零偏置时的阈值电压 V_{T0}。注意，$\varepsilon_{ox} = 3.97\varepsilon_0$，$\varepsilon_{si} = 11.7\varepsilon_0$。

b. 求使阈值电压变为 0.6 V 时的沟道注入（N_I / cm^2）的类型（p 型还是 n 型）和数量。

3.2   已知扩散区的尺寸为 0.4 μm×0.2 μm，突变结深为 32 nm。n 型杂质掺杂浓度 $N_D = 2 \times 10^{20} \text{ cm}^{-3}$，周围 p 型衬底掺杂浓度 $N_A = 2 \times 10^{20} \text{ cm}^{-3}$。求：当扩散区偏压为 1.2 V、衬底偏置为 0 V 时的电容。本题中假设不存在沟道停止注入。

3.3　掩模沟道长度 L_M 和电子沟道长度 L 之间有什么关系？是否相等？如果不相等，试用 L_M 和其他参数表示 L。

3.4　芯片的功耗和封装对器件结温度有什么影响？你能说出器件结温度、环境温度、芯片功耗和封装质量之间的关系吗？

3.5　当用一个逻辑门驱动其他扇出门时，请写出负载电容 C_{load} 的三个主要组成部分。

3.6　已知图 P3.6 是一个 nMOS 管的版图，工艺参数如下：

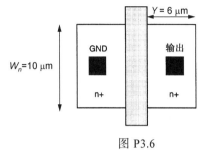

$N_D = 2 \times 10^{20}$ cm^{-3}

$N_A = 2 \times 10^{20}$ cm^{-3}

$X_j = 32$ nm

$L_D = 10$ nm

$t_{ox} = 1.6$ nm

$V_{T0} = 0.53$ V

沟道停止掺杂 $= 16.0 \times$（p 型衬底掺杂）

图 P3.6

求出当漏极节点电压在 1.2～0.6 V 之间变化时的有效漏极寄生电容值。

3.7　下表列出的是室温下 nMOS 管在不同偏置时的 I-V 特性，图 P3.7 是测试原理图。利用所给数据求：（a）阈值电压 V_{T0}；（b）垂直饱合 v_{sat}。

部分参数如下：$W = 0.6$ μm，$E_c L = 0.4$ V，$\lambda = 0.05$，$t_{ox} = 16$ Å，$|2\phi_F| = 1.1$ V。

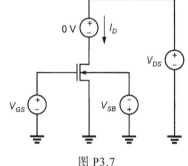

V_{GS} (V)	V_{DS} (V)	V_{SB} (V)	I_D (μA)
0.6	0.6	0.0	6
0.65	0.6	0.0	12
0.9	1.2	0.3	44
1.2	1.2	0.3	156

图 P3.7

3.8　比较恒电场收缩和恒电压收缩两种收缩方式。通过公式分析收缩因子 S 对延迟时间、功耗和功率密度的影响。具体地说就是：如果设计规则由 1 μm 变成 $1/S$ μm（$S > 1$）时会发生什么情况。

3.9　一个 n 型衬底上的 pMOS 管，体掺杂浓度 $N_D = 2 \times 10^{16}$ cm^{-3}，栅极掺杂浓度（n 型）$N_D = 10^{20}$ cm^{-3}，$Q_{ox}/q = 4 \times 10^{10}$ cm^{-2}，栅氧化层厚度 $t_{ox} = 1.6$ nm。计算室温下 $V_{SB} = 0$ 时的阈值电压。取 $\varepsilon_{si} = 11.7\varepsilon_0$。

3.10　如图 P3.10 所示，使用下列参数，计算当上面晶体管的漏极电压为 V_{DD}，下面晶体管的源极电压为 $V_{SS} = 0$，且两者栅极电压均为 V_{DD} 时，连续通过两个 nMOS 管的电流。衬底电压 $V_{SS} = 0$ V。假设两晶体管的 $W/L = 10$，$L = 4$ μm。

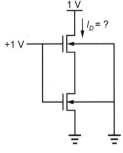

$k' = 168$ μA/V^2

$V_{T0} = 0.48$ V

$\gamma = 0.52$ V$^{1/2}$

$|2\phi_F| = 1.01$ V

提示：求解过程需要数次迭代，要考虑阈值电压的体效应，并且应用基尔霍夫电流定律方程。

3.11　某 nMOS 管工艺参数如下：

图 P3.10

$t_{ox} = 16$ Å

衬底掺杂浓度 $N_A = 4 \times 10^{18}$ cm^{-3}

多晶硅栅极掺杂浓度 $N_D = 2 \times 10^{20}$ cm^{-3}

氧化分界面固定电荷密度 $N_{ox} = 2 \times 10^{10}$ cm^{-3}

a．计算当晶体管无注入时的电压 V_T。

b．要实现 $V_T = +0.6$ V 和 $V_T = -0.6$ V，分别应注入何种杂质，浓度为多少？

3.12 利用下面的测量数据确定器件参数 V_{T0}、k、γ 和 λ。假设 $2\phi_F = -1.1$ V，$L = 4$ μm。

V_{GS} (V)	V_{DS} (V)	V_{BS} (V)	I_D (μA)
0.6	0.8	0	8
0.8	0.8	0	59
0.8	0.8	−0.3	37
0.8	1.0	0	60

3.13 利用第 2 章中的设计规则，绘制一个 nMOS 管的简单版图。使用的最小特征尺寸为 60 nm。忽略衬底连线。完成版图后，计算 C_g、C_{sb} 和 C_{db} 的近似值。参数如下：

衬底掺杂浓度 $N_A = 4 \times 10^{18}$ cm^{-3} $t_{ox} = 1.6$ nm

源/漏极掺杂浓度 $N_D = 2 \times 10^{20}$ cm^{-3} 结深 $= 32$ nm

$W = 300$ nm   侧壁掺杂浓度 $= 4 \times 10^9$ cm^{-3}

$L = 60$ nm   漏极偏置 $= 0$ V

3.14 某增强型 nMOS 管的参数如下：

$V_{T0} = 0.48$ V

$\gamma = 0.52$ V$^{1/2}$

$\lambda = 0.05$ V^{-1}

$|2\phi_F| = 1.01$ V

$k' = 168$ μA/V^2

a．设晶体管偏置电压 $V_G = 0.6$ V，$V_D = 0.22$ V，$V_S = 0.2$ V，$V_B = 0$ V，漏极电流 $I_D = 24$ μA。求 W/L 的值。

b．计算 $V_G = 1$ V，$V_D = 0.8$ V，$V_S = 0.4$ V，$V_B = 0$ V 时的 I_D 值。

c．如果 $\mu_n = 76.3$ cm^2/V·s，$C_g = C_{ox} \cdot W \cdot L = 1.0 \times 10^{-15}$ F，求 W 和 L 的值。

3.15 某 nMOS 管按下列物理参数制造：

$N_D = 2.4 \times 10^{18}$ cm^{-3}

$N_A(衬底) = 2.4 \times 10^{18}$ cm^{-3}

$N_A^+(沟道停止) = 10^{19}$ cm^{-3}

$W = 400$ nm

$Y = 175$ nm

$L = 60$ nm

$L_D = 0.01$ μm

$X_j = 32$ nm

a．分别求出 $V_{DB} = 1.2$ V 和 0.6 V 时的漏极扩散电容。

b．当氧化层厚度 $t_{ox} = 18$Å 时，计算栅极和漏极之间的交叠区电容。

第 4 章　用 SPICE 进行 MOS 管建模

SPICE(集成电路仿真软件)是一种通用电路仿真工具,作为一种电路设计必不可少的计算机辅助设计工具,它在微电子工业和教学机构中应用非常广泛。经过四十多年来在世界范围内不同平台上的使用,SPICE 已经成为电路仿真的实际标准。使用 SPICE 的电路设计人员和工程师们都知道:晶体管的输入模型对得到与实验结果一致的仿真输出有多么重要。在飞速发展的 VLSI 设计领域里,掌握描述晶体管特性的物理模型和不同器件参数的全面知识对电路的优化设计和深入仿真是必不可少的。本章将讲述 SPICE 中用到的各种 MOS 场效应管模型的物理性质,并对模型参数和方程进行讨论,而且对 SPICE 中所用的不同 MOS 场效应管模型进行了比较,帮助使用者根据仿真任务选择最合适的器件模型。这里假设读者对 SPICE 的电路输入文件的结构和模型的描述与调用等操作知识已经有了一定的了解。

4.1　概述

美国加州大学伯克利分校(UC Berkeley)在 20 世纪 70 年代末期推出的 SPICE 软件的最初版本有三个内建 MOS 场效应管模型:一级模型(MOS1)通过电流-电压的平方律特性描述;二级模型(MOS2)是一个详尽解析的 MOS 场效应管模型;三级模型(MOS3)是一个半经验模型。二级和三级模型都考虑了短沟道阈值电压、亚阈值电导、散射限制的速度饱和与电荷控制电容等二阶效应的影响。最近,在公开发行版本的可用模型目录中增加了 BSIM3(Berkeley Short-Channel IGFET Model)模型,对亚微米 MOS 场效应管特性的描述更为精确。SPICE 商业版(如 PSPICE 和 HSPICE)中包含更多更好的器件模型。在特殊仿真任务中使用的 MOS 场效应管模型的类型可用.MODEL 的专用符来标明。此外,用户可以在这个专用符之后给出一系列模型参数。特定器件的几何参数如沟道长度、沟道宽度、源区和漏区的面积一般在器件描述行中给出。下面给出典型的 MOSFET 器件描述行和.MODEL 格式。

```
              M1   3   1   0   0   NMOD   L=1U   W=10U   AD=120P   PD=42U

              MDEV32  14  9   12  5   PMOD   L=1.2U   W=20U

.MODEL   NMOD   NMOS   (LEVEL=1   VTO=1.4   KP=4.5E-5   CBD=5PF   CBS=2PF)

.MODEL   PMOD   PMOS   (VTO=-2   KP=3.0E-5   LAMBDA=0.02   GAMMA=0.4
+                      CBD=4PF   CBS=2PF   RD=5   RS=3   CGDO=1PF
+                      CGSO=1PF   CGBO=1PF)
```

4.2　基本概念

本节我们将研究与内建 MOS 场效应管模型相关的不同模型参数和模型方程,并对参数值的正常范围和已嵌入 SPICE 中的模型参数默认值展开讨论。表 4.1 给出了 MOS 场效应管的所有模型参数。

表 4.1   MOST 的模型参数

符 号	SPICE 关键词	级 别	参数含义	默 认 值	典 型 值	单 位
			MOST 参数			
V_{T0}	VTO	1～3	零偏置阈值电压	1.0	1.0	V
KP	KP	1～3	跨导参数	2×10^{-5}	3×10^{-5}	A/V^2
γ	GAMMA	1～3	体效应参数	0.0	0.35	V$^{1/2}$
$2\phi_F$	PHI	1～3	表面反型电位	0.6	0.65	V
λ	LAMBDA	1, 2	沟道长度调整	0.0	0.02	V^{-1}
t_{ox}	TOX	1～3	薄氧化层厚度	1×10^{-7}	1×10^{-7}	m
N_b	NSUB	1～3	衬底掺杂	0.0	1×10^{15}	cm^{-3}
N_{SS}	NSS	2, 3	表面状态密度	0.0	1×10^{10}	cm^{-2}
N_{FS}	NFS	2, 3	表面快速状态密度	0.0	1×10^{10}	cm^{-2}
N_{eff}	NEFF	2	总沟道电荷系数	1	5	
X_j	XJ	2, 3	冶金结深度	0.0	1×10^{-6}	m
X_{jl}	LD	1～3	横向扩散	0.0	0.8×10^{-6}	m
T_{PG}	TPG	2, 3	栅极材料类型	1	1	
μ_0	UO	1～3	表面迁移率	600	700	cm^2/(V·s)
U_c	UCRIT	2	迁移电场	1×10^4	1×10^4	V/cm
U_e	UEXP	2	迁移指数系数	0.0	0.1	
U_t	UTRA	2	横向场系数	0.0	0.5	
v_{max}	VMAX	2, 3	载流子最大漂移速率	0.0	5×10^4	m/s
	XQC	2, 3	沟道电荷共享系数	0.0	0.4	
δ	DELTA	2,3	阈值电压的宽度效应	0.0	1.0	
η	ETA	3	阈值电压的静态反馈	0.0	1.0	
θ	THETA	3	迁移率调整	0.0	0.05	V^{-1}
A_F	AF	1～3	闪烁噪声指数	1.0	1.2	
K_F	KF	1～3	闪烁噪声系数	0.0	1×10^{-26}	
			寄生效应参数			
I_s	IS	1～3	本体结饱和电流	1×10^{-14}	1×10^{-15}	A
J_s	JS	1～3	每平方米的本体结饱和电流	0.0	1×10^{-8}	A
ϕ_j	PB	1～3	本体结电位	0.80	0.75	V
C_j	CJ	1～3	每平方米的零偏置体电容	0.0	2×10^{-4}	F/m^2
M_j	MJ	1～3	本体结分级系数	0.5	0.5	
C_jsw	CJSW	1～3	零偏单位长度边缘电容	0.0	1×10^{-9}	F/m
M_jsw	MJSW	1～3	边缘电容梯度系数	0.33	0.33	
	FC	1～3	本体结正向偏置系数	0.5	0.5	
C_{GBO}	CGBO	1～3	每米栅极到本体的层叠电容	0.0	2×10^{-10}	F/m
C_{GDO}	CGDO	1～3	每米栅极到漏极的层叠电容	0.0	4×10^{-11}	F/m
C_{GSO}	CGSO	1～3	每米的栅极到源极的层叠电容	0.0	4×10^{-11}	F/m
R_D	RD	1～3	漏极电阻	0.0	10	Ω
R_S	RS	1～3	源极电阻	0.0	10	Ω
R_{sh}	RSH	1～3	源极和漏极片电阻	0.0	30	Ω

图 4.1 给出 SPICE 中默认的 MOSFET 管一级模型的等效电路结构。该基本结构也适用于二级、三级模型。注意，当电压控制(非线性)电容接在代表寄生氧化相关的端点和结电容之

间时，电压控制电流源 I_D 决定器件的稳态电流-电压特性。正常工作状态下，反向偏置的源-衬底结和漏-衬底结在等效电路中用理想二极管代表。最后，源极和漏极的寄生电阻分别用 R_D 和 R_S 来表达，它们连接在漏极电流源和相应的端点之间。

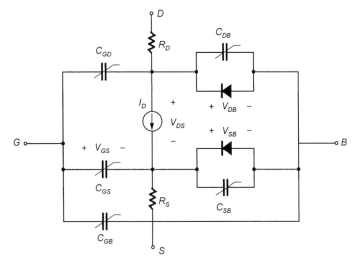

图 4.1　SPICE 中一级 MOSFET 模型的等效电路结构

一个 MOS 管的基本尺寸可以用标称沟道长度 L 和宽度 W 来描述，它们都在器件描述行中给出。根据定义，沟道宽度 W 指的是被栅极薄氧化物所覆盖的区域的宽度。注意，有效沟道长度 L_{eff} 是指表层上两个扩散区（源区和漏区）之间的距离。因而，要得到有效沟道长度，就要从器件描述行给出的栅极长度中减去栅极和漏极以及漏极和栅极之间重叠区的距离。SPICE 中横向扩散系数 L_D 用来确定栅极和漏极之间的重叠区的长度。

为了建立 p 沟道 MOS 管模型，独立电流源的方向、端点电压的极性以及表示源-衬底节点和漏-衬底节点的两个二极管的方向都必须改变。下一节中将要建立的方程也可用于 p 沟道 MOSFET。

4.3　一级模型方程

一级模型是对 MOSFET 的电流-电压关系最简单的表示。它基本上就是最初由 Sah 在 20 世纪 60 年代早期提出、随后由 Shichman 和 Hodges 发展出来的渐变沟道近似（Gradual Channel Approximation，GCA）平方率模型。SPICE 中一级 n 沟道 MOSFET 模型方程如下：

线性区

$$I_D = \frac{k'}{2} \cdot \frac{W}{L_{eff}} \cdot \left[2 \cdot (V_{GS} - V_T)V_{DS} - V_{DS}^2 \right] \cdot (1 + \lambda V_{DS}) \qquad V_{GS} \geqslant V_T$$

$$\text{且} \quad V_{DS} < V_{GS} - V_T \qquad (4.1)$$

饱和区

$$I_D = \frac{k'}{2} \cdot \frac{W}{L_{eff}} \cdot (V_{GS} - V_T)^2 \cdot (1 + \lambda \cdot V_{DS}) \qquad V_{GS} \geqslant V_T$$

$$\text{且} \quad V_{DS} \geqslant V_{GS} - V_T \qquad (4.2)$$

其中，阈值电压为

$$V_T = V_{T0} + \gamma \cdot \left(\sqrt{|2\phi_F| + V_{SB}} - \sqrt{|2\phi_F|} \right) \tag{4.3}$$

注意，在这些方程中用到的有效沟道长度 L_{eff} 表达式为

$$L_{eff} = L - 2 \cdot L_D \tag{4.4}$$

虽然只有在饱和状态下才能观察到物理沟道长度缩短效应，但在线性区和饱和区的方程中都包含了基于经验的沟道长度调整项 $(1 + \lambda V_{DS})$。在线性方程中，引入这一项是为了保证在线性到饱和区边界上一阶导数连续。

可以用 k'、V_{T0}、γ、$|2\phi_F|$ 和 λ 这 5 个电参数完整描述这一模型。在.MODEL 指令中可以用 KP、VTO、GAMMA、PHI 和 LAMBDA 直接列出这些参数。有些参数也可以通过物理参数计算得到，公式如下：

$$k' = \mu \cdot C_{ox}, \qquad 其中 \quad C_{ox} = \frac{\varepsilon_{ox}}{t_{ox}} \tag{4.5}$$

$$\gamma = \frac{\sqrt{2 \cdot \varepsilon_{Si} \cdot q \cdot N_A}}{C_{ox}} \tag{4.6}$$

$$2\phi_F = 2\frac{kT}{q} \cdot \ln\left(\frac{n_i}{N_A}\right) \tag{4.7}$$

因而，在.MODEL 指令中也可以用物理参数 μ、t_{ox}、N_A 来代替电参数，或者两者组合使用。如果发生冲突（例如在.MODEL 指令中电子迁移率 μ 和电参数 k' 都被确定），则电参数优先于物理参数，即以电参数值（例中为 k'）为准。图 4.2～图 4.6 反映了漏极电流随电模型参数 KP、VTO、GAMMA 和 LAMBDA 的变化情况。在仿真中用到的标称参数值为：

$k' = 98.2 \ \mu A/V^2$	KP = 98.2 U
$V_{T0} = 0.53 \ V$	VTO = 0.53
$\gamma = 0.574 \ V^{1/2}$	GAMMA = 0.574
$2\phi_F = -1.02$	PHI = 1.02
$\lambda = 0$	LAMBDA = 0

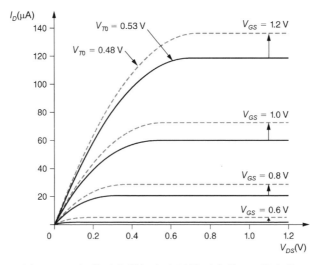

图 4.2　一级模型中漏极电流随模型参数 V_{T0} 的变化

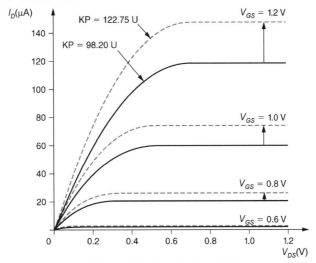

图 4.3　一级模型中漏极电流随模型参数 KP 的变化

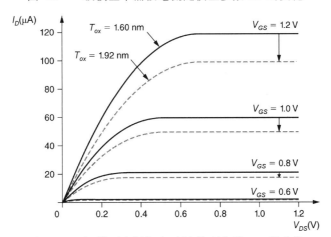

图 4.4　一级模型中漏极电流随模型参数 T_{OX} 的变化

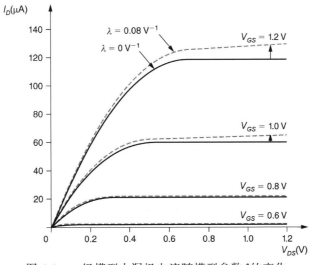

图 4.5　一级模型中漏极电流随模型参数 λ 的变化

相应的物理参数值如下（若与电参数冲突，以电参数为准）：

$\mu_n = 44.7 \text{ cm}^2/\text{V} \cdot \text{s}$	UO $= 44.7$
$t_{ox} = 1.6 \text{ nm}$	TOX $= 1.60\text{E-9}$
$N_A = 4.80 \times 10^{18} \text{ cm}^{-3}$	NSUB $= 4.80\text{E18}$
$L_D = 10 \text{ nm}$	LD $= 1.00\text{E-8}$

总而言之，对简单的仿真问题，一级模型不使用大量器件模型参数就能对电路性能做出有效的估计。接下来的两节中将给出二级和三级模型的基本方程，尽管它们不同于现有 SPICE 的各种版本。

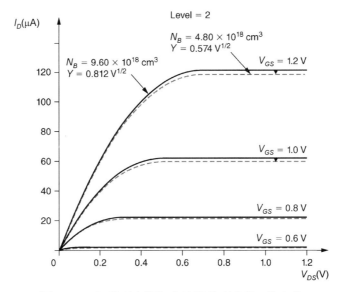

图 4.6　二级模型中漏极电流随模型参数 γ 的变化

4.4　二级模型方程

为了得到更准确的漏极电流模型，必须取消最初渐变沟道近似分析法中的一些简化假设。特别是在计算整体耗尽电荷时，必须考虑到沟道电压的影响。利用受电压影响的整体电荷项来解析漏极电流方程，可以得到下述电流-电压特性关系：

$$I_D = \frac{k'}{(1 - \lambda \cdot V_{DS})} \cdot \frac{W}{L_{eff}} \cdot \left\{ \left(V_{GS} - V_{FB} - |2\phi_F| - \frac{V_{DS}}{2} \right) \cdot V_{DS} \right.$$
$$\left. - \frac{2}{3} \cdot \gamma \cdot \left[(V_{DS} - V_{BS} + |2\phi_F|)^{3/2} - (-V_{BS} + |2\phi_F|)^{3/2} \right] \right\} \qquad (4.8)$$

这里，V_{FB} 表示 MOSFET 的平带电压。注意，在这个方程的分母中出现了沟道长度调制项。模型方程(4.8)也表明，即使衬底到源极间电压 V_{BS} 等于 0，漏极电流仍随参数 γ 变化。当漏极端面沟道（反型层）电荷为 0 时，就达到饱和状态。根据这个定义，饱和电压 V_{DSAT} 为

$$V_{DSAT} = V_{GS} - V_{FB} - |2\phi_F| + \gamma^2 \cdot \left(1 - \sqrt{1 + \frac{2}{\gamma^2} \cdot (V_{GS} - V_{FB})} \right) \qquad (4.9)$$

饱和电流为

$$I_D = I_{Dsat} \cdot \frac{1}{(1 - \lambda \cdot V_{DS})} \tag{4.10}$$

式中，I_{Dsat} 由式 (4.9) $V_{DS} = V_{DSAT}$ 时计算得到。由式 (4.8) 可以计算得出二级模型对应的零偏置阈值电压 V_{T0} 为

$$V_{T0} = \Phi_{GC} - \frac{q \cdot N_{SS}}{C_{ox}} + |2\phi_F| + \gamma \cdot \sqrt{|2\phi_F|} \tag{4.11}$$

式中，Φ_{GC} 表示栅极与沟道之间功函数的差值，N_{SS} 表示固定表面电荷密度。二级模型比一级模型更为精确，但还是不能和实验数据达到很好的吻合，尤其是在模拟短沟道和窄沟道 MOSFET 时。因而，我们在基本方程中进行一系列半经验性的修正。下面对其中的几项改进展开讨论。

4.4.1　电场迁移率的变化

在上面提到的电流方程中，假设表层载流子迁移率为常量，并且忽略了它随端点电压的变化，从而简化了漏极电流的积分运算。但事实上，表层载流子迁移率会随着栅极电压的增大而减小。为了模拟这种主要因为沟道中载流子散射而产生的迁移率的改变，将参数 k' 修正如下：

$$k'(新) = k' \cdot \left(\frac{\varepsilon_{Si}}{\varepsilon_{ox}} \cdot \frac{t_{oc} \cdot U_c}{(V_{GS} - V_T - U_t \cdot V_{DS})} \right)^{U_e} \tag{4.12}$$

这里，参数 U_c 表示栅极与沟道的临界场，参数 U_t 表示漏极电压对栅极和沟道间的电场的影响，U_e 是指数匹配参数，U_t 通常取 $0 \sim 0.5$。对长沟道 MOSFET 而言，用这个公式得到的 SPICE 仿真结果与实验数据吻合得很好。

4.4.2　饱和情况下的沟道长度变化

一级和二级模型方程都考虑了饱和区沟道长度调整的影响，使用了经验参数 λ。二级模型还给出了一个在饱和情况下计算沟道长度的物理表达式：

$$L'_{eff} = L_{eff} - \Delta L \tag{4.13}$$

式中

$$\Delta L = \sqrt{\frac{2 \cdot \varepsilon_{Si}}{q \cdot N_A}} \cdot \left[\frac{V_{DS} - V_{DSAT}}{4} + \sqrt{1 + \left(\frac{V_{DS} - V_{DSAT}}{4} \right)^2} \right] \tag{4.14}$$

因而，如果没有在 .MODEL 指令中给出经验的沟道长度缩短（调制）系数 λ，可由下式计算得出：

$$\lambda = \frac{\Delta L}{L_{eff} \cdot V_{DS}} \tag{4.15}$$

通过改变衬底掺杂参数 N_A，可以调整饱和区 $I_D - V_{DS}$ 曲线的斜率，使其与实验数据吻合。在这种情况下，由于 N_A 被当成饱和模式斜率的拟合系数给出，其他与 N_A 相关的电参数如 $2\phi_F$ 和 γ 就必须在 .MODEL 指令中分别给出。

4.4.3 载流子速率饱和

计算式(4.9)中饱和电压 $V_{D\,SAT}$ 时，是假设当器件进入饱和状态时，漏极附近的沟道电荷为零。实际上，这种假设是错误的，因为维持饱和电流流动的载流子的存在，在沟道中必定存在大于 0 的最小电荷浓度。这个最小浓度与载流子速度有关。而且，在沟道电荷接近 0 之前，载流子通常达到最大速度极限，即饱和速度。用 v_{max} 表示沟道中最大载流子速度。当 $V_{DS} = V_{D\,SAT}$ 时沟道端面处反型层电荷表示如下：

$$Q_{inv} = \frac{I_{D\,sat}}{W \cdot v_{max}} \tag{4.16}$$

饱和电压 $V_{D\,SAT}$ 也可由此式算出。如果在 .MODEL 指令中给出了 $V_{D\,SAT}$ 值，就可以用下式代替式(4.14)计算饱和状态下沟道长度的缩短量(ΔL)：

$$\Delta L = X_D \cdot \sqrt{\left(\frac{X_D \cdot v_{max}}{2 \cdot \mu}\right)^2 + V_{DS} - V_{D\,SAT}} - \frac{X_D^2 \cdot v_{max}}{2 \cdot \mu} \tag{4.17}$$

式中

$$X_D = \sqrt{\frac{2 \cdot \varepsilon_{Si}}{q \cdot N_A \cdot N_{eff}}} \tag{4.18}$$

这里的参数 N_{eff} 是拟合参数。长沟道 MOSFET 利用这个模型的仿真结果与实验数据吻合得很好。但另一方面，该模型在饱和区边界附近一阶导数不连续，处理变得复杂。这种复杂性使得在运用 Newton-Raphson 算法求解时，有时会产生收敛的问题。

4.4.4 亚阈值电导

表层电位大于或等于 $2\phi_F$，即在强反型表层中，可以用 SPICE 中的基本模型计算沟道中的漂移电流。事实上，正如第 3 章所述，在 $V_{GS} < V_T$ 时，表层附近存在高浓度电子。因此，即使不是强反型层也存在沟道电流。亚阈值电流主要由源极和沟道间电子扩散引起，它在深亚微米设计中越来越受到关注。SPICE 中的模型引入了在弱反型区漏极电流和 V_{GS} 之间是由经验修正的指数关系。定义电压 V_{on} 表示弱反型区和强反型区之间的边界值(见图 4.7)：

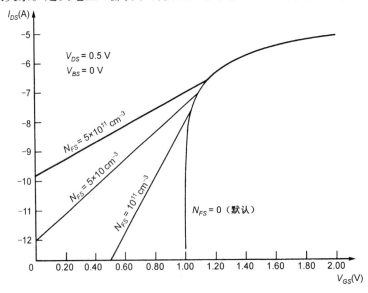

图 4.7 在二级模型中，漏极电流是栅极电压的函数，对不同的 N_{FS} 值弱反型区中漏极电流的变化

$$I_D(\text{弱反型}) = I_{on} \cdot \mathrm{e}^{(V_{GS} - V_{on}) \cdot \left(\frac{q}{nkT}\right)} \tag{4.19}$$

这里的 I_{on} 是 $V_{GS} = V_{on}$ 时强反型区中的电流。电压 V_{on} 为

$$V_{on} = V_T + \frac{nkT}{q} \tag{4.20}$$

式中

$$n = 1 + \frac{q \cdot N_{FS}}{C_{ox}} + \frac{C_d}{C_{ox}} \tag{4.21}$$

定义参数 N_{FS} 表示快速表面态，它作为匹配参数确定亚阈值电压-电流特性曲线的斜率。C_d 是耗尽区电容。很明显，当 $V_{GS} = V_{on}$ 时，模型不连续。因此，对位于强反型区和弱反型区之间的过渡区域的仿真不够精确。

4.4.5　其他小尺寸修正

电流-电压方程式 (4.8)～式 (4.10) 是在不考虑二维和小尺寸的效应下得到的。因而，方程不能反映阈值电压与沟道长、宽尺寸之间的关系。正如第 3 章所述，在小尺寸 MOSFETS 中，阈值电压是 W 和 L 两个器件尺寸的函数。

SPICE (Level 2) 中用到的二级模型本质上也包括了第 3 章中提到的关于短、窄沟道效应的相关方程。模型参数 x_j 和 N_A 可用作短沟道效应的匹配参数。但在较大的沟道长度变化范围内，很难得到满意的结果。而且，这个模型中未对 V_T 和漏极电压之间的关系做出充分解释。在窄沟道效应下，经验参数 δ 用来匹配实验数据。如果在 .MODEL 指令中确定 $\delta = 0$，那么窄沟道阈值电压的变化就没有办法计算了。

4.5　三级模型方程

为模拟短沟道 MOS 管提出的三级模型能非常精确地描述沟道长度至 2 μm 以上的 MOSFET 特性。模型的电压电流方程与二级模型相同。将式 (4.8) 按泰勒级数展开，可以简化线性区的电流方程。与二级模型相比，这种近似计算可以建立更多可控基本电流方程。在阈值电压和迁移率的计算中，引入了短沟道和其他小尺寸效应。

大多数三级模型方程是经验方程。使用这些经验方程代替分析模型，主要是为了提高模型准确性并限制计算的复杂度，从而减少仿真时间。下面给出了线性区的漏极电流公式：

$$I_D = \mu_s \cdot C_{ox} \cdot \frac{W}{L_{eff}} \cdot \left(V_{GS} - V_T - \frac{1 + F_B}{2} \cdot V_{DS}\right) \cdot V_{DS} \tag{4.22}$$

式中

$$F_B = \frac{\gamma \cdot F_S}{4 \cdot \sqrt{|2\phi_F| + V_{SB}}} + F_n \tag{4.23}$$

经验参数 F_B 反映了本体耗尽电荷与 MOSFET 三维尺寸图形之间的关系。这里，参数 V_T、F_s 和 μ_s 受短沟道效应的影响，而参数 F_n 受窄沟道效应的影响。下式给出了栅极电场与表层迁移率之间的关系：

$$\mu_s = \frac{\mu}{1 + \theta \cdot (V_{GS} - V_T)} \tag{4.24}$$

考虑到平均横向电场有效迁移率的减小，三级模型有一个简单公式：

$$\mu_{eff} = \frac{\mu_s}{1 + \mu_s \cdot \dfrac{V_{DS}}{v_{max} \cdot L_{eff}}} \tag{4.25}$$

式中，μ_s 是表层迁移率，可由式(4.24)得出。在弱反型区，三级模型与二级模型相同。

4.6　先进的 MOSFET 模型

Berkeley 短沟道 IGFET 模型（BSIM）

　　四级模型（Berkeley 短沟道 IGFET 模型，即 BSIM）具有分析简单、参数较少且这些参数通常可以从实验数据中提取的优点。它所具有的精确性和高效性使其成为目前 SPICE MOSFET 模型中最常用的模型之一，尤其是在微电子工业中。目前，众多公司和硅半导体制造厂家都使用 BSIM4 版本来实现 0.13 μm 级或更高 CMOS 制造工艺中对亚微米 MOSFET 电特性的模拟。与 BSIM3 相比，BSIM4 明确解释了以下几项小尺寸物理效应，包括栅极穿透电流、GIDL、I-V 建模的 Halo 即光环状注入。另外，充电电容厚度模型也被引入了 C-V 建模。

　　先前提到的所有基于阈值电压的 MOSFET 模型（BSIM3，BSIM4）都是将弱反型区和强反型区分开考虑的，这主要是由于晶体管的亚阈值特性的缘故。事实上，这两个区通过不同方程描述时，在很多情况下，包括在深亚微米 CMOS 技术中，模拟晶体管在很低的电压下的特性有很大困难。Enz、Krummenacher 和 Vittoz 提出了一种新的 MOSFET 模型（即 EKV 模型）试图通过使用统一的晶体管工作区描述形式，避免在强、弱反型区使用不同的方程来解决上述问题。因此，无论是对于临近截止电压的数字电路分析这种在低电源、电压或动态电压下很普遍的情形，还是对于一般的模拟电路，EKV 模型都能得出更精确的仿真结果。

4.7　电容模型

　　SPICE MOSFET 模型通过在截止、线性和饱和三种模式下使用独立的方程来描述器件寄生电容的影响。采用用户提供的基本寄生电容(如零偏置电容值)和器件尺寸(如 pn 结面积和周长)等信息，可以将氧化物电容和势垒电容看作零偏置电压的非线性函数。

栅氧化层电容

　　SPICE 使用简单的栅氧化层电容模型来表示三个非线性两端点电容器 C_{GB}、C_{GS} 和 C_{GD} 的电荷存储效应。这些电容之间的电压关系(参照 Meyer 电容模型)类似于第 3 章图 3.42 所示的关系。计算栅氧化层电容所需要的几何尺寸有：栅氧化物厚度 TOX、沟道长度 L、沟道宽度 W 和横向扩散 LD。这些信息由使用者在各器件描述行中给出。.MODEL 指令中给出的电容 CGBO、CGSO 和 CGDO 是在沟道区以外的栅极和其他端点之间的叠层电容。

　　如果在.MODEL 指令中给出参数 XQC，那么 SPICE 就不再采用 Meyer 模型，而使用由 Ward 提出的一种电荷受控电容模型的简化版本。Ward 模型可以计算栅极和衬底中的电荷。这个模型可以避免在仿真过程中由于某些网络节点不能改变它们的电荷量而引起的错误。但有时会导致收敛问题。根据图 4.8 所示的 Ward 模型，氧化层电容可以看成栅极电压的函数。

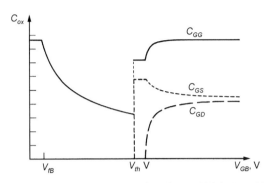

图 4.8　Ward 电容模型中氧化层电容和栅极到衬底电压的函数关系

结电容

　　SPICE 使用简单的 pn 结模型来仿真源和漏扩散区的寄生电容。因为源和漏扩散区都被 p$^+$ 掺杂的侧壁所包围，所以需要对底面耗尽结电容和侧壁耗尽结电容分别建立模型：

$$C_{SB} = \frac{C_j \cdot AS}{\left(1 - \dfrac{V_{BS}}{\phi_0}\right)^{M_j}} + \frac{C_{jsw} \cdot PS}{\left(1 - \dfrac{V_{BS}}{\phi_0}\right)^{M_{jsw}}} \tag{4.26}$$

$$C_{DB} = \frac{C_j \cdot AD}{\left(1 - \dfrac{V_{BD}}{\phi_0}\right)^{M_j}} + \frac{C_{jsw} \cdot PD}{\left(1 - \dfrac{V_{BD}}{\phi_0}\right)^{M_{jsw}}} \tag{4.27}$$

式中，C_j 是表示源和漏扩散区底部单位面积零偏置耗尽结电容。C_{jsw} 是表示侧壁的单位长度零偏置耗尽结电容。一般的侧壁掺杂浓度大约是衬底掺杂浓度的 10 倍，所以 C_{jsw} 可近似为

$$C_{jsw} \approx \sqrt{10} \cdot C_j \cdot x_j \tag{4.28}$$

AS 和 AD 分别是源区和漏区的面积。PS 和 PD 分别是源区和漏区的周长（这些几何参数必须在各个器件的描述行中给出）。注意，虽然矩形扩散区实际上只有三边被 p$^+$ 掺杂侧壁包围，但 PS、PD 指的是整个源区和漏区的周长。这样会高估总的扩散电容值，但差别不明显。同样，内建结电势 ϕ_0 实际上是掺杂浓度的函数，我们假定底面结和侧壁结电势相等。

　　最后，参数 M_j 和 M_{jsw} 分别表示底面结和侧壁结的结梯度系数。默认值为 $M_j = 0.5$（假设底面结为突变特性），$M_{jsw} = 0.33$（假设侧壁结有一个线性梯度特性）。

例 4.1

　　下图是 n 沟道 MOSFET 的俯视图，器件工艺参数为：

$N_A = 4.80 \times 10^{18}\ \text{cm}^{-3}$

N_A（侧壁）$= 1.51 \times 10^{15}\ \text{cm}^{-3}$

$N_D = 4.80 \times 10^{18}\ \text{cm}^{-3}$

$x_j = 0.032\ \mu\text{m}$

$t_{ox} = 16\ \text{Å}$

$L_D = 10\ \text{nm}$

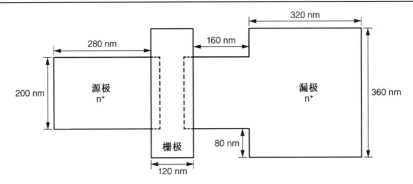

测得零偏置阈值电压为 0.53 V，k' 为 98.2 μA/V^2，沟道长度调制系数 $\lambda = 0.08$。器件源极、漏极、栅极和衬底分别用节点数 4、6、12、7 标记。写出 SPICE 仿真的器件描述行和 .MODEL 指令。使用一级模型避免出现参数定义冲突。

单位面积栅氧化层电容为

$$C_{ox} = \frac{\varepsilon_{ox}}{t_{ox}} = \frac{3.51 \times 10^{-13}}{1.60 \times 10^{-7}} = 2.19 \times 10^{-6} \text{ F/cm}^2$$

衬底偏置系数（GAMMA）和表层反型电位（PHI）为

$$\gamma = \frac{\sqrt{2 \cdot q \cdot N_A \cdot \varepsilon_{Si}}}{C_{ox}} = \frac{\sqrt{2 \times 1.6 \times 10^{-19} \times 4.80 \times 10^{18} \times 1.04 \times 10^{-12}}}{2.19 \times 10^{-6}} = 0.577 \text{ V}^{\frac{1}{2}}$$

$$|2 \cdot \phi_F(\text{衬底})| = \left| 2 \cdot \frac{kT}{q} \ln\left(\frac{n_i}{N_A}\right) \right|$$

$$= \left| 2 \cdot 0.026 \text{ V} \cdot \ln\left(\frac{1.45 \times 10^{10}}{4.80 \times 10^{18}}\right) \right| = 1.02 \text{ V}$$

现在，我们开始计算描述寄生电容所需要的参数值。底面扩散区的内建结电位（PB）为

$$\phi_0 = \frac{kT}{q} \cdot \ln\left(\frac{N_A \cdot N_D}{n_i^2}\right) = 0.026 \text{ V} \cdot \ln\left(\frac{4.80 \times 10^{18} \times 4.80 \times 10^{18}}{2.10 \times 10^{20}}\right) = 1.02 \text{ V}$$

注意，这个结电位可用来计算所有的结电容，但会导致侧壁结电容值估计过高。底面结的零偏置耗尽层电容（CJ）和侧壁结的零偏置耗尽层电容（CJSW）分别为

$$C_{j0} = \sqrt{\frac{\varepsilon_{Si} \cdot q}{2} \cdot \left(\frac{N_A \cdot N_D}{N_A + N_D}\right) \cdot \frac{1}{\phi_0}}$$

$$= \sqrt{\frac{1.04 \times 10^{-12} \text{ F/cm} \times 1.6 \times 10^{-19} \text{ C}}{2} \cdot \left(\frac{4.80 \times 10^{18} \times 4.80 \times 10^{18}}{4.80 \times 10^{18} + 4.80 \times 10^{18}}\right) \cdot \frac{1}{1.02}}$$

$$= 4.42 \times 10^{-7} \text{ F/cm}^2$$

$$C_{j0sw} = x_j \cdot \sqrt{\frac{\varepsilon_{Si} \cdot q}{2} \cdot \left(\frac{N_A(sw) \cdot N_D}{N_A(sw) + N_D}\right) \cdot \frac{1}{\phi_0}}$$

$$= 3.20 \times 10^{-6} \cdot \sqrt{\frac{1.04 \times 10^{-12} \text{ F/cm} \times 1.6 \times 10^{-19} \text{ C}}{2} \cdot \left(\frac{2.99 \times 10^{15} \times 4.80 \times 10^{18}}{2.99 \times 10^{15} + 4.80 \times 10^{18}}\right) \cdot \frac{1}{1.02}}$$

$$= 5.00 \times 10^{-14} \text{ F/cm}^2$$

假设底面和侧壁 pn 结均为突变结特性，因而 MJ = 0.5，MJSW = 0.33，单位长度栅极层交叠电容（CGSO 和 CGDO）为

$$C_{GSO} = C_{GDO} = C_{ox} \cdot L_D = 2.19 \times 10^{-6} \times 10 \times 10^{-7} = 2.19 \text{ pF/cm}$$

最后，分别计算源和漏扩散区的面积和周长（单位分别为 m^2 和 m）。这样就可以写出相应的

器件描述行和.MODEL 行如下：

```
M1   6   12   4   7   NM1  W=200N  L=120N  LD=10N  AS=0.058P  PS=0.98U
                               AD=0.1492P     PD=1.7U

.MODEL   NM1   NMOS  (VTO=0.53   KP=98.2U  LAMBDA=0.08  GAMMA=0.577
   +                  PHI=1.02   PB=1.02  CJ=4.42E-3  CJSW=5.00E-10
   +                  CGSO=2.19E-10  CGDO=2.19E-10  MJ=0.5
                      MJSW=0.33)
```

注意，计算 PS 和 PD 时要考虑各扩散区的全部周长，包括栅极对面(沟道)的边界。同样，计算 AS 和 AD 也要考虑到各扩散区的底面面积。这种方法和第 3 章给出的精确的电容计算公式有一点不同，而且会导致计算结果比实际结电容值略高。但是由于这种方法在计算掩模版图中多边形面积和周长时比较简单，所以在自动版图寄生参数提取中经常使用。

结电容不仅对电路的精确描述非常重要，而且使 SPICE 中用到的不同时域积分算法的收敛性有明显的提高。因此，在设计过程的前期就定义源和漏扩散区的面积是非常有用的，虽然 SPICE 电路描述文件中提到的实际面积和周长需要在版图完成后才能确定。

4.8　SPICE MOSFET 模型的比较

现在，让我们简单回顾本章给出的 MOSFET 模型间的主要区别。这有助于我们根据电路仿真要求选择最好的模型。

一级模型由于在方程推导过程中 GCA 近似太多，拟合参数数量太少，所以精度不高，一般适用于精度要求不高的电路性能快速估计。

二级模型可以通过增加模型支持的与各种效应相关的参数，适用于不同的复杂度。然而如果使用者确定出所有参数，即达到最大的复杂度，模型计算就要占用大量的 CPU 时间，而且，该模型在 SPICE 中使用 Newton-Raphson 算法时经常会产生收敛问题。

对二级与三级模型进行比较是有意义的(见图 4.9)。三级模型通常只达到二级模型的相同精度，但模型计算的 CPU 时间较少，迭代次数更少得多。三级模型唯一的缺点是计算某些参数时很复杂。

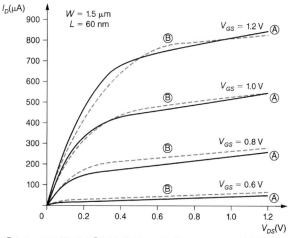

图 4.9　用二级模型(Ⓐ)和三级模型(Ⓑ)计算的 n 沟道 MOSFET 的漏极电流与漏极电压的关系
两个模型共同的参数为：VTO=0.53, XJ=3.20E-8, LD=1.0E-8
二级模型参数为：UO=44.7, UCRIT=2.0E7
三级模型参数为：UO=47.5, THETA=0.17

用一级模型作为匹配模型

最简单的一级模型，其精确性不足以用来表示短沟道 MOS 管的电特性，但是其简单的模型方程在手工计算时仍非常有用。为了使手工计算结果和实际器件或电路性能之间基本达到一致，一种可取的方法是采用经验（非物理）的一级模型参数。例如，用物理表达式(4.5)计算 KP 值常常会导致对漏极电流的高估。可用从数据中提取所有参数值来代替，即将模型方程仅用作拟合模型。由于模型方程过于简单，计算值与测量的数据不可能总是吻合得很好。但是，通过对饱和区($V_{GS}=V_{DD}$，$V_{DS}>V_{DD}-V_T$)的数据进行拟合而优化得到的一级模型参数可以用来对电路的瞬态(开关)特性做出相当可靠的估计。这就是为什么在下面章节里对不同数字电路的分析中都要采用简单的一级模型方程的原因之一。

附录　典型 SPICE 模型参数

0.8 μm CMOS 工艺的 SPICE 二级模型参数如下：

```
.MODEL MODN NMOS LEVEL=2
+NLEV=0
+CGSO=0.350e-09      CGDO=0.350e-09      CGBO=0.150e-09
+CJ=0.300e-03        MJ=0.450e+00        CJSW=0.250e-09
+MJSW=0.330e+00      IS=0.000e+00        N=1.000e+00
+NDS=1.000e+12       VNDS=0.000e+00
+JS=0.010e-03        PB=0.850e+00        RSH=25.00e+00
+TOX=15.50e-09       XJ=0.080e-06
+VTO=0.850e+00       NFS=0.835e+12       NSUB=64.00e+15
+NEFF=10.00e+00      UTRA=0.000e+00
+UO=460.0e+00        UCRIT=38.00e+04     UEXP=0.325e+00
+VMAX=62.00e+03      DELTA=0.250e+00     KF=0.275e-25
+LD=0.000e-06        WD=0.600e-06        AF=1.500e+00
+BEX=-1.80e+00       TLEV=1.000e+00      TCV=1.400e-03


.MODEL MODP PMOS LEVEL=2
+NLEV=0
+CGSO=0.350e-09      CGDO=0.350e-09      CGBO=0.150e-09
+CJ=0.500e-03        MJ=0.470e+00        CJSW=0.210e-09
+MJSW=0.290e+00      IS=0.000e+00        N=1.000e+00
+NDS=1.000e+12       VNDS=0.000e+00
+JS=0.040e-03        PB=0.800e+00        RSH=47.00e+00
+TOX=15.00e-09       XJ=0.090e-06
+VTO=-.725e+00       NFS=0.500e+12       NSUB=32.80e+15
+NEFF=2.600e+00      UTRA=0.000e+00
+UO=160.0e+00        UCRIT=30.80e+04     UEXP=0.350e+00
+VMAX=61.00e+03      DELTA=0.950e+00     KF=0.470e-26
+LD=-.075e-06        WD=0.350e-06        AF=1.600e+00
+BEX=-1.50e+00       TLEV=1.000e+00      TCV=-1.80e-03
```

TSMC 0.18 μm CMOS 工艺的 BSIM3 模型参数如下：

```
.MODEL CMOSN NMOS (                              LEVEL    = 49
+VERSION = 3.1        TNOM      = 27     TOX      = 4.2E-9
```

```
+XJ        = 1E-7          NCH      = 2.3549E17      VTH0    = 0.3680296
+K1        = 0.5911252     K2       = 2.288938E-3    K3      = 1E-3
+K3B       = 1.9516573     W0       = 1E-7           NLX     = 1.686788E-7
+DVT0W     = 0             DVT1W    = 0              DVT2W   = 0
+DVT0      = 1.7464037     DVT1     = 0.4568438      DVT2    = -0.0181191
+U0        = 263.836679    UA       = -1.178099E-9   UB      = 1.749553E-18
+UC        = -9.76209E-12  VSAT     = 8.994393E4     A0      = 1.8288772
+AGS       = 0.3397201     B0       = -2.675178E-8   B1      = -1E-7
+KETA      = -3.47067E-3   A1       = 7.995817E-4    A2      = 1
+RDSW      = 108.6492521   PRWG     = 0.5            PRWB    = -0.2
+WR        = 1             WINT     = 2.64543E-10    LINT    = 1.338295E-9
+XL        = -2E-8         XW       = -1E-8          DWG     = 6.346367E-9
+DWB       = 2.756527E-9   VOFF     = -0.0790381     NFACTOR = 2.3051491
+CIT       = 0             CDSC     = 2.4E-4         CDSCD   = 0
+CDSCB     = 0             ETA0     = 1.034575E-4    ETAB    = -4.486535E-3
+DSUB      = 0.0116456     PCLM     = 1.1328276      PDIBLC1 = 0.2376928
+PDIBLC2   = 6.786697E-3   PDIBLCB  = 0.1            DROUT   = 0.677486
+PSCBE1    = 6.738022E10   PSCBE2   = 6.832776E-8    PVAG    = 0.1870951
+DELTA     = 0.01          RSH      = 6.7            MOBMOD  = 1
+PRT       = 0             UTE      = -1.5           KT1     = -0.11
+KT1L      = 0             KT2      = 0.022          UA1     = 4.31E-9
+UB1       = -7.61E-18     UC1      = -5.6E-11       AT      = 3.3E4
+WL        = 0             WLN      = 1              WW      = 0
+WWN       = 1             WWL      = 0              LL      = 0
+LLN       = 1             LW       = 0              LWN     = 1
+LWL       = 0             CAPMOD   = 2              XPART   = 0.5
+CGDO      = 7.58E-10      CGSO     = 7.58E-10       CGBO    = 1E-12
+CJ        = 9.906354E-4   PB       = 0.730091       MJ      = 0.3599246
+CJSW      = 2.273142E-10  PBSW     = 0.6198535      MJSW    = 0.1268548
+CJSWG     = 3.3E-10       PBSWG    = 0.6198535      MJSWG   = 0.1268548
+CF        = 0             PVTH0    = -3.683048E-3   PRDSW   = -1.4166565
+PK2       = 2.066895E-3   WKETA    = 2.06959E-3     LKETA   = 0.0251872
+PU0       = -1.4215545    PUA      = -3.53899E-11   PUB     = 6.764061E-25
+PVSAT     = 1.864733E3    PETA0    = 1E-4           PKETA   = -1.41807E-3
)
*
.MODEL CMOSP PMOS (                                 LEVEL   = 49
+VERSION   = 3.1           TNOM     = 27             TOX     = 4.2E-9
+XJ        = 1E-7          NCH      = 4.1589E17      VTH0    = -0.4349298
+K1        = 0.6076257     K2       = 0.0240727      K3      = 0
+K3B       = 10.1162091    W0       = 1E-6           NLX     = 8.008684E-8
+DVT0W     = 0             DVT1W    = 0              DVT2W   = 0
+DVT0      = 0.4263447     DVT1     = 0.2825945      DVT2    = 0.1
+U0        = 118.2923681   UA       = 1.595982E-9    UB      = 1.109698E-21
+UC        = -1E-10        VSAT     = 1.682653E5     A0      = 1.6728458
+AGS       = 0.4152711     B0       = 1.855408E-6    B1      = 5E-6
+KETA      = 0.0180992     A1       = 0.5086627      A2      = 0.3747271
+RDSW      = 296.9038493   PRWG     = 0.5            PRWB    = -0.3874288
+WR        = 1             WINT     = 0              LINT    = 1.914706E-8
+XL        = -2E-8         XW       = -1E-8          DWG     = -2.400357E-8
+DWB       = 1.079858E-8   VOFF     = -0.097118      NFACTOR = 1.8520072
```

```
+CIT      = 0              CDSC     = 2.4E-4         CDSCD    = 0
+CDSCB    = 0              ETA0     = 0.0163774      ETAB     = -0.1095661
+DSUB     = 0.7737497      PCLM     = 2.3031926      PDIBLC1  = 1.921807E-4
+PDIBLC2  = 0.0174673      PDIBLCB  = -9.975699E-4   DROUT    = 0
+PSCBE1   = 2.054597E9     PSCBE2   = 5.934159E-10   PVAG     = 15
+DELTA    = 0.01           RSH      = 7.5            MOBMOD   = 1
+PRT      = 0              UTE      = -1.5           KT1      = -0.11
+KT1L     = 0              KT2      = 0.022          UA1      = 4.31E-9
+UB1      = -7.61E-18      UC1      = -5.6E-11       AT       = 3.3E4
+WL       = 0              WLN      = 1              WW       = 0
+WWN      = 1              WWL      = 0              LL       = 0
+LLN      = 1              LW       = 0              LWN      = 1
+LWL      = 0              CAPMOD   = 2              XPART    = 0.5
+CGDO     = 6.74E-10       CGSO     = 6.74E-10       CGBO     = 1E-12
+CJ       = 1.124859E-3    PB       = 0.8637387      MJ       = 0.4237235
+CJSW     = 1.889062E-10   PBSW     = 0.6187797      MJSW     = 0.2845939
+CJSWG    = 4.22E-10       PBSWG    = 0.6187797      MJSWG    = 0.2845939
+CF       = 0              PVTH0    = 1.8347E-3      PRDSW    = 15.2709708
+PK2      = 2.005769E-3    WKETA    = 2.478814E-3    LKETA    = 1.457236E-3
+PU0      = -2.0661953     PUA      = -8.44317E-11   PUB      = 1E-21
+PVSAT    = -5.8202946     PETA0    = 1E-4           PKETA    = 2.75599E-3
)
```

BSIM3 参数是通过 MOSIS 获取的。

预测的 65 nm CMOS 工艺 BSIM4 模型参数

```
*Customized PTM 65-nm NMOS
.model  nmos  nmos  level = 54

+version = 4.0    binunit = 1      paramchk = 1    mobmod   = 0
+capmod = 2       igcmod  = 1      igbmod  = 1     geomod   = 1
+diomod = 1       rdsmod  = 0      rbodymod = 1    rgatemod = 1
+permod = 1       acnqsmod = 0     trnqsmod = 0

*Parameters related to the technology node

+tnom = 27          epsrox  = 3.9
+eta0 = 0.0058      nfactor = 1.9       wint = 5e-09
+cgso = 1.5e-10     cgdo    = 1.5e-10   xl   = -3e-08

*Parameters customized by the user
+toxe = 2.25e-09    toxp = 1.6e-09    toxm = 2.25e-09    toxref = 2.25e-09
+dtox = 6.5e-10     lint = -2.5e-09
+vth0 = 0.613       k1   = 0.673      u0   = 0.035288    vsat    = 124340
+rdsw = 150         ndep = 3.22e+18   xj   = 3.2e-08

*Secondary parameters
+ll       = 0          wl       = 0          lln      = 1          wln      = 1
+lw       = 0          ww       = 0          lwn      = 1          wwn      = 1
+lwl      = 0          wwl      = 0          xpart    = 0
+k2       = 0.01       k3       = 0
+k3b      = 0          w0       = 2.5e-006   dvt0     = 1          dvt1     = 2
+dvt2     = -0.032     dvt0w    = 0          dvt1w    = 0          dvt2w    = 0
+dsub     = 0.1        minv     = 0.05       voffl    = 0          dvtp0    = 1.0e-009
+dvtp1    = 0.1        lpe0     = 0          lpeb     = 0
```

```
+ngate    = 2e+020     nsd     = 2e+020     phin    = 0
+cdsc     = 0.000      cdscb   = 0          cdscd   = 0          cit     = 0
+voff     = -0.13      etab    = 0
+vfb      = -0.55      ua      = 6e-010     ub      = 1.2e-018
+uc       = 0          a0      = 1.0        ags     = 1e-020
+a1       = 0          a2      = 1.0        b0      = 0          b1      = 0
+keta     = 0.04       dwg     = 0          dwb     = 0          pclm    = 0.04
+pdiblc1  = 0.001      pdiblc2 = 0.001      pdiblcb = -0.005     drout   = 0.5
+pvag     = 1e-020     delta   = 0.01       pscbe1  = 8.14e+008  pscbe2  = 1e-007
+fprout   = 0.2        pdits   = 0.08       pditsd  = 0.23       pditsl  = 2.3e+006
+rsh      = 5          rsw     = 85         rdw     = 85
+rdswmin  = 0          rdwmin  = 0          rswmin  = 0          prwg    = 0
+prwb     = 6.8e-011   wr      = 1          alpha0  = 0.074      alpha1  = 0.005
+beta0    = 30         agidl   = 0.0002     bgidl   = 2.1e+009   cgidl   = 0.0002
+egidl    = 0.8
+aigbacc  = 0.012      bigbacc = 0.0028     cigbacc = 0.002
+nigbacc  = 1          aigbinv = 0.014      bigbinv = 0.004      cigbinv = 0.004
+eigbinv  = 1.1        nigbinv = 3          aigc    = 0.012      bigc    = 0.0028
+cigc     = 0.002      aigsd   = 0.012      bigsd   = 0.0028     cigsd   = 0.002
+nigc     = 1          poxedge = 1          pigcd   = 1          ntox    = 1

+xrcrg1   = 12         xrcrg2  = 5
+cgbo     = 2.56e-011  cgdl    = 2.653e-10
+cgsl     = 2.653e-10  ckappas = 0.03       ckappad = 0.03       acde    = 1
+moin     = 15         noff    = 0.9        voffcv  = 0.02

+kt1      = -0.11      kt1l    = 0          kt2     = 0.022      ute     = -1.5
+ua1      = 4.31e-009  ub1     = 7.61e-018  uc1     = -5.6e-011  prt     = 0
+at       = 33000

+fnoimod  = 1          tnoimod = 0

+jss      = 0.0001     jsws    = 1e-011     jswgs   = 1e-010     njs     = 1
+ijthsfwd = 0.01       ijthsrev = 0.001     bvs     = 10         xjbvs   = 1
+jsd      = 0.0001     jswd    = 1e-011     jswgd   = 1e-010     njd     = 1
+ijthdfwd = 0.01       ijthdrev = 0.001     bvd     = 10         xjbvd   = 1
+pbs      = 1          cjs     = 0.0005     mjs     = 0.5        pbsws   = 1
+cjsws    = 5e-010     mjsws   = 0.33       pbswgs  = 1          cjswgs  = 3e-010
+mjswgs   = 0.33       pbd     = 1          cjd     = 0.0005     mjd     = 0.5
+pbswd    = 1          cjswd   = 5e-010     mjswd   = 0.33       pbswgd  = 1
+cjswgd   = 5e-010     mjswgd  = 0.33       tpb     = 0.005      tcj     = 0.001
+tpbsw    = 0.005      tcjsw   = 0.001      tpbswg  = 0.005      tcjswg  = 0.001
+xtis     = 3          xtid    = 3

+dmcg     = 0e-006     dmci    = 0e-006     dmdg    = 0e-006     dmcgt   = 0e-007

+dwj      = 0.0e-008   xgw     = 0e-007     xgl     = 0e-008

+rshg     = 0.4        gbmin   = 1e-010     rbpb    = 5          rbpd    = 15

+rbps     = 15         rbdb    = 15         rbsb    = 15         ngcon   = 1

*Customized PTM 65-nm PMOS

.model  pmos  pmos  level = 54
```

```
+version = 4.0    binunit  = 1      paramchk = 1      mobmod   = 0
+capmod  = 2      igcmod   = 1      igbmod   = 1      geomod   = 1
+diomod  = 1      rdsmod   = 0      rbodymod = 1      rgatemod = 1
+permod  = 1      acnqsmod = 0      trnqsmod = 0
```

*Parameters related to the technology node

```
+tnom = 27           epsrox  = 3.9
+eta0 = 0.0058       nfactor = 1.9       wint = 5e-09
+cgso = 1.5e-10      cgdo    = 1.5e-10   xl   = -3e-08
```
*Parameters customized by the user

```
+toxe = 2.55e-09     toxp  = 1.8e-09    toxm = 2.55e-09    toxref = 2.55e-09
+dtox = 7.5e-10      lint  = -2.5e-09
+vth0 = -0.613       k1    = 0.683      u0   = 0.014875    vsat   = 70000
+rdsw = 150          ndep  = 2.58e+18   xj   = 3.2e-08
```

*Secondary parameters

```
+ll       = 0         wl       = 0         lln      = 1         wln      = 1
+lw       = 0         ww       = 0         lwn      = 1         wwn      = 1
+lwl      = 0         wwl      = 0         xpart    = 0
+k2       = -0.01     k3       = 0
+k3b      = 0         w0       = 2.5e-006  dvt0     = 1         dvt1     = 2
+dvt2     = -0.032    dvt0w    = 0         dvt1w    = 0         dvt2w    = 0
+dsub     = 0.1       minv     = 0.05      voffl    = 0         dvtp0    = 1e-009
+dvtp1    = 0.05      lpe0     = 0         lpeb     = 0
+ngate    = 2e+020    nsd      = 2e+020    phin     = 0
+cdsc     = 0.000     cdscb    = 0         cdscd    = 0         cit      = 0
+voff     = -0.126    etab     = 0
+vfb      = 0.55      ua       = 2.0e-009  ub       = 0.5e-018
+uc       = 0         a0       = 1.0       ags      = 1e-020
+a1       = 0         a2       = 1         b0       = -1e-020    b1       = 0
+keta     = -0.047    dwg      = 0         dwb      = 0         pclm     = 0.12
+pdiblc1  = 0.001     pdiblc2  = 0.001     pdiblcb  = 3.4e-008  drout    = 0.56
+pvag     = 1e-020    delta    = 0.01      pscbe1   = 8.14e+008 pscbe2   = 9.58e-007
+fprout   = 0.2       pdits    = 0.08      pditsd   = 0.23      pditsl   = 2.3e+006
+rsh      = 5         rsw      = 85        rdw      = 85
+rdswmin  = 0         rdwmin   = 0         rswmin   = 0         prwg     = 3.22e-008
+prwb     = 6.8e-011  wr       = 1         alpha0   = 0.074     alpha1   = 0.005
+beta0    = 30        agidl    = 0.0002    bgidl    = 2.1e+009  cgidl    = 0.0002
+egidl    = 0.8

+aigbacc  = 0.012     bigbacc  = 0.0028    cigbacc  = 0.002
+nigbacc  = 1         aigbinv  = 0.014     bigbinv  = 0.004     cigbinv  = 0.004
+eigbinv  = 1.1       nigbinv  = 3         aigc     = 0.69      bigc     = 0.0012
+cigc     = 0.0008    aigsd    = 0.0087    bigsd    = 0.0012    cigsd    = 0.0008
+nigc     = 1         poxedge  = 1         pigcd    = 1         ntox     = 1

+xrcrg1   = 12        xrcrg2   = 5
+cgbo     = 2.56e-011 cgdl     = 2.653e-10
+cgsl     = 2.653e-10 ckappas  = 0.03      ckappad  = 0.03      acde     = 1
+moin     = 15        noff     = 0.9       voffcv   = 0.02

+kt1      = -0.11     kt1l     = 0         kt2      = 0.022     ute      = -1.5
+ua1      = 4.31e-009 ub1      = 7.61e-018 uc1      = -5.6e-011 prt      = 0
+at       = 33000
```

以上是 BSIM4 参数。正如 3.5 节所述，一般来说，在纳米器件中，长沟道器件的阈值电压要低于短沟道器件。然而，读者需要注意，在 PTM 模型中，长沟道器件的阈值电压反而高于短沟道器件。

习题

4.1　用下列参数重写例 4.1 中 nMOS 模型分段节点的 SPICE 语句：

- $N_A = 9.60 \times 10^{18}$ cm^{-3}
- $N_A(sw) = 7.46 \times 10^{15}$ cm^{-3}
- $N_D = 4.80 \times 10^{17}$ cm^{-3}
- $x_j = 0.02$ μm
- $t_{ox} = 6$ Å
- $L_D = 4$ nm

4.2　图 P4.2 是与非门 2 中 n 型 MOS 管的版图。根据版图写出 SPICE 语句。两多晶硅栅极间的扩散区被晶体管均匀等分。

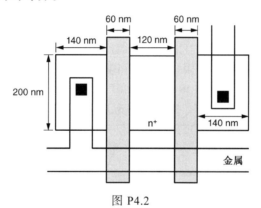

图 P4.2

4.3　用 SPICE 一级 MOSFET 模型方程推导漏极电流 I_D 对温度的灵敏度关系式。用例 4.1 中的条件即在室温 $T = 300$ K 时计算此灵敏度。为使计算简单，假设 n_i 不受温度影响。计算 $T = 310$ K 时的 I_D 值以及 $\Delta I_D / \Delta T$ 的值。检验你所得到的结果是否正确。

4.4　试解释：为什么 nMOS 管和 pMOS 管模型中尽管某些模型具有更高的精确度，但依然需要其他模型。

第 5 章　MOS 反相器的静态特性

反相器是单输入变量布尔运算中最基本的逻辑门。本章中，我们将讨论各种反相器电路的直流(静态)特性。后面我们将会介绍，在 MOS 反相器的设计和分析中许多基本法则可以直接应用于诸如与非门和或非门等更加复杂的逻辑电路中。因此，反相器设计是数字电路设计的重要基础，对 MOS 反相器的直流分析必须详细严密。虽然电路分析技术构成了本章列出的大部分内容，但由于计算机辅助技术是数字电路分析和设计过程中必不可少的部分，所以应同样重视与使用 SPICE 进行的电路仿真加以数值比较。

5.1　概述

理想反相器的逻辑符号和真值表如图 5.1 所示。在 MOS 反相器电路中，输入变量 A 和输出变量 B 都用对地的节点电压表示。使用正逻辑约定，用高电平 V_{DD} 代表布尔(或逻辑)值"1"，用低电平代表布尔(或逻辑)值 "0"。理想反相器电路的直流电压传输特性(Voltage Transfer Characteristic，VTC)如图 5.2 所示。V_{th} 是反相器门限电压。对于 0 到 $V_{th} = V_{DD}/2$ 之间的任意输入电平，输出电压均为 V_{DD}(逻辑"1")。当输入为 V_{th} 时，输出从 V_{DD} 跳变为 0。对于在 V_{th} 到 V_{DD} 之间的任意输入电平，输出电压均为"0"(逻辑"0")。所以，理想反相器在输入电平为 $0 < V_{in} < V_{th}$ 时，输出为逻辑"1"，输入电平为 $V_{th} < V_{in} < V_{DD}$ 时，输出为逻辑"0"。实际反相器电路的直流特性与图 5.2 所示的理想特性在很大程度上有所不同。对各种形式反相器的电压传输特性形状的准确估计和处理是设计过程的重要组成部分。

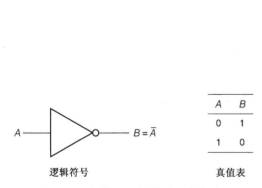

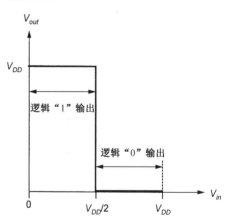

图 5.1　反相器的逻辑符号和真值表　　　　图 5.2　理想反相器的电压传输特性(VTC)

图 5.3 为 nMOS 反相器的通用电路结构。反相器电路的输入电压即为 nMOS 管的栅源电压($V_{in} = V_{GS}$)，而输出电压为漏源电压($V_{out} = V_{DS}$)。该 nMOS 晶体管又称为驱动晶体管，它的源极和衬底接地，因此，源极和衬底间电压 $V_{SB} = 0$。在这种通用的表示中，负载器件是具有端点电流 I_L 和端点电压 $V_L(I_L)$ 的一种双端电路元件。负载器件的一端接 n 沟道 MOSFET 的漏极，另一端接电源电压 V_{DD}。之后我们会明白，反相器电路的实际特性很大程度上取决于

负载器件的种类和特性。在图 5.3 中反相器的输出端与另一个 MOS 反相器的输入端相连。因此，从输出节点看去，后面的电路可视为一个集总电容 C_{out}。由于在实际应用中 MOS 管的栅极直流电流可忽略不计，因此在直流稳态的反相器的输入/输出端没有电流流入或流出。

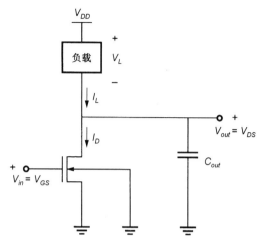

图 5.3　nMOS 反相器整体电路结构

5.1.1　电压传输特性（VTC）

对该电路应用基尔霍夫电流定律（KCL）可以看到负载电流总是等于 nMOS 晶体管漏极电流：

$$I_D(V_{in}, V_{out}) = I_L(V_L) \tag{5.1}$$

利用式（5.1）对各输入电压值分析求解可以得出，在直流条件下，电压传输特性将 V_{out} 描述为 V_{in} 的函数。图 5.4 为实际的 nMOS 反相器的典型电压传输特性曲线。通过测试，我们可以确定一些重要的直流传输特性。

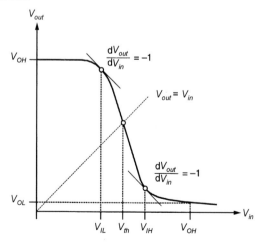

图 5.4　实际的 nMOS 反相器的电压传输特性（VTC）

图 5.4 所示的电压传输特性曲线的形状与图5.2 所示的理想反相器的传输特性大体相似。但是，有几个显著的不同点需要特别注意。输入很低的电压时，输出电压 V_{out} 等于 V_{OH}（输出高电压）。在这种情况下，nMOS 晶体管处于截止状态，没有电流通过。因此负载上的电压降

很小，输出电压为高电平。随着输入电压 V_{in} 的增加，驱动晶体管开始产生一定的漏电流，导致输出电压值开始减小。注意，这时输出电平的下降并不像理想反相器电压传输特性中那样是垂直下降的，而是有一个过渡，即有一个斜率。在 $V_{out}(V_{in})$ 特性曲线斜率为−1 处确定两个临界电压点，即

$$\frac{\mathrm{d}V_{out}}{\mathrm{d}V_{in}} = -1 \tag{5.2}$$

式(5.2)有两个解，其中较小的解为 V_{IL}，较大的解为 V_{IH}。这两个电压值对确定反相器电路噪声容限很重要，这些内容将在以后的章节中讨论。选择这些电压点的物理条件将在抗噪声干扰内容中讨论。

随着输入电压继续升高，输出电压继续降低，在输入电压为 V_{OH} 时，输出电压达到最低值 V_{OL}。被视为过渡电压的反相器门限电压 V_{th} 定义为电压传输特性曲线上 $V_{in} = V_{out}$ 时的值，这样，V_{OL}、V_{OH}、V_{IL}、V_{IH} 和 V_{th} 共 5 个临界电压表征了反相器电路的直流输入-输出电压特性。前 4 个临界电压的定义如下：

V_{OH}：输出电平为逻辑"1"时的最大输出电压。

V_{OL}：输出电平为逻辑"0"时的最小输出电压。

V_{IL}：仍能维持输出为逻辑"1"的最大输入电压。

V_{IH}：仍能维持输出为逻辑"0"的最小输入电压。

这些定义表明：在数字电路中，逻辑电平并不是由离散取值的电压值决定的，而是由和这些逻辑电平相关的电压范围决定的。根据上述定义，系统最低电压(通常是接地电压)和 V_{IL} 之间的任何输入电压值都作为逻辑"0"输入，而系统最高电压(通常是电源电压)和 V_{IH} 之间的任何输入电压都作为逻辑"1"输入。同理，系统最低电压和 V_{OL} 之间的任何输出电压作为逻辑"0"输出，系统最高电压和 V_{OH} 之间的任意输出作为逻辑"1"输出。图 5.4 的反相器电压传输特性曲线中已标示出这些电压范围。

反相器的这种在一定的电压范围内把输入信号识别为逻辑"0"或逻辑"1"的能力允许数字电路在一定的外部信号干扰的容限内工作。这种对信号电平变化的容限在电路噪声严重影响信号的环境下十分有用。电路相邻线路(通常是互连线)由于电容或电感耦合作用或从系统外部都会引入电路噪声。这种干扰的结果会导致互连线路一端的信号电平与传输到另一端的信号电平出现很大的差别。

5.1.2　噪声抑制和噪声容限

为了阐述噪声对电路可靠性的影响，我们考虑一个由三个反相器串联构成的电路(见图 5.5)。假设所有的反相器都相同，并且第一个反相器的输入电压为 V_{OH}，即逻辑"1"。根据定义，第一个反相器的输出电压就为 V_{OL}，对应逻辑"0"电平。现在，输出信号通过互连线传输给下一级反相器的输入端，连接这两个栅极的可以是金属线或多晶硅线。因为芯片上互连线很容易感生噪声，所以第一个反相器的输出信号将在传输过程中受到噪声干扰。结果，第二个反相器的输入电压有可能比 V_{OL} 大或小。如果比 V_{OL} 小，信号仍然被第二个反相器正确地识别为逻辑"0"，但如果输入电压由于噪声影响比 V_{IL} 大，输出就会出错。从而可以得出 V_{IL} 是保证第二级反相器输出为逻辑"1"的最大允许电压输入值。

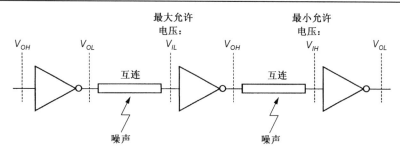

图 5.5　噪声影响下的数字信号传输

假设第二个反相器输出电压为 V_{OH}，现在考虑从第二个反相器输出到第三个反相器输入的信号传输过程。如前所述，输出信号由于噪声干扰会失真，造成第三个反相器的输入电压不是 V_{OH}。如果第三个反相器的输入电压大于 V_{OH}，信号会被第三个反相器正确地识别为逻辑"1"。如果电压值低于 V_{IH}，输出就会出错。因此，V_{IH} 是能保证逻辑"0"输出的第三级反相器的最小允许输入电压。

这样可以得到数字电路噪声容限（简写为 NM）的定义。电路的抗干扰能力随 NM 增加而增强。下面定义两种噪声容限：低信号电平噪声容限（NM_L）和高信号电平噪声容限（NM_H）：

$$NM_L = V_{IL} - V_{OL} \tag{5.3}$$

$$NM_H = V_{OH} - V_{IH} \tag{5.4}$$

噪声容限的图形表示如图 5.6 所示。其中，阴影部分表示输入/输出电压的有效区域，噪声容限就是当信号从一个栅极输出传输到下一个栅极的输入时信号电平允许的变化范围。

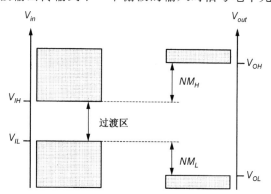

图 5.6　噪声容限 NM_L 和 NM_H 的定义（注意，阴影部分表示输入和输出信号的有效高、低电平）

利用式（5.2）关于斜率的条件，在考虑噪声的基础上可以选出两个临界电压值 V_{IL} 和 V_{IH}。我们知道反相器的输出电压 V_{out} 在无噪声稳态条件下是输入电压 V_{in} 的非线性函数。函数图形如电压传输特性（VTC）曲线的描述。

$$V_{out} = f(V_{in}) \tag{5.5}$$

因为外部的影响，如果输入信号标称值被诸如噪声的外部影响所干扰，输出电压也会偏离标称电压值。假设用 ΔV_{noise} 表示影响反相器输入电压的干扰电压值：

$$V'_{out} = f(V_{in} + \Delta V_{noise}) \tag{5.6}$$

应用一阶泰勒级数展开式，并且忽略高阶项，受干扰的电压 V'_{out} 可以表示为

$$V'_{out} = f(V_{in}) + \frac{\mathrm{d}V_{out}}{\mathrm{d}V_{in}} \cdot \Delta V_{noise} + 高阶项（忽略） \tag{5.7}$$

这里要注意，$f(V_{in})$ 为标称（无干扰）输出信号，$\dfrac{\mathrm{d}V_{out}}{\mathrm{d}V_{in}}$ 项表示在标称输入电压 V_{in} 时的反相器的电压增益。从而式 (5.7) 也可表示为

$$受干扰的输出 = 标称输出 + 增益 \times 外部干扰 \tag{5.8}$$

如果在标称输入电压 V_{in} 时的电压增益幅度小于单位 1，那么输入干扰不放大，所以，输出干扰仍然相对较小。否则，若电压增益大于单位 1，在输入电压上很小的干扰就会导致放大的输出电压干扰。因此，我们定义有效输入电压信号的临界点为反相器电压增益等于 1 时的电压点。

　　最后要注意，对于在 V_{IL} 和 V_{IH}（见图 5.6）之间变化的输入电压可能不会被反相器正确处理为逻辑"0"或逻辑"1"输入。这个范围称为不确定区或过渡区。因为不确定（过渡）区越窄，允许的噪声容限越大，所以在 V_{IL} 和 V_{IH} 之间的理想电压传输特性的斜率应该尽可能大。因此可以看出，减小不确定区的宽度是最重要的设计目标之一。

　　以上关于反相器静态（直流）特性的讨论表明：电压传输特性的整体形状（特别是抗噪声特性）是最终确定设计性能的重要指标。对于任何反相器电路，这 5 个临界电压点 V_{OL}、V_{OH}、V_{IL}、V_{IH} 和 V_{th} 完全决定了直流输入-输出特性、噪声容限以及过渡区的宽度和位置。设计不同反相器时，对于这些临界电压点的精确计算将是这一章的一项重要任务。

5.1.3　功率和芯片面积的考虑

　　除了上述需要考虑的内容，在反相器设计中还有两项重要内容：功耗和芯片面积。使用 0.5 μm 的 MOS 技术可以在一片超大规模集成电路芯片上容纳 100 万个逻辑门。在新一代芯片上，电路的集成度有望增加。芯片上每个逻辑门都消耗功率并产生热量，因此散热（即芯片冷却）成为一项必不可少而且很昂贵的工作。注意，结温度为 $T_j = T_a + \theta P$，其中 T_a 是工作环境温度，θ 是热阻，P 是功耗。而且，大部分便携式系统如蜂窝通信器件、手提电脑和掌上电脑的电源容量有限，所以延长电池供电的工作时间成为一个重要的设计目标。因此可以看出，减少静态（常为备用模式）和动态工作时电路的功耗是非常重要的。

　　反相器电路直流功耗在稳态模式下用电源电压和电流的乘积计算：

$$P_{DC} = V_{DD} \cdot I_{DC} \tag{5.9}$$

注意，通过反相器电路的直流电流会随输入和输出电压值而变化。假设输入电压值在 50% 的工作时间对应逻辑"0"，另外 50% 的工作时间对应逻辑"1"，因而总的电路直流功耗可以估算如下：

$$P_{DC} = \frac{V_{DD}}{2} \cdot [I_{DC}(V_{in} = 低) + I_{DC}(V_{in} = 高)] \tag{5.10}$$

在接下来的几节中会发现，对于不同的反相器设计，直流功耗差别会很大，而且这些差别可能成为电路类型选择的重要因素，例如在给定设计任务中是选择 CMOS 还是耗尽型负载 nMOS。

　　为了减少反相器电路占用的芯片面积，必须减少电路中使用的 MOS 晶体管的面积。作为实际的量度我们选用 MOS 晶体管的栅极面积，即 W 和 L 的乘积。然而，当栅极（沟道）尺

寸在特定工艺限制条件下做得尽可能小时，MOS 晶体管就会具有最小面积。为了获得最小晶体管面积，栅极的宽度和长度之比应该尽可能接近单位 1。然而，这个要求通常与其他设计标准相矛盾，如噪声容限、输出电流驱动能力和动态开关速度。后面几节将介绍在反相器电路设计中涉及的细节考虑和对这些准则的权衡处理。

　　我们从电阻负载型 MOS 反相器开始来介绍不同的 MOS 反相器结构，这种简单电路的分析将有助于说明在反相器设计中遇到的一些基本情况。我们先简要研究一下 nMOS 负载耗尽型反相器来测试有源负载数字电路的基本特征，然后介绍 CMOS 反相器。

5.2　电阻负载型反相器

　　电阻负载型反相器电路的基本结构如图 5.7 所示。与图 5.3 已介绍的通用反相器电路一样，它也用一个增强型 nMOS 晶体管作为驱动器件。负载为一个简单的线性电阻 R_L。V_{DD} 是电源电压。接下来主要分析电路的静态特性，所以图中未画出输出负载电容。

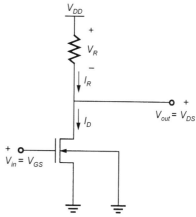

图 5.7　电阻负载型反相器电路

　　如 5.1 节所述，直流稳态工作时，驱动 MOSFET 的漏极电流 I_D 等于负载电流 I_R。为简化计算，在后面的讨论中忽略沟道长度调整效应，即 $\lambda = 0$。同时，注意驱动晶体管的源极和衬底都接地，因此 $V_{SB} = 0$。驱动晶体管的阈值电压为 V_{T0}。下面我们分析在稳态条件下的驱动晶体管的各种工作区域。

　　输入电压小于阈值电压 V_{T0} 时，晶体管处于截止状态，不产生任何漏极电流。因为负载电阻上的电压降为 0，而输出电压等于电源电压 V_{DD}。但随着输入电压增加而超过 V_{T0} 时，晶体管开始导通，漏极电流不再为 0。因为漏源电压（$V_{DS} = V_{out}$）大于 $V_{D\,SAT}$，所以，MOSFET 初始时处于饱和状态。则

$$I_R = W \cdot v_{sat} \cdot C_{ox} \cdot \frac{(V_{in} - V_{T0})^2}{(V_{in} - V_{T0}) + E_C L} \tag{5.11}$$

随着输入电压增加，漏极电流也在增加，输出电压 V_{out} 开始下降。最终，输入电压大于 $V_{out} + V_{T0}$，晶体管进入线性工作区。在更大的输入电压下，输出电压继续下降，晶体管仍处于线性模式。

$$I_R = \frac{k_n}{2} \frac{1}{\left(1 + \dfrac{V_{out}}{E_C L_n}\right)} \left[2 \cdot (V_{in} - V_{T0}) \cdot V_{out} - V_{out}^2\right] \tag{5.12}$$

驱动晶体管的各工作区和相应的输入/输出条件如表 5.1 所示。

表 5.1　电阻负载型反相器驱动晶体管的工作区

输入电压范围	工作模式
$V_{in} < V_{T0}$	截止
$V_{T0} \leqslant V_{in} < V_{out} + V_{T0}$	饱和
$V_{in} \geqslant V_{out} + V_{T0}$	线性

图 5.8 为典型的电阻负载反相器电路的电压传输特性图，标有晶体管的工作模式和电压传输特性的临界电压点。接下来计算决定反相器稳态输入-输出特性的五个临界电压点。

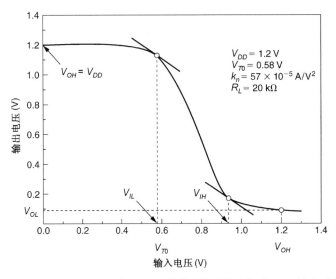

图 5.8　电阻负载反相器电路的典型电压传输特性(其中标有重要的电路设计参数)

5.2.1　V_{OH} 的计算

首先，注意到输出电压 V_{out} 为

$$V_{out} = V_{DD} - R_L \cdot I_R \tag{5.13}$$

当输入电压 V_{in} 很小，即小于驱动 MOSFET 的阈值电压时，晶体管截止。因为晶体管漏极电流等于负载电流，$I_R = I_D = 0$，在这种状况下，反相器输出电压为

$$V_{OH} = V_{DD} \tag{5.14}$$

5.2.2　V_{OL} 的计算

为了计算输出低电压 V_{OL}，假设输入电压等于 V_{OH}，即 $V_{in} = V_{OH} = V_{DD}$。因为在这种情况下，$V_{DSAT} > V_{out}$，晶体管工作在线性区。而负载电流 I_R 为

$$I_R = \frac{V_{DD} - V_{out}}{R_L} \tag{5.15}$$

在输出节点应用基尔霍夫电流定律(KCL)即 $I_R = I_D$，可得以下方程：

$$\frac{V_{DD} - V_{OL}}{R_L} = \frac{k_n}{2} \frac{1}{\left(1 + \dfrac{V_{OL}}{E_C L_n}\right)} \left[2 \cdot (V_{DD} - V_{T0}) \cdot V_{OL} - V_{OL}^2\right] \tag{5.16}$$

在这个方程中，由于 V_{OL} 很小，分母的第二项 $V_{OL}/E_C L_n$ 可以忽略：

$$\frac{V_{DD} - V_{OL}}{R_L} \approx \frac{k_n}{2} \left[2 \cdot (V_{DD} - V_{T0}) \cdot V_{OL} - V_{OL}^2\right] \tag{5.17}$$

简化后得到一个关于 V_{OL} 的二次方程，求解可得输出低电压的值：

$$V_{OL}^2 - 2 \cdot \left(V_{DD} - V_{T0} + \frac{1}{k_n R_L} \right) \cdot V_{OL} + \frac{2}{k_n R_L} \cdot V_{DD} = 0 \tag{5.18}$$

注意，方程 (5.18) 有两个可能的解，取符合物理意义的那一个，即介于 0 和 V_{DD} 之间的值。方程 (5.18) 的解如下，可以看出其中乘积项 $(k_n R_L)$ 是决定 V_{OL} 值的重要设计参量。

$$V_{OL} = V_{DD} - V_{T0} + \frac{1}{k_n R_L} - \sqrt{\left(V_{DD} - V_{T0} + \frac{1}{k_n R_L} \right)^2 - \frac{2V_{DD}}{k_n R_L}} \tag{5.19}$$

5.2.3　V_{IL} 的计算

根据定义，V_{IL} 是电压传输特性斜率为 -1 即 $\mathrm{d}V_{out} / \mathrm{d}V_{in} = -1$ 时的两个输入电压值中的较小者。如图 5.8 所示，当输入为 V_{IL} 时，输出电压值 V_{out} 比 V_{OH} 略小。因此，$V_{out} > V_{in} - V_{T0}$，晶体管处于饱和模式。对输出节点通过基尔霍夫电流定律分析如下：

$$\frac{V_{DD} - V_{out}}{R_L} = W \cdot v_{sat} \cdot C_{ox} \cdot \frac{(V_{in} - V_{T0})^2}{(V_{in} - V_{T0}) + E_C L} \tag{5.20}$$

因为 V_{in} 比 V_{T0} 略大，式子右边分母第一项可以忽略，又由于 $v_{sat} = E_C/2$，式子可以被化简为

$$\frac{V_{DD} - V_{out}}{R_L} \approx \frac{k_n}{2} \cdot (V_{in} - V_{T0})^2 \tag{5.21}$$

为了满足导出的条件，式 (5.21) 两边同时对 V_{in} 微分，得到下面的方程：

$$-\frac{1}{R_L} \cdot \frac{\mathrm{d}V_{out}}{\mathrm{d}V_{in}} = k_n \cdot (V_{in} - V_{T0}) \tag{5.22}$$

因为输出电压关于输入电压在 V_{IL} 点导数为 -1，将 $\mathrm{d}V_{out} / \mathrm{d}V_{in} = -1$ 代入式 (5.22)：

$$-\frac{1}{R_L} \cdot (-1) = k_n \cdot (V_{IL} - V_{T0}) \tag{5.23}$$

求解关于 V_{IL} 的方程 (5.23)，得

$$V_{IL} = V_{T0} + \frac{1}{k_n R_L} \tag{5.24}$$

输入为 V_{IL} 时的输出电压值也可通过将式 (5.24) 代入式 (5.20) 后整理得到：

$$V_{out}(V_{in} = V_{IL}) \approx V_{DD} - W \cdot v_{sat} \cdot C_{ox} \cdot \frac{\left(\dfrac{1}{k_n R_L} \right)^2}{E_C L} \cdot R_L$$

$$= V_{DD} - \frac{1}{2k_n R_L} \tag{5.25}$$

5.2.4　V_{IH} 的计算

V_{IH} 是电压传输特性中斜率为 -1 时两个电压值中较大的一个。从图 5.8 可以看出，当输入电压为 V_{IH} 时，输出电压 V_{out} 只比输出低电压 V_{OL} 略大一点。因此，$V_{out} < V_{in} - V_{T0}$ 时，晶体管工作于线性区域。在输出点应用基尔霍夫电流定律方程：

$$\frac{V_{DD} - V_{out}}{R_L} = \frac{k_n}{2} \frac{1}{\left(1 + \dfrac{V_{out}}{E_C L_n} \right)} \left[2 \cdot (V_{in} - V_{T0}) \cdot V_{out} - V_{out}^2 \right] \tag{5.26}$$

式中，因为 V_{out} 很小，分母第二项 $V_{out}/E_C L_n$ 可以忽略：

$$\frac{V_{DD} - V_{out}}{R_L} \approx \frac{k_n}{2}\left[2 \cdot (V_{in} - V_{T0}) \cdot V_{out} - V_{out}^2\right] \tag{5.27}$$

式(5.27)两边同时对 V_{in} 微分，得：

$$-\frac{1}{R_L} \cdot \frac{\mathrm{d}V_{out}}{\mathrm{d}V_{in}} = \frac{k_n}{2} \cdot \left[2 \cdot (V_{in} - V_{T0}) \cdot \frac{\mathrm{d}V_{out}}{\mathrm{d}V_{in}} + 2V_{out} - 2V_{out} \cdot \frac{\mathrm{d}V_{out}}{\mathrm{d}V_{in}}\right] \tag{5.28}$$

接着，在式(5.28)中代入 $\mathrm{d}V_{out}/\mathrm{d}V_{in} = -1$，因为 $V_{in} = V_{IH}$ 时，电压传输特性斜率也为-1：

$$-\frac{1}{R_L} \cdot (-1) = k_n \cdot [(V_{IH} - V_{T0}) \cdot (-1) + 2V_{out}] \tag{5.29}$$

由方程(5.29)求解 V_{IH}，得到下面的表达式：

$$V_{IH} = V_{T0} + 2V_{out} - \frac{1}{k_n R_L} \tag{5.30}$$

从而，我们得到关于未知量 V_{IH} 和 V_{out} 的两个代数方程(5.27)和式(5.30)。为了确定未知变量，我们将式(5.30)代入上述电流方程(5.27)：

$$\frac{V_{DD} - V_{out}}{R_L} = \frac{k_n}{2} \cdot \left[2 \cdot \left(V_{T0} + 2V_{out} - \frac{1}{k_n R_L} - V_{T0}\right) \cdot V_{out} - V_{out}^2\right] \tag{5.31}$$

当输入等于 V_{IH} 时，这个二次方程关于输出电压 V_{out} 的正值的解为

$$V_{out}(V_{in} = V_{IH}) = \sqrt{\frac{2}{3} \cdot \frac{V_{DD}}{k_n R_L}} \tag{5.32}$$

最后，将式(5.32)代入式(5.30)，解得 V_{IH} 为

$$V_{IH} = V_{T0} + \sqrt{\frac{8}{3} \cdot \frac{V_{DD}}{k_n R_L}} - \frac{1}{k_n R_L} \tag{5.33}$$

现在 V_{OL}、V_{OH}、V_{IL} 和 V_{IH} 这 4 个临界电压值可以用来确定电阻负载型反相器电路的噪声容限 NM_L 和 NM_H。除了这些决定静态输入-输出特性的电压点，反相器门限电压 V_{th} 也可直接计算出来。注意，此时晶体管工作于饱和状态。因此，反相器门限电压可简单地通过将 $V_{in} = V_{out} = V_{th}$ 代入式(5.20)，然后求解关于 V_{th} 的二次方程得到。

从以上讨论中可以看出，乘积项($k_n R_L$)对决定电压传输特性的曲线非常重要，并且它还是 V_{OL}(式(5.19))、V_{IL}(式(5.24))和 V_{IH}(式(5.33))表达式的关键参量。假设电源电压 V_{DD} 和 MOSFET 的阈值电压 V_{T0} 等参数是由与系统和工艺相关的条件决定的，那么乘积项($k_n R_L$)是电路设计者可以调整以达到特定设计目标的唯一设计参数。

输出高电压 V_{OH} 主要由电源电压 V_{DD} 决定。在其他 3 个临界电压点中，V_{OL} 的调整是最基本的，而 V_{IL} 和 V_{IH} 通常作为次级设计变量。图 5.9 所示是($k_n R_L$)取不同值时的电阻负载型反相器的电压传输特性。($k_n R_L$)值较大时，输出低电压 V_{OL} 较小，电压传输特性曲线接近理想反相器，有较大的过渡斜率。然而，在设计中($k_n R_L$)偏大会涉及到芯片面积和电路功耗的其他一些需要权衡的问题。

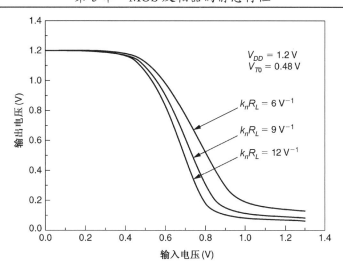

图 5.9　参数（$k_n R_L$）取不同值时电阻负载型反相器的电压传输特性

5.2.5　功耗和芯片面积

通过考虑 $V_{in} = V_{OL}$（低）和 $V_{in} = V_{OH}$（高）的两种情况可以确定电阻负载型反相器电路的平均直流功耗。当输入电压为 V_{OL} 时，晶体管截止。如果忽略泄漏电流，则电路中没有稳态电流（$I_D = I_R = 0$），因而直流功耗为零。另一方面，当输入电压为 V_{OH} 时，流过驱动 MOSFET 和负载电阻的电流非零。因为在这种情况下输出电压为 V_{OL}，所以电源提供的电流为

$$I_D = I_R = \frac{V_{DD} - V_{OL}}{R_L} \tag{5.34}$$

假设输入电压在 50%的工作时间内为低电平，剩余 50%的时间为高电平，则反相器的平均直流功耗可估算如下：

$$P_{DC}(\text{平均}) = \frac{V_{DD}}{2} \cdot \frac{V_{DD} - V_{OL}}{R_L} \tag{5.35}$$

例 5.1

考虑下面的反相器设计问题：给定 $V_{DD} = 1.2\,\text{V}$，$k'_n = 98.2\,\mu\text{A/V}^2$，$E_C L = 0.45\,\text{V}$，$V_{T0} = 0.53\,\text{V}$，设计一个 $V_{OL} = 80\,\text{mV}$ 的电阻负载反相器电路，并且确定满足 V_{OL} 条件时的晶体管的宽长比（W/L）和负载电阻 R_L 的阻值。

解：为了满足输出低电压 V_{OL} 的设计要求，我们从写相关的电流方程开始设计。注意，当输出电压为 V_{OL} 时，晶体管工作于线性区，此时输入电压为 $V_{OH} = V_{DD}$。

$$\frac{V_{DD} - V_{OL}}{R_L} = \frac{k'_n}{2} \cdot \left(\frac{W}{L}\right) \cdot \frac{1}{\left(1 + \dfrac{V_{OL}}{E_C L_n}\right)} \cdot \left[2 \cdot (V_{DD} - V_{T0}) \cdot V_{OL} - V_{OL}^2\right]$$

设 $V_{OL} = 80\,\text{mV}$，并且代入给定的电源电压值、驱动阈值电压和驱动跨导 k'_n，得到下面的方程：

$$\frac{1.2 - 0.08}{R_L} = \frac{98.2 \times 10^{-6}}{2} \cdot \frac{W}{L} \cdot \frac{1}{1 + \dfrac{0.08}{0.45}} \cdot (2 \times 0.67 \times 0.08 - 0.08^2)$$

整理后变为

$$\frac{W}{L} \cdot R_L = 2.63 \times 10^5 \ \Omega$$

这时，可以选择不同的 W/L 和 R_L 值来满足设计要求 $V_{OL} = 80 \ \text{mV}$。在最终设计中 W/L 和 R_L 值的选取需考虑其他因素，如电路功耗和硅片面积。下表列出了一些设计中可能的取值和对应每种取值估算出的平均直流功耗。

W/L 比	负载电阻 R_L (kΩ)	直流功耗 $P_{DC, average}$ (μW)
1	263.0	2.56
2	131.5	5.11
3	87.7	7.67
4	65.8	10.2
5	52.6	12.8
6	43.8	15.3

可见，随着负载阻抗 R_L 的减小，功耗显著增加，W/L 比也同时增加。如果首先考虑降低直流功耗，可以选择小 W/L 比和大负载电阻值。但另一方面，如果大负载电阻制造需要大面积的硅区，则在直流功耗和反相器电路占用面积两者之间又出现明显需要折中的问题。

电阻负载型反相器电路占用的芯片面积取决于两个参数——驱动晶体管的 (W/L) 比和电阻 R_L 的值。驱动晶体管的面积可通过栅极面积 $(W \times L)$ 估算。假如栅长 L 为在给定工艺下所取的最小可能值，栅极面积将和晶体管 (W/L) 值成正比。另一方面，电阻面积完全取决于芯片上用于电阻制造的工艺。

我们简要讨论使用标准 MOS 工艺制造电阻的两种可能：扩散电阻和多晶硅（无掺杂）电阻。顾名思义，扩散电阻由独立的 n 型（或 p 型）扩散区构成，两端各有一个接触点。阻值取决于扩散区掺杂浓度和尺寸，即电阻的长宽比。扩散区方块电阻的实际取值范围为 $20 \sim 100 \ \Omega/$方块，而电阻值达到数十至数百 kΩ 时需要非常大的长宽比。

如图 5.10(a) 所示，高值电阻在芯片上为了紧凑通常布置成蛇形，需要占用比驱动 MOSFET 大得多的面积。因此，具有很大的扩散区负载电阻的电阻型反相器在 VLSI 实际应用中并不常见。

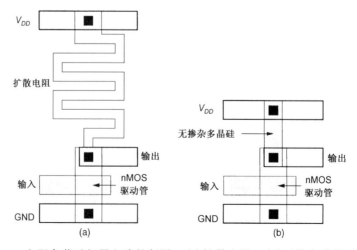

图 5.10　电阻负载反相器电路的版图。(a)扩散电阻；(b)无掺杂多晶硅电阻

节省硅面积的一个可选方法就是采用无掺杂的多晶硅制造负载电阻。在传统的多晶硅栅极 MOS 工艺中，为减小电阻率，形成晶体管的栅极和互连线的多晶硅结构需重掺杂。掺杂的多晶硅互接线和栅极的方块电阻值为 20～40 Ω/方块。另一方面，如果在掺杂的步骤中，多晶硅被掩模遮盖，会造成方块电阻值很高（大约为 10 MΩ/方块）的无掺杂多晶硅层。从而，如图 5.10(b) 所示，可以使用无掺杂多晶硅层来制造紧凑的高值电阻。这种方法的缺点是无法精确控制电阻值，从而导致电压传输特性有很大的变动。因此，无掺杂多晶硅电阻制成的电阻负载反相器在需要满足某些设计标准（如噪声容限的逻辑门电路中）时并不常用。带有无掺杂多晶硅负载大电阻的简单反相器结构基本上用于低功耗的静态随机存储单元（SRAM）中，主要在于减少稳态（DC）功耗，并且存储电路的工作受反相器电压传输特性变化的影响不大。这个问题将在第 10 章中详细讨论。

例 5.2

考虑一个电阻负载反相器电路，$V_{DD} = 1.2\ \text{V}$，$k_n' = 102\ \mu\text{A/V}^2$，$V_{T0} = 0.48\ \text{V}$，$R_L = 20\ \text{k}\Omega$，以及 $W/L = 4$。计算电压传输特性曲线上的临界电压值（V_{OL}，V_{OH}，V_{IL}，V_{IH}）及电路的噪声容限。

解： 当输入低电压，即 nMOS 驱动晶体管截止时，输出高电压为

$$V_{OH} = V_{DD} = 1.2\ \text{V}$$

注意，在该电阻负载反相器的例子中，晶体管的跨导 $k_n = k_n'(W/L) = 408\ \mu\text{A/V}^2$，从而 $(k_n R_L) = 8.16\ \text{V}^{-1}$。

输出低电压 V_{OL} 可由式 (5.18) 计算得到：

$$
\begin{aligned}
V_{OL} &= V_{DD} - V_{T0} + \frac{1}{k_n R_L} - \sqrt{\left(V_{DD} - V_{T0} + \frac{1}{k_n R_L}\right)^2 - \frac{2 V_{DD}}{k_n R_L}} \\
&= 1.2 - 0.48 + \frac{1}{8.16} - \sqrt{\left(1.2 - 0.48 + \frac{1}{8.16}\right)^2 - \frac{2 \times 1.2}{8.16}} \\
&= 0.198\ \text{V}
\end{aligned}
$$

临界电压 V_{IL} 可由式 (5.22) 计算得到：

$$V_{IL} = V_{T0} + \frac{1}{k_n R_L} = 0.48 + \frac{1}{8.16} = 0.603\ \text{V}$$

最后，临界电压 V_{IH} 可由式 (5.30) 计算得到：

$$
\begin{aligned}
V_{IH} &= V_{T0} + \sqrt{\frac{8}{3} \cdot \frac{V_{DD}}{k_n R_L}} - \frac{1}{k_n R_L} = 0.48 + \sqrt{\frac{8}{3} \cdot \frac{1.2}{8.16}} - \frac{1}{8.16} \\
&= 0.984\ \text{V}
\end{aligned}
$$

噪声容限可由式 (5.3) 和式 (5.4) 确定：

$$NM_L = V_{IL} - V_{OL} = 0.603 - 0.198 = 0.405\ \text{V}$$
$$NM_H = V_{OH} - V_{IH} = 1.2 - 0.984 = 0.216\ \text{V}$$

这里评价一下该直流工作反相器的设计质量。注意，这里的噪声容限 NM_H 很小，从而最终导致识别输入信号时发生错误。为了得到较好的抗噪声性能，较高信号的噪声容限应该至少为电源电压 V_{DD} 的 25%，即大约为 0.3 V。

5.3 MOSFET 负载反相器

前一节讨论的简单的电阻负载反相器电路并不是大多数数字 VLSI 系统采用的电路，主要是由于负载电阻占用了大量芯片面积。本节我们介绍采用一个 nMOS 晶体管作为有源负载器件而不是采用线性负载电阻的反相器电路。使用 MOSFET 作为负载器件的主要优点在于晶体管占用的硅片面积通常比电阻负载小。而且，有源负载反相器电路比无源负载反相器有更好的整体性能。从年代顺序来看，增强型 MOSFET 负载反相器由于制造工艺成熟较早，其发展先于其他有源负载反相器。

5.3.1 增强型负载 nMOS 反相器

图 5.11 是带有增强型负载器件的两个反相器电路结构。提供不同的栅极偏压，负载晶体管可以工作在饱和区或线性区。从电路设计的观点看，这两种反相器各有优缺点。图 5.11(a) 所示的饱和增强型负载反相器只要求一个独立的电源和相对简单的制造工艺，并且 V_{OH} 电压限制在 $V_{DD} - V_{T,load}$。另一方面，图 5.11(b) 所示的反相器电路的负载经常偏置在线性工作区。这样，V_{OH} 电压等于 V_{DD}，所以与饱和增强负载反相器相比，噪声容限更高。这种结构的最大缺点就是使用两个独立的电源。此外，图 5.11 所示的两种反相器电路的备用(直流)功耗较高，所以，所有大规模数字电路都不采用增强负载 nMOS 反相器。

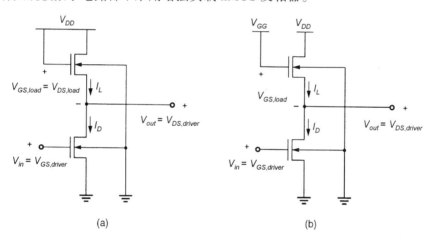

图 5.11   (a)饱和增强型 nMOS 负载反相器电路；(b)线性增强型负载反相器电路

5.3.2 伪 nMOS 反相器

将 pMOS 晶体管作为负载器件，称为伪 nMOS 反相器。这种器件可以克服增强型负载反相器的一些缺点。耗尽型 nMOS 晶体管可以替代 pMOS 负载，但由于耗尽型 nMOS 晶体管更加复杂的制作工艺，如今已不再使用。由于其栅极接地，pMOS 晶体管总保持导通。图 5.11(b) 中的 nMOS 负载晶体管也保持导通并在伪 nMOS 反相器中被 pMOS 替代。伪 nMOS 这个名称就是由此而来的。实现此电路结构的直接好处是：(1)陡峭的电压传输特性过渡和更好的噪声容限；(2)单电源供电；(3)较小的整体版图面积。而且在 CMOS 电路中使用耗尽型晶体管还能够减少漏电流，但这些讨论已超出本章的范围。

伪 nMOS 反相器的电路图如图 5.12(a)所示,图 5.12(b)所示的是由非线性负载电阻和非理想开关(驱动管)组成的简化电路形式。这里,驱动器件是 nMOS 晶体管,其 $V_{T0,n} > 0$;而负载是 pMOS 晶体管,其 $V_{T0,p} < 0$。由于负载晶体管栅极接地,$V_{GS,p}$ 总等于 $-V_{DD}$。

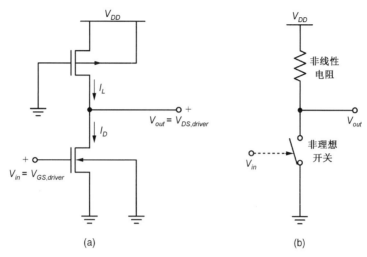

图 5.12   (a)伪 nMOS 负载反相器电路;(b)由非线性负载电
阻和由输入控制的非理想开关构成的简化等效电路

pMOS 晶体管的工作模式由输出电压决定。当输出电压很小(即当 $V_{out} < -V_{T0,p}$)时,负载晶体管处于饱和状态。这个条件对应于 $|V_{DS,p}| \ge |V_{DSAT,p}|$ 的情况。负载电流由下面的方程给出:

$$I_{D,p} = W \cdot v_{sat} \cdot C_{ox} \cdot \frac{\left(V_{SG,p} - |V_{T0,p}|\right)^2}{\left(V_{SG,p} - |V_{T0,p}|\right) + E_{C,p}L_p}$$

$$= W \cdot v_{sat} \cdot C_{ox} \cdot \frac{\left(V_{DD} - |V_{T0,p}|\right)^2}{\left(V_{DD} - |V_{T0,p}|\right) + E_{C,p}L_p} \tag{5.36}$$

对于更大的输出电压,即当 $V_{DD} - V_{out} < (V_{SG} - |V_{T,Load}|)E_C L / (V_{SS} - |V_{T,Load}| + E_C L)$ 时,伪 nMOS 负载晶体管工作于线性区。此时负载电流为

$$I_{D,p} = \frac{k_p}{2} \frac{1}{\left(1 + \dfrac{V_{DD} - V_{out}}{E_{C,p}L_p}\right)} \left[2 \cdot \left(V_{DD} - |V_{T0,p}|\right) \cdot (V_{DD} - V_{out}) - (V_{DD} - V_{out})^2\right] \tag{5.37}$$

这个反相器的电压传输特性由设定的 $I_{D,n} = I_{D,p}$,$V_{GS,n} = V_{in}$ 和 $V_{DS,n} = V_{out}$ 求解关于 $V_{out} = f(V_{in})$ 的方程得到。图 5.13 展示了一个典型的伪 nMOS 负载反相器。

接下来,我们讨论这种反相器电路的临界电压 V_{OH}、V_{OL}、V_{IL} 和 V_{IH}。驱动和负载晶体管的工作区状态和在这些临界点的电压值如下表所示:

V_{in}	V_{out}	驱动器工作区	负载工作区
V_{OL}	V_{OH}	截止	线性
V_{IL}	$\approx V_{OH}$	饱和	线性
V_{IH}	小	线性	饱和
V_{OH}	V_{OL}	线性	饱和

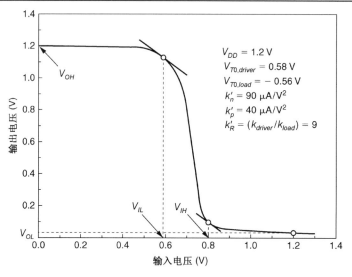

图 5.13   伪 nMOS 负载反相器电路的典型电压传输特性曲线

5.3.3 V_{OH} 的计算

当输入电压 V_{in} 小于驱动管的阈值电压 V_{T0} 时，驱动管关闭，不产生任何漏电流。因此工作于线性区的负载器件漏电流也为 0。在式 (5.37) 中用 V_{OH} 替换 V_{out}，并设负载电流 $I_{D,load} = 0$，可得：

$$I_{D,p} = \frac{k_p}{2} \frac{1}{\left(1 + \dfrac{V_{DD} - V_{OH}}{E_C L_p}\right)} \left[2 \cdot \left(V_{DD} - |V_{T0,p}|\right) \cdot (V_{DD} - V_{OH}) - (V_{DD} - V_{OH})^2 \right] \tag{5.38}$$

线性区的唯一有效解为 $V_{OH} = V_{DD}$。

5.3.4 V_{OL} 的计算

为了计算输出低电压 V_{OL}，假设反相器的输入电压 $V_{in} = V_{OH} = V_{DD}$。此时，驱动管工作于线性区而伪 pMOS 负载工作于饱和区：

$$\frac{k_n}{2} \frac{1}{\left(1 + \dfrac{V_{OL}}{E_{C,n} L_n}\right)} \left[2 \cdot \left(V_{OH} - V_{T0,n}\right) \cdot V_{OL} - V_{OL}^2 \right]$$

$$= W \cdot v_{sat} \cdot C_{ox} \cdot \frac{\left(V_{DD} - |V_{T0,p}|\right)^2}{\left(V_{DD} - |V_{T0,p}|\right) + E_{C,p} L_p} \tag{5.39}$$

因为 V_{OL} 很小，忽略 $V_{OL} / E_{C,n} L_n$，求解关于 V_{OL} 的如下降序二次方程：

$$V_{OL} = V_{OH} - V_{T0,n} - \sqrt{(V_{OH} - V_{T0,n})^2 - \left(\frac{k_p}{k_n}\right) \cdot E_{C,p} \cdot L_p \cdot \frac{\left(V_{DD} - |V_{T0,p}|\right)^2}{\left(V_{DD} - |V_{T0,p}|\right) + E_{C,p} L_p}} \tag{5.40}$$

由上式可看出，相比于 pMOS 晶体管，放大的 nMOS 晶体管降低了输出电压，提高了噪声容限。

5.3.5　V_{IL} 的计算

根据定义，当输入电压 $V_{in} = V_{IL}$ 时，电压传输特性的斜率为 -1，即 $dV_{out}/dV_{in} = -1$。此时，驱动管工作于饱和区而负载管工作于线性区。对输出节点应用基尔霍夫电流定律得到电流方程如下：

$$W_n \cdot v_{sat} \cdot C_{ox} \cdot \frac{(V_{in} - V_{T0,n})^2}{(V_{in} - V_{T0,n}) + E_{C,n}L_n}$$
$$= \frac{k_p}{2} \cdot \frac{1}{\left(1 + \dfrac{V_{DD} - V_{out}}{E_{C,p}L_p}\right)} \cdot \left[2 \cdot (V_{DD} - |V_{T0,p}|) \cdot (V_{DD} - V_{out}) - (V_{DD} - V_{out})^2\right] \tag{5.41}$$

由于左边分母第一项和右边分母第二项在低输入电压 V_{IL} 下很小，$(V_{in} - V_{T0,n} \ll E_{C,n}L_n$，$V_{DD} - V_{out}/E_{C,p}L_p \ll 1)$ 可以忽略此两项，简化方程如下：

$$W_n \cdot v_{sat} \cdot C_{ox} \cdot \frac{(V_{in} - V_{T0,n})^2}{E_{C,n}L_n}$$
$$\approx \frac{k_p}{2} \cdot \left[2(V_{DD} - |V_{T0,p}|) \cdot (V_{DD} - V_{out}) - (V_{DD} - V_{out})^2\right] \tag{5.42}$$

为了满足在 V_{IL} 处的导数条件，在方程 (5.42) 两边同时对 V_{in} 求导：

$$k_n \cdot (V_{in} - V_{T0,n}) = k_p \cdot \left[(V_{DD} - |V_{T0,p}|) \cdot (-1) \cdot \left(\frac{dV_{out}}{dV_{in}}\right) + (V_{DD} - V_{out}) \cdot \left(\frac{dV_{out}}{dV_{in}}\right)\right] \tag{5.43}$$

用 V_{IL} 代替 V_{in}，并令 $dV_{out}/dV_{in} = -1$，从而得到 V_{IL} 是关于输出电压 V_{out} 的函数：

$$V_{IL} = V_{T0,n} + \frac{k_p}{k_n} \cdot (V_{out} - |V_{T0,p}|) \tag{5.44}$$

此方程必须与基尔霍夫电流定律方程 (5.41) 联立，解得 V_{IL} 和输出电压 V_{out}。这是一种相当直接简捷的解法，不需要进行数值迭代。

5.3.6　V_{IH} 的计算

V_{IH} 是电压传输特性曲线上斜率为 -1 的两个电压点中的较大者。因为相对于这一工作点的输出电压比较小，所以驱动管工作于线性区而负载管工作于饱和区：

$$\frac{k_n}{2} \frac{1}{\left(1 + \dfrac{V_{out}}{E_{C,n}L_n}\right)} \left[2 \cdot (V_{in} - V_{T0,n}) \cdot V_{out} - V_{out}^2\right]$$
$$= W \cdot v_{sat} \cdot C_{ox} \cdot \frac{(V_{DD} - |V_{T0,p}|)^2}{(V_{DD} - |V_{T0,p}|) + E_{C,p}L_p} \tag{5.45}$$

由于在高输入电压 V_{IH} 下，$V_{out}/E_{C,n}L_n \ll 1$，左边分母第二项可以忽略。同理，由于 $V_{DD} - |V_{T0,p}| \ll E_{C,n}L_p$，右边分母第一项也可忽略。简化方程如下：

$$\frac{k_n}{2}\left[2 \cdot (V_{in} - V_{T0,n}) \cdot V_{out} - V_{out}^2\right] \approx \frac{k_p}{2} \cdot (V_{DD} - |V_{T0,p}|)^2 \tag{5.46}$$

方程 (5.46) 两边同时对 V_{in} 求导，得：

$$k_n \cdot \left[(V_{in} - V_{T0,n}) \cdot \left(\frac{\mathrm{d}V_{out}}{\mathrm{d}V_{in}} \right) + V_{out} - V_{out} \cdot \left(\frac{\mathrm{d}V_{out}}{\mathrm{d}V_{in}} \right) \right] = 0 \tag{5.47}$$

现在，用 $\mathrm{d}V_{out}/\mathrm{d}V_{in} = -1$ 代入式 (5.47)，并且代入 $V_{in} = V_{IH}$ 求解：

$$V_{IH} = V_{T0,n} + 2V_{out} \tag{5.48}$$

V_{IH} 的实际值和相应的输出电压 V_{out} 的求解可通过数值迭代法求解方程 (5.48)、电流方程 (5.45) 得出。

由上述讨论得出：临界电压值、反相器电压传输特性总体形状和最终噪声容限主要由驱动和负载器件的阈值电压和驱动/负载比（k_n/k_p）决定。由于阈值电压通常由制造工艺决定，驱动/负载比就成为调整所需电压传输特性曲线形状的重要设计参数。注意：若 $k'_n = k'_p$，驱动/负载比只由驱动和负载晶体管的 W/L 比即器件尺寸决定。图 5.14 所示为在不同驱动/负载比 $k_R = (k_n/k_n)$ 情况下的伪 nMOS 反相器电路的电压传输特性。

与增强型负载反相器的情况不同，我们可以发现很重要的一点是在相对较小的驱动/负载比下，能得到陡峭的电压传输特性过渡区和较大的噪声容限。这样，在具有可接受的电路工作性能下，耗尽型负载反相器电路所占的芯片面积有望比电阻负载或 nMOS 负载反相器电路小得多。

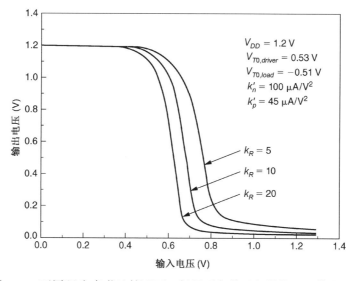

图 5.14　不同驱动/负载比情况下，耗尽型负载反相器的电压传输特性

5.3.7　伪 nMOS 反相器设计

基于前述的电压传输特性分析，现在可以考虑满足特定 DC 性能标准的伪 nMOS 反相器的设计。从广义上说，反相器电路中可设计的参数有：(1)电源电压 V_{DD}；(2)驱动和负载晶体管的阈值电压；(3)驱动和负载晶体管的 (W/L) 比。然而，大多数实际情况是，电源电压和器件的阈值电压受其他外部制约和制造工艺的影响，不可能为满足工作性能的需要对每个反相器电路逐一调节。所以晶体管的 (W/L) 比，特别是驱动/负载比 k_R 成为主要的设计参数。

因为 $V_{OH} = V_{DD}$，反相器电路的电源电压 V_{DD} 也决定了输出高电平 V_{OH} 的值。在电压传输特性中余下的 3 个临界电压值当中，输出低电平 V_{OL} 通常是最重要的设计瓶颈。如果反相器

的 V_{OL} 值确定后，另两个临界电压值 V_{IL} 和 V_{IH} 会自动得出。假设电源电压和阈值电压已经由独立设计和工艺过程中的制约条件所预先确定，重新整理式(5.39)并计算达到所需 V_{OL} 值的驱动/负载比率：

$$k_R = \frac{k_n}{k_p} \approx \frac{\left(V_{DD} - |V_{T0,p}|\right)^2}{2 \cdot (V_{OH} - V_{T0,n}) \cdot V_{OL} - V_{OL}^2} \tag{5.49}$$

这里驱动/负载比由下式给出：

$$k_R = \frac{k_n}{k_p} = \frac{k_n' \cdot \left(\frac{W}{L}\right)_n}{k_p' \cdot \left(\frac{W}{L}\right)_p} \tag{5.50}$$

因为 nMOS 晶体管和 pMOS 晶体管的沟道掺杂浓度和沟道电子迁移率有所不同，大体上会有 $k_n' \neq k_p'$。

最后注意，设计过程很大程度上决定了驱动和负载跨导的比率，而不是各晶体管的具体 (W/L) 值。因此，对于驱动或负载器件，可以提出多种具有不同 (W/L) 比率且都满足驱动/负载比条件的设计，而且驱动和负载晶体管的实际尺寸通常取决于其他的设计因素，如电流驱动能力、稳态功耗以及瞬态开关转换速度。

5.3.8　功耗和占用面积问题的考虑

通过计算在低输入状态和高输入状态下电源提供的电流，很容易得到伪 nMOS 反相器电路的稳态直流功耗。当输入电压较低，即当驱动晶体管截止且 $V_{out} = V_{OH} = V_{DD}$ 时，没有明显的电流通过驱动和负载晶体管。所以反相器在此情况下假如没有亚阈值漏电流也就不消耗直流功率了。另一方面，当输入电压较高，即 $V_{in} \approx V_{DD}$ 且 $V_{out} = V_{OL}$ 时，驱动和负载晶体管上都有明显的电流流过。电流值可通过下式计算：

$$
\begin{aligned}
I_{DC}(V_{in} = V_{DD}) &= W \cdot v_{sat} \cdot C_{ox} \cdot \frac{\left(V_{DD} - |V_{T0,p}|\right)^2}{\left(V_{DD} - |V_{T0,p}|\right) + E_{C,p}L_p} \\
&= \frac{k_n}{2} \frac{1}{\left(1 + \dfrac{V_{OL}}{E_{C,n}L_n}\right)} \left[2 \cdot (V_{OH} - V_{T0,n}) \cdot V_{OL} - V_{OL}^2\right]
\end{aligned}
\tag{5.51}
$$

假设输入电压在 50%工作时间中为低电平，另外 50%为高电平，电路的平均直流功耗可以用下式估计：

$$P_{DC} = \frac{V_{DD}}{2} \cdot W \cdot v_{sat} \cdot C_{ox} \cdot \frac{\left(V_{DD} - |V_{T0,p}|\right)^2}{\left(V_{DD} - |V_{T0,p}|\right) + E_{C,p}L_p} \tag{5.52}$$

图 5.15 为一个简化的伪 nMOS 反相器的版图。注意，增强型驱动管的漏极和伪 nMOS 负载管的源极共用一个 n⁺扩散区，这样与使用两个独立的扩散区相比减少了硅区面积。伪 nMOS 负载器件的阈值电压由注入沟道区的施主杂质来调整。驱动管的宽长比大于负载管，使得驱动/负载比达到 4。总之，这种反相器电路相对比较紧凑。与性能相似的电阻负载型反相器相比，它占用的面积明显要小很多。

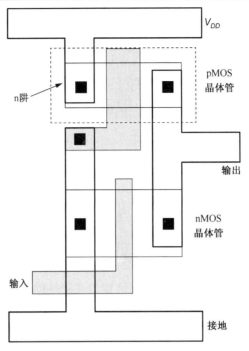

图 5.15　伪 nMOS 负载反相器电路的版图

例 5.3

　　计算临界电压(V_{OL}，V_{OH}，V_{IL}，V_{IH})并确定下面的伪 nMOS 反相器电路的噪声容限。

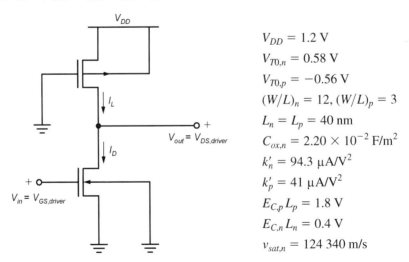

$V_{DD} = 1.2 \text{ V}$

$V_{T0,n} = 0.58 \text{ V}$

$V_{T0,p} = -0.56 \text{ V}$

$(W/L)_n = 12,\ (W/L)_p = 3$

$L_n = L_p = 40 \text{ nm}$

$C_{ox,n} = 2.20 \times 10^{-2} \text{ F/m}^2$

$k'_n = 94.3 \text{ μA/V}^2$

$k'_p = 41 \text{ μA/V}^2$

$E_{C,p} L_p = 1.8 \text{ V}$

$E_{C,n} L_n = 0.4 \text{ V}$

$v_{sat,n} = 124\ 340 \text{ m/s}$

　　解： 首先，根据式(5.38)很容易得出输出高电平 $V_{OH} = V_{DD} = 1.2 \text{ V}$。

要计算输出低电平 V_{OL}，需要求解式(5.40)

$$V_{OL} = V_{OH} - V_{T0,n} - \sqrt{(V_{OH} - V_{T0,n})^2 - \left(\frac{k_p}{k_n}\right) \cdot E_{C,p} \cdot L_p \cdot \frac{(V_{DD} - |V_{T0,p}|)^2}{(V_{DD} - |V_{T0,p}|) + E_{C,p}L_p}}$$

$$= 1.2 - 0.58 - \sqrt{(1.2 - 0.58)^2 - \frac{0.12}{1.13} \cdot 1.8 \cdot \frac{(1.2 - 0.56)^2}{(1.2 - 0.56) + 1.8}} = 0.026 \text{ V}$$

通过式 (5.41) 和式 (5.44) 可计算出输入低电压 V_{IL} 为

$$V_{IL} = V_{T0,n} + \frac{k_p}{k_n} \cdot \left(V_{out} - |V_{T0,p}| \right)$$

$$= 0.521 + 0.106 V_{out}$$

这个表达式也可改写成

$$V_{out} = 9.43 V_{IL} - 4.92$$

现在把这个表达式代入基尔霍夫电流定律方程 (5.41)，可以得到如下关于 V_{IL} 的二次方程：

$$W_n \cdot v_{sat} \cdot C_{ox} \cdot \frac{(V_{in} - V_{T0,n})^2}{E_{C,n} L_n} \approx \frac{k_p}{2} \cdot \left[2 \left(V_{DD} - |V_{T0,p}| \right) \cdot (V_{DD} - V_{out}) - (V_{DD} - V_{out})^2 \right]$$

$$3.28 \times 10^{-3} (V_{in} - 0.58)^2 = 6 \times 10^{-5} \times [2(1.2 - 0.56) \times (1.2 - 9.43 V_{IL} + 4.92)$$

$$- (1.2 - 9.43 V_{IL} + 4.92)^2]$$

解这个二次方程得出两个 V_{IL} 的可能解：

$$V_{IL} = \begin{cases} 0.634 \text{ V} \\ \underline{0.527 \text{ V}} \end{cases}$$

注意，V_{IL} 值必须大于驱动晶体管的阈值电压 V_{T0}，因此 $V_{IL} = 0.644$ V 是具有物理意义的正确解。
这时可求出输出电平为

$$V_{out} = 9.43 \times 0.634 - 4.92 = 1.059 \text{ V}$$

由式 (5.48) 可得 V_{IH} 为

$$V_{IH} = V_{T0,n} + 2 V_{out}$$

可改写为

$$V_{out} = 0.5 V_{IH} - 0.5 V_{T0,n} = 0.5 V_{IH} - 0.29$$

再把 V_{out} 代入基尔霍夫电流定律方程 (5.45) 得出：

$$\frac{k_n}{2} \left[2 \cdot (V_{in} - V_{T0,n}) \cdot V_{out} - V_{out}^2 \right] \approx \frac{k_p}{2} \cdot \left(V_{DD} - |V_{T0,p}| \right)^2$$

$$5.65 \cdot 10^{-4} \cdot [2 \cdot (V_{IH} - 0.58) \cdot (0.5 V_{IH} - 0.29) - (0.5 V_{IH} - 0.29)^2]$$

$$= 6 \times 10^{-5} \times (1.2 - 0.56)^2$$

这个简单的二次方程有两个 V_{IH} 的解：

$$V_{IH} = \begin{cases} 0.821 \text{ V} \\ \underline{\underline{0.339 \text{ V}}} \end{cases}$$

其中，$V_{IH} = 0.821$ V 是有物理意义的正确解，这时计算出输出电平值为

$$V_{out} = 0.5 \times 0.821 - 0.29 = 0.121$$

综上所述，对高信号电平和低信号电平的噪声容限可以按下式计算：

$$NM_M = V_{OH} - V_{IH} = 1.2 - 0.821 = 0.379 \text{ V}$$

$$NM_L = V_{IL} - V_{OL} = 0.634 - 0.026 = 0.608 \text{ V}$$

5.4 CMOS 反相器

到目前为止讨论的所有反相器电路都有一个如图 5.3 所示的通用电路结构。它包含一个 nMOS 驱动晶体管和一个可以作为非线性电阻的负载器件。这个负载器件可以是电阻，可以是一个 nMOS 晶体管，也可以是一个伪 nMOS 晶体管。在这个通用结构中，输入信号总是加在驱动晶体管的栅极，反相器主要通过变换驱动管的状态来控制其工作。现在我们把注意力转到另一类完全不同的反相器结构。这种结构包含工作在互补模式下的一个 nMOS 晶体管和一个 pMOS 晶体管（见图5.16）。这种结构就称为互补型 MOS（CMOS）。电路拓扑结构为互补推拉式。当高电平输入时，nMOS 晶体管驱动（下拉）输出节点，pMOS 晶体管充当负载；当低电平输入时，pMOS 晶体管驱动（上拉）输出节点而 nMOS 晶体管充当负载。因此，两个器件对电路工作性能的贡献是等同的。

与其他类型的反相器相比，CMOS 反相器有两个重要的优点。第一个可能也是最重要的一个优点就是 CMOS 反相器电路的稳态功耗，除了泄漏电流引起的很小的功耗外，其他的都可以忽略。但是，正如前面提到的，在深亚微米技术中的亚阈值泄漏电流的增长趋势给设计带来了很大的挑战。而在目前所有已研究的其他反相器电路结构中，在驱动晶体管导通时，来自电源的非零稳态电流都将导致较大的 DC 功耗。CMOS 的另一个优点是在电压传输特性（VTC）中输出电压完全在 $0 \sim V_{DD}$ 之间变动，且电压传输特性过渡区通常十分陡峭。因此，CMOS 反相器的电压传输特性接近理想反相器。

因为 nMOS 和 pMOS 要紧挨着制作在同一块芯片上，CMOS 制造工艺要比标准的仅有 nMOS 的工艺复杂。特别是 CMOS 工艺要为 pMOS 晶体管提供 n 型衬底，为 nMOS 晶体管提供 p 型衬底。这可以通过在 p 型晶圆上建立 n 型阱或在 n 型晶圆上建立 p 型阱来实现（参见第 2 章）。此外，一个 nMOS 和一个 pMOS 晶体管非常接近会形成导致闩锁状态的两个寄生双极型晶体管。为了避免这种情况出现，必须在 nMOS 和 pMOS 周围加设保护环（如第 13 章所述）。CMOS 制造工艺复杂程度的增加可以看作是在改进功耗和噪声容限性能方面付出的代价。

5.4.1 电路工作状态

注意，在图 5.16 中，输入电压同时被连接到 nMOS 和 pMOS 晶体管的栅极上。这样，两个晶体管都直接由输入信号 V_{in} 驱动。为了使漏源结反偏，nMOS 晶体管衬底接地，pMOS 晶体管的衬底与电源 V_{DD} 相连。因为两个器件的 $V_{SB} = 0$，所以这两个器件都没有衬底偏置效应。从图 5.16 的电路图中可以看出：

$$V_{GS,n} = V_{in}$$
$$V_{DS,n} = V_{out} \tag{5.53}$$

而且

$$V_{SG,p} = V_{DD} - V_{in}$$
$$V_{SD,p} = V_{DD} - V_{out} \tag{5.54}$$

我们从两个简单的例子开始分析。当输入电压比 nMOS 阈值电压小，即 $V_{in} < V_{T0,n}$ 时，nMOS 晶体管截止。同时，pMOS 晶体管导通，工作在线性区。因为两个晶体管漏极电流都接近于零（不计微小的泄漏电流），即：

$$I_{D,n} = I_{D,p} = 0 \tag{5.55}$$

pMOS 晶体管漏源间电压也为零，且输出电压 V_{OH} 等于电源电压：

$$V_{out} = V_{OH} = V_{DD} \tag{5.56}$$

另一方面，当输入电压超过 $(V_{DD} + V_{T0,p})$ 时，pMOS 晶体管截止。这种情况下，nMOS 晶体管工作在线性区，因为满足式(5.55)的条件，它的漏源电压等于零。因此电路的输出电压为

$$V_{out} = V_{OL} = 0 \tag{5.57}$$

接下来再考察作为输入和输出电压函数的 nMOS 和 pMOS 晶体管的工作模式。如果 $V_{in} > V_{T0,n}$，且满足下述条件，nMOS 晶体管工作在饱和状态：

$$V_{DS,n} \geqslant \frac{(V_{GS,n} - V_{T0,n})E_{C,n}L_n}{(V_{GS,n} - V_{T0,n}) + E_{C,n}L_n} = V_{DSAT,n} \Leftrightarrow V_{out} \geqslant V_{DSAT,n} \tag{5.58}$$

如果 $V_{in} < (V_{DD} + V_{T0,p})$ 且满足下列条件，pMOS 晶体管工作于饱和状态：

$$V_{SD,p} \geqslant \frac{\left(V_{SG,p} - |V_{T0,p}|\right)E_{C,p}L_p}{\left(V_{SG,p} - |V_{T0,p}|\right) + E_{C,p}L_p} = V_{DSAT,p} \Leftrightarrow V_{DD} - V_{out} \geqslant V_{DSAT,p} \tag{5.59}$$

器件饱和的条件在图 5.17 所示的 $V_{out} - V_{in}$ 图中用阴影标出。典型的 CMOS 反相器的电压传输特性也画在上面。这里，我们列出 5 个区域，记为 Ⓐ、Ⓑ、Ⓒ、Ⓓ、Ⓔ，分别对应不同的工作条件。表 5.2 列出了这些区域和相应的临界输入和输出电平。

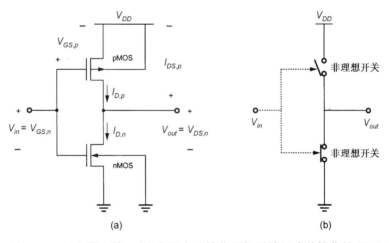

图 5.16　(a) CMOS 反相器电路；(b) 由两个互补非理想开关组成的简化的 CMOS 反相器

在 A 区 $V_{in} < V_{T0,n}$，nMOS 晶体管截止。输出电压等于 $V_{OH} = V_{DD}$。当输入电压超过 $V_{T0,n}$ 时（进入 B 区），nMOS 晶体管开始进入饱和状态，输出电压也开始下降。同时，我们注意到与 $(\mathrm{d}V_{out}/\mathrm{d}V_{in}) = -1$ 对应的临界电压 V_{IL} 位于 B 区，随着输出电压进一步下降，pMOS 晶体管在 C 区边界进入饱和状态。这可以从图 5.17 看到，反相器门限电压在 $V_{in} = V_{out}$ 的地方位于 C 区内，当输出电压 V_{out} 降到低于 $(V_{DSAT,n})$ 时，nMOS 晶体管开始工作在线性区。相应于图 5.17 中的 D 区，图中标出了对应 $(\mathrm{d}V_{out}/\mathrm{d}V_{in}) = -1$ 的临界电压点 V_{IH}。最后，在输入电压 $V_{in} > (V_{DD} + V_{T0,p})$ 的 E 区，pMOS 晶体管截止，输出电压 $V_{OL} = 0$。

在简化分析中，nMOS 和 pMOS 晶体管可被视为由输入电压控制的连接输出节点与电源

电压或接地电位的接近理想的开关。如图 5.17 那样对电路工作状态的定性描述以及到目前为止的讨论都强调了 CMOS 反相器互补的特性。该电路最重要的特征就是电源提供的电流在 A 区和 E 区的稳态工作点上都近似为零。上述两种情况下仅有的电流是流过反偏的源漏结的微弱的泄漏电流。无论是向负载提供电流还是从负载输出电流，CMOS 晶体管都可以驱动任何负载，例如与输出节点相连的互连电容或扇出逻辑门。

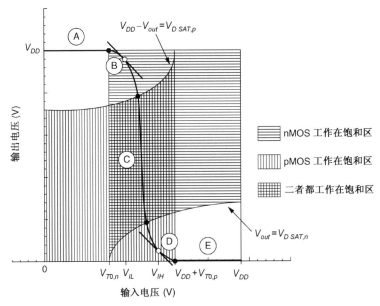

图 5.17   nMOS 和 pMOS 晶体管的工作区

表 5.2   图 5.17 中 5 个区域和相应的临界输入与输出电平

区　　域	V_{in}	V_{out}	nMOS	pMOS
A	$< V_{T0,n}$	V_{OH}	截止	线性
B	V_{IL}	高 $\approx V_{OH}$	饱和	线性
C	V_{th}	V_{th}	饱和	饱和
D	V_{IH}	低 $\approx V_{OL}$	线性	饱和
E	$> (V_{DD} + V_{T0,p})$	V_{OL}	线性	截止

如果考虑到单个 nMOS 和 pMOS 晶体管在电流电压空间的传输特性的相互作用，CMOS 反相器的稳态输入-输出电压特性就能更好地描述出来。我们已经知道 nMOS 晶体管的漏极电流 $I_{D,n}$ 是电压 $V_{GS,n}$ 和 $V_{DS,n}$ 的函数，所以根据式 (5.53) nMOS 的漏极电流也是反相器输入和输出电压（即 V_{in} 和 V_{out}）的函数：

$$I_{D,n} = f(V_{in}, V_{out})$$

这个双变量函数实际上可由电流方程式 (3.84)～式 (3.86) 来描述，在三维电流电压空间中，它们表示一个曲面。图 5.18 就是 nMOS 晶体管的 $I_{D,n}(V_{in}, V_{out})$ 曲面。

同理，根据式 (5.54)，pMOS 晶体管的漏极电流 $I_{D,p}$ 也是反相器输入和输出电压 V_{in} 和 V_{out} 的函数：

$$I_{D,p} = f(V_{in}, V_{out})$$

这个可由电流方程式 (3.87)～式 (3.89) 表示的双变量函数在三维电流电压空间中表示为另一个曲面。图 5.19 即为相应的 pMOS 晶体管的 $I_{D,p}(V_{in}, V_{out})$ 曲面。

根据基尔霍夫电流定律,当 CMOS 反相器工作在稳态时,nMOS 晶体管的漏极电流始终等于 pMOS 晶体管的漏极电流:

$$I_{D,n} = I_{D,p}$$

这样图 5.18 和图 5.19 所示的电流-电压曲面的相交线给出了 CMOS 反相器电路在三维电流电压空间的工作曲线。两曲面的相交部分如图 5.20 所示。图 5.21 从另一个角度描绘了这两个相交的曲面,其中交线以粗线表示。

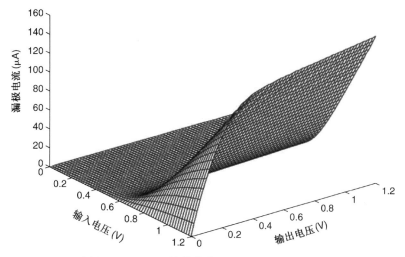

图 5.18　nMOS 晶体管特性的电流-电压曲面

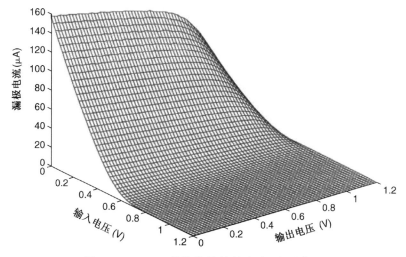

图 5.19　pMOS 晶体管特性的电流-电压曲面

很明显,交线在 V_{in}-V_{out} 曲面上的垂直投影就是图 5.17 中已给出的典型 CMOS 反相器电压传输特性。同样,交线在 I_D-V_{in} 面上的水平投影就是反相器电源提供的稳态电流关于输入电压的函数曲线。下面我们通过计算电压传输特性上的临界电压点来对 CMOS 反相器的静态特性做深入的分析。这里已经确定反相器的 $V_{OH} = V_{DD}$ ， $V_{OL} = 0$ ，因此我们只关注 V_{IL}、V_{IH} 和反相器开关门限电压 V_{th}。

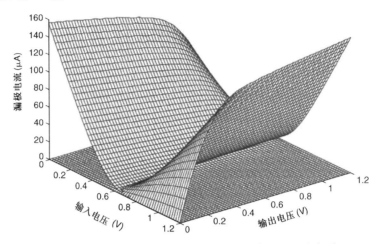

图 5.20   图 5.18 和图 5.19 中电流-电压曲面的相交部分

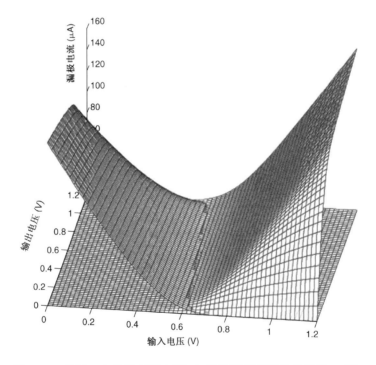

图 5.21   从另一个角度对两电流-电压曲面相交部分的描绘。（注
意，交线在电压曲面上的投影就是其电压传输特性曲线）

5.4.2 V_{IL} 的计算

根据定义，当输入电压 $V_{in} = V_{IL}$ 时，电压传输特性的斜率等于−1，即 $(dV_{out} / dV_{in}) = -1$。注意，在这种情况下，nMOS 晶体管工作在饱和状态，而 pMOS 晶体管工作在线性区。由 $I_{D,n} = I_{D,p}$，得到以下电流方程：

$$W_n \cdot v_{sat} \cdot C_{ox} \cdot \frac{\left(V_{GS,n} - |V_{T0,n}|\right)^2}{\left(V_{GS,n} - |V_{T0,n}|\right) + E_{C,n}L_n}$$

$$= \frac{k_p}{2} \cdot \frac{1}{\left(1 + \dfrac{V_{SD,p}}{E_{C,p}L_p}\right)} \cdot \left[2\left(V_{SG,p} - |V_{T0,p}|\right) \cdot V_{SD,p} - (V_{SD,p})^2\right] \tag{5.60}$$

利用式 (5.53) 和式 (5.54)，上式可以改写为

$$W_n \cdot v_{sat} \cdot C_{ox} \cdot \frac{(V_{in} - V_{T0,n})^2}{(V_{in} - V_{T0,n}) + E_{C,n}L_n}$$

$$= \frac{k_p}{2} \cdot \frac{1}{\left(1 + \dfrac{V_{DD} - V_{out}}{E_{C,p}L_p}\right)} \cdot \left[2\left(V_{DD} - V_{in} - |V_{T0,p}|\right) \cdot (V_{DD} - V_{out}) - (V_{DD} - V_{out})^2\right] \tag{5.61}$$

由于在代入输入电压 V_{IL} 下，左边分母第一项和右边分母第二项的值都很小（$V_{in} - V_{T0,n} \ll E_{C,n}L_n$，$V_{DD} - V_{out} / E_{C,p}L_p \ll 1$），可以忽略这两项以简化计算：

$$\frac{k_n}{2} \cdot (V_{in} - V_{T0,n})^2 \approx \frac{k_p}{2} \cdot \left[2\left(V_{DD} - V_{in} - |V_{T0,p}|\right) \cdot (V_{DD} - V_{out}) - (V_{DD} - V_{out})^2\right] \tag{5.62}$$

为满足 V_{IL} 时的导数条件，式 (5.62) 两边同时对 V_{in} 求导：

$$k_n \cdot (V_{in} - V_{T0,n}) = k_p \cdot \left[\left(V_{in} - V_{DD} - V_{T0,p}\right) \cdot \left(\frac{\mathrm{d}V_{out}}{\mathrm{d}V_{in}}\right) + (V_{out} - V_{DD})\right.$$

$$\left. - (V_{out} - V_{DD}) \cdot \left(\frac{\mathrm{d}V_{out}}{\mathrm{d}V_{in}}\right)\right] \tag{5.63}$$

把 $V_{in} = V_{IL}$ 和 $(\mathrm{d}V_{out} / \mathrm{d}V_{in}) = -1$ 代入式 (5.63)，得到：

$$k_n \cdot (V_{IL} - V_{T0,n}) = k_p \cdot (2V_{out} - V_{IL} + V_{T0,p} - V_{DD}) \tag{5.64}$$

求出临界电压 V_{IL} 为关于输出电压 V_{out} 的函数如下：

$$V_{IL} = \frac{2V_{out} + V_{T0,p} - V_{DD} + k_R V_{T0,n}}{1 + k_R} \tag{5.65}$$

其中 k_R 定义为

$$k_R = \frac{k_n}{k_p}$$

这个等式必须和基尔霍夫电流定律方程 (5.62) 联立求解才能得出 V_{IL} 的数值和相应的输出电压 V_{out}，此式可直接求解，不需要进行数值迭代。

5.4.3　V_{IH} 的计算

当输入电压等于 V_{IH} 时，nMOS 晶体管工作于线性区，pMOS 晶体管工作于饱和状态。对输出节点应用基尔霍夫电流定律，可得：

$$\frac{k_n}{2} \cdot \frac{1}{\left(1 + \dfrac{V_{out}}{E_{C,n}L_n}\right)} \cdot \left[2 \cdot (V_{GS,n} - V_{T0,n}) \cdot V_{DS,n} - V_{DS,n}^2\right]$$

$$= W \cdot v_{sat} \cdot C_{ox} \cdot \frac{\left(V_{SG,p} - |V_{T0,p}|\right)^2}{\left(V_{SG,p} - |V_{T0,p}|\right) + E_{C,p}L_p} \tag{5.66}$$

利用式(5.51)和式(5.52)，上式可改写为

$$\frac{k_n}{2} \cdot \frac{1}{\left(1 + \dfrac{V_{out}}{E_{C,n}L_n}\right)} \cdot \left[2 \cdot (V_{in} - V_{T0,n}) \cdot V_{out} - V_{out}^2\right]$$

$$= W \cdot v_{sat} \cdot C_{ox} \cdot \frac{\left(V_{DD} - V_{in} - |V_{T0,p}|\right)^2}{\left(V_{DD} - V_{in} - |V_{T0,p}|\right) + E_{C,p}L_p} \tag{5.67}$$

在高输入电压 V_{IH} 下，由于 $V_{out}/E_{C,n}L_n \ll 1$，左边分母第二项可以忽略。同理，由于 $V_{DD} - V_{in} - |V_{T0,n}| \ll E_{C,n}L_n$，右边分母第一项也可忽略。得到：

$$\frac{k_n}{2} \cdot \left[2 \cdot (V_{in} - V_{T0,p}) \cdot V_{out} - V_{out}^2\right] = \frac{k_p}{2} \cdot \left(V_{DD} - V_{in} - |V_{T0,p}|\right)^2 \tag{5.68}$$

现在，将式(5.68)两边同时对 V_{in} 求导：

$$k_n \cdot \left[(V_{in} - V_{T0,n}) \cdot \left(\frac{\mathrm{d}V_{out}}{\mathrm{d}V_{in}}\right) + V_{out} - V_{out} \cdot \left(\frac{\mathrm{d}V_{out}}{\mathrm{d}V_{in}}\right)\right] = -k_p \cdot \left(V_{DD} - V_{in} - |V_{T0,p}|\right) \tag{5.69}$$

把 $V_{in} = V_{IH}$ 和 $(\mathrm{d}V_{out}/\mathrm{d}V_{in}) = -1$ 代入式(5.69)，得到：

$$k_n \cdot (-V_{IH} + V_{T0,n} + 2V_{out}) = k_p \cdot (V_{IH} - V_{DD} - V_{T0,p}) \tag{5.70}$$

求得临界电压 V_{IH} 关于 V_{out} 的函数表达式为

$$V_{IH} = \frac{V_{DD} + V_{T0,p} + k_R \cdot (2V_{out} + V_{T0,n})}{1 + k_R} \tag{5.71}$$

同样，这个方程要同基尔霍夫电流定律方程(5.68)联立才能求出 V_{IH} 和 V_{out} 的值。

5.4.4 V_{th} 的计算

反相器的门限电压取为 $V_{th} = V_{in} = V_{out}$。因为 CMOS 反相器有较大的噪声容限和非常陡峭的电压传输特性过渡区，反相器的门限电压成为描述反相器 DC 特性的重要参数。在反相器的设计中，其逻辑阈值电压是非常重要的参数。因而在本节中，我们将介绍两种解法，第一种解法基于高精确度，第二种解法则针对长沟道器件。先分析第一种高精度解法。因为 $V_{in} = V_{out}$，两个晶体管都应该处于饱和状态，故根据基尔霍夫电流定律方程，可写出：

$$W_n \cdot C_{ox} \cdot (V_{GS,n} - V_{T0,n} - V_{DS,sat,n}) \cdot v_{sat,n} = W_p \cdot C_{ox} \cdot \left(V_{SG,p} - |V_{T0,p}| - V_{SD,sat,p}\right) \cdot v_{sat,p} \tag{5.72}$$

用式(5.53)和式(5.54)，代替式(5.72)中的 $V_{GS,n}$ 和 $V_{GS,p}$ 可得：

$$W_n \cdot C_{ox} \cdot (V_{in} - V_{T0,n} - V_{DS,sat,n}) \cdot v_{sat,n} = W_p \cdot C_{ox} \cdot \left(V_{DD} - V_{in} - |V_{T0,p}| - V_{SD,sat,p}\right) \cdot v_{sat,p} \tag{5.73}$$

这个方程中 V_{in} 的正确解为

$$V_{in} \cdot (1 + \zeta) = V_{T0,n} + V_{DS,sat,n} + \zeta \cdot \left(V_{DD} - |V_{T0,p}| - V_{SD,sat,p} \right)$$

其中

$$\zeta = \beta \cdot \frac{v_{sat,p}}{v_{sat,n}} = \frac{k_p \cdot E_{C,p}}{k_n \cdot E_{C,n}} = \frac{1}{k_R} \cdot \frac{E_{C,p}}{E_{C,n}}, \quad \beta = \frac{W_p}{W_n} \tag{5.74}$$

最后，反相器的门限(开关门限)电压 V_{th} 可表示为

$$V_{th} = \frac{V_{T0,n} + V_{DS,sat,n} + \dfrac{1}{k_R} \cdot \dfrac{E_{C,p}}{E_{C,n}} \cdot \left(V_{DD} - |V_{T0,p}| - V_{SD,sat,p} \right)}{\left(1 + \dfrac{1}{k_R} \cdot \dfrac{E_{C,p}}{E_{C,n}} \right)} \tag{5.75}$$

其中

$$V_{DS,sat,n} = \frac{(V_{th} - V_{T0,n}) \cdot E_{C,n} \cdot L_n}{(V_{th} - V_{T0,n}) + E_{C,n} \cdot L_n} \quad \text{和} \quad V_{SD,sat,p} = \frac{(V_{DD} - V_{th} - |V_{T0,p}|) \cdot E_{C,p} \cdot L_p}{(V_{DD} - V_{th} - |V_{T0,p}|) + E_{C,p} \cdot L_p}$$

我们需要用迭代方法来求解反相器的逻辑阈值电压。假设逻辑阈值电压值大约等于 V_{DD} 的一半，就可以对 $V_{DS,sat,n}$ 和 $V_{SD,sat,p}$ 进行相对准确的一阶估算。由于 V_{th} 的实际值很接近 $V_{dd}/2$，该迭代会很快收敛。

接下来，为了手工计算方便，我们把式(5.72)改写为如下形式：

$$W_n \cdot v_{sat,n} \cdot C_{ox} \cdot \frac{(V_{in} - V_{T0,n})^2}{(V_{in} - V_{T0,n}) + E_{C,n}L_n}$$

$$= W_p \cdot v_{sat,p} \cdot C_{ox} \cdot \frac{\left(V_{DD} - V_{in} - |V_{T0,p}| \right)^2}{\left(V_{DD} - V_{in} - |V_{T0,p}| \right) + E_{C,p}L_p} \tag{5.76}$$

此式中，已知输入电压约等于 V_{DD} 的一半，所以等式两边分母的第一项可以忽略。简化后的式子为

$$W_n \cdot \frac{(V_{in} - V_{T0,n})^2}{E_{C,n}L_n} \approx W_p \cdot \frac{\left(V_{DD} - V_{in} - |V_{T0,p}| \right)^2}{E_{C,p}L_p} \tag{5.77}$$

式中，V_{in} 的正确解为

$$V_{in} \cdot (1 + \sqrt{\kappa}) = V_{T0,n} + \sqrt{\kappa} \cdot \left(V_{DD} - |V_{T0,p}| \right)$$

其中

$$\kappa = \frac{W_p}{W_n} \cdot \frac{E_{C,n} \cdot L_n}{E_{C,p} \cdot L_p} = \frac{W_p \cdot E_{C,n}}{W_n \cdot E_{C,p}} \tag{5.78}$$

最后，得到反相器阈值(开关阈值)电压为

$$V_{th} = \frac{V_{T0,n} + \sqrt{\kappa} \cdot \left(V_{DD} - |V_{T0,p}| \right)}{1 + \sqrt{\kappa}} \tag{5.79}$$

对于长沟道元件，可以用式(3.86)和式(3.89)如下所示的方法来推导反相器阈值电压 V_{th}，而不需要考虑沟道长度调制效应：

$$V_{th} = \frac{V_{T0,n} + \sqrt{\dfrac{1}{k_R}} \cdot \left(V_{DD} - |V_{T0,p}| \right)}{\left(1 + \sqrt{\dfrac{1}{k_R}} \right)} \tag{5.80}$$

该式与式(5.79)十分接近。

注意，反相器门限电压定义为 $V_{th} = V_{in} = V_{out}$。当输入电压等于 V_{th} 时，在不违背推导中所用电压条件的前提下，输出电压可以取 $(V_{th} - V_{T0,n})$ 和 $(V_{th} - V_{T0,p})$ 中的任意值。这是因为如果忽略沟道长度调整效应，即 $\lambda = 0$，图 5.17 对应的 C 段电压传输特性曲线就会变得完全垂直。在多数 $\lambda > 0$ 的实例中，处在 C 区的电压传输特性曲线段具有有限但非常陡峭的斜率，图 5.22 为反向（开关）门限电压 V_{th} 作为跨导率 k_R 的函数变化曲线，其中 V_{DD}、$V_{T0,n}$ 和 $V_{T0,p}$ 已设为定值。

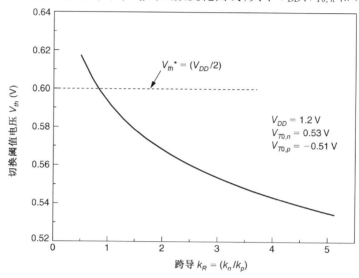

图 5.22　反向门限电压随 k_R 变化的曲线

我们已推导出，无论输入电压是小于 $V_{T0,n}$ 还是大于 $(V_{DD} + V_{T0,p})$，CMOS 反相器除了微弱的泄漏电流和亚阈值电流外不会从电源获得任何明显的电流。另一方面，nMOS 和 pMOS 晶体管在由低到高和由高到低的过渡区中，即在 B、C 和 D 区，导通电流非零。可以看出，当 $V_{in} = V_{th}$ 时，电源提供的电流在过渡区中达到峰值。换句话说，当两个晶体管都工作在饱和状态时电流达到最大值。图 5.23 是一个典型的 CMOS 反相器电路的电压传输特性和电源提供的随输入电压变化的电流曲线。

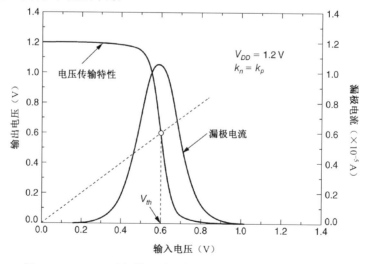

图 5.23　CMOS 反相器电路的典型电压传输特性和电源电流

5.4.5　CMOS 反相器的设计

CMOS 反相器电路的门限电压 V_{th} 是表征其稳态输入/输出特性的最重要参量之一。CMOS 反相器由于其互补推拉的工作模式，可以提供从 0 到 V_{DD} 的全部输出电压，因此其噪声容限也可相对较宽。这样，CMOS 反相器的设计问题就被简化成了设置合适的反相器的门限电压的问题。

给定电源电压 V_{DD}、nMOS 和 pMOS 晶体管的阈值电压及所需要的反相器的门限电压 V_{th}，可以求出相应的 k_R 如下。重组式 (5.75)，得出：

$$V_{th} + V_{T0,n} + V_{DS,sat,n} = \beta \cdot \left(V_{DD} - |V_{T0,p}| - V_{SD,sat,p} - V_{th} \right)$$

$$\beta = \frac{V_{th} - V_{T0,n} - V_{DS,sat,n}}{V_{DD} - |V_{T0,p}| - V_{SD,sat,p} - V_{th}} = \frac{1}{k_R} \cdot \frac{E_{C,p}}{E_{C,n}} \tag{5.81}$$

解出满足所给 V_{th} 的 k_R：

$$\frac{k_n}{k_p} = \left(\frac{V_{DD} - |V_{T0,p}| - V_{SD,sat,p} - V_{th}}{V_{th} - V_{T0,n} - V_{DS,sat,n}} \right) \cdot \left(\frac{E_{C,p}}{E_{C,n}} \right) \tag{5.82}$$

理想反相器的开关门限电压为

$$V_{th,ideal} = \frac{1}{2} \cdot V_{DD} \tag{5.83}$$

将式 (5.83) 代入式 (5.82) 得到一个满足式 (5.83) 条件的近似理想的 CMOS 电压传输特性：

$$\left(\frac{k_n}{k_p} \right)_{ideal} = \left(\frac{0.5 V_{DD} - |V_{T0,p}| - V_{SD,sat,p}}{0.5 V_{DD} - V_{T0,n} - V_{DS,sat,n}} \right) \cdot \left(\frac{E_{C,p}}{E_{C,n}} \right) \tag{5.84}$$

因为 CMOS 反相器中 nMOS 和 pMOS 晶体管的工作是完全互补的，所以可以通过设阈值电压 $V_{T0} = V_{T0,n} = |V_{T0,p}|$，得到完全对称的输入-输出特性 $V_{DS,sat,n} = |V_{SD,sat,p}|$。这样式 (5.84) 可简化为

$$\left(\frac{k_n}{k_p} \right)_{\substack{symmetric \\ inverter}} = \frac{E_{C,p}}{E_{C,n}} \tag{5.85}$$

注意，k_R 定义为

$$\frac{k_n}{k_p} = \frac{\mu_n C_{ox} \cdot \left(\frac{W}{L} \right)_n}{\mu_p C_{ox} \cdot \left(\frac{W}{L} \right)_p} = \frac{\mu_n \cdot \left(\frac{W}{L} \right)_n}{\mu_p \cdot \left(\frac{W}{L} \right)_p} = \frac{E_{C,p}}{E_{C,n}} \tag{5.86}$$

假设栅极氧化厚度为 t_{ox}，所以 nMOS 和 pMOS 晶体管有相同的栅极氧化电容 C_{ox}。理想对称反相器的单位比例条件式 (5.85) 要求：

$$\frac{\left(\frac{W}{L} \right)_n}{\left(\frac{W}{L} \right)_p} = \frac{\mu_p \cdot E_{C,p}}{\mu_n \cdot E_{C,n}} \tag{5.87}$$

所以

$$\left(\frac{W}{L} \right)_p = \frac{\mu_p \cdot E_{C,n}}{\mu_p \cdot E_{C,p}} \left(\frac{W}{L} \right)_n \tag{5.88}$$

值得注意的是，式 (5.87) 中所用的电子和空穴迁移率都是典型值，确切的 μ_n 和 μ_p 值将随着衬

底和阱的表面掺杂浓度而变化。图 5.24 所示为 3 个 k_R 比率不同的 CMOS 反相电路的电压传输特性曲线。可以清楚地看出，反相器门限电压 V_{th} 随 k_R 增加而下降。

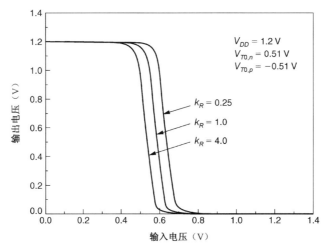

图 5.24   具有不同 nMOS/pMOS 比率的 3 个 CMOS 反相器的电压传输特性曲线

对一个 $V_{T0,n} = |V_{T0,p}|$ 且 $k_R = 1$ 的对称 CMOS 反相器来说，利用式(5.65)可求出临界电压 V_{IL}：

$$V_{IL} = \frac{1}{8} \cdot (3V_{DD} + 2V_{T0,n}) \tag{5.89}$$

同样可求出 V_{IH}：

$$V_{IH} = \frac{1}{8} \cdot (5V_{DD} - 2V_{T0,n}) \tag{5.90}$$

注意，在一个对称反相器中，V_{IL} 和 V_{IH} 的和始终等于 V_{DD}：

$$V_{IL} + V_{IH} = V_{DD} \tag{5.91}$$

现在利用式(5.3)和式(5.4)计算这一对称 CMOS 反相器的噪声容限 NM_L 和 NM_H：

$$NM_L = V_{IL} - V_{OL} = V_{IL}$$
$$NM_H = V_{OH} - V_{IH} = V_{DD} - V_{IH} \tag{5.92}$$

两值相等且等于 V_{IL}：

$$NM_L = NM_H = V_{IL} \tag{5.93}$$

例 5.4

考虑一个具有如下参数的 CMOS 反相器电路：

$V_{DD} = 1.2 \ \text{V}$

$V_{T0,n} = 0.48 \ \text{V}$

$V_{T0,p} = -0.46 \ \text{V}$

$k_n = 982 \ \mu\text{A/V}^2$

$k_p = 653 \ \mu\text{A/V}^2$

$v_{sat,n} = 124\,340 \ \text{m/s}$

$E_{C,n}L_n = 0.4 \ \text{V}$

$E_{C,p}L_p = 1.8 \ \text{V}$

计算电路的噪声容限。注意，这里设定 CMOS 反相器的 $k_R = 1.503$ ，$V_{T0,n} \neq |V_{T0,p}|$ ，因此这不是一个对称的反相器。

解：首先，可用式(5.56)和式(5.57)计算输出低电压 $V_{OL} = 0$ 和输出高电压 $V_{OH} = 1.2\text{ V}$ 。根据输出电压用式(5.65)求得 V_{IL} ：

$$V_{IL} = \frac{2V_{out} + V_{T0,p} - V_{DD} + k_R V_{T0,n}}{1 + k_R}$$

$$= \frac{2V_{out} - 0.46 - 1.2 + 1.503 \cdot 0.48}{1 + 1.503} = 0.799 V_{out} - 0.375$$

把这个式子代入基尔霍夫电流定律方程(5.61)：

$$\frac{9.82 \times 10^{-4}}{2} \times (0.799 V_{out} - 0.375 - 0.48)^2$$

$$\approx \frac{6.53 \times 10^{-4}}{2} \times \left[2(1.2 - 0.799 V_{out} + 0.375 - 0.46) \times (1.2 - V_{out}) - (1.2 - V_{out})^2 \right]$$

由上式得到一个关于 V_{out} 的二次多项式如下：

$$0.362 V_{out}^2 - 0.306 V_{out} - 0.137 = 0$$

对于 V_{out} ，这个二次方程仅有一个根具有物理意义（即当 $V_{out} > 0$ 时）：

$$V_{out} = \begin{cases} -0.322\text{ V} \\ \underline{\underline{1.171\text{ V}}} \end{cases}$$

根据这个值，可以计算临界电压 V_{IL} ：

$$V_{IL} = 0.799 \times 1.171 - 0.375 = \underline{\underline{0.560\text{ V}}}$$

根据输出电压，用式(5.71)计算 V_{IH} 为

$$V_{IH} = \frac{V_{DD} + V_{T0,p} + k_R \cdot (2V_{out} + V_{T0,n})}{1 + k_R}$$

$$= \frac{1.2 - 0.46 + 1.503(2V_{out} + 0.48)}{1 + 1.503} = 1.201 V_{out} + 0.584$$

接着将该式代入基尔霍夫电流定律方程(5.68)，得到 V_{out} 的二次多项式：

$$1.5 \cdot \left[2 \cdot (1.201 V_{out} + 0.584 - 0.48) \cdot V_{out} - V_{out}^2 \right] = (1.2 - 1.201 V_{out} - 0.584 - 0.46)^2$$

$$0.665 V_{out}^2 + 0.687 V_{out} - 0.024 = 0$$

对于 V_{out} 这个二次方程在这个工作点（即 $V_{in} = V_{IH}$ ）同样仅有一个解具有物理意义：

$$V_{out} = \begin{cases} -1.068\text{ V} \\ \underline{\underline{0.034\text{ V}}} \end{cases}$$

根据这个值，再计算临界电压 V_{IH} ：

$$V_{IH} = 1.201 \times 0.034 + 0.584 = \underline{\underline{0.625\text{ V}}}$$

最后，用式(5.3)和式(5.4)求得高、低电平的噪声容限为

$$NM_L = V_{IL} - V_{OL} = 0.560\text{ V}$$

$$NM_H = V_{OH} - V_{IH} = 0.575\text{ V}$$

5.4.6 CMOS 反相器的电源电压按比例减小

下面，我们将简要地讨论电源电压的按比例减小（即 V_{DD} 降低）对 CMOS 反相器稳态电压传输特性的影响。任何数字电路的总功耗都是电源电压 V_{DD} 的函数。随着大规模集成系统特别是移动应用中减小功耗的趋势不断增加，减小（或降低）电源电压成为低功耗设计中应用最广泛的方法之一。这种下调方法通常非常有效，但必须搞清楚一些重要问题，以免牺牲系统性能。本书这一部分就是围绕着电源电压降低对简单的 CMOS 反相器电路电压传输特性的影响进行相关的讨论。

根据本章已经推导出的 V_{IL}、V_{IH} 和 V_{th} 的表达式，CMOS 反相器的稳态特性允许电源电压在不影响基本反相器功能的情况下有显著变化。如式（5.94）所示，最小电源电压可降低到热电压的 2～4 倍。在这种低电压条件下，我们之前推导出的 V_{IL}，V_{IH}，V_{OL}，V_{OH} 都不再适用了。

$$V_{DD,min} > 4\frac{kT}{q} \tag{5.94}$$

图 5.25 所示为在不同的电源电压下 CMOS 反相器的电压传输特性。极限值附近的电压传输特性的精确形状主要由 nMOS 和 pMOS 晶体管的亚阈值电导性能决定，而且这种反相器能在很大的输入电压变化范围内工作。

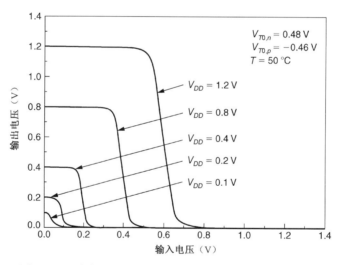

图 5.25　不同电源电压下 CMOS 反相器的电压传输特性

5.4.7 功耗和占用面积问题的考虑

因为CMOS 反相器在它的两个稳态工作点（$V_{out} = V_{OH}$ 和 $V_{out} = V_{OL}$）电源都不提供电流，电路的直流功耗可以忽略。在这两种情况下，流经 nMOS 和 pMOS 晶体管的漏极电流基本上受限于漏源 pn 结的反向泄漏电路，而在短沟道型 MOSFET 中，受限于相对较小的亚阈值电流。CMOS 反相器的这一特点被认为是此结构最显著的优点之一。因为在许多低功耗要求的实际应用中，常常因此优先选用CMOS 电路。必须注意的是，CMOS 反相器在开关事件期间能够传导较明显的电流。所谓开关事件即输出电压由低变高或由高变低。对这一动态功耗的详细计算见第 6 章和第 11 章。

图5.26 所示为两个简单的 CMOS 反相器电路的版图。这两种情况中都假设电路建立在同

时为 nMOS 晶体管提供衬底的一片 p 型晶圆上。另一方面，pMOS 晶体管必须置于作为该器件衬底的一个 n 阱（虚线）中。同时要注意，在图5.26 中 pMOS 晶体管的沟道宽度比 nMOS 的要大，这是典型的对称反相器结构。其中设定 k_R 接近 1。

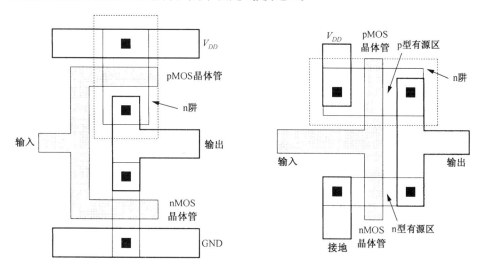

图 5.26　两个 CMOS（p 型衬底）反相器电路的版图

与前文所提到的其他反相器的版图相比，图5.26 所示的 CMOS 反相器并没有占用很多芯片面积。制作工艺额外的复杂度（创建 n 阱扩散区，隔离 p 型和 n 型的源极和漏极扩散区等）是这个反相器例子的唯一不足之处。由于这种电路结构的互补特性，CMOS 随机逻辑电路需要的晶体管数比与它具有相同功能的 nMOS 电路明显要多。因此，CMOS 逻辑电路常常比功能相当的 nMOS 逻辑电路要占有更多的芯片面积，这将显著影响到纯 CMOS 逻辑电路的集成度。另一方面，实际的 nMOS 逻辑器件集成密度要受到功耗和散热问题的制约。

附录　小尺寸器件 CMOS 反相器的尺寸设计趋势

在 5.4 节中，对于理想的对称 CMOS 反相器，我们研究了如何设计 nMOS 和 pMOS 晶体管的尺寸。在小尺寸器件中，由于应变硅工艺，pMOS 晶体管的电流驱动能力相对于 nMOS 晶体管是增加的。这意味着在应变硅器件中，空穴迁移率的增加要大于电子迁移率的增加。因此，pMOS 与 nMOS 器件的晶体管宽度比呈下降趋势，如图 A.1 所示。

CMOS 反相器尺寸的设计目标与如 $1/2 V_{DD}$ 逻辑阈值电压、最小传输延迟、相等的上升和下降时间，以及相等的噪声容限相关。根据设计目标对晶体管尺寸进行优化，以满足规范。对于一个给定的工艺技术，设计 CMOS 反相器晶体管宽度的一种简单的方法是用不同的尺寸集合来仿真反相器。图 A.2 显示了在典型的 65 nm CMOS 工艺中，在不同的要求条件下，各种晶体管的宽度比。仿真中，4 个反相器被用作负载（FO4 设计）。x 轴表示比值 β，即 pMOS 与 nMOS 晶体管的尺寸比，比值范围为 1.0～4.0。逻辑阈值电压对不同晶体管尺寸影响的仿真结果如图 A.1(a) 所示。随着 β 值的增大，逻辑阈值电压也增大，类似于图 5.24。为了获得 $1/2 V_{DD}(0.6\text{V})$ 逻辑阈值电压，仿真中 CMOS 反相器的 β 值应取 2.58。注意，即使比值 β 改变 4 倍（例如，从 1.0 变为 4.0），逻辑阈值电压的改变也是非常小的（从 0.560 变为 0.619）。因此，很难通过改变合适的宽度比来将逻辑阈值电压从电源电压的一半开始改变。主要的原因是，在小几何尺寸器件中，阈值电压与电源电压相对大的比值使电压传输特性具有宽的 V_{OH} 和 V_{OL} 区域以及窄的过渡区域。因此，在小尺寸器件中，逻辑阈值电压在电源电压的一半附近变化。

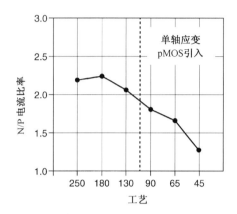

图 A.1　不同工艺下的晶体管宽度比趋势（来源：IEEE Electron Device Meeting 2007 Short Course by Paul Packan, Intel Corporation.）

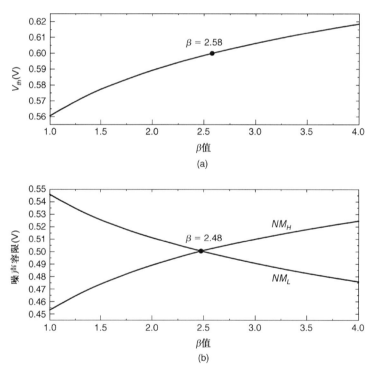

图 A.2　(a)逻辑阈值电压；(b)噪声容限对 CMOS 反相器尺寸的影响

　　噪声容限也根据比值 β 变化而变化，如图 A.2(b)所示。NM_H 随着 β 的增大而增大，而 NM_L 则随着 β 的增大而减小。对称噪声容限可以设置在 β 为 2.48 时。如图 A.2 所示，晶体管宽度的选择应满足设计规范，并需要折中。比值 β 对传输延迟、上升和下降时间的影响将会在第 6 章的附录中阐述。关于器件尺寸的进一步分析也将在第 6 章的附录中介绍。

习题

5.1　设计一个 $R = 2\,\text{k}\Omega$，$V_{OL} = 0.05\,\text{V}$ 的电阻负载反相器，增强型 nMOS 驱动晶体管参数如下：

$$V_{DD} = 1.1\,\text{V}$$
$$V_{T0} = 0.52\,\text{V}$$
$$\gamma = 0\,\text{V}^{1/2}$$
$$\lambda = 0$$
$$\mu_n C_{ox} = 216\,\mu\text{A/V}^2$$

　　a．求所需的宽长比 W/L。

　　b．求 V_{IL} 和 V_{IH}。

　　c．求噪声容限 NM_L 和 NM_H。

5.2　电阻负载反相器的版图如下：

　　a．使用方块电阻为 25 Ω/方块、最小特征尺寸为 2 μm 的多晶硅电阻，画出习题 5.1 中设计的电阻反相器的版图。注意，L 代表有效沟道长度，$L = L_M + d - 2L_D$，其中 L_M 代表掩模沟道长度，假设 d（处理错误）= 0 以及 $L_D = 0.25\,\mu\text{m}$。为节约芯片面积，W 和 L 取最小尺寸，同样也可以采用电阻的折叠版图（蛇形）减小电路面积。

　　b．通过电路提取从版图中得到 SPICE 输入列表。

　　c．对电路使用 SPICE 仿真得到 DC 电压传输特性电压传输特性曲线。绘出电压传输特性曲线并检验习题 5.1 的计算值与 SPICE 仿真结果是否吻合。

5.3　参考第 2 章描述的 CMOS 制造工艺，画出右图器件沿 A-A′和 B-B′线的剖面图。

5.4　考虑下列含有两个增强型 nMOS 晶体管的 nMOS 反相器电路，参数如下：

$$V_{T0} = 0.48\,\text{V}$$
$$\mu_n C_{ox} = 102\,\mu\text{A/V}^2$$
$$(W/L)_{load} = 3$$
$$(W/L)_{driver} = 9$$
$$\gamma = 0\,\text{V}^{1/2}$$
$$|2\Phi_F| = 1.011\,\text{V}$$
$$\lambda = 0$$
$$V_{DD} = 1.2\,\text{V}$$
$$E_c L_n = 0.45\,\text{V}$$

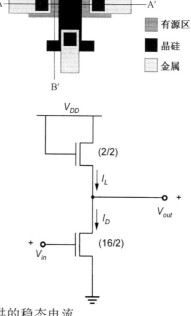

　　a．计算 V_{OH} 和 V_{OL} 值。

　　b．根据噪声容限和稳态（DC）功耗说明结果。

　　c．计算当逻辑电平为"1"即 $V_{in} = V_{OH}$ 时，DC 电源提供的稳态电流。

5.5　设计如下耗尽负载 nMOS 反相器：

$\mu_n C_{ox} = 102 \ \mu A/V^2$

$\mu_p C_{ox} = 51.6 \ \mu A/V^2$

$V_{T0,p} = -0.46 \ V$

$V_{T0,n} = 0.48 \ V$

$\gamma = 0 \ V^{1/2}$

$|2\Phi_F|_{,n} = 1.011 \ V$

$|2\Phi_F|_{,p} = 0.972 \ V$

$E_{C,n}L_n = 0.45 \ V$

$E_{C,p}L_p = 1.8 \ V$

$V_{DD} = 1.2 \ V$

$v_{sat,p} = 70\ 000$

a. 确定两个晶体管的 (W/L) 比。

    (i) $V_{in} = V_{OH}$ 时，稳态 (DC) 功耗为 1 mW。

    (ii) $V_{OL} = 0.1 \ V$。

b. 计算 V_{IL} 和 V_{IH} 并确定噪声容限。

c. 绘出反相器电路的电压传输特性曲线。

5.6 考虑具有如下参数的 CMOS 反相器：

    nMOS $V_{T0,n} = 0.48 \ V$ $\mu_n C_{ox} = 102 \ \mu A/V^2$ $(W/L)_n = 10$

    pMOS $V_{T0,p} = -0.46 \ V$ $\mu_p C_{ox} = 51.6 \ \mu A/V^2$ $(W/L)_p = 19$

    求电路的噪声容限以及开关门限电压 (V_{th})。电源电压为 $V_{DD} = 1.2 \ V$。

5.7 设计一个 CMOS 反相器电路：

    器件参数同习题 5.6，电源电压 $V_{DD} = 1.2 \ V$，两个晶体管的沟道长度为 $L_n = L_p = 60 \ nm$。

    a. 求当电路切换（反向）门限电压 $V_{th} = 0.5 \ V$ 时 W_n / W_p 的值。

        nMOS $V_{T0,n} = 0.48 \ V$ $\mu_n C_{ox} = 102 \ \mu A/V^2$ $E_{C,n}L_n = 0.4 \ V$

        pMOS $V_{T0,p} = -0.46 \ V$ $\mu_p C_{ox} = 51.6 \ \mu A/V^2$ $E_{C,p}L_p = 1.8 \ V$

    b. 这个反相器的 CMOS 制作工艺允许 $V_{T0,n}$ 和 $V_{T0,p}$ 的值在其标称值基础上有 ±15% 和 ±20% 的变化。假定其他参数（如 $\mu_n, \mu_p, C_{ox}, W_n, W_p$）仍为标称值，求电路开关门限电压 V_{th} 的上下限。

        nMOS $V_{T0,n} = 0.48 \ V$ $\mu_n C_{ox} = 102 \ \mu A/V^2$ $(W/L)_n = 10$

        pMOS $V_{T0,p} = -0.46 \ V$ $\mu_p C_{ox} = 51.6 \ \mu A/V^2$ $(W/L)_p = 19$

5.8 考虑具有以下电路结构的习题 5.7 所设计的 CMOS 反相器：

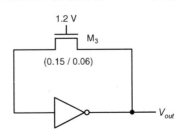

a. 求输出电压 V_{out}。

b. 讨论 M_3 与生产工艺有关的 $V_{T0, n}$ 的变化是否对 V_{out} 有影响。

c. 计算电源提供的总电流值，确定由于与工艺有关的阈值电压的变化对总电流的改变。

5.9 考虑一个 CMOS 反相器，参数如下：

nMOS $V_{T0, n} = 0.53\ \text{V}$ $\mu_n C_{ox} = 98.2\ \mu\text{A/V}^2$ $E_{C, n} L_n = 0.4\ \text{V}$

pMOS $V_{T0, p} = -0.51\ \text{V}$ $\mu_p C_{ox} = 46.0\ \mu\text{A/V}^2$ $E_{C, p} L_p = 1.8\ \text{V}$

同时： $V_{DD} = 1.2\ \text{V}$

          $\lambda = 0$

a. 当开关门限电压 $V_{th} = 0.6\ \text{V}$ 时，求 nMOS 和 pMOS 晶体管的 W/L 比值。

b. 用 SPICE 画出 CMOS 反相器的电压传输特性曲线。

c. 在 $\lambda = 0.05\ \text{V}^{-1}$ 和 $\lambda = 0.1\ \text{V}^{-1}$ 情况下分别确定反相器的电压传输特性。

d. 讨论非零的 λ 值对噪声容限的影响。可以注意到沟道长度很短的晶体管(用亚微米设计规则来制造)与沟道长的晶体管相比具有较大的 λ 值。

5.10 考虑习题 5.9 中设计的 CMOS 反相器，其中 $\lambda = 0.1\ \text{V}^{-1}$。现在考虑下图所示 4 个完全相同的反相器级联的电路：

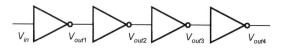

a. 如果输入电压 $V_{in} = 0.598\ \text{V}$，求 V_{out1}，V_{out2}，V_{out3}，V_{out4}。（注意，每一级都要用非零 λ 值解基尔霍夫电流定律方程。）

b. 存储一个"真"逻辑输出电平要多少级？

c. 用 SPICE 仿真验证你的结果。

第 6 章　MOS 反相器的开关特性和体效应

本章将研究反相器电路的动态(时域)特性。数字集成电路,特别是反相器电路的开关特性,基本上决定着整个数字系统的工作速度。如第 1 章中所给出的设计例子,数字系统的瞬态性能是电路设计人员遇到的最重要的设计指标之一。因此,在设计初期就要对电路的开关速度进行估算和优化。

假设在脉冲信号激励的条件下,可以得出由集总负载电容引起的延迟的解析表达式。使用电路仿真工具 SPICE 通常可以得到复杂电路最精确的时域特性,但这里给出的延迟表达式也可在许多情况下对开关特性做出快速和精确的近似。下面重点讨论 CMOS 反相器电路的开关特性。

6.1　概述

两个串接的 CMOS 反相器电路如图 6.1 所示,每个 MOSFET 的寄生电容都是各自独立的。这里,电容 C_{gd} 和 C_{gs} 主要由栅极对扩散区的交叠引起,C_{db} 和 C_{sb} 是随电压改变的结电容,已在第 3 章中做过介绍。电容 C_g 由栅极下的薄氧化层引起。另外,我们还要考虑集总的互连线电容 C_{int},它代表两个反相器之间的金属或多晶硅连线的寄生电容。如果给第 1 级反相器加一个脉冲作为输入,我们来分析输出电压 V_{out} 的一阶时域特性。

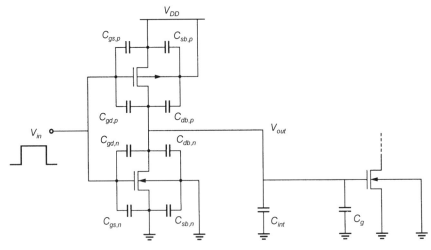

图 6.1　级联 CMOS 反相电路

即使是这样一个相对简单的电路,因为包含许多非线性的压变电容,分析它的输出电压波形也相当复杂。为了简化起见,我们将图 6.1 中输出与地之间的电容等效为一个总的线性电容,这个在输出节点上的电容称为负载电容,记为 C_{load}。

$$C_{load} = C_{gd,n} + C_{gd,p} + C_{db,n} + C_{db,p} + C_{int} + C_g \tag{6.1}$$

应该注意,图 6.1 中的一些寄生电容没有出现在表达式中。特别是 $C_{sb,n}$ 和 $C_{sb,p}$ 对电路的瞬态特性没有影响,因为这两个管子的源极到衬底的电压都是 0。电容 $C_{gs,n}$ 和 $C_{gs,p}$ 也没有被包括在式(6.1)中,因为它们连接在输入端和地(或 V_{DD} 端)之间。在特定输出电压变化条件下,可根据表达式(3.133)和式(3.138)来计算式(6.1)中的等效电容 $C_{db,n}$ 和 $C_{db,p}$。读者可以参阅第 3 章有关寄生结电容的计算。

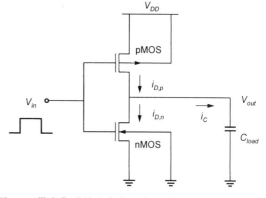

图 6.2　带有集总输出负载电容的第一级 CMOS 反相器

具有集总输出负载电容 C_{load} 的第一级 CMOS 反相器如图 6.2 所示。现在,分析开关特性的问题就简单多了。事实上,反相器的瞬态响应问题就变成了对电容通过一个晶体管充、放电的问题。用负载电容计算的延迟时间要略高于实际的延迟时间,但这在一阶近似时不是重点考虑的问题。

6.2　延迟时间的定义

在引出延迟表达式前,我们先给出一些常用的延迟时间定义。典型的反相器输入、输出电压波形如图6.3所示。传播延迟时间 τ_{PHL} 和 τ_{PLH} 分别决定输出从高到低和从低到高变化时的输入到输出的信号延迟。根据定义,τ_{PHL} 是输入电压上升到 $V_{50\%}$ 与输出电压下降到 $V_{50\%}$ 的时间延迟。同样,τ_{PLH} 是输入电压下降到 $V_{50\%}$ 与输出电压上升到 $V_{50\%}$ 的时间延迟。

为了简化分析和给出延迟表达式,假设输入电压波形是理想的阶跃脉冲,其上升和下降时间都是 0。在此假设下,τ_{PHL} 即为输出电压从 V_{OH} 下降到 $V_{50\%}$ 时所需的时间,τ_{PLH} 是输出电压从 V_{OL} 上升到 $V_{50\%}$ 时所需的时间。$V_{50\%}$ 定义为

$$V_{50\%} = V_{OL} + \frac{1}{2}(V_{OH} - V_{OL}) = \frac{1}{2}(V_{OL} + V_{OH}) \tag{6.2}$$

所以,传播延迟时间 τ_{PHL} 和 τ_{PLH} 在图 6.3 中可表示为

$$\tau_{PHL} = t_1 - t_0$$
$$\tau_{PLH} = t_3 - t_2 \tag{6.3}$$

反相器的平均传播延迟时间 τ_P 表示为输入信号通过反相器所需要的平均时间:

$$\tau_P = \frac{\tau_{PHL} + \tau_{PLH}}{2} \tag{6.4}$$

根据图 6.4 来定义输出电压的上升和下降时间。上升时间 τ_{rise} 在这里定义为输出电压从 $V_{10\%}$ 上升到 $V_{90\%}$ 所需的时间。同样,下降时间 τ_{fall} 定义为输出电压从 $V_{90\%}$ 下降到 $V_{10\%}$ 所需的时间。$V_{10\%}$ 和 $V_{90\%}$ 的电压值分别定义为

$$V_{10\%} = V_{OL} + 0.1 \cdot (V_{OH} - V_{OL}) \tag{6.5}$$

$$V_{90\%} = V_{OL} + 0.9 \cdot (V_{OH} - V_{OL}) \tag{6.6}$$

这样,输出电压的上升和下降时间在图 6.4 中可表示为

$$\tau_{fall} = t_B - t_A$$
$$\tau_{rise} = t_D - t_C \tag{6.7}$$

注意，也有人采用 $V_{20\%}$ 和 $V_{80\%}$ 的电压值来定义延迟。

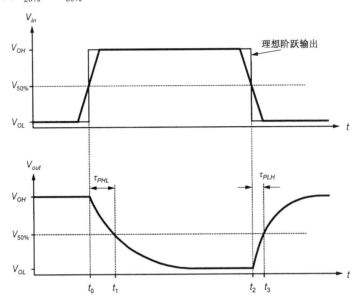

图 6.3　典型反相器输入、输出电压波形的延迟时间特性的确定（为简单起见输入电压波形是理想的）

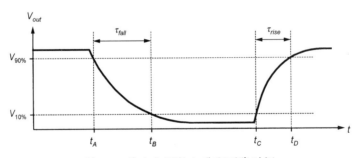

图 6.4　输出电压的上升和下降时间

6.3　延迟时间的计算

　　计算传播延迟时间 τ_{PHL} 和 τ_{PLH} 最近似的方法是分别根据电容在充放电时对平均电流的估算。如果电容电流在输出变化时与恒定平均电流 I_{avg} 近似，那么延迟时间为

$$\tau_{PHL} = \frac{C_{load} \cdot \Delta V_{HL}}{I_{avg,HL}} = \frac{C_{load} \cdot (V_{OH} - V_{50\%})}{I_{avg,HL}} \tag{6.8}$$

$$\tau_{PLH} = \frac{C_{load} \cdot \Delta V_{LH}}{I_{avg,LH}} = \frac{C_{load} \cdot (V_{50\%} - V_{OL})}{I_{avg,LH}} \tag{6.9}$$

注意，平均电流由高到低变化时，可用开始和结束时的电流变化值来计算：

$$I_{avg,HL} = \frac{1}{2}[i_C(V_{in} = V_{OH}, V_{out} = V_{OH}) + i_C(V_{in} = V_{OH}, V_{out} = V_{50\%})] \tag{6.10}$$

同样，由低到高变化时的电容平均电流为

$$I_{avg,LH} = \frac{1}{2}[i_C(V_{in} = V_{OL}, V_{out} = V_{50\%}) + i_C(V_{in} = V_{OL}, V_{out} = V_{OL})] \tag{6.11}$$

　　然而，用平均电流计算方式相对简单，计算量小，它忽略了由开始到结束时电容电流的变化。因此，我们不能用平均电流的方式做延迟时间的精确估算。这种方法只能提供粗略的、一阶的充放电延迟时间的估算。

　　传播延迟时间更精确的解可以通过求解时域内的输出端状态方程来获得。输出节点的微分方程如下(注意，电容电流也是输出电压的一个函数)：

$$C_{load}\frac{\mathrm{d}V_{out}}{\mathrm{d}t} = i_C = i_{D,p} - i_{D,n} \tag{6.12}$$

　　首先，考虑 CMOS 反相器的输入上升时的情况。开始时，假设输出电压等于 V_{OH}，当输入电压从低(V_{OL})突变为高(V_{OH})时，nMOS 管导通并通过负载电容放电。同时，pMOS 管截止，显然：

$$i_{D,p} \approx 0 \tag{6.13}$$

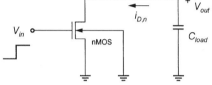

这样图 6.2 的电路变成一个 nMOS 管和一个电容，如图 6.5 所示。描述放电过程的微分方程为

$$C_{load}\frac{\mathrm{d}V_{out}}{\mathrm{d}t} = -i_{D,n} \tag{6.14}$$

图 6.5　输出由高到低变化时
CMOS 反相器的等效电路

注意，在其他类型的反相器电路中(如电阻负载的反相器和耗尽型负载反相器)，负载器件在输入由低到高变化时电流不为 0。然而，负载电流与驱动电流相比可忽略不计。因此式(6.14)不仅可用来计算 CMOS 反相器的放电时间，还可用于其他所有普通类型的反相器。

　　由高到低变化过程中输入和输出电压波形如图 6.6 所示。当 nMOS 开始导通时，它处在饱和区。当输出电压下降到 $(V_{DD} - V_{T,n})$ 以下时，nMOS 管开始在线性区工作。这两种工作区域都在图 6.6 中表示出来。

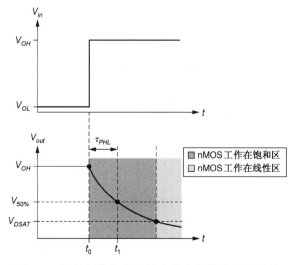

图 6.6　由高到低变化过程中输入和输出电压波形

首先考虑 nMOS 管工作在饱和区，其电流为

$$i_{D,n} = W \cdot v_{sat} \cdot C_{ox} \cdot \frac{(V_{in} - V_{T,n})^2}{(V_{in} - V_{T,n}) + E_C L}$$

$$= W \cdot v_{sat} \cdot C_{ox} \cdot \frac{(V_{OH} - V_{T,n})^2}{(V_{OH} - V_{T,n}) + E_C L} , \qquad 对于 \ V_{DSAT} < V_{out} \leqslant V_{OH} \qquad (6.15)$$

因为饱和电流几乎不受输出电压的影响（忽略沟道长度调制效应），式（6.14）由 t_0 到 t_1 区间的解为

$$\int_{t=t_0}^{t=t_1} dt = -C_{load} \int_{V_{out}=V_{OH}}^{V_{out}=V_{OH}-V_{50\%}} \left(\frac{1}{i_{D,n}} \right) dV_{out}$$

$$= -\frac{[(V_{OH} - V_{T,n}) + E_C L]C_{load}}{W v_{sat} C_{ox} (V_{OH} - V_{T,n})^2} \int_{V_{out}=V_{OH}}^{V_{out}=V_{OH}-V_{50\%}} dV_{out} \qquad (6.16)$$

计算出这个简单的积分为

$$t_1 - t_0 = \frac{[(V_{OH} - V_{T,n}) + E_C L]C_{load}V_{50\%}}{W v_{sat} C_{ox}(V_{OH} - V_{T,n})^2} \qquad (6.17)$$

最后，输出由高到低变化时的传播延迟时间（τ_{PHL}）由式（6.17）得到：

$$\tau_{PHL} = \frac{C_{load}}{k_n} \cdot \frac{2}{E_{C,n}L_n} \cdot \frac{V_{50\%}[(V_{OH} - V_{T,n}) + E_{C,n}L_n]}{(V_{OH} - V_{T,n})^2} \qquad (6.18a)$$

和 CMOS 反相器的情况一样，当 $V_{OH} = V_{DD}$ 和 $V_{OL} = 0$ 时，式（6.18a）变为

$$\tau_{PHL} = \frac{C_{load}}{k_n} \cdot \frac{2}{E_{C,n}L_n} \cdot \frac{V_{50\%}[(V_{DD} - V_{T,n}) + E_{C,n}L_n]}{(V_{DD} - V_{T,n})^2} \qquad (6.18b)$$

例 6.1

图 6.2 所示的 CMOS 反相器中，$V_{DD} = 1.2 \ V$，$E_{c,n}L_n = 0.45 \ V$，$V_T = 0.53 \ V$。nMOS 管的 I-V 特性为：当 $V_{GS} = 1.2 \ V$ 时，漏极电流达到饱和 $I_{sat} = 2 \ mA$，$V_{DS} \geqslant 0.27 \ V$。假设加在栅极的输入信号为瞬间由 0 变为 1.2 V 的阶跃脉冲。利用上述数据，计算输出从初始值 1.2 V 降到 0.6 V 所需的延迟时间。假设输出负载电容 $C_{load} = 30 \ fF$[①]。

解： 简化电路如图6.5所示。第一步，用式（3.81）确定 nMOS 管工作在饱和区还是线性区。当 $t \geqslant 0$ 时，V_{GS} 等于 1.2 V。

$$V_{DSAT} = \frac{(V_{GS} - V_T) \cdot E_c L}{(V_{GS} - V_T) + E_c L} = \frac{(1.2 - 0.53) \cdot 0.45}{(1.2 - 0.53) + 0.45} = 0.269 \ V$$

所得 $V_{DSAT} < 0.6 \ V$，因此 nMOS 管在 $t=0$ 到 $t=t_1$ 间工作在饱和区上，饱和区的电流方程可写成

$$C \frac{dV_{out}}{dt} = -I_D = -I_{sat} = -W \cdot v_{sat} \cdot C_{ox} \cdot \frac{(V_{OH} - V_{T,n})^2}{(V_{OH} - V_{T,n}) + E_C L_n}$$

对这个方程积分，可以计算出 nMOS 管工作在饱和区的时间（t_{sat}）：

$$\int_{t=0}^{t=t_{sat}} dt = -\int_{V_{out}=1.2}^{V_{out}=0.6} \frac{C}{I_D} dV_{out}$$

$$t_{sat} = \frac{V_{T,n}C}{I_{sat}} = \frac{0.6 \ V \times 30 \ fF}{2 \ mA} = 9 \ ps$$

---

① 1 fF = 10^{-15}F，f 是 femto 的缩写。1 pf = 10^{-12}F，p 是 pico 的缩写。——译者注

所以，总的延迟时间为

$$t_{delay} = 9 \text{ ps}$$

注意，t_{delay} 相当于输出下降时的传播延迟时间 τ_{PHL}。

本节前面介绍的平均电流法也可以用来估算传播延迟时间以及反相器电路的上升和下降时间。这种简单的近似方法在某些情况下可以得到相当精确的一阶运算结果，如下例所示。

例 6.2

在图 6.2 所示的反相器电路中，电源电压 $V_{DD} = 1.2 \text{ V}$，求下降时间 τ_{fall}。τ_{fall} 定义为 $V_{out} = V_{90\%} = 1.08 \text{ V}$ 和 $V_{out} = V_{10\%} = 0.12 \text{ V}$ 之间的时间间隔。分别用平均电流法和微分方程法计算 τ_{fall}。输出负载电容 $C_{load} = 30 \text{ fF}$，nMOS 管的参数为：

$$\mu_n C_{ox} = 0.983 \text{ mA/V}^2$$
$$(W/L)_n = 10$$
$$V_{T,n} = 0.53 \text{ V}$$
$$E_{c,n} L_n = 0.45 \text{ V}$$

解：用式 (6.10) 可得放电过程中的平均电容电流：

$$I_{avg} = \frac{1}{2} [I(V_{in} = 1.2 \text{ V}, V_{out} = 1.08 \text{ V}) + I(V_{in} = 1.2 \text{ V}, V_{out} = 0.12 \text{ V})]$$

$$= \frac{1}{2} \left\{ W \cdot \nu_{sat} \cdot C_{ox} \cdot \frac{(V_{in} - V_{T,n})^2}{(V_{in} - V_{T,n}) + E_C L} + \frac{k_n}{2} \frac{1}{\left(1 + \dfrac{V_{out}}{E_C L_n}\right)} \right.$$

$$\left. \times \left[2 \cdot (V_{in} - V_{T,n}) \cdot V_{out} - V_{out}^2\right] \right\}$$

$$= \frac{1}{2} \left\{ \frac{0.983 \times 10^{-3} \times 0.45 \times 10}{2} \cdot \frac{(1.2 - 0.53)^2}{(1.2 - 0.53) + 0.45} \right.$$

$$\left. + \frac{0.983 \times 10^{-3} \times 10}{2} \frac{1}{\left(1 + \dfrac{0.12}{0.45}\right)} [2 \times (1.2 - 0.53) \times 0.12 - 0.12^2] \right\}$$

$$= 0.73 \text{ mA}$$

并得到下降时间为

$$\tau_{fall} = \frac{C \cdot \Delta V}{I_{avg}} = \frac{30 \times 10^{-15} \times 0.96}{0.73 \times 10^{-3}} = 39.5 \text{ ps}$$

现在用微分方程法来重新计算下降时间。nMOS 管工作在饱和区时 $0.27 \text{ V} \leqslant V_{out} \leqslant 1.08 \text{ V}$，饱和区的电流方程为

$$C \frac{\mathrm{d}V_{out}}{\mathrm{d}t} = -W \cdot v_{sat} \cdot C_{ox} \cdot \frac{(V_{in} - V_{T,n})^2}{(V_{in} - V_{T,n}) + E_c L}$$

$$\frac{\mathrm{d}V_{out}}{\mathrm{d}t} = -\frac{0.983 \times 10^{-3} \times 0.45 \times 10}{2 \times 30 \times 10^{-15}} \cdot \frac{(1.2 - 0.53)^2}{(1.2 - 0.53) + 0.45} = -2.95 \times 10^{10}$$

当 nMOS 管工作在饱和区时间内时，对上式积分得到：

$$\int_{t=0}^{t=t_{sat}} \mathrm{d}t = -\frac{1}{2.95 \times 10^{10}} \int_{V_{out}=1.08}^{V_{out}=0.27} \mathrm{d}V_{out}$$

$$t_{sat} = \frac{0.81}{2.95 \times 10^{10}} = 27.5 \text{ ps}$$

当 $0.12 \text{ V} \leqslant V_{out} \leqslant 0.27 \text{ V}$ 时，nMOS 管工作在线性区，电流方程为

$$C \frac{\mathrm{d}V_{out}}{\mathrm{d}t} = -\frac{k_n}{2} \frac{1}{\left(1 + \dfrac{V_{out}}{E_C L_n}\right)} \left[2 \cdot (V_{in} - V_{T,n}) \cdot V_{out} - V_{out}^2\right]$$

对方程积分，可得 nMOS 管工作在线性区的延迟分量：

$$\int_{t=t_{sat}}^{t=t_{delay}} \mathrm{d}t = -2C_{load} \int_{V_{out}=0.27}^{V_{out}=0.12} \left\{ \frac{1 + \dfrac{1}{E_C L} V_{out}}{k_n \left[2(V_{OH} - V_{T,n})V_{out} - V_{out}^2\right]} \right\} \mathrm{d}V_{out}$$

$$\tau_{fall} - t_{sat} = \frac{30 \times 10^{-15}}{9.863 \times 10^{-3}} \left[\frac{1}{(1.2 - 0.53)} \ln\left(\frac{4(2(1.2 - 0.53) - 0.12)}{2(1.2 - 0.53) - 0.27}\right) \right.$$

$$\left. + \frac{2}{0.45} \ln\left(\frac{2(1.2 - 0.5) - 0.12}{2(1.2 - 0.5) - 0.27}\right) \right]$$

$$= 8.7 \text{ ps}$$

所以，CMOS 反相器的下降时间为

$$\tau_{fall} = 27.5 + 8.7 = 36.2 \text{ ps}$$

在 CMOS 反相器中，输出负载电容在输入下降变化时的充电过程完全类似于输入上升时的放电过程。当输入电压由高 (V_{OH}) 到低 (V_{OL}) 变化时，nMOS 管截止，负载电容通过 pMOS 充电。采用类似的推导过程得到传输延迟时间 τ_{PLH} 为

$$\tau_{PLH} = \frac{C_{load}}{k_p} \cdot \frac{2}{E_{C,p} L_p} \cdot \frac{V_{50\%}(V_{OH} - V_{OL} - |V_{T,p}| + E_{C,p} L_p)}{(V_{OH} - V_{OL} - |V_{T,p}|)^2} \tag{6.19a}$$

当 $V_{OH} = V_{DD}$ 和 $V_{OL} = 0$ 时，式 (6.19a) 变成

$$\tau_{PLH} = \frac{C_{load}}{k_p} \cdot \frac{2}{E_{C,p} L_p} \cdot \frac{V_{50\%}(V_{DD} - |V_{T,p}| + E_{C,p} L_p)}{(V_{DD} - |V_{T,p}|)^2} \tag{6.19b}$$

比较延迟表达式 (6.19b) 和式 (6.18b)，可以看出在一个 CMOS 反相器中传播延迟相等，即 $\tau_{PHL} = \tau_{PLH}$，其充分条件为

$$V_{T,n} = |V_{T,p}| \quad 和 \quad k_n = k_p \text{（或 } W_p/W_n = m_p/m_n\text{）}$$

在不同类型的反相器中，要根据负载器件和它的工作区域计算 τ_{PLH}，但是分析步骤与 CMOS 的情况非常相似。下面以 nMOS 耗尽型负载反相器为例进行说明。当输入电压由高变到低时，增强型 nMOS 驱动晶体管断开。输出负载电容通过耗尽型负载晶体管充电。用微分方程描述如下：

$$C_{load} \frac{\mathrm{d}V_{out}}{\mathrm{d}t} = i_{D,load}(V_{out}) \tag{6.20}$$

注意，负载器件开始时处于饱和区，当输出电压上升到 $(V_{DD} + V_{T,load})$ 以上时就进入线性区，这里 $V_{T,load} < 0$。

$$i_{D,load} = \frac{k_{n,load}}{2}(|V_{T,load}|)^2, \ \text{其中} \ V_{out} \leqslant V_{DD} - |V_{T,load}| \tag{6.21}$$

$$i_{D,load} = \frac{k_{n,load}}{2}[2|V_{T,load}|(V_{DD} - V_{out}) - (V_{DD} - V_{out})^2] \tag{6.22}$$
$$\text{其中} \ V_{out} > V_{DD} - |V_{T,load}|$$

延迟时间 τ_{PLH} 表示为

$$\tau_{PLH} = C_{load}\left[\int_{V_{out}=V_{OL}}^{V_{out}=V_{DD}-|V_{T,load}|}\left(\frac{\mathrm{d}V_{out}}{i_{D,load}(\text{饱和})}\right) + \int_{V_{out}=V_{DD}-|V_{T,load}|}^{V_{out}=V_{50\%}}\left(\frac{\mathrm{d}V_{out}}{i_{D,load}(\text{线性})}\right)\right] \tag{6.23}$$

$$\tau_{PLH} = \frac{C_{load}}{k_{n,load}|V_{T,load}|}\left[\frac{2(V_{DD} - |V_{T,load}| - V_{OL})}{|V_{T,load}|} + \ln\left(\frac{2|V_{T,load}| - (V_{DD} - V_{50\%})}{V_{DD} - V_{50\%}}\right)\right] \tag{6.24}$$

在本节中，所有延迟时间的推导都是在输入波形上升和下降时间为 0 的阶跃脉冲下求得的。下面考虑输入电压波形不是理想阶跃脉冲(即有一定的上升时间 τ_r 和下降时间 τ_f)的情况。在这种更实际的假设下求输出电压的精确延迟时间更为复杂，因为 nMOS 管和 pMOS 管在充放电过程中都有电流流过。为了简化准确延迟时间的求解，可以用下面的经验公式来求解阶跃输入下的传播延迟时间：

$$\tau_{PHL}(\text{实际}) = \sqrt{\tau_{PHL}^2(\text{阶跃输入}) + \left(\frac{\tau_r}{2}\right)^2} \tag{6.25}$$

$$\tau_{PLH}(\text{实际}) = \sqrt{\tau_{PLH}^2(\text{阶跃输入}) + \left(\frac{\tau_f}{2}\right)^2} \tag{6.26}$$

这里，τ_{PHL} 和 τ_{PLH} 是假设输入端为阶跃脉冲时用式(6.18b)和式(6.19b)计算得到的传播延迟时间。而上面给出的公式纯粹是由经验得到的，它们提供了输入上升和下降时间不为 0 的传播延迟时间的简单估算。

另一个值得讨论的问题是，前面的延迟表达式是在长沟道晶体管的简单电流电压关系下得到的。正如第 3 章中所述，进行适当的参数调整，根据渐变沟道近似得到的电流表达式可以用来描述亚微米 MOS 管，因此，本节的延迟分析大部分适用于小尺寸器件。但应注意亚微米管的电流驱动能力因为沟道速率饱和而明显下降，相同宽长比的小尺寸管和长沟道管有不同的最大充放电电流。

特别是深亚微米 nMOS 管的饱和电流不再是 $(V_{GS} - V_T)$ 的二次函数，它可表示为

$$I_{sat} = \xi W_n(V_{GS} - V_T) \tag{6.27}$$

其中，ξ 是载流子饱和速率、沟道长度和沟道内速率饱和度的函数。假设 nMOS 管在 $V_{out} = V_{DD}$ 和 $V_{out} = V_{50\%}$ 间的放电电流可近似为饱和电流（大多数情况下，这种粗略的假设会得到传播延迟时间的一阶估算，大概有 10% 的误差），用平均电流法可得：

$$\tau_{PHL} \approx \frac{C_{load}V_{50\%}}{I_{sat}} = \frac{C_{load}(V_{DD}/2)}{\xi W_n(V_{DD} - V_T)} \tag{6.28}$$

注意，在这种情况下，传播延迟受电源电压的影响很小。采用精确的短沟道 MOSFET 模型（如 Sakurai-Newton 电流模型）以及平均电流法可以更精确地估算充放电电流的传播延迟。

6.4 延迟限制下的反相器设计

CMOS 反相器的设计在一般 CMOS 逻辑电路中是基于延迟特性的，它在数字电路设计中是最终决定复杂系统整体性能的最基本指标之一。大多数情况下，延迟限制应该同其他的如噪声容限、逻辑（反型）阈值、硅片面积和功耗一起考虑。这样，设计过程通常包括平衡大多数冲突的需求以优化整体性能，从而找到整体性能优化的最佳方案。下面，我们将基于延迟限制来考虑 CMOS 反相器设计的一些基本情况。

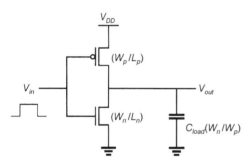

图 6.7　考虑反相器设计问题的一般电路结构

前一节中推导得出的延迟表达式是我们的设计方法的基础。目的是求出满足某种时序要求的 nMOS 和 pMOS 管的沟道尺寸（W_n 和 W_p）。在绝大多数情况下，我们必须考虑到反相器的合成负载电容也是晶体管尺寸的函数，如图 6.7 所示。式（6.1）的负载电容 C_{load} 是由内部的电容分量（受晶体管尺寸影响的寄生漏极电容）和外部电容分量（通常不受反相器的晶体管尺寸影响的互连线电容和扇出电容）组成的。

如果负载电容 C_{load} 主要由外部电容分量组成，且总的负载电容可精确估算而不受晶体管尺寸的影响，那么反相器的设计问题就简化成 6.3 节中导出的延迟方程的直接应用。给定对延迟值 τ_{PHL}^* 的要求（指标），nMOS 管的宽长比可表示为

$$\left(\frac{W_n}{L_n}\right) = \frac{C_{load}}{\tau_{PHL}^* \mu_n C_{ox}} \cdot \frac{2}{E_C L_n} \cdot \frac{V_{50\%}[(V_{OH} - V_{T,n}) + E_C L_n]}{(V_{OH} - V_{T,n})^2} \tag{6.29}$$

同样，满足给定的 τ_{PLH}^* 的指标值，pMOS 管的宽长比可表示为

$$\left(\frac{W_p}{L_p}\right) = \frac{C_{load}}{\tau_{PLH}^* \mu_p C_{ox}} \cdot \frac{2}{E_C L_p} \cdot \frac{V_{50\%}(V_{OH} - V_{OL} - |V_{T,p}| + E_C L_p)}{(V_{OH} - V_{OL} - |V_{T,p}|)^2} \tag{6.30}$$

满足其他延迟限制（如上升和下降时间）的晶体管尺寸可用同样的方法确定。大多数情况下，晶体管的尺寸在满足延迟要求的同时还要满足其他设计标准的要求，如噪声容限和逻辑翻转阈值。而在所有情况下，晶体管尺寸的选择都要使延迟时间小于设定的目标值。下面的例子将说明设计的方法。

例 6.3

位于伊利诺伊州的 Prairie 科技公司使用的 CMOS 制作工艺的器件参数如下：

$\mu_n C_{ox} = 184\ \mu A/V^2$

$\mu_p C_{ox} = 46\ \mu A/V^2$

$L = 40\ nm$，nMOS 和 pMOS 管的栅长都是 40 nm

$V_{T0,n} = 0.5\ V$

$V_{T0,p} = -0.48\ V$

$E_{c,n}L_n = 0.3\ V$

$E_{c,p}L_p = 1.2\ V$

$W_{min} = 300\ nm$

设计一个反相器，确定 nMOS 和 pMOS 管的栅宽 W_n 和 W_p，以满足下列性能指标：

- $V_{th} = 0.6\ V$ 时的 $V_{DD} = 1.2\ V$。
- 传播延迟时间 $\tau^*_{PHL} \leqslant 20\ ps$ 和 $\tau^*_{PLH} \leqslant 15\ ps$。
- 输出从 0.8 V 变到 0.2 V 的下降延迟为 35 ps。假设输入是理想脉冲，总的输出负载电容是 10 fF。

解：开始设计满足这种时间延迟限制推导出的反相器。首先，取决于传播延迟限制的 nMOS 管和 pMOS 管的最小宽长比可以用式 (6.29) 和式 (6.30) 计算：

$$\left(\frac{W_n}{L_n}\right) = \frac{C_{load}}{\tau^*_{PHL}\mu_n C_{ox}} \cdot \frac{2}{E_C L_n} \cdot \frac{V_{50\%}[(V_{OH} - V_{T,n}) + E_C L_n]}{(V_{OH} - V_{T,n})^2}$$

$$= \frac{10 \times 10^{-15}}{20 \times 10^{-12} \times 184 \times 10^{-6}} \cdot \frac{2}{0.3} \cdot \frac{0.6(1.2 - 0.5 + 0.3)}{(1.2 - 0.5)^2}$$

$$= 22.18$$

$$\left(\frac{W_p}{L_p}\right) = \frac{C_{load}}{\tau^*_{PLH}\mu_p C_{ox}} \cdot \frac{2}{E_C L_p} \cdot \frac{V_{50\%}(V_{OH} - V_{OL} - |V_{T,p}| + E_C L_p)}{(V_{OH} - V_{OL} - |V_{T,p}|)^2}$$

$$= \frac{10 \times 10^{-15}}{15 \times 10^{-12} \times 46 \times 10^{-6}} \cdot \frac{2}{1.2} \cdot \frac{0.69(1.2 - 0.48 + 1.2)}{(1.2 - 0.48)^2}$$

$$= 53.4$$

在输出电压下降（从 0.8 V 到 0.2 V）期间，CMOS 反相器的 nMOS 管都工作在线性区。nMOS 管在这个区的电流方程为

$$C_{load}\frac{\mathrm{d}V_{out}}{\mathrm{d}t} = -\frac{k_n}{2}\frac{1}{\left(1 + \dfrac{V_{out}}{E_C L_n}\right)}\left[2 \cdot (V_{in} - V_{T,n}) \cdot V_{out} - V_{out}^2\right]$$

对其进行积分，得到下面的关系：

$$t_{delay} = 35 \times 10^{-12} = -2C_{load}\int_{V_{out}=0.8}^{V_{out}=0.2}\left\{\frac{1 + \dfrac{1}{E_C L}V_{out}}{\mu_n C_{ox}\left(\dfrac{W_n}{L_n}\right)\left[2(V_{OH} - V_{T,n})V_{out} - V_{out}^2\right]}\right\}\mathrm{d}V_{out}$$

$$t_{delay} = \frac{C_{load}}{k_n}\left[\frac{1}{(1.2 - 0.53)}\ln\left(\frac{4(2(1.2 - 0.53) - 0.2)}{2(1.2 - 0.53) - 0.8}\right) + \frac{2}{0.45}\ln\left(\frac{2(1.2 - 0.53) - 0.2}{2(1.2 - 0.53) - 0.8}\right)\right]$$

$$35 \times 10^{-12} = \frac{10 \times 10^{-15}}{184 \times 10^{-6}\left(\dfrac{W_n}{L_n}\right)}(3.14 + 4.62)$$

现在解出 nMOS 管的宽长比为

$$\left(\frac{W_n}{L_n}\right) = 12.05$$

注意，这个值比先前传播延迟限制确定的宽长比要小。这样，对于给定的 $L_n = 40\,\text{nm}$，取大一点的比值，使之既满足延迟限制，又能将 nMOS 管的尺寸定在 $W_n = 880\,\text{nm}$。另外，逻辑阈值限制 $V_{th} = 0.6\,\text{V}$ 将有助于确定 pMOS 管的尺寸。用第 5 章中的式(5.79)来计算 CMOS 反相器的逻辑门限电压：

$$V_{th} = \frac{V_{T0,n} + \sqrt{\kappa} \cdot (V_{DD} - |V_{T0,p}|)}{1 + \sqrt{\kappa}} = 0.6$$

$$\kappa = \frac{W_p}{W_n} \cdot \frac{E_{C,n} \cdot L_n}{E_{C,p} \cdot L_p}$$

我们发现满足设计限制的比率 κ 等于 0.694。这个值可以用来计算 pMOS 管的宽长比：

$$\kappa = \frac{\left(\dfrac{W_p}{L_p}\right)}{\left(\dfrac{W_n}{L_n}\right)} \cdot \frac{E_{C,n}}{E_{C,p}} = \frac{\left(\dfrac{W_p}{L_p}\right) \times 0.3}{22.0 \times 1.2} = 0.694$$

$$\left(\frac{W_p}{L_p}\right) = 61.1$$

注意，这个比值比传播延迟限制的比值要大一些。因为大的比值既满足延迟限制，又满足 V_{th} 限制。所以当 $L_p = 40\,\text{nm}$ 时，我们确定 pMOS 管的 $W_p = 2.44\,\mu\text{m}$。

在前面的讨论中，我们假设总输出负载电容 C_{load} 主要由外部电容分量组成，因此对器件尺寸并不敏感。在这种假设下可以将 C_{load} 看成一个常量。然而，在大多数情况下，我们必须考虑 C_{load} 中的内部电容分量，它是器件尺寸 W_n 和 W_p 的增函数，描述输出负载电容分量的表达式(6.1)变成：

$$\begin{aligned}C_{load} &= C_{gd,n}(W_n) + C_{gd,p}(W_p) + C_{db,n}(W_n) + C_{db,p}(W_p) + C_{int} + C_g \\ &= f(W_n, W_p)\end{aligned} \tag{6.31}$$

注意，扇出电容 C_g 是下级门电路中器件尺寸的函数。在下面的讨论中，将扇出电容 C_g 看成与驱动门的器件尺寸无关的常量。显然，由式(6.31)确定，满足延迟限制的器件尺寸确定不像先前的式(6.29)和式(6.30)描述的那样简单直接。任何企图增加 nMOS 和 pMOS 管的沟道宽度以减小延迟的做法，将不可避免地增加负载电容中的内部电容分量。

深入了解延迟限制下的晶体管尺寸问题和分析各种设计参数之间的相互影响，我们将 CMOS 反相器的掩模版图简化为如图 6.8 所示。这里，nMOS 管和 pMOS 管的扩散区都是简单的矩形结构，假设两种器件漏极长度 D_{drain} 是一样的。相对较小的栅漏电容 $C_{gd,n}$ 和 $C_{gd,p}$ 在下面的分析中将忽略不计。

在图 6.8 中将 nMOS 管和 pMOS 管的漏区重点表示出来。利用第 3 章的结电容表达式 (3.133) 和式 (3.138)，漏极寄生电容可表示为

$$C_{db,n} = W_n D_{drain} C_{j0,n} K_{eq,n} + 2(W_n + D_{drain}) C_{jsw,n} K_{eq,n} \tag{6.32}$$

$$C_{db,p} = W_p D_{drain} C_{j0,p} K_{eq,p} + 2(W_p + D_{drain}) C_{jsw,p} K_{eq,p} \tag{6.33}$$

其中，$C_{j,n}$ 和 $C_{j0,p}$ 分别表示 n 型和 p 型管的扩散区零偏置结电容，$C_{jsw,n}$ 和 $C_{jsw,p}$ 表示零偏置侧壁电容，$K_{eq,n}$ 和 $K_{eq,p}$ 表示电压等价因子。那么，总的输出负载电容为：

$$C_{load} = (W_n C_{j0,n} K_{eq,n} + W_p C_{j0,p} K_{eq,p}) D_{drain} + 2(W_n + D_{drain}) C_{jsw,n} K_{eq,n}$$
$$+ 2(W_p + D_{drain}) C_{jsw,p} K_{eq,p} + C_{int} + C_g \tag{6.34}$$

所以，反相器总的负载电容表示为

$$C_{load} = \alpha_0 + \alpha_n W_n + \alpha_p W_p \tag{6.35}$$

其中

$$\alpha_0 = 2D_{drain}(C_{jsw,n} K_{eq,n} + C_{jsw,p} K_{eq,p}) + C_{int} + C_g \tag{6.36}$$

$$\alpha_n = K_{eq,n}(C_{j0,n} D_{drain} + 2C_{jsw,n}) \tag{6.37}$$

$$\alpha_p = K_{eq,p}(C_{j0,p} D_{drain} + 2C_{jsw,p}) \tag{6.38}$$

利用式 (6.35)，下降和上升输出变化的传播延迟表达式 (6.18b) 和式 (6.19b) 可改写为

$$\tau_{PHL} = \left(\frac{\alpha_0 + \alpha_n W_n + \alpha_p W_p}{W_n} \right) \cdot \left(\frac{L_n}{\mu_n C_{ox}} \right) \cdot \frac{2}{E_{C,n} L_n} \cdot \frac{V_{50\%}[(V_{DD} - V_{T,n}) + E_{C,n} L_n]}{(V_{DD} - V_{T,n})^2} \tag{6.39}$$

$$\tau_{PLH} = \left(\frac{\alpha_0 + \alpha_n W_n + \alpha_p W_p}{W_p} \right) \cdot \left(\frac{L_p}{\mu_p C_{ox}} \right) \cdot \frac{2}{E_{C,p} L_p} \cdot \frac{V_{50\%}(V_{DD} - |V_{T,p}| + E_{C,p} L_p)}{(V_{DD} - |V_{T,p}|)^2} \tag{6.40}$$

注意，沟道长度 L_n 和 L_p 通常是固定的且彼此相等。而且，沟道宽度 W_n 和 W_p 的比值通常受其他设计条件限制，如噪声容限和逻辑反型阈值的影响。设晶体管的栅宽比定义为

$$R \equiv \left(\frac{W_p}{W_n} \right) \tag{6.41}$$

现在，输出下降期间的传播延迟 τ_{PHL} 可表示为单个设计参数 W_n 的函数，τ_{PLH} 表示为单个设计参数 W_p 的函数：

$$\tau_{PHL} = \Gamma_n \left(\frac{\alpha_0 + (\alpha_n + R\alpha_p) W_n}{W_n} \right) \tag{6.42a}$$

$$\tau_{PLH} = \Gamma_p \left(\frac{\alpha_0 + \left(\dfrac{\alpha_n}{R} + \alpha_p \right) W_p}{W_p} \right) \tag{6.42b}$$

其中，Γ_n 和 Γ_p 定义为

$$\Gamma_n = \left(\frac{L_n}{\mu_n C_{ox}} \right) \cdot \frac{2}{E_{C,n} L_n} \cdot \frac{V_{50\%}[(V_{DD} - V_{T,n}) + E_{C,n} L_n]}{(V_{DD} - V_{T,n})^2} \tag{6.43a}$$

$$\Gamma_p = \left(\frac{L_p}{\mu_p C_{ox}} \right) \cdot \frac{2}{E_{C,p} L_p} \cdot \frac{V_{50\%}(V_{DD} - |V_{T,p}| + E_{C,p} L_p)}{(V_{DD} - |V_{T,p}|)^2} \tag{6.43b}$$

给定目标延迟值 τ_{PHL}^* 和 τ_{PLH}^*，满足延迟限制的 nMOS 和 pMOS 管的最小沟道宽度 W_n 和 W_p 可以分别采用式 (6.42a) 和式 (6.42b) 解出。

从式 (6.42a) 和式 (6.42b) 中可得到一个重要的结论：因为漏极寄生电容的存在，CMOS

反相器对开关速度具有一定的限制。可以看出,利用增加 W_n 和 W_p 来减小传播延迟时间的方法在延迟值超过某一特定值后效果会降低。对于大的 W_n 和 W_p,延迟值逼近极限值。从式(6.42a)和式(6.42b)中得到极限延迟时间为

$$\tau_{PHL}^{limit} = \Gamma_n(\alpha_n + R\alpha_p) \tag{6.44a}$$

$$\tau_{PLH}^{limit} = \Gamma_p\left(\frac{\alpha_n}{R} + \alpha_p\right) \tag{6.44b}$$

CMOS 反相器的传播延迟时间不能低于极限值,其极限值受工艺参数如掺杂浓度、最小沟道长度和版图设计规则(如 D_{drain})的限制。而且应该注意,传播延迟极限与外部电容分量 C_{int} 和 C_g 无关。在特定情况下,逼近极限值近似的快慢取决于负载电容 C_{load} 中的内部电容分量和外部电容分量的比值。如果总的负载电容主要是由外部电容分量构成的,则可以通过增宽 W_n 和 W_p 来降低延迟。另一方面,如果总的负载电容主要是由内部电容分量构成的,选择小的 W_n 和 W_p 则可达到极限值。

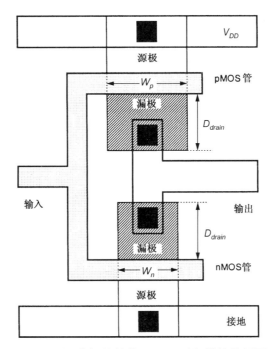

图 6.8   延迟分析的简化 CMOS 反相器掩模版图

例 6.4

为了举例说明本节讨论的一些基本问题,我们用第 4 章给定的 65 mm 工艺参数来设计一个 CMOS 反相器。电源电压 $V_{DD} = 1.2$ V,负载的外部电容分量(由互连线电容和下级扇出电容组成)是 30 fF。nMOS 管和 pMOS 管的沟道长度是 $L_n = L_p = 60$ nm。选择晶体管的栅宽比为 $R = (W_p / W_n) = 2$。

解:在这个例子中,采用不同的晶体管宽度来设计一些 CMOS 反相器电路使它们有相同的外部电容。画出每个反相器的实际掩模版图,从版图寄生参数提取中计算寄生电容,用 SPICE 对提取的电路用网表文件进行仿真,求出每个反相器的瞬态响应和传播延迟时间。下图显示的是 5 种不同反相器的仿真输出电压波形。

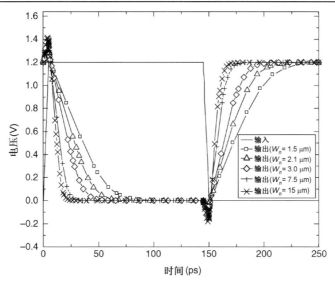

正如所希望的那样，具有最小尺寸（$W_n = 1.5\,\mu m$ 和 $W_p = 3\,\mu m$）的反相器电路的传播延迟最高。增加 nMOS 和 pMOS 的沟道宽度可以减小延迟。开始时，延迟量的减小相当明显。例如，当晶体管宽度增加到 $W_n = 3\,\mu m$ 和 $W_p = 6\,\mu m$ 时，传播延迟 τ_{PHL} 下降了大约 50%。然而当晶体管的宽度再增加，延迟接近式（6.44）所描述的极限值时，延迟降低率逐渐减小。例如，从 $W_n = 15\,\mu m$ 到 $W_n = 30\,\mu m$ 这样增加 100% 的效果几乎可以忽略不计。原因是两种晶体管的漏极寄生电容增加了，这在前面已经讨论过了。

在下面的图中，下降输出的传播延迟 τ_{PHL}（由 SPICE 仿真获得）被描绘成 nMOS 管沟道宽度的函数，这条曲线逼近的极限值大约为 16 ps，主要由工艺参数决定，与外部电容分量无关。

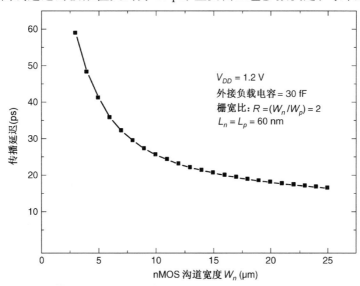

另外，器件尺寸对传播延迟也有影响，寄生电容对这种影响产生内在限制，电路总的芯片面积也应考虑。事实上，可以认为是用增加芯片面积来换取延迟减小的，因为电路速度的提高是以增大晶体管尺寸为代价的。在我们的例子中，电路的面积与 W_n 和 W_p 成正比，因为其他晶体管尺寸在增加沟道宽度、减小延迟时保持不变。根据上面的仿真结果可以看出，增加 W_n 到超过 15～25 μm 时将浪费宝贵的芯片面积，因为超过最小点后获得的延迟减小量很少。

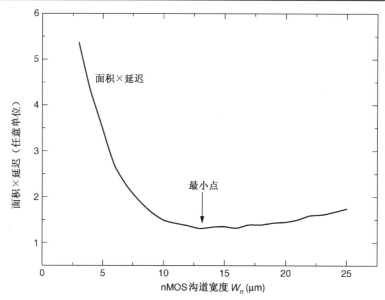

面积与延迟的乘积是一种设计质量的实际量化指标。它考虑到降低延迟会牺牲芯片面积。增加沟道宽度使传播延迟逼近极限值时，（面积×延迟）乘积在 $W_n = 13\ \mu m$ 附近达到最小值，可以在兼顾速度和总体芯片面积的前提下做出最佳选择。

注意，以目前的工艺水平，亚微米反相器的固有延迟典型值约为几十皮秒，即至少是理论上有非常高的开关速度。事实上，现代亚微米逻辑电路的速度主要受限于互连线寄生参数，而不是单个门的固有延迟。这个问题将在下面几节中说明。

CMOS 环形振荡电路

下面的电路例子说明与反相器开关特性有关的一些基本概念，这些概念在前面几节中已介绍过。同时，这个例子简单证明了数字电路中的不稳定状态。

图 6.9 所示是一个三级理想反相器的级联。第三级反相器的输出与第一级反相器的输入相连。这样，三级反相器形成了一个电压反馈环路。可以容易地检验出该电路没有稳定的工作点。当所有的反相器输入和输出电压等于逻辑门限电压 V_{th} 时，唯一的直流工作点是不稳定的，任何节点的电压受到干扰都会使电路的直流工作点产生漂移。事实上，奇数个反相器的闭环串联连接呈现出不稳定状态。例如，一旦反相器的输入或输出电压偏离不稳定的工作点 V_{th}，电路就产生振荡。因此，这个电路称作环形振荡器。第 8 章中将详细分析由相同反相器构成的闭环串联电路。这里将定性地介绍电路的特性。

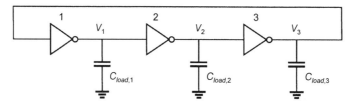

图 6.9　由理想反相器构成的三级环形振荡电路

图 6.10 显示出三级反相器在振荡时的典型输出电压波形。当第一级反相器的输出电压 V_1

从 V_{OL} 上升到 V_{OH} 时，它使第二级反相器的输出电压 V_2 从 V_{OH} 下降到 V_{OL}。注意，V_1 和 V_2 分别达到 $V_{50\%}$ 时的时间差称为第二级反相器的信号传播延迟 τ_{PHL2}。当第二级反相器输出电压 V_2 下降时，它使第三级反相器的输出电压 V_3 从 V_{OL} 上升到 V_{OH}。同样，V_2 和 V_3 到达 $V_{50\%}$ 时的时间差称为第三级反相器的信号传播延迟 τ_{PHL3}。从图 6.10 中可以看出，每级反相器推动串接的下一级反相器，最后一级反相器又推动了第一级反相器，这样就维持了振荡。

在这个三级电路中，任一反相器输出电压的振荡周期 T 可表示为 6 个传播延迟的总和（见图 6.10）。因为假设 3 个闭环串联的反相器是相同的，且输出负载电容相等（$C_{load1} = C_{load2} = C_{load3}$），我们可以用平均传播延迟 τ_P 表示振荡周期 T：

$$
\begin{aligned}
T &= \tau_{PHL1} + \tau_{PLH1} + \tau_{PHL2} + \tau_{PLH2} + \tau_{PHL3} + \tau_{PLH3} \\
&= 2\tau_P + 2\tau_P + 2\tau_P \\
&= 3 \cdot 2\tau_P = 6\tau_P
\end{aligned}
\tag{6.45}
$$

总结任意奇数个（n 个）串联连接的反相器的关系可以得到：

$$
f = \frac{1}{T} = \frac{1}{2 \cdot n \cdot \tau_P}
\tag{6.46}
$$

所以，振荡频率 f 是一级反相器的平均传播延迟的简单函数。这个关系式可以用来度量典型的具有最小电容负载反相器的平均传播延迟，只要将 n 个相同的反相器构成一个环形振荡电路并确定其精确的振荡频率，从式（6.46）可得到：

$$
\tau_P = \frac{1}{2 \cdot n \cdot f}
\tag{6.47}
$$

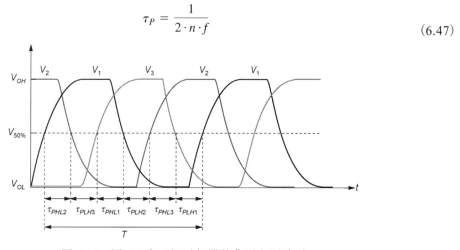

图 6.10　图 6.9 中三级反相器的典型电压波形

通常，为了使电路的振荡频率保持在容易测量的范围内，组成电路的级数 n 一般要远大于三级或五级。环形振荡频率测量用来表征一种特殊的设计和（或）一种新的制造工艺。环形振荡器电路也可用作简单的脉冲发生器，其输出波形可用作简单的片内时钟发生器。然而，为了获得高精确度和稳定度的振荡频率，通常使用片外晶体振荡器。

6.5　互连线电容与电阻的估算

比较传统的确定逻辑门开关速度的方法建立在负载主要为容性和集总的假设基础之上。在前几节里，我们分析了输出点负载为纯电容的相对简单的延迟模型，一旦负载被确定就可以估算出电路的瞬态特性。传统的延迟估算方法是试图将输出负载划分为三个主要部分，每个部分都假设是纯电容：(1)晶体管的内部寄生电容；(2)互连线电容；(3)扇出逻辑门的输入电容。将这三部分组成的负载加在互连线上会出现严重的问题，特别是在亚微米电路中。

图 6.11 显示的是一级反相器驱动其他三个反相器的情况，它们之间用不同长度和几何形状的互连线连接。如果每条互连线的负载可近似为一个集总电容，那么从第一级反相器看，总负载仅是上述所有总的电容成分的总和。然而在多数情况下，加在互连线上的负载情况远不是这么简单。通常具有三维结构的金属或多晶硅导线的电阻和电容是不可忽略的。导线的长宽比通常确定参数的分布性，使互连线变成真正意义上的传输线。而且互连线不可能与其他影响隔绝。在实际情况中，互连线与许多同层或不同层的其他线非常接近。延迟的精确估算还要考虑电容和电感耦合以及邻近线之间的信号干扰。

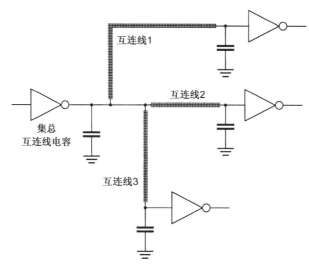

图 6.11　一级反相器通过互连线驱动其他 3 个反相器

一般来说，如果信号通过互连线的时间(由光速确定)比信号的上升和下降时间短得多，那么导线可看成容性负载或看成一个集总电容或分布的 RC 网络。如果互连线足够长而且信号波形的上升时间与通过导线的时间相差不大，那么感性起主导作用，互连线就必须看成是传输线模型。下面简单的经验公式可以确定什么时候采用传输线模型：

$$\tau_{rise}(\tau_{fall}) < 2.5 \times \left(\frac{l}{\nu}\right) \qquad \Rightarrow \quad \{\text{传输线模型}\}$$

$$2.5 \times \left(\frac{l}{\nu}\right) < \tau_{rise}(\tau_{fall}) < 5 \times \left(\frac{l}{\nu}\right) \qquad \Rightarrow \quad \{\text{传输线模型或集总模型}\} \qquad (6.48)$$

$$\tau_{rise}(\tau_{fall}) > 5 \times \left(\frac{l}{\nu}\right) \qquad \Rightarrow \quad \{\text{集总模型}\}$$

这里，l 是互连线的长度，ν 是传播速度。注意，传输线分析不考虑上升和下降时间以及互连线长度就能给出正确的结果。而当上升和下降时间足够大时用集总近似也能得到相同精度的结果。例如，超大规模集成电路芯片上最长的线约为 2 cm。假设 $\varepsilon_r = 4$，信号通过此线的时间近似为 133 ps，比片内信号上升/下降时间还要短。这样，导线可以用一个电容或一个 RC 模型来表示。另一方面，在铝衬底中通过 10 cm 的多芯片模块(MCM)互连线的时间约为 1 ns，与某些驱动器产生的信号上升时间在同一数量级。在这种情况下，互连线模型应考虑 RLCG(电阻、电感、电容和电导)的寄生参数，如图 6.12 所示。注意，特别是当驱动器的输出阻抗比传输线的特性阻抗明显低时，信号完整性亦明显降低。

　　由于在许多情况下由电容负载成分引起的逻辑门延迟导致导线延迟占主导地位，因此 CMOS 超大规模集成电路芯片中的传输线影响最近得到重视。但当制造工艺发展到亚微米水平时，逻辑门的固有门延迟明显降低。相反，因为芯片的复杂性增加，整个芯片的尺寸和在芯片中最坏情况下的导线长度不断增加。这样，在亚微米技术中互连线延迟的重要性就增加了。另外，当金属线宽度减小时，传输线的影响和相邻导线间的信号耦合变得更明显。

　　图 6.13 定性地画出了不同工艺下的固有的逻辑门延迟和互连线延迟。可以看出，在亚微米工艺中，互连线延迟开始在门延迟中占主要地位。为了解决相互间的影响和优化系统速度，芯片设计人员必须有可靠有效的解决方法：(1)在大面积芯片中估算互连线寄生电容；(2)瞬态特性仿真。

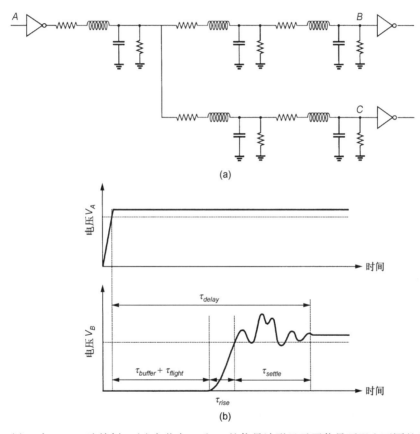

图 6.12　(a)一个 RLCG 连接树；(b)在节点 A 和 B 的信号波形显示了信号延迟和不同的延迟分量

　　已经证明，互连线延迟已成为亚微米超大规模集成电路芯片延迟的主要因素，我们必须知道在大面积芯片中哪些互连线会引起严重的延迟问题。从大多数超大规模集成电路分层结构设计中都可以洞察到这个问题。在一块由几个功能模块组成的芯片上，每个模块的功能块、逻辑门和晶体管之间有相当多的局部连线。因为这些模块内连线通常都比较短，它们对速率的影响可以用传统的模型来模拟。然而也有相当数量的芯片模块间有较长的连线，称为模块间连线。这些模块间连线存在的时序问题应当在设计早期就加以考虑。图 6.14 显示出芯片导线归一化于芯片对角线长度的典型的统计分布图。分布图中有两个明显的波峰，一个是相对短的模块内连线，另一个是相对长的模块间连线。还要注意少数互连线可能很长，特别是有些比芯片的对角线长度还长。这些线通常用于信号总线和时钟分布网络连接。虽然它们的数量相对较少，但这些长的互连线往往是最棘手的问题。

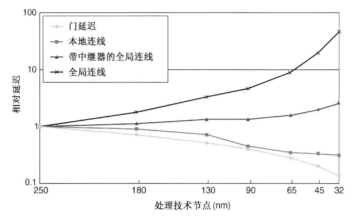

图 6.13　小尺寸 CMOS 工艺中，互连线延迟与门延迟的关系

（源自：ITRS 2005）

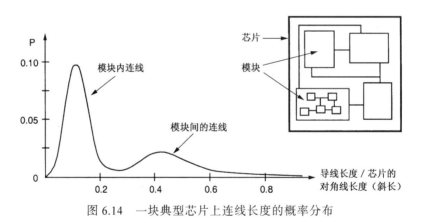

图 6.14　一块典型芯片上连线长度的概率分布

6.5.1　互连线电容的估算

在大规模集成电路中，寄生的互连线电容是最难精确估计的参数之一。在金属或多晶硅中每条互连线都是三维结构的，它们在形状、厚度和离衬底的垂直距离这些方面都有明显的差别。而且，每条连线被许多其他的线包围，或在同一层，或不在同一层。图 6.15 显示了三个不同层面上彼此之间非常接近的 6 条互连线的简化图。精确估算它们与衬底和彼此之间的寄生电容是一件非常复杂的工作。

首先，考虑图 6.16 所示的单段互连线。假设线段在电流方向的长度为 l，宽度为 w，厚度为 t。且假设互连线与芯片面平行且被高度为 h 的绝缘(氧化)层与衬底隔离。此时，相对于衬底寄生电容的正确估算是一个重要的问题。用图 6.16 中的基本几何图形，可以计算出互连线段的平板电容 C_{pp}。然而在互连线中，互连线厚度 t 和离衬底距离 h 在数量上是可比的，边缘电场明显增加了总的寄生电容(见图 6.17)。

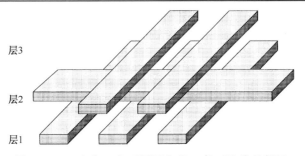

图 6.15　一个在三个不同层上的 6 条互连线的例子

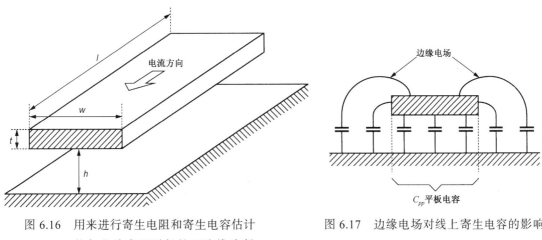

图 6.16　用来进行寄生电阻和寄生电容估计
的与芯片表面平行的互连线片断

图 6.17　边缘电场对线上寄生电容的影响

图6.18显示了作为(t/h)、(w/h)和(w/l)函数的边缘场因子$FF = C_{total} / C_{pp}$的变化。可以看出，当(w/h)比值减小时边缘场的影响增大，边缘场电容比平板电容大 10～20 倍。前面早就阐述过，亚微米制造工艺使得金属线的宽度显著减小，但为了确保结构的完整性，必须确保线的厚度。在这种情况下，窄的但相对厚的金属线对边缘场电容的影响特别敏感。

20 世纪 80 年代早期，Yuan 和 Trick 推出了一套简单的公式来计算这些互连结构的电容，它们的边缘场电容使寄生电容的计算变得复杂。当两种线宽(w)的范围不同时，有下面两种情况：

$$C = \varepsilon\left[\frac{\left(w - \dfrac{t}{2}\right)}{h} + \frac{2\pi}{\ln\left(1 + \dfrac{2h}{t} + \sqrt{\dfrac{2h}{t}\left(\dfrac{2h}{t} + 2\right)}\right)}\right], \quad \text{其中} w \geqslant \frac{t}{2} \tag{6.49}$$

$$C = \varepsilon\left[\frac{w}{h} + \frac{\pi\left(1 - 0.0543 \cdot \dfrac{t}{2h}\right)}{\ln\left(1 + \dfrac{2h}{t} + \sqrt{\dfrac{2h}{t}\left(\dfrac{2h}{t} + 2\right)}\right)} + 1.47\right], \quad \text{其中} w < \frac{t}{2} \tag{6.50}$$

利用这些公式可以估算寄生电容的近似值，即使在(t/h)值非常小的时候，误差也能精确到10%以内。图 6.19 显示出作为(w/h)和(t/h)函数的导线电容的另一种图形。图中直的点画线表示对应的平板电容，另两条曲线表示考虑边缘场影响的实际电容。可以看出，当导线的宽度相对于厚度减小时，实际导线电容减小；然而当线宽近似等于绝缘层厚度时，电容将近似稳定在 1 pF/cm。

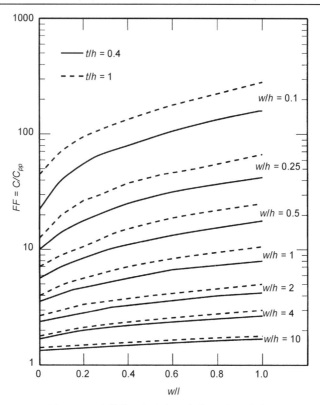

图 6.18　边缘场因子随互连线尺寸的变化

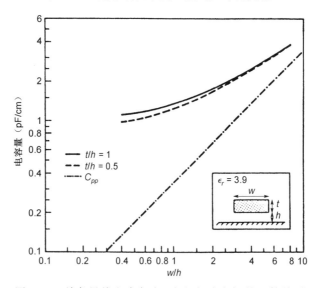

图 6.19　单条导线电容与 (w/h) 和 (t/h) 之间的函数关系

　　现在我们考虑更实际的情况。此时互连线与周围结构不是完全隔绝的，而是和其他导线平行耦合的。在这种情况下，总的线寄生电容不仅受边缘场影响而增加，而且还受线间电容耦合的影响。图 6.20 在两个不同的图中描述了与平行互连线相关的电容的情形。注意，当线的宽度与它的厚度差不多时，相邻线之间的电容耦合增加。互连线间的耦合是造成信号干扰的主要原因，即一条线上的传输信号会在另一条线上引起噪声。图 6.21 显示了这样一条导线的电容，它与两侧按最小设计尺寸隔开的两条导线（在同一层）互相耦合。尤其是如果相邻的两条线都与地相连，中间（对应于地而言）互连线的总电容要比单一的平板电容大 20 多倍。

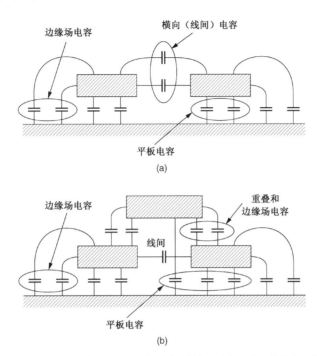

图 6.20　容性耦合成分。(a)同一层的两条平行导线；(b)两个不同层上的三条平行导线

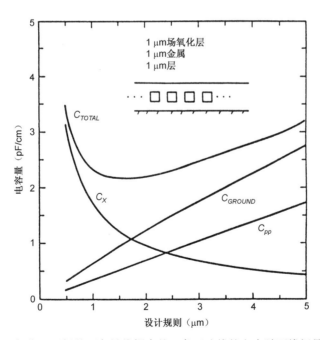

图 6.21　与位于两侧的两条导线耦合的一条互连线的电容随两线间最小距离
　　　　　的变化。C_{TOTAL} 为线的总电容，C_{GROUND} 和 C_X 分别表示对地电容和
　　　　　横向(线间)电容。抽象的平板电容 C_{pp} 也显示在图中作为参考

图 6.22 显示了两层金属 CMOS 结构的剖面图，层间各自的寄生电容也都显示出来。剖面图不是显示整个 MOSFET，而只是一些金属线可能经过的扩散区的部分。在金属 2 和金属 1、金属 1 和多晶硅、金属 2 和多晶硅之间的层间电容分别被记为 C_{m2m1}、C_{m1p} 和 C_{m2p}。其他关于衬底的寄生电容分量也加以定义。如果金属线通过有源区，底层氧化层厚度较小（因为有源区面积窗口的缘故），从而导致了电容增大。这些特殊情况下的电容称为 C_{m1a} 和 C_{m2a}。另外，厚的场氧化层将使电容值减小。

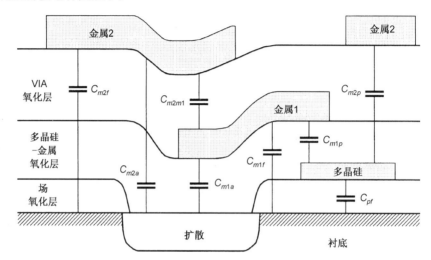

图 6.22　两层金属 CMOS 结构的剖面图，图中画出了不同层之间的电容

以典型的 65 nm CMOS 工艺为例来加以讨论，不同层的垂直厚度列于表 6.1 中。注意，尤其是第 2 层金属，最小的 (w/t) 比值可低到 1.6，这将导致边缘场电容分量明显增加。同样，第一层金属的 (t/h) 比值近似为 1。表 6.2 列出了在图 6.22 中同样的 65 nm CMOS 工艺的各层电容值。其周长可以用来计算边缘场电容。

为了估算复杂的三维结构的互连线电容，必须考虑导线每一部分的精确几何图形。在大规模电路中，即使有简单的公式来计算电容，也需要进行大量的计算。通常，芯片制造商通过测试不同的电容结构给出每层结构的单位面积电容（平板电容）和周长电容（边缘场电容）。这些数据可用来从版图中提取寄生电容。在芯片中考虑测试结构是非常英明的，它可以使设计者为一套设计工具独立地测定一种工艺。在整个芯片的性能受寄生电容或一条特定线的耦合影响的情况下，精确的互连线寄生效应的 3D 仿真是唯一可靠的解决方法。

表 6.1　典型的 65 nm CMOS 工艺不同层的厚度值

场氧化层厚度	3 μm	
栅氧化层厚度	2.6 nm	
多晶硅厚度	1 μm	（最小宽度 0.16 μm）
多晶硅-金属氧化层厚度	1.1 μm	
金属 1 厚度	1.8 μm	（最小宽度 0.09 μm）
金属 2～7 厚度	2.2 μm	（最小宽度 0.1 μm）
金属 8～9 厚度	9 μm	（最小宽度 0.4 μm）
Via 氧化层厚度（PO～M1）	1.75 μm	
Via 氧化层厚度（M1～M6）	2.2 μm	

（续表）

Via 氧化层厚度（M6～M9）	9 μm
n^+结深度	23 nm
p^+结深度	28 nm
n 阱结深度	3 μm

表 6.2　65 nm CMOS 工艺典型的两层金属在不同层之间的寄生电容值

场氧化层上的多晶硅	C_{pf}	面积	0.066 fF/μm²
		周长	0.046 fF/μm
场氧化层上的金属 1	C_{m1f}	面积	0.030 fF/μm²
		周长	0.044 fF/μm
场氧化层上的金属 2	C_{m2f}	面积	0.016 fF/μm²
		周长	0.042 fF/μm
多晶硅上的金属 1	C_{m1p}	面积	0.053 fF/μm²
		周长	0.051 fF/μm
多晶硅上的金属 2	C_{m2p}	面积	0.021 fF/μm²
		周长	0.045 fF/μm
金属 1 上的金属 2	C_{m2m1}	面积	0.035 fF/μm²
		周长	0.051 fF/μm

（a）平板电容（aF/μm）

	FOX	PO	M1	M2	M3	M4	M5	M6	M7	M8	M9
FOX	–	6.37	5.14	2.98	1.99	1.49	1.20	0.99	0.85	3.23	2.45
PO	6.37	–	16.6	5.13	1.99	1.49	1.44	1.16	0.97	3.57	2.64
M1	5.14	16.6	–	15.1	4.28	2.50	1.76	1.36	1.11	3.96	2.85
M2	2.98	5.13	15.1	–	15.1	4.28	2.50	1.76	1.36	4.61	3.17
M3	1.99	1.99	4.28	15.1	–	15.1	4.28	2.50	1.76	5.51	3.57
M4	1.49	1.49	2.50	4.28	15.1	–	15.1	4.28	2.50	6.85	4.09
M5	1.20	1.44	1.76	2.50	4.28	15.1	–	15.1	4.28	9.05	4.79
M6	0.99	1.16	1.36	1.76	2.50	4.28	15.1	–	15.1	13.3	5.77
M7	0.85	0.97	1.11	1.36	1.76	2.50	4.28	15.1	–	25.3	7.26
M8	3.23	3.57	3.96	4.61	5.51	6.85	9.05	13.3	25.3	–	25.3
M9	2.45	2.64	2.85	3.17	3.57	4.09	4.79	5.77	7.26	25.3	–

（b）边缘电容（aF/μm）

	FOX	PO	M1	M2	M3	M4	M5	M6	M7	M8	M9
FOX	–	23.4	15.1	13.2	11.5	10.7	10.2	10.4	10.5	12.3	11.2
PO	23.4	–	27.6	15.6	12.6	11.4	10.4	10.4	10.9	12.7	11.2
M1	15.1	27.6	–	26.4	14.5	12.3	11.3	10.8	11.3	13.2	11.8
M2	13.2	15.6	26.4	–	26.4	14.6	12.4	11.6	11.9	13.9	12.3
M3	11.5	12.6	14.5	26.4	–	26.4	14.7	12.7	12.7	14.9	12.8
M4	10.7	11.4	12.3	14.6	26.4	–	26.4	14.9	13.9	16.4	13.5
M5	10.2	10.4	11.3	12.4	14.7	26.4	–	26.8	16.4	18.6	14.3
M6	10.4	10.4	10.8	11.6	12.7	14.9	26.8	–	28.6	22.6	15.3
M7	10.5	10.9	11.3	11.9	12.7	13.9	16.4	28.6	–	33.0	16.7
M8	12.3	12.7	13.2	13.9	14.9	16.4	18.6	22.6	33.0	–	32.4
M9	11.2	11.2	11.8	12.3	12.8	13.5	14.3	15.3	16.7	32.4	–

注：FOX: Field Oxide, PO: Poly, M1 = Metal 1

6.5.2 互连线电阻的估算

金属线或多晶硅线条的寄生电阻也会对信号传播延迟产生明显的影响。线的电阻取决于所用的材料（如多晶硅、铝或金）、线条的尺寸和线上接触孔的数目和位置。再考虑图 6.16 中的互连线。在指定的电流方向上总的电阻为：

$$R_{wire} = \rho \cdot \frac{l}{w \cdot t} = R_{sheet}\left(\frac{l}{w}\right) \tag{6.51}$$

式中，ρ 表示互连线材料的特征电阻率，R_{sheet} 代表连线的方块电阻，单位是（Ω/方块）。

$$R_{sheet} = \left(\frac{\rho}{t}\right) \tag{6.52}$$

典型的多晶硅层的方块电阻在 20～40 Ω/方块之间，而硅化物的方块电阻在 2～4 Ω/方块之间。铝的方块电阻更小，近似等于 0.1 Ω/方块。典型的金属–多晶硅和金属–扩散层的接触孔电阻是 20～30 Ω，而金属通孔电阻大约为 0.3 Ω。

利用式（6.51）可以根据线段的几何图形来计算总的寄生电阻。大多数短的铝和硅化物互连线中的寄生电阻通常可以忽略不计。但是必须考虑长线的寄生电阻的影响。在一阶近似中，假设总的集总电阻与互连线的集总电容形成串联结构。然而在多数情况下，需要更精确的近似方法来估算互连线的延迟，下面将详细讨论。

6.6 互连线延迟的计算

6.6.1 *RC* 延迟模式

如我们在前面讨论的那样，如果信号通过导线的时间比信号上升和下降的时间明显要短，互连线就可以等效为 *RC* 网络。这是片内互连线的通常情况。因此，我们在下面主要讨论 *RC* 网络的延迟计算。

表示连线阻抗和寄生电容的最简单的模型是由一个集总电阻加一个集总电容［见图 6.23（a）］。假设开始时电容放电，输入信号为 $t=0$ 时上升的阶跃脉冲，这个简单的 *RC* 电路的输出电压波形为

$$V_{out}(t) = V_{DD}\left(1 - \exp\left(-\frac{t}{RC}\right)\right) \tag{6.53}$$

当 $t = \tau_{PLH}$ 时，输出电压上升到 50%电压点，因而得到：

$$V_{50\%} = V_{DD}\left(1 - \exp\left(-\frac{\tau_{PLH}}{RC}\right)\right) \tag{6.54}$$

简单的集总 *RC* 网络的传播延迟是：

$$\tau_{PLH} \approx 0.69\,RC \tag{6.55}$$

遗憾的是，这个简单的集总 *RC* 网络模型提供了很粗略近似的连线实际瞬态特性。如图 6.23（b）所示，如果将总的线电阻分成两个相等的部分（T 模型），或者如图 6.23（d）所示将总的线电容分成两个相等的部分（π模型）就可以明显提高简单 *RC* 模型的精度，T 模型和π模型可以通过分割线电容和线电阻进行进一步优化，如图 6.23（c）、6.23（e）、6.23（f）所示。

使用如图 6.24 所示的 RC 梯形网络可以得到连线的更加精确的瞬态特性。这里，每个 RC 节由一个电阻 (R/N) 和一个连在节点和地之间的电容 (C/N) 组成。N 值足够大时，其瞬态特性近似于分布 RC 连接线的瞬态特性。我们希望通过提高 N 值来提高模型的精度。然而对这种 RC 网络更加复杂的延迟分析可以使用 SPICE 仿真，或使用如 Elmore 延迟公式等其他近似方法。

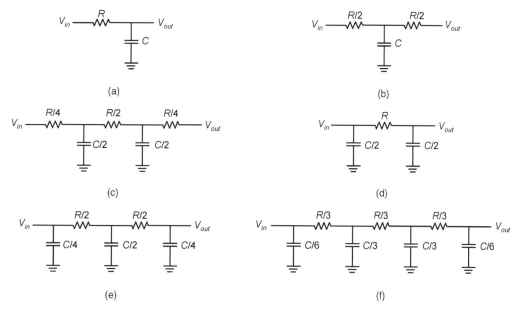

图 6.23　(a) 一个简单的集总 RC 模型，这里 R 和 C 分别代表总的线电阻和线电容；(b) T 模型；(c) 等价的二阶 T 模型；(d) π 模型；(e) 二阶 π 模型；(f) 三阶 π 模型

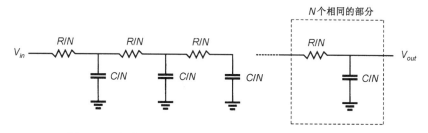

图 6.24　包含了 N 个相同部分的 RC 梯形分布网络模型

6.6.2　Elmore 延迟

图 6.25 所示为一般的 RC 树形网络。注意：(1) 电路中没有电阻回路；(2) RC 树中所有电容都是连在节点与地之间的；(3) 电路中有一个输入节点。还要注意，从输入节点到电路其他节点只有唯一的一条电阻路径。

考察 RC 树形网络的一般拓扑结构，可以定义以下路径：

- P_i 表示从输入节点到 i 节点的唯一路径，$i = 1, 2, 3, \cdots, N$。
- $P_{ij} = P_i \bigcap P_j$ 表示从输入到 i 节点的路径与从输入到 j 节点的路径的公共部分。

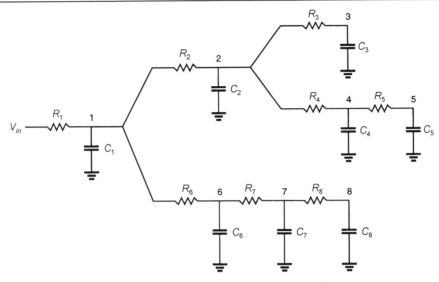

图 6.25　包含了多个分支的 RC 树形网络

假设输入信号是 $t=0$ 时出现的阶跃脉冲，这个 RC 树上 i 节点的 Elmore 延迟如下：

$$\tau_{Di} = \sum_{j=1}^{N} C_j \sum_{\substack{所有 \\ k \in P_{ij}}} R_k \tag{6.56}$$

Elmore 延迟的计算与这个电路的一阶时间常数（脉冲响应的第一瞬间）相同。注意，虽然 Elmore 延迟与从输入节点到 i 节点实际信号传播延迟是近似的，但它提供了一个预测 RC 连接线特性相当简单和精确的方法。计算电路中任一节点延迟的步骤非常简单明了。例如，根据式 (6.56)，节点 7 的 Elmore 延迟为

$$\begin{aligned} \tau_{D7} = {} & R_1 C_1 + R_1 C_2 + R_1 C_3 + R_1 C_4 + R_1 C_5 + (R_1 + R_6) C_6 \\ & + (R_1 + R_6 + R_7) C_7 + (R_1 + R_6 + R_7) C_8 \end{aligned} \tag{6.57}$$

同理，节点 5 的 Elmore 延迟为

$$\begin{aligned} \tau_{D5} = {} & R_1 C_1 + (R_1 + R_2) C_2 + (R_1 + R_2) C_3 + (R_1 + R_2 + R_4) C_4 \\ & + (R_1 + R_2 + R_4 + R_5) C_5 + R_1 C_6 + R_1 C_7 + R_1 C_8 \end{aligned} \tag{6.58}$$

作为 RC 树形网络的特殊情况，RC 梯形网络如图 6.26 所示。这里，整个网络由一个信号分支组成，根据式 (6.56)，从输入到输出（节点 N）的 Elmore 延迟为

$$\tau_{DN} = \sum_{j=1}^{N} C_j \sum_{k=1}^{j} R_k \tag{6.59}$$

如果进一步假设相同的 RC 梯形网络，由相同的元件 (R/N) 和 (C/N) 组成，如图 6.24 所示，那么从输入到输出节点的 Elmore 延迟变成：

$$\begin{aligned} \tau_{DN} &= \sum_{j=1}^{N} \left(\frac{C}{N}\right) \sum_{k=1}^{j} \left(\frac{R}{N}\right) \\ &= \left(\frac{C}{N}\right)\left(\frac{R}{N}\right)\left(\frac{N(N+1)}{2}\right) = RC\left(\frac{N+1}{2N}\right) \end{aligned} \tag{6.60}$$

对很大的 N(分布 RC 互连线特性)，延迟表达式简化为

$$\tau_{DN} = \frac{RC}{2}, \quad 当 N \to \infty 时 \tag{6.61}$$

由此可以看出，分布 RC 互连线的传播延迟要比式(6.59)表示的集总 RC 网络的传播延迟小得多。

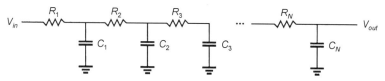

图 6.26　仅有一个分支的简单 RC 梯形网络

如果互连线足够长，并且信号波形的上升和下降时间与信号通过导线的时间差不多，那么根据式(6.48)，对互连线可采用传输线模型。当传输线方程的近似解不可用时，许多支持无损耗传输线模型的电路仿真软件如 SPICE 可用来估算互连线的时域特性。换句话说，在简化的基础上，用近似解来描述传输线的时域特性。

例 6.5

在本例中，我们将分析信号穿过长的多晶硅互连线的传播延迟，比较采用不同的模型得到互连线的瞬态特性。首先，考虑一个长为 1000 μm、宽为 1 μm 的均匀多晶硅导线。假设方块电阻是 15 Ω/方块，利用式(6.51)，可得导线的总的集总电阻为

$$
\begin{aligned}
R_{lumped} &= R_{sheet} \times (方块) \\
&= 15(\Omega/方块) \times \left(\frac{1000\ \mu m}{1\ \mu m}\right) \\
&= 15\ k\Omega
\end{aligned}
$$

解： 为了计算与互连线关联的总电容($C_{lumpled\_total}$)，必须考虑平板电容($C_{parallel\text{-}plate}$)分量和边缘场电容($C_{fringe}$)分量。利用表 6.2 所给出的单位面积电容值，得到：

$$
\begin{aligned}
C_{parallel\text{-}plate} &= (单位面积电容) \times (面积) \\
&= 0.106\ fF/\mu m^2 \times (1000\ \mu m \times 1\ \mu m) \\
&= 106\ fF \\
C_{fringe} &= (单位长度电容) \times (周长) \\
&= 0.043\ fF/\mu m \times (1000\ \mu m + 1000\ \mu m + 1\ \mu m + 1\ \mu m) \\
&= 86\ fF \\
C_{lumped\_total} &= C_{parallel\text{-}plate} + C_{fringe} \\
&= 192\ fF
\end{aligned}
$$

表示互连线的阻性和容性寄生参数的最简单模型是图 6.23(a)所示的集总 RC 网络模型。假设输入为一个阶跃脉冲，由式(6.55)可得集总 RC 网络的传播延迟时间为 $\tau_{PLH} = \tau_{PHL} = 2.0\ ns$。为了提高延迟估算的准确度，我们采用图 6.23(b)的 T 模型，其中总的集总电阻被分成两个相同的部分。注意，T 模型中的单个电容等于上面得到的总的集总电容值。最后，我们考虑采用一个 10 节分布式 RC 梯形网络模型来更准确地表示互连线。在这种情况下，图 6.24 中 RC 网络的每节电阻值为 1.5 kΩ，电容值为 19.2 fF。仿真输出电压波形(由集总 RC 网络模型和分布 RC 梯形网络模型的 SPICE 仿真得到)如下图所示：

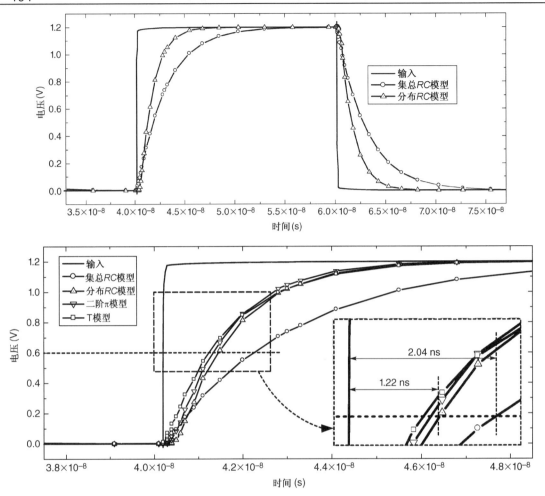

注意，简单的集总 RC 模型和更实际的分布 RC 梯形网络模型间的瞬态响应特性有明显的差异。互连线的集总 RC 模型对传播延迟的时间估计偏高。

仿真输出电压波形（在信号上升沿）在下面有更详细的说明。可以看出，集总 RC 网络的传播延迟约为 2.04 ns，而 10 节 RC 梯形网络约为 1.22 ns。同样应该注意，由一个集总电容和两个集总电阻组成相对简单的 T 模型显然可以得到比集总 RC 网络模型更为精确的瞬态响应。所以，当需要进行简单的瞬态分析，特别是由于仿真时间的限制不能用太复杂的多级 RC 梯形网络来精确表示互连线的瞬态特性时，很清楚，应该选用 T 模型。这个结论在下例中会有明显的体现。下例中将考虑非均匀多晶硅导线的特性。

现在考虑两节多晶硅导线，每节长 500 μm。如下图所示，一节宽度为 0.5 μm，另一节的宽度为 1.5 μm。线的两个端点分别记为 A 和 B。

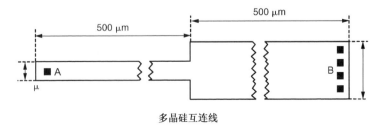

多晶硅互连线

用式(6.51)计算出每节的电阻和整个互连线的总的集总电阻如下：

$$R_{lumped\_1} = 15(\Omega/\text{方块}) \times \left(\frac{500\ \mu m}{0.5\ \mu m}\right) = 15\ k\Omega$$

$$R_{lumped\_2} = 15(\Omega/\text{方块}) \times \left(\frac{500\ \mu m}{1.5\ \mu m}\right) = 5\ k\Omega$$

$$R_{lumped\_total} = R_{lumped\_1} + R_{lumped\_2} = 20\ k\Omega$$

计算出与此线相关的寄生电容为

$$C_{parallel\text{-}plate\_1} = 0.106\ fF/\mu m^2 \times (500\ \mu m \times 0.5\ \mu m) = 26.5\ fF$$

$$C_{parallel\text{-}plate\_2} = 0.106\ fF/\mu m^2 \times (500\ \mu m \times 1.5\ \mu m) = 79.5\ fF$$

$$C_{fringe\_1} \approx C_{fringe\_2} = 46\ fF$$

$$C_{lumped\_total} = C_{parallel\text{-}plate\_1} + C_{parallel\text{-}plate\_2} + C_{fringe\_1} + C_{fringe\_2} = 192\ fF$$

注意，非均匀互连线的集总电阻和电容值非常类似于前面分析的那些均匀的互连线段。事实上，总的集总电容值是相等的。然而这些线的形状不同将对其瞬态特性有明显影响，特别是考虑当信号从 A 传输到 B 和从 B 传输到 A 时。

为了表示线的不同形状，将 10 节 RC 梯形网络模型视为由两部分组成，每部分由 5 节相同的 RC 组成，用它来进行 SPICE 仿真。对应窄导线的每节 RC 的电阻为 3 $k\Omega$，电容为 13.9 fF。对应宽导线的每节 RC 的电阻为 1 $k\Omega$，电容为 24.5 fF。仿真输出电压波形(用集总 RC 网络模型和分布 RC 梯形网络模型仿真得到)如下图所示。在 RC 梯形网络中，分别仿真出信号从 A 传输到 B 和从 B 传输到 A 的瞬态特性。

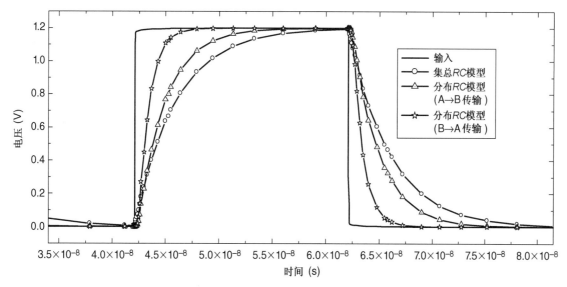

仿真输出电压波形表明，集总 RC 模型的传播延迟时间与分布 RC 梯形网络的传播延迟时间相比偏高。另外，梯形网络的瞬态特性取决于信号传输的方向，从 A 到 B 和从 B 到 A 的传播延迟时间有明显的差异。这种传播延迟时间对方向的依赖性在简单集总 RC 模型中是不存在的。更详细的仿真输出电压波形(信号的上升沿，信号从 B 传输到 A)如下图所示：

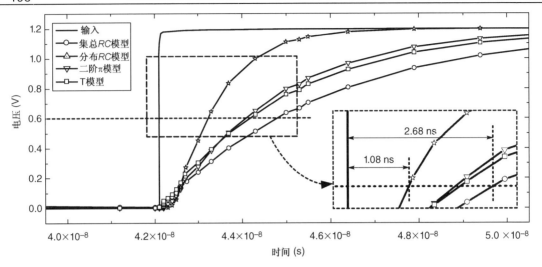

可以看出集总 *RC* 网络的传播延迟约为 2.68 ns（不考虑信号的传输方向），而 10 节 *RC* 梯形网络约为 1.08 ns（信号从 B 传输到 A）。在这种情况下，延迟时间的差异很明显归因于寄生电容分布的不一致。如前例，我们为这个非均匀的互连线构造一个简单的 T 模型，由一个集总电容（192 fF）和两个集总电阻（5 kΩ 和 15 kΩ）组成。T 模型得到一个很精确的瞬态响应，它精确表示出了由于导线形状不同引起的传播延迟时间的方向依赖性。

6.7　CMOS 反相器的开关功耗

第 5 章已提到 CMOS 反相器的静态功耗可以忽略不计。但在开关过程中，输出负载电容交替地充电和放电，也就是说，CMOS 反相器不可避免地消耗功率。下面这一节将引出 CMOS 反相器的动态功耗的表示方法。

考虑图 6.27 所示的简单 CMOS 反相器。假设输入电压是理想的阶跃波形，其上升和下降时间可以忽略不计。典型的输入和输出电压波形以及所期望的负载电容电流波形如图 6.28 所示。当输入电压由低变高时，电路中的 pMOS 管断开，nMOS 管开始导通。在这个阶段，输出负载电容 C_{load} 通过 nMOS 管放电。所以，电容电流等于 nMOS 管的瞬时漏极电流。当输入由高变低时，电路中的 nMOS 管断开，pMOS 管开始导通，在这个阶段，输出负载电容 C_{load} 通过 pMOS 管充电。所以，电容电流等于 pMOS 管的瞬间漏极电流。

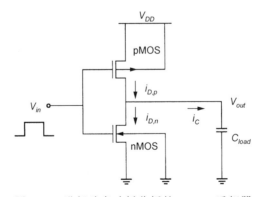

图 6.27　进行动态功耗分析的 CMOS 反相器

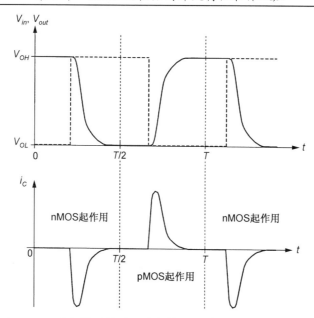

图 6.28　在 CMOS 反相器开关过程中的输入和输出电压波形和电容电流波形

假设输入和输出波形是周期性的，器件任何一个周期内的平均功耗都可表示为

$$P_{avg} = \frac{1}{T} \int_0^T \nu(t) \cdot i(t)\, \mathrm{d}t \qquad (6.62)$$

因为在转换过程中，CMOS 反相器中的 nMOS 管和 pMOS 管各在半个周期内有电流流过，所以可以采用计算输出负载电容充放电所需能量的方法来计算 CMOS 反相器的平均功耗：

$$P_{avg} = \frac{1}{T} \left[\int_0^{T/2} V_{out} \left(-C_{load} \frac{\mathrm{d}V_{out}}{\mathrm{d}t} \right) \mathrm{d}t + \int_{T/2}^{T} (V_{DD} - V_{out}) \left(C_{load} \frac{\mathrm{d}V_{out}}{\mathrm{d}t} \right) \mathrm{d}t \right] \qquad (6.63)$$

计算式(6.63)中的积分得到：

$$P_{avg} = \frac{1}{T} \left[\left(-C_{load} \frac{V_{out}^2}{2} \right) \Big|_0^{T/2} + \left(V_{DD} \cdot V_{out} \cdot C_{load} - \frac{1}{2} C_{load} V_{out}^2 \right) \Big|_{T/2}^{T} \right] \qquad (6.64)$$

$$P_{avg} = \frac{1}{T} C_{load} V_{DD}^2 \qquad (6.65)$$

注意，当 $f = 1/T$ 时，表达式可写为

$$P_{avg} = C_{load} \cdot V_{DD}^2 \cdot f \qquad (6.66)$$

很明显，CMOS 反相器的平均功耗与开关频率 f 成正比。因此，在开关频率很高时，CMOS 电路低功耗的优势下降。应该指出，平均功耗与所有的晶体管特性和尺寸无关。因此，在开关过程中开关延迟时间与功耗无关，原因是从 V_{OL} 变到 V_{OH} 时，只在输出负载电容充、放电时消耗功率，反过来也是一样。

因此，CMOS 反相器的开关功率表达式也适用于如图 6.29 所示的各种常规 CMOS 逻辑电路。常规 CMOS 逻辑电路由一个输出端到地之间的 nMOS 逻辑模块和一个输出端到 V_{DD} 之间的 pMOS 逻辑模块组成。在简单的 CMOS 反相器中，pMOS 模块和 nMOS 模块的导通都取决于输入电压。虽然缓慢变化的输入信号能导致它们同时导通，但在多数情况下，它们不会同

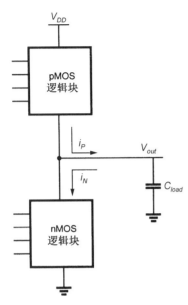

图 6.29　常规 CMOS 逻辑电路

时导通。因此，开关功率主要是对输出电容充放电时所消耗的功率。

概括起来，如果在电路输出节点上总的寄生电容以合适的精度进行等效，输出电压的振幅在 0 到 V_{DD} 之间，假设输入电压波形是理想的阶跃输入，当泄漏功率可忽略不计时，平均开关功率表达式 (6.66) 适用于任何 CMOS 逻辑电路。

注意，在实际情况中，当输入电压波形不是理想的阶跃脉冲，上升及下降时间不为 0 时，nMOS 管和 pMOS 管在开关过程中会同时产生一定的电流流通。该电流称为短路电流，因为在这种情况下，两个晶体管临时形成 V_{DD} 到地之间的通路。由短路电流引起的附加功耗不能用式 (6.66) 来计算，因为短路电流不能对输出负载电容充电或放电。必须认识到这种附加的功耗在某些非理想的情况下相当显著。另一方面，如果负载电容增加，短路电流的功耗与电容充放电引起的功耗相比变得微不足道。

6.7.1　功率表仿真

下面介绍一种简单的电路仿真方法，它可以用来估计在实际工作条件下任何电路（包括短路电流和泄漏电流的影响）的平均功耗。根据式 (6.62)，任何器件或电路由周期输入波形引起的平均功耗为在一个周期内瞬时端点电压和瞬时端点电流乘积的积分。如果要确定由电源引起的一个周期内的平均功耗 P_{avg}，问题就简化成只要找到电源电流的时间平均值，因为电源电压是常量。

我们采用一个称为功率表的简单仿真模型，用瞬态电路仿真可以估算周期性输入下任何器件或电路的平均功耗。如图 6.30 所示，考虑 0 V 独立电压源与器件或电路的电压源 V_{DD} 串联的电路结构。因此，电路瞬态电源电流 $i_{DD}(t)$ 也通过 0 V 独立电压源，$i_s(t) = i_{DD}(t)$。

功率表电路由三部分组成：一个线性电流控制电流源、一个电容和一个电阻，它们都是并联连接的。功率表电路的公共节点的电流方程可以写成：

$$C_y \frac{\mathrm{d}V_y}{\mathrm{d}t} = \beta i_s - \frac{V_y}{R_y} \tag{6.67}$$

节点的起始电压 V_y 设定为 $V_y(0) = 0\ \mathrm{V}$。那么，$V_y(t)$ 的时域解可对式 (6.67) 积分得到：

$$V_y(t) = \frac{\beta}{C_y} \int_0^t \exp\left(-\frac{t-\tau}{R_y C_y}\right) i_{DD}(\tau)\mathrm{d}\tau \tag{6.68}$$

假设 $R_y C_y \gg T$，一个周期后的电压值 $V_y(T)$ 可近似为

$$V_y(T) \approx \frac{\beta}{C_y} \int_0^T i_{DD}(\tau)\mathrm{d}\tau \tag{6.69}$$

如果电流控制电流源的系数设定为

$$\beta = V_{DD} \frac{C_y}{T} \tag{6.70}$$

一个周期后的瞬态仿真电压值 $V_y(T)$ 为

$$V_y(T) = V_{DD} \cdot \frac{1}{T} \int_0^T i_{DD}(\tau) \, d\tau \qquad (6.71)$$

注意,式(6.71)的右边对应于功率源一个周期内的平均输出功率。这样,节点电压值 V_y 在 $t = T$ 时为平均功耗。

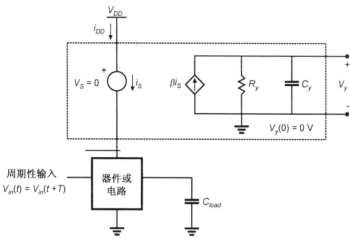

图 6.30　用功率表电路来仿真任一器件或电路的平均动态功耗

图 6.30 所示的功率表电路很容易用传统的电路仿真程序(如 SPICE)来模拟,它能精确地估算任何复杂电路的平均功耗。还应当注意的是,功率表电路应考虑由短路电流引起的附加功耗,短路电流可能因为非理想输入而产生。在下面的例子中,我们介绍一个估算 CMOS 反相器电路动态功耗的功率表 SPICE 仿真实例。

例 6.6

考虑图 6.27 所示的简单 CMOS 反相器电路。假设电路输入信号是周期为 $T = 600$ ps 的方波,总的输出负载电容等于 10 fF,电源电压为 1.2 V。用前面得出的平均动态功耗公式(6.66)计算出预期功耗为 $P_{avg} = 0.25$ mW。

现在,用 SPICE 对相关功率表电路进行仿真。这里列出了对应电路的输入文件以供参考。根据式(6.70),计算出受控电流源系数为 0.025。分别选择电阻 R_y=100 kΩ 和电容 C_y=100 pF,以满足 $R_y C_y \gg T$ 的条件。

```
*   Example 6.6: Power meter simulation *
**  Variables  **
.param  supply=1.2
.temp=50
.param wn=5
.param wp='wn*2'
**  Options  **
.option post accurate nomod brief
.option scale = 60n
.op
**  Source description  ***
VDD VDD GND supply
VGND    GND GND 0
```

```
vtstp   VDD 4    0
vin     in   gnd    pulse (0 supply 0 10p 10p 280p 600p)
**  Netlist  **
.global  vdd  gnd
mm0 3    in  GND GND nmos    W=wn    L=1
mm1 3    in  4   VDD pmos    W=wp    L=1
cl  3    GND 10f
fp  GND  9   vtstp    0.025
rp  9    GND 100k
cp  9    GND 100p
**  Analysis  **
.tran 2ps 3ns uic
.print tran v(3) v(2)
.print tran i(vtstp)
.print tran v(9)
** Customized PTM 65nm library **
.include "../library/nmos_tt.l"
.include "../library/pmos_tt.l"
.end
```

仿真的结果如下图所示。可以看出只有在输出电容充电期间，电压源 V_{DD} 才产生明显的电源电流。第一周期结束时的功率表输出电压为 3.33 μW，与上面计算的预期结果相同。

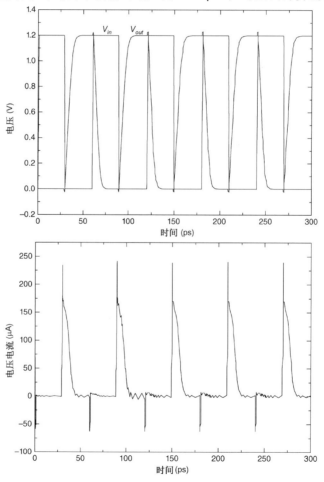

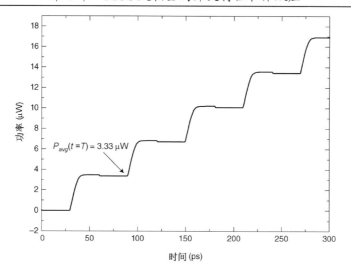

6.7.2　功率-延迟积

功率-延迟积(PDP)是用来衡量 CMOS 工艺及门电路设计的质量和性能的一个基本参数。作为一个物理量,功率-延迟积就是门电路的输出电压从低到高或从高到低跳变所需的平均能量。我们已经看出, 在一个 CMOS 逻辑门中能量损耗由两个网络引起：(1)当输出负载电容 C_{load} 从 0 到 V_{DD} 充电时的 pMOS 网络；(2)当输出负载电容从 V_{DD} 到 0 放电时的 nMOS 网络。在 CMOS 逻辑门中忽略短路电流和泄漏电流,用一个与推导平均动态功耗公式(6.65)非常相似的简单分析程序可得出输出跳变所需的能量为

$$\text{PDP} = C_{load}V_{DD}^2 \tag{6.72}$$

在输出跳变期间, nMOS 和 pMOS 管有电流通过,式(6.72)描述了能量在电流传导过程中主要以热的形式损耗。这样, 从设计的角度考虑, 希望功率-延迟积最小。因为 PDP 是输出负载电容和电源电压的函数,设计者在设计 CMOS 逻辑门时应使 C_{load} 和 V_{DD} 尽可能小。功率-延迟积也可定义为

$$\text{PDP} = 2P_{avg}^* \tau_P \tag{6.73}$$

式中, P_{avg}^* 表示在最大工作频率时的平均开关功耗, τ_P 表示式(6.4)中定义的平均传播延迟。式(6.73)中的系数 2 是考虑到输出的两个从低到高和从高到低的传输方向。利用式(6.65)和式(6.4), 这个表达式可改写成：

$$
\begin{aligned}
\text{PDP} &= 2\left(C_{load}V_{DD}^2 f_{max}\right)\tau_P \\
&= 2\left[C_{load}V_{DD}^2\left(\frac{1}{\tau_{PHL} + \tau_{PLH}}\right)\right]\left(\frac{\tau_{PHL} + \tau_{PLH}}{2}\right) \\
&= C_{load}V_{DD}^2
\end{aligned}
\tag{6.74}
$$

可以看出式(6.74)与式(6.72)相同。注意, 用式(6.66)中 P_{avg} 的一般定义来计算 PDP 可能会产生误导, 即每次跳变所需的能量是工作频率的函数。所以设计工程师们经常用能量-延迟积来进行性能比较。

6.7.3　能量-延迟积

在许多需要高速运算的应用中，功率-延迟积(PDP)往往并不是一种理想的衡量尺度。例如，假设公司 A 和公司 B 分别开发了两款 64 位加法器 ADD_a 与 ADD_b，它们的功耗分别为 40 mW 和 30 mW，最坏情况延时分别为 180 ns 和 240 ns。就速度而言，ADD_a 比 ADD_b 要快，但是 ADD_b 的功耗更小。如果考虑两个加法器的能量消耗，它们每次运算消耗相等的能量为 7.2 pJ。

	延时(ps)	功耗(mW)	PDP(pJ)	EDP(10^{-21}J · s)
ADD_a	180	40	7.2	1.296
ADD_b	240	30	7.2	1.728

那么，如果假设这两款加法器在其他方面都相同，哪种产品更优秀呢？尽管两款加法器每次运算都消耗相等的能量，ADD_a 的输出要比 ADD_b 快 60 ps。所以，消耗同等能量，ADD_a 完成任务的速度要比 ADD_b 快 33%。这个例子证明了同时考虑能耗和性能的必要性，从而需要另一种比较尺度——能量-延迟积(EDP)。由于 EDP 与延迟的平方成正比，设计者若想降低总 EDP，应首先考虑降低延迟，其次才是降低功耗。根据式(6.74)并忽略短路电流和漏电流，每次开关的能量-延迟积可被定义为

$$
\begin{aligned}
EDP &= PDP \times \tau_p \\
&= C_{load}V_{DD}^2\tau_p \\
&= 2P_{avg}^*\tau_p^2
\end{aligned}
\tag{6.75}
$$

其中所有参数定义和功率-延迟积相同。由于能量-延迟积相比能耗更看重性能，可在某些应用中使用。

附录　超级缓冲器的设计

超级缓冲器是描述一个能够驱动大电容负载、同时拥有最小传播延迟时间的反相器链。为了减少延迟时间，用缓冲电路提供非常大的上拉或下拉电流来给负载电容充电或放电是很有必要的。在反相器驱动负载电容中使用大的 pMOS 和 nMOS 管是一个看上去显而易见的方法。然而，这样一个大的缓冲器有很大的输入电容，依次成为前级的负载。那么有经验的设计者会建议增加前级晶体管的尺寸。如果是这样，那么前级的再前级的晶体管尺寸该是多大呢？这样大负载的影响传播到最后一级驱动器之前的许多门电路，以至于在用户定制设计中甚至要对晶体管进行微调。处理大电容负载的另一种方法是在面向大负载的逻辑门和负载之间使用如图 A.1 所示的超级缓冲器。

现在超级缓冲器设计的主要目标变成：

　　　给定逻辑门面向的负载电容，设计一个大小按比例增加的 N 级反相器链，使逻辑门与负载电容之间的延迟时间最小。

为了解决这个问题，首先介绍一个与逻辑门(NAND2 的情况下)相同的反相器。为了简化问题，假设驱动相同的反相器的第一级反相器的上拉和下拉延迟即 τ_0 相等。下一个设计任务要确定的问题是(1)阶数 N；(2)最佳比例因子 α。

为了确定这些量，观察在前级与后级之间用相同比例因子 α 的反相器组成的超级缓冲器，如图 A.2 所示。

图 A.1　用超级缓冲器电路来驱动大电容负载

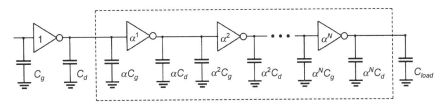

图 A.2　由 N 级反相器构成的按比例增加的超级缓冲器电路

对于超级缓冲器，可观察到：

- C_g 代表第一级反相器的输入电容
- C_d 表示第一级反相器的漏极电容
- 链路中的反相器以比例因子 α 逐级增加
- $C_{load} = \alpha^{N+1} C_g$　　　　　　　　　　　　　　　　　　　　　　(A.1)
- 所有反相器都有相同的延迟 $\tau_0 (C_d + \alpha C_g)/(C_d + C_g)$　　　　　(A.2)

式中，τ_0 代表负载电容为 $(C_d + C_g)$ 的环形振荡电路的每级延迟。这样从输入端到负载电容节点的总的延迟时间变为

$$\tau_{total} = (N + 1)\tau_0 \left(\frac{C_d + \alpha C_g}{C_d + C_g} \right) \tag{A.3}$$

方程中有两个未知量。为了求解这些未知量，考虑式(A.1)中 α 和 N 的关系，即

$$(N + 1) = \frac{\ln \left(\dfrac{C_{load}}{C_g} \right)}{\ln \alpha} \tag{A.4}$$

联立式(A.3)和式(A.4)，得到下面的延迟关系：

$$\tau_{total} = \frac{\ln \left(\dfrac{C_{load}}{C_g} \right)}{\ln \alpha} \tau_0 \left(\frac{C_d + \alpha C_g}{C_d + C_g} \right) \tag{A.5}$$

为使延迟最小，对式(A.5)中的 α 求导并令其为 0，求出 α：

$$\frac{\partial \tau_{total}}{\partial \alpha} = \tau_0 \ln \left(\frac{C_{load}}{C_g} \right) \left[-\frac{\frac{1}{\alpha}}{(\ln \alpha)^2} \left(\frac{C_d + \alpha C_g}{C_d + C_g} \right) + \frac{1}{\ln \alpha} \left(\frac{C_g}{C_d + C_g} \right) \right] = 0 \tag{A.6}$$

通过式(A.6)解出 α，最佳比例因子要满足：

$$\alpha (\ln \alpha - 1) = \frac{C_d}{C_g} \tag{A.7}$$

在特殊情况下，方程中漏极电容可忽略不计，即 $C_d = 0$。在这种情况下，最佳比例因子是自然常数 $e = 2.718$。然而，实际上漏极电容不能忽略，因此，应该用式（A.6）来计算 α。

根据开关特性设计小尺寸器件 CMOS 反相器的尺寸

在第 5 章的附录部分，我们讨论了在根据 CMOS 反相器的逻辑门限电压和噪声容限来设计 nMOS 和 pMOS 晶体管尺寸时，β 比值的影响。在这部分将讨论如何设计 CMOS 反相器的尺寸使 SPICE 仿真中传输延时最小或上升和下降时间相等。图 A.3 给出了在典型 65 nm CMOS 工艺中，根据不同要求而采用的不同晶体管宽长比。在仿真中，4 个反相器被用作负载（FO4 设计）。x 轴表示 β 比值，即 pMOS 与 nMOS 晶体管的尺寸比值，该值范围是 1.0 到 4.0。不同晶体管尺寸与传输延时关系的仿真结果如图 A.3(a) 所示。当 β 值增大时，传输延时 τ_{PHL} 减小而传输延时 τ_{PLH} 增大。从仿真中可以看出，β 比值为 2.19 时，可以使 τ_{PHL} 和 τ_{PLH} 相同。为了使平均传输延时最小，β 值可以选择 1.4。图 A.3(b) 给出了不同 β 比值对应的上升和下降时间的变化。当 PMOS 晶体管宽度增加时，下降时间 τ_{fall} 增加，而上升时间 τ_{rise} 减小。β 值为 2.02 时上升时间和下降时间相等。根据本章图 A.3 和第 5 章图 A.2 所示，晶体管宽度的选择应能满足设计规格且需要折中。例如，如果为使传输延时最小而选择 β 值为 1.4，那么，NM_H 将随着逻辑门限电压的降低以及上升和下降时间的不相等而降低。

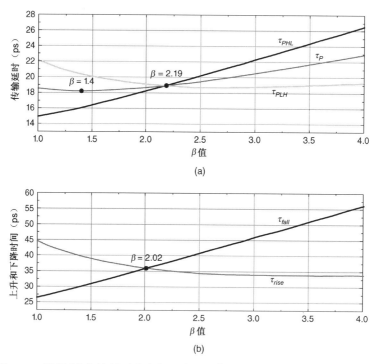

图 A.3　根据(a)传输延时和(b)上升和下降时间选择 CMOS 反相器尺寸

习题

6.1　有较低 V_{OL} 的反相器总有较短的从高到低的开关时间吗？给出理由证明你的回答。

6.2　考察 10 kΩ 电阻负载的反相器电路对于 10 fF 电容的开关延迟，这里：

$\mu_n C_{ox} = 98.3\ \mu A/V^2$

$(W/L)_n = 10$

$V_{T,n} = 0.53\ V$

$E_{c,n} L_n = 0.4\ V$

a. 用平均电流法求 τ_{PHL}（从高到低下降到 50% 时的传输延迟）。假设输入信号是在 0 V 和 1.2 V 之间跳变的理想矩形脉冲，其上升和下降时间为 0。必须计算 V_{OL} 来解这个问题。

b. 用合适的微分方程和恰当的不为 0 的电容起始电压 V_{OL}（输入电压为 V_{OH}）以及 (a) 中相同的输入电压来计算 τ_{PLH}。

6.3　如图 6.9 所示，由 n（奇数）级连成环状的相同的反相器组成的 CMOS 环形振荡器。环形振荡器的版图排布使得互连线寄生电容可以假设为 0。因此，只要使用相同的逻辑门，每级的延迟就相等，平均门延迟称为固有延迟 τ_P。经常用环形振荡器电路的振荡频率 f 来验证特殊工艺下的电路速度。

a. 求出 n 级固有延迟 τ_P 的表达式。

b. 证明 τ_P 与晶体管尺寸无关，即当所有逻辑门尺寸一致成比例上下变化时 τ_P 保持不变。

6.4　假设习题 6.2 中的阻性负载反相器与一个初始条件为放电的 10 fF 的负载电容相连。nMOS 管的逻辑门由矩形脉冲驱动，矩形脉冲在 $t = 0$ 时从高向低变化，从而使 nMOS 管开始给电容充电。

$R = 20\ k\Omega$

$\mu_n C_{ox} = 98.2\ \mu A/V^2$

$(W/L)_n = 15$

$V_{T,n} = 0.53\ V$

$E_{c,n} L_n = 0.4\ V$

用微分方程而不是平均电流方法解答下列两个问题：

a. 确定从低到高的 50% 延迟时间，即当输出波形从低到高跳变时输入波形的 50% 点和输出波形之间的时间差。

b. 确定从高到低的 50% 延迟时间，即当输出波形从高到低跳变时输入波形的 50% 点和输出波形之间的时间差（开始时电容充电到 1.2 V）。

6.5　$R_L = 50\ k\Omega$ 的电阻负载反相器有以下参数：

$\mu_n = 4.47\ m^2/Vs$

$C_{ox} = 22\ F/m^2$

$W = 600\ nm$ 和 $L = 60\ nm$

$V_{T,n}(V_{SB} = 0) = 0.53\ V$

$E_{c,n} L_n = 0.4\ V$

$\gamma = 0.574\ V^{1/2}$

闭环互连的 9 个相同反相器形成环形振荡器。求最终的振荡频率是多少。

a. 计算输入电压在 V_{OL} 和 V_{OH} 之间的理想阶跃脉冲激励下反相器的延迟时间，即 τ_{PHL} 和 τ_{PLH}。应该注意每个反相器的负载电容严格等于漏极寄生电容和下级门电容之和。为了简化问题，忽略漏极寄生电容，假设 C_{load} 等于门电容。

b. 上升和下降时间定义为电压振幅 10% 和 90% 之间的时间差。但是为了简化起见，假设

$\tau_{fall} = 2 \cdot \tau_{PHL}$ 和 $\tau_{rise} = 2 \cdot \tau_{PLH}$。

用反相器的上升和下降时间及 (a) 中得到的理想延迟来估算实际的传输延迟 τ_{PHL} 和 τ_{PLH}。

c．从 (b) 的数据中找出振荡频率。

6.6 CMOS 反相器的版图如图 P6.6 所示。这个反相器驱动另一个反相器，那个反相器除了晶体管宽度宽 3 倍外与下面所示的晶体管的参数相同。计算 τ_{PHL} 和 τ_{PLH}。假设互连线电容可忽略不计。

其参数如下：

$V_{TP} = -0.51$ V $V_{IN} = 0.53$ V

$k'_n = 98.2 \ \mu A/V^2$ $k'_p = 46.0 \ \mu A/V^2$

$C_{ox,n} = 22.0 \ mF/m^2$ $C_{ox,p} = 19.5 \ mF/m^2$

$C_{jsw} = 300 \ pF/m$ $C_{j0} = 300 \ \mu F/m^2$

$\phi_0 = 1.002$ V

$L_D = 10$ nm $L_{mask} = 60$ nm

$E_{c,n}L_n = 0.4$ V $E_{c,p}L_p = 1.8$ V

两个晶体管的源区和漏区的长度 $Y = 720$ nm，沟道宽度 $W = 600$ nm。

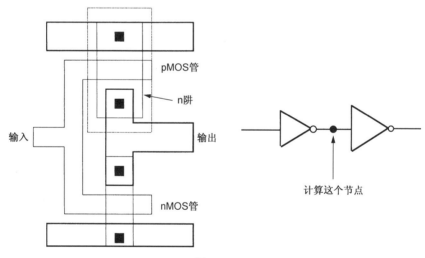

图 P6.6

6.7 对于 nMOS 耗尽型负载反相器电路。在以下条件下，计算传播延迟时间 τ_{PHL} 和 τ_{PLH}。

● 反相器驱动相同的门 (扇出=1)。

● 互连线电容忽略不计。

● 两个晶体管的横向扩散 $L_D = 8$ nm。

● 耗尽型 pMOS 管的 $L_{mask} = 65$ nm，$W_{mask} = 147$ nm，$y = 175$ nm。

● 增强型 nMOS 管的 $L_{mask} = 65$ nm，$W_{mask} = 490$ nm，$y = 175$ nm。

运用例 5.3 所给的器件参数和以下数据计算结电容：

$x_{j,N,P} = 0.032 \ \mu m$

$\Phi_{0,N,P} = 1.002$ V

$N_A = 4.8 \times 10^{18} \ cm^{-3}$

$N_D = 2.0 \times 10^{20} \ \text{cm}^{-3}$

$N_A(sw) = 10^{17} \ \text{cm}^{-3}$

6.8　某个 CMOS 反相器的器件参数如下：

nMOS　　$V_{T0,n} = 0.5 \ \text{V}$　　　　　$\mu_n C_{ox} = 98 \ \mu\text{A/V}^2$　　　　　$E_{C,n} L_n = 0.4 \ \text{V}$

pMOS　　$V_{T0,p} = -0.48 \ \text{V}$　　　　$\mu_p C_{ox} = 46 \ \mu\text{A/V}^2$　　　　$E_{C,p} L_p = 1.8 \ \text{V}$

电源电压 $V_{DD} = 1.2 \ \text{V}$。两个晶体管的沟道长度 $L_n = L_p = 40 \ \text{nm}$。电路总的输出负载电容 $C_{out} = 200 \ \text{fF}$，它与晶体管尺寸无关。

a．求 nMOS 和 pMOS 管的沟道宽度，使得开关门限电压为 0.59 V，输出上升时间 $\tau_{rise} = 100 \ \text{ps}$。

b．计算 (a) 中电路的平均传播延迟时间 τ_P。

c．如果电源电压从 1.2 V 降到 1.0 V，开关门限电压 V_{th} 和延迟时间将如何变化？解释原因。

6.9　考虑具有与习题 6.8 中相同工艺参数的 CMOS 反相器。开关门限电压设计为 0.58 V。总输出负载电容的简化表达式如下：

$$C_{out} = 5 \ \text{fF} + C_{db,n} + C_{db,p}$$

而且，已知 nMOS 和 pMOS 管的漏极到衬底的寄生电容是沟道宽度的函数。一系列的简化电容表达式如下：

$C_{db,n} = 0.16 \ \text{fF} + 1.7 W_n$

$C_{db,p} = 0.13 \ \text{fF} + 1.4 W_p$

这里，W_n 和 W_p 的单位是 μm。

a．求两个晶体管的沟道宽度，使传播延迟时间 τ_{PHL} 小于 35 ps。

b．假设现在 CMOS 反相器的 $(W/L)_n = 10$，$(W/L)_p = 15$，总的输出负载电容是 5 fF。用平均电流法计算输出上升和下降时间。

6.10　CMOS 反相器的参数如下：

$$V_{T0,n} = 0.5 \ \text{V} \qquad \mu_n C_{ox} = 98 \ \mu\text{A/V}^2 \qquad (W/L)_n = 20$$

$$V_{T0,p} = -0.48 \ \text{V} \qquad \mu_p C_{ox} = 46 \ \mu\text{A/V}^2 \qquad (W/L)_p = 30$$

电源电压是 1.2 V。输出负载电容是 10 fF。

a．求输出信号的上升和下降时间。

　　(i) 用精确（微分方程）法

　　(ii) 用平均电流法

b．求周期性方波输入的最大频率，使每个周期的输出电压能从 0 V 到 1.2 V 变化。

c．计算这个频率下的动态功耗。

d．假设输出负载电容主要由固定的扇出电容分量组成（不受 W_n 和 W_p 影响）。重新设计反相器，使传播延迟时间减小 25%。求所需 nMOS 和 pMOS 管的沟道尺寸。重新设计会对（反型）开关门限有什么影响？

第 7 章　组合 MOS 逻辑电路

7.1　概述

组合逻辑电路或称门电路是指在多输入变量下进行布尔运算及输出由输入变量的布尔函数决定的电路或门，它们是所有数字系统的基本构造模块。本章将分析各种组合 MOS 逻辑电路的静态和动态特性。需要指出的是，在第 5 章和第 6 章中用来设计和分析 MOS 反相器的很多基本原理也完全适用于组合逻辑电路。

本章用来表示组合逻辑电路的主要类型是以伪 nMOS 为负载的逻辑门。这里把伪 nMOS 负载电路包括在内，其目的主要是想强调在数字电路设计中广泛地应用于许多领域的负载概念。我们将分析简单的电路结构，如双输入的 NAND 和 NOR 门，再进一步分析多输入电路结构的一般情况。然后，将 CMOS 逻辑电路以相似的方式表示出来。我们将强调伪 nMOS 负载逻辑电路和 CMOS 逻辑电路的相似性和差异，并用例子指出 CMOS 门电路的优势。我们将在熟悉复杂的多变量布尔函数的基础上，详细介绍复杂逻辑门的设计。最后一节专门介绍 CMOS 传输门和传输门(TG)逻辑电路。

布尔函数表达的组合逻辑电路或门电路的一般形式可用图 7.1 所示的一个多输入、单输出系统来描述。所有的输入变量用相对于地的节点电压表示。运用正逻辑约定，布尔(逻辑)值"1"表示为高电压 V_{DD}，布尔(逻辑)值"0"表示为低电压 0。输出节点连接电容 C_L 作为负载，C_L 代表电路中从输出节点看出去的所有相连接的互连线和器件的寄生电容分量。这个输出负载电容在逻辑门的动态工作中起着非常重要的作用。

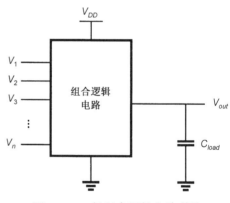

图 7.1　一般组合逻辑电路(门)

在简单反相器情况下，组合逻辑门的电压传输特性(VTC)对电路的直流特性提供有用的信息。关键的电压值(如 V_{OL} 或 V_{th})是组合逻辑电路的重要设计参数，其他设计参数和关注的指标包括电路的动态(瞬时)响应特性、电路的芯片面积以及静态和动态功耗。

7.2　带伪 nMOS(pMOS)负载的 MOS 逻辑电路

7.2.1　双输入"或非"逻辑门

本节讨论的第一个电路是双输入"或非"逻辑门。其电路图、逻辑符号和对应的逻辑真值表如图 7.2 所示。布尔"或"运算由两个增强型 nMOS 驱动管并联形成。如果输入电压 V_A 或 V_B 等于逻辑高电平，对应的驱动管导通，并在输出节点和地之间形成通路，因此，输出电压变低。在这种情况下，电路运行时的静态特性就与耗尽型负载反相器类似，当 V_A 和 V_B 都是高电平时，在输出节点和地之间产生两个并联通路，可得到电压变低的同样结果。另一方面，如果 V_A 和 V_B 都是低电平，两个驱动管都截止。输出节点电压将通过耗尽型 pMOS 负载管上拉到逻辑高电平。

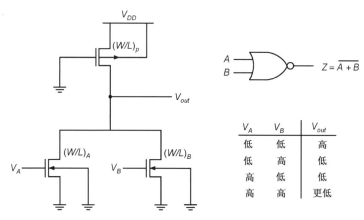

图 7.2　双输入伪 nMOS "或非" 门及其逻辑符号和真值表(注意，所有晶体管的衬底与地相连)

考虑到该电路和简单的耗尽型 nMOS 负载反相器的结构相似，电路的直流分析可明显简化。下面介绍输出低电压和高电压时的计算方法。

7.2.2　V_{OH} 的计算

当输入电压 V_A 和 V_B 都比对应驱动管的阈值电压低时，驱动管截止，没有漏极电流产生。结果，工作在线性区的负载器件漏极电流也为零。由此，它的线性区电流方程变成：

$$I_{D,p} = \frac{k_p}{2} \frac{1}{\left(1 + \dfrac{V_{DD} - V_{OH}}{E_C L_p}\right)}[2 \cdot (V_{DD} - |V_{T0,p}|) \cdot (V_{DD} - V_{OH}) - (V_{DD} - V_{OH})^2] = 0 \tag{7.1}$$

这个方程的解为 $V_{OH} = V_{DD}$。

7.2.3　V_{OL} 的计算

为了计算输出低电压 V_{OL}，必须考虑三种不同的情况，即在输出节点和地之间产生通路的三种不同的输入电压组合。这三种情况分别是：

(i) $V_A = V_{OH}$, $V_B = V_{OL}$;

(ii) $V_A = V_{OL}$, $V_B = V_{OH}$;

(iii) $V_A = V_{OH}$, $V_B = V_{OH}$。

对于情况(i)和(ii)，"或非" 电路转变成简单的耗尽型 nMOS 负载反相器。假设两个增强型驱动管的阈值电压是相同的($V_{T0,A} = V_{T0,B} = V_{T0}$)，对应反相器的驱动管与负载管的栅宽比在驱动管 A 导通的情况(i)中为

$$k_R = \frac{k_n}{k_p} = \frac{k'_n \left(\dfrac{W}{L}\right)_A}{k'_p \left(\dfrac{W}{L}\right)_p} \tag{7.2}$$

在驱动管 B 导通的情况(ii)中为

$$k_R = \frac{k_n}{k_p} = \frac{k'_n \left(\dfrac{W}{L}\right)_B}{k'_p \left(\dfrac{W}{L}\right)_p} \tag{7.3}$$

用式(5.40)可得到两种情况下的输出低电压 V_{OL} 为

$$V_{OL} = V_{OH} - V_{T0,n} - \sqrt{(V_{OH} - V_{T0,n})^2 - \left(\frac{k_p}{k_n}\right) \cdot \frac{E_{C,p} \cdot L_p \cdot (V_{DD} - |V_{T0,p}|)^2}{(V_{DD} - |V_{T0,p}|) + E_{C,p}L_p}} \tag{7.4}$$

注意，如果两个驱动管的栅宽比相等，即 $(W/L)_A = (W/L)_B$，情况(i)和情况(ii)的输出低电压(V_{OL})计算值相等。

在情况(iii)中，两个驱动管都导通，饱和负载电流是两个线性模型驱动器电流之和：

$$I_{D,p} = I_{D,nA} + I_{D,nB} \tag{7.5}$$

$$\frac{k_p}{2} \cdot \frac{E_{C,p}L_p \cdot (V_{DD} - |V_{T0,p}|)^2}{(V_{DD} - |V_{T0,p}|) + E_{C,p}L_p} = \frac{k_{n,A}}{2} \frac{1}{\left(1 + \dfrac{V_{OL}}{E_{C,n}L_n}\right)} [2 \cdot (V_A - V_{T0,n}) \cdot V_{OL} - V_{OL}^2]$$

$$+ \frac{k_{n,B}}{2} \frac{1}{\left(1 + \dfrac{V_{OL}}{E_{C,n}L_n}\right)} \left[2 \cdot (V_B - V_{T0,n}) \cdot V_{OL} - V_{OL}^2\right] \tag{7.6}$$

由于两个驱动管的门电压相等 $(V_A = V_B = V_{OH})$，所以可以设计"或非"结构等效的驱动管与负载管的栅宽比：

$$k_R = \frac{k_{n,A} + k_{n,B}}{k_p} = \frac{k'_n \left[\left(\dfrac{W}{L}\right)_A + \left(\dfrac{W}{L}\right)_B\right]}{k'_p \left(\dfrac{W}{L}\right)_p} \tag{7.7}$$

这样，具有两个逻辑高电平输入的"或非"门可用一个耗尽型 nMOS 负载反相器电路代替，反相器电路的驱动管与负载管的栅宽比见式(7.7)，这种情况下的输出电压为

$$V_{OL} = V_{OH} - V_{T0,n} - \sqrt{(V_{OH} - V_{T0,n})^2 - \left(\frac{k_p}{k_{n,A} + k_{n,B}}\right) \cdot \frac{E_{C,p} \cdot L_p \cdot (V_{DD} - |V_{T0,p}|)^2}{(V_{DD} - |V_{T0,p}|) + E_{C,p}L_p}} \tag{7.8}$$

注意，式(7.8)中的 V_{OL} 值比只有一个输入是逻辑高电平的情况(i)和情况(ii)下所得到的 V_{OL}值要低。我们从静态运行最坏的情况，即从情况(i)或情况(ii)得到最高的 V_{OL} 值。

这个结论给"或非"门提供了一个简单的设计方案。通常，设计必须达到给定的最坏情况(即只有一个输入是高电平的情况)下的 V_{OL} 最大值。因此，我们假设一个输入(V_A 或 V_B)是逻辑高电平，并且用式(7.4)求构成反相器驱动管与负载管的栅宽比，这样有

$$k_{n,A} = k_{n,B} = k_R k_p \tag{7.9}$$

这个设计允许选择两个相同的驱动管，从而保证最坏情况下需要的 V_{OL} 值。当两个输入都是逻辑高电平时，输出电压甚至比要求的最大值 V_{OL} 还要低，因此，设计满足所给的限制条件。

练习 7.1

如图 7.2 所示，耗尽型 nMOS 负载 NOR2 门，其参数为 $\mu_n C_{ox} = 98.2\ \mu\text{A/V}^2$，$\mu_p C_{ox} = 46.0\ \mu\text{A/V}^2$，$V_{T0,n} = 0.53\ \text{V}$，$V_{T0,p} = -0.51\ \text{V}$，$E_{c,n} L_n = 0.4\ \text{V}$ 和 $E_{C,p} L_p = 1.7\ \text{V}$。晶体管尺寸为 $(W/L)_A = 4$，$(W/L)_B = 8$ 和 $(W/L)_p = 3$。电源电压 $V_{DD} = 1.2\ \text{V}$，计算 4 种有效输入电压组合情况下的输出电压值。

7.2.4　多输入的一般"或非"门结构

在这里，我们对一般的 n 输入"或非"门（"或非"门由 n 个并联的驱动管组成，如图 7.3 所示）的分析进行扩充。注意，这个电路的总电流 I_D 是由所有导通的驱动管即栅极电压比阈值电压 V_{T0} 高的晶体管提供的。

总下拉电流表示为

$$I_D = \sum_{k(on)} I_{D,k} = \begin{cases} \sum_{k(on)} \dfrac{\mu_n C_{ox}}{2} \left(\dfrac{W}{L}\right)_k \left(\dfrac{1}{1 + \dfrac{V_{DS}}{E_C L_{n,k}}}\right)\left[2(V_{GS,k} - V_{T0})V_{out} - V_{out}^2\right] & \text{线性区} \\[3mm] \sum_{k(on)} \dfrac{\mu_n C_{ox}}{2} \left(\dfrac{W}{L}\right)_k \dfrac{E_C L_{n,k}(V_{GS,k} - V_{T0})^2}{(V_{GS,k} - V_{T0}) + E_C L_{n,k}} & \text{饱和区} \end{cases} \tag{7.10}$$

假设所有驱动管的输入电压和栅长相等，有

$$V_{GS,k} = V_{GS} \quad \text{其中} \quad k = 1, 2, \cdots, n \tag{7.11}$$

$$L_{n,k} = L_n \quad \text{其中} \quad k = 1, 2, \cdots, n \tag{7.12}$$

下拉电流表达式重新写为

$$I_D = \begin{cases} \dfrac{\mu_n C_{ox}}{2} \left(\sum_{k(on)} \left(\dfrac{W}{L}\right)_k\right)\left(\dfrac{1}{1 + \dfrac{V_{DS}}{E_C L_n}}\right)\left[2(V_{GS} - V_{T0})V_{out} - V_{out}^2\right] & \text{线性区} \\[3mm] \dfrac{\mu_n C_{ox}}{2} \left(\sum_{k(on)} \left(\dfrac{W}{L}\right)_k\right)\dfrac{E_C L_n(V_{GS} - V_{T0})^2}{(V_{GS} - V_{T0}) + E_C L_n} & \text{饱和区} \end{cases} \tag{7.13}$$

这样，多输入"或非"门在静态分析中也可变成等价的反相器，如图 7.4 所示。这里驱动管的宽长比为

$$\left(\frac{W}{L}\right)_{equivalent} = \sum_{k(on)} \left(\frac{W}{L}\right)_k \tag{7.14}$$

注意，"或非"门中所有增强型 nMOS 驱动管的源极与地相连，这样，驱动管没有衬底偏置效应。然而，耗尽型 nMOS 负载晶体管有衬底偏置效应，因为它的源极与输出节点相连，源极到衬底电压为 $V_{SB} = V_{out}$。

7.2.5　"或非"门的瞬态分析

图 7.5 显示了带所有相关器件寄生电容的双输入"或非"门（NOR2），与反相器的情况一样，可以把图 7.5 中的电容看成一个集总电容，连在输出节点和地之间。这个合成负载电容 C_{load} 的值为

$$C_{load} = C_{gd,A} + C_{gd,B} + C_{gd,p} + C_{db,A} + C_{db,B} + C_{db,p} + C_{wire} \tag{7.15}$$

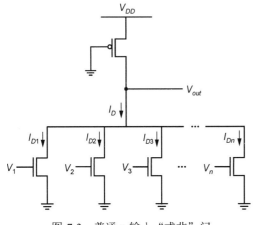

图 7.3　普通 n 输入"或非"门

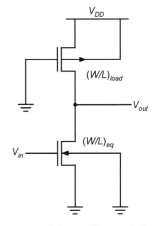

图 7.4　对应于 n 输入"或非"
门的等价反相器电路

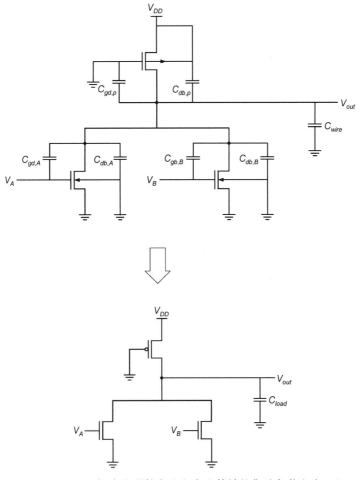

图 7.5　NOR2 门中的器件寄生电容和等效的集总负载电容。驱
动管栅源的电容包含在前级驱动输入 A 和 B 的负载中

注意，式(7.15)给出的输出负载电容也适用于单输入开关，也就是说，即使只有一个输入是高电平，其他输入是低电平时，输出节点的负载电容也可用 C_{load} 等效。在用反相器来等效"或非"门时，计算中必须考虑这一点。对应于"或非"门的等效反相器电路的输出节点负载电容总是比相同尺寸的实际反相器的总集总负载电容要大。因此，当等效反相器与"或非"门的静态(DC)特性本质上一致时，"或非"门实际的瞬态响应要比等效反相器慢。

7.2.6　双输入"与非"门

接下来讨论双输入与非门(NAND2)，其电路图、逻辑符号和对应的真值表如图7.6所示。布尔"与"运算是由两个增强型 nMOS 驱动管串联而成的。仅当输入电压 V_A 和 V_B 都为逻辑高电平，即仅当两个串联驱动管都导通时，输出节点和地之间才有通路。这时，输出电压为低电平，这是"与"运算作用的结果。否则，一个或两个驱动管截止，耗尽型 pMOS 负载管将输出电压拉至逻辑高电平。

图 7.6 表明，除了与地相邻的晶体管外，所有晶体管都受衬底偏置效应的影响，因为它们的源极电压大于零。在详细计算中必须考虑这一点。对于使输出电压为逻辑高电平的三种输入组合而言，容易发现，对应的 V_{OH} 值为 $V_{OH} = V_{DD}$。另一方面，逻辑低电压 V_{OL} 的计算需要进一步研究。

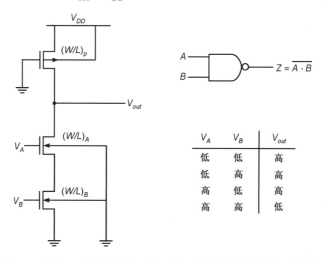

图 7.6　双输入耗尽型负载"与非"门及其逻辑符号和真值表

(注意，除一个晶体管外所有 nMOS 管都有衬底偏置效应)

考虑双输入都是 V_{OH} 的 NAND2 门，从图 7.7 可以看出，电路中所有晶体管的漏极电流彼此相等：

$$I_{D,p} = I_{D,nA} = I_{D,nB} \tag{7.16}$$

$$W \cdot v_{sat} \cdot C_{ox} \cdot \frac{(V_{DD} - |V_{T0,p}|)^2}{(V_{DD} - |V_{T0,p}|) + E_{C,p}L_p}$$

$$= \frac{k_{n,A}}{2} \frac{1}{\left(1 + \dfrac{V_{DS,A}}{E_{C,n}L_n}\right)} \left[2 \cdot (V_{GS,A} - V_{T,A}) \cdot V_{DS,A} - V_{DS,A}^2\right] \tag{7.17}$$

$$= \frac{k_{n,B}}{2} \frac{1}{\left(1 + \dfrac{V_{DS,B}}{E_{C,n}L_n}\right)} \left[2 \cdot (V_{GS,B} - V_{T,B}) \cdot V_{DS,B} - V_{DS,B}^2\right]$$

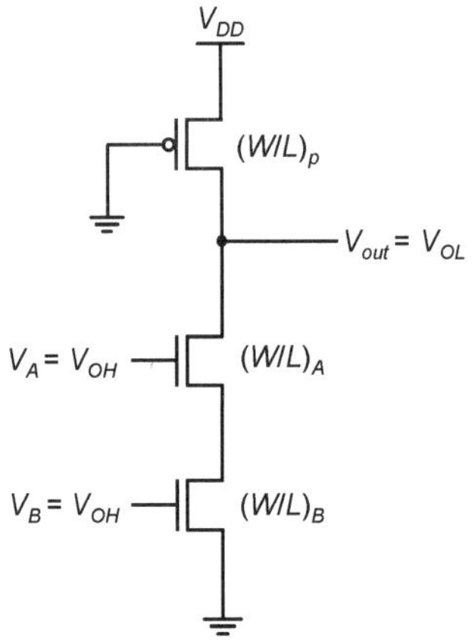

图 7.7   两个输入都是高电平的 NAND2 门

假设两个驱动管的栅源电压近似等于 V_{OH}，同样为了简化问题，忽略驱动管 A 的衬底偏置效应，并因为驱动管 A 的源极到衬底的电压相对较低，可以假设 $V_{T,A} = V_{T,B} = V_{T0}$，同样，因为输出电压很小（$V_{DS,A}/E_{C,n}L_n \ll 1$，$V_{DS,B}/E_{C,n}L_n \ll 1$），右边分母和第二项可以忽略，式(7.17)可以近似等于

$$\frac{k_p}{2} \cdot \frac{E_{C,p} \cdot L_p (V_{DD} - |V_{T0,p}|)^2}{(V_{DD} - |V_{T0,p}|) + E_{C,p}L_p} = \frac{k_{n,A}}{2} \cdot \left[2 \cdot (V_{GS,A} - V_{T,A}) \cdot V_{DS,A} - V_{DS,A}^2\right]$$

$$= \frac{k_{n,B}}{2} \cdot \left[2 \cdot (V_{GS,B} - V_{T,B}) \cdot V_{DS,B} - V_{DS,B}^2\right] \tag{7.18}$$

两个驱动管的漏源电压由式(7.18)解得：

$$V_{DS,A} = V_{OH} - V_{T0} - \sqrt{(V_{OH} - V_{T0})^2 - \left(\frac{k_p}{k_{n,A}}\right) \cdot \frac{E_{C,p}L_p \cdot (V_{DD} - |V_{T0,p}|)^2}{(V_{DD} - |V_{T0,p}|) + E_{C,p}L_p}} \tag{7.19}$$

$$V_{DS,B} = V_{OH} - V_{T0} - \sqrt{(V_{OH} - V_{T0})^2 - \left(\frac{k_p}{k_{n,B}}\right) \cdot \frac{E_{C,p}L_p \cdot (V_{DD} - |V_{T0,p}|)^2}{(V_{DD} - |V_{T0,p}|) + E_{C,p}L_p}} \tag{7.20}$$

使两驱动管相同，即 $k_{driver,A} = k_{driver,B} = k_{driver}$。注意，输出电压 V_{OL} 等于两驱动管漏源电压之和，得：

$$V_{OL} \approx 2\left(V_{OH} - V_{T0} - \sqrt{(V_{OH} - V_{T0})^2 - \left(\frac{k_p}{k_n}\right) \cdot \frac{E_{C,p}L_p \cdot (V_{DD} - |V_{T0,p}|)^2}{(V_{DD} - |V_{T0,p}|) + E_{C,p}L_p}}\right) \tag{7.21}$$

下面，给出两个串联驱动管更精确的分析。考虑栅极相连的两个相同的增强型 nMOS 管。这里，只需简单假设 $V_{T,A} = V_{T,B} = V_{T0}$，当两个驱动管都工作在线性区域时，漏极电流可写为

$$I_{D,A} = \frac{k_n}{2} \frac{1}{\left(1 + \dfrac{V_{DS,A}}{E_{C,n}L_n}\right)} \left[2 \cdot (V_{GS,A} - V_{T0}) \cdot V_{DS,A} - V_{DS,A}^2\right] \tag{7.22}$$

$$I_{D,B} = \frac{k_n}{2} \frac{1}{\left(1 + \dfrac{V_{DS,B}}{E_{C,n}L_n}\right)} \left[2 \cdot (V_{GS,B} - V_{T0}) \cdot V_{DS,B} - V_{DS,B}^2\right] \tag{7.23}$$

因为 $I_{D,A} = I_{D,B}$，这个电流也可以表示为

$$I_D = I_{D,A} = I_{D,B} = \frac{I_{D,A} + I_{D,B}}{2} \tag{7.24}$$

利用 $V_{GS,A} = V_{GS,B} - V_{DS,B}$，式 (7.24) 变为

$$I_D = \frac{k_{driver}}{4} \left[2(V_{GS,B} - V_{T0})(V_{DS,A} + V_{DS,B}) - (V_{DS,A} + V_{DS,B})^2\right] \tag{7.25}$$

现在，让 $V_{GS} = V_{GS,B}$ 和 $V_{DS} = V_{DS,A} + V_{DS,B}$，漏极电流表达式可重写为

$$I_D = \frac{k_{driver}}{4} \left[2(V_{GS} - V_{T0})V_{DS} - V_{DS}^2\right] \tag{7.26}$$

这样，两个串联连接的 nMOS 管与相同栅电压 $k_{eq} = 0.5k_{driver}$ 的一个 nMOS 管效果相同。

7.2.7 多输入的一般"与非"门结构

这里我们进一步分析 n 输入的一般"与非"门，它由 n 个驱动管串联而成，如图 7.8 所示。忽略其衬底偏置效应，并假设所有晶体管的阈值电压都等于 V_{T0}。线性区域的驱动电流 I_D 可由式 (7.27) 得到，而饱和区域的 I_D 可看为它的延伸：

$$I_D = \frac{\mu_n C_{ox}}{2} \left(\frac{1}{\displaystyle\sum_{k(on)} \frac{1}{\left(\dfrac{W}{L}\right)_k}}\right) \cdot \begin{cases} \left(\dfrac{1}{1 + \dfrac{V_{DS}}{E_C L_{n,k}}}\right)\left[2(V_{in} - V_{T0})V_{out} - V_{out}^2\right] & \text{线性区} \\[3mm] \dfrac{E_C L_{n,k}(V_{GS,k} - V_{T0})^2}{(V_{GS,k} - V_{T0}) + E_C L_{n,k}} & \text{饱和区} \end{cases} \tag{7.27}$$

因此，等效驱动管的宽长比为

$$\left(\frac{W}{L}\right)_{equivalent} = \frac{1}{\displaystyle\sum_{k(on)} \frac{1}{\left(\dfrac{W}{L}\right)_k}} \tag{7.28}$$

如果串联的晶体管是相同的，即 $(W/L)_1 = (W/L)_2 = \cdots = (W/L)$ 等效晶体管的宽长比为

$$\left(\frac{W}{L}\right)_{equivalent} = \frac{1}{n}\left(\frac{W}{L}\right) \tag{7.29}$$

从上述分析中得到的 n 输入"与非"门设计方案总结如下。首先，确定满足要求的 V_{OL} 值的等效反相器的宽长比。这就给定了驱动管的 $(W/L)_{driver}$ 和负载管的 $(W/L)_{load}$。然后，设定所有"与非"驱动管的宽长比 $(W/L)_1 = (W/L)_2 = \cdots = n(W/L)_{driver}$。这就保证了当所有输入为逻辑高电平时，$n$ 个驱动管的串联结构有等效的宽长比 $(W/L)_{driver}$。

对于双输入"与非"门，就是使每个驱动管的宽长比是等效反相器驱动管的两倍。如果耗尽型负载管所占面积忽略不计，而且 NAND2 与等效反相器有相同的静态特性，则 NAND2 结构所占的面积近似是等效反相器所占面积的 4 倍。

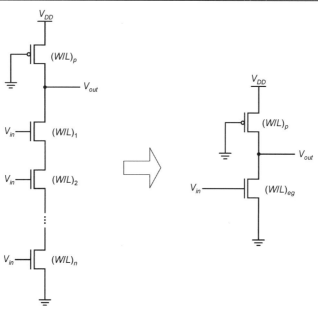

图 7.8　一般"与非"门结构和它的反相器等效

7.2.8 "与非"门的瞬态分析

图 7.9 显示了所有器件带寄生电容的 NAND2 门。和反相器情况一样，可以将图 7.9 中的电容看成接在输出节点和地之间的一个集总电容，而集总电容 C_{load} 的值取决于输入电压的情况。

例如，假设输入 V_A 等于 V_{OH}，另一输入 V_B 从 V_{OH} 跳变到 V_{OL}，这时，输出电压 V_{out} 和内部节点电压 V_x 都升高，结果导致：

$$C_{load} = C_{gd,p} + C_{gd,A} + C_{gd,B} + C_{gs,A} + C_{db,A} \qquad (7.30)$$
$$+ C_{db,B} + C_{sb,A} + C_{db,p} + C_{wire}$$

注意，这个近似将内部节点电容整个转移到集总输出电容 C_{load}，这样的近似是非常保守的。事实上，只有一部分内部节点电容对 C_{load} 有影响。在设计中，使用过分保守的电容值会导致保守的速度估算，迫使设计人员增大晶体管的尺寸以抵消大的延迟。

现在，考虑另一种情况，即 V_B 等于 V_{OH}，而 V_A 从 V_{OH} 跳变到 V_{OL}。这时，输出电压 V_{out} 将升高，由于底部驱动管导通，内部节点电压 V_x 仍保持低电平，所以集总输出电容为

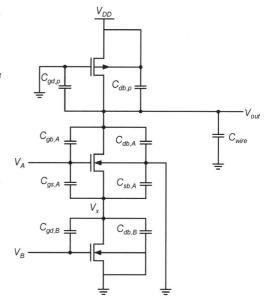

图 7.9　NAND2 门中的器件寄生电容

$$C_{load} = C_{gd,p} + C_{gd,A} + C_{db,A} + C_{db,p} + C_{wire} \qquad (7.31)$$

注意，这种情况下的负载电容比前一种情况下的负载电容要小。这样，可以想像连接到底部晶体管的信号 B 从高到低的开关延迟要比连接到顶部晶体管的信号 A 从高到低的开关延迟大。

例 7.1

用 SPICE 仿真一个耗尽型 nMOS 负载 NAND2 门的两种输入跳变情况。电路的 SPICE 输入文本如下。注意，假设在中间节点 X 与地之间的总电容是输出节点与地之间总电容的一半。

```
NAND2 circuit delay analysis
.option scale=60n
m1 3 1 0 0 nmos w=8 l=4
m2 4 2 3 0 nmos w=8 l=4
m3 5 0 4 5 pmos w=3 l=4
cl 4 0 0.1p
cp 3 0 0.05p
vdd 5 0 dc 1.2
* case 1 (upper input switching from high to low)
vin1 2 0 dc pulse (1.2 0.0 1ns 1ns 2ns 40ns 50ns)
vin2 1 0 dc 1.2
* case 2 (lower input switching from high to low)
* vin1 2 0 dc 1.2
* vin2 1 0 dc pulse (1.2 0.0 1ns 1ns 2ns 40ns 50ns)
.inc nmos_tt.l
.inc pmos_tt.l
.tran 0.1ns 40ns
.print tran v(1) v(2) v(4)
.end
```

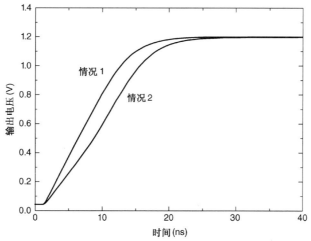

两种情况下的仿真瞬态响应如上图所示。两种情况下的延迟差别非常清楚。事实上，在情况 2 时的传播延迟大约比在情况 1 时大 18%，这证明输入跳变顺序对速度有明显影响。

7.3　CMOS 逻辑电路

7.3.1　CMOS NOR2（双输入"或非"门）逻辑门

CMOS 组合逻辑电路的设计和分析可以依据前一节介绍的耗尽型 nMOS 负载逻辑电路的一些基本原则。图 7.10 显示了双输入 CMOS "或非"门的电路图。注意，电路是由并联的

n 型网络和串联的具有互补性的 p 型网络组成。输入电压 V_A 和 V_B 分别加到一个 nMOS 管和一个 pMOS 管的栅极。

电路运行时的互补特性可总结如下：当一个或两个输入为高电平，即当 n 型网络在输出节点和地之间形成通路时，p 型网络断开；如果两个输入电压都是低电平，即 n 型网络断开，那么 p 型网络在输出节点和电压源 V_{DD} 之间形成通路。这样，对偶或互补电路结构在任意给定的输入组合下允许输出端经一低阻通路连到 V_{DD} 或地。任何输入组合下都不可能建立 V_{DD} 和地间的直流电流通路。这些关于完全互补运行模式的结果已经在简单 CMOS 反相器电路中讨论过。

CMOS NOR2 逻辑门的输出电压将得到逻辑低电压 $V_{OL} = 0$ 和逻辑高电压 $V_{OH} = V_{DD}$。为了电路设计，CMOS 门的切换门限电压 V_{th} 作为一个重要的设计指标出现。我们从分析切换门限电压开始，假设两输入电压同时转换，即 $V_A = V_B$。而且，假设每个模块的器件尺寸相同，$(W/L)_{n,A} = (W/L)_{n,B}$ 和 $(W/L)_{p,A} = (W/L)_{p,B}$。为了简化起见，pMOS 管的衬底偏置效应忽略不计。

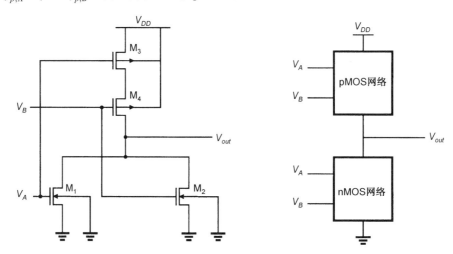

图 7.10　CMOS NOR2 逻辑门及其互补作用，nMOS 网络(n-net)导通，
pMOS 网络断开，或者 pMOS 网络(p-net)导通，nMOS 网络断开

定义输出电压等于输入电压并等于切换门限电压：

$$V_A = V_B = V_{out} = V_{th} \tag{7.32}$$

很明显，此时两个并联的 nMOS 管是饱和的，因为 $V_{DS} > V_{Dsat}$。两个 nMOS 晶体管的合成漏极电流为

$$I_D = W_n \cdot v_{sat} \cdot C_{ox} \cdot \frac{(V_{th} - V_{T,n})^2}{(V_{th} - V_{T,n}) + E_{C,n}L_n}$$

$$I_D = W_n \cdot C_{ox} \cdot (V_{th} - V_{T0,n} - V_{DS,sat,n}) \cdot v_{sat,n} \tag{7.33}$$

这样，可以得到门限电压 V_{th} 的第一个方程：

$$V_{th} = V_{T0,n} + V_{DS,sat,n} + \frac{I_D}{W_n \cdot C_{ox} \cdot v_{sat,n}} \tag{7.34}$$

在图 7.10 所示的 p 型网络中，pMOS 管 M_3 工作在线性区，而另一个 pMOS 管 M_4 工作在饱和区，因为 $V_{in} = V_{out}$。这时

$$I_{D3} = \frac{k_p}{2} \cdot \frac{1}{\left(1 + \dfrac{V_{SD3}}{E_{C,p}L_p}\right)} \cdot \left[2(V_{DD} - V_{th} - |V_{T0,p}|) \cdot V_{SD3} - V_{SD3}^2\right] \tag{7.35}$$

$$I_{D4} = W_p \cdot v_{sat} \cdot C_{ox} \cdot \frac{(V_{DD} - V_{SD3} - V_{th} - |V_{T0,p}|)^2}{(V_{DD} - V_{SD3} - V_{th} - |V_{T0,p}|) + E_{C,p}L_p}$$

$$= \frac{k_p}{2} \cdot \frac{E_{C,p}L_p \cdot (V_{DD} - V_{SD3} - V_{th} - |V_{T0,p}|)^2}{(V_{DD} - V_{SD3} - V_{th} - |V_{T0,p}|) + E_{C,p}L_p} \tag{7.36}$$

两个 pMOS 管的漏极电流相等，即 $I_{D3} = I_{D4} = I_D$。因为输入电压 V_{th} 很小（$V_{SD3}/E_{C,p}L_p \ll 1$，$V_{DD} - V_{SD3} - V_{th} - |V_{T0,p}| \ll E_{C,p}L_p$），可以通过忽略式（7.35）右边分母的第二项和式（7.36）右边分母的第一项来简化方程式，即

$$V_{DD} - V_{th} - |V_{T,p}| = 2\sqrt{\frac{I_D}{k_p}} \tag{7.37}$$

从而得到门限电压 V_{th} 的第二个方程，结合式（7.34）和式（7.37）得到：

$$V_{th}(\text{NOR2}) = \frac{V_{T,n} + \dfrac{1}{2}\sqrt{\dfrac{k_p}{k_n}}(V_{DD} - |V_{T,p}|)}{1 + \dfrac{1}{2}\sqrt{\dfrac{k_p}{k_n}}} \tag{7.38}$$

现在，用这个表达式和在第 5 章中得到的 CMOS 反相器的门限电压相比，有：

$$V_{th}(\text{INR}) = \frac{V_{T,n} + \sqrt{\dfrac{k_p}{k_n}}(V_{DD} - |V_{T,p}|)}{1 + \sqrt{\dfrac{k_p}{k_n}}} \tag{7.39}$$

如果 $k_n = k_p$ 且 $V_{T,n} = |V_{T,p}|$，CMOS 反相器的门限电压等于 $V_{DD}/2$。使用相同参数的 NOR2 门的门限电压为

$$V_{th}(\text{NOR2}) = \frac{V_{DD} + V_{T,n}}{3} \tag{7.40}$$

它不等于 $V_{DD}/2$。例如，当 $V_{DD} = 1.2\,\text{V}$ 和 $V_{T,n} = |V_{T,p}| = 0.5\,\text{V}$ 时，NOR2 门和反相器的门限电压分别为

$$V_{th}(\text{NOR2}) = 0.57\,\text{V}$$
$$V_{th}(\text{INR}) = 0.6\,\text{V}$$

NOR2 门的门限电压也可用等效反相器通路获得。两输入相等时，并联的 nMOS 管可用一个参数为 $2k_n$ 的 nMOS 管代替。同样，串联的 pMOS 管可用一参数为 $k_p/2$ 的 pMOS 管代替。等效的 CMOS 反相器如图 7.11 所示。

用反相器切换门限表达式（7.39）来表示这个等效的反相器电路，得到：

$$V_{th}(\text{NOR2}) = \frac{V_{T,n} + \sqrt{\dfrac{k_p}{4k_n}}(V_{DD} - |V_{T,p}|)}{1 + \sqrt{\dfrac{k_p}{4k_n}}} \tag{7.41}$$

它与式（7.38）相等。

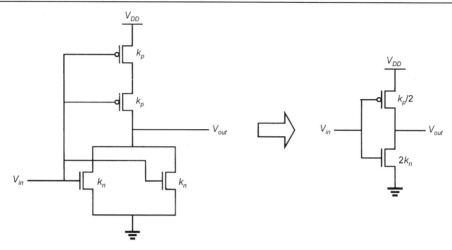

图 7.11 CMOS NOR2 门及其等效反相器电路

由式(7.41)可以很容易地得到 NOR2 门的简单设计指标。例如，为了获得同时转换的门限电压 $V_{DD}/2$，必须设置 $V_{T,n} = |V_{T,p}|$ 和 $k_p = 4k_n$。

图 7.12 给出了带有寄生电容的 CMOS NOR2 逻辑门和反相器等效电路，以及对应的集总输出负载电容。在最坏的情况下，假设总的集总负载电容等于图 7.12 中所有内部寄生电容之和。

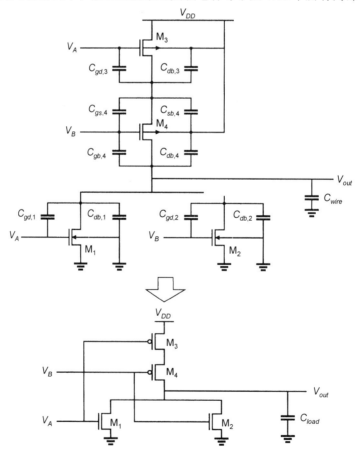

图 7.12 CMOS NOR2 电路的寄生电容和集总输出负载电容的简化等效电路图

7.3.2　CMOS NAND2（双输入"与非"门）逻辑门

图7.13显示了双输入CMOS"与非"（NAND2）门。这个电路的工作原理正好与以前分析的CMOS NOR2电路对偶。只有当两个输入电压是逻辑高电平，即等于V_{OH}时，由两个串联nMOS管组成的 n 型网络在输出节点和地之间形成通路。这时，p 型网络的两个并联的pMOS管断开。对于所有的其他输入组合，或者一个或者两个 pMOS 管将导通，但 n 型网络是断开的，这样在输出节点和电源之间形成通路。

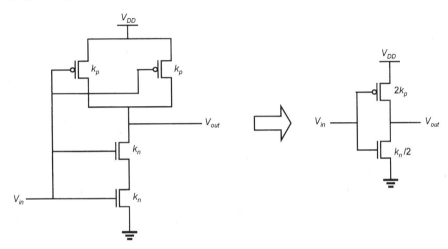

图 7.13　CMOS NAND2 逻辑门及其反相器等效电路

利用对 NOR2 门进行的类似分析，很容易计算出 CMOS NAND2 门的切换门限电压。假设每个模块的器件尺寸相同，即 $(W/L)_{n,A} = (W/L)_{n,B}$ 和 $(W/L)_{p,A} = (W/L)_{p,B}$。那么 NAND2 门的切换门限电压为

$$V_{th}(\text{NAND2}) = \frac{V_{T,n} + 2\sqrt{\dfrac{k_p}{k_n}}(V_{DD} - |V_{T,p}|)}{1 + 2\sqrt{\dfrac{k_p}{k_n}}} \tag{7.42}$$

从式(7.42)可以看出，在 NAND2 中设定 $V_{T,n} = |V_{T,p}|$，$k_n = 4k_p$，可得切换门限电压为 $V_{DD}/2$（用于同时转换）。

这里对 CMOS 组合逻辑门的面积要求进行了说明。与等效耗尽型 nMOS 负载逻辑电路相比，CMOS 门的晶体管的总数大约是 nMOS 门的晶体管数的两倍［对于 n 输入是 $2n:(n+1)$］。然而，CMOS 所占的硅片面积不必是耗尽型 nMOS 负载逻辑门所占面积的两倍，因为硅片面积中有相当一部分必须为信号通道和两种情况下都需要的连接而保留下来。这样，CMOS 逻辑门面积大的缺点可能比简单地用晶体管数推算要小。

7.3.3　简单 CMOS 逻辑门的版图

下面分析 CMOS NOR2 和 NAND2 门的简化的版图实例。图 7.14 显示了用单层金属和单层多晶硅构成的 CMOS NOR2 门的典型版图。

在此例中，pMOS 管的 p 型扩散区和 nMOS 管的 n 型扩散区排成一排，栅信号经过两条

垂直方向平行的多晶硅导线形成直通道。图 7.15 显示了 CMOS NAND2 门的模型版图。它也使用了在 NOR2 版图例子中的基本版图原理。

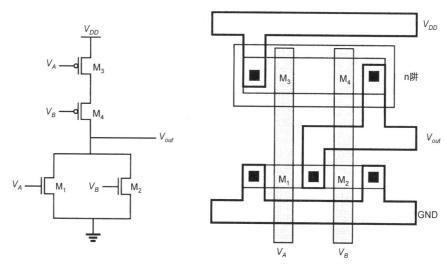

图 7.14　CMOS NOR2 门的模型版图

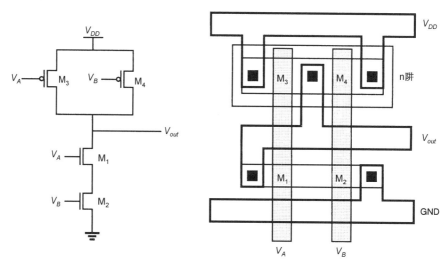

图 7.15　CMOS NAND2 门的模型版图

最后，图 7.16 给出了图 7.14 所示的 CMOS NOR2 门的简图（棒图）。这里，扩散区被画成矩形，金属连线和接触孔分别用实线和圆圈表示，多晶硅圆柱用画斜影线的长条表示。棒图并不包含单一图形的真实几何关系的任何信息，但它表达了晶体管和连接线相应位置的有价值的信息。

7.4　复杂逻辑电路

为了了解多输入变量的其他复合布尔函数，前几节中关于简单"或非"门和"与非"门的基本电路结构及设计

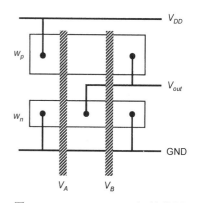

图 7.16　CMOS NOR2 门的简图

原理可以很容易地扩展到复合逻辑电路。用少量晶体管就可以实现复合逻辑功能,这是 nMOS 和 CMOS 逻辑电路最具吸引力的特征之一。

以下列布尔函数为例:

$$Z = \overline{A(D+E) + BC} \tag{7.43}$$

用来实现这个功能的耗尽型 nMOS 负载复合逻辑门如图 7.17 所示。对电路拓扑的研究可给出下拉网络的如下简单设计原理:

- "或"运算用并联驱动管实现;
- "与"运算用串联驱动管实现;
- "非"逻辑可由 MOS 电路工作特性提供。

这里对特殊输入与对应的驱动管的设计原理也可扩展到电路子模块,布尔"或"和"与"运算可以用嵌套电路结构来实现。于是可得到如图 7.17 所示的由串联和并联分支组成的电路拓扑。

在图 7.17 中,左边的 nMOS 驱动分支由 3 个驱动管组成,用来表示逻辑函数 $A(D+E)$,右边的分支表示函数 BC,将两个分支并联连接,在输出节点和电压源 V_{DD} 之间放一个负载晶体管,就可得到式 (7.43) 给出的复合函数,每个输入变量仅分配给一个驱动管。

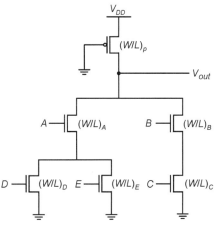

图 7.17 实现式 (7.41) 布尔函数的 nMOS 复合逻辑门

对复合逻辑门的分析和设计可以使用更简单的"或非"门和"与非"等效反相器通路来简化,如果所有输入变量都是逻辑高电平,下拉网络的等效驱动管的宽长比由 5 个 nMOS 管组成,如图 7.17 所示。

$$\left(\frac{W}{L}\right)_{equivalent} = \cfrac{1}{\cfrac{1}{\left(\dfrac{W}{L}\right)_B} + \cfrac{1}{\left(\dfrac{W}{L}\right)_C}} + \cfrac{1}{\cfrac{1}{\left(\dfrac{W}{L}\right)_A} + \cfrac{1}{\left(\dfrac{W}{L}\right)_D + \left(\dfrac{W}{L}\right)_E}} \tag{7.44}$$

为了计算逻辑低电压 V_{OL},必须考虑不同的情况,因为 V_{OL} 的值依赖于各种情况下导通的 nMOS 管的数量和电路接法,所有可能的电路接法如下:

A-D	1 级
A-E	1 级
B-C	1 级
A-D-E	2 级
A-D-B-C	3 级
A-E-B-C	3 级
A-D-E-B-C	4 级

给每一种电路接法分配一个级别,它反映了从 V_{out} 节点到地的电流通路的总电阻。

假设所有驱动管具有相同的宽长比,一级路径如 (B-C) 有最大的串联电阻,二级和三级等串联电阻依次减小。因此,对应于每一级的逻辑低电平有以下顺序,这里的下标数字代表级别:

$$V_{OL1} > V_{OL2} > V_{OL3} > V_{OL4} \tag{7.45}$$

复合逻辑门的设计和"或非"、"与非"门的设计思想相同。通常先规定一个最大的 V_{OL} 值。设计目标就是要确定驱动管和负载管的尺寸，使得即使在最坏情况下，复合逻辑门也能获得规定的 V_{OL} 值。首先允许用给定的 V_{OL} 值确定一个等效反相器的 $(W/L)_{load}$ 和 $(W/L)_{driver}$；接下来，必须在电路中指出所有的最坏情况（一类）路径，确定在这些最坏情况路径下的晶体管尺寸，使每一级别路径都具有相同的等效驱动管 $(W/L)_{driver}$ 比。

在本例中，这种设计方案给出了 3 种最坏情况路径，得到下列比值：

$$\left(\frac{W}{L}\right)_A = \left(\frac{W}{L}\right)_D = 2\left(\frac{W}{L}\right)_{driver}$$

$$\left(\frac{W}{L}\right)_A = \left(\frac{W}{L}\right)_E = 2\left(\frac{W}{L}\right)_{driver} \tag{7.46}$$

$$\left(\frac{W}{L}\right)_B = \left(\frac{W}{L}\right)_C = 2\left(\frac{W}{L}\right)_{driver}$$

对于所有其他的输入组合，上面所得的晶体管尺寸能保证其逻辑低输出电压比指定的 V_{OL} 值小。

7.4.1　复杂 CMOS 逻辑门

对 n 型网络或下拉网络的了解是基于先前的基本设计原则之上的。另一方面，pMOS 上拉网络必须是 n 型网络的对偶网络。这就是说，nMOS 下拉网络中所有的并联对应着 pMOS 上拉网络的串联，下拉网络的串联对应着上拉网络的并联。

图 7.18 显示了从 n 型网络（下拉）线图构造对偶的 p 型网络（上拉）线图的简单方法。下拉网络中的每个驱动管用一个边线表示，每个节点用一个顶点表示。接下来，在下拉线图中每一个闭合的区域产生一个新的顶点，且将相邻顶点用边线连接，这条边线与下拉线图中的每条边线只能相交一次。这个新的线图就表示上拉网络。最终的 CMOS 复合逻辑门如图 7.19 所示。

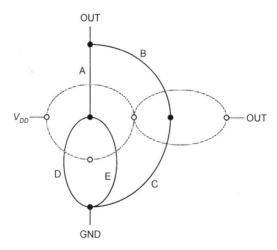

图 7.18　来自下拉图的对偶上拉图结构，使用对偶图概念

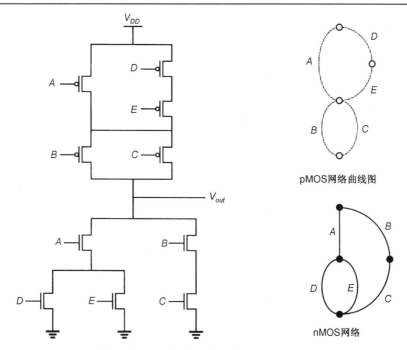

图 7.19　实现式 (7.43) 布尔函数的复杂 CMOS 逻辑门电路

7.4.2　复杂 CMOS 逻辑门的版图

现在，我们研究构造复杂 CMOS 逻辑门的最小面积版图问题。图 7.20 显示了"首次尝试"的简化版图，使用了任意顺序的多晶硅栅极竖列。注意，此时多晶硅栅极竖列间的间隔必须有一个扩散-扩散的间隔和两个金属-扩散间的接触。这要浪费相当大的附加硅片面积。

如果我们可以使 nMOS 管和 pMOS 管扩散面积中断的次数最少，那么多晶硅栅极竖列间的间隔就可以变小，使整体水平尺寸减小，由此减小电路版图面积。通过改变多晶硅竖列的排序可以使扩散中断的次数最小。

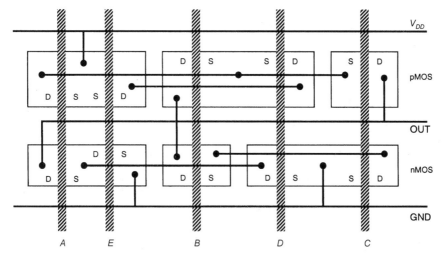

图 7.20　具有多晶硅栅极竖列任意排序的复杂 CMOS 逻辑门简图

确定最佳栅极排序的一种简单方法是欧拉路径法：在下拉线图和上拉线图中找一条具有相同输入标号顺序的欧拉路径，即在两个线图中找一个共同的欧拉路径。欧拉路径定义为只穿越线图中每条边线（分支）一次的连续路径。图 7.21 显示了例子中两个线图的共同欧拉路径的构造方法。

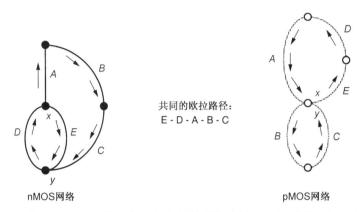

共同的欧拉路径：
E-D-A-B-C

nMOS网络　　　　　　　　　　　pMOS网络

图 7.21　在 nMOS 网络和 pMOS 网络中找一条共同的欧拉路线，以得到某一栅极序列，使扩散中断的次数最少，从而使逻辑门版图面积最小。在两种情况下，欧拉路径都从 x 开始到 y 结束

可以看出，在两个线图中有相同的序列（E-D-A-B-C），即欧拉路径。多晶硅栅极竖列可以根据这个序列安排，使其 p 型和 n 型扩散区连续，简化的新版图如图 7.22 所示。这时，多晶硅阵列的间隔 Δd 只允许一个金属到扩散层的接触。这个新版图的优点在于具有更紧凑（更小）的版图面积，信号通道简单，因此寄生电容更小。

作为复杂 CMOS 门更进一步的例子，"异或"逻辑功能（XOR）的全 CMOS 实现电路如图 7.23 所示。注意，两个附加的反相器要对两个输入变量（A 和 B）进行反相。连同这些反相器，图 7.23 中的 CMOS "异或"电路共需要 12 个晶体管。后面将会讨论，用其他 CMOS 来实现"异或"门可以用更少的晶体管。

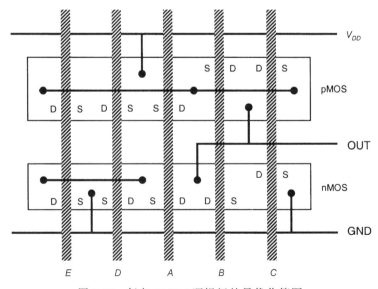

图 7.22　复杂 CMOS 逻辑门的最优化简图

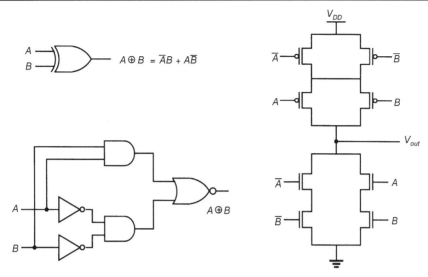

图 7.23　全 CMOS 构成的"异或"功能

7.4.3　"与或非"和"或与非"逻辑门

当在一个复杂的 CMOS 逻辑门中对下拉网络和对应的上拉网络的拓扑理论上没有严格限制时，我们可以确认两种重要的电路种类作为一般复杂 CMOS 门拓扑的子集。这就是"与或非"（AOI）门和"或与非"（OAI）门。顾名思义，"与或非"门能够在一个逻辑层上实现布尔函数的积之和（见图 7.24）。"与或非"门的下拉网络由串联 nMOS 驱动管的并联支路组成。对应的 p 型上拉网络可简单地运用对偶线图概念获得。

另一方面，"或与非"门能够在一个逻辑层上实现布尔函数的和之积（见图 7.25）。"或与非"门的下拉网络由并联 nMOS 驱动管的串联支路组成。而对应的 p 型上拉网络可用对偶线图概念获得。

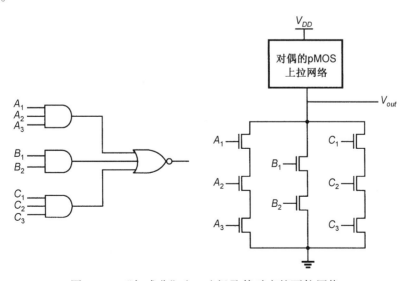

图 7.24　"与或非"（AOI）门及其对应的下拉网络

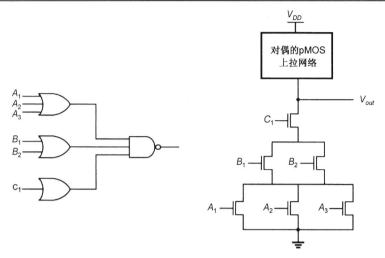

图 7.25   "或与非"（OAI）门及其对应的下拉网络

7.4.4   伪 nMOS 复杂逻辑门

复杂 CMOS 门要求的大面积区域在高密度设计中会出现问题，因为对每个输入来说都需要 nMOS 和 pMOS 两个互补的晶体管。一种可以降低晶体管数目的方法是使用单个 pMOS 管作为负载器件，它的栅极与地相连（见图 7.26）。用这种简单的上拉电路，复杂的门可以用很少的晶体管来实现。伪 nMOS 门与耗尽型 nMOS 负载逻辑门间的相似性是显而易见的。

使用伪 nMOS 门代替全 CMOS 门的最明显的不足是静态功耗非零，因为当输出电压低于 V_{DD} 时，始终导通的 pMOS 负载器件形成了一个恒定电流。同时，V_{OL} 的值和噪声容限现在由 pMOS 负载跨导与下拉网络或驱动管跨导之间的比值决定。

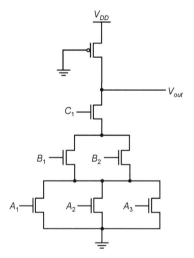

图 7.26   伪 nMOS 实现图 7.25 中的"或与非"门

例 7.2

CMOS 复合逻辑电路简图如下，画出对应的电路图，找出所有输入同时跳变的等效 CMOS 反相电路，假设所有 pMOS 管的 $(W/L)_p = 15$，所有 nMOS 管的 $(W/L)_n = 10$。

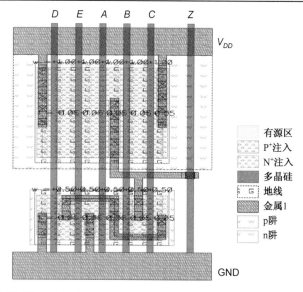

	有源区
	P^+ 注入
	N^+ 注入
	多晶硅
	地线
	金属1
	p阱
	n阱

解：从版图中可得到如下电路图

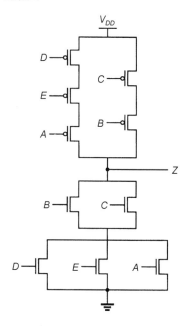

实现这个电路的布尔函数为

$$Z = \overline{(D+E+A)(B+C)}$$

nMOS 网络和 pMOS 网络的等效宽长比由本章先前讨论的串联等效准则确定如下：

$$\left(\frac{W}{L}\right)_{n,eq} = \cfrac{1}{\cfrac{1}{\left(\frac{W}{L}\right)_D + \left(\frac{W}{L}\right)_E + \left(\frac{W}{L}\right)_A} + \cfrac{1}{\left(\frac{W}{L}\right)_B + \left(\frac{W}{L}\right)_C}}$$

$$= \cfrac{1}{\cfrac{1}{30} + \cfrac{1}{20}} = 12$$

$$\left(\frac{W}{L}\right)_{p,eq} = \cfrac{1}{\cfrac{1}{\left(\dfrac{W}{L}\right)_D} + \cfrac{1}{\left(\dfrac{W}{L}\right)_E} + \cfrac{1}{\left(\dfrac{W}{L}\right)_A}} + \cfrac{1}{\cfrac{1}{\left(\dfrac{W}{L}\right)_B} + \cfrac{1}{\left(\dfrac{W}{L}\right)_C}}$$

$$= \cfrac{1}{\dfrac{1}{15} + \dfrac{1}{15} + \dfrac{1}{15}} + \cfrac{1}{\dfrac{1}{15} + \dfrac{1}{15}} = 12.5$$

7.4.5　采用纳米级技术的 CMOS 逻辑电路的尺寸设计

在 7.3 节研究了如何设计 CMOS NAND 和 NOR 门的尺寸。速度饱和器件的尺寸设计方法不同于 7.2 节中所述，如图 7.27 所示，在这里不考虑沟道长度效应。观察单个晶体管 M_1 的 I_D 曲线，V_{in} 为由低到高的阶跃输入。如图 7.27 所示，M_1 的栅源电压为 V_{DD}，流过一个定值电流 I_{D1}。现在考虑阶跃输入 V_{in} 的层迭式晶体管 M_2 和 M_3。如 7.2 节所述，M_2 工作在饱和区，M_3 工作在线性区。M_3 的栅源电压与 M_1 相同，为 V_{DD}。如果晶体管 M_2 和 M_3 的栅宽是 M_1 的两倍，由于栅源电压相同，M_3 在饱和模式下的电流是 M_1 的两倍。晶体管 M_2 处在饱和区，栅源电压为 $V_{DD} - V_{DS3}$，小于 V_{DD}。栅源电压的减小使得电流 I_D 减小，如图 7.27 所示。长沟道器件中的电流 I_D 比速度饱和器件的大很多，因为在长沟道器件中漏极电流与栅源电压的平方成正比，而速度饱和器件中漏极电流与栅源电压几乎成线性关系。因此，宽为 $2W_1$ 器件的 I_{D2} 几乎比宽为 W_1 器件的 I_{D1} 大 20% 到 30%。综上所述，速度饱和器件中层迭式晶体管的尺寸不需要像长沟道情况时增加的那样多。

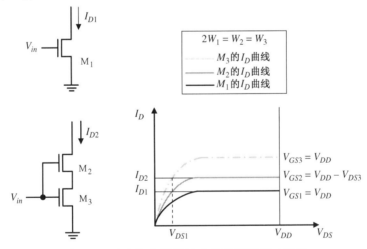

图 7.27　速度饱和的层迭式晶体管的尺寸设计

第 5、6 章的附录研究了如何通过基于设计目标的仿真为 CMOS 反相器选择 nMOS 和 pMOS 晶体管的尺寸。相似的方法也可根据设计目标应用于 CMOS 组合逻辑电路。图 7.28(a) 和图 7.28(b) 展示了典型的 65 nm CMOS 工艺中不同需求 NAND 门的不同晶体管宽度比。在该仿真中，4 个反相器用作负载（FO4 设计）。x 轴代表 β 比值，即 pMOS 到 nMOS 晶体管的尺寸比值，范围为 0.2~4.0。不同尺寸晶体管逻辑门限电压相关性的仿真结果如图 7.28(a) 所示。随着 β 值的增加，3 个 NAND 门的逻辑门限电压均增加。在该仿真中，为了使逻辑门限电压为 V_{DD} 的一半（0.6V），二输入和三输入的 CMOS NAND 门的 β 值应分别为 0.72 和 0.3。注意，尽管 β 值为 0.2，四输入 CMOS NAND 门的逻辑门限电压也会高于 V_{DD} 的一半。随着 NAND 门扇入数的增大，为使逻辑门限电压维持 V_{DD} 的一半，需要减小 β 值。与 CMOS 反相器相似，靠调节宽度比值使 NAND 门的逻辑阈值电压从电源电压的一半开始变化是很困难的。β 值在传输延时上的影响如图 7.28（b）所示。β 值增大时，传输延时 τ_{PHL} 减小而传输延时 τ_{PLH} 增大。为了使平均传输延时最小，二输入、三输入和四输入的 CMOS NAND 门的值分别应选为 1.1、1.0 和 0.9。

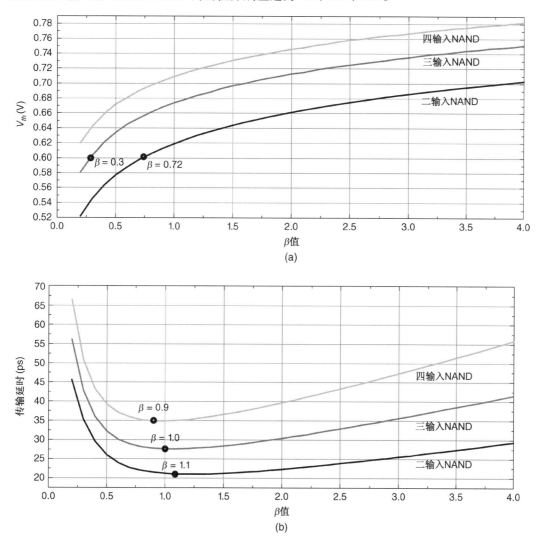

图 7.28　NAND 电路的最优 β 值。(a) V_{th} 与 β 的关系；(b) 传输延时与 β 的关系

　　相似的方法也应用于 CMOS NOR 门，如图 7.29 所示。不同于 CMOS NAND 门，仔细考查会发现 CMOS NOR 门的最大扇入是 3 个，因为 4 个层迭的 pMOS 晶体管的性能会下降很多。在仿真中，4 个反相器作为负载（FO4 设计），β 比值的范围是 1~8。不同尺寸晶体管逻辑门限电压相关性的仿真结果如图 7.29（a）所示。当 β 值增加时，两个 NOR 门的逻辑门限电压均增加。为了使逻辑门限电压值为 V_{DD} 的一半（0.6 V），该仿真中二输入和三输入的 CMOS NOR 门的 β 值应分别为 3.5 和 5.2。随着 NOR 门的扇入数增大，为使逻辑门限电压为 V_{DD} 的

一半，需要增加 β 值。β 值在传输延时上的影响如图 7.29(b)所示。为了使平均传输延时最小，二输入和三输入的 CMOS NOR 门的值应分别选为 1.7 和 2.5。

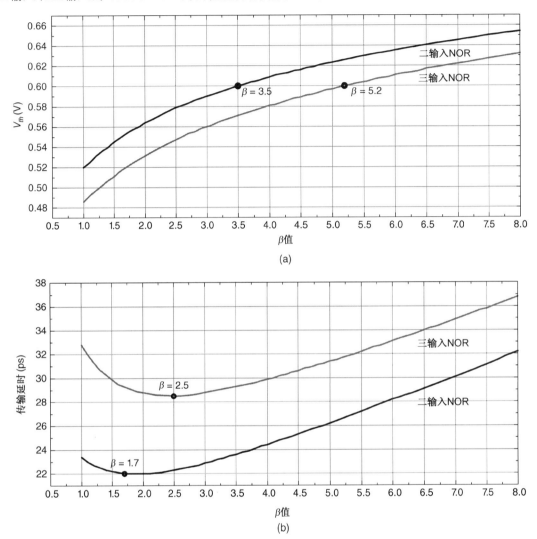

图 7.29　NOR 电路的最优 β 值。(a) V_{th} 与 β 的关系；(b)传输延时与 β 的关系

7.5　CMOS 传输门

　　本节将介绍一种称为 CMOS 传输门(Transmission Gate, TG)的简单开关电路，并用传输门作为基本组合模块来实现逻辑电路的一个新类型。如图 7.30 所示，CMOS 传输门由一个 nMOS 管和一个 pMOS 管并联而成。提供给这两个晶体管的栅电压也设置为互补信号。这样，CMOS 传输门是在节点 A 和 B 之间的双向开关，它受信号 C 控制。

　　如果控制信号 C 是逻辑高电平，即等于 V_{DD}，那么两个晶体管都导通，并在节点 A 和 B 之间形成一个低阻电流通路。相反，如果控制信号 C 是低电平，那么两个晶体管都截止，节点 A 和 B 之间是开路状态，这种状态也称为高阻状态。

　　注意，nMOS 管的衬底与地相连，pMOS 管的衬底与 V_{DD} 相连。必须根据偏置情况来考虑两个晶体管的衬底偏置效应。图 7.30 还给出了 CMOS 传输门的其他 3 种常用符号。

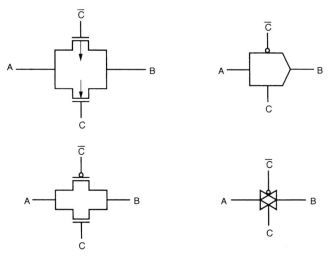

图 7.30　CMOS 传输门(TG)的 4 种不同表示符号

　　对 CMOS 传输门进行详细直流分析时，必须考虑图 7.31 所示的几种偏置情况。输入节点 A 与一恒定的逻辑高电平相连，$V_{in} = V_{DD}$。控制信号也是逻辑高电平，这样确保两个晶体管都导通。输出节点 B 可能与电容相连，它代表传输门驱动的后一级容性负载。现在来考察作为输出电压 V_{out} 函数的 CMOS 传输门输入/输出的电流–电压关系。

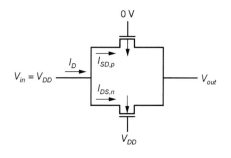

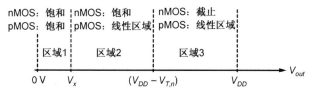

图 7.31　CMOS 传输门的偏置情况和工作区域，用输出电压的函数表示

　　从图 7.31 可以看出，nMOS 管的漏源电压和栅源电压为

$$V_{DS,n} = V_{DD} - V_{out}$$
$$V_{GS,n} = V_{DD} - V_{out}$$

(7.47)

这样，当 $V_{out} > V_{DD} - V_{T,n}$ 时，nMOS 管断开；当 $V_{out} < V_{DD} - V_{T,n}$ 时，工作在饱和区。pMOS 管的 V_{DS} 和 V_{GS} 电压为

$$V_{SD,p} = V_{DD} - V_{out}$$

$$V_{SG,p} = +V_{DD} \tag{7.48}$$

当以下条件满足时，pMOS 管处于速度饱和：

$$V_{SD,p} \geqslant \frac{(V_{SG} - |V_{T,p}|) \cdot E_{c,p} \cdot L_p}{(V_{SG} - |V_{T,p}|) + E_{c,p} \cdot L_p}$$

由式（7.48），可以推出

$$V_{DD} - V_{out} \geqslant \frac{(V_{DD} - |V_{T,p}|) \cdot E_{c,p} \cdot L_p}{(V_{DD} - |V_{T,p}|) + E_{c,p} \cdot L_p}$$

$$V_{out} \leqslant V_{DD} - \frac{(V_{DD} - |V_{T,p}|) \cdot E_{c,p} \cdot L_p}{(V_{DD} - |V_{T,p}|) + E_{c,p} \cdot L_p} = V_x$$

所以，$V_{out} < V_x$ 时，pMOS 管工作在饱和区，$V_{out} > |V_{T,p}|$ 时工作在线性区。注意，它不像 nMOS 管，pMOS 管不管输出电压 V_{out} 如何都保持导通。

　　这个分析表明，可以根据输出电压的大小将 CMOS 传输门划分为 3 个工作区域。这些工作区域在图 7.31 中用 V_{out} 的函数描述，流过传输门的总电流是 nMOS 管漏极电流和 pMOS 管漏极电流之和。

$$I_D = I_{DS,n} + I_{SD,p} \tag{7.49}$$

这里，我们可以给出在这种结构下每个晶体管的等效电阻为

$$R_{eq,n} = \frac{V_{DD} - V_{out}}{I_{DS,n}}$$

$$R_{eq,p} = \frac{V_{DD} - V_{out}}{I_{SD,p}} \tag{7.50}$$

CMOS 传输门总的等效电阻就是 $R_{eq,n}$ 和 $R_{eq,p}$ 这两个电阻的并联等效电阻，现在计算传输门在 3 种工作区域内的等效电阻值。

区域 1

　　当两个晶体管都开启，向输出节点充电时，输出电压开始上升。开始时，两个晶体管都处于饱和状态。当输出电压小于 V_x（即 $V_{out} < V_x$）时，两个晶体管都保持速度饱和，由图 7.31 得到两器件的等效电阻为

$$R_{eq,n} = \frac{2(V_{DD} - V_{out}) \cdot [(V_{DD} - V_{out} - V_{T,n}) + E_{c,n} \cdot L_n]}{k_n \cdot E_{c,n} \cdot L_n \cdot (V_{DD} - V_{out} - V_{T,n})^2} \tag{7.51}$$

$$R_{eq,p} = \frac{2(V_{DD} - V_{out}) \cdot [(V_{DD} - |V_{T,p}|) + E_{c,p} \cdot L_p]}{k_p \cdot E_{c,p} \cdot L_p \cdot (V_{DD} - |V_{T,p}|)^2} \tag{7.52}$$

注意，nMOS 管的源极到衬底的电压等于输出电压 V_{out}，而 pMOS 管的漏极到衬底的电压为零。这样，在计算中必须考虑 nMOS 管的衬底偏置效应。

区域 2

　　在这个区域内，$V_x < V_{out} < (V_{DD} - V_{T,n})$，这样，pMOS 管工作在线性区域，而 nMOS 管继

续工作在饱和区。

$$R_{eq,n} = \frac{2(V_{DD} - V_{out}) \cdot [(V_{DD} - V_{out} - V_{T,n}) + E_{c,n} \cdot L_n]}{k_n \cdot E_{c,n} \cdot L_n \cdot (V_{DD} - V_{out} - V_{T,n})^2} \tag{7.53}$$

$$R_{eq,p} = \frac{2(V_{DD} - V_{out}) \cdot \left(1 + \dfrac{V_{DD} - V_{out}}{E_{c,p} \cdot L_p}\right)}{k_p \cdot \left[2(V_{DD} - |V_{T,p}|) \cdot (V_{DD} - V_{out}) - (V_{DD} - V_{out})^2\right]}$$

$$= \frac{2\left(1 + \dfrac{V_{DD} - V_{out}}{E_{c,p} \cdot L_p}\right)}{k_p \cdot [2(V_{DD} - |V_{T,p}|) - (V_{DD} - V_{out})]} \tag{7.54}$$

区域 3

这里输出电压 $V_{out} > (V_{DD} - V_{T,n})$，因此，nMOS 管断开等效于开路，pMOS 管继续工作在线性区。

$$R_{eq,p} = \frac{2}{k_p[2(V_{DD} - |V_{T,p}|) - (V_{DD} - V_{out})]} \tag{7.55}$$

结合 3 个工作区域的等效电阻值，可以画出 CMOS 传输门总电阻的图形，它是输出电压 V_{out} 的函数，如图 7.32 所示。

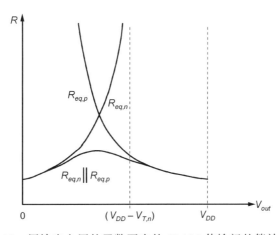

图 7.32　用输出电压的函数画出的 CMOS 传输门的等效电阻

可以看出，传输门的总等效电阻保持相对稳定，即它的值几乎不依赖于输出电压。然而，nMOS 管和 pMOS 管各自的等效电阻受 V_{out} 影响较大。CMOS 传输门的这种特性正是人们所需要的。当逻辑高电平的控制信号使 CMOS 传输门导通时，它可用简单的等效电阻来代替，以便进行动态分析，如图 7.33 所示。

CMOS 传输门在逻辑电路设计中的应用通常会导致紧凑的电路结构，它甚至可能比对应的标准 CMOS 结构所用的晶体管要少。注意，控制信号和它的互补信号必须对传输门的运行同时有效。图 7.34 显示了由两个 CMOS 传输门组成两输入复接器（MUX）电路。复接器的工作原理可简单理解为：如果控制信号 S 是逻辑高电平，那么下面的传输门导通，其输出等于输入 B。如果控制信号是低电平，下面的传输门断开，上面的传输门把输入 A 连通到输出节点。

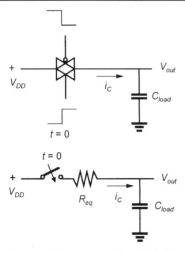

图 7.33 将 CMOS 传输门用它的等
效电阻代替以进行瞬态分析

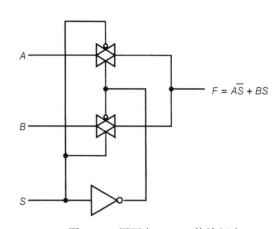

图 7.34 用两个 CMOS 传输门实
现的两输入复接器电路

图 7.35 显示了八晶体管实现的逻辑"异或"功能，它用两个 CMOS 传输门和两个 CMOS 反相器，也可用六晶体管实现同样的功能，如图 7.36 所示。

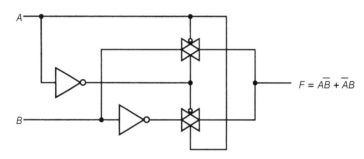

图 7.35 用八晶体管 CMOS 传输门实现的"异或"功能

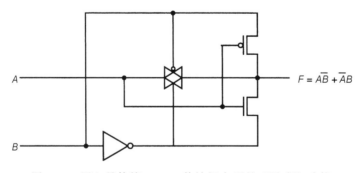

图 7.36 用六晶体管 CMOS 传输门实现的"异或"功能

用普通复接器来处理，每个布尔函数都可以用传输门逻辑电路实现。例如，图 7.37(a) 示出了用传输门实现三变量的布尔函数。注意，必须用 3 个输入变量和它们的逻辑"非"信号来控制 CMOS 传输门。包括这里没有画出的 3 个反相器，用传输门实现此功能共需要 14 个晶体管。在传输门逻辑设计中很重要的一点是：对所有可能的输入组合，导通的传输门网络(低阻路径)总处在输出节点和某一输入节点之间。这就确保了带有容性负载的输出节点不可能处于高阻状态。

如果传输门逻辑电路中每个 CMOS 传输门都由 nMOS-pMOS 对组成, pMOS 管的不连续 n 阱结构和扩散接触可能导致整个面积明显增大。为了减少传输门电路所占的硅片面积, 可尝试将传输门中的 nMOS-pMOS 对分开, 将所有 pMOS 管放在一个 n 阱中, 如图 7.37(b)所示。然而,连接 p 型扩散区和输入信号所需的通道面积要仔细考虑。传输门电路的版图如图 7.38 所示。

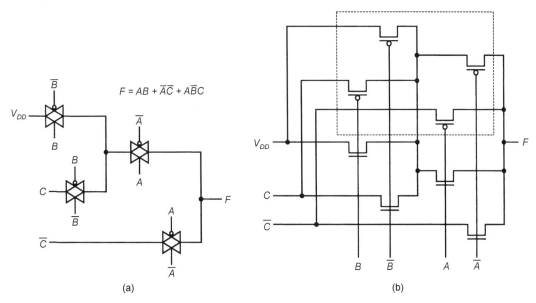

图 7.37　(a)用 CMOS 传输门实现三变量的布尔功能; (b)所有 pMOS 晶体管可放在一个 n 阱内以减少面积

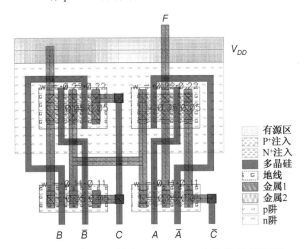

图 7.38　图 7.37 所示 CMOS TG 电路的掩模版图

互补传输晶体管逻辑(CPL)

采用互补传输晶体管逻辑(Complementary Pass-Transistor Logic, CPL)的电路概念, 全 CMOS 传输门逻辑电路的复杂性可显著降低。互补传输晶体管逻辑的主要思想是用执行逻辑运算的纯 nMOS 传输晶体管网络代替 CMOS 传输门网络。所有输入都是互补形式的, 即提供每个输入信号和它的“非”逻辑信号。电路也产生互补的输出, 它可用于后一级互补传输晶体管逻辑。这样，互补传输晶体管逻辑电路实质上要由互补输入、产生互补输出的 nMOS 传输晶体管逻辑网络和恢复输出信号的 CMOS 输出反相器组成。CPL NOR2 和 CPL NAND2 电路图如图 7.39 所示。

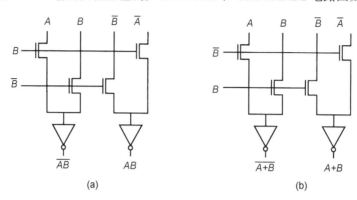

图 7.39　(a)CPL NAND2 门的电路图；(b)CPL NOR2 门的电路图

从传输门网络中删除 pMOS 管可明显降低与电路各节点相连的寄生电容，这样，同全 CMOS 构成的电路相比其运算速度明显提高。但是，瞬态特性的改进是以增加工艺复杂性为代价的。在互补传输晶体管逻辑电路中，为了消除阈值电压降，通过阈值调整注入使传输门网络中的 nMOS 管的阈值电压降到大约零伏。另一方面，这也降低了总的抗噪声能力，并使晶体管在截止模式下对亚阈值电导更加敏感。注意，CPL 的设计风格是高模块化的，大量的功能可用相同的基本传输晶体管结构来实现。

考虑晶体管的数目，互补传输晶体管逻辑电路并不总是比传统的 CMOS 电路具有明显的优势。图 7.39 所示的 NAND2 和 NOR2 电路都由 8 个晶体管组成。用互补传输晶体管逻辑实现"异或"和"异或非"功能，与用传统的 CMOS 实现有相似的复杂度（即晶体管数），用互补传输晶体管逻辑实现全加器也有同样的结果。以互补传输晶体管逻辑为基础的"异或"门的电路图如图 7.40 所示。这里交叉耦合的 pMOS 上拉晶体管用来提高输出响应的速度。晶体管宽度以 λ 为单位。图 7.41 显示了由 32 个晶体管组成的互补传输晶体管逻辑全加器的电路图，这个互补传输晶体管逻辑电路的掩模版图如图 7.42 所示。

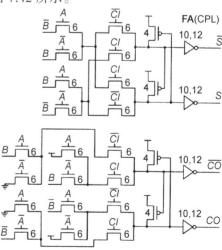

图 7.41　互补传输晶体管逻辑全加器的电路图

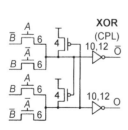

图 7.40　以互补传输晶体管逻辑为
基础的"异或"门电路图

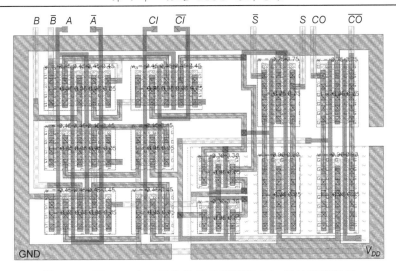

图 7.42　图 7.41 中互补传输晶体管逻辑全加器的掩模版图

习题

7.1　根据 XYZ's 公司 3-μm 设计规划设计一个 CMOS 电路，见图 P7.1，其中，$W_N = 1.2\,\mu m$，
$W_P = 2.4\,\mu m$。

a. 确定其电路结构并画出电路图。

b. 为了简化分析，作如下假设：

i）导线的寄生电容和电阻可忽略不计。

ii）器件参数为

	nMOS	pMOS
V_{T0}	0.53 V	−0.51 V
t_{ox}	16 Å	18 Å
k'	98.2 μA/V^2	46 μA/V^2
X_j	32 nm	32 nm
L_D	10 nm	10 nm
$E_C L$	0.4 V	1.8 V

iii）接点 I 处的总电容为 0.1 pF。

iv）加在 CK 端的是一个理想阶跃脉冲信号：

$V_{CK} = 1.2\,V \qquad t < 0$

$V_{CK} = 0\,V \qquad 0 \leqslant t \leqslant T_W$

$V_{CK} = 1.2\,V \qquad t \geqslant T_W$

$V_{DD} = 1.2\,V$

v）当 $t = 0$ 时，节点 I 处电压为零。

vi）当 $0 \leqslant t \leqslant T_W$ 时，A_1、B_1 和 B_2 的输入电压为零。

找出使 V_I 达到 0.6 V 的 T_W 的最小值。

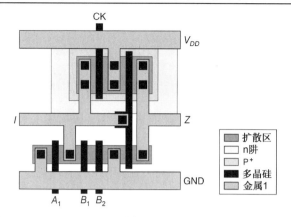

图 P7.1

7.2　计算宽长比分别为 W_1/L 和 W_2/L 的两串联 nMOS 等效宽长比 W/L。为了简化问题，忽略体效应，即各个晶体管的阈值电压是常数，并且不依赖于电源电压。虽然实际情况并非如此，但这种假设对于简化分析是必要的，它可得到合理的近似值。

7.3　CMOS NOR2 逻辑门的 V_{th} 分析式已在本章中得出，现在考虑下列情况下的 CMOS NAND2 逻辑门，并利用 $k_p = k_n = 100\,\mu\text{A/V}^2$。

- 两个输入同时跳变。
- 当底部 nMOS 管的电压为 V_{DD} 时，顶部 nMOS 发生跳变。
- 当顶部 nMOS 的门电压为 V_{DD} 时，底部 nMOS 的栅极输入发生变化。

a. 对应第一种情况写出 V_{th} 的分析式。当阈值电压 $V_{Tn} = 0.53\,\text{V}$，$V_{Tp} = -0.51\,\text{V}$，$\gamma = 0$ 时，计算第一种情况下 $V_{DD} = 1.2\,\text{V}$ 时的 V_{th} 值。

b. 用 SPICE 确定 3 种情况下的 V_{th}。

c. 若 $C_{load} = 0.2\,\text{pF}$，假设 C_{load} 包括所有内部寄生电容，分别计算 3 种情况下理想脉冲输入信号的 50% 延迟（由低到高和由高到低传播延迟），用 SPICE 检查其结果。

7.4　写出用于晶体管连接的 SPICE 输入描述语句(源极和漏极的寄生参量以面积为单位)以及例 7.2 中所示版图的边长。忽略多晶硅和金属的连线电容。pMOS 和 nMOS 的默认模式名是 MODP 和 MODN。假设所有晶体管 $L = 60\,\text{nm}$，$Y = 175\,\text{nm}$。

7.5　对于图 P7.5 所示的逻辑门：

- 上拉晶体管的宽长比为 5/5。
- 下拉晶体管的宽长比为 100/5。
- $V_{Tn} = 0.53\,\text{V}$。
- $V_{Tp} = -0.51\,\text{V}$。
- $\gamma = 0.574\,\text{V}^{1/2}$。
- $|2\Phi_F| = 1.020\,\text{V}$。
- $E_{C,p} L_p = 1.8\,\text{V}$。

a. 指出 V_{OL} 的最坏情况输入组合。

b. 计算 V_{OL} 的最坏情况值(假设所有下拉晶体管有相同的体偏置，且开始时 $V_{OL} \approx 5\% V_{DD}$)。

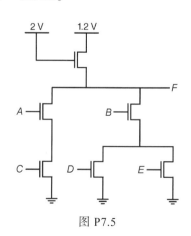

图 P7.5

7.6　一家商店有一个快速登记处和三个普通登记处。商店规定只有当两个或更多的普通登记处忙时，快速登记处才打开，假设布尔变量 A、B、C 反映每个普通登记处的状态（1 表示忙，0 表示空闲），设计一逻辑电路，A、B、C 作为输入，F 作为输出，使其自动通知经理（通过设定 $F=1$）来打开快速登记处。用两种方法设计，一种用 NAND 门实现，另一种用"或非"门实现。

7.7　计算用 CMOS 工艺制造的双输入"或非"门的 V_{OL}、V_{OH}、V_{IL}、V_{IH}、NM_L 和 NM_H 值。

$(W/L)_p = 4$

$(W/L)_n = 1$

$V_{Tn} = 0.53\ V$

$V_{Tp} = -0.51\ V$

$\mu_n C_{ox} = 98.2\ \mu A/V^2$

$\mu_p C_{ox} = 46\ \mu A/V^2$

$V_{DD} = 1.2\ V$

并将所得结果与 SPICE 仿真结果进行比较。

7.8　用版图编辑程序（如 Magic）来设计一个两输入的 CMOS"与非"门，所有器件的栅宽为 $W = 10\ \mu m$。n 沟道晶体管的 $L_{eff} = 1\ \mu m$，p 沟道晶体管的 $L_{eff} = 2\ \mu m$。假设 $L_D = 0.25\ \mu m$，计算版图沟道的长度。使用设计规则检测器来避免违反规则，最后用版图编辑程序进行寄生电容提取。

7.9　假设习题 7.8 中的双输入"与非"门驱动 0.01 pF 的负载，用手算来估算 τ_{PLH} 和 τ_{PHL}。记得加上从版图中提取出的寄生电容。把所得答案与 SPICE 仿真得到的结果进行比较。有关参数如下：

$k'_n = 98.2\ \mu A/V^2$

$k'_p = 46.0\ \mu A/V^2$

$V_{Tn} = 0.53\ V$

$V_{Tp} = -0.51\ V$

$E_{C,n}L_n = 0.4\ V$

$E_{C,p}L_p = 1.8\ V$

$V_{DD} = 1.2\ V$

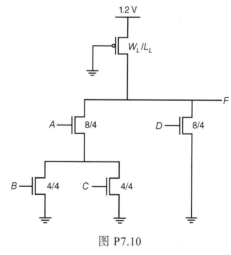

图 P7.10

7.10　考虑图 P7.10 所示的逻辑电路，有 $\mu_n C_{ox} = 98.2\ \mu A/V^2$，$\mu_p C_{ox} = 46.0\ \mu A/V^2$，$V_{T0,n} = 0.53\ V$，$V_{T0,p} = -0.51\ V$，$E_{C,n}L_n = 0.4\ V$，$E_{C,p}L_p = 1.7\ V$，$\gamma = 0$，电源电压 $V_{DD} = 1.2\ V$。

a.　确定逻辑函数 F。

b.　计算使 V_{OL} 不超过 0.4 V 的 W_L/L_L。

c.　$\gamma_N = 0.524\ V^{1/2}$，其他条件与（b）相同，从定性的角度分析 W_L/L_L 是上升还是下降，才能使 V_{OL} 不超过 0.4 V。

7.11　考虑图 P7.11 所示的电路。

a.　确定逻辑函数 F。

b. 用 NOR 门设计一个实现相同逻辑功能的电路，画出晶体管级电路图，并采用伪 nMOS 工艺。

c. 用 AOI 门设计一个实现相同逻辑功能的电路，画出晶体管级电路图，并采用 CMOS 工艺。

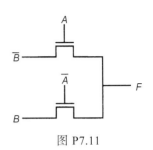

图 P7.11

7.12 增强型 MOS 管有如下参数：

$V_{DD} = 1.2\ \text{V}$

$V_{T0,n} = 0.53\ \text{V}$

$V_{T0,p} = -0.51\ \text{V}$

$\lambda = 0.0\ \text{V}^{-1}$

$\mu_p C_{ox} = 46\ \mu\text{A/V}^2$

$\mu_n C_{ox} = 98.2\ \mu\text{A/V}^2$

$E_{C,n} L_n = 0.4\ \text{V}$

$E_{C,p} L_p = 1.7\ \text{V}$

CMOS 复合门 OAI432 的 $(W/L)_p = 30$ 和 $(W/L)_n = 40$。

a. 计算带有最差上拉和下拉等效反相器的 W/L 比。若内部节点寄生电容和总的负载电容有合适的比例，这样的反相器可用来计算最坏情况的上拉和下拉延迟。在这个问题中，计算 p 沟道和 n 沟道 MOSFET 的 $(W/L)_{worse\text{-}case}$，可忽略寄生电容的影响。

b. 用最少的扩散区中断减小多晶硅极条的数目，制作出 OAI432 的版图。若多晶硅栅条的排序合适，扩散区中断的数目可以最小。为使其数目最小，可以用线图模型，找出 p 沟道和 n 沟道网络共同的欧拉路径。表示源极和漏极连接的符号版图足以说明这个问题。

7.13 考虑一个完全互补的 CMOS 传输门，它的输入端与地相连，而另一个非栅极端与 1 pF 的负载电容相连，该电容开始充电到 1.2 V。利用习题 7.12 中的值，当 $t = 0$ 时，两个晶体管在时钟信号作用下完全导通，电容开始放电。

a. 当 $(W/L)_p = 50$ 和 $(W/L)_n = 40$ 时，画出传输门的有效电阻值，它是电容电压的函数。从图中找出电阻平均值，然后计算电容电压从 1.2 V 放电到 0.6 V 的 RC 延迟。这可以通过求解 RC 电路微分方程得到。

b. 用 SPICE 仿真检查(a)的答案。源极、漏极寄生电容可忽略不计。

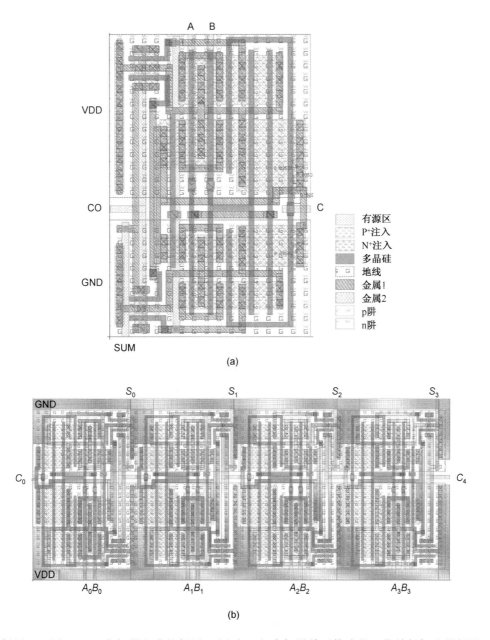

插图 9 (a) CMOS 全加器电路的版图；(b) 由四级全加器单元构成的 4 位并行加法器版图

第8章 时序MOS逻辑电路

8.1 概述

在第7章中介绍的所有组合电路中,如果我们忽略传播延迟时间,那么在任意给定时刻的输出电平将直接由当时输入变量的布尔函数决定,因此组合电路没有记忆功能,或者说输出与先前的工作状态无关。这类输出与输入之间无反馈关系的电路称为非再生电路。

另一类主要的逻辑电路称为时序电路。在这类电路中,输出信号不仅取决于当前的输入信号,还取决于先前的工作状态。图8.1(a)是一个由组合电路和反馈环路上的存储元件组成的时序电路。大多数情况下,时序电路的再生功能是由于输出和输入之间有直接或间接的反馈通路。在某些情况下,再生作用也可以解释为是一种简单的存储功能。基本再生电路是时序系统中最关键的组成部分。它主要分为三种:双稳态电路、单稳态电路和非稳态电路。非再生逻辑电路和再生逻辑电路的一般分类如图8.1所示。

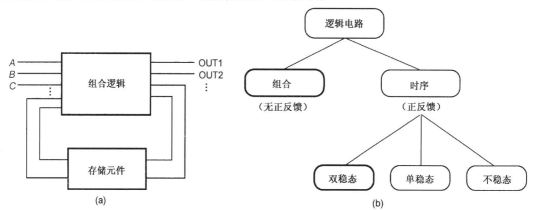

图 8.1 (a)由组合逻辑单元和反馈环路上的存储元件构
成的时序电路;(b)基于暂态的逻辑电路分类

顾名思义,双稳态电路有两种稳定状态或工作模式。任意一种都可以在特定的输入、输出条件下获得。另一方面,单稳态电路只有一个稳定工作点(状态),即电路受到外界干扰一段时间以后,输出最终会回到稳定状态。而非稳态电路没有稳定工作点或状态,不能保持电路的状态不变。因此,一个非稳态电路的输出将随意变化而不会进入一个稳定的工作模式。第6章介绍的环形振荡器电路就是一个典型的非稳态再生电路。

在这3种主要的再生电路类型中,双稳态电路是目前应用最广泛和最重要的一种。在数字系统中用到的所有基本译码和触发器电路、寄存器和存储元件均属于这一类。下面首先介绍基本双稳态单元的电特性,然后介绍一些它的实际应用。

8.2 双稳态元件的特性

本节要介绍的基本双稳态单元由两个完全相同的反相电路交叉连接而成,如图8.2(a)所示。此时,反相器1的输出电压等于反相器2的输入电压,即$v_{o1} = v_{i2}$;反相器2的输出电压等于反相器 1 的输入电压，即 $v_{o2} = v_{i1}$。为了研究两个反相器的静态输入-输出特性，先以 $v_{o1} - v_{i1}$ 为坐标轴绘出反相器 1 的电压传输特性曲线。注意，反相器 2 的输入和输出电压分别对应于反相器 1 的输出和输入电压。所以可以在同一坐标轴上绘出反相器 2 的电压传输特性曲线，如图 8.2(b)所示。

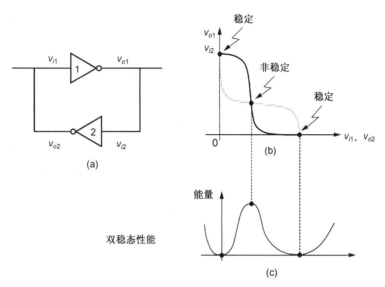

图 8.2　两个反相器构成的基本双稳态单元的静态特性。(a)电路图；(b)两个反相器的
电压传输曲线，并标出了 3 个可能的工作点；(c)定性分析 3 个工作点的势能

从图 8.2 中可以看出两条电压传输特性曲线相交于三点。经简单推导可知，在这些工作点中有两点是稳定的，在图 8.2(b)中已经指出。如果电路开始工作于这两点中的任意一点，电路始终保持这个状态不变，除非外部因素改变其工作点。注意，每个反相器电路的增益(即每条电压传输曲线的斜率)在两个稳定工作点处都小于 1。因此，要使工作点从一个稳态点变到另一个稳态点，必须外加一个足够大的干扰电压，使得反相器环路的增益大于稳态点的增益。

另外，两个反相器的电压增益在第三个工作点处都大于 1。因此，即使电路最初工作在这个点，在任意一个反相器输入端加入小的干扰电压都将被放大，使得工作点转到其中一个稳态工作点。由此得出结论，第三个工作点是不稳定的。具有两个稳定工作点的电路称为双稳态电路。

也可以采用在三个可能的工作点中每一点的总势能曲线来定性描述交叉连接反相器电路的双稳态特性，如图 8.2(c)所示。可以看出，在其中的两个工作点上，两个反相器的电压增益为零，潜在势能达到最小值。相反，两个反相器的电压增益最大时，在工作点的势能也达到最大值。因此，电路的两个稳定工作点对应两个势能的极小值，一个不稳定工作点对应势能的极大值。

图 8.3(a)为一个两级 CMOS 反相器构成的双稳态电路图。注意，在这个电路的不稳定工作点，4 个晶体管均饱和，使得电路的环路增益达到最大。若初始时刻电路工作于该点，则一个很小的干扰电压就能明显改变晶体管的工作模式。因此，我们希望两个反相器的输出电压岔开并最终分别达到 V_{OH} 和 V_{OL}，如图8.3(b)所示。每个输出电压的变化方向由初始干扰电压的极性决定。下面用小信号分析方法对此做更详细的介绍。

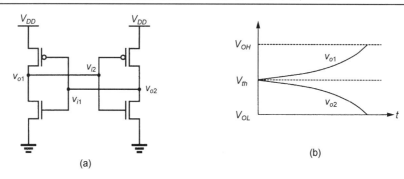

图 8.3　(a)CMOS 双稳态电路图；(b)电路初始工作于不稳定点时，输出电压时域特性的一种情况

分析图 8.4 所示的双稳态电路，其初始状态为 $v_{o1} = v_{o2} = V_{th}$，即电路工作在不稳定工作点上。为便于分析，假设每个反相器的输入(栅极)电容 C_g 比输出(漏极)电容 C_d 大很多，即 $C_g \gg C_d$。

每个反相器(1和2)的小信号漏极电流可以用此反相器的栅极电压表示如下。注意，每个反相器的漏极电流等于另一反相器的栅极电流。

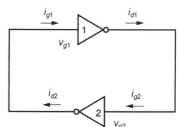

$$i_{g1} = i_{d2} = g_m v_{g2}$$
$$i_{g2} = i_{d1} = g_m v_{g1}$$

式中，g_m 为反相器的小信号跨导。两个反相器的栅极电压可以用栅极电荷 q_1 和 q_2 表示：

图 8.4　反相器的小信号输入和输出电流

$$v_{g1} = \frac{q_1}{C_g} \qquad v_{g2} = \frac{q_2}{C_g} \tag{8.2}$$

注意，每个反相器的小信号栅极电流可以用小信号栅极电压对时间的导数表示：

$$i_{g1} = C_g \frac{dv_{g1}}{dt}$$
$$i_{g2} = C_g \frac{dv_{g2}}{dt} \tag{8.3}$$

由式(8.1)和式(8.3)可得

$$g_m v_{g2} = C_g \frac{dv_{g1}}{dt} \tag{8.4}$$

$$g_m v_{g1} = C_g \frac{dv_{g2}}{dt} \tag{8.5}$$

若用栅极电荷表示栅极电压，这两个微分方程可以写成

$$\frac{g_m}{C_g} q_2 = \frac{dq_1}{dt} \tag{8.6}$$

$$\frac{g_m}{C_g} q_1 = \frac{dq_2}{dt} \tag{8.7}$$

由式(8.6)和式(8.7)可得一个二阶微分方程来描述栅极电荷 q_1 的时域特性：

$$\frac{g_m}{C_g} q_1 = \frac{C_g}{g_m} \frac{d^2 q_1}{dt^2} \implies \frac{d^2 q_1}{dt^2} = \left(\frac{g_m}{C_g}\right)^2 q_1 \tag{8.8}$$

将渡越时间常数 τ_0 代入方程后化简可得

$$\frac{\mathrm{d}^2 q_1}{\mathrm{d}t^2} = \frac{1}{\tau_0^2} q_1 \quad \text{其中，} \ \tau_0 = \frac{C_g}{g_m} \tag{8.9}$$

由式 (8.9) 解得 q_1 的时域解为

$$q_1(t) = \frac{q_1(0) - \tau_0 q_1'(0)}{2} \mathrm{e}^{-\frac{t}{\tau_0}} + \frac{q_1(0) + \tau_0 q_1'(0)}{2} \mathrm{e}^{+\frac{t}{\tau_0}} \tag{8.10}$$

其中初始状态为

$$q_1(0) = C_g \cdot v_{g1}(0) \tag{8.11}$$

注意，$v_{g1} = v_{o2}$，$v_{g2} = v_{o1}$。将两个反相器的栅极电荷用相应的输出电压变量代替，可得

$$v_{o2}(t) = \frac{1}{2}(v_{o2}(0) - \tau_0 v_{o2}'(0))\mathrm{e}^{-\frac{t}{\tau_0}} + \frac{1}{2}(v_{o2}(0) + \tau_0 v_{o2}'(0))\mathrm{e}^{+\frac{t}{\tau_0}} \tag{8.12}$$

$$v_{o1}(t) = \frac{1}{2}(v_{o1}(0) - \tau_0 v_{o1}'(0))\mathrm{e}^{-\frac{t}{\tau_0}} + \frac{1}{2}(v_{o1}(0) + \tau_0 v_{o1}'(0))\mathrm{e}^{+\frac{t}{\tau_0}} \tag{8.13}$$

当 t 值很大时，时域表达式 (8.12) 和式 (8.13) 可以化简为

$$v_{o1}(t) \approx \frac{1}{2}(v_{o1}(0) + \tau_0 v_{o1}'(0))\mathrm{e}^{+\frac{t}{\tau_0}}$$

$$v_{o2}(t) \approx \frac{1}{2}(v_{o2}(0) + \tau_0 v_{o2}'(0))\mathrm{e}^{+\frac{t}{\tau_0}} \tag{8.14}$$

注意，输出电压的大小是随时间呈指数变化的。两个反相器的输出电压根据初始干扰电压 $\mathrm{d}v_{o1}(0)$ 和 $\mathrm{d}v_{o2}(0)$ 的极性，从它们的初始值 V_{th} 变到 V_{OL} 或 V_{OH}。实际上，根据电荷守恒定律，干扰输出电压 $\mathrm{d}v_{o1}$ 的极性始终与 $\mathrm{d}v_{o2}$ 的极性相反。因此，两个输出电压与我们预期的一样向相反的方向变化。

$$v_{o1}: \quad V_{th} \to V_{OH} \ \text{或} \ V_{OL}$$

$$v_{o2}: \quad V_{th} \to V_{OL} \ \text{或} \ V_{OH} \tag{8.15}$$

图 8.5 为这个过程的相平面图。由图可知，工作点（$v_{o1} = V_{th}$，$v_{o2} = V_{th}$）是不稳定的。而利用小信号模型分析（$v_{o1} = V_{OL}$，$v_{o2} = V_{OH}$）和（$v_{o1} = V_{OH}$，$v_{o2} = V_{OL}$）这两个工作点表明它们是稳定的。

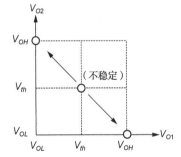

图 8.5　双稳态电路特性的相平面图

除上述时域分析外，还可以用其他方法观察得知，当两级反相器双稳态电路从电路不稳定工作点到稳定工作点并趋于稳定时，可以想象一个信号在两个反相器级联而成的环内传播了数周，如图 8.6 所示。在此期间输出电压 v_{o1} 的时域特性可由下式表示：

$$\frac{v_{o1}(t)}{v_{o1}(0)} = \mathrm{e}^{+\frac{t}{\tau_0}} \tag{8.16}$$

如果在时间间隔 T 内，信号沿环路旋转了 n 周，那么就等价于同样的信号沿由 $2n$ 个反相器级联而成的回路传播一周。用 A 表示环路增益（两个级联反相器的总的电压增益），可得

$$A^n = \mathrm{e}^{+\frac{T}{\tau_0}} \tag{8.17}$$

这个表达式描述了到达稳定工作点前发散过程的时域特性，如图 8.6 所示。

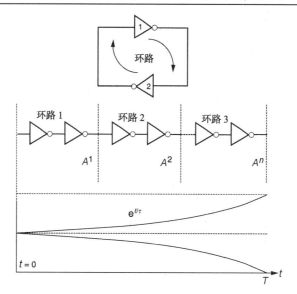

图 8.6　稳定过程中瞬时信号在两级反相器环路内传播

8.3　SR 锁存电路

　　由两个交叉耦合的反相器组成的双稳态电路(见图 8.2)有两个稳定的工作模式或状态。只要电源电压存在，电路就会保持它的状态(两个可能模式中的一个)。因此，电路就具有简单的记忆功能，使之保持状态不变。但是，考虑它的外部变化状态，只有两级基本反相器的电路不能实现从一个稳定工作模式变化到另一个模式。因此，考虑状态的变化时，我们在双稳态电路中增加简单的开关控制或触发电路使之能够实现状态转换。图 8.7 是基本的 CMOS SR 锁存电路结构，其中 S(置位)和 R(复位)是两个触发输入。在一些文献资料中，SR 锁存器也称为 SR 触发器，因为两个稳定状态可以来回变换。电路由两个 CMOS 双输入或非门组成。每个或非门的其中一个输入端与另一个或非门的输出端交叉相连，另一个输入端用来触发电路。

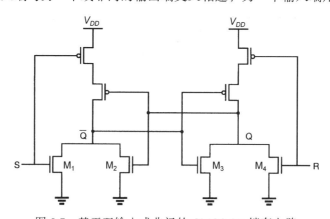

图 8.7　基于双输入或非门的 CMOS SR 锁存电路

　　SR 锁存器有两个互补输出 Q 和 $\overline{Q}$。我们定义，当输出 Q 为逻辑“1”且 $\overline{Q}$ 为逻辑“0”时，锁存器处于置位状态；相反，当输出 Q 为逻辑“0”且 $\overline{Q}$ 为逻辑“1”时，锁存器处于复位状态。由两个双输入或非门组成的 SR 锁存器的电路结构和相应的图形符号如图 8.8 所示。

从图中不难看出：当两个输入端均为逻辑"0"时，SR 锁存器将像此前讨论的交叉耦合双稳态单元一样工作，即电路保持它的两个工作状态中的一个稳定状态不变，其稳定状态由先前的输入决定。

如果置位输入(S)为逻辑"1"，复位输入(R)为逻辑"0"，则输出端 Q 为逻辑"1"，$\bar{Q}$ 为逻辑"0"。即无论之前是什么状态，SR 锁存器都被置位。

同理，如果 S 等于"0"，R 等于"1"，则输出端 Q 等于"0"，$\bar{Q}$ 等于"1"。因此，当输入为这种组合时，锁存器就被复位了，而不管电路原来保持的是什么状态。最后，考虑输入 S、R 均为逻辑"1"的情况。在这种情况下，两个输出端均为"0"，显然这与 Q 和 $\bar{Q}$ 的互补性是矛盾的。因此，在正常工作时，这种输入组合是不允许的、无效的。基于或非门 SR 锁存器的真值表如表 8.1 所示。

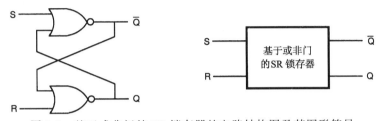

图 8.8　基于或非门的 SR 锁存器的电路结构图及其图形符号

表 8.1　基于或非门 SR 锁存器的真值表

S	R	Q_{n+1}	$\overline{Q_{n+1}}$	工作状态
0	0	Q_n	$\overline{Q_n}$	保持
1	0	1	0	置位
0	1	0	1	复位
1	1	0	0	无效

考虑 4 个 nMOS 晶体管 M_1、M_2、M_3 和 M_4 时的工作模式，可以更详细地讨论图 8.7 所示的 CMOS SR 锁存器电路的工作原理。若置位输入 S 为 V_{OH}，复位输入 R 为 V_{OL}，并联连接的晶体管 M_1 和 M_2 均导通。结果，$\bar{Q}$ 的电压假设为逻辑低电平 $V_{OL} = 0$。同时，M_3 和 M_4 截止，导致 Q 达到一个逻辑高电平 V_{OH}。如果复位输入 R 为 V_{OH}，置位输入 S 为 V_{OL}，则情况正好相反(M_1 和 M_2 截止，M_3 和 M_4 导通)。

另一方面，当两个输入电压均为 V_{OL} 时有两种可能。根据 SR 锁存器的初始状态，两个触发晶体管 M_1 和 M_4 截止，M_2 或 M_3 导通。这样，在一个输出端将产生一个逻辑低电平 $V_{OL} = 0$，其互补输出端为 V_{OH}。基于或非门的 CMOS SR 锁存电路的静态工作模式和电压值如表 8.2 所示。为了简化互补型 pMOS 晶体管的工作模式，这里就不再列表分析了。

表 8.2　基于或非门 CMOS 的 SR 锁存电路中各晶体管的工作模式

S	R	Q_{n+1}	$\overline{Q_{n+1}}$	工作状态
V_{OH}	V_{OL}	V_{OH}	V_{OL}	M_1 和 M_2 导通，M_3 和 M_4 截止
V_{OL}	V_{OH}	V_{OL}	V_{OH}	M_1 和 M_2 截止，M_3 和 M_4 导通
V_{OL}	V_{OL}	V_{OH}	V_{OL}	M_1 和 M_4 截止，M_2 导通，"或"
V_{OL}	V_{OL}	V_{OL}	V_{OH}	M_1 和 M_4 截止，M_3 导通

为了对 SR 锁存电路进行瞬态分析，必须考虑状态变化引起的结果，即是通过一个置位信号对原来为复位状态的锁存器进行置位，还是通过复位信号对原来为置位状态的锁存器进

行复位。无论是哪种情况，两个输出电压将同时变化。当一个输出电压从逻辑低电平上升到逻辑高电平时，另一个输出电压从逻辑高电平下降到逻辑低电平。因此就产生一个问题：如何估算两个输出端电压变化所需的时间。显然，这个问题的精确解就是求解联立的两个微分方程，每个输出端对应一个方程。如果假设两个过程不是同时发生而是有先后次序，那么就会简化这个问题。这种假设会使求解得到的开关时间比实际的大。

为了计算两个输出端的开关时间，必须首先找出与每个输出端相连的总寄生电容。简单地观察电路可知，每个输出端的总的集总电容可表示为

$$C_Q = C_{gb,2} + C_{gb,5} + C_{db,3} + C_{db,4} + C_{db,7} + C_{sb,7} + C_{db,8}$$
$$C_{\overline{Q}} = C_{gb,3} + C_{gb,7} + C_{db,1} + C_{db,2} + C_{db,5} + C_{sb,5} + C_{db,6}$$
(8.18)

图 8.9 所示为 SR 锁存器的电路图和 Q 端与 $\overline{Q}$ 端的集总负载电容。假设锁存器的初始状态为复位状态，令 S="1"，R="0"，对其进行置位操作，那么 Q 端的上升时间可表示为

$$\tau_{rise,Q}(\text{ SR 寄存器}) = \tau_{rise,Q}(\text{NOR2}) + \tau_{fall,\overline{Q}}(\text{NOR2})$$
(8.19)

要注意在计算开关时间 $\tau_{rise,Q}$ 时应分别计算双输入或非门的上升和下降时间，很显然要将两个过程分开考虑，即先是一个输出端电压 $(\overline{Q})$ 由于 M_1 导通从高电平下降到低电平，另一个输出端电压(Q)由于 M_3 截止从低电平上升到高电平，这样计算出的 SR 锁存器的开关时间要长于其实际的开关时间。在这个过程中，虽然当 Q 上升时 M_2 可能会导通，但可以假设 M_2 和 M_4 均截止，这样实际上缩短了 $\overline{Q}$ 端的下降时间。然而与求解两个联立的微分方程相比，这种方法会对延迟得到一个更简单的一阶预测。

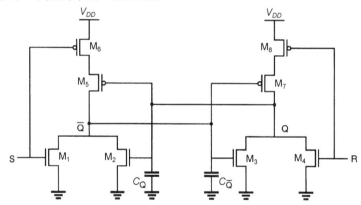

图 8.9　两个输出端带有集总负载电容的 CMOS SR 锁存器电路图

基于或非门的 SR 锁存器也可以由两个耗尽型负载 nMOS NOR2 双输入或非门交叉连接而成，如图 8.10 所示。从逻辑的观点来看，基于或非门的耗尽型负载 nMOS SR 锁存器的工作原理和 CMOS SR 锁存器的工作原理相同。从功耗和噪声容限方面来说，最好选择 CMOS 门构成的电路。因为 CMOS 双输入或非门在保持某一状态时不消耗静态功率，而且其输出电压幅度可以在 0 到 V_{DD} 之间变化。

现在考虑另一种建立基本 SR 锁存电路的方法：用两个双输入与非门代替两个双输入或非门，如图 8.11 所示。其中，每个与非门的一个输入交叉连接到另一个与非门的输出端，而另一个输入作为外部触发。

仔细观察基于与非门的 SR 锁存电路可知，为了使电路保持某一状态，两个外部触发输入必须均为逻辑"1"。只有使置位输入或复位输入为逻辑"0"，才能改变电路的工作点或工作

状态。观察可得，如果 S 等于 "0"，R 等于 "1"，则输出 Q 为逻辑 "1"，其互补输出 $\overline{Q}$ 为逻辑 "0"。因此，为了对与非门 SR 锁存器置位，就必须使置位输入 S 为 "0"。同理，要对锁存器复位就必须使复位输入 R 为 "0"。根据上述讨论可得出以下结论，基于 NAND 的 SR 锁存器是低电平有效的，基于或非门的 SR 锁存器正好相反，它是高电平有效的。注意，如果两个输入均为 "0" 时，两个输出均为逻辑高电平，这显然违背了两个互补输出的特性，因此这种情况是不允许的。

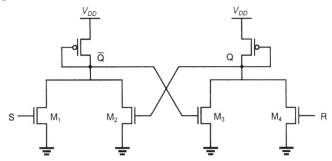

图 8.10　基于双输入或非门的耗尽型负载 nMOS SR 锁存器电路

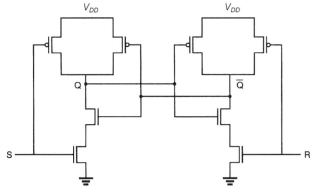

图 8.11　基于双输入与非门的 CMOS SR 锁存器电路

图 8.12 所示为基于与非门的 SR 锁存器的电路结构图及其相应的图形符号。S、R 输入端的小圆圈表明了电路是低电平有效的。图中的表格为与非门 SR 锁存器的真值表。在基于或非门的 SR 锁存器中应用的时域分析方法同样适用于基于与非门的 SR 锁存器。

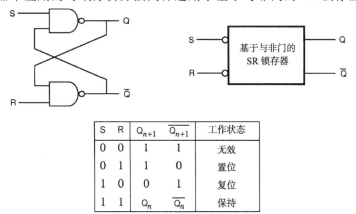

S	R	Q_{n+1}	$\overline{Q_{n+1}}$	工作状态
0	0	1	1	无效
0	1	1	0	置位
1	0	0	1	复位
1	1	Q_n	$\overline{Q_n}$	保持

图 8.12　基于与非门的 SR 锁存器的电路结构图及其图形符号

基于与非门的 SR 锁存器也可以由两个耗尽型负载双输入与非门交叉连接而成，如图 8.13 所示。从逻辑的观点看，其工作原理与 CMOS 构成的与非门 SR 锁存器(见图 8.11)的工作原理完全一致。但是考虑到功耗和噪声容限，最好选择 CMOS 构成的电路。

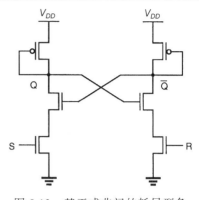

图 8.13　基于或非门的耗尽型负载 nMOS SR 锁存器电路

8.4　钟控锁存器和触发器电路

8.4.1　钟控 SR 锁存器

在前面介绍的所有 SR 锁存器基本上都是异步时序电路，它们工作时对输入信号在与电路延迟相关的时间点上的变化产生响应。为了实现同步工作，给电路加上一个选通时钟信号，使得电路只有在时钟脉冲有效期内才对输入电平产生响应。为了简便，设时钟脉冲信号为周期性方波信号，它可以同时作用于系统内所有的钟控逻辑门。

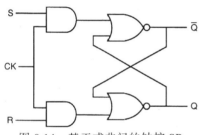

图 8.14　基于或非门的钟控 SR 锁存器的电路结构图

图 8.14 所示为一个基于或非门的钟控 SR 锁存器的电路结构图。从图中可以看出，当时钟脉冲信号(CK)为"0"时，输入信号对电路没有影响。两个与门的输出保持"0"状态，使得 SR 锁存器保持其当前状态，而不管 S、R 输入为何值。当输入时钟信号为"1"时，S、R 作用于 SR 锁存器，可能改变其状态。注意，像在非钟控 SR 锁存器中一样，S=R="1"的输入组合在钟控 SR 锁存器中也是不允许的。当 S、R 均为"1"时，在时钟脉冲信号作用下，两个输出均为 0。当时钟脉冲信号改变，即当它变为"0"时，锁存器状态是不确定的。根据输出信号间延迟的不同，电路可能稳定于任一状态。

为了说明钟控 SR 锁存器的工作原理，在图 8.15 中画出了 CK、S、R 序列的波形以及相应的输出 Q 的波形。注意，电路在时钟脉冲有效期内是严格按照电平变化的，即当 CK 脉冲电平为"1"时，S、R 输入电压的任何变化都反映在电路输出上。因此，当环路延迟小于脉冲宽度时，在时钟有效期内窄的尖脉冲或干扰信号都可以对锁存器置位或复位。

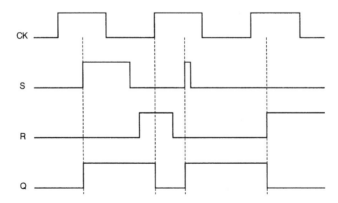

图 8.15　反映基于或非门 SR 锁存器电路的工作情况的输入、输出波形

　　图 8.16 为一个由两个 CMOS 与或非门组成的基于或非门的钟控 SR 锁存器电路。注意，双输入与门和两个双输入或非门组成的电路相比，基于或非门的 SR 电路需要的晶体管要少。

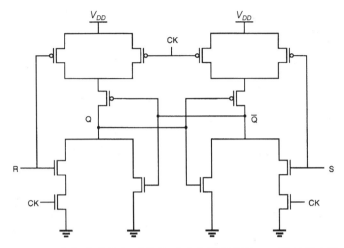

图 8.16　由与或非门组成的基于或非门的钟控 SR 锁存器电路

　　基于与非门的 SR 锁存器也可以有选通时钟输入，如图 8.17 所示。必须注意，在这种情况下，输入信号 S、R 及时钟信号 CK 均为低电平有效。也就是说，当时钟脉冲信号为逻辑"1"时，输入电平的变化将不对电路起作用。只有在时钟脉冲有效，即 CK="0"时，输入才会影响输出。对于这种基于与门的钟控 SR 锁存器电路，可以用一个基本的与或非结构，其实质和或非门钟控 SR 锁存器电路的基于与非门的实现类似。

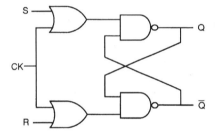

图 8.17　输入低电平有效的基于与非门钟控 SR 锁存器电路的电路结构图

　　图 8.18 所示为基于与非门 SR 锁存器的另一种组成结构。此时，两个输入信号和 CK 信号均为高电平有效，即当 CK="1"，S="1"，R="0"时，锁存器输出 Q 被置位。同理，当 CK="1"，S="0"，R="1"时，锁存器被复位。只要时钟信号无效，即当 CK="0"时，锁存器就保持其状态。这种结构的缺点是所需的晶体管数要比图 8.17 所示的低电平有效结构所需的晶体管数多。

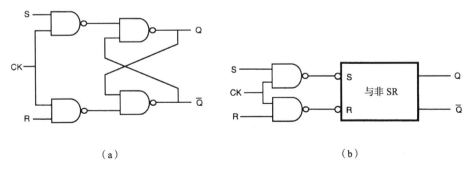

（a）　　　　　　　　　　　　　（b）

图 8.18　(a)输入高电平有效的基于与非门的钟控 SR 锁存器电路的电路结构图；(b)表示同一电路的部分图形符号

8.4.2　钟控 JK 锁存器

上文介绍的基本 SR 锁存器电路和钟控 SR 锁存器电路普遍存在有一种不允许的输入组合问题，即当输入 S、R 同时有效时，电路的状态不能确定。为了解决这一问题，在输出端加上两条反馈线到输入端，如图 8.19 所示，所得电路称为 JK 锁存器。图 8.20 为完全由与非门组成且为输入高电平有效的 JK 锁存器及其相应的图形符号。JK 锁存器也可称为 JK 触发器。

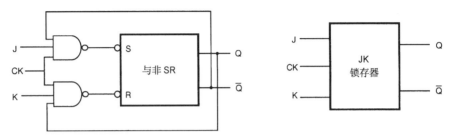

图 8.19　基于与非门的钟控 JK 锁存器电路结构图

图 8.20 所示电路中的 J、K 输入对应于基本 SR 锁存器的置位、复位输入。当时钟脉冲有效时，锁存器可由输入组合(J = "1"，K= "0")置位，由输入组合(J = "0"，K= "1")复位。如果两个输入均为逻辑 "0"，那么锁存器保持当前状态。另一方面，如果时钟有效时两个输入均为 "1"，那么锁存器可以通过反馈线改变其状态。换句话说，JK 锁存器不存在不允许的输入组合。和其他钟控锁存器电路一样，当时钟脉冲无效(CK="0")时，JK 锁存器将保持其当前状态。钟控 JK 锁存器的工作情况归纳在表 8.3 所示的真值表中。

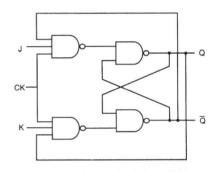

图 8.20　完全由与非门组成的钟控 JK 锁存器电路

表 8.3　JK 锁存器的真值表

J	K	Q_n	$\overline{Q_n}$	S	R	Q_{n+1}	$\overline{Q_{n+1}}$	工作状态
0	0	0	1	1	1	0	1	保持
		1	0	1	1	1	0	
0	1	0	1	1	1	0	1	复位
		1	0	1	0	0	1	
1	0	0	1	0	1	1	0	置位
		1	0	1	1	1	0	
1	1	0	1	0	1	1	0	翻转
		1	0	1	0	0	1	

图 8.21 所示为一个基于或非门交叉组成且由 CMOS 构成的钟控 JK 锁存器。注意，基于与或非门的电路结构需要较少的晶体管，因此，此图要用图 8.20 所示的全与非门电路来实现的话会更简单。

虽然 JK 锁存器没有不允许的输入组合，但它仍然有一个潜在的问题。当时钟脉冲有效且输入均为逻辑 "1" 时，电路输出将不停地振荡(翻转)直至时钟无效(变为 0)，或者一个输入信号变为 0。为防止出现这种不希望出现的定时问题，时钟脉冲宽度必须比 JK 锁存器电路的输入到输出的传播延迟窄。这个限制使得时钟脉冲信号在输出电平可能又一次改变之前变低，以防止输出发生抖动的情况出现。然而在大部分实际应用中，这种时钟限制是很难实现的。

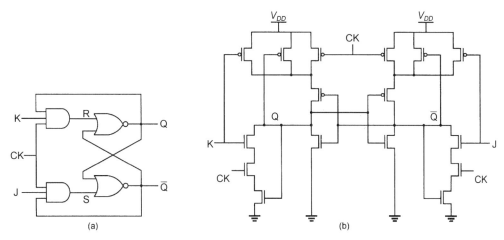

图 8.21　(a)基于或非门钟控 JK 锁存器电路的结构图；(b)用 CMOS 与或非门实现的 JK 锁存器

　　假设时钟脉冲满足上述描述的限制，若两个输入均为逻辑"1"(见图 8.22)，则 JK 锁存器的输出在每个时钟脉冲内只反复(改变其状态)一次。专门工作于这一模式的电路称为拨动式开关。

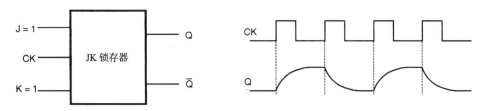

图 8.22　作为拨动式开关的 JK 锁存器的工作情况

8.4.3　主从触发器

　　上文所研究的钟控锁存器电路遇到的定时限制问题大部分都可以通过两个锁存器级联结构来解决。其工作原理的关键在于当两个时钟信号相位相反时两个级联而成的触发器才有效。这种组态称为主从触发器。我们定义的触发器区别于前面讨论的锁存器，尽管在文献资料中两者常常交换采用。

　　图 8.23 中的输入锁存器称为主触发器，当时钟脉冲为高电平时有效。在此期间，输入 J、K 允许数据进入触发器，第一级输出由原有的输入决定。当时钟脉冲变为 0 时，主触发器变为无效而第二级触发器称为从触发器有效。触发器电路的输出电平将由这段时间内的从触发器的状态决定，而从触发器电路状态又由先前主触发器的输出决定。

　　因为主从触发器的时钟信号是相反的，因此它们之间是有效去耦的，那么电路就不会"开启"，即初始输入的改变不会直接反映到输出上。这一重要特征使主从触发器明显区别于本章前面介绍的所有锁存器电路。图 8.24 为一个主从 JK 触发器的一系列输入和输出波形，它能帮助读者了解其基本工作原理。

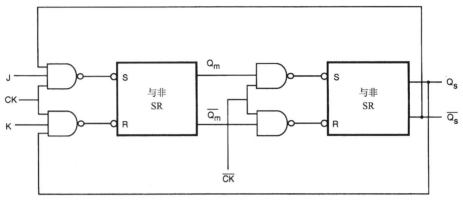

图 8.23　由基于与非门 JK 锁存器构成的主从触发器

因为主从触发器是相互去耦的，因此当 J = K = "1" 时，电路会翻转，但它消除了不可控振荡的可能，因为在任意给定时刻都只有一个触发器有效。图 8.25 为一个基于或非门实现的主从触发器电路。

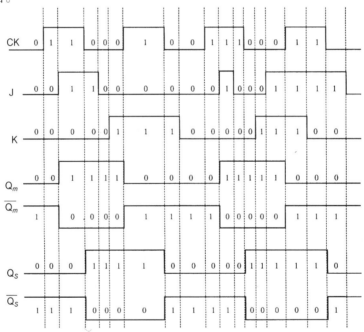

图 8.24　主从触发器的输入和输出波形

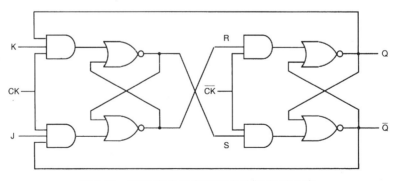

图 8.25　基于或非门实现的主从触发器电路

图 8.24 同样说明了主从触发器有着潜在的一次翻转问题。当时钟脉冲为高电平时，输入的任何一个尖脉冲或干扰，比如在 J 线(或 K 线)上的干扰都可能对主触发器置位(或复位)，从而产生一个无用的状态转移，并在下一个相位期间传递到从触发器。边沿触发的主从触发器可以在很大程度上消除这个问题，下一节将介绍这类触发器。

8.5 钟控存储器的时间相关参数

下面介绍带有时钟输入的 D 锁存器和 D 触发器。首先讨论其时间相关参数。时钟信号和数据间的时序关系对钟控存储器(CSE)的正确运用至关重要，包括锁存器和触发器的功耗、面积、时钟延时、触发延时、建立和保持时间是估算不同钟控存储器性能的重要设计参数。钟控存储器的功耗特性在 8.10 节讲述。

首先，说明一些与触发器相关的时序参数。图 8.26 为一个简单的正上升沿触发器时序图，图中有两种输出延时，时钟到输出端 Q 的延时为 t_{CQ}，数据端到输出端 Q 的延时为 t_{DQ}。t_{CQ} 和 t_{DQ} 两种延时分别由时钟触发沿到输出端以及数据到达沿到输出端来测量。两者都有从 "低" 到 "高" 和从 "高" 到 "低" 的延时过渡。

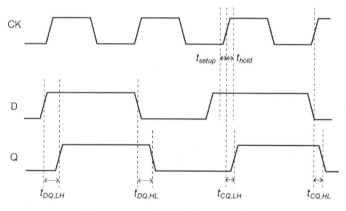

图 8.26 上升沿触发器的时序图

如果触发时钟信号和数据信号在各自的时域内转换很快，则输出由于亚稳态问题可能不是很有效，导致这种看似混乱的状态转变，并在发生转变之后产生一个不可预测的状态结果。为了防止亚稳态问题，建立时间 t_{setup} 和保持时间 t_{hold} 这两个时序约束；应当仔细满足，即数据信号应该在建立时间 t_{setup} 之前到达，并且在保持时间 t_{hold} 结束之后稳定。建立和保持时间定义为，在数据远离时钟沿的情况下，测得 t_{CQ} 值上增加一个如 5%的量。图 8.27 描述了如果性能不是首要考虑因素，建立时间也能通过一个最小的 t_{DQ} 来定义，使用任一建立时间的定义都依赖于应用、CAD 工具和设计者的偏爱。如果在测试完一个芯片之后发现建立时间为负值，可以增大时钟周期，但这是以降低工作频率为代价的。然而当制作一个芯片时发现保持时间为负值，就没有办法解决这个问题了。因此，通过在短的路径中增加一个缓冲器可消除保持时间的冲突。同时也要注意所有的 4 个时序相关参数在处理过程、电压以及温度变化时发生变化。

图 8.28 反映了锁存器与触发器不同的时间相关参数。假设时钟为高电平时，锁存器是透明的，当时钟为低电平时，数据保持。建立时间和保持时间定义在锁存器设计的时钟信号下

降沿。当数据到达早于时钟信号的上升沿时，时钟到 Q 的延时定义如图 8.28 左边所示。当数据 Q 到达时，锁存器是透明的，数据到 Q 的延时定义如图 8.28 中间所示。

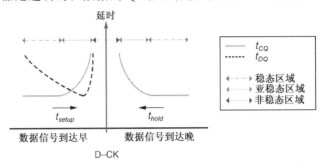

图 8.27　在输出延时功能下建立和保持时间的动态特性

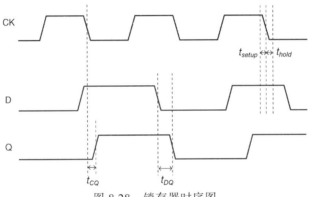

图 8.28　锁存器时序图

　　尽管基于锁存器的设计可以借用时间，但易进行的时序验证使触发器成为工业设计师们一个偏向的选择。例如，如果一个基于触发器的设计中建立时间为负值，这个错误易于发现，且修改比较简单，只有一个信号线的状态与时序错误有关，除非每个时钟周期都不能改善系统的性能。然而，在基于锁存器的设计中，这个问题是不容易被发现和修改的，因为它是由多个周期提前造成的。

8.6　CMOS 的 D 锁存器和边沿触发器

　　随着 CMOS 电路技术在数字集成电路设计中的广泛应用，基于 CMOS 传输门的时序电路的应用变得非常普遍，特别是在大规模集成电路设计中。在本章中可以看到，实际上所有的锁存器和触发器都可以由 CMOS 门构成，而且设计十分简单。然而，用 CMOS 门设计一些常用的电路(如钟控 JK 锁存器和主从 JK 触发器)需要大量的晶体管。

　　本节将介绍一些具体的时序电路，这些电路基本上是用 CMOS 传输门构成的。与传统的结构化设计电路相比，它们更简单且所需要的晶体管也更少。作为对这一类电路的介绍，首先考虑图 8.29 所示的基本 D 锁存器电路。D 锁存器可通过对基于或非门的钟控 SR 锁存器电路做适当的修改而得到。这里，电路只有一个输入信号 D，直接与锁存器的 S 输入端相连。输入变量 D 经翻转后和锁存器的 R 端相连。从电路结构图中可以看出，当时钟脉冲有效，即 CK= "1" 时，输出 Q 就等于输入的 D 值。当时钟信号变为 "0" 时，输出将保持其状态不变。因此，CK 信号使数据输入到 D 锁存器。

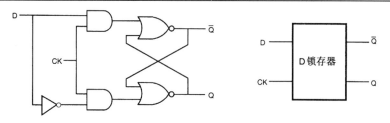

图 8.29 D 锁存器的电路原理图和逻辑符号

D 锁存器在数字电路设计中有许多应用，最主要的是用来临时存储数据或作为一个延迟单元。下面分析简单的 CMOS 结构 D 触发器。图 8.30 所示是用一个基本双反相器环路和两个 CMOS 传输门 (TG) 开关电路构成的 D 锁存器。

输入端的传输门由 CK 信号触发，而反相器环路中的传输门则由 CK 的反相信号 $\overline{\text{CK}}$ 触发。因此，当时钟信号为高电平时，输入信号将输入 (锁存) 到电路中；当时钟信号为低电平时，此信息将作为反相器环路的状态保持不变。如图 8.31 所示，用基本开关电路代替 CMOS 传输门，就更容易看出 D 锁存器电路的工作原理。图中的时序图标示出输入、输出信号应该有效的时间间隔 (无阴影区域)。

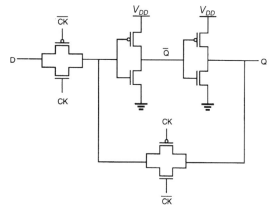

图 8.30 CMOS D 锁存器 (形式 1)

在输入开关断开和环路开关闭合时，有效的 D 输入信号在跳变前 (建立时间 t_{setup}) 和跳变后 (保持时间 t_{hold}) 的短时间内不能发生变化。一旦环路开关闭合使反相器形成环路，输出就会保持其有效电平。在 D 锁存器设计中，应仔细考虑对建立时间和保持时间的要求。图 8.30 所示的 D 锁存器不是一个边沿触发的存储元件。因为它的输出是依赖于输入的，即当时钟信号为高时，锁存器是开启的。而这种开启性使得 D 锁存器不适合应用于计数器和一些数据存储器中。

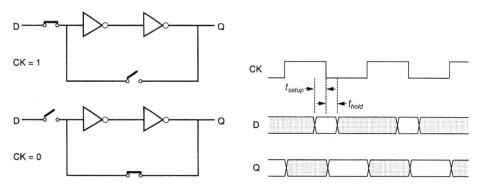

图 8.31 CMOS 传输门构成的 D 锁存器电路简图及其相应的时序图 (显示出了建立时间和保持时间)

图 8.32 所示的两级主从触发器电路由两个基本 D 锁存器电路级联而成。第一级 (主) 触发器由时钟信号驱动，第二级 (从) 触发器由反相的时钟信号驱动。因此，主触发器对正电平敏感，而从触发器对负电平敏感。

当时钟信号为高电平时，主触发器状态与 D 输入信号一致，而从触发器则保持其先前值。当时钟信号从逻辑"1"跳变到逻辑"0"时，主锁存器停止对输入信号采样，在时钟信号跳变时刻存储 D 值。同时，从锁存器变为开启状态，使主锁存器存储的 Q_m 传输到从锁存器的输出 Q_s。因为主锁存器与 D 输入信号分离，所以输入不影响输出。当时钟信号再次从"0"跳变到"1"时，从锁存器锁存主锁存器的输出，主锁存器又开始对输入信号进行采样。由于在时钟信号的下降沿它才会对输入进行采样，故此电路为负沿触发的 D 触发器。

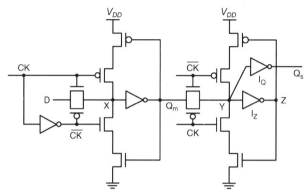

图 8.32　CMOS D 锁存器(形式 2)

输入端有可能添加一个反相器来缓冲输入信号，这种情况下输出会变为 $\overline{Q}$，输出端就添加另外一个反相器将 $\overline{Q}$ 反相。当传输门断开时，内部节点 X，Y 的数据将在漏电流、耦合噪声、α 粒子、宇宙射线等因素的影响下发生变化，而不受两个时钟反相器的控制。若没有反相器 I_Q，则节点 Z 可当成 Q_s。然而，输出节点 Q_s(或 Z)会因耦合噪声受到损害，这可能会影响节点 Y 的电压。所以同时需要 I_Q 和 I_Z 来防止上述情况发生，尤其当输出端与长互连线连接时，因为这种情况更易受耦合噪声影响。两个时钟反相器和 I_Z 的晶体管尺寸不需要太大，因为它们的目的仅仅是防止节点 X 和 Y 的漂移。当输入时钟信号 CK 和 $\overline{CK}$ 的传输门同时导通时，两者间的时钟偏移会导致竞争问题。图 8.32 所示为 IBM 的 PowerPC 603 微处理器中使用的主从 D 锁存器，这是目前公认的能效最高的泛用型时钟存储元件。

图 8.33 为负沿触发的 CMOS D 触发器的仿真输入和输出波形。当时钟信号为"1"时，主锁存器将输入 D 作为输出；当时钟信号下降到"0"时，从锁存器输出变为有效。因此，在每个时钟脉冲的下降沿，D 触发器(DFF)对输入进行采样。

必须强调的是，如果主锁存器违反了建立时间的规定，D 触发器电路的工作将受到严重影响。图 8.34 所示的就是这种情况，刚刚在时钟信号跳变前，输入信号 D 才从"0"变到了"1"(违反了建立时间的规定)。结果使得主锁存器不能获得正确值，从锁存器产生错误输出。因此，必须使输入信号和时钟信号在时间上严格同步以避免这种情况的发生。CMOS D 触发器电路版图如图 8.35 所示。

最后讨论图 8.36 中的时钟 CMOS 即 C²MOS 主-从 D 锁存器，它是 CMOS 主-从 D 锁存器的钟控版。该电路包含 4 个三态反相器，由时钟信号和其逆信号驱动。此电路的基本运行方式和主-从 D 锁存器的类似。第一个三态反相器作为输入开关，在时钟脉冲为高值时接收输入信号。此时，第二个三态反相器处于高阻状态，在输入信号之后输出 Q。当时钟脉冲转为低时，输入缓冲器停止工作，第二个三态反相器完成双反相循环，并在下个时钟脉冲前保持此状态。为防止节点漂移，节点 X 和 Q 各添加了一对静态反相器和时钟反相器。C²MOS

主-从 D 锁存器的本地时钟缓存使其对时钟斜率的变化不再敏感。然而，由于第一级的堆叠晶体管和输出驱动，C²MOS 主-从 D 锁存器的速度要比图 8.32 的主-从 D 锁存器慢。

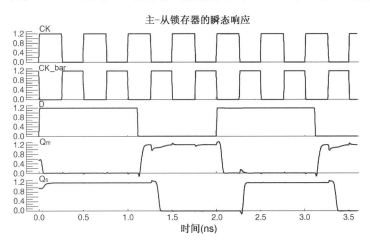

图 8.33　图 8.32 中 CMOS DFF 电路的仿真输入、输出波形

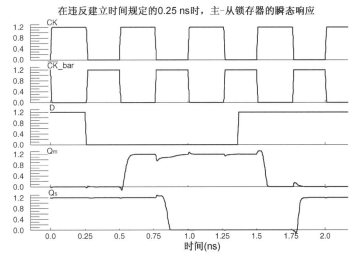

图 8.34　主-从 D 锁存电路在 0.25 ns 处，主锁存器输入违反了建
立时间规定情况下的仿真波形。主锁存器输出错误电平

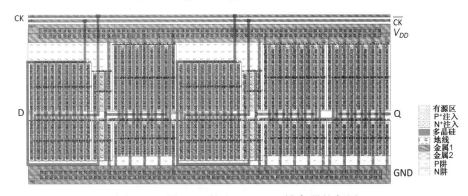

图 8.35　图 8.32 所示 CMOS D 锁存器的版图

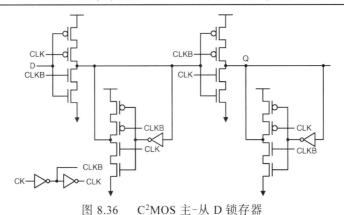

图 8.36　　C²MOS 主-从 D 锁存器

8.7　基于脉冲锁存器的钟控存储器

随着流水线设计的加深，时钟频率越来越高，每个周期内的门数将减少，钟控存储器 (Clocked Storage Elements，CSE)的插入开销明显增大。因此，高速 IC 设计需要高性能的 CSE 设计来减小 CSE 的插入开销。图 8.37(a)所示为 H. Partovi 混合型锁存触发器 (Hybrid-Latch Flip-Flop，HLFF)，和图 8.38 所示的 F. Klass 的半动态型触发器(Semi-Dynamic Flop-Flop，SDFF)，与之前的同类触发器相比，其性能显著增加。两者都是基于短脉冲触发锁存器设计的，并且包括内部短脉冲发生器。例如，HLFF 的前端是一个脉冲发生器，后端是一个用来捕获前端产生脉冲的锁存器。图 8.37(b)为 HLFF 产生的短脉冲，在 CK 时钟信号的上升沿，CKbd 为“高”电平，在三个反相器延时 t_p 之后变为“低”电平。因此，图 8.37(b)中 PC 为一个虚拟短脉冲，可应用于 HLFF 的前端。在短时间 t_p 中，如果 D 是“高”电平，前端的三层 nMOS 工作；如果 D 是低电平，则后端的三层 nMOS 工作。HLFF 的小透明窗口与其保持时间密切相关。因此，触发器之间的最小延时(三个反相器延时)要避免保持时间发生冲突。HLFF 有几个优点：小 D-Q 延时，建立时间短，逻辑嵌入代价小。

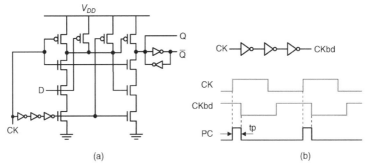

图 8.37　(a)混合型锁存触发器电路；(b)其产生的短时脉冲

SDFF 有相似的特点，在内部节点中插入背对背的反相器来确保工作稳定。在锁存器的后端仅有两层 nMOS 管，使得 SDFF 工作比 HLFF 更快。一个与非门用于有条件的关断，与无条件的关断相比，对采样窗口的变化具有更好的鲁棒性。SDFF 有一个负的建立时间和小的逻辑嵌入开销，这在 8.9 节讲述。介绍几个改进的 SDFF 以及它们在实际应用中的潜力。α 粒子硬化的 SDFF 被用于 SPARC VC9 64 bit 微处理器中，可防止触发器的敏感节点不受高能 α 粒子的影响。MAJC 5200 微处理器中简单的 SDFF(SUN 微系统)器件数量更少，运算速度更快。HLFF 和 SDFF 的缺点是由于其内部节点多余的转换需要消耗较多的能量。此外，触发器内部短时钟脉冲发生器的不断翻转也需要消耗能量。

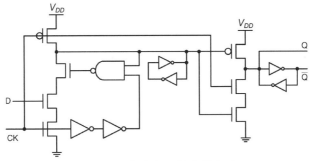

图 8.38　半动态型触发器电路

图 8.39 给出了一种脉冲闩锁电路，它是基于使用脉冲时钟发生器的单锁存器。当 dck 为高，dckb 为低时，脉冲闩锁传输门在很短的时间内打开，使数据从输入传递到输出。因此，在不考虑时间借用的情况下，脉冲闩锁电路的特性与边沿触发电路很相似。由于脉冲闩锁电路使用由脉冲时钟发生器产生短脉冲，并且具有大的负建立时间，脉冲闩锁电路有利于大量的时间借用，同样也需要长的保持时间。

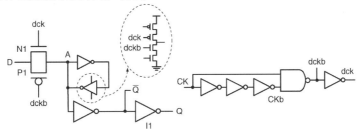

图 8.39　脉冲闩锁电路及其脉冲时钟发生器

因为脉冲闩锁电路是由单个锁存器构成的，所以与触发器相比有更短的输出延时。脉冲闩锁电路的简单电路拓扑结构使它具有更高的能源效率和面积效率。一个脉冲时钟发生器可由一组脉冲闩锁电路（如 64 bit）共享，可以减小功耗和面积。在这种情况下，产生的脉冲宽度应当够宽，以便使其在 64 bit 计数器末端不会消失。基于脉冲存储器的脉冲锁存电路的缺点是增加了保持时间需要添加更多的短路径。

8.8　基于读出放大器的触发器

本节提出几类需要不同输入/输出信号的读出放大器的触发器（SAFFS）。SAFF 的原理图如图 8.40 所示，它被用于强大的 Strong ARM110 微处理器中，它由 SR 锁存器和脉冲产生存储器构成，这两者分别采用一个预充电的读出放大器和两个交叉耦合的与非门实现。若时钟 CK 输入信号的逻辑电平为 "0"，SAFF 进入预充电阶段，读出放大器将输出 S 和 $\overline{R}$。逻辑电平为 "1" 时，偏置晶体管 M_B 关闭，SR 锁存器保持原来存储在 Q 和 $\overline{Q}$ 逻辑值。

在时钟输入的上升沿，读出放大器接收到差分输入，D 和 $\overline{D}$，放大器输出 $\overline{S}$ 和 $\overline{R}$ 送到 SR 锁存器。差分输入可以是小信号或轨至轨信号。在评估阶段，如果第一次评估后，输入信号进行切换，其中一个内部节点因为没有通道使晶体管 M_p 漂浮。因此，添加这个弱的 nMOS 晶体管以稳定内部节点。

    SAFF 的速度瓶颈是两个交叉耦合的与非门,读出放大器由于正反馈,使得工作速度很快。为了克服这个问题通过 SR 锁存器大的传播延迟,提出一个基于读出放大器的触发器,其原理图如图 8.41 所示。两个交叉耦合的与非门被一个更快的 SR 锁存器代替,同时产生 Q 和 $\overline{Q}$。当预充电使 $\overline{S}$ 逻辑为"0"或 $\overline{R}$ 逻辑为"0"时,通过 pMOS 晶体管,Q 或 $\overline{Q}$ 立即拉升为逻辑"1"。在评估阶段,这种从低到高的转变速度可以在输出端使用 Hi-skewed 电路得到改善。中间的两个背靠背反相器(共 8 个晶体管)保持 SR 锁存器的预充电阶段状态。

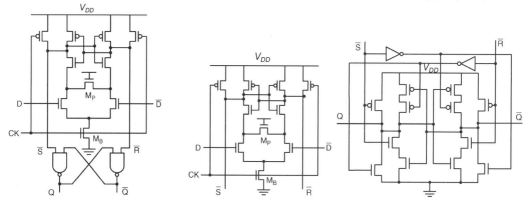

图 8.40   基于读出放大器的触发器电路   图 8.41   改进的基于读出放大器的触发器电路

    图 8.42 给出了在 1.2 V 工作电压下,采用 0.13 μm CMOS 工艺的几个最先进的 CSE D-Q 延时比较。CK-Q 延迟的比较不适合作为相关性能参数,因为它们没有考虑建立时间,因此,有效的时间从时钟周期中去除。于是,最小的 D-Q 延时作为 CSE 的延时参数。在这次模拟中,ep-SFF 有最大的负建立时间,改进的读出放大触发器有最小的 D-Q 延时时间。D-Q 延时的趋势取决于负载的电容,电源电压以及工艺技术的变化。

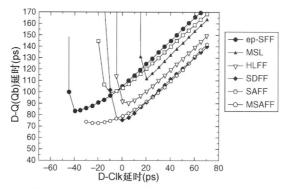

图 8.42   最先进的时钟存储器件延时比较

8.9   时钟存储器件中的逻辑嵌入

    在一些 CSE 中嵌入简单的逻辑器件可以减少通过管道级的整体延迟。在 SDFF 中嵌入逻辑,整个电路的性能可在关键路径少一个门而被优化。在触发器中嵌入逻辑的特性由于减小了周期时间和降低了触发器的插入开锁,将使其在功率和性能方面更受欢迎。逻辑嵌入 SDFF 的原理图如图 8.43 所示。表 8.4 说明了在离散逻辑上的 SDFF 嵌入逻辑的加速系数,其取值范围为 1.33 ~ 1.49。SDFF 可以比 HLFF 更容易地包括触发器内的逻辑功能,因为输入数据只有送给一个 D 触发器 nMOS 栅极,如图 8.38 所示。因此,逻辑嵌入 SDFF 能够大幅度提高整体速度。

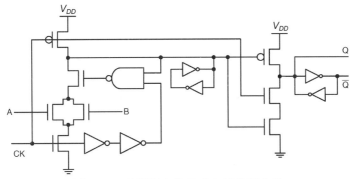

图 8.43　逻辑嵌入的半动态触发器电路

表 8.4　嵌入式逻辑 SDFF 与分立的逻辑电路的速度比较

	$D \cdot$	$A \cdot B$	$A+B$	$A \cdot B + C \cdot D$
嵌入式	199 ps	219 ps	229 ps	246 ps
分立的	199 ps	298 ps	305 ps	367 ps
加速比	1.0	1.36	1.33	1.49

8.10　时钟系统的能耗及其节能措施

在许多超大规模集成电路中，包括时钟分配网络和时钟存储器的时钟系统的功耗经常是整个芯片功耗最大的部分，如图 8.44 所示。这是由于时钟信号的活动率是统一的以及时钟树的连线，长度明显增加。在图 8.44 中，散列条代表时钟分配网络(时钟树和时钟缓冲)的功耗，暗色条代表时钟网络和时钟存储器的功耗。现在设计的趋势是，一个芯片中使用更多流水线级的高吞吐量的设计趋势是增加触发器的数目。更深的流水线设计的时钟系统的功耗可大于芯片总功耗的 50%，并且该部分将随时钟频率增加而增加。在一些文献中报道微处理器的时钟频率每隔两至三年就会翻番。在最新的高频微处理器中，时钟系统的功耗占整个芯片功耗的 70%。因此，降低时钟树和 CSE 的功耗是非常重要的。

一个特定的时钟功耗可以被表示为

$$P_{ck\text{-}scheme} = P_{ck\text{-}network} + P_{FF} \tag{8.20}$$

式中，$P_{ck\text{-}network}$ 和 P_{FF} 分别代表时钟网络和触发器或锁存器中的功耗。在本节中，为了方便，等式中只使用触发器，但它表示触发器或锁存器。$P_{ck\text{-}network}$ 由动态功耗占主导地位，可表示为

$$P_{ck\text{-}network} = f_{CLK} \cdot \left\{ (C_{line} + C_{rep} + C_{ck\text{-}tr}) \cdot V_{ck\text{-}swing}^2 \right\} + V_{DD} \cdot I_{leak,rep} \tag{8.21}$$

式中，f_{CLK}，C_{line}，C_{rep}，$C_{ck\text{-}tr}$，$V_{ck\text{-}swing}$ 和 $I_{leak,rep}$ 分别代表时钟频率，连线电容，中继器的电容，触发器时钟晶体管电容，时钟摆幅的电压电平，中继器漏电流。触发器的功耗可表示为

$$P_{FF} = \sum P_{ff} \tag{8.22}$$

$$P_{ff} = \left\{ [(\alpha_i C_i + \alpha_o C_o) \cdot \beta + C_{local\text{-}buf} \cdot \gamma] \cdot V_{DD}^2 \right\} \\ \times f_{CLK} + V_{DD} \cdot (I_{leak,local\text{-}buf} + I_{leak,FF}) \tag{8.23}$$

式中，P_{ff} 表示单个触发器的能耗。C_i，C_o，α_i，α_o，$C_{local\text{-}buf}$，γ，$I_{leak,local\text{-}buf}$，$I_{leak,FF}$ 分别代表触发器内部节点电容，触发器输出节点电容，内部节点转换活动比，输出节点转换活动比，

本地时钟缓冲器电容，本地时钟缓冲器漏电流，触发器漏电流。同时，β 为 2 表示双边沿触发，为 1 表示单边沿触发，因为双边沿触发器的 fclk 与单边沿触发器相比，是单边沿触发器的一半。如果每个触发器都有一个本地时钟缓冲器或触发器内部有一个短脉冲发生器，γ 为 1，如果 K 个触发器共用一个本地时钟缓冲器或一个短脉冲发生器，否则 γ 为 0。从式(8.21)和式(8.23)中能够推断出如何降低时钟系统的动态功耗。四种基本的方法：降低节点电容，降低电压的幅度，去除冗余的转换活动，降低时钟频率。

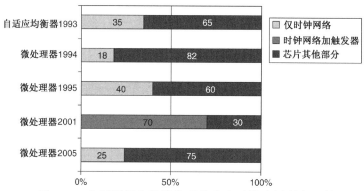

图 8.44　在不同超大规模集成芯片中时钟功耗所占比例

为了降低触发器内部节点多余的能耗，业界提出了一些统计学节能技术，尤其提出了数据转换前瞻触发器，时钟点播触发器，条件捕获/预充电触发器。为了降低时钟分配网络的能耗，提出了一些小摆幅的方案，其实际的应用潜能已经被证实。半摆幅方案需要 4 个时钟信号，也要考虑这 4 个时钟信号的歪斜问题。这需要增加额外的芯片面积。一个减小时钟摆幅的触发器需要提供额外的高电源电压来降低漏电流。一个半摆幅时钟的单信号触发器不需要高的电源电压，但其有一个长的时延。在时钟网络中，作为一种降低功耗的可替代的方法，双边沿触发器(DETFFs)已经有了发展。DETFFs 在时钟网络中可减小功耗达到 50%，可以将低摆幅时钟和双边沿触发器两种节能技术合并。

附录

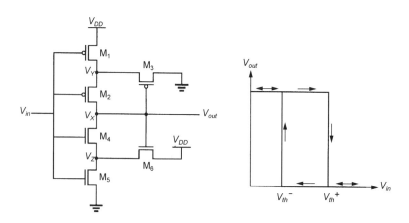

```
CMOS Schmitt Trigger DC analysis
vdd 1.2 0 dc 1.2V
vin 1 0 dc 1v
m5 2 1 0 0 mn l=60n w=1.8u
```

```
m4 3 1 2 0 mn l=60n w=1.2u
m6 5 3 2 0 mn l=60n w=180n
m1 4 1 5 5 mp l=60n w=1.8u
m2 3 1 4 5 mp l=60n w=720n
m3 0 3 4 5 mp l=60n w=180n
.model mn nmos v_to=0.48 gamma=0.524 kp=1.02e-4 2ϕ_f=-1.011 E_cL_n=0.4
.model mp pmos v_to=-0.46 gamma=0.406 kp=5.16e-5 2ϕ_f=0.972 E_cL_p=1.8
.dc vin 0 1.2 0.01
.print dc v(0.8)
.end
```

逐步进行分析，考虑正向输入扫描，即假设输入电压从 0 增大到 V_{DD}。

当 $V_{in} = 0$ V 时：M_1、M_2 均导通，故

$$V_x = V_y = V_{DD} = 1.2 \text{ V}$$

同时，M_4 和 M_5 截止，M_3 截止，M_6 导通并工作于饱和区。假设当 $2\phi_f = -1.011$ V 时，M_6 的阈值电压为 0.62 V

$$V_z = V_{DD} - V_{T,6} = 0.58 \text{ V}$$

当 $V_{in} = V_{T0,n} = 0.48$ V 时：M_5 开始导通，M_4 仍截止。

$$V_x = 1.2 \text{ V}$$

当 $V_{in} = 0.6$ V 时：假设 M_4 截止，而 M_5、M_6 均工作在饱和区，令 $E_c L_n = 0.4$ V

$$\frac{k'_n}{2}\left(\frac{W}{L}\right)_5 \cdot \frac{E_C L_n \cdot (V_{in} - V_{T0,n})^2}{(V_{in} - V_{T0,n}) + E_C L_n} = \frac{k'_n}{2}\left(\frac{W}{L}\right)_6 \cdot \frac{E_C L_n \cdot (V_{DD} - V_z - V_{T,6})^2}{(V_{DD} - V_z - V_{T,6}) + E_C L_n} \cdot \frac{0.4 \cdot (0.6 - 0.48)^2}{(0.6 - 0.48) + 0.4}$$

$$= \left(\frac{1}{10}\right) \cdot \frac{0.4 \cdot \left\{1.2 - V_z - \left[0.48 + 0.524\left(\sqrt{1.011 + V_z} - \sqrt{1.011}\right)\right]\right\}^2}{\left\{1.2 - V_z - \left[0.48 + 0.524\left(\sqrt{1.011 + V_z} - \sqrt{1.011}\right)\right]\right\} + 0.4}$$

解这个关于 V_z 的方程，发现只有一个合理的根：

$$V_z = 0.18 \text{ V}$$

现在，对上述假设予以验证，即 M_4 的确是截止的：

$$V_{GS,4} = 0.6 - 0.18 = 0.42 < V_{T0,n} = 0.48$$

当 $V_{in} = 0.62$ V 时：V_z 继续减小。假设 M_5 工作在线性区，M_6 工作在饱和区，得到下面的电流方程：

$$\frac{k'_n}{2} \cdot \left(\frac{W}{L}\right)_5 \cdot \frac{1}{\left(1 + \dfrac{V_z}{E_C L_n}\right)} \cdot \left[2 \cdot (V_{in} - V_{T0,n}) \cdot V_z - V_z^2\right]$$

$$= \frac{k'_n}{2} \cdot \left(\frac{W}{L}\right)_6 \cdot \frac{E_C L_n \cdot (V_{DD} - V_z - V_{T,6})^2}{(V_{DD} - V_z - V_{T,6}) + E_C L_n} \cdot \frac{1}{\left(1 + \dfrac{V_z}{0.4}\right)} \cdot \left[2(0.62 - 0.48) \cdot V_z - V_z^2\right]$$

$$= \left(\frac{1}{10}\right) \cdot \frac{0.4 \cdot \left\{1.2 - V_z - \left[0.48 + 0.524\left(\sqrt{1.011 + V_z} - \sqrt{1.011}\right)\right]\right\}^2}{\left\{1.2 - V_z - \left[0.48 + 0.524\left(\sqrt{1.011 + V_z} - \sqrt{1.011}\right)\right]\right\} + 0.4}$$

解这个关于 V_z 的方程，得到 $V_z = 0.1$ V。现在确定 M_4 的栅源电压为

$$V_{GS,4} = 0.62 - 0.1 = 0.52 \text{ V} > V_{T,n4} = 0.51$$

这样看来，M_4 在这点已经导通。因此，上面以 M_4 不导通为前提的分析不再成立。在这个输入电压下，节点 x 被下拉到 "0"。这个结论也可以从仿真结果中清楚地看到。得出高的逻辑门限电压 V_{th}^{+} 约等于 0.62 V。

接下来，考虑负向输入扫描，即假设输入电压从 V_{DD} 减小至 0。

当 $V_{in} = 1.2$ V 时：M_4、M_5 导通，故输出电压 $V_x = 0$ V。pMOS 晶体管 M_1、M_2 截止，M_3 饱和，因此

$$\frac{k_p'}{2} \cdot \left(\frac{W}{L}\right)_3 \cdot \frac{E_C L_p \cdot (0 - V_y - V_{T,3})^2}{(0 - V_y - V_{T,3}) + E_C L_p} = 0$$

$$V_y = -V_{T,3} = -\left[V_{T0,p} - 0.406\left(\sqrt{0.972 + V_{DD} - V_y} - \sqrt{0.972}\right)\right]$$

$$V_y = 0.573 \text{ V}$$

当 $V_{in} = 0.74$ V 时：M_1 即将导通，M_2 截止，M_3 饱和。输出电压仍然不变。

当 $V_{in} = 0.6$ V 时：M_1 导通并工作在饱和区，M_3 也工作在饱和区，故

$$\frac{k_p'}{2} \cdot \left(\frac{W}{L}\right)_1 \cdot \frac{E_C L_p \cdot (V_{in} - V_{DD} - V_{T0,p})^2}{(V_{in} - V_{DD} - V_{T0,p}) + E_C L_p} = \frac{k_p'}{2} \cdot \left(\frac{W}{L}\right)_3 \cdot \frac{E_C L_p \cdot (0 - V_y - V_{T,3})^2}{(0 - V_y - V_{T,3}) + E_C L_p}$$

$$\frac{1.8 \cdot [0.6 - 1.2 - (-0.46)]^2}{[0.6 - 1.2 - (-0.46)] + 1.8}$$

$$= \left(\frac{1}{10}\right) \cdot \frac{1.8 \cdot \left\{0 - V_y - \left[-0.46 - 0.406\left(\sqrt{0.972 + 1.2 - V_y} - \sqrt{0.972}\right)\right]\right\}^2}{\left\{0 - V_y - \left[-0.46 - 0.406\left(\sqrt{0.972 + 1.2 - V_y} - \sqrt{0.972}\right)\right]\right\} + 1.8}$$

这个方程的解为

$$V_y = 0.92 \text{ V}$$

现在确定 M_2 的栅源电压：

$$V_{GS,2} = 0.6 - 0.92 = -0.32 > V_{T0,p} = -0.46$$

说明在此点 M_2 仍截止。

当 $V_{in} = 0.52$ V 时：如果 M_2 仍截止，M_1 工作在线性区，M_3 工作在饱和区，则：

$$\frac{k_p'}{2} \cdot \left(\frac{W}{L}\right)_1 \cdot \frac{1}{\left(1 + \dfrac{V_y}{E_C L_p}\right)} \cdot \left[2 \cdot (V_{in} - V_{DD} - V_{T0,p}) - (V_y - V_{DD}) - (V_y - V_{DD})^2\right]$$

$$= \frac{k_p'}{2} \cdot \left(\frac{W}{L}\right)_3 \cdot \frac{E_C L_p \cdot (0 - V_y - V_{T,3})^2}{(0 - V_y - V_{T,3}) + E_C L_p}$$

$$\frac{1}{1 + \left(\dfrac{V_y}{1.8}\right)} \cdot \left[2 \cdot (0.52 - 1.2 - (-0.46)) \cdot (V_y - 1.2) - (V_y - 1.2)^2\right]$$

$$= \left(\frac{1}{10}\right) \cdot \frac{1.8 \cdot \left\{0 - V_y - \left[-0.46 - 0.406\left(\sqrt{0.972 + 1.2 - V_y} - \sqrt{0.972}\right)\right]\right\}}{\left\{0 - V_y - \left[-0.46 - 0.406\left(\sqrt{0.972 + 1.2 - V_y} - \sqrt{0.972}\right)\right]\right\} + 1.8}$$

解这个二次方程得到：

$$V_y = 0.98 \text{ V}$$

这说明在这点 pMOS 晶体管 M_2 已经导通，因此，输出电压被上拉至 V_{DD}。可得低的门限电压 V_{th}^- 约等于 0.52 V。

用 SPICE 仿真增大和减小输入电压的结果绘制在图 A.1 中。从仿真结果中可以清楚地看到预期的滞后作用现象及两个开关门限电压。

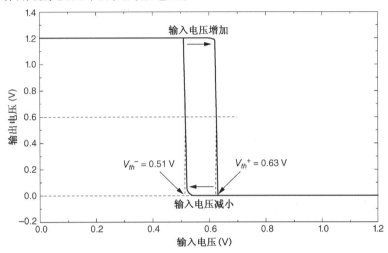

图 A.1　CMOS 施密特触发器电路增大输入电压和减小输入电压时的仿真输出波形

习题

8.1　图 P8.1 为一个上升沿触发的 D 触发器的原理图。用一个版图编辑工具设计电路的版图。采用 CMOS 工艺，假设采用 n 型衬底，在打印输出的版图中，请清楚地注明下图中每个逻辑门的位置，并计算出版图中的寄生电容。

$W_n = 4 \text{ μm}$ 且 $W_p = 8 \text{ μm}$（对于所有的门）
$L_M = 2 \text{ μm}$
$L_D = 0.25 \text{ μm}$
$V_{T0,n} = 1 \text{ V}$
$V_{T0,p} = -1 \text{ V}$
$k'_n = 40 \text{ μA/V}^2$
$k'_p = 25 \text{ μA/V}^2$
$t_{ox} = 20 \text{ nm}$

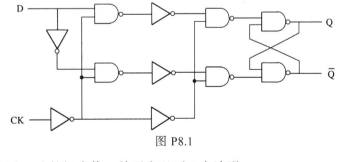

图 P8.1

8.2　对习题 8.1 中的版图使用 SPICE 仿真技术找出触发器建立时间（t_{setup}）和保持时间（t_{hold}）的极小值，并画出以下 4 个波形。

a．在最小建立时间 t_{setup} 时的输出波形

b．在建立时间为 $0.8\, t_{setup}$ 时的输出波形

c．在最小保持时间 t_{hold} 时的输出波形

d．在保持时间为 $0.8\, t_{hold}$ 时的输出波形

8.3 第 8 章附录中已经讨论了 CMOS 施密特触发器的特性，它有效地应用于接收电路中以滤除噪声。然而，由于速率特性会使开关作用延迟。单从速率来看，它在改变转换方向方面是很有用的。特别是想在输入电压小于典型反相器的饱和电压时获得一个负跳变沿（由高到低变化）或在输入电压大于反相器的饱和电压时获得一个正跳变沿（由低到高变化）。用图 P8.3 中的电路元件完成电路连接使之能实现上述功能。用 SPICE 电路分析来检验你的结果。可以使用近似技术来模拟电路。例如，用不同 β 值的反相器来模拟不同的电压传输特性曲线。更特殊的情况是，要增大饱和电压可以用一个带强上拉晶体管的反相器，要减小饱和电压可以用一个带强下拉晶体管的反相器。

8.4 考虑一个单稳态多谐振荡器，如图 P8.4 所示。计算输出脉冲的宽度。

$V_T(\text{dep}) = -1\,\text{V}$

$V_T(\text{enh}) = 0.48\,\text{V}$

$k' = 102\,\mu\text{A/V}^2$

$\gamma = 0$

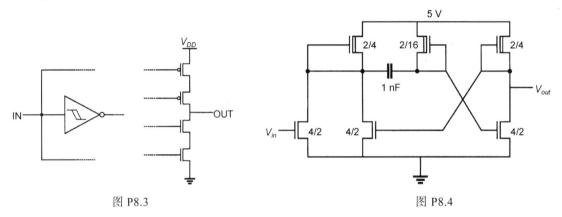

图 P8.3   图 P8.4

8.5 一个 nMOS 施密特触发器如图 P8.5 所示。画出电压传输特性曲线，要包括图中所有关键点的值。用习题 8.4 中的参数且 $\lambda = 0$。晶体管的 W/L 比率如下：

	M_1	M_2	M_3	M_4
W/L	2	0.5	12	1

8.6 设计一个能实现图 P8.6 真值表的电路。只需用一级逻辑门设计即可。

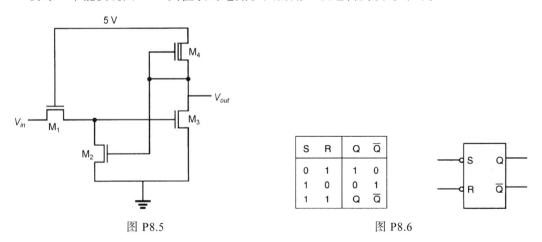

S	R	Q	$\overline{Q}$
0	1	1	0
1	0	0	1
1	1	Q	$\overline{Q}$

图 P8.5   图 P8.6

8.7 上题中设计的电路现在嵌入到图 P8.7 中的更大规模的电路中。完成它的输出时间图形。

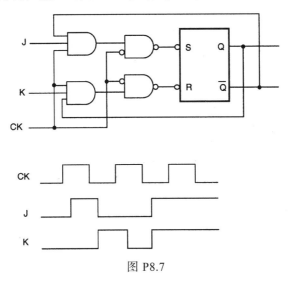

图 P8.7

8.8 将图 P8.8 所示的波形加到图 8.23 所示的 nMOS JK 主从触发器中。当触发器起始为复位状态时，画出节点 Q_m（主触发器输出）和 Q_s（从触发器输出）的输出波形。

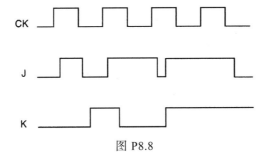

图 P8.8

第 9 章　动态逻辑电路

9.1　概述

前面的章节介绍了许多静态组合及时序逻辑电路。静态逻辑电路可以实现基于简单 nMOS 或 CMOS 结构的静态或稳态逻辑函数。换句话说，静态门的所有有效输出电平都和所讨论的逻辑电路稳态工作点有关。因此，一个典型的静态逻辑门的输出经过一段延迟与输入电平相对应，而且只要有电源供给，它可以一直保持输出电平。然而，这种方法可能需要大量的晶体管来实现某一功能，还可能导致相当大的延迟。

在高密度、高性能的数字电路中，电路延迟和硅片面积的缩减是一个主要的目标，而动态逻辑电路与静态逻辑电路相比有几点显著优势。所有动态逻辑门的操作取决于暂时(短暂)储存在寄生节点电容内的电荷，而不是电路的稳定状态。这种可操作的特性，需要定期更新内部节点电压，因为储存在电容器内的电荷不能永远保存。从而动态逻辑电路需要周期性时钟信号来控制电荷刷新。这种在一个容性节点上暂时储存一种状态即电压电平的能力使我们能实现带有存储功能的简单时序电路。并且由于整个系统都使用共同的时钟信号，所以可以使不同的电路模块操作实现同步。这样一来，动态电路技术本身就适合同步逻辑设计，最终使得实现复杂逻辑电路时需要的硅面积比静态逻辑电路小得多。至于因寄生电容而增加的能量消耗，因动态电路的硅面积更小，尽管也使用时钟信号，多数情况下其功耗还是比静态功耗小。

下面的例子演示动态 D 锁存器电路的工作原理，它本质上由两个串联的反相器组成。这个简单电路演示了动态电路设计所包含的大多数概念。

例 9.1

考虑以下动态 D 锁存器电路。此电路由两个串联的反相器和一个驱动初级反相器输入的 nMOS 传输晶体管组成。

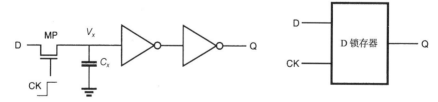

可以看到初级反相器的寄生输入电容 C_x 在电路动态工作中起着很重要的作用。传输晶体管的输入由外部周期时钟信号驱动，工作过程如下所述：

- 当时钟信号为高电平时(CK=1)，传输晶体管导通。电容 C_x 通过传输晶体管 MP 充电还是放电取决于输入 D 的电平。输出 Q 与输入有相同的逻辑电平。
- 当时钟信号为低电平时(CK=0)，传输晶体管 MP 截止，电容 C_x 与输入 D 断开。因为从中间节点 x 既没有到 V_{DD}，也没有到地的电流通路，在前一周期内电容 C_x 储存的电荷量决定了输出电平 Q。

很容易得知这个电路实现了一个简单 D 锁存器的功能。实际上如果锁存器的输出可以是反相的，晶体管数量可以通过去除最后一级反相器来减少。这一点将在9.2节详细讨论。在时钟无动作期间，"保持"操作是通过在寄生电容 C_x 中暂存的电荷来实现的。正确的电路操作关键取决于由电荷泄放而引起输出状态变换之前节点 x 有多长时间可以保存着足够的电荷。因此，电容性中间节点 x 也称为软节点。软节点的特性导致了动态电路对抵抗由于 α 粒子或宇宙射线对积分电路的撞击而引起的所谓单事件反转的能力(SEU)更加薄弱。

下面会更详细地检测电路的操作。假设此动态 D 锁存电路在一个 $V_{DD} = 1.2$ V 的电源电压驱动下操作，两个相同反相器的电压传输特性为：

$$V_{OL} = 0 \text{ V}$$
$$V_{IL} = 0.54 \text{ V}$$
$$V_{IH} = 0.66 \text{ V}$$
$$V_{OH} = 1.2 \text{ V}$$

而且，传输晶体管 MP 的阈值电压为 $V_{T,n} = 0.48$ V。在时钟信号动作期间(CK=1 时)，假设输入等于逻辑 "1"，即 $V_{in} = V_{OH} = 1.2$ V。MP 在这个期间导通，寄生中间节点电容 C_x 被充电到逻辑高电平。我们还记得 nMOS 传输晶体管对逻辑 "1" 为不良导体，它的输出电压 V_x 比 V_{OH} 低一个阈值电压，即 $V_x = 1.2 - 0.48 = 0.72$ V。不过，这个电压始终比第一级反相器的 V_{IH} 高，于是第一级反相器的输出电压将非常接近 $V_{OL} = 0$ V。因此，第二级反相器的输出电平 Q 会成为逻辑 "1"，$V_Q = V_{DD}$。

接下来，时钟信号变为 0，传输晶体管截止。最初，有电荷储存在 C_x，节点 x 为逻辑高电平。于是，输出电平 Q 也是逻辑 "1"。但是，因为软节点的电荷泄放，电压 V_x 由初始电平 0.72 V 下降。可以看出，为了保持输出节点 Q 为逻辑 "1"，中间节点 x 的电平不能低于 $V_{IH} = 0.66$ V(一旦 V_x 跌破这个电压，第一级反相器的输入无法被认为是逻辑 "1")。于是，时钟信号等于 0 的时间等于中间电压 V_x 由于电荷泄放从 0.72 V 降到 0.66 V 的时间。为避免错误的输出，在 V_x 达到 0.66 V 之前，C_x 的电荷需要重新储存，或刷新到它的最初电压。

例 9.1 显示，假设由于电容 C_x 的损耗而造成的泄放电流相当小，D 锁存器电路的基本动态电荷存储原理可以很好地运用于在时钟信号无效期间保持一个输出状态。下面将更详细地分析软节点电容 C_x 的充放电过程。

9.2　传输晶体管电路的基本原理

图 9.1 所示为由一个 nMOS 传输晶体管驱动另一个 nMOS 晶体管栅极构成的 nMOS 动态逻辑电路的基本模块。我们已经在例 9.1 讨论过，传输晶体管 MP 被周期时钟信号驱动，并作为一个由输入信号 V_{in} 决定、对寄生电容 C_x 充电或放电的通道开关。因此当时钟信号有效时(CK=1)，两个可能的操作是逻辑 "1" 切换(C_x 充电到高电平)和逻辑 "0" 切换(C_x 放电到低电平)。无论哪种情况，耗尽型负载 nMOS 反相器的输出显然由电压 V_x 决定为逻辑高电平或逻辑低电平。

注意，传输晶体管 MP 提供了唯一的到中间电容节点(软节点)x 的电流通路。当时钟信号无效时(CK=0)，传输晶体管停止导通，储存在电容 C_x 的电荷决定着反相器的输出电平。下面首先分析充电过程。

9.2.1　逻辑"1"切换

假设软节点电压最初等于 0,即 $V_x(t=0)=0$ V。一个逻辑"1"加到输入端,与 $V_{in}=V_{OH}=V_{DD}$ 对应。现在, $t=0$ 时,传输晶体管栅极的时钟信号从0升到 V_{DD}。可以看到传输晶体管 MP 在时钟信号有效时开始导通。因为 $V_{DS}=V_{GS}$, MP 在整个周期内工作于饱和状态。于是 $V_{DS}=V_{GS}>V_{DSAT}$。为分析逻辑"1"切换,电路可简化为图 9.2 所示的等效电路。

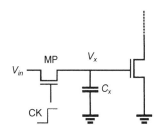

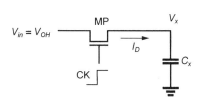

图 9.1　由一个 nMOS 传输晶体管驱动另一个 nMOS 晶体管门组成的基本 nMOS 动态逻辑模块

图 9.2　切换到逻辑"1"的等效电路

传输晶体管 MP 在饱和区开始对 C_x 充电,于是:

$$C_x\frac{dV_x}{dt}=W_n\cdot v_{sat}\cdot C_{ox}\cdot\frac{(V_{DD}-V_x-V_{T,n})^2}{(V_{DD}-V_x-V_{T,n})+E_{C,n}L_n} \tag{9.1}$$

注意,传输晶体管的阈值电压实际取决于衬底偏置效应,所以,阈值电压取决于电压 V_x。为简化分析,不考虑衬底偏置效应。对式 (9.1) 积分,得

$$\int_0^t dt=\frac{C_x}{W_n\cdot v_{sat}\cdot C_{ox}}\int_0^{V_x}\frac{(V_{DD}-V_x-V_{T,n})+E_{C,n}L_n}{(V_{DD}-V_x-V_{T,n})^2}dV_x \tag{9.2}$$

$$=\frac{C_x}{W_n\cdot v_{sat}\cdot C_{ox}}\cdot\left[-\ln\left(\frac{1}{V_{DD}-V_x-V_{T,n}}\right)\Big|_0^{V_x}+\left(\frac{E_{C,n}\cdot L_n}{V_{DD}-V_x-V_{T,n}}\right)\Big|_0^{V_x}\right]$$

$$t=\frac{C_x}{W_n\cdot v_{sat}\cdot C_{ox}}\cdot\left[\ln\left(\frac{V_{DD}-V_{T,n}}{V_{DD}-V_x-V_{T,n}}\right)\right.$$
$$\left.+E_{C,n}\cdot L_n\cdot\left(\frac{1}{V_{DD}-V_x-V_{T,n}}-\frac{1}{V_{DD}-V_{T,n}}\right)\right] \tag{9.3}$$

由该等式解出 $V_x(t)$ 如下:

$$V_x(t)=(V_{DD}-V_{T,n})\frac{\left(\dfrac{k_n(V_{DD}-V_{T,n})}{2C_x}\right)t}{1+\left(\dfrac{k_n(V_{DD}-V_{T,n})}{2C_x}\right)t} \tag{9.4}$$

节点电压 V_x 的变化由式 (9.4) 绘制为如图 9.3 所示的时间函数。电压从最初的 0 V 上升并随 t 的增大趋近一个极限值,但是不会超过它的极限电压 $V_{max}=(V_{DD}-V_{T,n})$。传输晶体管在 $V_x=V_{max}$ 时截止,因为在这一点,它的栅源电压等于它的阈值电压。因此,在逻辑"1"切换期间节点 x 的电压总不会达到满电源电压的 V_{DD}。节点 x 的最大可能电压 V_{max} 的实际值可以由考虑 MP 的衬底偏置效应得出:

$$\begin{aligned} V_{max} &= V_x|_{t\to\infty} = V_{DD} - V_{T,n} \\ &= V_{DD} - V_{T0,n} - K1\left(\sqrt{|-2\phi_F + V_{SB}|} - \sqrt{|2\phi_F|}\right) - K2 \cdot V_{SB} \\ &\quad + \Delta V_{T,SCE} - \Delta V_{T,NWE} + \Delta V_{T,DIBL} - \Delta V_{T,RSCE} + \Delta V_{T,DITS} \end{aligned} \tag{9.5}$$

于是，节点 x 的电压 V_x 在逻辑“1”切换时比 V_{DD} 要低得多。另外要注意，如果式(9.3)用零偏置阈值电压 V_{T0}，V_x 的上升时间就会被低估。在这种情况下，实际充电时间会比式(9.3)预计的长，因为受衬底偏置效应作用，nMOS 晶体管的漏极电流下降了。

图 9.3　逻辑“1”切换时变量 V_x 随时间变化的曲线

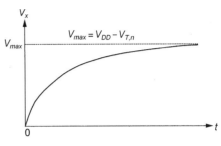

节点电压 V_x 有一个上限值 $V_{max} = (V_{DD} - V_{T,n})$，对于电路设计来说具有重要的含义。例如，考虑图 9.4 的情况，输入节点 $(V_{in} = V_{DD})$ 的逻辑“1”通过级联的一串传输晶体管传输。为简化分析，假设最初所有内部节点电压 V_1 到 V_4 均为零。$V_{DS1} > V_{GS1} - V_{T,n1}$，可知第一个传输晶体管 M_1 工作在饱和状态。因此节点 1 的电压不能超过极限电压 $V_{max1} = (V_{DD} - V_{T,n1})$。现在，假设电路里的传输晶体管都是相同的，第二个传输晶体管 M_2 工作在临界饱和状态。结果节点 2 的电压等于 $V_{max2} = (V_{DD} - V_{T,n2})$。容易看出，$V_{T,n1} = V_{T,n2} = V_{T,n3} = \cdots$，无论在这一通路中传输晶体管的数目是多少，其末端传输晶体管的节点电压比 V_{DD} 低一个阈值电压。可以看到，无论初始电压如何，该电路稳态内部节点电压总是比 V_{DD} 低一个阈值电压。

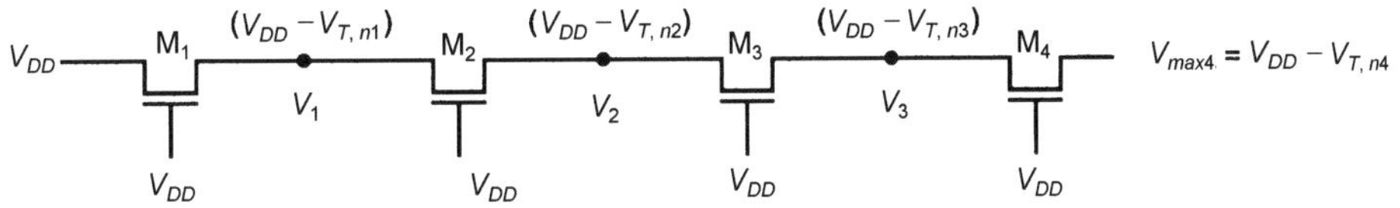

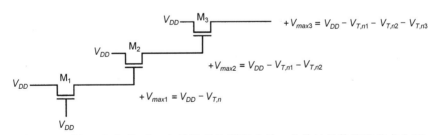

图 9.4　一个传输晶体管链在逻辑“1”切换时的节点电压

现在考虑另一种情况，即每一个传输晶体管的输出驱动另一个传输晶体管，如图 9.5 所示。

图 9.5　逻辑“1”切换时一个传输晶体管驱动另一个传输晶体管的节点电压

这里，第一级传输晶体管 M_1 的输出可以达到 $V_{max1} = (V_{DD} - V_{T,n1})$。此电压驱动第 2 级传输晶体管，该晶体管也工作在饱和区。它的栅源电压不能超越 $V_{T,n2}$，于是，V_2 上限为 $V_{max2} = V_{DD} - V_{T,n1} - V_{T,n2}$。可以看出，在这种情况下，每级都会带来明显的电压损失。通过考虑各级不同的相应衬底偏置效应，可以更实际地估算每一级的电压降。

$$\begin{aligned} V_{T,n1} &= V_{T0,n} + K1\left(\sqrt{|-2\phi_F + V_{max1}|} - \sqrt{|2\phi_F|}\right) + K2 \cdot V_{max1} + \Delta V_{T,1} \\ V_{T,n2} &= V_{T0,n} + K1\left(\sqrt{|-2\phi_F + V_{max2}|} - \sqrt{|2\phi_F|}\right) + K2 \cdot V_{max2} + \Delta V_{T,2} \end{aligned} \tag{9.6}$$

其中，$\Delta V_T = -\Delta V_{T,SCE} + \Delta V_{T,NWE} - \Delta V_{T,DIBL} + \Delta V_{T,RSCE} - \Delta V_{T,DITS}$

先前的分析帮助我们检验了逻辑"1"切换的重要特性。下面分析放电过程,该过程也称为逻辑"0"切换。

9.2.2 逻辑"0"切换

假设软节点电压 V_x 最初等于逻辑"1"电平。即 $V_x(t=0) = V_{max} = (V_{DD} - V_{T,n})$。把一个逻辑"0"电平加到输入端,它对应于 $V_{in} = 0$ V。现在,在 $t=0$ 时加在传输晶体管栅极的时钟信号从 0 升到 V_{DD}。一旦时钟信号有效,传输晶体管 MP 便开始导通,MP 上漏极电流的方向就与充电过程(逻辑"1"切换)相反。这意味着此时中间节点 x 相当于 MP 的漏极,输入节点相当于 MP 的源极。若 $V_{GS} = V_{DD}$ 及 $V_{DS} = V_{max}$,可以看到,由于 $V_{DS} < V_{DSAT}$,传输晶体管在此期间工作于线性区域。

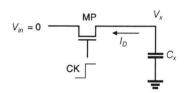

图 9.6 逻辑"0"切换的等效电路

用于分析逻辑"0"切换的电路可以简化为图 9.6 所示的等效电路。类似逻辑"1"切换时的情况,耗尽型 nMOS 负载的反相器不影响此过程。

开始时,传输管 MP 工作在饱和区,当达到 V_{DSAT} 时,对寄生电容 C_x 按下式进行放电:

$$-C_x \frac{dV_x}{dt} = W_n \cdot v_{sat} \cdot C_{ox} \cdot \frac{(V_{DD} - V_{T0,n})^2}{(V_{DD} - V_{T0,n}) + E_{C,n} L_n} \tag{9.7}$$

$$dt = -\frac{C_x}{W_n \cdot v_{sat} \cdot C_{ox}} \frac{(V_{DD} - V_{T0,n}) + E_{C,n} L_n}{(V_{DD} - V_{T0,n})^2} dV_x \tag{9.8}$$

注意,在此过程中 nMOS 传输晶体管的源极电压等于 0 V,因此,MP 没有衬底偏置效应 $(V_{T,n} = V_{T0,n})$。但是初始条件 $V_x(t=0) = (V_{DD} - V_{T,n})$ 包含了受衬底偏置效应影响的阈值电压,因为电压 V_x 是在先前的逻辑"1"切换过程中建立的。对式(9.8)两边积分:

$$\int_0^t dt = -\frac{C_x}{W_n \cdot v_{sat} \cdot C_{ox}} \int_{V_{DD} - V_{T,n}}^{V_x} \frac{(V_{DD} - V_{T0,n}) + E_{C,n} L_n}{(V_{DD} - V_{T0,n})^2} dV_x \tag{9.9}$$

$$t_{sat} = \frac{C_x}{W_n \cdot v_{sat} \cdot C_{ox}} \cdot \frac{(V_{DD} - V_{T0,n}) + E_{C,n} L_n}{(V_{DD} - V_{T0,n})^2} \cdot (-V_x + V_{DD} - V_{T,n}) \tag{9.10}$$

如果 V_x 低于 V_{DSAT},则 MP 开始工作于线性区并向寄生电容 C_x 放电,如下:

$$-C_x \frac{dV_x}{dt} = \frac{k_n}{2} \cdot \left(\frac{1}{1 + \dfrac{V_x}{E_{C,n} L_n}} \right) \cdot \left[2(V_{DD} - V_{T0,n}) V_x - V_x^2 \right] \tag{9.11}$$

$$dt = -\frac{2C_x}{k_n} \cdot \left(1 + \frac{V_x}{E_{C,n} L_n} \right) \cdot \frac{dV_x}{2(V_{DD} - V_{T0,n}) V_x - V_x^2} \tag{9.12}$$

对式(9.12)两边积分得:

$$\int_0^t dt = -\frac{2C_x}{k_n} \cdot \int_{V_{DSAT}}^{V_x} \frac{1 + \dfrac{V_x}{E_{C,n} \cdot L_n}}{2(V_{DD} - V_{T0,n}) \cdot V_x - V_x^2} dV_x$$

$$= -\frac{2C_x}{k_n} \cdot \left[\frac{1}{2(V_{DD} - V_{T0,n})} \cdot \ln\left(\frac{V_x}{2(V_{DD} - V_{T0,n}) - V_x} \right) \right]\Bigg|_{V_{DSAT}}^{V_x} \tag{9.13}$$

$$-\frac{1}{E_{C,n}L_n}\cdot\ln(2(V_{DD}-V_{T0,n})-V_x)\Big|_{V_{DSAT}}^{V_x}\Bigg] \tag{9.14}$$

节点电压 V_x 在线性区的下降时间表达式为

$$t_{lin}=\frac{C_x}{k_n}\cdot\Bigg[\frac{1}{(V_{DD}-V_{T,n})}\cdot\ln\bigg(\frac{V_{DSAT}}{V_x}\cdot\frac{2(V_{DD}-V_{T0,n})-V_x}{2(V_{DD}-V_{T0,n})-V_{DSAT}}\bigg)$$
$$+\frac{2}{E_{C,n}L_n}\cdot\ln\bigg(\frac{2(V_{DD}-V_{T0,n})-V_x}{2(V_{DD}-V_{T0,n})-V_{DSAT}}\bigg)\Bigg] \tag{9.15}$$

最后，得到节点电压 V_x 的下降时间表达式为

$$t_{total}=\begin{cases}t_{sat} & V_x\geqslant V_{DSAT}\\ t_{sat}+t_{lin} & V_x<V_{DSAT}\end{cases} \tag{9.16}$$

根据式(9.16)将节点电压 V_x 绘制为时间的函数，如图 9.7 所示。可以看出电压从逻辑高电压 V_{max} 下降到 0 V。因此，与充电情况不同，所加的输入电压(逻辑 0)可以无改变地传输到软节点。

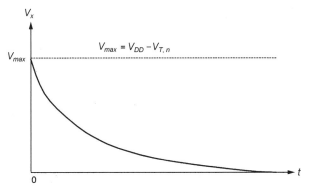

图 9.7　逻辑"0"切换时变量 V_x 随时间变化的曲线

软节点电压 V_x 的下降时间 τ_{fall} 可以由式(9.16)计算得到。首先，分别定义两个时间点 $t_{90\%}$ 和 $t_{10\%}$ 为节点电压等于 $0.9V_{max}$ 和 $0.1V_{max}$ 的时刻。由式(9.16)可以很容易找到这两个点：

$$t_{90\%}=t_{sat}\big|_{V_x=0.9(V_{DD}-V_{T,n})}=\frac{C_x}{W_n\cdot v_{sat}\cdot C_{ox}}\cdot\frac{(V_{DD}-V_{T0,n})+E_{C,n}L_n}{(V_{DD}-V_{T0,n})^2}\cdot0.1(V_{DD}-V_{T,n})$$
$$\approx\frac{0.1C_x}{W_n\cdot v_{sat}\cdot C_{ox}}\cdot\frac{(V_{DD}-V_{T0,n})+E_{C,n}L_n}{(V_{DD}-V_{T0,n})} \tag{9.17}$$

$$t_{10\%}=t_{sat}\big|_{V_x=V_{DSAT}}+t_{lin}\big|_{V_x=V_{10\%}}$$
$$=\frac{C_x}{W_n\cdot v_{sat}\cdot C_{ox}}\times\frac{(V_{DD}-V_{T0,n})+E_{C,n}L_n}{(V_{DD}-V_{T0,n})^2}\cdot(-V_{DSAT}+V_{DD}-V_{T,n})$$
$$+\frac{C_x}{k_n}\cdot\Bigg[\frac{1}{(V_{DD}-V_{T,n})}\cdot\ln\bigg(\frac{V_{DSAT}}{V_x}\cdot\frac{1.9(V_{DD}-V_{T0,n})}{2(V_{DD}-V_{T0,n})-V_{DSAT}}\bigg)$$
$$+\frac{2}{E_{C,n}L_n}\cdot\ln\bigg(\frac{1.9(V_{DD}-V_{T0,n})}{2(V_{DD}-V_{T0,n})-V_{DSAT}}\bigg)\Bigg] \tag{9.18}$$

软节点电压 V_x 的下降时间定义为 $t_{10\%}$ 和 $t_{90\%}$ 之间的差，可得

$$\tau_{fall} = t_{10\%} - t_{90\%}$$

$$= \frac{C_x}{W_n \cdot v_{sat} \cdot C_{ox}} \cdot \frac{(V_{DD} - V_{T0,n}) + E_{C,n}L_n}{(V_{DD} - V_{T0,n})^2} \cdot (-V_{DSAT} + 0.9V_{DD} - 0.9V_{T,n})$$

$$+ \frac{C_x}{k_n} \cdot \left[\frac{1}{(V_{DD} - V_{T,n})} \cdot \ln\left(\frac{V_{DSAT}}{V_x} \cdot \frac{1.9(V_{DD} - V_{T0,n})}{2(V_{DD} - V_{T0,n}) - V_{DSAT}} \right) \right.$$

$$\left. + \frac{2}{E_{C,n}L_n} \cdot \ln\left(\frac{1.9(V_{DD} - V_{T0,n})}{2(V_{DD} - V_{T0,n}) - V_{DSAT}} \right) \right]$$

(9.19)

至此，我们分析了在时钟有效期内，即 CK=1 时，逻辑"1"和逻辑"0"切换所引起的瞬态充、放电过程。现在将转向讨论时钟无效期间，即 CK=0 时，软节点 x 的逻辑电平储存。

9.2.3　电荷的储存与泄放

如前面定性讨论的一样，不考虑泄放电流，在时钟无效期间软节点正确逻辑电压的维持取决于 C_x 上足够电荷量的储存。为了更详细地分析时钟无效期间的情况，考虑图 9.8 的情况。

假设在时钟有效期内逻辑高电平已经传输到软节点，而且现在的输入电压 V_{in} 和时钟都等于 0 V。由于与传输晶体管相关的泄放电流，储存在 C_x 的电荷会逐渐泄放完。反相驱动晶体管的栅极电流实际上可以忽略。

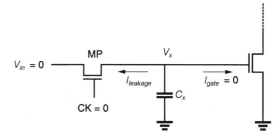

图 9.8　软节点的电荷泄放

图 9.9 是简化的加集总节点电容 C_x 的 nMOS 传输晶体管的横断面。可以看出软节点电容的泄放电流主要由两部分组成，即亚阈值沟道电流和漏-衬底结的反向偏置电流：

$$I_{leakage} = I_{subthreshold\,(MP)} + I_{reverse\,(MP)}$$

(9.20)

注意，软节点总电容 C_x 的一部分是由反偏的漏衬底结产生的，它也是软节点电压 V_x 的函数。C_x 的另一部分主要由氧化层寄生分量引起，这部分可视为常量。在我们的分析中，这些常量用 C_{in} 表示(见图 9.10)。所以，储存在软节点中的总电荷为两部分之和，如下所示：

$$Q = Q_j(V_x) + Q_{in} \qquad \text{其中，} \quad Q_{in} = C_{in} \cdot V_x$$
$$C_{in} = C_{gb} + C_{poly} + C_{metal}$$

(9.21)

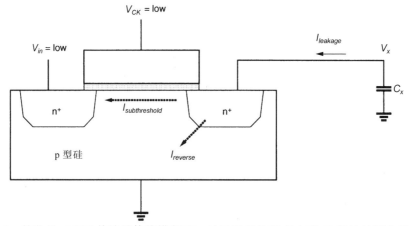

图 9.9　简化的 nMOS 传输晶体管横断面，显示引起软节点电容 C_x 泄放的漏电流分量

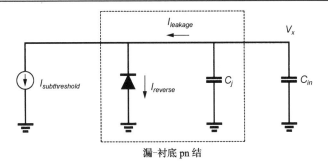

图 9.10 分析电荷泄放过程的等效电路

总的泄放电流可表示为软节点总电荷 Q 对时间的导数：

$$I_{leakage} = \frac{dQ}{dt} = \frac{dQ_j(V_x)}{dt} + \frac{dQ_{in}}{dt} = \frac{dQ_j(V_x)}{dV_x}\frac{dV_x}{dt} + C_{in}\frac{dV_x}{dt} \tag{9.22}$$

其中，

$$\frac{dQ_j(V_x)}{dV_x} = C_j(V_x) = \frac{A \cdot C_{j0}}{\sqrt{1 + \dfrac{V_x}{\phi_0}}} = A \cdot \sqrt{\frac{q\varepsilon_{Si}N_A}{2(\phi_0 + V_x)}} \tag{9.23}$$

根据式（3.128），有

$$\phi_0 = \frac{kT}{q}\ln\left(\frac{N_D \cdot N_A}{n_i^2}\right) \tag{9.24}$$

$$C_{j0} = \sqrt{\frac{q\varepsilon_{Si}N_A N_D}{2(N_A + N_D)\phi_0}} \approx \sqrt{\frac{q\varepsilon_{Si}N_A}{2\phi_0}} \tag{9.25}$$

同时注意到，在深亚微米晶体管中，特别是当 $V_{DS} = V_{DD}$ 时，亚阈值电流明显大于反向偏置电流。在长沟道晶体管中，亚阈值电流的数量级可以和反向偏置电流相比。反向偏置电流也有两个主要分量：反向饱和电流 I_0 和由耗尽区产生，同时又是偏压 V_x 函数的电流 I_{gen}。

为了估计软节点的实际电荷泄放时间，需要在考虑与电压有关的电容分量以及非线性泄放电流情况下求解微分方程（9.22）。另一方面，为了快速估算最坏情况下的泄放，问题可以进一步简化。

假设最小的组合软节点电容按下式给出：

$$C_{x,min} = C_{gb} + C_{poly} + C_{metal} + C_{db,min} \tag{9.26}$$

其中，$C_{db,min}$ 代表在偏置电压为 $V_x = V_{max}$ 时的最小结电容。我们把最坏情况下保持时间（t_{hold}）定义为软节点电压由于泄放从初始的逻辑高电平值降到逻辑门限电压所需的最少时间。一旦软节点的电压达到逻辑门限电压，由该节点驱动的逻辑状态将改变原来保持的状态。

$$t_{hold} = \frac{\Delta Q_{critical,min}}{I_{leakage,max}} \tag{9.27}$$

其中，

$$\Delta Q_{critical,\,min} = C_{x,min}\left(V_{max} - \frac{V_{DD}}{2}\right) \tag{9.28}$$

最坏情况下的泄放时间可以用这种近似来简化计算，如例 9.2 所示。

例 9.2

下图是由传输晶体管漏极(或源极，取决于电流方向)构成的软节点结构并与 nMOS 驱动晶体管的多晶硅栅极用金属线互连。

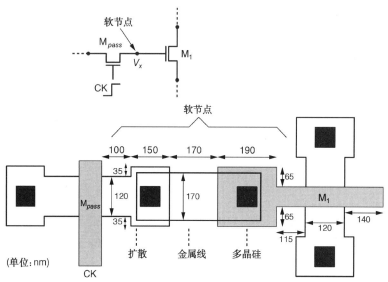

(单位：nm)

假设该电路使用的电源电压为 $V_{DD} = 1.2\ \text{V}$，且软节点最初被充电到其最大电压值 V_{max}。为了估算出最坏情况下的保持时间，必须先计算软节点的总电容。下面介绍该结构简化的掩模版图。所有尺寸都为微米级，本例中用到的主要参数如下，基于第 3 章中介绍的小尺寸因素，为了简化计算，所有的阈值电压变化量都统一计为 ΔV_T。

$$V_{T0} = 0.43\ \text{V}$$
$$\Delta V_T = 0.08\ \text{V}$$
$$\gamma = 0.612\ \text{V}^{1/2}$$
$$|2\phi_F| = 0.997\ \text{V}$$
$$C_{ox} = 13\ \text{fF/}\mu\text{m}^2$$
$$C'_{metal} = 0.0573\ \text{fF/}\mu\text{m}^2$$
$$C'_{poly} = 0.1059\ \text{fF/}\mu\text{m}^2$$
$$C_{j0} = 1.21\ \text{fF/}\mu\text{m}^2$$
$$C_{j0sw} = 0.084\ \text{fF/}\mu\text{m}$$

首先，计算与软节点有关的氧化层相关(常量)寄生电容分量：

$$C_{gb} = C_{ox} \cdot W \cdot L_{mask}$$
$$= 13\ \text{fF/}\mu\text{m}^2 \times (0.120\ \mu\text{m} \times 0.060\ \mu\text{m})$$
$$= 0.0936\ \text{fF}$$
$$C_{metal} = 0.0573\ \text{fF/}\mu\text{m}^2 \times (0.170\ \mu\text{m} \times 0.170\ \mu\text{m})$$
$$= 0.001\,656\ \text{fF}$$
$$C_{poly} = 0.1059\ \text{fF/}\mu\text{m}^2 \times (0.0361\ \mu\text{m}^2 + 0.0153\ \mu\text{m}^2)$$
$$= 0.005\,443\ \text{fF}$$

现在，计算与传输晶体管漏衬底 pn 结相关的寄生结电容。给出在 0 偏置下的电容值，得到

$$C_{db,max} = C_{bottom} + C_{sidewall}$$
$$= A_{bottom} \cdot C_{j0} + P_{sidewall} \cdot C_{j0sw}$$
$$= (0.0285 \ \mu m^2 + 0.012 \ \mu m^2) \cdot 1.22 \ fF/\mu m^2 + 0.88 \ \mu m \cdot 0.084 \ fF/\mu m$$
$$= 0.0494 \ fF + 0.0739 \ fF$$
$$= 0.1233 \ fF$$

当节点的偏置(反偏)是其最大可能电压 V_{max} 时，可以得到漏极结电容的最小值。为计算此最小电容值，需要先由式(9.5)计算 V_{max}。然而，为了简化计算，假计小尺寸器件的阈值电压变化量为 80 mV，并由式(3.23)计算

$$V_{max} = 1.2 - 0.43 - 0.612\left(\sqrt{0.997 + V_{max}} - \sqrt{0.997}\right) - 0.08$$
$$\Rightarrow V_{max} = 0.541 \ V$$

现在，可以计算漏极结电容的最小值为

$$C_{db,min} = \frac{C_{bottom}}{\sqrt{1 + \dfrac{V_{x,max}}{\Phi_0}}} + \frac{C_{sidewall}}{\sqrt{1 + \dfrac{V_{x,max}}{\Phi_{0sw}}}} = \frac{0.0494 \ fF}{\sqrt{1 + \dfrac{0.612}{1.11}}} + \frac{0.0739 \ fF}{\sqrt{1 + \dfrac{0.612}{1.19}}} = 0.0998 \ fF$$

根据式(9.26)，得出软节点总电容的最小值为

$$C_{x,min} = C_{gb} + C_{metal} + C_{poly} + C_{db,min}$$
$$= 0.0936 \ fF + 0.001\,656 \ fF + 0.005\,443 \ fF + 0.0998 \ fF$$
$$= 0.201 \ fF$$

可引起逻辑状态改变的软节点临界电荷下降值为

$$\Delta Q_{critical} = C_{x,min} \cdot (V_{x,max} - 0.5)$$
$$= 0.201 \ fF \cdot (0.541 \ V - 0.5 \ V)$$
$$= 0.008\,241 \ fC$$

假设在这个例子中下一个门的逻辑门限电压为 0.5 V。由电荷消耗产生的最大泄放电流可根据 MOS 特性［见第 3 章式(3.115)］和结型二极管特性求出：

$$I_{leakage} = I_{subthreshold} + I_{reverse} = 29 \ pA$$

最后，利用式(9.27)计算软节点的最坏情况下(最小)的保持时间：

$$t_{hold,min} = \frac{\Delta Q_{critical}}{I_{leakage,max}}$$
$$= \frac{0.008\,241 \ fC}{29 \ pA} = \underline{0.284 \ \mu s}$$

　　有趣的是，尽管是一个值为 0.201 fF 的很小的软节点电容，在本结构中引起的最坏情况下保持时间还是相当长，特别是与 nMOS 或 CMOS 逻辑门中的传播延迟相比。本例证明了动态电荷存储概念的可行性。可以在软节点中将逻辑状态保持相当长一段时间。

9.3　电压自举技术

　　本节将简要介绍一种实用的动态电路技术以克服数字电路中阈值电压下降的缺点，即电压自举。我们已经看到，在一些电路结构中输出电压电平会受阈值电压的影响，如传输晶体管门或增强型负载反相器和逻辑门。

　　动态电压自举技术提供了一种简单而有效的方法，以克服大多数情况下发生的阈值电压

下落。考虑图 9.11 所示的电路,其中 V_x 等于或小于电源电压,即 $V_x \leqslant V_{DD}$。因此,增强型 nMOS 晶体管 M_2 工作在饱和状态。

当输入电压 V_{in} 为低电平时,输出电压可达到受下式限制的最大值:

$$V_{out}(\max) = V_x - V_{T2}(V_{out}) \tag{9.29}$$

为了克服阈值电压下降并在输出节点得到完整的逻辑高电平(V_{DD}),必须增加 V_x。增加第三个晶体管 M_3 的电路如图 9.12 所示。电路图中电容 C_S 与 C_{boot} 分别代表将电压 V_x 动态地连接到地以及连接到输出的电容。我们将看到电路在切换时产生高电平 V_x,因而克服了输出节点阈值电压的下降。

$$V_x \geqslant V_{DD} + V_{T2}(V_{out}) \tag{9.30}$$

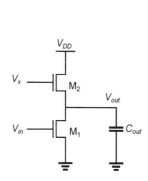

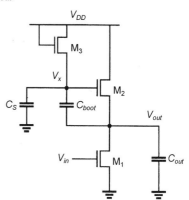

图 9.11　输出节点被弱驱动的增强型电路　　　　图 9.12　切换时升高 V_x 的动态自举布局

首先假设输入 V_{in} 为逻辑高电平,则 M_1 和 M_2 的漏极电流不为 0,而且输出电压为低电平。此时 M_1 工作在线性区而 M_2 工作在饱和区。因为 $I_{D3} = 0$,则电压 V_x 的初始状态为

$$V_x = V_{DD} - V_{T3}(V_x) \tag{9.31}$$

现在假设在 $t = 0$ 时,输入由逻辑高电平转为 0 V,结果,驱动晶体管 M_1 将截止而输出电压 V_{out} 开始上升。输出电压的变化将通过自举电容 C_{boot} 耦合到 V_x,用 i_{Cboot} 表示充电时流经 C_{boot} 的瞬时电流, i_{Cs} 表示流经 C_S 的电流。假设两电流分量近似相等,可以得到:

$$i_{Cs} \approx i_{Cboot} \Leftrightarrow C_S \frac{dV_x}{dt} \approx C_{boot} \frac{d(V_{out} - V_x)}{dt} \tag{9.32}$$

整理式(9.32)得下列方程:

$$(C_S + C_{boot}) \frac{dV_x}{dt} \approx C_{boot} \frac{dV_{out}}{dt} \tag{9.33}$$

$$\frac{dV_x}{dt} \approx \frac{C_{boot}}{(C_S + C_{boot})} \cdot \frac{dV_{out}}{dt} \tag{9.34}$$

从式(9.34)可以看出,切换期间输出电压 V_{out} 的增长将使 V_x 产生一个与之成比例的增长。对式(9.34)两边积分得到

$$\int_{V_{DD}-V_{T3}}^{V_x} dV_x = \frac{C_{boot}}{(C_S + C_{boot})} \cdot \int_{V_{OL}}^{V_{DD}} dV_{out} \tag{9.35}$$

$$V_x = (V_{DD} - V_{T3}) + \frac{C_{boot}}{(C_S + C_{boot})}(V_{DD} - V_{OL}) \tag{9.36}$$

若电容 C_{boot} 远大于 $C_S(C_{boot} \gg C_S)$，则 V_x 的最大值可近似为

$$V_x(\text{max}) = 2V_{DD} - V_{T3} - V_{OL} \qquad (9.37)$$

从而证明了电压自举可以显著升高 V_x。为克服输出阈值电压下降，要求 V_x 的最小值为

$$V_x(\text{min}) = V_{DD} + V_{T2}|_{v_{out}=V_{DD}}$$

$$= (V_{DD} - V_{T3}(V_x)) + \frac{C_{boot}}{(C_S + C_{boot})}(V_{DD} - V_{OL}) \qquad (9.38)$$

重新整理该方程得到需要的电容比如下：

$$\frac{C_{boot}}{(C_S + C_{boot})} = \frac{V_{T2}|_{v_{out}=V_{DD}} + V_{T3}|_{V_x}}{(V_{DD} - V_{OL})} \qquad (9.39)$$

$$\frac{C_{boot}}{C_S} = \frac{V_{T2}|_{v_{out}=V_{DD}} + V_{T3}|_{V_x}}{V_{DD} - V_{OL} - V_{T2}|_{v_{out}=V_{DD}} - V_{T3}|_{V_x}} \qquad (9.40)$$

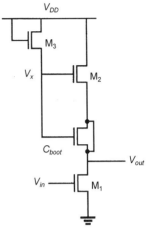

注意，C_S 基本是 M₃ 寄生的源-衬底电容与 M₂ 的栅-衬底电容之和。为得到相对于 C_S 而言足够大的自举电容 C_{boot}，需要在电路中增加虚设的晶体管，如图 9.13 所示。

由于等效晶体管的源、漏极接在一起，它等效于接在 V_x 与 V_{out} 之间的一个 MOS 电容。虽然这种电路布局要用两个额外的晶体管来完成自举功能，但电路性能的改进效果较好，因此为这种自举装置增大硅区面积是值得的。

图 9.13 用虚设的 MOS 器件实现自举电容

例 9.3

用 SPICE 软件对图 9.13 所示的简单自举电路进行瞬时特性仿真的结果如下。为了提供所需的自举电容 C_{boot}，虚设了一个沟道长 $L = 60$ nm 和宽 $W = 3$ μm 的 nMOS 器件。晶体管 M₁ 的宽长比（W/L）为 10，M₂ 和 M₃ 的宽长比（W/L）均为 5。

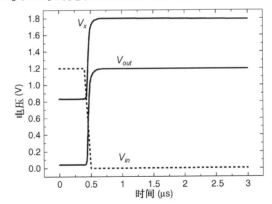

如果使用短下降时间的 V_{in} 进行仿真，可能发现 V_{out} 达不到 V_{DD}，这是因为 65 nm 工艺下阈值电压/电源比被提升，使得式（9.37）中的 V_x 无法达到式（9.30）中的需求电压值。

9.4 同步动态电路技术

了解了容性电路节点中逻辑电平暂态存储的基本概念，我们转而关注用这种简单而有效的原理来设计数字电路的技术。下面将研究使用耗尽型负载 nMOS、增强型负载 nMOS 和 CMOS 模块组成的不同的同步动态电路。

动态传输晶体管电路

多级同步电路的一般框图如图 9.14 所示。电路由级联的组合逻辑段构成，这些逻辑段用 nMOS 传输晶体管连接起来。每个组合逻辑模块的所有输入由一个单相时钟信号驱动。为了简化起见，图中未标出各个输入电容，但是很明显，电路特性受寄生输入电容中暂态电荷存储的影响。

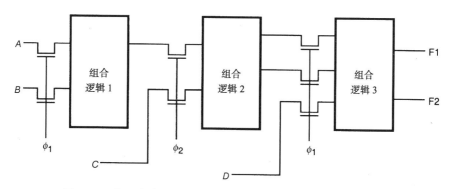

图 9.14   由两个非重叠时钟信号驱动的多级传输晶体管逻辑

为驱动本系统的传输晶体管，使用了两个非重叠的时钟信号 ϕ_1 和 ϕ_2。这两个时钟信号的非重叠性保证在任何时刻只有一个时钟信号有效，如图 9.15 所示，当 ϕ_1 有效时，有输入信号经传输晶体管加到第一级（及第三级），而第二级输入电容保持原来的逻辑电平不变。下一个相位当时钟 ϕ_2 有效时，第二级的输入电压通过传输晶体管，而第一级和第三级的输入电容保持逻辑电平不变。这样我们可以归纳出各级输入的动态存储函数，同时也可以通过使用两个周期时钟信号控制电路中的信号流来简化同步操作。这个信号计时方案也称为双相时钟，是最常用的计时方法之一。

介绍双相时钟方案时，对组合逻辑段的内部结构没有做任何特殊的假设。我们将看到耗尽型负载 nMOS、增强型负载 nMOS 或 CMOS 逻辑电路都可用来实现组合逻辑。图 9.16 是一个耗尽型负载动态移位寄存器电路，其输入数据在每个时钟相位都反相一次并传输或移位进入下一级。

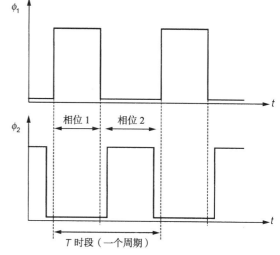

该电路具体工作如下：在 ϕ_1 有效相位内，输入电压电平 V_{in} 转换成输入电容 C_{in1} 上的电压。因此第一级有效输出电压电平由在此周期期间的反相电流输入决定。在下一个 ϕ_2 有效相位内，第一级的输出电压电平变成第二级输入电容 C_{in2} 上的电压，则可确定第二级有效输出

图 9.15   用于双相同步操作的非重叠时钟信号

电压电平。在 ϕ_2 有效的相位内，第一级输入电容通过电荷存储保持原来的电平。当 ϕ_1 再次有效时，在前一阶段写进寄存器的数据传递到第三级，而第一级现在可以接收下一位数据。

这个电路中，最高时钟频率由一级反相器的信号传输延迟时间决定。半个时钟周期必须

足够长，以允许输入电容 C_{in} 充放电，且允许逻辑电平通过对 C_{out} 充电来传递到输出端。同时注意，在这个电路中的每一级反相器的逻辑高输入电平都比电源电压低一个阈值电压。

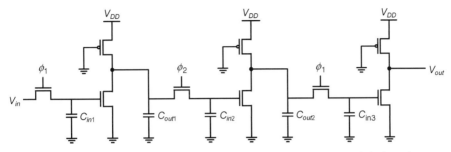

图 9.16　由双相时钟驱动的三级耗尽型负载 nMOS 动态移位寄存电路

在基本移位寄存器电路中运用的规则可以很容易地扩展到同步复合逻辑。图 9.17 和图 9.18 显示了一个用耗尽型负载 nMOS 复合逻辑门实现的两级电路的例子。

在如图 9.18 所示的一个复合逻辑电路中，可以看到每一级信号传播延迟时间均不相同。因此，为了保证在每个时钟有效期内能正确地传递逻辑电平，时钟信号的半周期时间必须比电路中最大的单级信号传输延迟时间长。

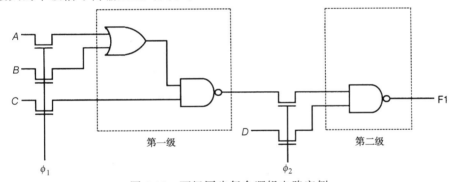

图 9.17　两级同步复合逻辑电路实例

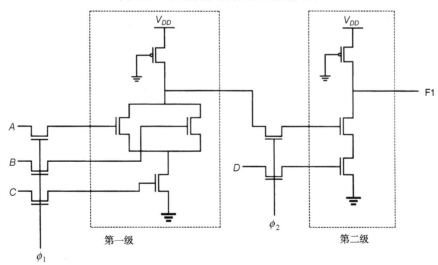

图 9.18　耗尽型负载 nMOS 同步复合逻辑实现

现在我们考虑用增强型负载 nMOS 反相器实现的移位寄存器电路。一个重要的区别是,不是用固定的栅极电压为负载晶体管加偏置,而是同时向负载晶体管的栅极加时钟信号。使用这种动态(钟控)负载方法能明显减少功耗和硅片面积。下面将分析两种不同的动态负载增强型移位寄存器,它们由两个不重叠的时钟信号驱动。图 9.19 所示为第一种实现方法,其中,每一级的输入传输晶体管和负载晶体管都由两个相位相反的时钟信号 ϕ_1 和 ϕ_2 驱动。

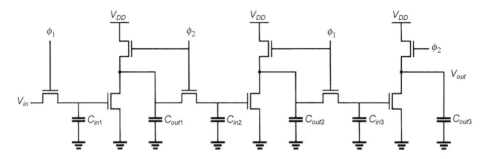

图 9.19   增强型负载动态移位寄存器(比例逻辑)

当 ϕ_1 有效时,输入电平 V_{in} 通过传输晶体管传输到第一级输入电容 C_{in1}。在此期间,第一级反相器的增强型 nMOS 负载晶体管还没有导通。在下一个相位(ϕ_2 有效期间),负载晶体管导通。因为输入逻辑电平还保存在 C_{in1},第一级反相器的输出为有效逻辑电平。同时,第二级输入传输晶体管也导通,这就允许新确定的输出电平传输到第二级输入电容 C_{in2} 中。当时钟 ϕ_1 再次有效时,C_{out2} 两端的有效输出电平确定,并传输到 C_{in3}。而且,在此期间可以把一个新的输入电平传递到(流水线)C_{in1} 中。

在这个电路中因为输出传输晶体管(下一级输入传输晶体管)与负载晶体管同相导通,故此电路中每一级的有效低输出电压电平 V_{OL} 严格地由驱动对负载的比例确定,因此,这种电路配置也称为比例动态逻辑。显然,这种基本的工作原理可以扩展到任意复合逻辑,如图 9.20 所示。因为只有在负载器件被时钟信号激活时才有电源电流,故动态增强型负载逻辑的总能量消耗通常比耗尽型负载 nMOS 逻辑低。

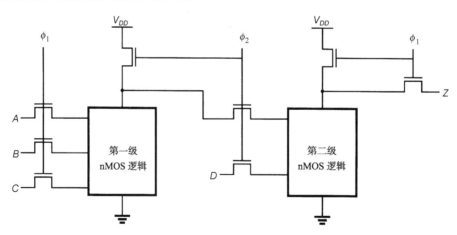

图 9.20   比例同步动态逻辑的一般电路结构

下面,考虑第二种动态增强型负载移位寄存器的实现,在每一级,输入传输晶体管与负载晶体管被同一时钟相位驱动(见图 9.21)。

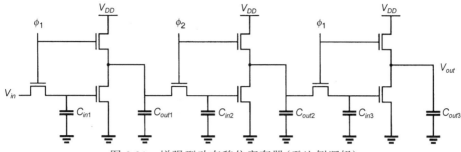

图 9.21　增强型动态移位寄存器(无比例逻辑)

当 ϕ_1 有效时，输入电压电平 V_{in} 通过传输晶体管传输到第一级的输入电容 C_{in1}。同时注意，第一级反相器的增强型 nMOS 负载晶体管导通。因此，第一反相级的输出得到其有效逻辑电平。在下一相位(ϕ_2 有效)，下一级输入传输晶体管导通，逻辑电压传输到下一级。这里必须考虑以下两种情况。

如果 C_{out1} 两端的输出电平在 ϕ_1 有效期末是逻辑高电平，在 ϕ_2 有效期间，它就通过传输晶体管以电荷共享的方式被传输到 C_{in2}。注意，输出节点的逻辑高电平受到阈值电压降的影响，即它比电源电压低一个阈值电压。为了在电荷共享后正确地传输逻辑高电平，电路设计时电容比 (C_{out}/C_{in}) 应该足够大。

另一方面，如果在 ϕ_1 有效期末第一级输出电平是逻辑低，那么当 ϕ_1 无效时，输出电容 C_{out1} 会泄放到电压 $V_{OL}=0\,\text{V}$。这是可以达到的，因为在这种情况下，逻辑高电平被储存在 C_{in1} 中，这就使驱动晶体管保持在导通状态。显然，逻辑低电平 $V_{OL}=0\,\text{V}$ 也在 ϕ_2 有效期内通过传输晶体管传递到下一级。

当 ϕ_1 再次有效时，C_{out2} 两端的有效输出电压确定且传递到 C_{in3}。在此期间，C_{in1} 又接收新的输入电压。因为当不考虑驱动与负载的比例时，可以达到有效逻辑低电平 $V_{OL}=0\,\text{V}$，所以这种电路配置称为无比例动态逻辑。这个基本工作原理可以扩展到任意复合逻辑，如图 9.22 所示。

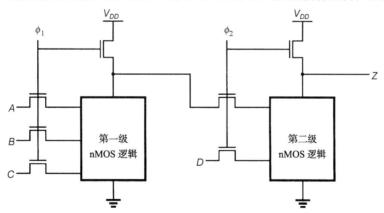

图 9.22　无比例动态逻辑的通用电路结构

9.5　动态 CMOS 电路技术

9.5.1　CMOS 传输门逻辑

基本双相同步逻辑电路的原理是：其中的独立逻辑块是通过钟控开关级联的。这个原理同样可以很容易地应用于 CMOS 结构。这里，静态 CMOS 门用于实现逻辑模块，而 CMOS

传输门用来将某一级的输出电平传输到下一级的输入,如图 9.23 所示。注意,每一个传输门实际上受时钟信号及其互补信号控制。这样,在 CMOS 传输门逻辑中,双相时钟总共需要产生 4 个时钟信号并控制整个电路。

和基于 nMOS 的动态电路结构一样,CMOS 动态逻辑操作也取决于在无效时钟周期内储存在寄生输入电容中的电荷。为阐述其基本工作原理,动态 CMOS 传输门移位寄存器的基本构造模块如图 9.24 所示。它由一个 CMOS 传输门驱动的 CMOS 反相器组成,时钟有效时(CK=1),输入电压 V_{in} 由传输门传递到寄生输入电容 C_x。注意,相对于那些只有 nMOS 组成的开关而言,CMOS 传输门的低阻抗通常具有较小的传输时间。而且在 CMOS 传输门上没有阈值电压降问题。当时钟信号无效时,CMOS 传输门截止,通常 C_x 两端的电压电平可保存到下一个周期。

图 9.25 所示为一个单相 CMOS 移位寄存器,它由图 9.24 所示的相同单元级联而成,且时钟信号与其互补信号轮流驱动每一级。

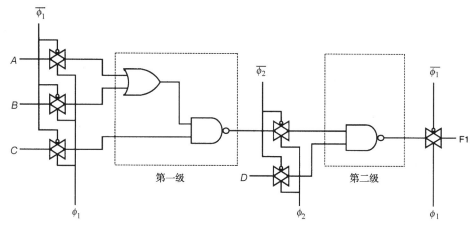

图 9.23　典型的动态 CMOS 传输门逻辑

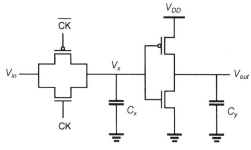

图 9.24　CMOS 传输门动态移位寄存器基本模块

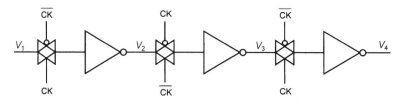

图 9.25　单相 CMOS 传输门动态移位寄存器

在理想情况下,当时钟有效(CK=1)时,奇数级的传输门导通,而偶数级的传输门截止,使串联的反相级在这个电路中交替地独立工作。这将保证在交替半周期内允许输入。然而实际上，时钟信号和它的互补信号并不组成一个真正非重叠的信号对，因为时钟信号的波形总有一定的上升下降时间。而且，因为 $\overline{CK}$ 和 CK 中有一个信号是由另一个经反相产生的，故它们之间的位置偏斜是不可避免的。因此，在动态 CMOS 传输门逻辑中往往采用带有两个非重叠时钟信号（ϕ_1 与 ϕ_2）及它们的互补信号的双相时钟，而不用单相时钟。

9.5.2　动态 CMOS 逻辑（预充电–定值逻辑）

下面介绍一个动态 CMOS 电路技术，它使用于实现任何逻辑函数的晶体管数量大幅减少。电路的工作原理是先对输出节点电容预充电，随后根据所给的输入值确定输出电平。这两种操作都由一个单时钟信号控制，这个时钟信号在每一动态级都驱动一个 nMOS 晶体管和一个 pMOS 晶体管。一个用来实现 $F = \overline{(A_1 A_2 A_3 + B_1 B_2)}$ 函数的动态 CMOS 逻辑门如图 9.26 所示。

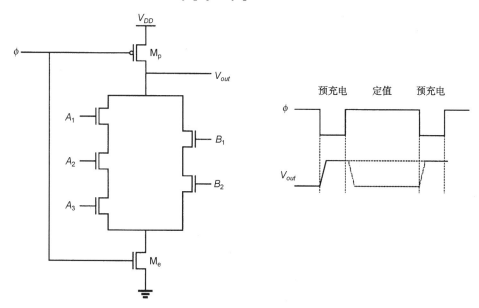

图 9.26　用 CMOS 逻辑门实现复合布尔函数

当时钟信号为低电平（预充电阶段）时，pMOS 预充电晶体管 M_p 导通，互补的 nMOS 晶体管 M_e 截止。电路输出端的寄生电容通过导通的 pMOS 晶体管充电到逻辑高电平 $V_{out} = V_{DD}$。在此期间仍有输入电压，但因为 M_e 截止，输入电平对输出电平没有影响。

当时钟信号变成高电平（定值阶段）时，预充电晶体管 M_p 截止，M_e 导通，输出节点电压将保持高电平或降到逻辑低电平，这取决于输入电压电平。如果输入信号在输出节点与地之间产生通路，那么输出电容将放电到接近 $V_{OL} = 0\,\text{V}$，最终放电的输出电平取决于定值阶段的时间间隔，否则 V_{out} 保持在 V_{DD}。

单级动态 CMOS 逻辑门的工作非常简单。但是对实际的多级应用，动态 CMOS 门存在着一个严重的问题。为了分析这个基本的限制，考虑图 9.27 中的二级级联结构。其中第一级动态 CMOS 输出驱动第二级的其中一个输入，为了简化起见，把它视为双输入的与非门。

在预充电阶段，输出电压 V_{out1} 及 V_{out2} 由各自的 pMOS 预充电装置上拉。同时，在此期间加上外部输入。假设第一级输入变量将使输出 V_{out1} 在估值阶段降到逻辑 "0"。另一方面，假设第二级与非门的外部输入是逻辑"1",如图 9.27 所示。当定值开始时,输出电压 V_{out1} 和 V_{out2} 都是逻辑高电平。在一段延迟后第一级输出最终降到其正确的逻辑电平。然而,由于第二级的定值是同时完成的,在定值阶段开始时,V_{out1} 取高电平,在定值阶段末,输出电压 V_{out2} 错误地取低电平。虽然当存储电荷泄放时可得到第一级输出的正确值,但第二级输出不可能得到正确值。

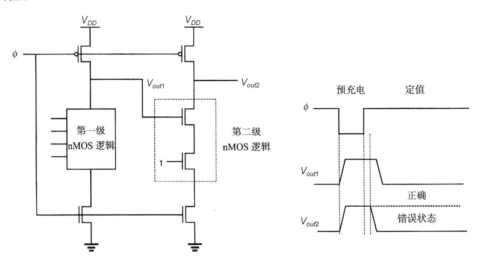

图 9.27   动态 CMOS 逻辑级联问题的描述

这个例子说明由同一时钟所驱动的动态 CMOS 逻辑不能直接级联。这个限制将严重削弱动态 CMOS 逻辑的优点,如低功耗,大噪声容限,较少的晶体管数量。必须选择其他时钟方案与电路结构来克服这个问题。实际上在电路研究中已经产生了一大批高效、可行的动态 CMOS 电路技术,下面就介绍其中的几种。

9.6   高性能动态逻辑 CMOS 电路

这里列举的电路是基本动态 CMOS 逻辑门结构的变形,可以看出,在它们的设计中充分利用了动态工作的优点,同时允许不受限制地多级级联。最终达到使用可能的最简单的时钟方案,以实现可靠、高速、紧凑的集成电路的目的。

9.6.1   多米诺 CMOS 逻辑

图 9.28 是一个多米诺 CMOS 逻辑门的一般电路图。这里,图 9.26 所示的动态 CMOS 逻辑级与一个静态 CMOS 反相级级联。加入反相器可以使这种结构实现多级级联,具体解释如下。

在预充电阶段(CK=0),动态 CMOS 级输出节点预充电到逻辑高电平,而 CMOS 反相器(缓冲器)的输出变为低电平。在定值阶段初期时钟信号上升时会有两种可能:动态 CMOS 级的输出节点要么通过 nMOS 电路放电到低电平(1 变换到 0),要么保持高电平。因此,反相器的输出电压在定值期间最多产生从 0 到 1 一次变换。无论加到动态 CMOS 级的输入电压怎样,缓冲输出在定值期间都不可能有从 1 到 0 的变换。

回想在传统的动态 CMOS 级联电路中,在定值期间当某一级有一个或多个输入从 1 到 0 变换时出现的问题,如图 9.27 所示。另一方面,若建立一个由多米诺 CMOS 逻辑门级联所成的系统，如图 9.29 所示，在预充电期间，因为所有缓冲输出为 0，故后面的逻辑模块的输入晶体管都截止。在定值期间，每一个缓冲输出最多有一次变换（从 0 到 1），从而后面逻辑级的每个输入也最多有一次变换（从 0 到 1）。在这样的级联结构中，前一级的定值对下一级的定值产生波动式影响，类似于一连串的多米诺骨牌倒下时前一个压倒后一个的现象，这个结构因此得名多米诺 CMOS 逻辑。

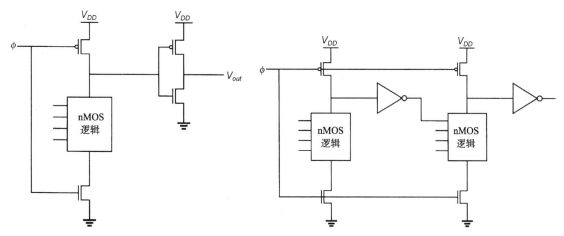

图 9.28　多米诺 CMOS 逻辑门的一般电路图　　　图 9.29　级联的多米诺 CMOS 逻辑门

多米诺逻辑相比传统 CMOS 逻辑的优势是运算速度更快。传统静态 CMOS 电路运算速度慢的原因归根于其一个固有的特点，即每个门要同时驱动 nMOS 和 pMOS 晶体管。然而多米诺逻辑电路只驱动 nMOS 晶体管，从而降低了输出负载和传播延时。另外，传统 CMOS 逻辑电路的输出同时包含高-低和低-高传输，使其很难同时降低 τ_{PHL} 和 τ_{PLH}。而在多米诺逻辑电路中，由于其单调输出的特点，输出延时（τ_{PLH}）的降低可以通过增加动态电路中 nMOS 晶体管和 CMOS 反相器中 pMOS 晶体管的尺寸来达到。由于其较小的传播延迟，多米诺逻辑电路已被广泛用于高性能微处理器芯片和其他逻辑芯片。

多米诺 CMOS 逻辑门使实现任何复合布尔函数所需的晶体管个数明显减少。当 8 输入的布尔函数 $Z = AB+(C + D)(E + F)+GH$ 分别使用标准 CMOS 和多米诺 CMOS 实现时，如图 9.30 所示。电路的复杂性明显减小。时钟信号在系统中的分配也很简单，因为只要信号从第一级到最后一级的传播延迟不超过定值阶段的时间间隔，一个时钟就可以控制任何级数的电路进行预充电和定值。而且，传统的静态 CMOS 逻辑门可以和多米诺 CMOS 逻辑门级联在一起运用，如图 9.31 所示。但级联中的反相静态逻辑级必须为偶数，以使下一级多米诺 CMOS 门的输入在估值期间只经历从 0 到 1 的变换。

但存在与多米诺 CMOS 逻辑门相关的其他限制，首先，只有不存在反相结构时才能采用多米诺 CMOS 逻辑门。如果需要采用反相结构，必须采用传统 CMOS 逻辑来实现。另外，由于当 nMOS 晶体管的输入电压上升到 V_T 时下拉通路中的 nMOS 晶体管是导通的，使得多米诺 CMOS 逻辑电路的低电平信号（NM_L）噪声容限很低。不过在亚 100 nm 工艺中，由于阈值电压/电源电压比的上升，该问题得以缓解。然而在亚 100 nm 工艺中，穿过下拉通路的漏电流仍然可能导致故障。因此，往往需要用高阈值电压的元件来抑制漏电流，但这样做会降低多米诺逻辑电路的性能。总的来说，在赋值阶段 nMOS 逻辑模块中动态输出节点和中间节点间的电荷共享会导致输出错误，下面将对此进行解释。

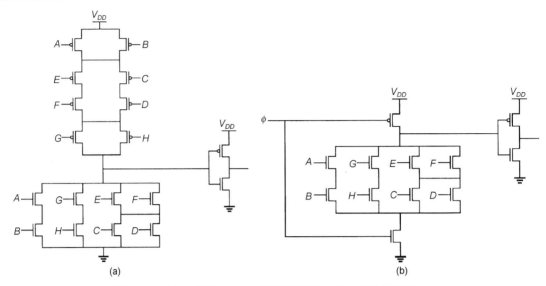

图 9.30　(a)由普通 CMOS 逻辑实现的八输入复合逻辑门；
(b)由多米诺 CMOS 逻辑构成的八输入复合逻辑门

考虑图 9.32 所示的多米诺 CMOS 逻辑门，图中的中间节点电容 C_2 与输出节点电容 C_1 在大小上相似。假设所有输入最初为低电平，中间节点 C_2 上的起始电压为 0 V。在预充电期间，输出节点电容 C_1 通过 pMOS 晶体管充电到高电平 V_{DD}，在下一个相位，时钟信号变成高电平，定值阶段开始。如果此时最上面的 nMOS 晶体管的输入信号由低电平变成高电平，如图 9.32 所示，原来储存在输出电容 C_1 上的电荷就与 C_2 共享，即电荷共享现象。共享后输出节点电压变成 $V_{DD} / (1 + C_2 / C_1)$。例如，若 $C_1 = C_2$，输出电压在估值阶段变为 $V_{DD} / 2$。除非阈值电压小于 $V_{DD} / 2$，否则下一级的反相器输出将会变成高电平，从而出现逻辑错误。因此 $C_1 \ll C_2$ 是很重要的。

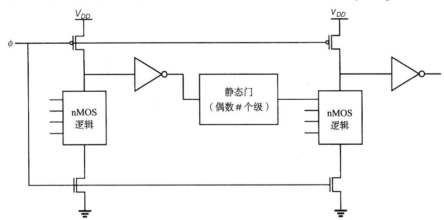

图 9.31　带静态 CMOS 逻辑门的级联多米诺 CMOS 逻辑门

为了防止多米诺 CMOS 门中因电荷共享而造成的输出错误，可以采用几种措施。一个简单的解决方法就是在动态 CMOS 门输出端加一个弱 pMOS 上拉器件(采用小的宽长比)，其本质是使输出端为高电平，除非输出与地之间有一个很强的下拉路径，如图 9.33 所示。可以看出弱 pMOS 晶体管只有在预充电节点电压保持为高电平时才导通。否则，当 V_{out} 为高电平时它将截止。

另一种解决方法是使用独立的 pMOS 晶体管对含有大寄生电容的 nMOS 上拉树中的所有

中间节点进行预充电。对电路中所有高电容节点预充电，有效地消除了估值期间所有潜在的电荷共享问题。然而这种方法也会导致额外的延迟，因为此时 nMOS 逻辑树为了使节点电压 V_x 下降要泄放更多的电荷。还有一种方法是减小反相器的阈值电压，使最后一级的输出并不因电荷共享而导致 V_x 降低。注意，此设计方法是以降低上拉速度（弱 pMOS 晶体管）为代价来降低电荷共享问题的灵敏度的。

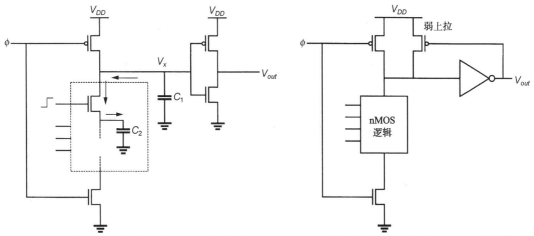

图 9.32　在定值周期中输出电容 C_1 和中间节点电容 C_2 间的电荷共享将减小输出电压值　　图 9.33　反馈回路中用一个弱 pMOS 上拉器件可以阻止由于电荷共享而造成的输出电压损耗

　　多级预充电晶体管的使用可以把预充电的中间节点作为额外的输出源，从而导出动态 CMOS 级内部节点可以实现附加的逻辑功能，如图 9.34 所示是两级串联逻辑模块。多级输出多米诺 CMOS 逻辑门使我们可以运用较少的晶体管同时实现几种复合的功能。图 9.35 是使用单一的多米诺 CMOS 逻辑门来实现 9 个变量 4 个布尔函数。4 个布尔函数表达式如下：

$$C_1 = G_1 + P_1 C_0$$
$$C_2 = G_2 + P_2 G_1 + P_2 P_1 C_0$$
$$C_3 = G_3 + P_3 G_2 + P_3 P_2 G_1 + P_3 P_2 P_1 C_0$$
$$C_4 = G_4 + P_4 G_3 + P_4 P_3 G_2 + P_4 P_3 P_2 G_1 + P_4 P_3 P_2 P_1 C_0$$

函数 C_1 到 C_4 是 4 个用在 4 级超前进位加法器中的 4 个进位项。其中变量 G_i 和 P_i 定义为：

$$G_i = A_i \cdot B_i$$
$$P_i = A_i \oplus B_i$$

A_i 和 B_i 是与 i_{th} 级有联系的输入，因此这个电路也称为曼彻斯特（Manchester）进位链。另一方面，采用 4 个独立的标准 CMOS 逻辑门或 4 个独立的单输出多米诺 CMOS 电路来产生这 4 个进位项需要大量的晶体管和很大的硅片面积。图 9.35 所示的多级输出动态 CMOS 电路的变形被广泛运用于高性能的加法器结构中。

　　可以通过调节下拉路径中 nMOS 晶体管的尺寸来改进多米诺 CMOS 逻辑门的瞬时特性并使放电时间缩短。Shoji 指出，在串联结构中将 nMOS 晶体管尺寸分级可以获得最好的电路特性，而且最靠近输出节点的 nMOS 晶体管有最小的宽长比。图 9.36 是一个优化的多米诺 CMOS 电路图和相应的条状图布局的实例。自底向上逐级缩小晶体管尺寸最终会得到更好的瞬时特性。这一事实似乎出乎意料，但是通过观察由串联 nMOS 晶体管组成的组合下拉路径的 RC 延迟就可以解释这一效应了。

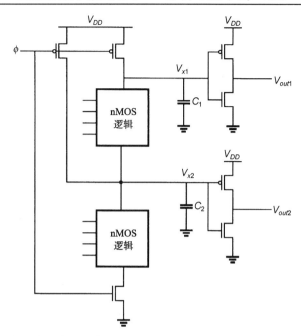

图 9.34　为避免电荷共享对内部节点预充电也可实现多级输出多米诺 CMOS 结构

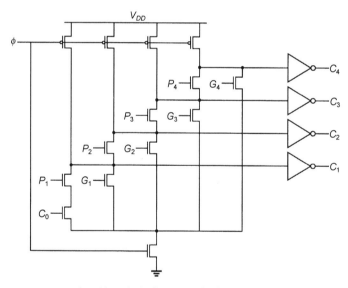

图 9.35　多级输出多米诺 CMOS 门实现 4 个函数的例子

　　首先考虑一下离输出节点最近的 nMOS 晶体管。如果这个晶体管的宽长比按某一因子减小，会有两种效应发生。第一，电流驱动能力变小，即 nMOS 晶体管的等效电阻增加；第二，与该晶体管相连的寄生漏极电容减小。若 nMOS 链足够长，电阻的增加对组合 RC 电路的延迟影响很小，然而，减小电容会显著缩短延迟。

　　实际上，对串联 nMOS 结构运用 Elmore RC 延迟公式(见第 6 章)可以确定如果减小 nMOS 晶体管尺寸会改进瞬时特性。令 C_L 为多米诺 CMOS 门预充电节点负载电容，C_1 为离预充电节点最近的 nMOS 晶体管的寄生漏电容。设反相器晶体管的尺寸固定，下拉链有 N 个串联的 nMOS 晶体管。Shoji 指出若满足下述条件：

$$C_L < (N - 1)\frac{C_1}{2} \tag{9.41}$$

则通过减小靠近输出节点的 nMOS 晶体管的尺寸可以缩短总的延迟。这个结论可以反复运用在下拉链中其他的晶体管，最终导致将所有 nMOS 器件尺寸分级。另一方面，如果反相器晶体管可以与串联晶体管一同优化，就可以用更少的芯片面积来实现更短的延迟。

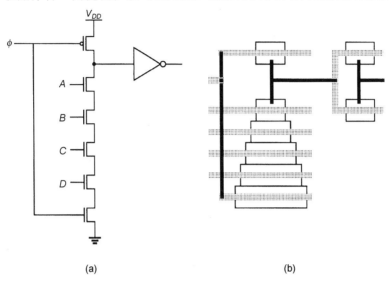

图 9.36 (a)四输入多米诺 CMOS 与非门；(b)为改进瞬时特性对 nMOS 晶体管尺寸分级定标的相应条状图的版图

例 9.4

下图给出了一个多米诺 CMOS 双输入与非门结构，其中 $C_1 = 10\,\text{fF}$，$C_2 = 20\,\text{fF}$。首先来看电路中只有一个 pMOS 预充电晶体管的情况。因为假设 C_1、C_2 两电容相等，如前文所述，电荷共享现象将导致错误的输出，除非用特殊的方法加以克服。

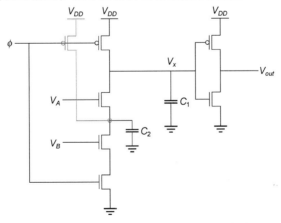

多米诺 CMOS 双输入与非门的 SPICE 仿真电路的输入文件如下：

```
*   Example 9.4   *
**  Variables  **
.temp=50
**  Options  **
```

```
.option post accurate nomod brief
.option scale = 30n
.op

**   Source   ***
vdd     vdd    gnd    1.2V
vgnd    gnd    gnd    0V
vclk    clk    gnd    pulse(0V 1.2V 5ns 40ps 40ps 3.96ns 8ns)
vA      A      gnd    pulse(0V 1.2V 5ns 40ps 40ps 4.2ns 8ns)
vB      B      gnd    pulse(0V 1.2V 13ns 40ps 40ps 4.2ns 8ns)
**  Netlist  **
.global   vdd   gnd

CC0 net23 gnd 10.00f $[CP]
CC1 net19 gnd 20.00f $[CP]

MM4 out net23 gnd gnd nmos W=8 L=2
MM3 net15 clk gnd gnd nmos W=30 L=2
MM2 net19 B net15 gnd nmos W=30 L=2
MM1 net23 A net19 gnd nmos W=30 L=2
MM5 out net23 vdd vdd pmos W=80 L=2
MM0 net23 clk vdd vdd pmos W=5 L=2
CC2 out gnd 25.00f $[CP]
.ENDS

**  Analysis  **
.tran 1p 20n

** Customized PTM 65nm NMOS
.inc './nmos_tt.l'
.inc './pmos_tt.l'

.end
```

电路的瞬态仿真表明，由于电荷共享现象，在定值期间，预充电节点电压 V_x 下降到大约 0.6 V 左右。结果，在第一次定值阶段反相器输出电压错误地转为高电平。

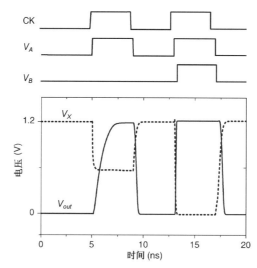

现在我们考虑一种情况，如上页所示的电路图，将一个附加的 pMOS 预充电晶体管接在电源 V_{DD} 和中间节点之间。在预充电阶段两个 pMOS 都导通，并将节点电容充电到同样的电平。这样，电荷共享在输出节点就不产生逻辑错误。带有附加的 pMOS 预充电晶体管的仿真结果如下图所示，可以看出输出节点电压只有在两个输入都是逻辑"1"的情况下才被上拉到逻辑"1"。

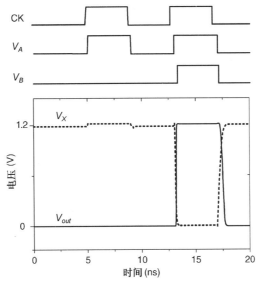

必须强调，由于电路中增加了 pMOS 预充电晶体管，因此会使速度下降。仿真结果表明，由预充电装置产生的额外寄生电容使节点电压 V_x 的下拉延迟大约增加了 0.1 ns（约 15%）。

9.6.2   NORA CMOS 逻辑（NP-多米诺逻辑）

在多米诺 CMOS 逻辑门中，一切逻辑操作由作为下拉网络的 nMOS 晶体管进行，而 pMOS 的作用仅限于对动态节点进行预充电。作为对基于 nMOS 的多米诺 CMOS 逻辑的选择和补充，也可以用 pMOS 晶体管构造动态逻辑级。考虑如图 9.37 所示的带有交替的 nMOS 与 pMOS 逻辑块的电路。

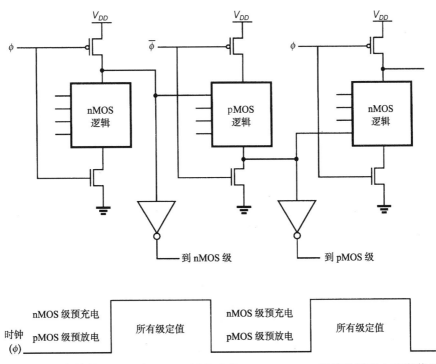

图 9.37   由交替的 nMOS 和 pMOS 级组成的 NORA CMOS 逻辑及预充电和定值图

　　注意，nMOS 逻辑级的预充电和定值计时是由时钟信号 ϕ 完成的，而 pMOS 逻辑级由反相时钟信号 $\overline{\phi}$ 控制。NORA CMOS 电路工作原理如下：当时钟信号为低电平时，nMOS 逻辑块输出节点通过 pMOS 预充电晶体管预充电到 V_{DD}，而 pMOS 逻辑块输出节点通过 nMOS 放电晶体管预放电到 0 V，nMOS 放电晶体管由 $\overline{\phi}$ 驱动。当时钟由低到高变换(注意反相时钟信号 $\overline{\phi}$ 同时由高到低变换)时，所有级联的 nMOS 和 pMOS 逻辑级一个接一个地定值，像前述的多米诺 CMOS 那样。一个简单的 NORA CMOS 电路例子如图 9.38 所示。

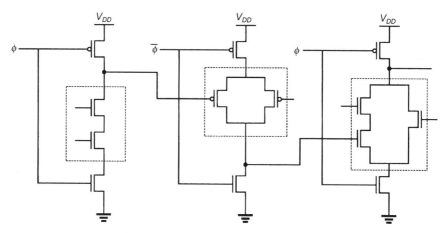

图 9.38　NORA CMOS 逻辑电路的例子

　　NORA CMOS 逻辑的优点是每个动态逻辑级的输出都不需要静态 CMOS 反相器。而且逻辑块的直接耦合由交替连接的 nMOS 和 pMOS 逻辑块代替。NORA 逻辑也与多米诺 CMOS 逻辑兼容。NORA nMOS 逻辑块的输出经反相可以作为多米诺 CMOS 模块的输入，此模块也由 $\overline{\phi}$ 驱动。同样，多米诺 CMOS 级的缓冲输出可直接作为 NORA nMOS 级的输入。

　　第二个重要的优点是 NORA CMOS 逻辑允许流水线型系统的构造。考虑图 9.39(a)所示电路，它由一个与图 9.37 中相似的 nMOS-pMOS 的逻辑序列和一个钟控 CMOS(C²MOS)输出缓冲器组成。容易看出，当时钟为低电平时，这个电路中所有级都在预充电-放电，当时钟为高电平时，电路中所有级都在确定输出电平。因此，称它为电路的 ϕ 段，意思是定值发生在 ϕ 有效期间。

　　现在我们考虑图 9.39(b)所示的电路，它本质上与图 9.39(a)一样，只有一点不同，ϕ 和 $\overline{\phi}$ 被互换了。在这个电路里，当时钟信号为高电平时，所有逻辑级都在预充电-放电，当时钟信号为低电平时，所有逻辑级都确定输出电平。因此称它为电路的 $\overline{\phi}$ 段，意思是定值发生在 $\overline{\phi}$ 有效期间。

　　图 9.39(c)是由交替的 ϕ 和 $\overline{\phi}$ 段级联而成的流水线系统。注意，每一个段都可能由几个逻辑级构成，且一段中所有逻辑级在同一时钟周期内定值。当时钟信号为低电平时，流水线系统中的 ϕ 段在预充电，而 $\overline{\phi}$ 段定值。当时钟信号由低变到高时，ϕ 段开始定值，而 $\overline{\phi}$ 段预充电。所以，流水线系统的交替段可以处理连续的输入数据。

　　与所有动态 CMOS 结构一样，NORA CMOS 逻辑门也会遇到电荷共享与泄放的影响。为了克服 NORA CMOS 结构中的动态电荷共享与软节点泄放问题，可采用一种称为拉链式 CMOS 逻辑电路的技术。

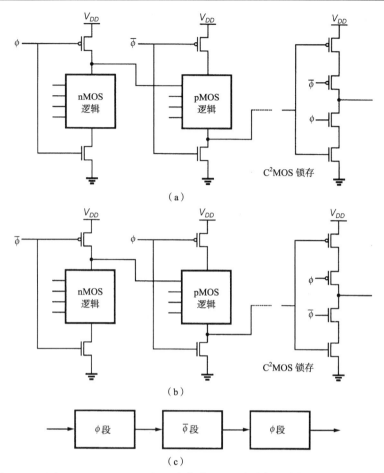

图 9.39　(a)NORA CMOS ϕ 段，定值在 $\phi=1$ 时进行；(b)NORA CMOS $\overline{\phi}$ 段，定值在 $\phi=0$ 时进行；(c)NORA CMOS 流水线系统

9.6.3　拉链式 CMOS 电路

　　除了时钟信号外，拉链式 CMOS 的基本结构与 NORA CMOS 基本相同。拉链式 CMOS 的时钟方案需要生成不同的时钟信号去激励那些充电(放电)晶体管和下拉(上拉)晶体管。特别是驱动 pMOS 预充电和 nMOS 放电晶体管的时钟信号允许这些晶体管在定值阶段处于弱导通或接近截止的状态，这样就弥补了电荷泄放与共享问题。拉链式 CMOS 结构的一般电路图和时钟信号如图 9.40 所示。

9.6.4　真单相时钟(TSPC)动态 CMOS

　　下面介绍的是只用一个不反相时钟驱动且与 NORA CMOS 电路结构截然不同的动态电路技术。由于本系统中不使用反相的时钟信号 $\overline{\phi}$，故不存在时钟偏斜问题，所以在动态流水线操作中可以达到较高的时钟频率。

　　考虑图 9.41 所示的电路，该电路由 n 模块与 p 模块交替构成，每个模块由同样的时钟信号 ϕ 驱动。一个 n 模块由一个动态 nMOS 级和动态锁存器级联而成，而一个 p 模块由一个动态 pMOS 级和动态锁存器级联而成。

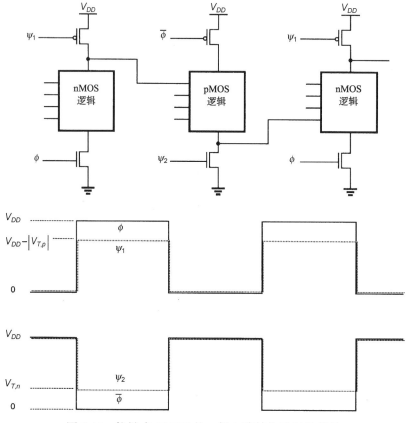

图 9.40　拉链式 CMOS 的一般电路结构及时钟信号

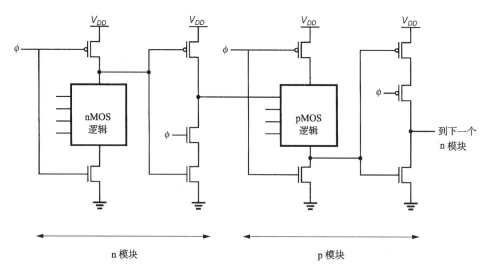

图 9.41　流水线单相时钟 CMOS 系统

　　当时钟信号为低电平时，n 模块的输出节点被 pMOS 预充电晶体管预充电到 V_{DD}。当时钟信号由低变高时，逻辑输出级处在定值阶段而且输出锁存器产生一个有效的输出电平。另一方面，由观察可知 p 模块在时钟信号为高电平时预放电，在时钟为低电平时定值。这说明了图 9.41 所示的 n 模块与 p 模块交替级联的电路允许只用单一时钟信号的流水线操作。与

NORA CMOS 相比，每级需要增加两个晶体管，但是从系统设计的角度来看，能在单相时钟信号下运行是非常有价值的。

　　图 9.42 所示为一个用 TSPC 原理构成的上升沿 D 触发器的电路图。电路由 11 个晶体管构成，分为四级。当时钟信号为低电平时，第一级作为一个开启的锁存器接收输入信号，而第二级的输出节点被预充电。在此期间，第三级和第四级保持原来的输出状态。当时钟信号由低电平变换到高电平时，第一级不再开启而第二级开始定值。同时，第三级变为开启且将采样值传送到输出。注意，最末级(反相器)只用于获得不反相的输出电平。

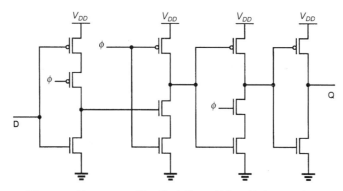

图 9.42　基于 TSPC 原理构成的上升沿 D 触发器电路图

　　此电路的掩模版图(用 65 nm CMOS 技术设计规则)如图 9.43 所示。nMOS 晶体管的器件尺寸宽长比为 $(W/L)_n$=(600 nm/65 nm 或 300 nm/65 nm)，pMOS晶体管的宽长比为 $(W/L)_p$ =(1.41 μm/65 nm 或 0.75 μm/65 nm)。版图对应工艺的寄生参数可通过电路提取决定。而提取的电路文件用SPICE 仿真来确定它的性能。仿真的 TSPC DFF 电路的输入、输出波形如图 9.44 所示。可见，电路可以工作在 500 MHz 的时钟频率上。因为它们的设计相对简单，晶体管数量少且运行速度高，特别是在高性能设计中，对于传统 CMOS 电路来说基于 TSPC 电路是一种较好的选择。

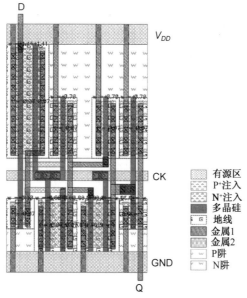

图 9.43　基于 TSPC 原理的 D 触发器电路的掩模版图

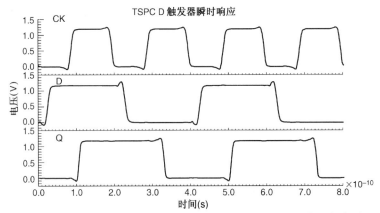

图 9.44　时钟信号频率为 500 MHz 时基于 TSPC DFF 电路的仿真波形

习题

9.1　设计如图 P9.1 所示的 CMOS 电路，该电路可以驱动一个总负载电容 C_L=30 fF。对于 n 沟道器件，假设 0 偏置阈值电压 V_{T0}=0.48 V，而传输系数 k'_n = 102 μA/V^2 ; $E_{c,n}L_n$=0.4 V 对于 p 沟道器件，假设 V_{T0}= $-$0.46 V 且 k'_p = 51.6 μA/V^2; $E_{c,p}L_p$ = 1.8 V。各器件的 W/L 如图 P9.1 所示。负载电容 C_L 的初始电压为 0 V。输入 E 的波形总为 0 V。对于时钟 CK 和其他输入的波形如图 P9.1 所示。画出 C_L 两端的电压波形，并沿时间轴(单位为 ns)标明上升和下降转换在 50%点处的电压。提示：n 沟道晶体管组可近似等效为 n 沟道晶体管，而且不论是平均电流法还是状态方程法都可用来计算延迟时间。

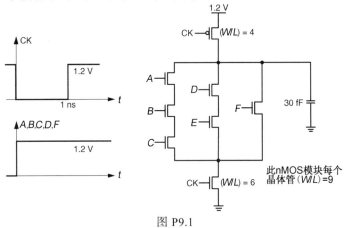

图 P9.1

9.2　在逻辑设计中，如 AOI 或 OAI 等复合门往往被用于将若干个门的功能组合为一个单一门，因此减少芯片面积和电路寄生效应。我们考虑一个 OAI432，它的逻辑函数为 $Z = \overline{(A+B+C+D)(E+F+G)(H+I)}$。假设只有输入 A、E、H 为高电平，其他的输入为低电平。器件参数为

$$C_{ox} = 22 \text{ mF/m}^2$$
$$k'_n = 102 \text{ }\mu\text{A/V}^2$$
$$k'_p = 51.6 \text{ }\mu\text{A/V}^2$$
$$V_{Tn,0} = 0.48 \text{ V}$$

$$V_{Tp,0} = -0.46 \text{ V}$$
$$E_{c,n}L_n = 0.4 \text{ V}$$
$$E_{c,p}L_p = 1.8 \text{ V}$$

a. 给这个 OAI432 画一个完整的 CMOS 电路图。

b. 画一个实用多米诺 CMOS 实现 Z 功能的电路图。

c. 用一个宽长比为 W/L=1/0.065(nMOS，pMOS 都适用)的等效晶体管，画出这种情况的等效电路。

d. 假设预充电节点与输出节点的总寄生电容为 30 fF，计算从预充电结束(时钟信号为矩形脉冲)到输出电压达到 0.6 V 时的延迟。为简化分析，不考虑体效应。为近似地解决问题，首先计算预充电节点降到 0.6 V 时的延迟。然后用一个从 1.2 V 降到 0 V 的矩形脉冲计算反相器延迟。总延迟可由两部分延迟相加而得(一个更精确的方法是用一个下降的线形函数去近似充电节点电压)。

9.3 讨论 VLSI 电路的电荷共享问题。解释多米诺 CMOS 电路中用于解决电荷共享的不同方案。列出你所知道的所有方案。

9.4 自举电路用于增加晶体管的栅极电压，使漏极电压被抬升(不考虑阈值电压下降)。如图 P9.4 所示的电路就是用于此目的的，而且的确可以使 x 阱的节点电压超过 $V_{DD} = 1.2$ V，且远高于 $V_{DD} = 1.2$ V。确定节点 x 可达到的最大电压，参数如下：

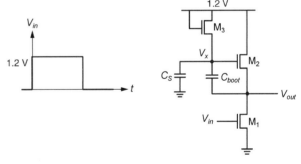

$$V_{T0} = 0.48 \text{ V}$$
$$\gamma = 0.524 \text{ V}^{1/2}$$
$$|2\phi_F| = 1.011 \text{ V}$$
$$V_{OL} = 0.05 \text{ V}$$
$$C_{sub} = 3 \text{ fF}$$
$$C_{boot} = 5 \text{ fF}$$

图 P9.4

9.5 如图 P9.5 所示的 CMOS 电路，假设预充电晶体管能使节点 X 充电到 V_{DD}。所有 nMOS 晶体管宽长比 W/L=20。当输入电压 A、B、D 为 1.2 V，C 为 0 V。时钟脉冲信号升高(上升时间为 0)后，求 X 处节点电压降到 $0.8\,V_{DD}$ 时的时间。参数如下：

$$\gamma = 0.0 \text{ V}^{1/2}$$
$$V_{T0} = 0.48 \text{ V}$$
$$k'_n = 102 \text{ } \mu\text{A/V}^2$$
$$E_{c,n}L_n = 0.4$$

提示：nMOS 晶体管树位于节点 x 与地之间的部分可以用一个具有有效 W/L 的等效晶体管近似。

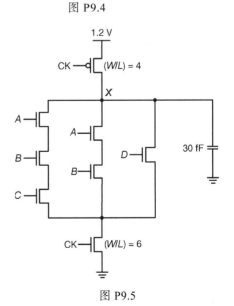

图 P9.5

9.6 在预充电阶段 ϕ = LO 多米诺逻辑门输入总为 LO，而且在定值阶段 (ϕ = HI) 可能产生由低到高的转换。考虑如图 P9.6 所示的多米诺三输入与门。如果在定值期间 $A = \mathrm{HI}, B = \mathrm{LO}, C = \mathrm{LO}$ ，电荷共享会导致反相器输入电压下降。如果反相器转换阈值电压为 0.7 V，计算可保证电荷共享不会影响输出 F 值的 C_P/C_L 近似比例。

9.7 图 P9.7 所示的 CMOS 逻辑电路为一个简单多米诺电路。节点 X 连接到一个 CMOS 反相器，于是反相器输出可以直接提供给多米诺电路的下一级。

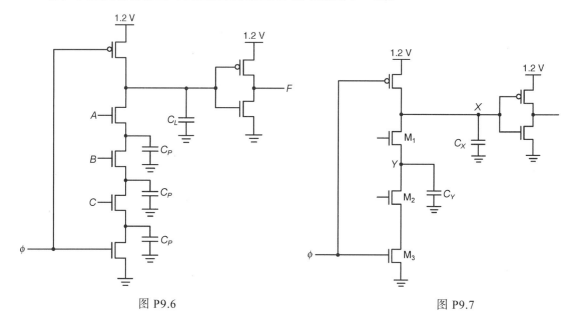

图 P9.6   图 P9.7

a. 若节点 X 和节点 Y 的节点电容相等，当节点 X 预充电到 1.2 V 后，试解释节点 X 和节点 Y 间的电荷共享对节点 X 的电压电平有何影响，当电荷共享完成时，根据节点 Y 的起始值求出节点 X 的最终值，当晶体管 M_2 栅极固定为 0 V 时，追踪其完整的预充电过程。

b. 确定反相器的器件传递参数 k_p 和 k_n 之间的比值，以防止在任何情况下由节点 X 和节点 Y 之间电荷共享引起的逻辑错误。假设反相器的阈值电压为 0.45 V，用一阶晶体管电流方程是完全可行的。

9.8 见图 P9.6 所示的多米诺 CMOS 电路图，用图 P9.8 所示的波形作为输入，画出其输出电压波形。

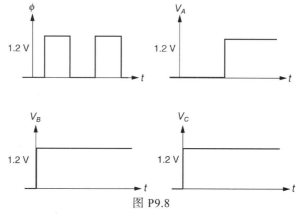

图 P9.8

第 10 章　半导体存储器

10.1　概述

　　半导体存储阵列能够存储大量的数字信息，对所有的数字系统来说是必不可少的。一个特定系统所需存储器的多少取决于该系统的应用类型。然而，一般来说，用于信息存储的晶体管要远远多于实现逻辑运算和其他功能的晶体管。对存储数据量不断增加的市场需求导致存储器制造工艺朝着越来越密集的设计规则迈进，从而产生越来越高的数据存储密度和数据带宽。因此，单片半导体存储阵列的最大数据存储能力约每两年就要翻一番，而存储带宽则会增加 100 倍以上。片上存储阵列已成为众多超大规模集成电路中广泛使用的子系统，而商业上可使用的单片读/写储器的容量在 20 nm 工艺阶段已达 64 Gb。例如现今最尖端的 64 Gb NAND 存储器和 3.2 GHz DDR4 DRAM 存储器。这种更高存储密度，更大存储容量，更高数据带宽的趋势将继续引领数字系统设计技术的发展。另外，一些新型的存储器在诸如存取速度、抗数据丢失、造价、稳定性等方面相比于传统存储器有一定的提升。例如，铁电存储器(FRAM)、磁阻存储器(MRAM)、电阻存储器(RRAM)、相变存储器(PCRAM)，以及自旋转移矩存储器(STTRAM)等。

　　存储阵列的面积效率，即单位面积存储的数据位数，亦即每一位存储器的费用，是决定整体存储能力的关键设计准则之一。另一个重要指标是存取时间，即在存储阵列中写入和读取特定数据位所需要的时间。但是随着处理器与其他逻辑芯片的数据交换率日益上升，存储器带宽是一个更重要的性能指标。近年来，由于低电压应用的重要性日益增加，存储阵列的静态与动态功耗成为设计中的重要考虑因素。低功耗存储器(LPRAM)，也称移动存储器，正广泛用于智能手机、电子书、平板电脑等移动设备。下面将讨论各种类型的 MOS 存储阵列，并详细介绍它们的用途和如面积、速度、功耗等的设计指标。

　　过去，半导体存储器一般按数据存取方式，分为随机存取存储器(Random Access Memory, RAM)和只读存储器(Read-Only Memory, ROM)。但现如今，更常见的分类方式是根据存储器的数据易失性。易失性存储器在断电后其存储的数据会丢失，非易失性存储器的数据在断电后不会丢失，而且不需要进行刷新操作。读写(R/W)存储器必须允许在存储阵列上对数据位进行修改(写入)，也允许在要求的条件下读出。读写存储器通常被称为随机存储阵列(RAM)，主要由历史原因而得名。与磁带存储器等顺序存取的存储器不同，RAM 的任何一个数据单元的存取时间基本上相等。然而，它所存储的数据容易丢失。基于单个数据存储单元的工作原理，RAM 主要分为两大类：动态存储器(DRAM)和静态存储器(SRAM)。DRAM 单元包含了一个可存储二进制信息"1"(高电平)或"0"(低电平)的电容和一个可对电容进行数据存取操作的晶体管。由于在存储节点上存在漏电现象，单元信息(电压)会逐渐丢失。因此，单元数据必须周期性地进行读出和重写(刷新)，即使存储阵列中没有存储数据也要如此。另一方面，SRAM 单元含有锁存器，只要不掉电，即使不刷新，数据也不会丢失。由于 DRAM 成本低、密度高，因此在个人计算机、大型计算机中广泛用作主存储器。由于 SRAM 存取速度高、功耗低，因此主要作为微处理器、大型机以及许多便携式设备的高速缓存存储器。由于其六晶体管单元结构,SRAM 存在单元面积过大的缺点,因此,现今低端的移动设备多采用伪 SRAM 存储器,它同时采用了 DRAM 的单元结构和 SRAM 的接口和运算方法。

顾名思义,只读存储器(ROM)在正常运行中只能够对已存储的内容进行读取,而不允许对存储的数据进行修改。ROM 存储器数据不易丢失,是非易失性存储器。根据数据存储(写入数据)方式的不同,ROM 可分为掩模 ROM 和可编程 ROM(PROM)。前者的数据是在芯片生产时用光电掩模写入的,而后者的数据则是在芯片做好后以电学方式写入的。根据数据擦除特性的不同,可编程 ROM 又可进一步分为熔丝型 ROM、可擦除 PROM(EPROM)和电可擦除 PROM(EEPROM)。熔丝型 ROM 中的数据是通过外加电流把所选熔丝烧断而写入的,一旦写入后数据就不能再进行擦除和修改。而 EPROM、EEPROM 中的数据能够重新写入,但写入次数限制在 $10^4 \sim 10^5$ 以内。EPROM 是让紫外光透过外壳上的水晶玻璃来同时擦除片内所有数据,而 EEPROM 则是通过加高电压以 8 位为单位来擦除单元中的数据。闪存(flash)与 EEPROM 很相似,它所保存的数据也可通过外加高电压来擦除。EEPROM 的缺点是写入速度较慢,仅在微秒级。ROM 由于其相比于 RAM 的数据非易失性,在打印机、传真机、游戏机、ID 卡等设备中用作永久(查询)存储器。

目前,采用浮动栅单元结构的闪存(FG)是在存储大量数据方面使用最广泛的非易失性存储器。闪存存储器因其简洁的单元结构,成为追求芯片最小化和单位造价最低化的小型化工艺的领跑者。另外,闪存可以通过多电平单元(MLC)技术使得 1 个单元存储 2 比特以上的数据,从而显著增加存储密度。目前闪存仍然是非常先进的固态存储设备。

每种存储器都有其独特的特性。例如,DRAM 由于其高密度、读写快的特点,一般被用作主存。NAND 闪存因其非易失性和高密度被用于存储数据,而 NOR 闪存因其非易失性和高速存取速度被用于存储代码。人们做了很多努力希望利用最新的存储技术设计一种理想的存储器,它能拥有以上所有优点,包括高密度,数据非易失,高随机存取速度,高读写速度。例如,铁电 RAM(FRAM)是利用铁电电容器的滞后特性来克服其他 EEPROM 写入速度慢的缺点。因图 10.1 和表 10.1 分别表示了存储器的分类及不同类型存储器的特性。

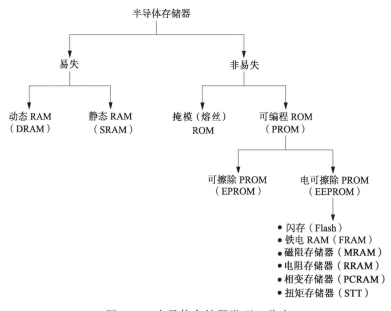

图 10.1   半导体存储器类型一览表

图10.2 所示为存储单元的等效电路。DRAM 单元由一个电容和一个开关晶体管构成。存储的数据以电容器上电荷的有无来表示，有电荷表示为"1"，无电荷表示为"0"。由于漏电流的存在使得存储的电荷会逐渐减少，因而需要不断刷新。SRAM 单元含有一个由 6 个晶体管组成的锁存器来保持单元内各节点的状态。由于 SRAM 只要有电源供电，其单元内的数据就会处于双稳态锁存器两种可能状态中的一种，故它不需要进行刷新。

表 10.1　各种存储设备的性能概况

	存储器类型					
	DRAM	SRAM	UV EPROM	EEPROM	Flash	FRAM
数据易失性	是	是	否	否	否	否
数据刷新	需要	不需要	不需要	不需要	不需要	不需要
单元结构	1T-1C	6T	1T	2T	1T	1T-1C
单元密度	高	低	高	低	高	高
功率损耗	高	高/低	低	低	低	高
读取速度	～50 ns	～10/70 ns	～50 ns	～50 ns	～50 ns	～100 ns
写入速度	～40 ns	～5/40 ns	～10 μs	～5 ms	～(10 μs～1 ms)	～100 ns
使用寿命	长	长	长	短	长	长
成本	低	高	低	高	低	低
系统内可写性	有	有	无	有	有	有
电源	单电源	单电源	单电源	多电源	单电源	单电源
应用实例	主存	缓存/PDA	游戏机	ID 卡	存储卡、固态磁盘	灵便卡、数码相机

在掩模(熔丝)ROM 中，数据通过掩模方式进行写入(烧断每个单元内的熔丝来提供与相关器件的电连接)，但它只允许一次性的编程操作。在 EPROM 和 EEPROM 中的数据可分别通过紫外光照射或注入隧穿电流方式重新写入。

除了铁电体电容器外，FRAM 单元的结构与 DRAM 单元的结构相似，改变该铁电物质的极化可修改单元中的数据。

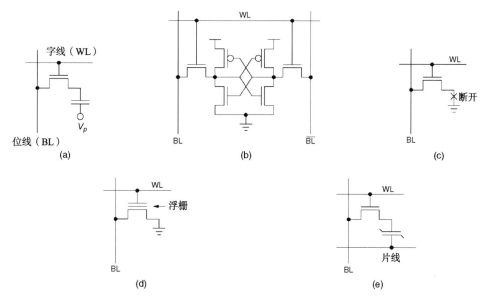

图 10.2　存储单元的等效电路。(a)DRAM；(b)SRAM；(c)掩膜型(熔丝)ROM；(d)EPROM(EEPROM)；(e)FRAM

一个存储阵列的示意性结构如图 10.3 所示,其数据存储结构或者说其核心是由许多位于行和列上独立的存储单元构成的。每个单元可存储一位的二进制信息。而且,每个存储单元与位于同一行的另一个单元有一个公共的连接点,与位于同一列的另一个单元也有一个公共连接点。在这种结构中,有 2^N 行(也称字线)和 2^M 列(也称位线),因而共有 $2^N \times 2^M$ 个存储单元。

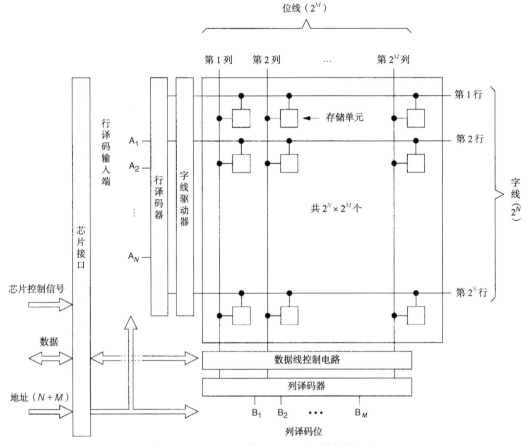

图 10.3　随机存储阵列的概念性结构图

要对存储阵列中的某个特定单元即阵列中的某个特定数据位进行存取操作,必须先根据由存储器外部获得的地址来选择相应的字线和位线。这些地址由存储控制器或直接由处理器提供。由于存储阵列内、外信号电平不同,如存储器印制电路板上的晶体管-晶体管逻辑(TTL)信号和存储芯片上的 CMOS 信号,因此地址信号要通过存储芯片上一个称为输入地址缓冲器的接口电路进行转换。行线、列线的选择分别由行、列译码器完成。行译码器电路根据 N 位行地址从 2^N 条字线中选出一条,而列译码电路根据 M 位列地址从 2^M 条位线中选出一条。一旦用这种方式选出一个或一组存储单元,就能对特定行上选中的一位或多位数据进行读写操作。列地址线有两个作用,它要选定相应的列,同时要选定路径让相应的数据通过一个称为数据输出缓冲器的存储器芯片接口电路送到输出端。

通常,数据输出缓冲器要求驱动板上提供较大的负载电流,因而一般需要选用较大的晶体管。芯片接口电路性能很大程度上决定了整个存储器的速度,尤其是对高性能的 SRAM。另外一些控制信号,如片选信号 ($\overline{CS}$),写选通信号 ($\overline{WE}$),也用来控制板上存储器组中相应存储芯片的读、写操作。

由以上讨论可以看出，每个独立的存储单元随机地进行读写操作，而与它们在存储阵列中的物理位置无关。因而，图 10.3 中的阵列组织方式可用于随机存取存储器(RAM)结构中。注意,这种组织方式也可用于读写存储阵列和只读存储阵列中。在以下章节里,我们将用 RAM代替读写存储器，因为这是这种特定存储阵列最普遍的缩写词。

10.2　动态随机存储器(DRAM)

10.2.1　DRAM 的结构

图 10.4 所示为一个典型的 DRAM 配置结构。为使电路布局简洁，路由选取方便，信号失真最小，外围电路控制 DRAM 的操作(如读、写、刷新)和存储器芯片接口(如输入、输出缓冲器)不是放在芯片的边缘而是放在存储块之间的边界区域。整个存储区被分成若干块，相邻存储块可以共享行译码器(RDEC)和列译码器(CDEC)。每个存储块又分割成许多小的子块，每个子块有各自的数据线控制电路。字线和位线上存储单元的多少是通过折中考虑芯片尺寸和性能后决定的。如果多个单元能共享相同的字线和位线则芯片尺寸会更小。但在这种情况下，行、列地址译码器需承受更大的负载而使芯片性能有所下降。

图 10.5 和表 10.2 分别列出了 256 Mb 的 DRAM 引脚图和功能。CLK、CKE 引脚是用于芯片操作及数据传输的基准时钟。$\overline{CS}$、$\overline{RAS}$、$\overline{CAS}$ 和 $\overline{WE}$ 引脚则用来控制整个 DRAM 的操作。地址引脚用来选出存储单元的位置。这些引脚都属于行、列地址，利用多路地址复用技术可以减小芯片的封装尺寸。行、列地址则是由行地址选通信号 $\overline{RAS}$ 和列地址选通信号 $\overline{CAS}$ 获得的。

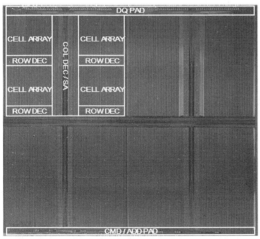

图 10.4　8 BANKD RAM 芯片的典型结构(1.2 V, 1.6 Gbps, 30 nm 4 Gb LPDDR3 SDRAM, 三星电子提供)

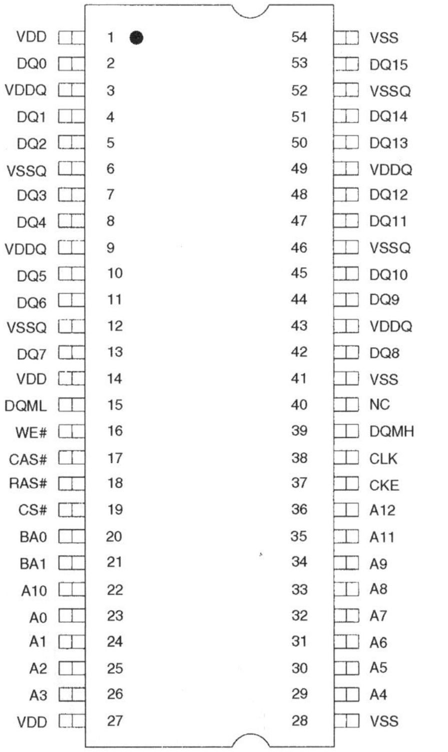

图 10.5　256 Mb 同步 DRAM 的引脚图 (注: 带#标号的引脚信号低电平有效)

表 10.2   DRAM 引脚定义及功能(256 Mb 同步 DRAM)

引 脚 名	定 义	功 能
CLK	时钟输入信号	操作和数据传输的基准系统时钟
CKE	时钟选通信号	控制时钟输入
$\overline{CS}$	片选信号	激活存储器组中的一个 DRAM 设备
$\overline{RAS}$	行地址选通脉冲	锁存行地址并开始整个单元的核心操作
$\overline{CAS}$	列地址选通脉冲	锁存列地址并开始数据传输操作
$\overline{WE}$	写选通信号	激活写入操作
A0~A14	地址输入信号	选择一个数据位
DQ0~DQ15	数据输入及输出	与外部设备进行数据传输
DQMU/DQML	对高位(或低位)字节的 DQ 掩模信号	对操作过程中的字节进行掩模
V_{DD}/V_{SS}	电源引脚	提供 DRAM 核心及外围电路的电源
$V_{DD}Q/V_{SS}Q$	电源引脚	提供 DQ 电路的电源
NC	未连接	

10.2.2   DRAM 单元的历史演变过程

随着高密度存储器的不断发展,存储单元的尺寸在逐渐减小,而这种趋势使得结构简单的动态 RAM 成为首选。在这种动态 RAM 中,二进制数据是以电容器上电荷的形式存储的,并用电容器上电荷的有无来表示存储位的值。由于漏电流最终会消除或改变存储的数据,导致电容器上的电荷不能长期保存,因而必须对所有存储(DRAM)单元中的数据进行定期刷新以防止数据丢失。

电容器作为主要的存储元件,它的使用通常使得 DRAM 单元占用的硅片面积要比典型的 SRAM 单元小很多。

图 10.6 为 DRAM 单元发展过程中的几个阶段。图 10.6(a)所示的四晶体管单元为最早期的动态单元中的一种,产生于 20 世纪 70 年代。它的读、写操作与 SRAM 单元相类似。在写操作中,选中一条字线,一组互补的数据就从一对位线上写入。电荷存储在与一条高电平的位线相连的寄生电容和栅极电容上。由于没有通向存储节点的电流通路因泄漏而丢失电荷,所以该单元必须定时刷新。在读取操作中,位线上的电压通过一个栅极加高电平的晶体管导通到输出。因为存储节点的电压在读取操作过程中保持不变,所以读取操作不改变存储内容。

图 10.6(b)所示的三晶体管 DRAM 单元也应用于 20 世纪 70 年代早期。它利用一个晶体管(M_3)作为存储器件(M_3的开关状态依赖于其栅极电容上存储的电荷),另外两个晶体管分别为读、写开关。在写操作过程中,"写入"字线被选通,"写入"位线上的电压就通过晶体管 M_1 传到 M_3 的栅极。在读取操作过程中,当 M_3 的栅极为高电平时,"读取"位线上的电压通过 M_2、M_3 放电到地。三晶体管 DRAM 单元的读取操作不改变存储内容,而且读入的速度还要快些,但有四条连线即两条位线和两条字线,以及额外的接触会增加芯片的面积。

图 10.6(c)和图 10.6(d)分别表示双晶体管和单晶体管 DRAM 单元中都有显而易见的存储电容。这就是说,为了数据存储必须要为每个存储单元提供一个独立的电容来代替晶体管的栅极和分布电容。从 20 世纪 70 年代中期开始,单晶体管 DRAM 单元已成为高密度 DRAM 中符合工业标准的动态 RAM 单元。这两类单元的读、写操作几乎完全一致。在写操作过程中,字线选通后,数据通过晶体管 M_1(或 M_2)写入存储单元并存于存储电容中。读取操作会改变存储内容。当存储单元与位线接通后,它存储的电荷会被明显改变。而且由于位线的电容

比存储单元的电容要大 10 倍左右，故受存储单元的电平(数据)影响而产生的位线电压变动就会很小。因而为完成一次成功的读取操作，需要用一个放大器来放大这种信号变化并把数据重新写入单元中(电荷重新存储)。

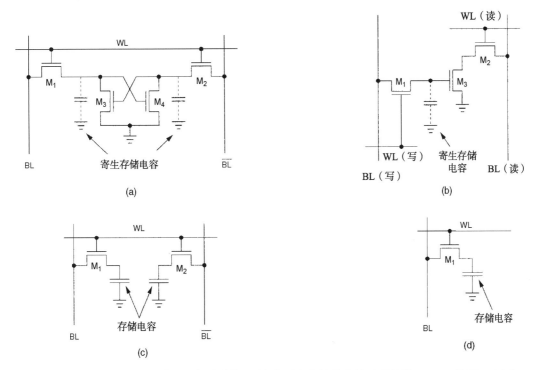

图 10.6　动态 RAM 单元的各种结构。(a)含两个存储节点的四晶体管 DRAM 单元；(b)含两条位线和两条字线的三晶体管 DRAM 单元；(c)含两条位线和一条字线的双晶体管 DRAM 单元；(d)含一条位线和一条字线的单晶体管 DRAM 单元

10.2.3　DRAM 单元类型

由于只有一个晶体管和一个电容，DRAM 单元在所有动态存储单元中所占的硅片面积最少。然而，它的读取操作会改变存储内容，因而需要一个大的单元电容来改善位线上的信号形成(电压波动)，从而限制了整个读取操作过程，降低了芯片工作电压。由于电压变动受芯片的工作电压、位线电容与单元电容之比(C_S/C_{BL})的共同影响，因此 DRAM 制造商致力于发展在最小硅片面积上获得大容量的电容单元技术。

通过使用先进的单元结构和 Ta_2O_5 一类的高介电常数(ϵ)的介质材料，存储单元的电容有了改善。DRAM 的单元分为多层电容结构单元和含有沟道电容的单元。图 10.7(a)所示为一个具有圆柱形多层电容结构的 DRAM 单元。该电容位于位线上，称为位线电容 COB(位线上电容)结构，位线电容增加了电容器的有效面积。图 10.7(b)所示为一个含有沟道电容的 DRAM 单元。由于是在电容形成后才制作选通晶体管，故该结构有较好的平面特性和晶体管性能。含有一个选通晶体管和一个存储电容的典型 DRAM 的尺寸为 $8F^2$(F 指最小特征尺寸或最小设计规格)。目前，一些采用垂直晶体管和组合电容的高端单元结构已经可以将 DRAM 单元尺寸降低到 $6F^2$ 或 $4F^2$。

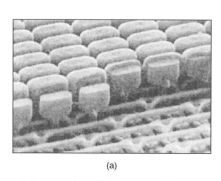
(a)

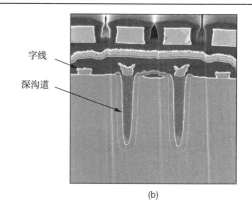

字线

深沟道

(b)

图 10.7　单晶体管 DRAM 单元的各种结构。(a) 含多层电容结构的 DRAM 单元；(b) 含
沟道电容的 DRAM 单元(源自：Figure 1, S. Crowder et al., "Integration of trench
DRAM into a high-performance 0.18 mm logic technology with copper BEOL,"
IEDM (*International Electron Devices Meeting*) 1998, pp. 1017–1020, 1998.)

10.2.4　三晶体管 DRAM 单元的工作原理

图 10.8 所示为与带有列上拉(预充电)晶体管和列读写电路相同的典型三晶体管动态
RAM 单元的电路结构图。这里，二进制数据以电荷的形式存储在寄生节点电容 C_1 中。

存储晶体管 M_2 的开、关状态取决于存储在 C_1 上的电荷以及在读、写数据过程中起选通
开关作用的传输晶体管 M_1 和 M_3。该单元有两条独立的位线来进行"读数据"和"写数据"，
另有两条独立的字线用于控制选通晶体管。

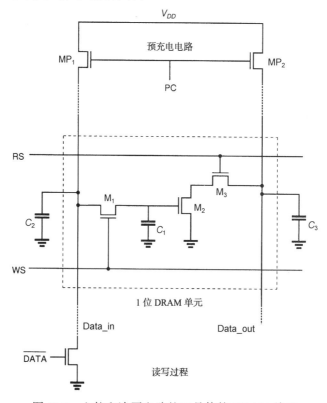

图 10.8　上拉和读写电路的三晶体管 DRAM 单元

　　三晶体管 DRAM 单元的操作及外围电路的工作是以双相不重叠的时钟方案为基础的。预充电操作由 ϕ_1 驱动，而读、写操作则由 ϕ_2 驱动。预充电操作过程优先于每个"读数据"和"写数据"操作，它在预充电信号 PC 变为高电平时被触发。在预充电过程中，列上拉晶体管导通，相应的列电容 C_2、C_3 被充电到逻辑高电平。当电源电压为 5 V 及使用典型的增强型 nMOS 管（$V_{T0} \approx 1.0$ V）的情况下，预充电后两条列线的电压大约等于 3.5 V 左右。

　　当预充电信号 PC 为低电平时，所有"读数据"和"写数据"操作在时钟信号 ϕ_2 有效时进行。图 10.9 描绘了三晶体管 DRAM 单元进行 4 个连续操作（写入"1"，读出"1"，写入"0"，读出"0"）时的典型电压波形。

　　图 10.9 中第 1、3、5、7 个工作周期分别为这 4 个操作的预充电期。如图 10.10 所示为预充电操作时瞬时电流对两列（D_{in}、D_{out}）进行充电。当两个电容电压达到稳态值时，预充电操作就圆满结束了。注意，两个列电容 C_2、C_3 的容量应比电路内部存储电容 C_1 至少大一个数量级。

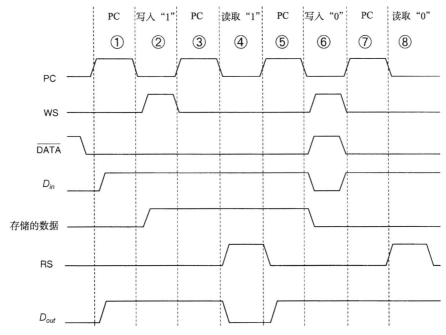

图 10.9　对三晶体管 DRAM 单元进行 4 个连续操作：写入"1"，
读取"1"，写入"0"和读取"0"时的典型电压波形

　　对于写"1"操作，由于写入 DRAM 单元的数据为逻辑"1"，所以反相输入信号就为低电平。因此，"数据写入"晶体管 MD 截止，此时列 D_{in} 上的电压保持高电平。此时"写选信号"WS 在 ϕ_2 有效区间内变为高电平。结果，写存取晶体管 M_1 导通。随着 M_1 导通，电荷就从 C_2 经 M_1 流向 C_1，如图 10.11 所示。由于 C_2 容量比 C_1 大很多，在电荷共享结束后存储节点电容 C_1 与列电容 C_2 一样处于高电平。

　　写入"1"操作完成后，写晶体管 M_1 截止。随着存储电容 C_1 被充电到高电平，M_2 导通。为了读取存储的"1"，"读选通"信号 RS 必须在预充电完成后在 ϕ_2 有效区间变为高电平。读晶体管 M_3 导通，于是 M_2 和 M_3 在"数据读取"列电容 C_3 和地之间就形成了一条通路。电容 C_3 通过 M_2 和 M_3 放电，数据读取电路将此列线上电压的降低视为读取了已存储的数据"1"。

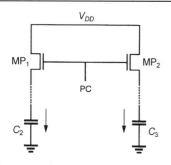

图 10.10　在预充电周期电流通过
　　　　　MP$_1$ 和 MP$_2$ 开始对列
　　　　　电容 C_2 和 C_3 进行充电

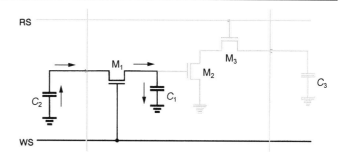

图 10.11　在写"1"时序中电容 C_1 和 C_2 的电荷共享

图 10.12 给出了读取"1"操作中 DRAM 单元内的有效电路部分。值得注意的是，三晶体管 DRAM 单元允许对数据重复读取，而不会破坏存储在 C_1 上的电荷。

在写"0"操作时，因为写进 DRAM 单元的数据为逻辑"0"，故反相数据输入信号为逻辑高电平。因此，数据写入晶体管导通，列线 D_{in} 上的电平被置为逻辑"0"。同时"写选通"信号 WS 在 ϕ_2 有效区间内被置为逻辑高电平，导致写晶体管 M$_1$ 导通。存储节点上的电容 C_1 的电平及 C_2 上的电平经 M$_1$ 和数据写入晶体管被置为逻辑"0"，如图 10.13 所示。因此，在写"0"的后期，存储电容 C_1 上只留有很少的电荷量，而晶体管 M$_2$ 也因为其栅极电压近似为 0 V 而处于截止状态。

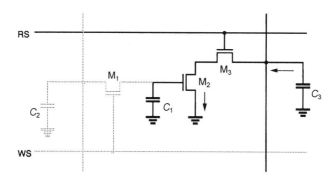

图 10.12　在读取"1"过程中列电容 C_3 通过晶体管 M2 和 M3 进行放电

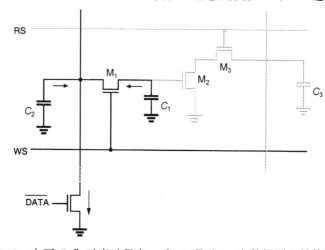

图 10.13　在写"0"时序过程中 C_1 和 C_2 通过 M$_1$ 和数据写入晶体管放电

为了读取以上已存入的数据 "0"，在预充电期结束后读选通信号 RS 必须在 ϕ_2 有效区间内变为高电平。读晶体管 M_3 导通，但由于 M_2 截止，列电容 C_3 与地之间没有通路，如图 10.14 所示。因而 C_3 不放电，数据读取电路将以 D_{out} 列的高电平视为读了已存储的 "0"。

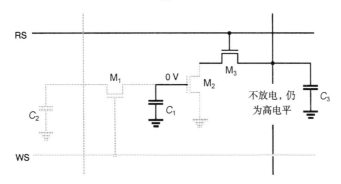

图 10.14　在读取 "0" 过程中列电容 C_3 不放电

在本小节的开头已经说明，虽然数据读取操作不会明显改善干扰存储的电荷，但 C_1 上存储的电荷不能长期保存。C_1 上的电荷逐渐降低的主要原因是写存取晶体管 M_1 存在漏极结的漏电流。为了在数据改变前对 DRAM 单元中存储的数据进行刷新，必须定时将数据读出，经反相（因为数据输出电平与存储数据的电平相反），然后再把它们重新写入原来相同的单元内。每隔 2~4 ms 就要对 DRAM 阵列中的所有存储单元进行刷新。要说明的是，由于是对一行上的所有位立即刷新，因而大大简化了整个刷新过程。

可以看出，由于电路中没有持续的电流流动，故三晶体管动态 RAM 单元存储数据时并没有静态功耗。而且周期性的预充电操作替代了静态上拉电路，进一步减小了动态功耗。而调控几个不重叠的电路控制信号所需的附加外围电路及刷新操作对存储器的优点影响不大。

10.2.5　单晶体管 DRAM 单元的工作过程

目前，单晶体管 DRAM 单元是 DRAM 行业中使用最广泛的存储结构。它由一个显而易见的存储电容和一个存取晶体管构成，其电路结构如图 10.15(a) 所示。

图 10.15(b) 所示为一个典型的存储结构，它由单晶体管 DRAM 单元阵列和控制电路构成。在目前的 DRAM 结构中，位线被折叠起来并预充电到 $\frac{1}{2}V_{DD}$，以便增强抗噪声能力并减小功耗。另外，用来检测位线上的干扰信号的放大器与相邻模块共享。存储单元的一个电极加偏置电压 $\frac{1}{2}V_{DD}(V_P)$ 来减小电容两端的电场强度。单晶体管 DRAM 存储单元的操作包括 "读"、"写" 和 "刷新"。在进行所有操作前，位线(BL 和 BLB)与读出节点(SA 和 SAB)分别通过位线与读出线均衡器置为预充电电平 $\frac{1}{2}V_{DD}$。

DRAM 读取数据 "1" 操作的时序图如图 10.16(a) 所示。在读取操作之前，位线预充电的信号(PEQ)以及位线读出放大器预充电的信号(PSAEQ)处于无效状态。位线放大器由两个相邻存储阵列模块共用，以减小芯片尺寸。因此，存储阵列选通信号(PISOi)被置成升压(V_{PP})。V_{PP} 是一个片上升压。因为 nMOS 管用作开关，所以在整个电荷恢复过程中，V_{PP} 电平高于工作电压(V_{DD})加 nMOS 管的阈值电压。存储阵列模块中根据行地址来选择字线。同理，存储器电荷恢复与过程中字线电平也高于工作电压加存储单元存取晶体管(M_1)的阈值电压。

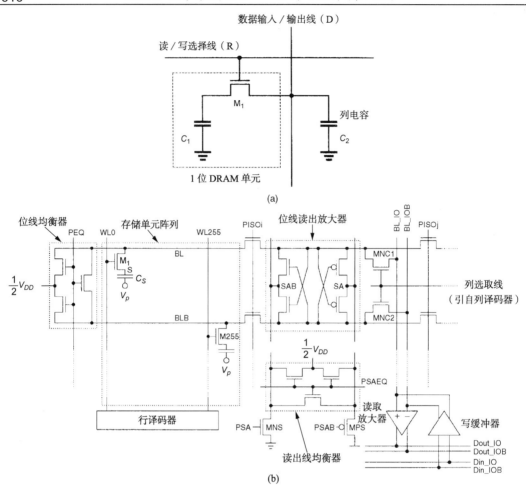

图 10.15 (a)带选取线路的典型单晶体管(1-T)DRAM 单元; (b)带控制电路的单晶体管 DRAM 单元阵列的存储结构, 由 $\frac{1}{2}V_{DD}$ 读出线、折叠位线和共享读出放大器结构组成

当字线被选通后, 单元电容(如 C_S)上的电荷被位线电容所共享。因为位线被预充电到 $\frac{1}{2}V_{DD}$, 而存储节点被预充电到 V_{DD}(数据 "1")或 V_{SS}(数据 "0"), 在位线上产生一个微小的电压差, 而且存储节点(S)的电压与位线电压相等, 最终的电压增量可表示为

$$\Delta V = \frac{C_S}{C_{BL} + C_S} \frac{V_{DD}}{2} \tag{10.1}$$

式中, C_S 是存储元件的电容, C_{BL} 是位线的有效电容, 它包括与该位线相连接的所有单元存取晶体管的寄生连线电容和结电容。

因为 C_{BL} 大约比 C_S 大十倍左右, 所以一般 ΔV 大约为 100~200 mV。注意, 单元电压已从 V_{DD} 变到 $\frac{1}{2}V_{DD} + \Delta V$(数据 "1")或从 V_{SS} 变到 $\frac{1}{2}V_{DD} - \Delta V$(数据 "0")。这就意味着读取操作会改变存储内容, 单元的数据需要恢复。

为了传感出字线上微小的信号电位差, 要采用 CMOS 锁存放大器。同一模块中的传感节点(SA 和 SAB)连接在一起, 并在每个存储阵列段(如每 64 位线)中都加信源晶体管(MNS 和 MPS)。一般情况下控制信号(PSA 和 PSAB)顺序激活, 以便减小电荷的注入以及由于位线读出放大器中 N 和 P 锁存器同时被激活而引起的短路电流。因此，节点 BLB 对地放电并使信号得到放大。节点 BLB 和 BL 的电平最终分别为地电位(V_{SS})和工作电压(V_{DD})，并且存储节点的电压得以恢复到 V_{DD}，这就是单元数据恢复操作。所有连接在同一行上的单元都执行这一系列操作。因此 DRAM 的有效功耗一般大于其他存储元件，并随着存储密度的提高而增加。

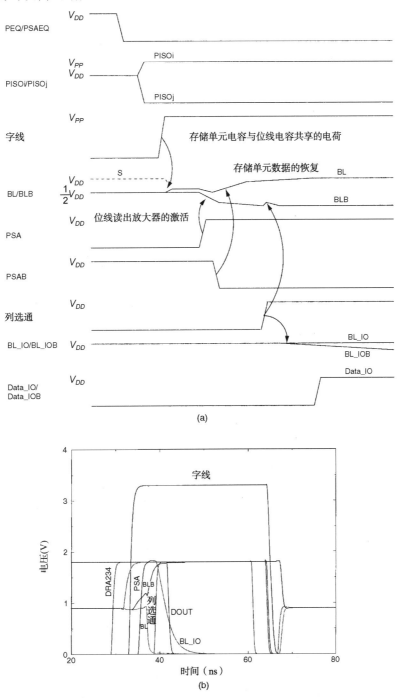

图 10.16 DRAM 读取操作。(a)时序图；(b)数据"0"的模拟波形

位线上的数据是通过将电平转移到次级数据线(BL_IO 和 BL_IOB)而被读取出来的。位线上电压差被放大后,列选通线被列译码器激活,继而使列开关晶体管导通。一般情况下,BL_IO 和 BL_IOB 线被预充电到 V_{DD} 或 $V_{DD} - V_{tn}$,其中 V_{tn} 为 nMOS 负载晶体管的阈值电压。由于 BLB 对地放电,又由于 BL_IOB 上的电容很大(如为 C_{BL} 的 10 倍),因此 BL_IOB 线上的电压通过 MNC2 缓慢放电。BLB 上的放电电压受预充电到 V_{DD} 或 $V_{DD}-V_{tn}$ 的 BL_IOB 线影响很小。次级数据线上的电压差经读取放大器放大到 CMOS 满幅输出电平,并被传输到存储接口电路去驱动片外负载。图 10.16(b) 为 DRAM 读取过程的模拟波形图。

图 10.17 是向单元中写入数据"0"的时序图。在与正常的读取操作相同的时序内,写操作由读出所要修改的单元数据开始。被写入存储单元的数据通过存储芯片接口中的数据输入缓冲器转换为 CMOS 电平。因为 BL_IO 和 BL_IOB 线上的负载电容较大(如 1~2 pF),所以需要用写缓冲器驱动这些线。列开关晶体管由列译码器的输出信号选通,同时位线电平与存储单元数据都被改变。写操作比读取操作要快,因为它是由采用满幅输出 CMOS 电平的强大的写驱动器(缓冲器)来执行的。

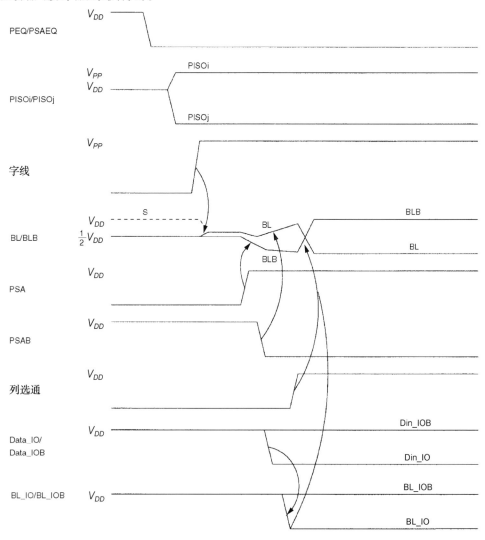

图 10.17   DRAM 写"0"操作时序图

10.2.6 DRAM 操作模式

DRAM操作模式根据使用系统时钟的不同可以分为异步模式和同步模式两种。在异步模式中，芯片控制和数据读取是由芯片控制信号（如 $\overline{RAS}$ 和 $\overline{CAS}$ ）来完成的（见表 10.2），而在同步模式中，这些操作是在系统时钟控制下进行的。

当 $\overline{RAS}$ 下拉时，DRAM 开始工作。当 $\overline{RAS}$ 为低电平时，DRAM 芯片触发行电路系统如行地址缓冲器、行译码器、字线驱动器及位线放大器等。DRAM 操作的一个特点是采用地址复用方案。也就是说，地址通过 $\overline{RAS}$ 和 $\overline{CAS}$ 两个控制信号，既可用作行地址，又可用作列地址。在 $\overline{RAS}$ 和 $\overline{CAS}$ 下降沿得到的地址分别为行地址和列地址。地址复用方案的优点是减少了芯片的封装尺寸，因为封装尺寸主要受引脚数的限制。在典型系统中，DRAM 芯片被用作主存储器，而且为了获得大规模、高性能、先进的系统，DRAM 芯片的数目会有所增加。因此，由于 DRAM 芯片占用了系统板的大部分面积，所以亟须减小芯片的封装尺寸。

在刷新周期中，一次仅选中一条字线（实际上是芯片中的复用字线），而且单元数据的刷新比较耗时。例如，如果一个 256 Mb 的 DRAM 的刷新周期定义为每 256 ms 循环 16 000 次。这就是说，在 256 ms 的时间内所有 DRAM 存储单元需通过 16 000 次行操作得到刷新。因此，每一次行操作中有 16 000 个（256 Mb/16K）存储单元被存取和刷新。

相同字线上的一部分数据被 CAS 下降沿处的列地址所选中。列地址产生列选通线（CSL）并将一些位线连接到公共数据线（BL_IO 和 BL_IOB）。延迟一段时间后，DRAM 芯片将数据送到外设。在新数据存储之前，每个 $\overline{RAS}$ 和 $\overline{CAS}$ 均需要预充电（高电平）来重新建立行和列电路系统。从 $\overline{RAS}$ 下降沿到读存储单元数据的时间记为 t_{RAC} ，称为存储器读取的延迟时间。图 10.18(a) 表示在异步操作中，在不同行、列地址下进行的单位数据存取操作的过程。一般情况下，工作频率约为 20～30 MHz 左右。

在保持行地址有效的情况下改变列地址，则在同一行上的存储单元数据将以约 40～60 MHz 或更快的速率被读取。不同的列选通线被列地址选通，数据可被快速读取直到同一字线（页）中最后一个单元。这就是页存取模式，如图 10.18(b) 所示。

在页存取模式中，需要一个预充电时间来重新建立列电路系统获得一个新的列地址，并保证有一个数据持续时间让其他外部系统顺利取走数据。通过修改与 DRAM 芯片输出接口相关的 DRAM 电路系统，读取频率可进一步提高。新的列地址是在 $\overline{CAS}$ 的上升沿，而不是在 $\overline{CAS}$ 的下降沿获得的，并且在 CAS 预充电过程中读取的数据保持不变。这就是所谓的 EDO（Extended Data-Out，扩展数据输出）存取模式。由于列地址是早期建立的，读取频率可达到 80 MHz 左右。

对比之下，同步存取模式中采用系统时钟来控制操作，数据读取频率可得到显著提高。如图 10.19 所示，所有的 DRAM 操作全部由控制信号和系统时钟(CLK)共同完成。

在 CLK 的下降沿，控制信号和地址信号变成有效信号。除了基于系统时钟的流水线操作，其目的是为了提高数据的通量，如图 10.19(a) 所示，内部芯片的操作也完全一样。读取的延迟时间定义为系统时钟周期的数目，一般为 2 或 3 个周期。因为数据是随系统时钟被发送出去的，因此在传统同步模式中读取频率大约为 150～200 MHz。为了提高带宽，新近在系统时钟的两个边沿均发送数据，由于增加因子为 2，有效带宽得到提高，这就是所谓的 DDR（双重数据速率）。

通过采用改进的芯片接口，数据读取频率可进一步提高到超过 2 GHz(DDR)。具有小的信号摆幅和时钟恢复方案的芯片接口被用来使频率达到最高。控制芯片的输入信号被特殊设计的存储控制器以包的形式发送，而数据则以串行方式输出，如图 10.19(b) 所示。

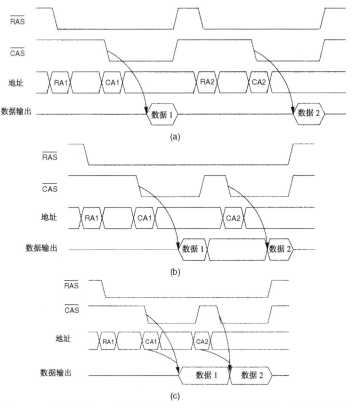

图 10.18　各种异步 DRAM 读取模式。(a)单个位读取；(b)页模式读取；(c)扩展数据输出(EDO)读取

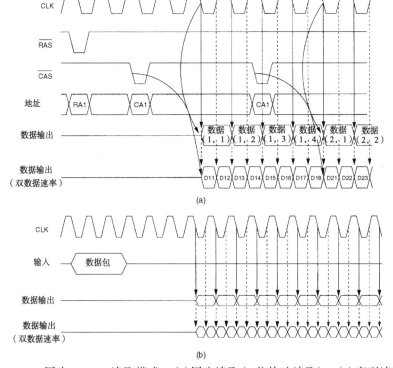

图 10.19　同步 DRAM 读取模式。(a)同步读取(4 位快速读取)；(b)序列读取

10.2.7　DRAM 存储单元的漏电流和刷新操作

图 10.20 为 DRAM 存储单元的等效原理图和剖面图。为了获得高的存储密度，连接存储单元存取晶体管和位线的接口被两个相邻存储单元所共用。各种泄漏机制使得存储单元上的电荷减少，总的漏电流可表示为：

$$I_{leakage} = I_{sub} + I_{tunneling} + I_j + I_{cell\text{-}to\text{-}cell} \tag{10.2}$$

其中，I_{sub} 是通过存储单元存取晶体管的漏电流，$I_{tunneling}$ 是通过薄绝缘材料（如 Ta_2O_5）的隧穿电流，I_j 是存储节点处的 pn 结漏电流，$I_{cell\text{-}to\text{-}cell}$ 是透过场氧化层的漏电流。

随着最小特征尺寸的按比例缩小，I_j 在总漏电流中的比例变小，而由于深沟隔离技术中采用了较厚的氧化层，$I_{cell\text{-}to\text{-}cell}$ 通常可以忽略。因为 I_{sub} 是阈值电压的函数，所以增大存取晶体管的 V_{SB} 来降低 I_{sub} 泄漏成分是一种行之有效的方法。为此，一种称为 V_{BB} 的片上负电压发生器被广泛用于 DRAM 芯片中。然而，由于增加单元电容而减小了绝缘材料的厚度，因此隧穿漏电流（$I_{tunneling}$）成为需要认真考虑的问题。正如前面几节所述，为了对存储节点上电荷稳态泄漏进行补偿，一直要定期进行刷新操作，以保证 DRAM 存储单元中的数据不丢失。

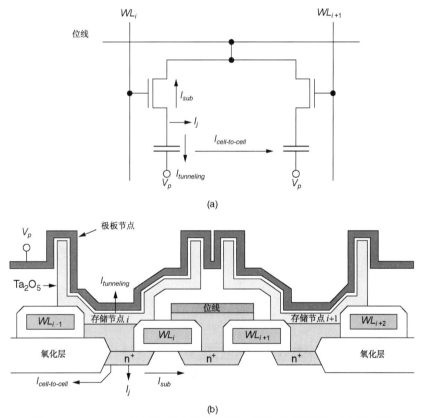

图 10.20　DRAM 存储单元中的漏电流。(a)等效原理图；(b)剖面图

刷新过程（即对存储单元电容重新充电过程）是通过对存储单元进行读取和重新储存的操作来完成的。它使用的控制信号不同于普通读写过程中的控制信号。所有刷新过程的一个特点是 DRAM 芯片并没有将存储单元中的数据发送到外设。图 10.21 为三种刷新过程的典型时序图，分别称为 ROR（仅有 $\overline{RAS}$ 刷新）、CBR（$\overline{CAS}$ 先于 $\overline{RAS}$）刷新和自刷新。

在 ROR 刷新模式中，刷新地址(行地址)由外设提供。读取和重新储存操作与普通读取操作类似，但数据并不发送到输出缓冲器中。CBR 刷新模式先降低 $\overline{CAS}$，再降低 $\overline{RAS}$，写控制信号($\overline{WE}$)必须是高电平。在 CBR 刷新模式中，刷新过程基于(列)地址刷新，刷新地址由片上计数器产生。只要 DRAM 芯片处于工作状态(电源开)，刷新操作就将周期性地进行(如周期为 100 μs)。存储单元中的电荷放电到某一电平就使得单元中数据无法被读取，周期通常大于由外设控制的刷新间隔，并且受环境参数如 V_{DD}、温度等的影响。因此刷新周期可依据不同的工作条件进行设置。将 CBR 刷新时序保持一个持续时段(如 100 μs)就建立起自刷新模式。自刷新模式可以在空闲状态下显著节约功耗，此过程中仅保存单元数据而不进行读写操作。在不丢失数据的前提下尽可能控制并延长自刷新时间，可以最小化功耗。行地址和激活行操作的控制信号由内部电路产生，刷新间隔由存储单元对温度和工作电压的数据保持能力决定。由于自刷新模式的功耗是低功耗 DRAM(如移动 DRAM)的核心性能参数，不同的电路技术，如温度补偿自刷新(TCSR)和阵列自刷新(PASR)分别用来相对于温度优化功耗和相对于刷新操作优化存储面积。

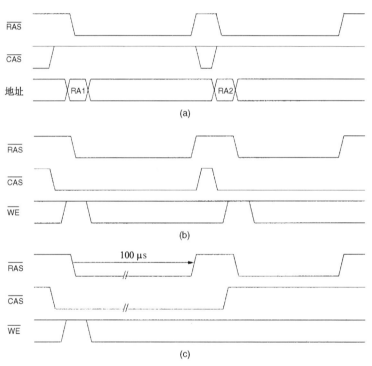

图 10.21　各种 DRAM 刷新模式时序图。(a)ROR 刷新；(b)CBR 刷新；(c)自刷新

10.2.8　DRAM 输入／输出电路

因为存储系统板的逻辑电平[如 TTL(0.8 V↔2.0 V)]与存储芯片(如 CMOS)的逻辑电平是不同的，所以要用存储器接口电路来变换逻辑电平。这些电路称为输入/输出缓冲器，专门用于不同的逻辑接口。图 10.22 和图 10.23 显示了在存储芯片中使用的典型的输入/输出缓冲器。

在反相类型的输入缓冲器中，逻辑门限电压是由 pMOS 晶体管和 nMOS 晶体管尺寸的比值决定的，而在其他锁存类型及差分放大类型中则采用参考电压。反相类型的结构最简单，但它受工艺、温度和工作电压的影响要大于其他类型。锁存类型的速度最快且功耗最低，但它需要一个附加信号（PACT）来激活缓冲器。表10.3 比较了三种典型的输入缓冲器的性能。

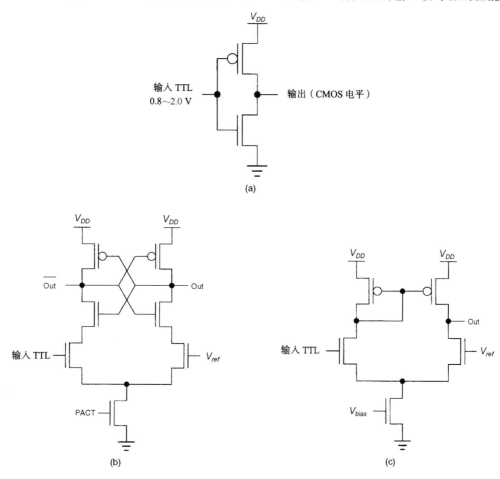

图 10.22　存储器输入缓冲器。(a)反相器类型；(b)锁存器类型；(c)差动放大器类型

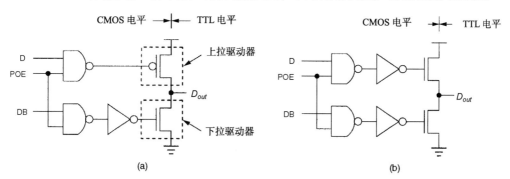

图 10.23　存储器输出缓冲器。(a)pMOS 上拉和 nMOS 下拉结构；(b)nMOS 上拉和 nMOS 下拉结构

　　输出缓冲器将读取的数据送到外设，如存储控制器或处理器。与输入缓冲器不同，输出缓冲器将CMOS电平的数据变换成系统逻辑电平（如 TTL），并且需要驱动一个很大的电容负载。因为几种DRAM芯片的输出通常被连接在系统板上同一个数据总线上，为了防止来自各

种 DRAM 芯片输出的干扰,该芯片未被选中时,任何 DRAM 芯片的输出缓冲器必须保持一种高阻(Hi-Z)状态。输出缓冲器是一个驱动器。上拉驱动电路可由一个 pMOS 管或一个 nMOS 管构成,分别如图10.23(a)和图 10.23(b)所示。当 POE(输出缓冲器启动信号)为低电平时,上拉驱动器和下拉驱动器都截止,输出缓冲器处于三态状态。当 POE 为高电平时,输出缓冲器开始根据读取的数据(D)驱动外部数据线。

表 10.3　输入缓冲器性能比较

	缓冲器类型		
	反　相　器	锁　　存	微　　分
逻辑门限电压限定(V_{IH} 和 V_{IL})	由 W_P/W_N 比率决定	由 V_{ref} 决定	由 V_{ref} 决定
速度	慢	最快	快
待机电流	小	最小	大
对 V_{DD} 和温度的敏感度	大	小	小
抗噪声性能	差	好	好
约束条件	无	需要预充电和激励信号	无

要从一个 2^N 存储阵列中选取一个存储单元,地址复用时需要 $N/2$ 个地址位。因为从性能和电路布局考虑,在实际中不可能使用带串行晶体管的 NAND 型译码器来处理大量地址,所以存储器译码系统分为预译码器和主译码器,如图 10.24 所示。

行地址译码和字线选择的时序图如图10.25 所示。地址位以 2~3 个位为一组,首先在预译码级进行译码(PRA01、PRA234、PRA567 和 PRA89)。因为数据全部恢复时,字线需要置为高电压(V_{PP}),预译码器(PRA01)的输出电平通过电平转换器得到提升。主译码器用预译码器的输出产生字选择信号,自举驱动器将升高的电压传送到更高的容性字线上,此过程中无信号衰减。

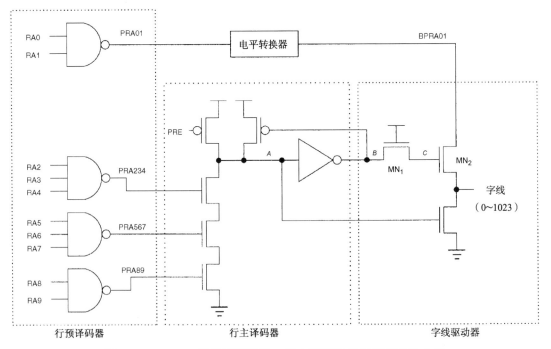

图 10.24　DRAM 的行预译码器、行主译码器和字线驱动器电路

当主译码器被选通时，节点 A 被放电变为低电平。节点 C 的电平为 $V_{DD}-V_{TN}$。当升压信号（BPRA01）到达 MN_2 的漏极时，节点 C 被耦合到一个更高的电平，并且升压信号无电压降地转移到字线，节点 C 的电压可表示为

$$V_C = V_{PP} + \Delta V = V_{DD} - V_{TN} + \frac{C_{MN_2}}{C_{MN_2} + C_{Cparasitic}} V_{PP} \tag{10.3}$$

其中，C_{MN_2} 是 MN_2 的总的有效栅电容和寄生电容，$C_{Cparasitic}$ 是节点 C 的寄生电容，V_{TN} 是 MN_1 的阈值电压。

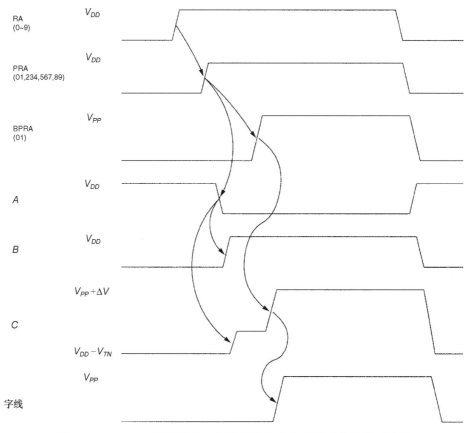

图 10.25　DRAM 行预译码、主译码操作和字线驱动电路的时序图

有多种类型的读出放大器用来检测数据线（BL_IO 和 BL_IOB）上的信号差。镜像电流差动类型、半锁存类型、完全锁存类型分别如图10.26（a）、10.26（b）和10.26（c）所示。镜像电流类型具有较好的共模抑制比，应用广泛。但由于输入晶体管的大跨导需要占用相对较大的面积和消耗较多的能量，因而使得此类电路受到了制约。为了增强输出节点的信号波动，最好采用图 10.26（c）所示的差动输出类型。

为了达到高速、低功耗且占用面积小的目标，可采用交叉耦合差动放大器。在完全 CMOS 型读出放大器中，OUT 和 $\overline{OUT}$ 由 PSAE 预充电到 V_{SS}。当 PSAE 变为高电平时，放大器开始对信号差值进行放大。当一个节点（A 或 B）被放电时，另一个输出（B 或 A）与另一个输入信号（INB 或 IN）隔断，读取速度可得到提高，功耗减小。不同于镜像电流类型的是，完全 CMOS 型读出放大器在读取完成后没有静态功耗，因此这种结构可用于低功率器件中。

　　然而它需要一个预充电信号(PSAE)，并且在开始一个新的读取操作前输出节点需要适当地预充电。因为该操作无法反向，所以在此操作开始之前必须保证要有一个有效的信号差值。也就是说，一旦输出节点状态被锁存，直到下一个预充电信号到来前，该节点不能被重置。

　　半锁存型读出放大器的性能介于镜像电流和完全 CMOS 两种类型之间。那些由无效信号差值产生的数据能够以降低速度为代价得到纠正，这一点不同于 CMOS 锁存类型。

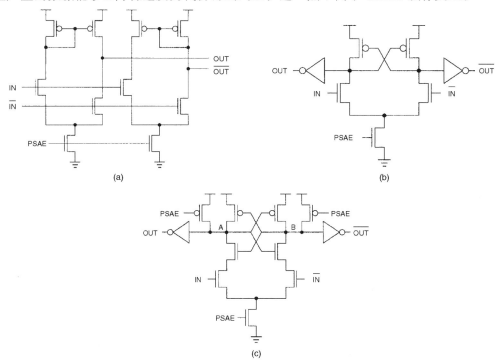

图 10.26　各种电压读出放大器。(a)差分输出镜像电流型；(b)pMOS 锁存型；(c)完全 CMOS 锁存型

10.2.9　DRAM 片上电压发生器

　　DRAM 存储器件采用多种片上电压发生器，如内部电压发生器(V_{INT})、$\frac{1}{2}V_{DD}$ 生成器(V_{BL} 和 V_P)、衬底偏压发生器 V_{BB} 和一个升压发生器(V_{PP})。这些片上电压用来减小工作电流(V_{INT})，稳定操作(V_{BL} 和 V_{BB})，消除可靠性问题(V_P)，改善性能并对存储单元数据编程(V_{PP})。

　　降低工作电压是减小 DRAM 功耗最有效的方法。但与 DRAM 电压的降低相比，系统电压并没有降低许多(例如，当 1 Gb 的 DRAM 电压按比例降到 1.5 V 时，典型的存储系统的电压仍然为 3.3 V)。因此，对于这种存在不同电源电压的系统，一个改进的方法是仅对存储器芯片加一个可调电压。图 10.27 显示了由一个电压比较器和一个驱动器构成的电压调整电路。它采用一个参考电压(V_{REF_INT})来设置内部电压(V_{INT})。当内部电压低于参考电压时，节点 A 的电压上升，使得驱动晶体管导通，提供更大的电流。

　　大多数 DRAM 芯片采用带有 $\frac{1}{2}V_{DD}$ 读出方案的折叠位线结构来提高抗噪声性能和降低功耗。这就是说，相同阵列模块中的位线对(BL 和 BLB)被用来检测存储单元数据，而且这些线在 $\frac{1}{2}V_{DD}$ 电平时被预充电，如图 10.15 所示。因为在每个 DRAM 工作周期中有成千上万个存储单元被读取(或是被刷新)，减小位线的电压摆幅能有效地降低 DRAM 功耗。另外，在单元电极节点(V_P)上加 $\frac{1}{2}V_{DD}$ 的电压是为了减小作为单元电容的薄绝缘材料的电场强度。

图 10.28(a)所示电路用来产生 $\frac{1}{2}V_{DD}$ 的电压。它由一个偏置电路和一个驱动器构成，十分典型。偏置电路中的晶体管用来将节点 B 的电压置为 $\frac{1}{2}V_{DD}$。因此节点 A 和节点 C 的电压分别为 $V_{DD}/2+V_{TN}$ 和 $V_{DD}/2-|V_{TP}|$，驱动器的输出电压被稳定在 $\frac{1}{2}V_{DD}$。因为驱动晶体管是弱导通，所以静态电流很小(如几十 μA)。带有大晶体管的推拉式驱动器可以通过导通任意一个晶体管来迅速抑制输出节点的意外变化。图 10.28(b)是 $\frac{1}{2}V_{DD}$ 发生器的模拟波形。

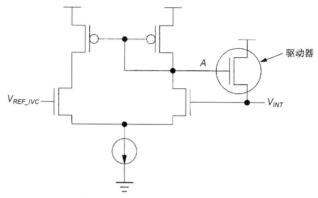

图 10.27　内部电压调整电路

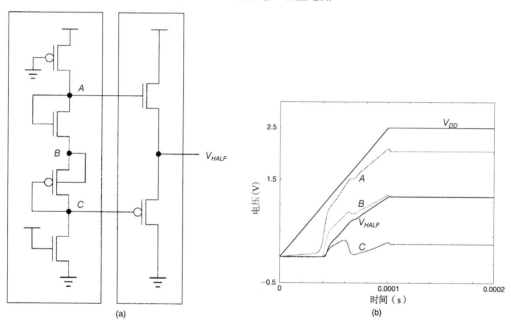

(a)　　　　　　　　　　　　　　(b)

图 10.28　$\frac{1}{2}V_{DD}$ 电压发生器。(a)电路图；(b)当电源电压(V_{DD})
在 100 μs 内从 0 V 上升到 2.5 V 的模拟输出波形

　　现代DRAM存储单元由一个存取晶体管和一个存储电容构成。由于漏电流的存在，存储在电容(一般<100 fC)上的电荷会随时间减少，因此单元电荷在减少到无法检测前必须重新存储。存储单元的这种特性在 DRAM 的设计及制作过程中起着重要的作用，因为它决定了刷新周期(一般在刷新过程中，DRAM 不能被访问)，因此人们开发了很多种存储单元结构来延长单元数据的保存时间。流过存取晶体管的亚阈值漏电流是存储节点电荷减少的主要因素，它对衬底电压的变化十分敏感。因为存储在存储单元上的电荷量非常小，所以由源极电压与衬

底电压差值引起的阈值电压的漂移将显著影响存储器衬底漏电流的特性，而且以指数形式增长的衬底漏电流会使存储器的刷新特性大幅度恶化。为了解决这个问题，将衬底(p 型)加负电压偏置来取代 V_{SS}。图 10.29(a)中因衬底偏置电压引起的阈值电压变化可表示为

$$\frac{\Delta V_T}{\Delta V_{SB}} \propto \sqrt{V_{SB}} \tag{10.4}$$

其中，V_{SB} 是晶体管源极和衬底的电压差。

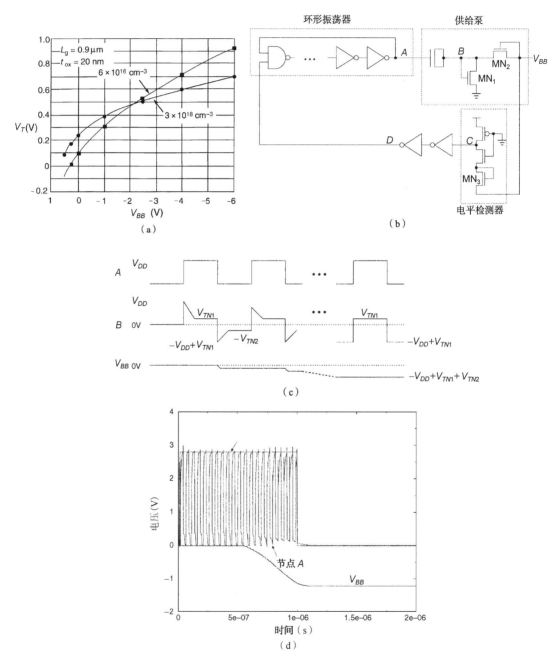

图10.29　负衬底偏置电压(V_{BB})发生器。(a)阈值电压随衬底偏置电压的变化曲线；
(b)电路图；(c)时序图负衬底偏置电压(V_{BB})发生器；(d)模拟波形图

施加负衬底偏置可帮助减小位线的有效负载电容。因为位线的有效负载电容是位线上的导线电容与连接在位线上的存取晶体管的结电容之和，所以可以通过增大结耗尽层面积减小结电容，进而减小位线有效电容。然而，由负衬底偏置引起的存取晶体管阈值电压上升会降低单元存储性能。

衬底偏置电压发生器如图 10.29(b)所示，它由一个环形振荡器、一个电荷泵和一个电平检测器组成。电荷泵从衬底提取出空穴使衬底达到负电位。图 10.29(c)为各信号节点的行为。当节点 A 为高电平时，节点 B 的电压变为 V_{TN1}，其中 V_{TN1} 是 MOS 二极管 MN_1 的阈值电压。

在节点 A 的下降沿，节点 B 向下耦合到 $-V_{DD} + V_{TN1}$，直到节点 B 的电压通过提取出其中的空穴达到 $-V_{TN2}$ 时，MN_2 才导通，其中 V_{TN2} 是 MN_2 的阈值电压。当节点 A 的电压为高电平时，空穴通过 MN_1 接地放电且节点 B 的电压变为 V_{TN1}。重复这些过程，衬底电压可降到 $-V_{DD} + V_{TN1} + V_{TN2}$。因为降低衬底偏置会在阈值电压增加时引起 nMOS 晶体管的性能退化，所以衬底电压被设置在一个合适的折中点上，从而权衡提高性能和减小漏电流。衬底偏置电压通过确定电压检测器中晶体管的大小来设置。当衬底偏置电压低于预定值时，环形振荡器停止工作，这样使得 MN_3 的导通更加完全，节点 C 被下拉，节点 D 的电压变成低电平，如图 10.29(d)所示。

与负偏压发生器相反，片上升压可通过在大电容(一般为几纳法)中施加并维持电荷而得到。除了电荷泵电路外，基本操作几乎一样，其电路实现如图 10.68 所示。

10.3 静态随机存储器(SRAM)

如 10.1 节所述，将读/写(R/W)存储器电路设计成可以修改(写)数据并存储在存储阵列中，同时也可按要求检索(读)数据。如果存储的数据可以长期保存(只要提供足够的电源电压)而不需要任何周期性的刷新操作，则称这种存储电路是静态的。我们不仅要分析用于读、写数据的外围电路，而且要分析 SRAM 单元的电路结构和它们的工作过程。

数据存储单元(即 RAM 阵列中 1 位存储单元)总是由具有两个稳定工作点(状态)的简单锁存电路构成。根据双反相器锁存电路的预置状态，存储单元中的数据被译为逻辑"0"或逻辑"1"。通过位线存取(读和写)存储单元中的数据，至少需要一个开关，它由相应的字线控制，即行地址选通信号，如图 10.30(a)所示。通常由 nMOS 传输晶体管构成的两个互补存取开关将 1 位的 SRAM 单元与互补位线(列线 1)相连来实现。这就和用左右手转动汽车方向盘来调整方向一样。

图 10.30(b)为 MOS 静态 RAM 存储单元的一般结构，由两个交叉连接的反相器和两个存取晶体管组成。负载器件可能是多晶硅电阻或耗尽型 nMOS 晶体管，也可能是 pMOS 晶体管，这要根据存储单元类型来定。用作数据存取开关的传输门是增强型 nMOS 晶体管。

在锁存结构中采用以不掺杂的多晶硅电阻作为负载的反相器。与其他结构相比，通常可以更显著地压缩存储单元的尺寸，如图 10.30(c)所示。因为电阻可被置于存储单元表层(采用双多晶硅工艺)，因此相应于六晶体管单元的拓扑结构可以减小存储单元尺寸到四个晶体管。如果采用多层多晶硅层，那么一层复合多晶硅层可用作增强型 nMOS 晶体管的栅极，而另一层可以用作负载电阻和互连线。

正如 5.2 节中分析的那样，对于电阻性负载反相器，为了得到可接受的噪声容限和输出上拉时间，负载电阻值应相对较小。另一方面，为了减小由每个存储单元产生的维持电流，需要一个很大的负载电阻。因此，对低功耗高电阻的需求与宽噪声容限及高速之间存在着矛盾，功耗问题将在后文做更详细的讨论。图 10.30(d) 所示的六晶体管耗尽型 nMOS SRAM 单元可简单地由一层多晶硅及一层金属构成。存储单元尺寸往往相对较小，特别是采用了掩埋式金属扩散触点的单元。这类存储单元的静态特性和噪声容限一般要优于电阻性负载单元。然而耗尽型负载 SRAM 单元的静态功耗使之不适合用于高密度 SRAM 阵列。

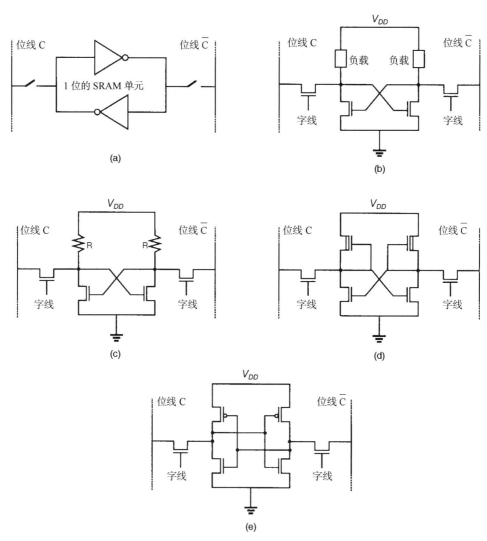

图 10.30   静态 RAM 单元的各种结构。(a)带存取开关的双反相器锁存电路的表示符号；(b)MOS 静态 RAM 单元的一般电路拓扑结构；(c)电阻性负载 SRAM 单元；(d)耗尽型负载 nMOS 管 SRAM 单元；(e)完全 CMOS 管 SRAM 单元

图 10.30(e) 所示的完全 CMOS SRAM 单元目前应用最为广泛，因为它在各种电路结构中静态功耗最小，且与逻辑操作兼容。另外，CMOS 单元同样也有较好的噪声容限和较快的转换时间。静态 RAM 单元的优缺点将在本章后面部分做深入探讨。

10.3.1　完全 CMOS SRAM 单元

采用交叉耦合的 CMOS 反相器可以很容易地设计出低功耗的 SRAM 单元。在此情况下，存储单元的待命功耗被限制在两个 CMOS 反相器中相对较小的漏电流上。另一方面，采用 CMOS SRAM 单元可能带来的缺点是：为了给 pMOS 晶体管提供 n 阱及多晶硅接口，存储单元的面积可能略大于图 10.30 所示的采用其他单元的面积。

完全 CMOS 静态 RAM 单元的电路结构如图 10.31 所示，在互补位线上带有 pMOS 列上拉晶体管。存储单元由一个简单的 CMOS 锁存器(两个背对背连接的反相器)及两个互补存取晶体管(M_3 和 M_4)构成。只要提供电源，该单元将保持自身两种稳定状态中的一种。只要决定读或写操作的字线(行)被选通，存取晶体管即可导通，从而将存储单元与互补位线的列相连。

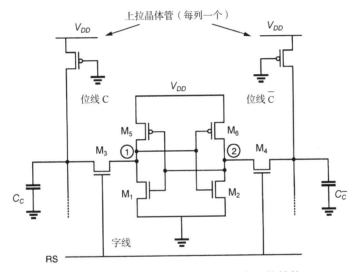

图 10.31　CMOS SRAM 单元的电路拓扑结构

这种电路的拓扑结构最重要的优点是静态功耗非常小，实际上，它只受 pMOS 和 nMOS 晶体管漏电流的限制。因此，一个 CMOS 存储单元仅在转换的过渡阶段从电源吸收电流。低待命功耗确实已成为增加高密度 CMOS SRAM 优越性的驱动力。

CMOS SRAM 单元的其他优点包括由于较大的噪声容限带来的高抗噪声性能，并且具有在低电源电压情况下工作的能力，而电阻性负载 SRAM 则无此能力。长期以来，CMOS 存储器最主要的缺点是单元尺寸较大，CMOS 额外工序的复杂性及有可能出现"闩锁"现象。然而，随着多层多晶硅及多层金属制作工艺的广泛使用，CMOS SRAM 在单元面积方面的缺点近几年有了显著改进。考虑到 CMOS 具有低功耗和在低电压下工作的优点，额外工艺的复杂性及需要防止"闩锁"的措施不会对 CMOS 单元在高密度 SRAM 阵列中的应用构成实质性的障碍。图 10.32 比较了四晶体管电阻性负载 SRAM 单元与六晶体管完全 CMOS SRAM 单元的典型版图。

注意，不同于在电阻性负载 SRAM 中使用的 nMOS 列上拉器件，图 10.31 中所示的 pMOS 列上拉晶体管允许列电压达到满电平。为了进一步减小功率消耗，这些晶体管也可以由一个周期性的预充电信号驱动，该信号驱使上拉器件对列电容充电。

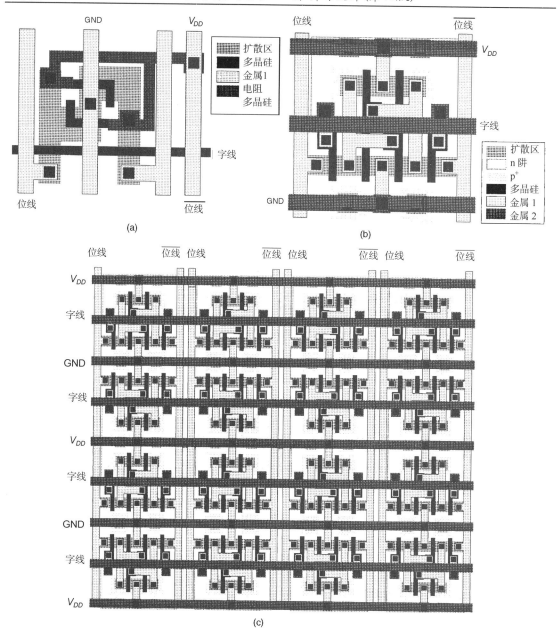

图 10.32   (a)电阻性负载 SRAM 单元的版图；(b)CMOS SRAM 单元的版图；
(c)由 16 个 CMOS SRAM 单元组成的 4 位 × 4 位 SRAM 阵列的版图

10.3.2   CMOS SRAM 单元的设计方法

    为了确定如图 10.31 所示的典型 CMOS SRAM 单元中晶体管的宽长比(W/L)，必须考虑许多设计准则。决定(W/L)的两个基本要求是：(1)读取数据的操作应当不破坏 SRAM 单元中的存储数据；(2)在数据写入间期，单元应允许对已存数据进行修改。

    首先考虑数据读取操作，假设单元中存储了逻辑"0"。在读取操作开始时，CMOS SRAM 单元的电平如图 10.33 所示。这里，晶体管 M_2 和 M_5 截止，而 M_1 和 M_6 工作在线性模式。因此，在单元存取（或称传输）晶体管 M_3 和 M_4 导通前，内部节点电压为 $V_1 = 0$，$V_2 = 0$。在数据读取操作开始时激活的晶体管用黑实线表示，如图 10.33 所示。

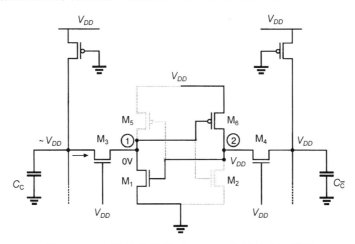

图 10.33　在读操作开始时 SRAM 单元的电平情况

当行选通电路系统使传输晶体管 M_3 和 M_4 导通后，C 列上的电平将没有显著变化，因为没有电流流过 M_4。然而，在单元的另一部分，M_3 和 M_1 将传输一个非零电流，使 $\overline{C}$ 列的电压开始微弱下降。注意，列电容 C_C 一般都很大，因此，在读取操作期间，列电压的下降值都被限制在几百毫伏左右。在本章后面讨论的数据读取电路系统用来检测这种微弱的电压降，并且对已存"0"进行放大。当 M_1 和 M_3 对列电容缓慢放电时，节点电压 V_1 将从它的初始值 0 V 开始上升。特别是在这个过程中如果存取晶体管 M_3 的 (W/L) 大于 M_1 的 (W/L)，节点电压 V_1 可能超过 M_2 的阈值电压，从而导致存储状态发生不希望的改变。因此，数据读取操作的关键设计问题是保证 V_1 的电压不超过 M_2 的阈值电压，从而使晶体管 M_2 在读取期间保持截止状态，即：

$$V_{1,max} \leqslant V_{T,2} \tag{10.5}$$

可以假设，在存取晶体管导通后，列电压 V_C 近似等于 V_{DD}。因此，M_3 工作在饱和区，而 M_1 工作在线性区。

$$\frac{k_{n,3}}{2}(V_{DD} - V_1 - V_{T,n})^2 = \frac{k_{n,1}}{2}\left(2(V_{DD} - V_{T,n})V_1 - V_1^2\right) \tag{10.6}$$

将此方程与式（10.3）结合可得

$$\frac{k_{n,3}}{k_{n,1}} = \frac{\left(\dfrac{W}{L}\right)_3}{\left(\dfrac{W}{L}\right)_1} < \frac{2(V_{DD} - 1.5_{T,n})V_{T,n}}{(V_{DD} - 2V_{T,n})^2} \tag{10.7}$$

以上得到的宽长比的上限实际上是相当保守的，因为 M_3 的漏极电流的一部分也可以用来对节点 1 的寄生节点电容进行充电。总之，如果式（10.5）的条件得到满足，那么在读"0"操作过程中，晶体管 M_2 将保持截止状态。由对称条件可以确定 M_2 和 M_4 的宽长比。

现在来考虑写"0"过程，假设开始时 SRAM 单元中已存储了逻辑"1"。图 10.34 表示了在数据写入操作开始时 CMOS SRAM 单元中的电平情况。晶体管 M_1 和 M_6 截止，而晶体管

M_2 和 M_5 工作在线性模式。因此，在单元存取(或传输)晶体管 M_3 和 M_4 导通前，内部节点电压为 $V_1 = V_{DD}$ ，$V_2 = 0 \text{ V}$ 。

　　列电压 V_C 被数据写入电路系统强行置为逻辑 "0" 电平，因此，可以假设 V_C 近似等于 0 V。一旦行选通电路系统使传输晶体管 M_3 和 M_4 导通,我们期望节点电压 V_2 仍低于 M_1 的阈值电压，因为 M_2 和 M_4 是根据条件式(10.5)来设计的。

　　因此节点 2 的电平不足以使 M_1 导通。为了改变存储的信息，即置 V_1 为 0 V，置 V_2 为 V_{DD}，节点电压 V_1 必须降到低于 M_2 的阈值

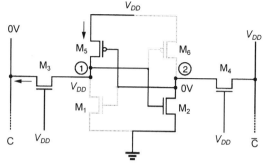

图 10.34　在写操作开始时 SRAM 单元的电平情况

电压，因此 M_2 首先截止(事实上，在大多数情况下，这个条件可放宽；当 V_1 减小到低于反转阈值时，M_2 将截止)。当 $V_1 = V_{T,n}$ 时，晶体管 M_3 工作在线性区而 M_5 工作在饱和区。

$$\frac{k_{p,5}}{2}(0 - V_{DD} - V_{T,p})^2 = \frac{k_{n,3}}{2}\left(2(V_{DD} - V_{T,n})V_{T,n} - V_{T,n}^2\right) \tag{10.8}$$

整理此条件可得

$$\frac{k_{p,5}}{k_{n,3}} < \frac{2(V_{DD} - 1.5_{T,n})V_{T,n}}{(V_{DD} + V_{T,p})^2}$$

$$\frac{\left(\dfrac{W}{L}\right)_5}{\left(\dfrac{W}{L}\right)_3} < \frac{\mu_n}{\mu_p} \cdot \frac{2(V_{DD} - 1.5_{T,n})V_{T,n}}{(V_{DD} + V_{T,p})^2} \tag{10.9}$$

　　总之，如果条件式(10.7)得到满足，那么晶体管 M_2 在写 "0" 工作过程中将被强制进入截止模式。这将保证 M_1 随之导通，从而修改存储的信息。注意，对称条件也支配 M_6 和 M_4 的宽长比。

10.3.3　SRAM 的运用

　　图 10.35 和图 10.36 分别为 SRAM 单元阵列的存储结构和读、写工作过程的时序图。

　　在图 10.36 中的读取操作过程中，字线由行地址选通。一般来说，字线电压为 V_{DD} 而不是在 DRAM 中的提升电压(V_{PP})。在 DRAM 读取操作过程中，位线电平由于单元和位线电容之间的电荷共享而小幅改变，并且单元存储节点的电压会和改变后的位线电压相等。因此，单元数据会被破坏，在每个读取操作之后必须有一个恢复操作。然而 SRAM 单元具有一个锁存结构，因此单元数据在读取操作期间得到保持而不会蜕变，所以通过提升电压来从 nMOS 存取晶体管恢复单元数据是没有必要的。SRAM 器件的另一个特征是不使用所谓的地址复用方案，也就是说，一个行地址和列地址可由外部控制器件同时提供。不需要使用地址复用方案来获取单元数据是 SRAM 的随机存取时间比 DRAM 的存取时间快的原因之一。一个快速 SRAM 的存取时间一般为几纳秒，而 DRAM 的存取时间则需要十几纳秒。在读取操作之前，当使用 nMOS 负载晶体管时，位线通常被预充电到 V_{DD}(对于 pMOS)或是 $V_{DD} - V_{TN}$(对于 nMOS)。根据 SRAM 器件的应用(极低功率的 PDA 或高速缓冲器)，在读取操作过程中，负

载晶体管处于截止状态或保持导通状态。字线被选通时,其中的一条位线通过连接在单元"0"节点上的 nMOS 晶体管放电。SRAM 单元的电流驱动能力是非常小的(十几微安),而且当负载晶体管导通时,位线的电压变化仅十几毫伏。

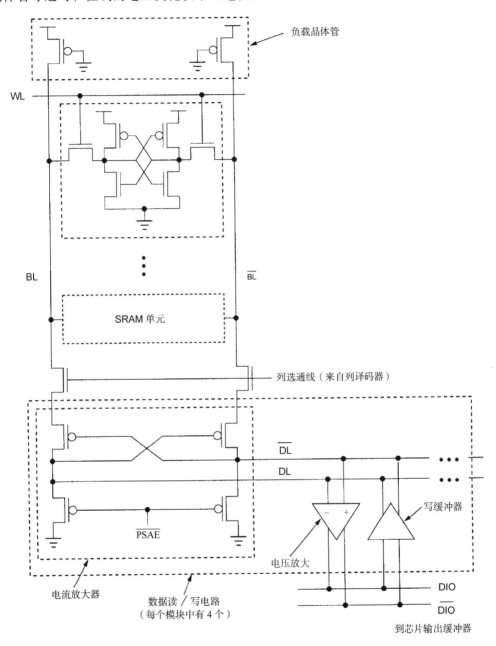

图 10.35 带读/写电路的 SRAM 的存储结构

探测位线上电压差的读出放大器由多条位线(如 32 条)共用,且读出放大器与位线对之间的连接由列选通线控制。一般采用多级放大器来提高读取速度。如图10.35所示,高增益电压或电流模式放大器用作第一级放大器,具有大电流驱动能力的电压模式放大器用作最后一级放大器产生 CMOS 电平信号(如 DIO 和 $\overline{\text{DIO}}$)。

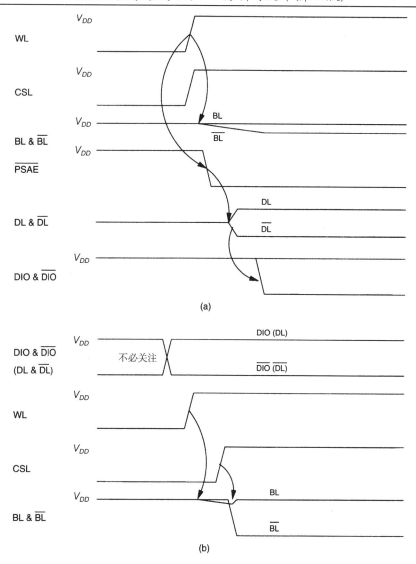

图 10.36　SRAM 的核心操作。(a)读时序图；(b)写时序图

在写操作中，数据由外设提供并被写入单元，根据数据设置 DIO、$\overline{\text{DIO}}$、DL 和 $\overline{\text{DL}}$ 线。如读取操作过程一样，字线由行地址选通，其中一条位线放电。当该列的门开启时，写缓冲器开始把数据写入单元，如图 10.36(b)所示。因为写缓冲器具有比 SRAM 存储单元更大的电流驱动能力，当不同的数据写入存储单元时单元数据会迅速变化，所以写操作比读取操作需要的时间少。

图 10.37 所示为 SRAM 读取单元数据"0"的波形图。TTL 电平的地址信号经过地址缓冲器后转变成 CMOS 电平信号并被解码($\overline{\text{DA}}$)。即使 SRAM 芯片的工作电平为 3.3 V，为了降低功耗和提高可靠性，内部信号的振幅通过内部电压调节器被下调到 1.2 V。

字线(WL)被选通，BL 进行弱放电，位线上的信号差值被第一级放大器(DL 和 $\overline{\text{DL}}$)放大。CMOS 电平信号($\overline{\text{DIO}}$)被用来驱动大负载线路。通过电平位移器($\overline{\text{DIOE}}$)改变($\overline{\text{DIO}}$)幅度使其有效地驱动输出缓冲器同时读取数据被送到外设(DOUT)。

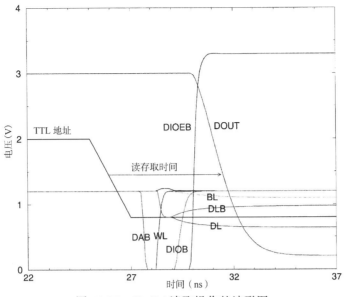

图 10.37　SRAM 读取操作的波形图

10.3.4　SRAM 单元中的漏电流

DRAM 单元中的漏电流影响 DRAM 芯片的刷新周期，导致激活和待命（即数据保持）功耗的增大，而 SRAM 中的漏电流一般是芯片待命电流的主要部分。因为在 SRAM 器件中集成了几百万个存储单元，所以芯片的特征尺寸将减小，但每个单元漏电流之和将占待命功率相当大的一部分。待命功率是应用于如 PDA 等便携装备的低功耗芯片的关键设计参数。如图 10.38 所示，SRAM 单元中漏电流由数据 "1" 节点与衬底间的结电流（I_j）、流过截止状态的 nMOS 和 pMOS 晶体管的亚阈值漏电流（I_{nsub} 和 I_{psub}）以及流过栅极薄氧化层的隧穿电流（$I_{tunneling}$）构成。与 DRAM 不同的是，通过采用负的衬底偏压或是使用高阈值晶体管来提高单元中晶体管的阈值电压的一些措施必须经过仔细考虑，因为漏电流的减小是以性能的降低（读、写时间）为代价的。

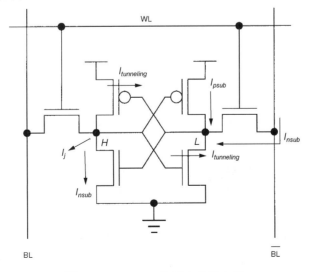

图 10.38　SRAM 单元中的漏电流

10.3.5　SRAM 读／写电路

代替图 10.26 所示的电压读出放大器,电流模式读出放大器在 SRAM 中得到了广泛应用。它能提高信号读取速度而不受位线负载电容的影响。电流模式读出方法的一个特征是信号线(BL 或 $\overline{\text{BL}}$)上只有微小的电压波动,其典型结构如图 10.39 所示。

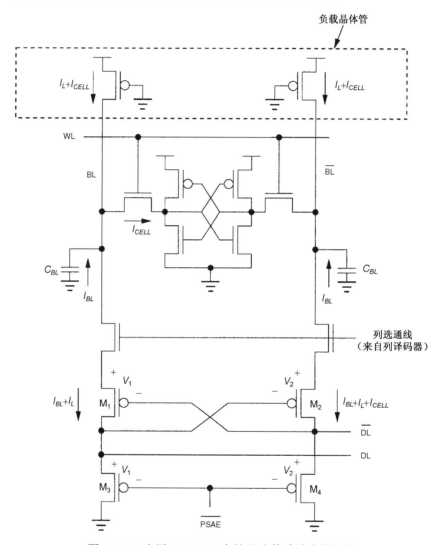

图 10.39　应用于 SRAM 中的电流传感放大器电路

下面对电流模式读出放大器进行定性分析。与电压读出放大器相比,电流模式读出放大器的信号线与锁存晶体管(M_1 和 M_2)的源极相连。当 $\overline{\text{PSAE}}$ 为低电平时,读出放大器被激活。因为 BL 和 $\overline{\text{BL}}$ 及 DL 和 $\overline{\text{DL}}$ 的电平维持在 V_{DD} 和 V_{TP} 左右,所以读出放大器的所有晶体管(M_1,M_2,M_3,M_4)的偏置都处在饱和模式。M_1 和 M_3(M_2 和 M_4)的栅-源电压几乎完全相同,因为每条支路流过的电流相同。当 $\overline{\text{PSAE}}$ 变成低电平时,左右位线具有相同的电位 V_1+V_2。因为位线电压相同,所以位线负载电流(I_L+I_{CELL})和电容的电流(I_{BL})也相等。当存储单元吸收单元电流(I_{CELL})时,I_{CELL} 中大部分电流流入右脚线以保持位线电压相等。因此,在 DL 和 $\overline{\text{DL}}$ 线上就出现了电流差。因为 BL 和 $\overline{\text{BL}}$ 上没有电容放电过程，所以读取速度几乎与位线负载电容无关。因此，BL 和 $\overline{\text{BL}}$ 不需要会引起速度下降和周期延长的预充电和均衡操作。

图 10.39 电路的开环增益可表示为

$$\text{Gain}_{open-loop} = \frac{g_m(m3) \cdot g_m(m4)}{g_m(m1) \cdot g_m(m2)} \tag{10.10}$$

其中，$g_m(m1)$、$g_m(m2)$、$g_m(m3)$ 和 $g_m(m4)$ 分别是 M_1、M_2、M_3 和 M_4 的跨导。电流读出放大器的一个缺点是它比电压读出放大器消耗更大的功率。因为数据线（图 10.15 中的 BL_IO 和 BL_IOB）上有很大的负载电容，所以电流读出放大器一般应用于高速 SRAM 和高密度 DRAM 中。

10.3.6 低压 SRAM

为了最小化 SRAM 单元面积，传统上一般采用最小化元件栅长和栅宽的方式，但这种方式往往会使 SRAM 单元的不稳定性增加。第 3 章中解释了许多引起阈值电压改变的原因。而且，器件的阈值电压也会受到设计布局的影响。由于负偏压下的温度不稳定性，图 10.31 中的交叉耦合 pMOS 晶体管对的阈值电压可能各不相同，因为在一个时刻仅有一个 pMOS 晶体管导通。同理，由于正偏压下的温度不稳定性，图 10.31 中的交叉耦合 nMOS 晶体管对的阈值电压会失配。低电源电压下六晶体管 (6-T) SRAM 的阈值电压变化会降低静态噪声容限 (Static Noise Margin，SNM)。静态噪声容限的定义为存储数据翻转之前的噪声容错电压。图 10.40(a) 为衡量静态噪声容限的等效电路。inv_R 和 inv_L 分别代表图 10.31 中 SRAM 单元右边和左边的反相器。节点①和节点②插入了两个最坏极性的直流噪声源 (V_n)。在读取操作时，可翻转 SRAM 单元状态的最小直流噪声为静态噪声容限。图 10.40(b) 展示了用蝶形线作图测算静态噪声容限，该蝶形线由两组电压传输曲线组成。在图中静态噪声容限可被定义为蝶形线的两个开口所包围的两个正方形中较小的一个边长。基于这种方法，在施加直流噪声前，V_S 可看成静态噪声容限。如图 10.40(b) 所示，当供给电压 V_n 后，inv_L 的电压传输特性 (VTC$_L$) 和 inv_R 的电压传输特性 (VTC$_R$) 在垂直和/或水平方向变化，直到稳定点 A 和不稳定点 B 在点 D 交汇。如果施加更高的直流噪声，这两组电压传输特性会交于点 C 而且储存的字位会翻转。由于读取过程中内部节点的分压，静态噪声容限主要由下拉晶体管和传输晶体管的宽长比 [如图 10.31 中的 $(W/L)_3/(W/L)_1$] 决定。

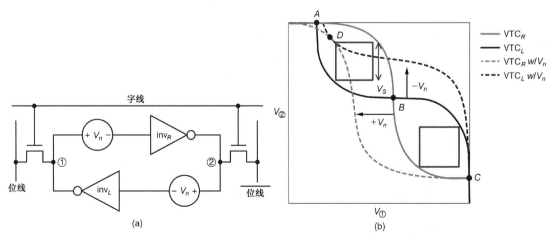

图 10.40 (a) 定义 6-T SRAM 的静态噪声容限的标准过程；(b) 直流噪声引起的静态噪声容限的变化

在纳米级工艺中，下拉字线电压至地往往会导致大量功耗，因此可写性也是 6-T SRAM 设计中需要考虑的因素。写差错点是可写性的度量，它定义为可翻转管宽长 SRAM 单元状态的最大字线电压，如图 10.41 所示。写差错点主要由 SRAM 单元的上拉比决定[如图 10.31 中的 $(W/L)_5/(W/L)_3$]。6-T SRAM 单元的变化容差可以在读取稳定性和可写性间权衡。例如，在图 10.31 中，如果通过小心地增大 M_3 和 M_4 的两个传输晶体管来增大静态噪声容限，就会使得在 SRAM 单元中写入数据变得困难。

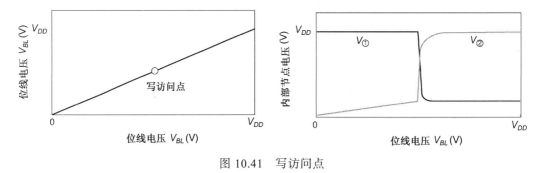

图 10.41　写访问点

通过调整图 10.30(e)中的传统 6-T SRAM 单元，可设计几种八晶体管(8-T)和十晶体管(10-T)SRAM 单元来改善静态噪声容限。图 10.42(a)所示为一个不使用第二电源或动态电源的 8-T SRAM 单元。为只读功能加入了层迭晶体管 M_3 和 M_4，为只写功能加入了传输晶体管 M_1 和 M_2。也就是说，为了克服静态噪声容限下降，将 SRAM 单元节点从位线中解耦，从而平衡读模式和写模式的静态噪声容限。当传输门晶体管增加地之上"0"存储节点电压时，将引起静态噪声容限的显著下降，6-T 晶体管单元会达到读取过程中的最差静态噪声容限。8-T 单元最差静态噪声容限的情形和双交耦合反相器相同。因此，如图 10.42(b)所示，8-T 单元能提供更好的静态噪声容限。

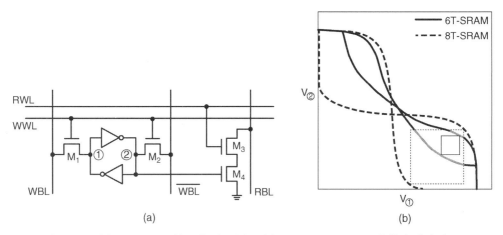

图 10.42　(a)8-T SRAM 单元的原理图；(b)6-T 和 8-T SRAM 的静态噪声容限

10.4　非易失存储器

MOS 存储结构(如 DRAM 和 SRAM)的缺点之一就是掉电后所储存的数据会丢失。为了克服这个问题，人们已设计出多种非易失且可编程的(除掩模型 ROM 外)存储器。最近，基于浮栅概念的闪存由于其小的单元尺寸和良好的工作性能已经成为最通用的非易失存储器。因此，本节将详细讨论掩模型 ROM 和闪存的基本结构和工作过程。

只读存储阵列也可看成一种简单的组合布尔型网络，它对每个输入组合(即每个地址)都会产生一个指定的输出值。因此，在一个特定地址存储二进制信息，可以通过被选行(字线)与被选列(位线)间有无数据路径(相当于在特定位置有无元件)来实现。接下来将分析 MOS ROM 阵列的两种实现方法。首先考虑图 10.43 所示的 4 位 ×4 位存储阵列的情况。在此图中，每一列由一个伪 nMOS NOR 门构成，每个门都由一些行信号即字线驱动。

如 10.3 节所述，一次仅有一个字线信号通过升高电平到 V_{DD} 而被激活，而所有其他字线保持在低电平。如果一个激活的晶体管位于列和被选行的交点上，那么列电压将被晶体管下拉到逻辑低电平。如果交点上没有激活的晶体管，那么列电压被 pMOS 负载器件拉到高电平。

这样，交点上没有激活的晶体管时存储逻辑 "1"，有激活晶体管时存储逻辑 "0"。为了降低静态功耗，图 10.43 所示的 ROM 阵列中的 pMOS 负载晶体管由一个周期性预充电信号驱动，这样就构成了一个动态 ROM。

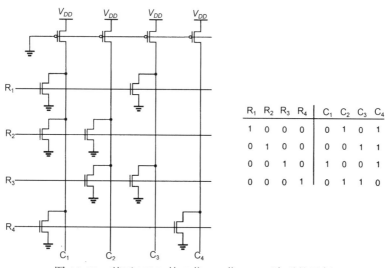

R_1	R_2	R_3	R_4	C_1	C_2	C_3	C_4
1	0	0	0	0	1	0	1
0	1	0	0	0	0	1	1
0	0	1	0	1	0	0	1
0	0	0	1	0	1	1	0

图 10.43　基于 NOR 的 4 位 ×4 位 ROM 阵列的示例

在实际的 ROM 版图中，阵列在初始制造时，每个行与列的交点都有一个 nMOS 管。在最后的金属蒸溅工序中，省略相应 nMOS 晶体管漏极、源极或是栅电极的连接就存储 "1"。图 10.44 所示为在一个 NOR ROM 阵列中，4 个 nMOS 晶体管形成了由两条金属位线和两条多晶硅字线的交点。

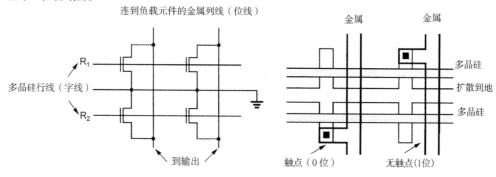

图 10.44　一种 NOR ROM 阵列的版图示例

　　为了节省芯片面积，每两个相邻行上的晶体管被排列到一条公共地线上，并按照 n 型扩散来定路线。为了在特定地址位置存储一个"0"，相应的晶体管漏极必须经过金属-扩散触点连到金属位线。另一方面，如果没有这个触点，就是在单元中存储了"1"。

　　图 10.45 所示为一个 ROM 阵列的大部分，图中未画出连到金属线上的 pMOS 负载管。这里描述的是图 10.43 中 4 位×4 位 ROM 阵列如何用前面介绍过的触点掩模型编程方法来实现。注意，在此结构中的 16 个 nMOS 晶体管仅有 8 个经金属-扩散触点连到位线。实际上，为了减少 ROM 阵列的横向尺寸，金属列线被直接布到扩散列线之上。

　　另一种实现 NOR ROM 版图的方法是通过沟道注入提升的 nMOS 晶体管阈值电压，使 nMOS 晶体管失活。图 10.46 为一个 NOR ROM 阵列的电路图，每两行的 nMOS 晶体管共用一个接地点，每个与金属位线相接的漏极扩散区由两个相邻的晶体管共用。在这种情况下，所有的 nMOS 晶体管都已经与列线(位线)相连，因此，要在某一特定位置存储"1"，不可能通过忽略相应的漏极接点来实现。而是在制造过程中通过有选择的沟道注入将晶体管的阈值电压升高到 V_{OH} 以上，使与存储"1"有关的 nMOS 晶体管失活。

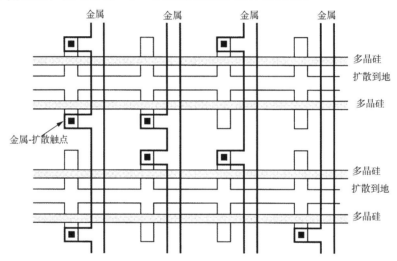

图 10.45　图 10.43 所示 4 位×4 位 NOR ROM 阵列示例的版图

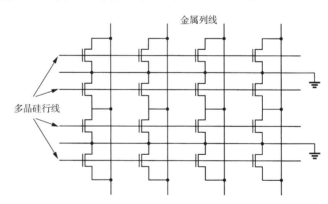

图 10.46　注入掩模型可编程 NOR ROM 阵列中 nMOS 管的布局，相邻两个元件共用一个金属-扩散触点

　　图 10.47 为 4 位×4 位的 NOR ROM 阵列示例(见图 10.43)的另一种版图，它基于注入掩模型编程方法。注意，在这种情况下，每个阈值电压的注入表示存储了一个"1"，而所有其

他(无注入)晶体管则相应地存储"0"。由于该结构中每个金属-扩散触点是由两个相邻晶体管共用的,故与触点掩模型 ROM 版图相比,注入掩模型 ROM 版图具有更高的存储密度,即每个存储单元占用更小的硅片面积。

接下来,我们讨论一种与 ROM 阵列设计完全不同的方法,称之为 NAND ROM(见图 10.48)。在这种设计中,每条位线都由一些行信号即字线驱动一个耗尽型负载 NAND 门组成。在正常操作中,被选中的字线被下拉为逻辑低电平,未被选中的所有字线保持为高电平。如果一个晶体管位于被选中的行与列的交点上,则此晶体管截止,且列电压被负载元件拉到高电平。另一方面,在多输入的 NAND 结构中,如果在特定交点上无晶体管(短路),那么列电压会被其他 nMOS 晶体管拉到低电平。因此,在交点上,被激活出现的晶体管就表示存储逻辑"1"位,而短路或导通的晶体管表示存储逻辑"0"位。

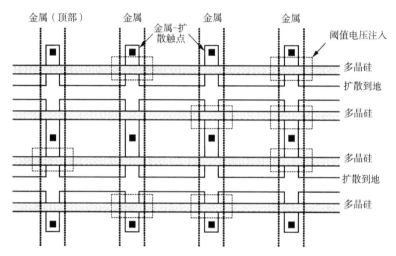

图 10.47　图 10.43 所示 4 位×4 位 NOR ROM 阵列的版图,
存储"1"位晶体管的阈值电压通过注入升到 V_{DD}

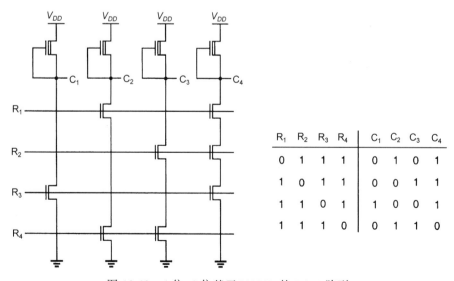

R_1	R_2	R_3	R_4	C_1	C_2	C_3	C_4
0	1	1	1	0	1	0	1
1	0	1	1	0	0	1	1
1	1	0	1	1	0	0	1
1	1	1	0	0	1	1	0

图 10.48　4 位×4 位基于 NAND 的 ROM 阵列

与 NOR ROM 的情况一样,基于 NAND ROM 的阵列在最初制造时每行与每列的交点也会连有一个晶体管。在交叉点通过沟道注入降低相应的 nMOS 管的阈值电压就实现了存储逻辑"0"操作，因此无论栅极电压如何，晶体管都导通(即交点上的 nMOS 晶体管变成了一个耗尽型器件)。

这种处理方法的有效性也是用 nMOS 负载晶体管代替前例中的 pMOS 负载管的原因。图 10.49 为一个 4 位 ×4 位的注入掩模型 NAND ROM 阵列版图的例子。图中 n 型扩散区竖直列线等间隔地与多晶硅的水平行线相交，因此在每个行列交点上有一个 nMOS 晶体管。带有阈值电压注入的晶体管同正常的耗尽型元件的作用一样，因此无论栅极电压如何都可提供一条持续的电流通路。因此这种结构不需要将触点置于阵列中，所以它比 NOR ROM 阵列更紧凑。然而，由于在每一列中有多个串联的 nMOS 晶体管，因此其存取时间比 NOR ROM 慢。一种可取的 NAND ROM 阵列版图在逻辑"0"位置不放 nMOS 管，像在 PLA(可编程逻辑阵列)的版图情况一样，在这种情况下，不需要的晶体管并不是在那个位置进行阈值电压注入，而只是简单地用一条金属线代替。

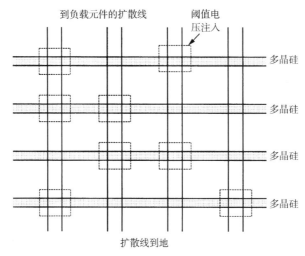

图 10.49　图 10.48 NAND ROM 阵列示例的注入掩模型版图。存储"0"的晶体管的阈值电压通过注入降到 0 V

行、列译码器的设计

现在把注意力转向行列地址译码器的电路结构。译码器基于二进制行列地址来选择某一特定的存储区域。根据定义，用来驱动 NOR ROM 阵列的行列译码器必须通过升高 2^N 中的一条字线的电压到 V_{OH} 来选中这条字线。下面来考虑图 10.50 中一个简单的行地址译码器的例子，它将一个 2 位的行地址译码，通过升高 4 条字线中的一条电平来选中它。

图 10.50　2 地址位-4 字线行地址译码器示例

一个最简单的译码器是另一种 NOR 阵列的执行过程，它是由 4 行(输出)和 4 列(2 个地址位和它们的互补信号)组成。注意，这种基于 NOR 的译码器可以像 NOR ROM 阵列一样，用相同的具有选择性的编程方法即可实现，如图 10.51 所示。ROM 阵列和它的行译码器作为两个相邻的 NOR 阵列组成，如图 10.52 所示。

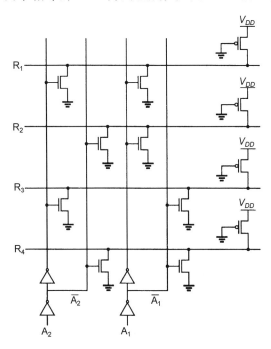

图 10.51　2 地址位-4 字线基于
NOR 的行译码器电路

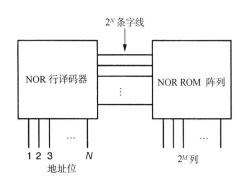

图 10.52　行译码器电路和 ROM 阵列作为
两个相邻 NOR 平面的执行过程

另一方面，用来驱动 NAND ROM 的行译码器必须使所选行电压降低到逻辑 "0"，而未被选中的行保持在逻辑高电平。这些功能可以通过在每个行输出端加一个 N 输入的 NAND 门来实现。如图 10.53 所示为一个简单的 4 行译码器的真值表和用双 NAND 阵列实现的译码器及 ROM。

A_1	A_2	R_1	R_2	R_3	R_4
0	0	0	1	1	1
0	1	1	0	1	1
1	0	1	1	0	1
1	1	1	1	1	0

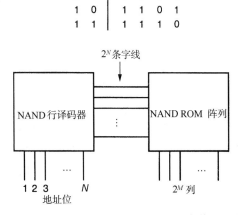

图 10.53　一个 NAND ROM 阵列行译码器的真值表和行译码器电路及 ROM 阵列作为两个相邻 NAND 平面的执行过程

与 NOR ROM 的情况一样，NAND ROM 中的行地址译码器也可以采取与存储阵列相同的版图方法来实现。

列译码器电路系统的作用是根据 M 位列地址从 2^M 个位线(列)中选出一条，并通过该线将数据内容送到数据输出端。一种简单但代价较高的方法就是在每条位线(列)的输出端连上一个 nMOS 传输晶体管，通过 NOR 的列地址译码器有选择地驱动 2^M 个传输晶体管中的一个，如图 10.54 所示。在这种结构中，根据应用于译码器输入端的列地址，一次只能有一个传输 nMOS 晶体管导通。这个导通的传输晶体管把所选的列信号送到数据输出端。同理，也可一次选中多个列，并将被选中的列送到一个并行数据输出端口。

注意，对于 M 位列地址译码器，共需要 $2^M(M+1)$ 个晶体管，即每条位线需要 2^M 个传输晶体管，译码器电路需要 $M2^M$ 个晶体管。随着 M 的增大，即位线的增多，这个数量会急剧增大。

列译码器电路的另一种设计方法是建立一个二进制的选择树，如图10.55 所示，它是由连贯的数级构成的。在这种情况下，传输晶体管网络用来选出每一级(电平)的两条位线中的一条，而列地址位则用来驱动 nMOS 传输晶体管的栅极。

注意，尽管它需要 M 个额外的反相器($2M$ 个晶体管)来对列地址取反，但是由于该译码树形结构不需要 NOR 地址译码器，所以可以大大减少晶体管的数量。图 10.55 是一个 8 位线的列译码树的例子，它需要 3 位列地址(和对它们的取反)来选择 8 列中的一列。

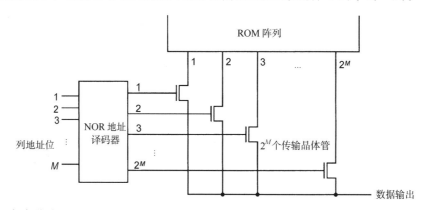

图 10.54　每条位线上均有一个 NOR 地址译码器和几个 nMOS 传输晶体管的位线(列)译码器排列

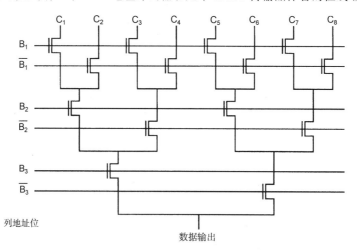

图 10.55　由 3 个列地址位直接驱动的二进制树形译码器实现 8 位线列译码器电路

上述树形译码器的一个缺点是数据路径上串联的 nMOS 传输晶体管的数量与列地址的位数相同，均为 M。因为列数据传输到输出端的译码器分支的等效串联阻抗决定了译码器的延迟时间，所以这种结构可能会导致较长的数据读取时间。为了克服这个缺点，可以将以上两种结构结合起来，即列地址译码器可由部分树形译码器和与图 10.54 中相似的附加选择电路构成。

例 10.1

本例将考虑 32 Kb NOR ROM 阵列的设计，并讨论与存取时间分析有关的设计问题。

一个 32 Kb ROM 阵列由 $2^{15}=32\ 768$ 个独立存储单元组成，如同本章开头所讲，这些存储单元组成一定数量的行线和列线。注意，在 32 Kb 阵列中，行地址位数和列地址位数之和必须等于 15，而存储阵列中行线和列线的具体位数要根据这个和其他条件决定，下面将进行证明。

假设 ROM 阵列有 7 位行地址和 8 位列地址，也就是说在这个存储阵列中有 128 行和 256 列。图 10.56 给出了存储单元的部分版图。此图是通过注入掩模来调整那些留作无效晶体管的阈值电平，从而达到编程的目的（见图 10.47）。为了使版图更加紧凑，实际上将相邻晶体管的漏极连到同一个触点上，金属位线（列）直接布在扩散列的上方。为了使掩模视图看起来更简明，图 10.56 中没有画出金属列线。

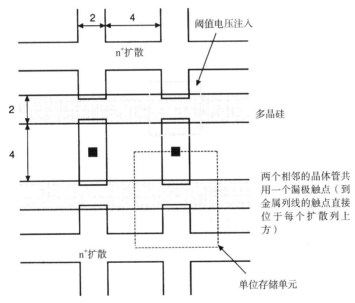

图 10.56　该例中注入掩模型可编程 NOR ROM 阵列的简化掩模
版图，所有量纲均为微米级（$W = 2\ \mu m,\ L = 1.5\ \mu m$）

其他与本结构相关的参数有

$$\mu_n C_{ox} = 20\ \mu A/V^2$$

$$C_{ox} = 3.47\ \mu F/cm^2$$

$$多晶硅方块电阻 = 20\ \Omega/方块$$

首先，计算每一位即每个存储单元的行电阻和行电容。假设每个存储单元的行电容主要由 nMOS 晶体管的薄氧化层电容组成，而有源区以外的多晶硅电容可忽略不计。另一方面，每个存储单元的行电阻可以通过求每位多晶硅的方块数得到（在本例中，方块数为 3）。

$$C_{row} = C_{ox} \cdot W \cdot L = 10.4 \text{ fF/位}$$

$$R_{row} = (\text{方块数} \#) \times (\text{多晶硅方块电阻}) = 60 \ \Omega/\text{位}$$

注意，这个存储阵列中的每个多晶硅行(字线)实际上是分布式的 RC 传输线。图 10.57 画出了这种结构的一些元件，这些元件最终会在很大程度上影响存储阵列的行读取时间。可以看出，一旦某一行被行地址译码器选中，即在字线末端的行电压被置为逻辑高电平，由于 RC 传输线的延迟，最后一个(第 256 个)晶体管的栅极电压在该行最后一个升高。而此行上第 256 个晶体管栅极电压的传播延迟时间决定了行存取时间 t_{row}，如图 10.58 所示。

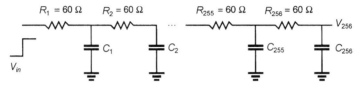

图 10.57　多晶硅字线的等效 RC 传输线

若忽略行地址译码电路的信号传播延迟，并且假设行(字线)由理想的阶跃电压波形驱动，则行存取时间可由下列经验公式近似得到

$$t_{row} \approx 0.38 \cdot R_T \cdot C_T = 15.53 \text{ ns}$$

其中，

$$R_T = \sum_{\text{所有列}} R_i = 15.36 \text{ k}\Omega$$

$$C_T = \sum_{\text{所有列}} C_i = 2.66 \text{ pF}$$

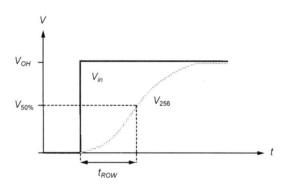

图 10.58　有 256 列的存储阵列行存取时间的定义

对于 RC 梯形电路来说，另一种更精确计算 RC 延迟时间的方法是应用 Elmore 时间常量得到：

$$t_{row} = \sum_{k=1}^{256} R_{jk} C_k = 20.52 \text{ ns} \qquad \text{其中 } R_{jk} = \sum_{j=1}^{k} R_j$$

行存取时间 t_{row} 就是选择和激活 ROM 阵列里的 128 条字线中一条的延迟时间。

为了计算列存取时间，考虑代表 ROM 结构中的位线的 128 输入 NOR 门中的一个，它对应于每列的伪 nMOS NOR 门是用一个 pMOS 负载管设计而成的，其 (W/L) 比值为 (4/1.5)，如图 10.59 所示。

位于 128 输入 NOR 门输出节点上的复合列电容负载近似等于每个驱动晶体管的寄生电容之和。

$$C_{column} = 128 \times (C_{gd,driver} + C_{db,driver}) \approx 1.5 \text{ pF}$$

其中，

$$C_{gd,driver} + C_{db,driver} = 0.0118 \text{ pF/字线}$$

由于行地址译码器一次只能激活一条字线(行线)，故代表列的 NOR 门实际上可以简化为如图 10.60 所示的反相器。为计算列存取时间，必须考虑该反相器在最坏情况下的信号传播延迟时间 τ_{PHL}(输出电压下降时的延迟)。应用第 6 章中的传输延迟公式(6.18b)，可以计算出最坏情况下的列存取时间 $t_{column} = 18$ ns。注意，由于在进行每个行存取之前位线(列)已被预充电到高电平，故输出电压上升时的传输延迟 τ_{PHL} 就不考虑了。

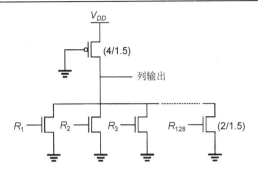

图 10.59 用 128 输入 NOR 门表示
ROM 阵列中的列(位线)

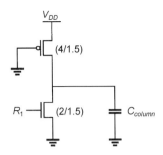

图 10.60 代表位线(列)的等效反相器电路。
注意,一次只能激活一条字线(行)

由 128 行和 256 列组成的 ROM 阵列的总存取时间为行列存取时间之和,即 $t_{access} = 38.5$ ns。

这里考虑 ROM 阵列的另一种结构,它由 256 行和 128 列组成,即采用 8 位行地址和 7 位列地址。由于该结构中列数为前一种结构中列数的一半,故总的行电阻和行电容的值近似为 256 列结构的一半。因此,此结构的行存取时间是 256 列 ROM 阵列行存取时间的 1/4,即近似为 5 ns。另一方面,因为这种新结构的行数为 256,所以其列电容近似为前一种情况的两倍。因而,256×128 存储阵列的列存取时间将增大一倍,近似为 36 ns。经总结可得,前面分析的 128×256 阵列的总存取时间要比 256×128 阵列的总存取时间短。

10.5 闪存

闪存单元由一个带浮栅的晶体管构成,该晶体管的阈值电压可通过在其栅极上施加电场而被反复改变(编程)。对应于浮栅中电荷(电子)的存在,存储单元(晶体管)会有两个阈值电压(两种状态)。当浮栅中的电子聚集时,存储单元的阈值电压就会升高,习惯上认为此时存储单元处于"1"状态。这是因为加到控制栅极的读信号电压(如 5 V)和位线预充电电平(如 V_{DD})保持不变,存储单元并不导通。存储单元的阈值电压可以通过从浮栅中移走电子的方法来降低,此时存储单元被认为处在"0"状态。在这种情况下,所用的信号电压和位线与地相连进行放电,存储单元的晶体管导通。所以,通过沟道热电子注入或 Fowler-Nordheim 隧穿机理(简称 F-N 隧穿法)向 MOS 晶体管的浮栅存储或释放电子,这样就可以对闪存的单元数据进行编程。

两种闪存编程概念的剖面示意图分别如图 10.61(a)和图 10.61(b)所示。当高电平(如 12 V)加到控制栅极且源极到漏极两端电压也是高电平(如 6 V)时,电子就被强横向电场加热。在漏极附近发生雪崩击穿,并且由于碰撞电离而产生"电子-空穴"对。控制栅极上的高电压通过氧化层吸引电子注入浮栅,而空穴在衬底电流作用下流到衬底。浮栅是利用大于 10 MV/cm 的强电场使氧化层形成隧穿电流而不是用热电子的方法来对浮栅进行编程或擦除。当给控制栅极加 0 V 电压,给源极加高电平(12 V)时,浮栅中的电子会因隧穿效应而注入源极。

图 10.62 是一个闪存单元的等效耦合电容电路。当给控制栅极和漏极加电压(V_{CG} 和 V_D)时,浮栅的电压(V_{FG})可以用耦合电容表示为

$$V_{FG} = \frac{Q_{FG}}{C_{FG}} + \frac{C_{FC}}{C_{total}} V_{CG} + \frac{C_{FD}}{C_{total}} V_D \tag{10.11}$$

$$C_{total} = C_{FC} + C_{FS} + C_{FB} + C_{FD} \tag{10.12}$$

其中，Q_{FG} 为存储在浮栅中的电荷，C_{total} 为总电容，C_{FC} 为浮栅和控制栅之间的电容，C_{FS}、C_{FB} 和 C_{FD} 是浮栅和源极、浮栅和本体、浮栅和漏极之间的电容，V_{CG} 和 V_D 分别为控制栅和漏极的电压。

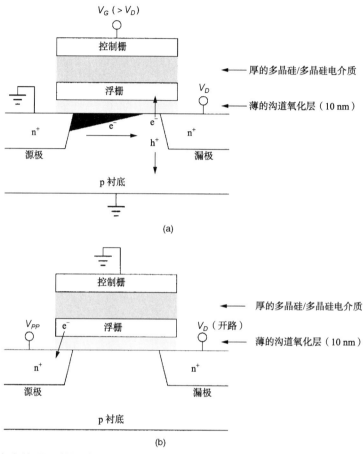

图 10.61　闪存存储器的数据编程及擦除方法。(a)热电子注入法；(b)Fowler-Nordheim 隧穿法

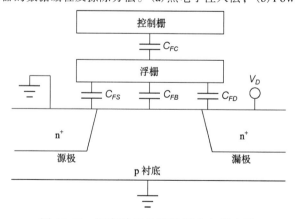

图 10.62　闪存单元的等效耦合电容电路

用 $V_T(FG)$ 代替式(10.11)中的 V_{FG} 并整理可得到导通控制栅晶体管的最小控制栅极电压 (V_{CG}) 如下：

$$V_T(CG) = \frac{C_{total}}{C_{FC}} V_T(FG) - \frac{Q_{FG}}{C_{FC}} - \frac{C_{FD}}{C_{FC}} V_D \qquad (10.13)$$

其中，$V_T(FG)$ 为导通浮栅晶体管的阈值电压。

同样，两种数据存储状态（"0"和"1"）的阈值电压差可表示为

$$\Delta V_T(CG) = -\frac{\Delta Q_{FG}}{C_{FC}} \qquad (10.14)$$

图 10.63 为不同阈值电压下闪存单元的 $I\text{-}V$ 特性曲线。在单元读取操作时设置控制栅电压 (V_R) 足够大使低 V_T 晶体管导通，但不能使高 V_T 晶体管导通。现已提出采用不同编程方法的单元通过逻辑连接产生各种类型的闪存单元结构和阵列体系结构。NOR、NAND、AND、DINOR（分离位线 NOR）、HICR（高耦合电容比率单元）、3D 和多电平单元是闪存单元的一些具体实例。本节中，在介绍多电平单元概念之前先介绍两种最流行的单元结构（NOR 和 NAND）的构成和基本操作。

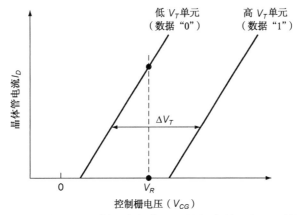

图 10.63　控制栅压具有低和高阈值电压的闪存单元的 $I\text{-}V$ 特性曲线

10.5.1　NOR 闪存单元

图 10.64 和表 10.4 分别为 NOR 单元的结构和进行擦除、编程及读取操作时的偏置情况。NOR 单元采用 F-N 隧穿法和热电子注入法分别完成擦除和编程操作。

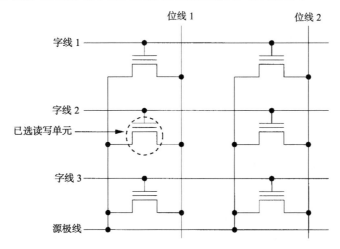

图 10.64　NOR 单元的偏置情况及其结构

表 10.4　NOR 单元进行擦除、编程及读取操作时的偏置情况

信　　　号	操　　作		
	擦　　除	编　　程	读
位线 1	开路	6 V	1 V
位线 2	开路	0 V	0 V
源极线	12 V	0 V	0 V
字线 1	0 V	0 V	0 V
字线 2	0 V	12 V	5 V
字线 3	0 V	0 V	0 V

　　在擦除操作中, 0 V 和高电平(如 12 V)分别同时加在所有单元的控制栅(字线)及源极上。浮栅中的所有电子通过隧穿机理漂移到源极。因此, 所有单元的数据均被擦除, 并且所有存储单元均变成低阈值电压的晶体管。

　　在所选单元的控制栅和漏极上加高电平可以对单元数据编程(写入)(如在循环单元控制栅和控制漏分别加 12 V 和 6 V)。此时, 在漏极附近产生的热电子被注入到浮栅中, 由于浮栅中电子的存在, 存储单元成为一个高阈值电压的晶体管。因此, 每个单元有一个由于擦除操作不带电子的"0"状态, 或有一个进行编程操作后浮栅有电子的"1"状态。

　　在控制栅加适度的电压(一般为 V_{DD}), 同时在漏极加小电压(如 1 V)以避免产生热电子, 就可完成读取操作。当存储单元数据为"0"(低阈值电压)时, 存储单元的晶体管导通且有电流流过。另一方面, 当单元数据为"1"(高阈值电压)时, 由于其所加的控制栅电压, 单元晶体管截止且无电流流过。通过检测电流流量及放大信号差异, 就可以读出存储单元的数据。

10.5.2　NAND 闪存单元

　　将 8 个或 16 个单元串联, 通过消除单元内的触点可以减小存储单元的面积。图10.65 和图 10.66 分别为 8 位 NAND 单元结构的截面图和等效电路图。表 10.5 所示为进行擦除、编程及读取操作时的偏置情况。

　　NAND 单元采用 F-N 隧穿法进行擦除操作。在源极、p 阱 2 和 n 衬底加高电压(如 20 V), 在所有字线上加 0 V 电压, 从浮栅驱逐电子到 p 阱 2。因而所有单元都变成低阈值电压, 严格地说, 与 NOR 单元不同的是, 即使栅极电压为 0 V, 耗尽状态的晶体管仍有电流流过。

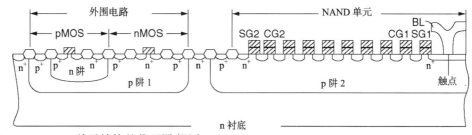

图10.65　NAND单元结构的截面图(源自F. Masuoka et al., "New ultra high density EEPROM and Flash EEPROM cell with NAND structure cell," *IEDM Dig. Tech.*, pp. 552–555, 1987.)

　　编程操作时, 仅在被选字线(字线 5)上加一高电压(如 20 V), 所有未选字线上加一适度电压(如 10 V)。在选择线 1 上加 V_{DD}(如 5 V), 使所有单元与位线相连, 在选择线 2 上加 0 V。p 阱 2、源极及 n 阱加 0 V 偏置。由于只在已选字线上加电压(如 20 V)足以使浮栅晶体管因电容耦合而导通, 故电子从沟道(衬底)吸收到与已选字线相连的浮栅极。

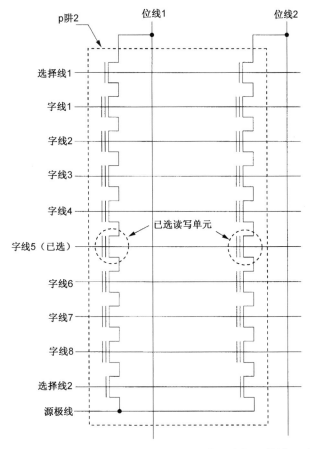

图 10.66　带有单端读出设计的 NAND 单元结构的等效电路图

因此，存储单元变成高阈值电压晶体管。NAND 单元采用 P-N 隧穿机理对存储单元进行编程。

读存储单元数据时，已选字线加 0 V 电压，选择线及所有未选中字线加 5 V 电压。当单元数据为"1"（高阈值电压）时，已选字线电压使此单元晶体管截止。因此，位线的预充电电压（如 1 V）保持不变。当单元数据为"0"（负阈值电压）时，由于字线电压是 0 V，因为单元晶体管一般是导通的，故在位线和地之间形成了电流通路。因此，位线被下拉到预充电电平。

表 10.6 所示为 NOR 与 NAND 单元的特性比较。NOR 单元结构比 NAND 单元结构有较快的编程和读取速度，但占用面积较大。

表 10.5　NAND 单元进行擦除、编程和读取操作时的偏置情况

信　号	操　作			信　号	操　作		
	擦　除	编　程	读		擦　除	编　程	读
位线 1	开路	0 V	1 V	字线 6	0 V	10 V	5 V
位线 2	开路	0 V	1 V	字线 7	0 V	10 V	5 V
选择线 1	0 V	5 V	5 V	字线 8	0 V	10 V	5 V
字线 1	0 V	10 V	5 V	选择线 2	开路	0 V	5 V
字线 2	0 V	10 V	5 V	源极线	20 V	0 V	0 V
字线 3	0 V	10 V	5 V	p 阱 2	20 V	0 V	0 V
字线 4	0 V	10 V	5 V	n 衬底	20 V	0 V	0 V
字线 5	0 V	20 V	0 V				

表 10.6   NOR 单元与 NAND 单元的特性比较

	NOR	NAND
擦除方法	Fowler-Nordheim 隧穿	Fowler-Nordheim 隧穿
编程方法	热电子注入	Fowler-Nordheim 隧穿
擦除速度	慢	快
编程速度	快	慢
读速度	快	慢
单元尺寸	大	小
可量测性	困难	容易
应用	嵌入式系统	大容量存储

10.5.3   多电平单元的概念

尽管减小单元尺寸已成为增加存储密度首选的技术,近年来通过在单元中存储多电平(如 4 个)数据的新努力也提高了有效存储密度。单元内所有的存储单元只有两个离散的状态,即 "0" 或 "1"。然而,由于闪存具有控制单元晶体管阈值电压这一固有特征,故与其他存储器件相比,它更适宜在单元内存储多个状态。若编程操作足够精确,则一个单元可以有 4 个离散的电荷状态,从而产生每单元 2 字节的结构。图 10.67 为 2 字节/单元存储结构的阈值电压分布情况。各种约束限制了可能的状态数量。例如,有效电荷范围、编程和读取操作的精确度及状态超时干扰等因素的约束。由被称为多电平单元(MLC)的技术带来的存储密度的大幅提高激发了移动设备销售的提升,而且这种趋势会持续并加速。

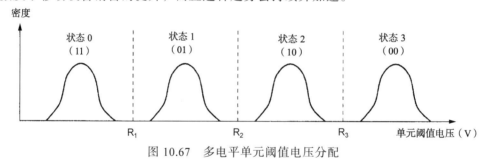

图 10.67   多电平单元阈值电压分配

10.5.4   闪存电路

因为对单元进行编程需要高电压(V_{PP}),所以片上电荷泵电路常用来产生编程电压。电荷泵电路由可产生正高压的 nMOS 管或产生负高压的 pMOS 管组成。图 10.68 所示为一个典型的用 nMOS 管在闪存中产生正高压电荷泵电路的电路图。此电荷泵电路由一条二极管链和每半个时钟周期就连续充放电的电容构成。

当 Clock 信号为低电平时,与之相连的电容(即 C_1, C_3, ···, C_{n-1})放电,对应的节点电压(即 V_1, V_3, ···, V_{n-1})被下拉。这些节点被充电到某一电压,该电压等于其前面节点电压减去二极管电压(nMOS 阈值电压)。例如,V_1 被充电到 $V_{in}-V_T(\mathrm{MN}_1)$,$V_3$ 被充电到 $V_2-V_T(\mathrm{MN}_3)$,依次类推。

当 $\overline{\mathrm{Clock}}$ 信号为高电平时(Clock 变为低电平),与 $\overline{\mathrm{Clock}}$ 相连的节点电压升高,而与 $\overline{\mathrm{Clock}}$(如 V_2, V_4, ···, V_n)相连的节点电压被下拉。因此,与 Clock 相连节点的电荷会传输到与 $\overline{\mathrm{Clock}}$ 相连的节点。

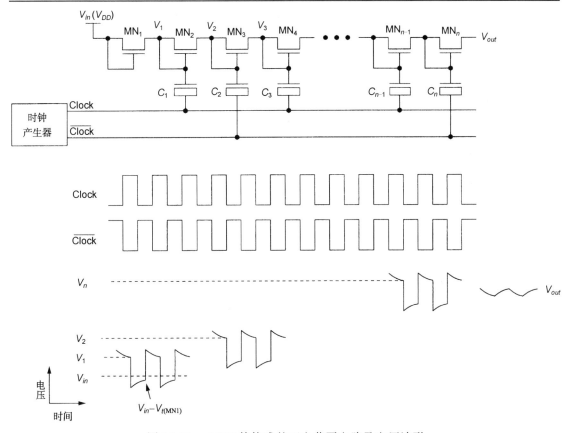

图 10.68　nMOS 管构成的正电荷泵电路及电压波形

在接下来的半个时钟周期,电荷以相同的方式从与 $\overline{\text{Clock}}$ 相连的节点传输到与 Clock 相连的节点。因此, V_{out} 电压可表示为

$$V_{out} = V_{in} + (\gamma V_{DD} - V_T(\text{MN}_1)) + \cdots + (\gamma V_{DD} - V_T(\text{MN}_n)) \tag{10.15}$$

其中, γ 为升压效率因子。

在电荷泵电路中,电流驱动能力与级数无关。

10.6 铁电随机存储器(FRAM)

本节将介绍铁电 RAM,这是一种为了实现理想存储器的新技术之一,具有非易失和高随机读写速度的特性。铁电存储器中使用铁电电容,这种电容是将一般电容中的绝缘材料替换成铁电材料,如 $\text{Pb}(\text{Zr}_x\text{Ti}_{1-x})\text{O}_3$ 和 $\text{SbBi}_2\text{Ta}_2\text{O}_9$。在 FRAM 之前,利用具有磁滞特性的铁磁磁心构成的铁磁存储器出现于 20 世纪 50 年代。但由于这种存储器单元面积和功率损耗较大,已不再生产使用。

图10.69画出了铁电电容的磁滞回线。与绝缘电容不同的是铁电电容的总电荷量是所加电压的函数,并且不随电场的消失而消失(Q_r 为数据"1",$-Q_r$ 为数据"0")。这是因为铁磁材料的晶体结构发生了自然极化。当所加的电场大于 V_C 时,极化方向发生净变化。但当 V_s 与极化达到饱和(Q_s)以后,方向将不再变化。

除 PL(板线)外，FRAM 的结构与操作和 DRAM 相似。图 10.70(a)和图 10.70(b)分别为其核心结构和用分步读出方法读取单元数据"1"的时序图。每一列上的参考单元用来产生一个用于读操作的参考信号，这些参考单元通常只存储数据"0"。由于 PPRE 为高电平，故位线(BL 及 BLB)在 V_{SS} 被预充电。与 DRAM 相似，某一字线(WL0)被选中并被激活达到某一电压(V_{PP})，就可恢复所有数据。同时，一条与其他位线(RWL1)相连的参考字线也被激活。将阶跃信号同时加到标准及参考板线(PL 和 RPL)上。铁电电容的总电荷从 Q_r 变为$-Q_s$，位线上出现正电荷保持电中性。当字线有效时，由 C_F、C_{RF}、C_{BL} 和 C_{BLB} 形成的电容分配器分别为标准单元、参考单元、位线、位线带的电容。

因此，数据"1"产生的电压差可近似表示为

$$\Delta V_1 = \frac{C_1}{C_1 + C_{BL}} V_{DD} \tag{10.16}$$

其中，C_1 为图 10.69 中铁电电容线性模型电容值。

同理，数据"0"的电压差可表示为

$$\Delta V_0 = \frac{C_0}{C_0 + C_{BL}} V_{DD} \tag{10.17}$$

其中，C_0 为图 10.69 中铁电电容的线性模型电容值。参考单元电容的设置要确保参考单元产生的电压信号在 ΔV_0 及 ΔV_1 之间，且大于标准单元的电压值。当标准和参考单元分别在位线与位线带上产生电压信号后，位线读出放大器检测并放大位线对上的电压差，使它们分别达到 V_{DD} 和 V_{SS} 以恢复所有数据。进行读取操作后，总电荷变为 Q_s，而当所加电场消失后，又变为 Q_r。

由于分步读出法会引起一些可靠性问题，故脉冲读出法被广泛应用，它是运用一个脉冲而不是保持板线上的电压，使读取速度有所下降。铁电材料的 FRAM 有两个固有的缺陷，即所谓的疲劳和痕迹。由于电容器重复使用，电容电荷会逐渐减少(疲劳)，当铁电电容器长期保持某一种状态时，与其他状态相比，它更倾向于保持这一状态(痕迹)。

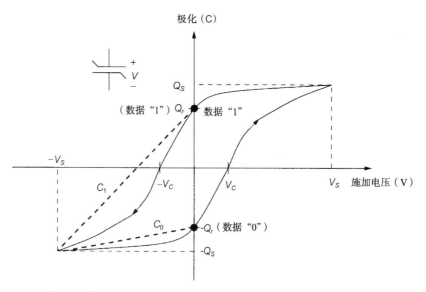

图 10.69   铁电电容的磁滞特性(Q_r 和$-Q_r$ 是剩余电荷；Q_s 和$-Q_s$ 是饱和电荷；V_c 是矫顽电压；V_s 是饱和电压；C_0 和 C_1 分别是数据"0"和"1"的线性电容)

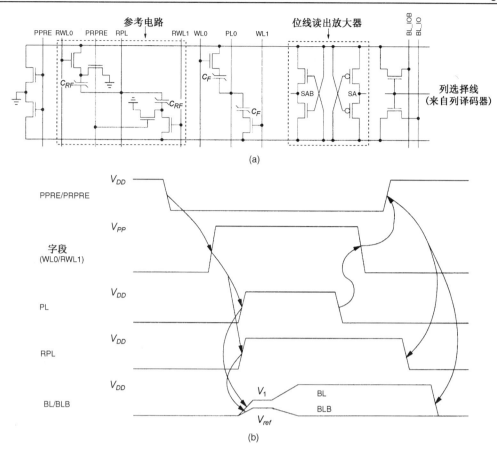

图 10.70　FRAM 存储结构。(a)单元阵列；(b)用分步读出法读取时序图

习题

10.1　考虑图 P10.1(a)所示的 DRAM 电路，两个预充电晶体管的阈值电压均为 2 V，计算图 P10.1(b)中区域 I 及区域 II 中 V_D 的稳态电压。设：

$$C = 50 \text{ fF}$$
$$C_D = 400 \text{ fF}$$
$$V(C) = V(C/2) = V_Y = 0 \text{ V}（在区域 I）$$

当 PC 为高电平时，其他与 D 或 $\bar{D}$ 相连的晶体管均截止。

10.2　图 P10.2 为一单管 DRAM 单元。采用钟控预充电电路，位线可预充电到 $V_{DD}/2$。用字线 V_{DD} 进行写操作时，假设写电路可将位线电压置为 V_{DD} 或 0 V。采用如下参数：

$$V_{T0} = 1.0 \text{ V}$$
$$\gamma = 0.3 \text{ V}^{1/2}$$
$$|2\phi_F| = 0.6 \text{ V}$$

a. 求写"1"操作后，即位线被驱动到 $V_{DD} = 5$ V 后，存储电容器 C_S 的最大电压。

b. 假设电路无电流泄漏，求第一次被预充电到 $V_{DD}/2$ 后，位线在进行读"1"操作时的电压。

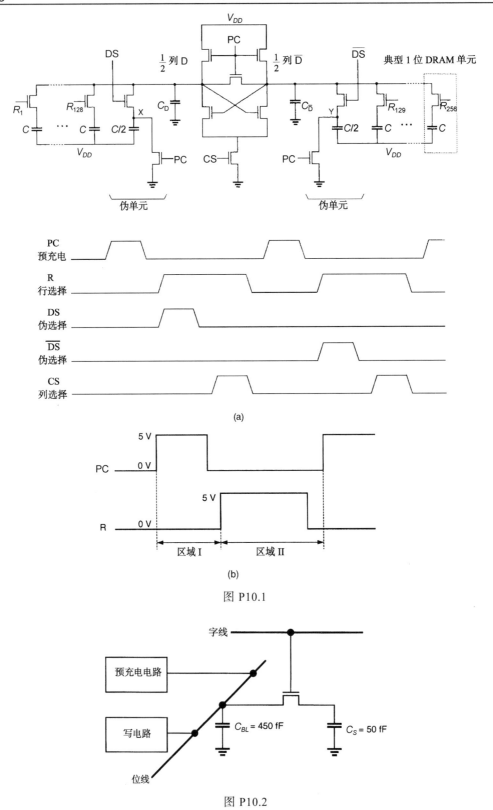

图 P10.1

图 P10.2

10.3　图 P10.3 为一个动态 CMOS 只读存储器(ROM)，其核心阵列由间距为12 μm 的 64 行及间距为 10 μm 的 64 列组成。在时钟零相位期间，每列通过一个 pMOS 晶体管被预充电到 5 V，另外，当时钟信号变为 5 V 时，每列的电压被相应行上的一个或多个带高栅极输入的 nMOS 管下拉(即存储器用 NOR 实现)。所有 nMOS 管的沟道宽度 $W=4$ μm，源/漏长 $Y=5$ μm。

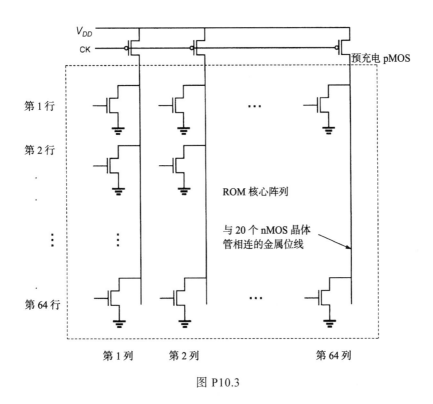

图 P10.3

作为设计者，请在 50%的点之间确定从某一特定的输入(64 行上)到某一特定的位线输出(64 列上)之间的传输延迟时间 τ_{PHL}。如时序图所示，假设输入到 64 行的信号只有当预充电操作完成之后才变为有效高电平。同样，假设 64 行经过 30 个 nMOS 管，且 64 列有 20 个 nMOS 管与之相连。为了计算延迟时间，假设只有一个 nMOS 被下拉。还要假设 pMOS 在时钟信号的预充电期间能够给正在预充电的节点完全充电，并忽略它的漏极寄生电容。器件参数如下：

$$C_{jsw} = 250 \text{ pF/m}$$
$$C_{j0} = 80 \text{ μF/m}^2$$
$$C_{ox} = 350 \text{ μF/m}^2$$
$$L_D = 0.5 \text{ μm}$$
$$K_{eq} = 1.0 \text{ (最坏情况下的电容)}$$
$$C_{metal} = 2.0 \text{ pF/cm}, \quad R_{metal} = 0.03 \text{ Ω/方块}$$
$$C_{poly} = 2.2 \text{ pF/cm}, \quad R_{poly} = 25 \text{ Ω/方块}$$
$$\textbf{多晶硅线宽度} = 2 \text{ μm}$$

金属线宽度 $= 2~\mu m$

$k_n' = 20~\mu A/V^2$

$k_p' = 10~\mu A/V^2$

$V_{T,n} = -V_{T,p} = 1.0~V$

10.4   考虑图 P10.4 所示的 CMOS SRAM 单元。晶体管 M_1 与 M_2 的宽长比 (W/L) 均为 4/4。 M_3 与 M_4 的宽长比均为 2/4。设计 M_5 与 M_6 的尺寸,使得该单元的状态改变到 $V_C \leq 0.5~V$。 设 M_5 与 M_6 的尺寸相同,计算其宽长比。所用参数如下:

$V_{T0,n} = 0.7~V$

$V_{T0,p} = -0.7~V$

$k_n' = 20~\mu A/V^2$

$k_p' = 10~\mu A/V^2$

$\gamma = 0.4~V^{1/2}$

$|2\phi_F| = 0.6~V$

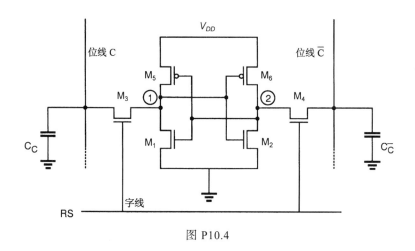

图 P10.4

10.5   用 nMOS 工艺,画出一个 4 行 2 列 EPROM 的行译码器与列译码器的电路图。导出 EPROM 中的行列延迟公式,并定义公式中所有不是一看就明白的变量。

10.6   考虑具有 64k(= 65 536)存储单元及 8 个输出线的 8k × 8k SRAM。在所讨论的特殊 SRAM 中, 7 位地址码送到行译码器, 6 位地址码送到列译码器。在每次进行读取操作之前, 位线被预充电到 $V_{DD} = 5~V$。当位线电压降为 0.5 V 时,完成一个读取操作。一个存储单元 可提供 1.0 mA 的下拉电流来泄放位线电压。

a. 每个存储单元的字线电阻为 390 Ω,采用哪个公式计算出该电阻?

b. 每个存储单元的字线电容为 22 fF,采用哪个公式计算出该电容?

c. 每个存储单元的位线电容为 6 fF,采用哪个公式计算出该电容?

d. 计算此 SRAM 的存取时间(行延迟 + 列延迟)。

e. 描述字线译码器和位线译码器的工作过程与设计方法。

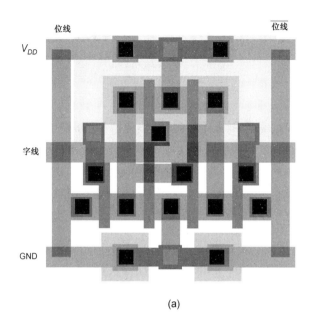

(a)

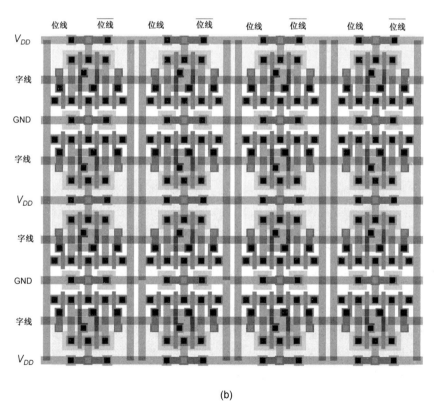

(b)

插图 10　(a)CMOS SRAM 单元；(b)包括 16 个单元的 4×4 SRAM 阵列版图

第 11 章 低功耗 CMOS 逻辑电路

11.1 概述

随着便携式系统的日益完善和功耗限制(即热耗散)在高密度超大规模集成电路(ULSI)芯片中的需求日益增加，使得低功率设计在最近几年有了日新月异的发展。其推动力是如笔记本电脑、便携通信设备和个人数字助理(PDA)等需要低功耗和高处理能力的便携式设备的应用。对于这些应用，大多数情况下，芯片要具有高集成度和高处理能力，同时也必须满足低功耗的要求。因此，数字集成电路的低功率设计已成为一个非常活跃且发展迅速的领域。

电池的有限寿命对便携式系统的总功耗提出了严格的要求。尽管新型电池可以充电，例如，镍氢(NiMH)电池比传统的镍镉(NiCd)电池在储能上有了很大的提高，但是在不久的将来，电池的储能很难有很大的增长。新电池技术(如镍氢)的能量密度(每单位质量储存的总能量)大约为 30 Wh/lb。从便携式系统扩展应用的观点来看，这样的能量密度仍然是很低的。因此，通过设计的改进来减少集成电路的功耗是便携式系统设计中的一个重要课题。

在微处理器、数字信号处理器(DSP)等高性能数字系统和其他一些应用中，低功耗设计也成为一个重要的问题。高性能芯片的共同特点是具有高集成度和高时钟频率，这种芯片的功耗和温度随着时钟频率的增加而增加。因而，为了把芯片温度保持在正常工作范围，就要进行有效的散热，所以，封装、冷却和散热的费用成为设计这些电路的重要因素。21 世纪 10 年代设计的一些高性能微处理器芯片(例如，Intel Core i7 系列、AMD Phenom Ⅱ系列)的工作频率在 1.5～3.5 GHz 之间，功耗为 100 W。

为了提高超大规模集成电路的可靠性，也需要低功率设计。数字电路的最大功耗和可靠性问题是密切相关的，例如，电迁移和热载流子而导致的器件老化。而且，由芯片散热而引起的热应力也是关系可靠性的主要问题之一。因此，减少功耗对提高芯片的可靠性也是至关重要的。

实现数字系统低功耗的方法涉及众多方面，从器件和工艺水平到算法达到的水平。器件的特性(例如，阈值电压)、器件的几何尺寸以及它们之间的互连特性是降低功耗的重要因素。电路级的措施(例如，选择适当的电路设计风格，降低电压摆幅和引入时钟规划)可降低晶体管级的功耗。结构层的措施包括各种系统模块功率控制、采用流水设计、平行处理方法和总线结构设计。最后，还可以选择适当的数据处理算法来降低系统的功耗，特别是将开关事件发生次数减至最少。

本章将主要研究电路级及晶体管级的设计方法，这些方法可以用来减少数字集成电路的功耗，详细地讨论各种功耗的来源和减少功率的设计策略，我们将讨论系统级的有关问题，比如流水线和硬件复制(平行处理方法)，并且讨论这些方法对功耗的影响。绝热逻辑理论作为一种有效降低功耗的方法也将在本章中提到。

11.2 功耗综述

下面讨论 CMOS 电路中各种时间平均功耗的来源。在常规 CMOS 数字电路中平均功耗有三个主要成分：(1)动态开关功耗；(2)短路功耗；(3)泄漏功耗。如果系统或芯片电路除了常规 CMOS 门电路外，在电源和地之间有持续的电流通路，那么，静态功率成分也要考虑进去。本章仅讨论常规的静态和动态 CMOS 逻辑电路。

11.2.1　开关功耗

首先阐述开关事件中的功耗，即当 CMOS 逻辑门输出节点电压产生一个逻辑转换时形成的功耗。在数字 CMOS 电路中，开关功率的损失是由电源对输出节点电容的充电所造成的。在这个充电过程中，输出节点电压通常会从 0 完全转换到 V_{DD}，电源中的一半能量将以热的形式在 pMOS 晶体管导通时被消耗。注意，电源在电容放电过程中不会消耗能量，而充电时储存在输出电容里的能量在 nMOS 晶体管导通时以热量的形式被消耗，这时输出电压从 V_{DD} 下降到 0。我们用图 11.1 中的电路例子分析开关过程中的动态功耗。在电路中用一个双端输入或非门通过互连线来驱动两个与非门。或非门输出的总电容负载包括三部分：(1)门自身的输出节点电容；(2)总的互连电容；(3)被驱动门的输入电容。

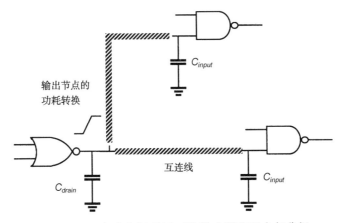

图 11.1　一个或非门通过互连线来驱动两个与非门

门的输出节点电容主要包括结寄生电容，这种电容由 MOS 晶体管电路中的漏极扩散区决定。这些电容的物理特性和计算已经在第 3 章详细说明了。总的扩散电容与节面积近似为线性关系。因此，漏极扩散区面积的尺寸决定了输出节点寄生电容的大小。门之间的互连线决定了总电容的第二部分，对寄生互连线电容的估算在第 6 章已做了详细讨论。注意，尤其在亚微米技术中，与晶体管相关电容相比，互连线电容占主导地位。总之，输入电容主要是由连接在输入端的晶体管的栅氧化层电容所决定，而且栅氧化层电容的值主要是由每个晶体管的栅面积所决定的。

任何实现输出电压转换的 CMOS 门都可以用它们的 nMOS 网络、pMOS 网络和连接在输出节点上的总负载电容来表示，如图 11.2 所示。第 6 章已经介绍过，具有一个理想的零上升和下降时间的周期性输入电压波形驱动的 CMOS 逻辑门上的平均功耗通过充电使输出节点上升到 V_{DD} 所需要的能量加上总的输出负载电容放电到地所释放的能量。

$$P_{avg} = \frac{1}{T}\left[\ \int_0^{T/2} V_{out}\left(-C_{load}\frac{\mathrm{d}V_{out}}{\mathrm{d}t}\right)\mathrm{d}t\ +\ \int_{T/2}^{T}(V_{DD}-V_{out})\left(C_{load}\frac{\mathrm{d}V_{out}}{\mathrm{d}t}\right)\mathrm{d}t\ \right] \tag{11.1}$$

求出这个积分就会得到众所周知的 CMOS 逻辑电路的平均动态(开关)功耗表达式：

$$P_{avg} = \frac{1}{T}C_{load}V_{DD}^2 \tag{11.2}$$

或

$$P_{avg} = C_{load} \cdot V_{DD}^2 \cdot f_{CLK} \tag{11.3}$$

注意，只要能达到全电压摆幅，CMOS 门的平均开关功耗就基本上与晶体管的特性和尺寸无关。因此，给定一种输入码型，只要输出电压摆幅在 0 到 V_{DD} 之间，那么开关延迟与开关事件中的总功耗无关。

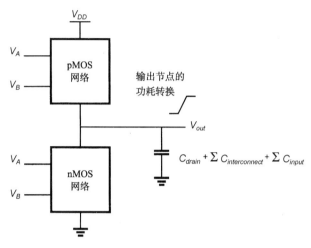

图 11.2   CMOS 逻辑门开关功率计算的一般描述

开关功耗分析是建立在假设每个时钟周期内 CMOS 门输出节点经历一次 0 到 V_{DD} 功耗转换的基础上的。然而，这种假设并不总是正确的，节点的转换速率可能比时钟速率慢，这取决于电路的拓扑结构、逻辑类型和输出信号的统计值。为了更好地表达这一现象，引入参数 α_T（节点转换因子），它是在每个时钟周期内导致功耗的电压转换的实际次数。这时平均开关功耗可表示为

$$P_{avg} = \alpha_T \cdot C_{load} \cdot V_{DD}^2 \cdot f_{CLK} \tag{11.4}$$

开关性能的计算和减少其速率的各种方法将在 11.4 节详细讨论。

式(11.3)和式(11.4)所表示的开关功率是由考虑到输出节点的负载电容 C_{load} 在充放电过程中的电压变化来得出的。然而，在复杂的 CMOS 逻辑门中，大多数内部电路的节点在开关过程中也会产生一定的电压变化。因为每个相互连接的内部节点之间存在着寄生电容。这些内部的转换对整个电路的功耗有影响。实际上，在电路输出节点电压没有变化的情况下，内部节点电压也可能发生了多次变化，如图 11.3 所示。因此，如果只考虑输出节点电压的变化，结果将会低估总的开关功耗。

一般情况下，内部节点电压是部分跳变的，即节点电压幅值 V_i 低于总电压幅值 V_{DD}。因此，平均开关功耗一般式为

$$P_{avg} = \left(\sum_{i=1}^{\text{节点数}} \alpha_{Ti} \cdot C_i \cdot V_i \right) \cdot V_{DD} \cdot f_{CLK} \tag{11.5}$$

其中，C_i 表示电路中的每个相连节点上的寄生电容(包括输出节点)；α_{Ti} 表示对应节点的电压转换因子。因此，在式(11.5)括号里的值表示在每一次开关事件中从电源获得的总电荷。式(11.5)更准确地表示了 CMOS 逻辑门中的开关功率，但该式的计算相当复杂。因此，主要根据式(11.4)来表示 CMOS 逻辑门的开关功耗。

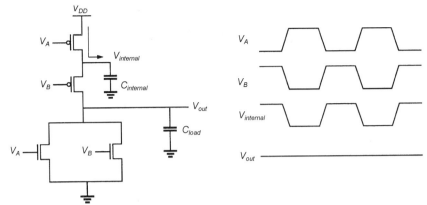

图 11.3　在双输入或非门中，即使输出节点电压没有变化，内部节点也会有开关动态功耗

11.2.2　减少开关功耗的方法

由式(11.4)和式(11.5)得出的 CMOS 逻辑门的平均开关功耗为降低功耗揭示出几种不同的方法。它们包括：(1)减小电源电压 V_{DD}；(2)减小所有节点电压的摆幅；(3)减小开关概率(转换因子)；(4)减小负载电容。注意，开关功耗也是时钟频率的线性函数，而减小时钟频率会影响和降低整个系统的性能。因此，只有在通过其他方式维持系统的总吞吐量不变的情况下，减小时钟频率才是一种可行的方法。

在低功率设计中，降低电源电压也是一种被广泛采用的方法。这种方法虽然有效，但是为了不牺牲系统的性能，必须考虑几个重要的问题。特别要考虑减小电源电压所引起的延迟的增加。另外，一个低压电路或模块的输入和输出信号必须与外设电路相匹配，以便维持正确的信号传输。

降低开关激活率需要详细分析信号传输概率，在电路和系统的不同层面上采取各种措施，如逻辑最优化标准，采用门控时钟信号和防止脉冲干扰等方法。最后，还可以采用一定的电路设计风格和适当的晶体管尺寸来降低负载电容。这些降低功耗的方法将在下面详细讨论。

11.2.3　短路功耗

以上讨论的开关功耗只考虑了电路中寄生负载电容充电而引起的那一部分，也就是说开关功率不依赖于输入信号的上升和下降时间。然而，如果 CMOS 反相器(或一个逻辑门)被有限上升与下降时间的输入电压波形来驱动，那么在开关过程中 nMOS 和 pMOS 晶体管就会短时间呈现同步导通，从而在电源和地之间形成一条直流路径，如图 11.4 所示。

在开关过程中，经过 nMOS 和 pMOS 器件的那部分电流不对电容充电，因此称为短路电流分量。如果输出负载电容比较小，或输入信号的上升和下降时间比较长，这部分电流就比较明显。如图 11.5 所示。这里，输入／输出电压的波形和自电源汲取的电流针对一个小电容负载的对称 CMOS 反相器加以图解说明。当输入电压上升到阈值电压 $V_{T,n}$ 时，电路中的 nMOS 晶体管就开始导通。而 pMOS 晶体管直到输入达到 $V_{DD} - |V_{T,p}|$ 之前一直保持导通。因此，有一个时间段内 nMOS 和 pMOS 同时导通。当输出电容通过 nMOS 晶体管放电时，输出电压就会下降。pMOS 晶体管的漏源电压不为零，也允许 pMOS 晶体管导通。当输入电压转换结束时，短路电流消失，这时 pMOS 晶体管才截止。在输入变化的下降阶段，当输出电压开始上升且两个晶体管都导通时，同样会产生短路电流。

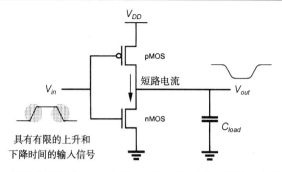

图 11.4　在开关过程中 nMOS 和 pMOS 管会同时传导一个短路电流

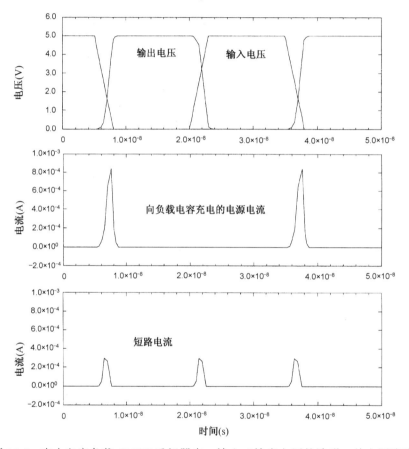

图 11.5　在小电容负载 CMOS 反相器中，输入 / 输出电压的波形。从电源流出
的总电流是对负载电容充电的电源电流和短路电流两部分电流之和

注意，假设反相器是对称的，而且输入电压的上升和下降时间相等。输入电压上升和下降转换期间，短路电流的强度近似相等。小的输出负载电容充电的电流也能使 pMOS 晶体管导通。但是，这只发生在输入转换下降期间(而在输入转换上升期间，输出电容将通过 nMOS 器件放电)。这部分电流产生的电路的开关功耗(对负载电容充电的电流)同样在图 11.5 中示出。这些电流的平均值决定了电源的总功耗。

我们做一个简单的分析，假设对称的 CMOS 反相器有 $k_n = k_p = k$ 和 $V_{T,n} = |V_{T,p}| = V_T$，而且电容负载足够小。如果用具有相等上升和下降时间($\tau_{rise} = \tau_{fall} = \tau$)的输入电压波形来驱动反

相器，就能得到平均的电源短路电流：

$$I_{avg}(\text{短路}) = \frac{1}{12} \cdot \frac{k \cdot \tau \cdot f_{CLK}}{V_{DD}}(V_{DD} - 2V_T)^3 \tag{11.6}$$

因此，短路功耗为

$$P_{avg}(\text{短路}) = \frac{1}{12} \cdot k \cdot \tau \cdot f_{CLK} \cdot (V_{DD} - 2V_T)^3 \tag{11.7}$$

注意，短路功耗与输入信号的上升、下降时间和晶体管的跨导成正比。因此，减小输入电压转换时间将减少短路电流。

现在考虑有较大输出电容负载和较小输入转换时间的同一 CMOS 反相器。在输入转换上升期间，输出电压一直保持在 V_{DD} 直到输入电压不再变化。只有当输入电压达到终值时，输出电压才会降低。尽管在这个转换期间 nMOS 和 pMOS 晶体管会同时导通，但是由于 pMOS 漏-源电压几乎为零，pMOS 不会产生显著的电流。同样，在输入转换下降期间，输出电压会一直保持近似为零。只有当输入电压不再变化，输出电压才会开始上升。nMOS 和 pMOS 晶体管在输入电压转换期间会同时导通，同样，由于漏-源电压近似为零，此时 nMOS 管不会产生显著的电流。这些情况如图 11.6 所示，它给出了反相器模拟输入、输出的电压波形以及电源的短路和动态电流分量。注意，在这种情况下，对输出负载电容充电的电源电流峰值很大。原因是在整个输入转换期间 pMOS 晶体管一直为饱和状态，如图 11.5 所示，与以前的情况不同，在输入转换完成之前，晶体管已经离开了饱和区。

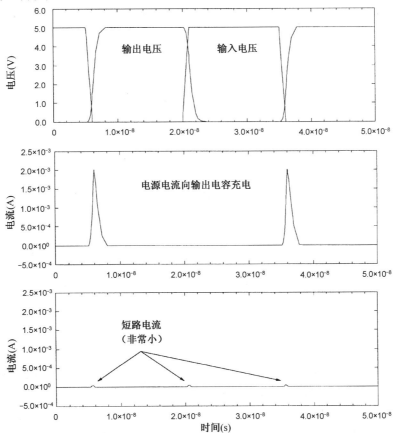

图 11.6　在具有较大电容负载和较小输入转换时间的 CMOS 反相器中，对负载电容充电的电源电流和短路电流的输入/输出电压波形。电源供给的总电流近似等于充电电流

通过讨论有关短路电流的大小得出，增大输出电压转换时间或减小输入电压转换时间可以减小短路功耗。然而，这一目标还要与传播延迟等其他性能目标一起谨慎地加以折中考虑。减小短路电流作为众多设计要求之一，必须由设计者认真考虑解决。

11.2.4　泄漏功耗

通常用在 CMOS 逻辑门中的 nMOS 和 pMOS 晶体管的反向泄漏电流、亚阈值电流、栅致漏极泄漏电流(Gate-Induced Drain Leakage, GIDL)和栅极漏电流都不为零。在一个 CMOS VLSI 芯片中包含大量的晶体管，当晶体管没有经历任何开关事件时，这两项电流也会影响总的功耗。泄漏电流的大小主要由工艺参数和偏置电压决定。

在 MOSFET 中，主要有两种泄漏电流分量，当漏极和晶体管的本底之间的 pn 结呈反向偏置时，就会发生反向二极管泄漏。这时反向偏置的漏极就会产生一个由电源提供的反向饱和电流。考虑一个呈高输入电压时的 CMOS 反相器，这里，nMOS 晶体管导通，输出节点电压就会放电到零。虽然 pMOS 晶体管截止，但在漏极和 n 阱之间会有一个等于 V_{DD} 的反向电位差，从而引起通过漏极的二极管泄漏电流。考虑到 p 型衬底，pMOS 晶体管的 n 阱层也具有一个等于 V_{DD} 的反向偏置。因此，由于 n 阱的结，另外一种值得注意的泄漏电流分量就会存在，如图 11.7 所示。

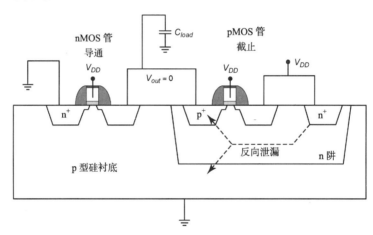

图 11.7　具有高输入电压的 CMOS 反相器中的反向泄漏电流通道

类似的情况是，当输入电压为零时，输出电压通过 pMOS 晶体管充电上升到 V_{DD}，这时，在 nMOS 漏区和 p 型衬底之间的反向电位差就会引起一个反向泄漏电流。这个电流也可以通过 pMOS 晶体管由电源提供。

pn 结的反向泄漏电流表达式为

$$I_{reverse} = A \cdot J_S \left(e^{\frac{qV_{bias}}{kT}} - 1 \right) \tag{11.8}$$

其中，V_{bias} 是通过这个结的反向偏置电压，J_S 是反向饱和电流密度，A 是结面积。典型的反向饱和电流密度在 $1 \sim 5$ pA/μm^2 之间，而且随温度升高而显著增加。注意，即使在待命期间，即使开关事件没有发生，反向泄漏也会发生。因此，这种功耗对含有几百万只晶体管的大型芯片的影响是很大的。

在 CMOS 电路中，泄漏电流的另一部分是亚阈值电流。这种电流是由弱反型晶体管中源极和漏极之间的扩散引起的。MOS 晶体管亚阈值工作区的这种特性与双极器件非常相似，并且这种亚阈值电流与栅极电压呈指数关系。当栅源电压略小于但很接近器件的阈值电压时，亚阈值电流值变得非常明显。在这种情况下，亚阈值泄漏引起的功耗与电路的转换功耗大小相当。亚阈值泄漏电流如图 11.8 所示。

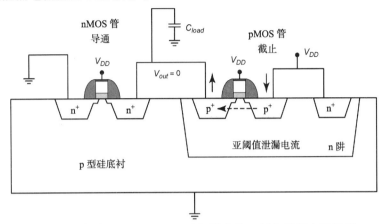

图 11.8　高输入电压 COMS 反相器中的亚阈值泄漏电流通道

　　注意，当电路中没有开关动作时也会有亚阈值漏电流。在待命模式下估计总功耗时，这部分漏电流必须认真考虑。为了解释电流与端电压的指数关系，这里再次给出亚阈值电流表达式：

$$I_D(\text{亚阈值}) \approx \frac{qD_nWx_cn_0}{L_B} \cdot e^{\frac{q\phi_c}{kT}} \cdot e^{\frac{q}{kT}(A \cdot V_{GS} + B \cdot V_{DS})} \tag{11.9}$$

一个限制亚阈值电流的相对简单的方法是避免阈值电压过低，可保证在输入是逻辑 0 时，nMOS 晶体管的 V_{GS} 始终低于 $V_{T,n}$，当输入是逻辑 1 时，pMOS 晶体管的 $|V_{GS}|$ 始终低于 $|V_{T,p}|$。

　　MOSFET 漏电流第三个组成部分是栅致漏极泄漏，这种情形发生在栅极和漏极交叠区，掺杂密度大于 1E19 cm^{-3} 处。当栅极电压低而漏极电压高时，强电场会在硅和栅极介电层的分界附近产生足够大的能带弯曲。然后，价带上的电子会隧穿到传导带。这种带间隧穿产生栅致漏极泄漏电流。由于电源电压减小到低于硅带间能隙（1.1 V），栅致漏极泄漏电流一般不会影响数字逻辑电路。然而在 DRAM 中，栅致漏极泄漏会使数据保持时间显著缩短。栅致漏极泄漏电流如图 11.9 所示。

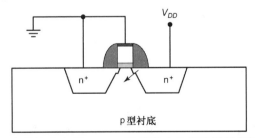

图 11.9　一个高输入电压 CMOS 反相器中的栅致漏极泄漏电流通道

　　CMOS 漏电流第四个组成部分是栅极漏电流，由电子通过量子力学隧穿穿透薄栅氧化层引起。当栅氧化层厚度为 3 nm 或更小时，电子就可以直接隧穿栅氧化层；当厚度进一步减小为 2 nm 或更小时，这种效应会更加显著。栅极漏电流会使总功耗增加，并影响电路的可靠性。给栅极施加低电压时,晶体管不导通,主要的栅极漏电流从栅极流向漏/源重合区(I_{gdo}, I_{gso})。给栅极施加高电压时,晶体管导通,主要栅极漏电流从沟道流向漏/源(I_{gcd},I_{gcs})。从栅极到衬底的漏电流(I_{gb})相比其他几种栅极漏电流如 I_{gdo}, I_{gso}, I_{gcd}, I_{gcs} 要小。强反型态下的栅极漏电流要比 $V_{gs} = 0$ 且 $V_{ds} = V_{DD}$ 时的栅电流大 10 次方个量级。因此,CMOS 逻辑门的栅极漏电流是输入相关的。栅极漏电流如图 11.10 所示。对于双输入与非门,大部分栅极漏电流按矢量(1,1)流动。

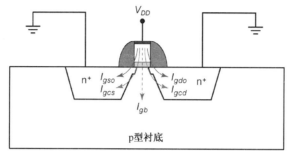

图 11.10   一个高输入电压 CMOS 反相器中的栅极漏电流通道

如果栅氧化层的厚度为 1.7 nm 或更厚,亚阈值漏电流为主导;而如果栅氧化层的厚度减小到 1.2 nm 或更小,则栅极漏电流为主导。但是晶体管的尺寸不能比 1.2 nm(5 个分子)的栅氧化层厚度更小,因为这样会使元件的泄漏问题十分严重。为解决此矛盾,在仍能维持相同驱动电流能力的前提下,采用了一种新型的结构和材料。MOSFET 栅氧化层位于栅极和硅衬底之间。所以,栅氧化层可用平板电容器来建模。

$$C = \frac{k\varepsilon_0 A}{d} \tag{11.10}$$

其中,k、ε_0、A 和 d 分别代表相对介电系数,真空电容率,栅氧化层面积和栅氧化层厚度。二氧化硅的相对介电系数为 3.9。栅极漏电流可通过增加栅氧化层厚度显著减小,但必须用高介电系数材料来替代二氧化硅。介电系数高于硅栅氧化层的绝缘体称为高 k 介电质。铪与锆的硅酸盐和氧化物经常作为高 k 介电质使用。HfO_2 与 ZrO_2 的介电系数分别为 24.5 和 25.0。2007 年,英特尔公司的 45 nm 高效能 Penryn 处理器就使用了基于铪的高 k 介电质金属栅极。使用高 k 介电质元件的栅极漏电流要远小于亚阈值漏电流。

除了本节讨论的 CMOS 数字电路中功耗的三个重要来源外,在某些芯片中还包括消耗静态功率的电路。伪 nMOS 逻辑电路就是一个例子,它用一个 pMOS 晶体管作为一个上拉器件。这种电路类型已在 7.4 节中分析,它由负载电流产生了一个非零的静态功率,这部分功耗在计算电路总功耗时应被考虑到。

综上所述,CMOS 数字电路总的功耗应表示为四部分之和:

$$P_{total} = \alpha_T \cdot C_{load} \cdot V_{DD}^2 \cdot f_{CLK} + V_{DD}(I_{short-circuit} + I_{leakage} + I_{static}) \tag{11.11}$$

式中,$I_{short-circuit}$ 表示平均短路电流,$I_{leakage}$ 表示反相泄漏和亚阈值泄漏电流,I_{static} 表示电源产生的直流部分。在大多数 CMOS 逻辑门中,开关功率消耗主要由式(11.11)中的第一部分决定。然而,在如今的纳米时代,泄漏引起的功耗已成为总功耗的重要组成部分。

11.2.5   实际功耗举例

本节列举了 CMOS 数字集成电路中功耗的各种分量,并定义了功耗的物理来源。下面分析如何减小 CMOS 逻辑门中的功耗。了解大规模系统或芯片的功耗(即芯片的各个部分消耗了多少功率)是非常重要的。了解 CMOS VLSI 芯片中功耗的主要分量可以帮助我们建立更加实际的概念,指导降低大规模系统的功耗。

下面将分析实际芯片的功耗和总的功耗如何分配到四个主要部分:逻辑电路、时钟产生与分配、互连线和片外驱动部分(即 I/O 电路)。表 11.1 显示了功耗在三个不同的 CMOS 数字 VLSI 芯片中每一部分所占的百分比。

表 11.1 各种 CMOS 数字 VLSI 芯片的功耗统计

芯 片	Intel 80386	DEC Alpha 21064	Cell based ASIC
最小特征尺寸	1.5 μm	0.75 μm	0.5 μm
逻辑门数	36 808	263 666	10 000
时钟频率 f_{CLK}	16 MHz	200 MHz	110 MHz
电源电压	5 V	3.3 V	3 V
总功耗	1.41 W	32 W	0.8 W
逻辑门	32%	14%	9%
时钟分配	9%	32%	30%
互连线	28%	14%	15%
I/O 驱动	26%	37%	43%

注意,这里介绍的三种芯片有各种不同的特征,即最小特征尺寸、工作频率和电源电压都不相同。因此,总的功耗值也有很大差异。但可以看出每个芯片在其四个主要部分中的功耗分配也有一些相似之处。首先,在逻辑门上消耗的功率仅占总功耗的一小部分(通常为 10%~30%)。其次在 I/O 驱动电路中的功耗占总功耗的 30%~40%,它是功率预算的重要部分。另外很大一部分功率消耗在时钟网络中,包括时钟驱动器分布连线和由全局时钟信号驱动的所有锁存器中的输入电容。在近年来使用纳米级 CMOS 技术的设计工艺中,这种基本趋势也有所体现。

这些结论对于确定芯片中对总功耗起决定作用的部分是非常有价值的。比如,I/O 电路一般设计用来驱动大的片外电容负载,并且信号电平大多由外部器件所决定。因此,新型的用来驱动片外大负载的低功率设计方法对降低总功耗有重要作用。同样,一个节省功率的时钟分配策略也很有价值。

11.3 电压按比例降低的低功耗设计

式(11.3)表明,平均开关功耗与电源的平方成比例。因此,减小 V_{DD} 可以显著降低功耗。下面讨论减小电源电压 V_{DD} 对开关功耗和门的动态特性的影响。

11.3.1 电压按比例降低对功率和延迟的影响

尽管减小电源电压可以明显降低动态功耗,但随之而来的延迟的增加使其效果大打折扣。通过在第 6 章已经得到的 CMOS 反相器电路传播延迟表达式,易于得到:

$$\tau_{PHL} = \frac{C_{load}}{k_n} \cdot \frac{2}{E_{C,n}L_n} \cdot \frac{V_{50\%}[(V_{DD} - V_{T,n}) + E_{C,n}L_n]}{(V_{DD} - V_{T,n})^2} \tag{11.12a}$$

$$\tau_{PLH} = \frac{C_{load}}{k_p} \cdot \frac{2}{E_{C,p}L_p} \cdot \frac{V_{50\%}(V_{DD} - |V_{T,p}| + E_{C,p}L_p]}{(V_{DD} - |V_{T,p}|)^2} \tag{11.12b}$$

在其他参数保持不变的情况下，如果降低电源电压，传播延迟时间就会增加。如图 11.11 所示，延迟的归一化变化是 V_{DD} 的一个函数，这里，nMOS 和 pMOS 晶体管的阈值电压分别是 $V_{T,n} = 0.8 \text{ V}$，$V_{T,p} = -0.8 \text{ V}$。在同一图上还可以看出，平均开关功耗的归一化变化也是电源电压的一个函数。

注意，电路速度对电源电压的依赖将会影响动态功耗和电源电压之间的关系。式(11.3)表明,功耗将随着电源电压的减少以二次方的速度减少。然而,这一结论的前提是开关频率(即每单位时间开关事件的次数)恒定不变。如果电路一直工作在传播延迟所允许的最高频率下，开关频率将会降低，原因是随着电源电压的减少，传播延迟将会变得更大。最后的结果就是开关功耗对电源电压的依赖程度不再是简单的二次方的关系，如图 11.11 所示。

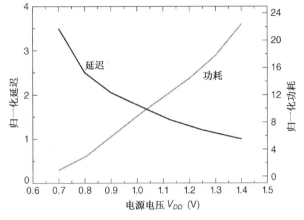

图 11.11　CMOS 反相器的归一化传播延迟和平均开关功耗，它们都是电源电压 V_{DD} 的函数

要注意本节所讨论的电压按比例降低与第 3 章中的恒场强按比例降低显然不同，第 3 章中的电源电压与决定性的器件尺寸(如沟道长度，栅氧化层厚度)和掺杂的浓度一样，由相同的因子所决定。而本章则在假设关键器件参数和负载电容不变的情况下讨论减小电源电压对给定工艺的影响。

传播延迟表达式(11.12)表明由于减小电源电压对延迟产生的负面影响，可以用相应的降低晶体管的阈值电压(V_T)的方法来弥补。但由于阈值电压和电源电压可能按不同的比例变化。因此，这种方法会受到一定的限制。当按线性变化时，降低阈值电压可使电路在较低的 V_{DD} 下产生相同的速度特性。如图 11.12 所示，在不同阈值电压值下，把延迟作为电源电压函数的一个 CMOS 反相器的传播延迟的变化。

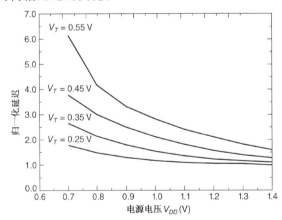

图 11.12　在不同阈值电压 V_T 下，用电源电压 V_{DD} 作为函数的一个 CMOS 反相器的归一化传播延迟的变化

可以看出，在 $V_{DD} = 2 \text{ V}$ 时，如果使阈值电压从 0.8 V 减为 0.2 V，可使延迟改善两倍。这种降低阈值电压对传播延迟的有利影响尤其体现在电源电压较低(即 $V_{DD} < 2 \text{ V}$)时。要注意，

使用低 V_T 值的晶体管必须考虑到噪声容限和亚阈值电导的影响。阈值电压越小，导致 CMOS 逻辑门的噪声容限越小。而亚阈值电导电流也限制了阈值电压的减小。当阈值电压小于 0.2 V 时，在截止待机状态，即当门还未切换时，由亚阈值电导引起的泄漏成为总功耗非常重要的组成部分。并且，传播延迟对阈值电压的与工艺相关的波动更加敏感。

在电源电压不变的条件下降低系统工作频率，可以节约系统功耗但不能节约能耗。因此，动态频率调节(Dynamic Frequency Scaling，DFS)并不适合单独使用。为降低系统能耗，动态电压调节(Dynamic Voltage Scaling，DVS)方法被广泛使用。通过使用动态电压调节方法，电源电压可根据系统的工作量动态降低。一旦电源电压降低，电路延时也相应地减小。因此，系统的时钟频率也应该相应减小，使得所有任务满足时序限制。自 21 世纪早期开始，许多高效能的 CPU，如 Xscale 80200，LongRun 等就开始采用动态电压和频率调节(DVFS)技术。在动态电压和频率调节方法中，电源电压和时钟频率可根据工作量进行选择。工作量大时，系统会选择最高的电压和频率，反之亦然。为了选择正确的电压值和时钟频率而不使系统出错，准确地预测任务的运行时间便显得十分关键。为了预测任务运行时间，人们使用以下几种动态电压和频率调节技术。一种是使用已知的任务运行时间，截止时间，工作量等；另一种是使用编译器辅助；还有一种动态电压和频率调节技术使用运行时间统计。为了在给定系统时间限制前提下优化降低系统能耗，在 DVFS 方法中，也应该考虑动态电流和漏电流。许多采用动态电压和频率调节方案方法的芯片中，仅有一个动态电压/频率调节控制器，大大限制了能耗的降低，尤其是多核处理器和复杂 SoC 的能耗。通过模块层面的控制，一套精密的动态电压/频率调节可以克服这个问题并进一步降低能耗。在亚 130 nm 工艺中，随着工艺的按比例缩减，电源电压/阈值电压比增加，从而可能会降低电压调节的收益。

另外，介绍两种电路设计技术，用于解决克服低 V_T 电路中的难题(如泄漏和高待机功耗)，这两种技术是可变阈值 CMOS(VTCMOS)技术和多阈值 CMOS(MTCMOS)技术。

11.3.2　可变阈值 CMOS(VTCMOS)电路

我们已经看到，在 CMOS 逻辑电路中，使用低的电源电压(V_{DD})和低阈值电压(V_T)是降低总功耗的有效方法，同时它能保持高速性能。然而采用低 V_T 的晶体管来设计 CMOS 逻辑门将不可避免地导致亚阈值泄漏的增加。因为，当输出没有发生转换时就会带来较高的待机功耗，克服该问题的一种方法是调节晶体管的阈值电压以避免待机模式下的泄漏，这可以通过改变衬底偏置来实现。

第 3 章已经讨论过 MOS 晶体管的阈值电压 V_T 是源和衬底间电压 V_{SB} 的一个函数。在基本 CMOS 逻辑电路中，所有 nMOS 晶体管的衬底端都与地电位相连，而所有 pMOS 晶体管的衬底端都与 V_{DD} 相连，这就保证了源极和漏极扩散区通常保持反向偏置，晶体管的阈值电压不会受体效应(背栅偏置)的显著影响。另一方面，在 VTCMOS 电路技术中，晶体管基本上都被设计成低阈值电压，并且 nMOS 和 pMOS 晶体管的衬底偏置电压通过可变衬底偏置控制电路来产生，如图 11.13 所示。

当图 11.13 的反相器电路工作在激活模式下时，nMOS 晶体管的衬底偏置电压 $V_{Bn} = 0$，pMOS 晶体管的衬底偏置电压 $V_{Bp} = V_{DD}$，因此，反相器晶体管不呈现任何背栅偏置效应。电路工作在低 V_{DD} 和低 V_T 情况下，就会有低功耗(由于低 V_{DD})和高开关速度(由于低 V_T)。

然而，当这个反相器电路工作在待机模式下时，衬底偏置控制电路对 nMOS 晶体管产生一个较低的衬底偏置电压，而对 pMOS 晶体管产生一个较高的衬底偏置电压。结果，由于存在反向栅偏置效应，阈值电压 V_{Tn} 和 V_{Tp} 的值都会增加。因为随着阈值电压的增加，亚阈值泄漏电流呈指数下降，所以应用这项技术可以显著降低工作在待机模式下的泄漏功耗。

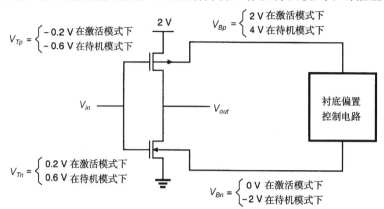

图 11.13　一个可变阈值 CMOS(VTCMOS)反相器电路。在待机模式下，为了减小亚阈值泄漏电流，可以通过调节衬底偏置电压实现，这时 nMOS 和 pMOS 晶体管的阈值电压就会增加

　　为了减少泄漏电流，VTCMOS 技术也可用于自动控制晶体管的阈值电压，补偿阈值电压过程相关的波动。这个方法也称为自调整阈值电压法(Self-Adjusting threshold Voltage Scheme，SATS)。

　　可变阈值 CMOS 电路设计技术对减小亚阈值泄漏电流和在低 V_{DD} 与低 V_T 应用中控制阈值电压非常有效，然而，为了对芯片的不同部分应用不同的衬底偏置电压，这项技术通常需要双阱或三阱 CMOS 技术。而且如果芯片上不产生衬底偏置电压电平，那么就需要独立的电源引脚。与总的芯片面积相比，被衬底偏置控制电路系统所占用的附加面积通常可以忽略。

　　图 11.14 是一个具有低内部电源电压 V_{DDL} 和阈值电压控制的典型的低功率芯片框图。为了提高噪声容限并使其能与外围的器件相连，这种芯片的输入/输出电路通常需要一个较高的外部电源电压。在芯片上的 DC-DC 电压变换器产生低的内部电源电压 V_{DDL}，它用在内部电路系统中。两个信号摆幅变换器(标准变换器)分别用来减小输入信号的电压摆幅和增大输出电压的电压摆幅。内部低电压电路系统可以用 VTCMOS 技术来设计，即用阈值电压控制单元来调节衬底偏置以抑制泄漏电流。

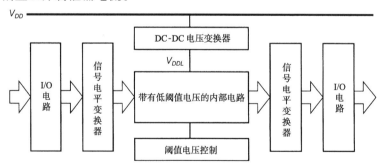

图 11.14　典型的低功率芯片框图，在芯片上通过一个 DC-DC 变换器电路产生内部电源电压

11.3.3　多阈值 CMOS(MTCMOS)电路

　　另一种在待机模式下降低电压电路中泄漏电流的技术建立在电路中使用两个含有不同阈值电压的晶体管(pMOS 和 nMOS)基础上。这里的低 V_T 晶体管通常用于逻辑门的设计，对于

逻辑门,开关速度是必须考虑的。而高 V_T 晶体管用于待机状态下有效的隔离逻辑门并防止泄漏扩散。图 11.15 表示的是 MTCMOS 逻辑门的一般电路结构。

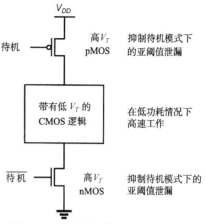

在激活模式下,高 V_T 晶体管导通,包括低 V_T 晶体管组成的逻辑门工作时开关功耗低和传播延迟小。另一方面,当电路处于待机模式时,高 V_T 晶体管截止,并且所有由低 V_T 的内部电路系统产生的亚阈值泄漏电流的导通路径被有效断开。图 11.16 所示为一个简单的用 MTCMOS 技术设计的 D 锁存器电路。注意,从输入到输出的关键信号传播路径只由低 V_T 晶体管构成,而由高 V_T 晶体管构成的一对交叉连接反相器在待机模式下用于保护数据。

图 11.15　多路阈值 CMOS(MTC-MOS)逻辑门的一般结构

MTCMOS 技术与 VTCMOS 技术相比,在概念上更容易运用,或者通常需要一个复杂的衬底偏置控制装置。它并不需要一个双阱或三阱 CMOS 工艺,MTCMOS 电路中唯一的相关工艺开销是在同一芯片上制造有不同阈值电压的 MOS 晶体管。MTCMOS 电路技术中的一个缺点是存在串联待机晶体管。它增加了总的电路面积,也增加了额外寄生电容。

虽然 VTCMOS 和 MTCMOS 电路技术对于设计低功率低电压逻辑门是非常有效的,但它们在低功率 CMOS 逻辑设计中并不普遍适用。在某些类型的应用中,不能采用可变阈值电压和多阈值电压,这是由于工艺上的限制决定的。而系统级构造方法(如流水线操作和硬件复制技术)提供了可行的替代方法,尽管电压在变化,它都保持系统特性不变。下面,举一些例子说明这些减小功耗的结构设计技术。

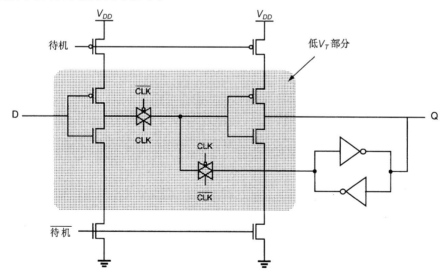

图 11.16　用 MTCMOS 技术设计的低功率/低电压的 D 锁存器电路

11.3.4　流水线操作方法

首先,考虑如图 11.17 所示的单级功能模块,它执行输入向量 INPUT 的逻辑功能 F(INPUT)。输入和输出向量都是通过对寄存器阵列采样得到的。这些寄存器阵列用时钟信号 CLK 驱动。

假设在这个逻辑模块(电源电压为 V_{DD})中的关键路径所允许的最高采样频率为 f_{CLK}，换句话说，这个逻辑模块中的最大输入/输出传输延迟 $\tau_{P,max}$ 等于或小于 $T_{CLK} = 1/f_{CLK}$。图 11.17 还显示了电路的简化时序表。在每个时钟周期，新的输入向量被锁存在输入寄存器阵列中，并且输出数据等待一个周期后变为有效。用 C_{total} 来表示每个时钟周期的总开关电容。这里的 C_{total} 包括：(1)在输入寄存器阵列中的开关电容；(2)执行逻辑功能的开关电容；(3)在输出寄存器阵列中的开关电容。那么，这个结构的动态功耗可表示为

$$P_{reference} = C_{total} \cdot V_{DD}^2 \cdot f_{CLK} \tag{11.13}$$

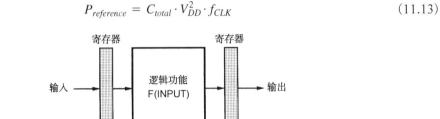

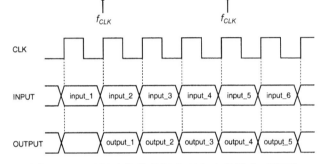

图 11.17　逻辑功能的单级实现和它的简化时序图

现在考虑执行同一逻辑功能的 N 级流水线结构，如图 11.18 所示。逻辑功能 F(INPUT)被分成了连续的 N 级，除了原有的输入/输出寄存器，又引入了 $(N–1)$ 个寄存器阵列来构成流水线。所有寄存器采用原采样速率 f_{CLK} 定时。如果被分割的所有功能级具有几乎相同的延迟，则

$$\tau_P(\text{流水线级}) = \frac{\tau_{P,max}(\text{输入到输出})}{N} = T_{CLK} \tag{11.14}$$

那么，当保持和以前相同的功能特性时，在两个连续寄存器间的逻辑模块的工作速率比以前相同功能的通量慢 N 倍。这意味着通过将电路速度降低 N 倍，电源电压能被降为 $V_{DD,new}$ 值，从式(11.12)可得所需的电源电压。

具有更低的电源电压以及和单级结构相同功能特性的 N 级流水线结构的动态功耗可近似表示为

$$P_{pipeline} = [C_{total} + (N - 1)C_{reg}] \cdot V_{DD,new}^2 \cdot f_{CLK} \tag{11.15}$$

其中，C_{reg} 表示由每级流水线寄存器切换的电容。那么，在 N 级流水线结构中达到的功率降低因子为

$$\begin{aligned}
\frac{P_{pipeline}}{P_{reference}} &= \frac{[C_{total} + (N - 1)C_{reg}] \cdot V_{DD,new}^2 \cdot f_{CLK}}{C_{total} \cdot V_{DD}^2 \cdot f_{CLK}} \\
&= \left[1 + \frac{C_{reg}}{C_{total}}(N - 1) \right] \frac{V_{DD,new}^2}{V_{DD}^2}
\end{aligned} \tag{11.16}$$

例如，考虑用一个 4 级流水线结构代替一个单级逻辑模块（$V_{DD} = 5\text{ V}$，$f_{CLK} = 20\text{ MHz}$），且工作在相同的时钟频率下。这意味着每个流水线级的传输延迟增长 3 倍，而不必牺牲数据处理能力。假设所有晶体管的阈值电压都为 0.8 V，可以通过减小电源电压，从 5 V 到近似 2 V（见图 11.12）来降低目标速率。如果 $(C_{reg}/C_{total}) = 0.1$，则由式（11.16）得到总功率降低因子为 0.2。这就意味着用一个 4 级流水线结构代替原来的单级逻辑模块并工作在相同的时钟频率下，且把电源电压从 5 V 降到 2 V，这样就会节约 80% 的开关功率，并且保持了与原来相同的处理能力。

　　这里所描述的结构改进有相对较小的区域，为了把原有的单级结构转变为流水线，必须总共附加（$N-1$）个寄存器阵列。用这种方法来降低功耗不仅会增加折中的范围，而且还使等待时间从一个增加为 N 个时钟周期。然而在大多数应用情况下（如信号处理和数据编码）等待时间并不特别重要。

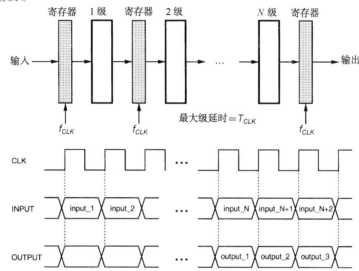

图 11.18　与图 11.17 具有相同逻辑功能的 N 级流水线结构。最大流水
　　　　　 线级延迟和时钟周期相等，且等待延迟时间为 N 个时钟周期

11.3.5　并行处理方法（硬件复制）

　　另一种通过增加面积降低功耗的方法是并行处理法，或称为硬件复制法。当执行的逻辑功能不适合流水线操作时，这种方法特别有用。考虑 N 个完全相同的处理单元，在并行结构中每个单元都实现逻辑函数 F(INPUT)，如图 11.19 所示。就像在前面所讨论的单级结构情况下假设连续的输入向量以相同的速度到达，输入向量按路径发送到 N 个处理模块的寄存器中。每个周期为 NT_{CLK} 的钟控信号，用于在每 N 个时钟周期内加载一个寄存器。这就意味着，到每个输入寄存器的时钟信号都偏移一个 T_{CLK}，因此 N 个连续的输入向量中的每一个向量都送入一个不同的输入寄存器。因为每个输入寄存器都以一个低的频率（f_{CLK}/N）定时，所以计算每个输入向量的函数所允许的时间就会增加 $N-1$ 倍。这意味着，电源电压可以被减小，直到关键路径延迟和新的时钟周期（NT_{CLK}）相等。N 个处理模块的输出被复接到一起，并送到一个工作时钟频率为 f_{CLK} 的输出寄存器中。这就保证了和以前一样的数据处理能力。并行处理法的时序图如图 11.20 所示。

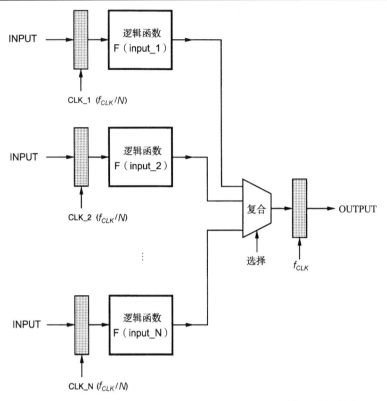

图 11.19　实现和图 11.17 具有相同逻辑功能的 N 模块并行结构
图(注意,输入寄存器以低的频率(f_{CLK}/N)定时)

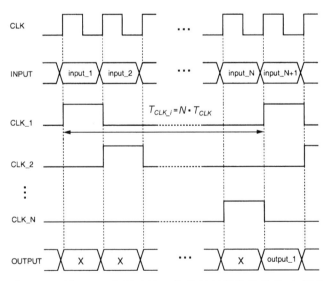

图 11.20　图 11.19 中所示的 N 模块并行结构的简化时序图

　　因为计算每个输入向量的函数所允许的时间增加了 $N-1$ 倍。所以,为了有效地使电路慢下来,电源电压可以降低到 $V_{DD,new}$ 值。与流水线操作情况一样,从式(11.12)解出新的电源电压。并行结构的总动态功耗(忽略复接器的功耗)为两部分功耗的总和。一部分是工作在时钟频率为（f_{CLK}/N）下的输入寄存器和逻辑模块所消耗的功率，另一部分是工作在时钟频率为 f_{CLK} 下的输出寄存器所消耗的功率。

$$P_{parallel} = N \cdot C_{total} \cdot V_{DD,new}^2 \cdot \frac{f_{CLK}}{N} + C_{reg} \cdot V_{DD,new}^2 \cdot f_{CLK}$$
$$= \left(1 + \frac{C_{reg}}{C_{total}}\right) \cdot C_{total} \cdot V_{DD,new}^2 \cdot f_{CLK} \tag{11.17}$$

注意，由输入路由的电容、输出路由的电容和输出复接结构的电容构成了附加开销，所有这些都增加了 $N-1$ 倍。如果这部分开销被忽略，那么，N 模块并行结构的功率降低量为

$$\frac{P_{parallel}}{P_{reference}} = \frac{V_{DD,new}^2}{V_{DD}^2} \cdot \left(1 + \frac{C_{reg}}{C_{total}}\right) \tag{11.18}$$

假设阈值电压为 0，那么用结构驱动电压减小可实现的开关功率减少的下限为

$$\frac{P_{parallel}}{P_{reference}} \geq \frac{1}{N^2} \tag{11.19}$$

这个方法带来的两个显著的影响是增加了面积和等待时间。必须使用 N 个完全相同的处理模块使工作（时钟）速度降低 N 倍。事实上，硅的面积增加要比处理器数目增加快得多，这主要是由于信号通路和整体电路系统时序的缘故。图 11.20 显示了并行结构有 N 个时钟周期的等待时间，这与 N 级流水线结构是相同的。然而，当保持处理能力时，考虑到较小的面积开销，流水线操作提供了一个更为有效的减少功耗的方法。

11.4　开关激活率的估算和优化

在前面的几节中，已经讨论了借助于电源电压按比例降低使 CMOS 数字集成电路动态功耗达到最小的方法。另外一种低功率设计的方法是：降低开关激活率和开关电容值到完成一个给定的任务所需的最低水平。实现这一目标的方法涉及从算法的最优化到逻辑设计，最后到物理掩模设计的多种方法。下面，将讨论开关激活率的原理并介绍用于减小它的一些方法。在 11.5 节还将讨论用于使完成给定任务的电容达到最小值的各种方法。

11.4.1　开关激活率原理

在 11.2 节已经讨论了 CMOS 逻辑门的动态功耗在其他参数中与节点转换因子 α_T 有关。它是在经历每个时钟周期中输出电容的功耗电压转换的有效次数。这个参数也称为开关激活率因子，与逻辑电路的门以及输入信号统计所决定的布尔函数有关。

我们可以很容易地考察不同种类的逻辑门的输出转换概率。首先，引入 P_0 和 P_1 两个信号概率。P_0 相当于输出为逻辑"0"的概率，而 $P_1 = (1 - P_0)$ 相当于输出为逻辑"1"的概率。因此发生在输出节点的功耗转换（从 0 到 1）的概率是这两个输出信号概率的乘积。比如，考虑一下静态 CMOS 双输入或非门。如果双输入是独立且均匀分布的，则四种输入组合（00，01，10，11）发生的概率是相等的。因此，可以从双输入或非门的真值表中得出 $P_0 = 3/4$ 和 $P_1 = 1/4$。那么发生在输出节点上的功耗转换概率为：

$$P_{0 \to 1} = P_0 \cdot P_1 = \frac{3}{4} \cdot \frac{1}{4} = \frac{3}{16} \tag{11.20}$$

用一个状态转换图来表示转换概率，它由两个可能的输出状态和它们之间可能的转换组成，如图 11.21 所示。带有 n 输入变量的 CMOS 逻辑门的一般情况，其功耗输出转换的概率可以

表示为 n_0 的函数，n_0 是真值表中输出列里为 0 的个数。

$$P_{0 \to 1} = P_0 \cdot P_1 = \left(\frac{n_0}{2^n}\right) \cdot \left(\frac{2^n - n_0}{2^n}\right) \tag{11.21}$$

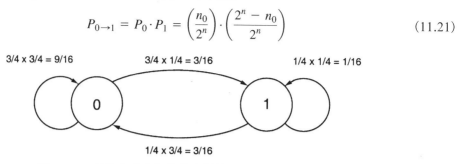

图 11.21   双输入或非门的状态转换图和状态转换概率

对于不同的逻辑门，在相同的输入概率下输出转换概率表示为图 11.22 中输入个数的函数。对于一个与非门或者或非门来说，不管输入个数如何，真值表中只包含一个"0"或"1"。因此，输出转换概率随着输入个数的增加而减小。另一方面，在异或门中，真值表中逻辑"0"和逻辑"1"的个数总是相等。因此，输出转换概率始终为常数 0.25。

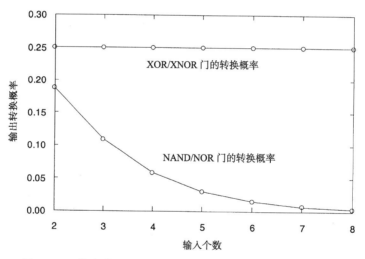

图 11.22   作为输入个数的函数的不同逻辑门的输出转换概率。注意，异或门的转换概率与输入的个数无关

在多级逻辑电路中，输入信号的概率分布一般是不均匀的。即逻辑"0"和逻辑"1"的出现概率不相等。那么，输出转换概率就成为输入概率分布的函数。比如，考虑上面所讨论的双输入或非门，让 $P_{1,A}$ 代表输入 A 为逻辑"1"的概率，$P_{1,B}$ 代表输入 B 为逻辑"1"的概率。则输出节点中获得逻辑"1"的概率为

$$P_1 = (1 - P_{1,A}) \cdot (1 - P_{1,B}) \tag{11.22}$$

利用这个表达式，可得功耗输出转换概率为 $P_{1,A}$ 和 $P_{1,B}$ 的一个函数：

$$\begin{aligned} P_{0 \to 1} = P_0 \cdot P_1 &= (1 - P_1) \cdot P_1 \\ &= [1 - (1 - P_{1,A}) \cdot (1 - P_{1,B})] \cdot [(1 - P_{1,A}) \cdot (1 - P_{1,B})] \end{aligned} \tag{11.23}$$

图 11.23 显示了在双输入或非门中作为双输入概率函数的输出转换概率的分布情况。可以看出，在大规模电路中开关激活率的测定是非常复杂的问题，特别是当电路中包含了时序单元、

再汇聚节点(逻辑门的输出用来作为两个或多个逻辑门的输入变量并沿着几个独立的路径传输,最终汇合到另一个逻辑门的输入端)和反馈回路时。因此,设计者必须利用计算机辅助设计工具(CAD)来正确估计一个给定网络的开关激活率。

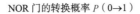

NOR 门的转换概率 $P(0{\to}1)$

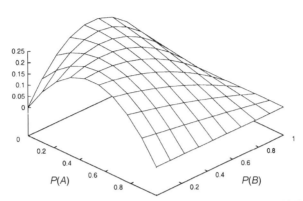

图 11.23 作为双输入概率的函数的双输入或非门的输出转换概率

在动态 CMOS 逻辑电路中,输出节点在每个时钟周期内被预先充电。如果输出节点在前一个周期被放电(即如果输出值为"0"),那么 pMOS 预充电晶体管就会在预充电阶段从电源获得一个电流。这就意味着,不管以前的或下面的值为多少,每当输出值等于"0"时,动态 CMOS 逻辑门都将消耗功率。因此,动态逻辑门的功耗由输出节点信号值的概率决定,而不是由转换概率决定。从以上讨论中我们看到,信号值的概率通常比转换概率要大。因此,在相同的条件下,动态 CMOS 逻辑门的功耗一般要比静态 CMOS 门大。

11.4.2 减小开关激活率

CMOS 数字集成电路的开关激活率可以通过最优化算法、最优化结构、合理选择逻辑拓扑或通过在电路水平上的最优化来减少。下面,将简要讨论一些用于优化开关概率的方法,以此来降低动态功耗。

算法最优化主要取决于运算和数据的特征,例如,动态范围、相互关系和传送数据的统计值。一些技术只能被应用在如数字信号处理(DSP)的特定场合,而不能用于一般的处理目的。例如,一个合适的向量量化算法(VQ)可以被用作最小化开关激活率。同样,如果用微分树搜索算法代替全搜索算法,那么寄存器存取、乘法器和加法器的数量大约能减少为 1/30。

数据的表达形式对系统级开关激活率有重要的影响。在数据位连续变化并具有较高相关性(例如,存取指令的地址位)的场合,与简单二进制码相比,用格雷码能够减少转换的次数。另一个例子是用("符号-幅值")表达代替传统的 2 的补码表达来表示有符号数据。用 2 的补码表达时,符号的变化会引起高阶位的转换。而用"符号-幅值"表达时,只有符号位变化。因此,在数据符号改变频繁的场合,用"符号-幅值"表达将会减少开关的激活率。

11.4.3 减少短脉冲干扰

减少开关激活率的一个重要的结构级方法以平衡延迟和减少短脉冲干扰为基础。在多级逻辑电路中,由于关键路径或动态冒险,从一个逻辑模块到下一个模块的传输延迟会引起杂乱信号传输和干扰。一般来讲,如果一个门的所有输入信号同时改变,就不会有干扰产生。

但是，如果输入信号不在同一时刻改变，就会有动态冒险或干扰产生。因此，在一个时钟周期内，一个节点在达到正确的逻辑电平之前，会表现出多次转换，如图 11.24 所示。在某些情况下，信号的干扰只是部分的，即节点电压不能使信号在地和 V_{DD} 电平之间完全转换。然而，部分干扰也会对动态功耗产生很大的影响。

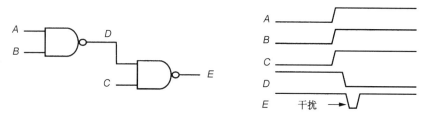

图 11.24　在多级静态 CMOS 电路中的信号干扰

干扰的发生主要来源于逻辑网络中路径长度的不匹配或不相等。路径长度的不匹配会导致对主要输入的信号定时的不匹配。例如，一个简单的等价网络如图 11.25 所示。如果所有的异或门都有相同的延迟，并且四个输入信号同时到达，那么如图 11.25(a) 所示，由于输入信号到达的时间相差很远，网络将受到干扰。相反，图 11.25(b) 网络中由于延迟路径相等，所有的输入信号的到达时间一律相同。因此，新的设计在复杂的多级网络中能够很明显地降低干扰，减小动态功耗。还可以注意到，图 11.25(b) 中的树形结构使得总传输延迟较小。最后应注意，在多级动态 CMOS 逻辑电路中，干扰并不是严重的问题，因为在各个时钟周期每个节点最多会有一次转换。

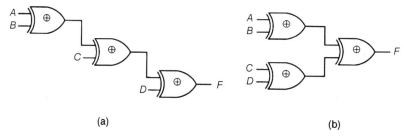

(a)　　　　　　　　　　　　　　　　　　(b)

图 11.25　(a) 用一个链式结构实现一个四输入等价 (异或) 函数；
(b) 用一个树形结构实现相同的函数来减小干扰的传输

11.4.4　门控时钟信号

另一种用于降低 CMOS 逻辑电路中的开关激活率的有效设计技术是使用条件时钟信号或门控时钟信号。在 11.2 节中我们已经看到，时钟分配网络中的开关功耗非常显著。如果在当前的时钟周期内，系统中没有立即用到某些逻辑模块，暂时切断这些模块的时钟信号可以明显减少开关功率，否则它就会有功耗。设计这种有效的门控时钟方案需要仔细分析信号流和电路中各种操作执行的相互关系。图 11.26 是一个 N 位数字比较器电路的框图，它是用门控时钟技术设计的。

这个电路比较两个无符号 N 位二进制 (A 和 B) 的数并产生一个大数。在常规方法中，所有输入位首先锁存在两个 N 位寄存器中，随后应用于比较电路。在这种情况下，两个 N 位寄存器阵列在每一个时钟周期内都消耗功率。然而，如果两个二进制数中最高有效位 $A[N-1]$

和B[N−1]都不相同，那么，只需要比较最高有效位(Most Significant Bit, MSB)就可以做决定了。图 11.26 的电路利用了这种减少开关功率的简单方案。否则，开关功率将被浪费在锁存和处理较低的位上。这两个最高有效位被锁存在一个两位寄存器中，这个寄存器用原系统时钟来驱动。同时，这两位应用于异或非门，使异或非门的输出通过与门来产生门控时钟信号。如果这两个最高有效位不同(即，"01"或"10")，异或非门就会产生一个逻辑"0"的输出，从而使低位寄存器不工作。在这种情况下，用一个单独的最高有效位比较器电路来决定这两个数中哪个更大。如果两个最高有效位相同(即，"00"或"11")，门控时钟信号用于低位的寄存器，这时就用(N−1)位比较器电路来判别两个数的大小。

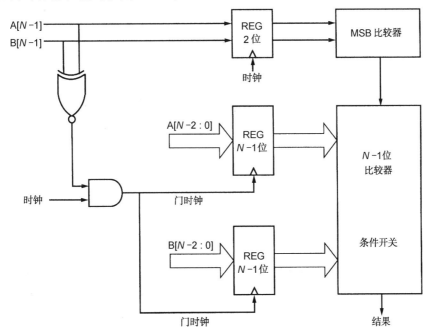

图 11.26　带门控时钟系统的 N 位数字比较器框图

在低位寄存器和(N−1)比较器电路中的功耗非常显著，特别是在位长度(N)很大的情况下。假设输入二进制数是随机分布的，则可观察到由于系统的大部分对输入组合的一半不起作用，所以门控时钟方案有效地降低了大概 50% 的系统总开关功耗。这个例子说明在某些逻辑电路中门控时钟方案可以有效降低开关功耗。

11.5　减小开关电容

在前面的章节中已经说明了开关电容的大小对电路动态功耗的显著影响。因此，降低这种寄生电容是数字集成电路中低功率设计的主要任务。本节将讨论系统级、电路级和物理设计(掩模)级中用来降低开关电容的各种技术。

11.5.1　系统级设计方法

在系统级设计中，一种降低开关电容的方法是限制使用共享资源。一个简单的例子是用一个全局总线结构在大量工作模块间进行数据传送(如图 11.27 所示)。如果用一个单一的公共总线连接所有模块，如图11.27(a)所示，该结构则会产生大的总线电容。因为：(1)大量的驱动器和接收器共享同一传输媒质；(2)长总线上的寄生电容。显然，驱动大总线电容会在每一个总线通路中产生很大功耗。所以可以把全局总线结构划分为一些更小的专用局部总线来实现相邻模块间的数据传输，如图 11.27(b)所示。在这种情况下，虽然多总线会增加芯片上总的连线面积，但每一条总线通路上的开关电容会显著降低。

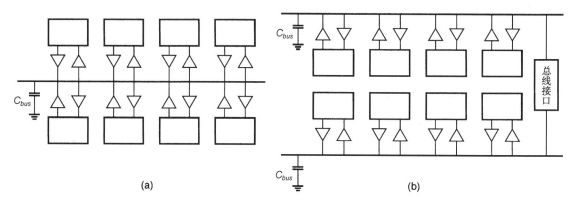

图 11.27　(a)使用全局总线结构连接芯片上的大量模块会导致大的总线电容和大的动态功耗；
　　　　　(b)使用小一些的局部总线降低开关电容大小，但以占用额外的芯片面积为代价

11.5.2　电路级设计方法

　　用于完成一个数字电路的逻辑方式也对电路中输出负载电容有影响。电容是用于完成一个特定功能所用晶体管数量的函数。比如，一种用于降低负载电容的方法是使用传输门(传输晶体管逻辑)代替传统的 CMOS 逻辑门去完成逻辑功能。由于完成一定功能(如异或、异或非)所需的晶体管数较少，传输门逻辑设计引起了人们的关注。因此，对于低功率设计，这种设计方式已经被推荐用来代替传统的 CMOS。不过使用传输门逻辑时还需要考虑一些重要问题。

　　当传输一位逻辑"1"时，nMOS 晶体管导致信号摆幅下降一个阈值电压。为了避免随后的反相器或逻辑门中产生静电流(参见第 9 章)，需要恢复摆幅。为了提供适当的输出驱动能力，反相器经常与传输门的输出相连，这就增加了逻辑门的总面积、延迟和开关功耗。由于传输晶体管结构一般需要附加控制信号，常采用双路逻辑形式提供所有的信号。因此除了摆幅恢复和输出缓冲电路系统外，还需要附加两个 nMOS 传输晶体管网络，因而传输晶体管逻辑相对于传统 CMOS 逻辑的内在优点明显减少。因此，使用传输晶体管逻辑门来实现低功耗的方法要仔细考虑，并且逻辑设计方式的选择最终要基于对所有设计方面的详细比较，比如硅片面积、总延迟和开关功耗等。

11.5.3　掩模级设计方法

　　开关工作时(即充电或放电时)的寄生电容的值也可以在物理设计或掩模级减少。在电路中，MOS 晶体管的寄生栅电容和扩散电容一般是组合逻辑电路中的总电容的主要组成部分。因此，一个简单的用来降低功耗的掩模设计方法是：在可能和可行的情况下保持晶体管的尺寸最小(特别是漏区和源区)，从而使寄生电容达到最小。用最小尺寸晶体管设计逻辑门肯定会影响电路的动态特性，因此，在关键电路中应仔细权衡动态特性和功耗。特别是在电路中需要驱动大的外部电容负载(如大扇出或线路电容)时，晶体管必须采用较大的尺寸。但

在众多其他情况下，门的负载电容主要是内部的，晶体管尺寸可以保持最小。注意，大多数标准单元库用较大的晶体管来设计，这样是为了在相当大的范围内满足大负载电容情况下电路性能的需要。因此，一个基于标准单元的设计在每个单元的开关电容方面可能会有相当大的开销。

11.6　绝热逻辑电路

在常规的电源到地输出电压摆幅的 CMOS 恢复逻辑电路中，每个开关事件都会引起电源到输出节点或输出节点到地之间的能量转移。在输出节点上 0 到 V_{DD} 的转换过程中，以恒定电压从电源得到的总输出电荷 $Q = C_{load} V_{DD}$。因此，在该转换过程中从电源吸收的能量为 $E_{supply} = C_{load} V_{DD}^2$。当输出节点的电容充电达到 V_{DD}，也就是在跳变结束时，在输出节点存储的能量值为 $E_{stored} = C_{load} V_{DD}^2 / 2$。因此，从电源流入的能量一半损失在 pMOS 网络中，只有一半传到了输出节点。在后面输出节点从 V_{DD} 到 0 的转换过程中，不从电源中吸收能量，而是把负载电容中储存的能量消耗在 nMOS 网络中。

为了减少消耗，电路设计者必须或者使开关事件达到最少，或者减少节点电容，或者降低电压摆幅，或者将这些方法结合起来使用。然而，在所有这些情况下，从电源吸收的能量在被耗尽前只能被使用一次。为了增加逻辑电路的能量效率，可以引入从电源中吸收的能量进入再循环的其他措施。逻辑电路的一个新类称为绝热逻辑，它提供了进一步降低开关事件中能量消耗和再循环或重复使用从电源吸收的部分能量的可能性。为了实现这一目的，电路的拓扑和工作原理都必须修改，有时甚至是彻底改变。使用绝热技术得到的再生能源的多少也是由制作工艺、开关速度和电压摆幅决定的。

"绝热"这一术语一般用于描述与外界环境没有能量交换，因此没有热耗散形式的能量消耗的热力学过程。在本书中，电路节点间的电荷转移被看成这样的过程，并研究电荷转移事件中用来使能量损失或热耗散到最小的各种技术。注意，电路完全绝热工作是随着开关过程的变慢而渐近实现的理想情况。在实际情况中，不管开关速度如何，与电荷转移事件相关的能量消耗经常由绝热部分和非绝热部分组成。因此，将所有能量消耗降为 0 是不可能的。

11.6.1　绝热开关

考虑图 11.28 所示负载电容由一恒定电流源充电的简单电路。这个电路与基本 CMOS 电路中的典型充电事件的等效电路相似。不同的是，在基本数字 CMOS 电路中，输出电容是由一个恒压源而不是一个恒流源充电的。这里的 R 表示 pMOS 网络中的阻抗。应注意恒定充电的电流相当于线性电压斜率。假设电容电压 V_C 的初始值为 0，电压变量是时间的函数，可表示为

$$V_C(t) = \frac{1}{C} \cdot I_{source} \cdot t \tag{11.24}$$

因此，充电电流可以表示为 V_C 和时间 t 的简单函数：

$$I_{source} = C \frac{V_C(t)}{t} \tag{11.25}$$

从 $t = 0$ 到 $t = T$，在电阻 R 上的能量消耗值为

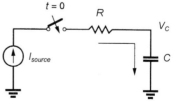

图 11.28　恒流源通过电阻 R
向负载电容 C 充电

$$E_{diss} = R \int_0^T I_{source}^2 \, \mathrm{d}t = R \cdot I_{source}^2 \cdot T \tag{11.26}$$

联立式(11.25)和式(11.26)，得出晶体管充电过程中的能量消耗为

$$E_{diss} = \frac{RC}{T} CV_C^2(T) \tag{11.27}$$

根据式(11.27)可以做出一些简单的判断。首先，如果充电时间大于 $2RC$ ，则消耗的能量比一般情况下小。事实上，随着充电时间的增加，能量消耗可以任意小。这是因为 E_{diss} 反比于 T 。还可以观察到，能量消耗还和电阻 R 成比例，这与消耗是由电容和电压摆幅决定的一般情况相反，减少 pMOS 网络的阻抗将降低能量消耗。

　　我们已经看到恒定电流充电过程可以从电源到负载电容有效地传输能量，因此存入电容中的一部分能量也能够以反转电流源方向的方式进行回收，它允许电荷从电容回到电源。这种可能性是绝热工作所独有的。因为在常规 CMOS 电路中的能量在使用一次后就被消耗。这种恒流源必须有从电路中恢复能量的能力。因此，绝热逻辑电路需要有时变电压的非常规电源，也称为脉冲电源。在使用绝热逻辑时，作为设计折中，还必须考虑到与这些特定电源电路相关的附加硬件开支。

11.6.2　绝热逻辑门

　　下面分析能够用于绝热开关的简单电路构造。注意，有关绝热逻辑电路的大多数研究都是从最近开始的，因此，这里只考虑一些简单的电路例子，其他的电路拓扑也有可能采用这项技术，但不管具体的电路结构怎样，必须强调能量再循环这一点。

　　首先，考虑图 11.29 所示的可以用于驱动电容负载的绝热放大电路，它由两个 CMOS 传输门和两个 nMOS 钳位晶体管组成。输入 (X) 和输出 (Y) 都为双路译码。这就意味着得到两个信号的反相信号也用于控制 CMOS 传输门。

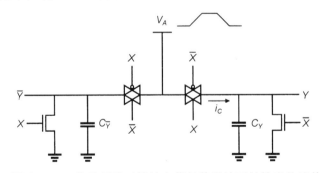

图 11.29　通过 CMOS 传输门将互补输入信号传递给互补输出的绝热放大电路

　　当输入信号 X 被置为有效值，两个传输门之一变为导通。接着，用从 0 上升到 V_{DD} 的一个线性慢上升电压 V_A 激励这个放大器。在两个互补输出之一的负载电容上通过传输门被绝热式地充电到 V_{DD} ，而另一个输出节点一直被钳位在地电位。充电过程完成后，这一对输出信号变为有效，并作为其他类似电路的输入。然后，电压 V_A 线性降为零，从电路移出能量，因此储存在输出负载电容的能量将被电源重新获得。注意，这一对输入信号必须始终保持稳定和有效。

　　绝热放大器的简单电路原理可以被推广用于完成任意逻辑功能。图11.30 给出了一个基本 CMOS 逻辑门的一般电路拓扑和它所对应的绝热电路拓扑。为了把基本 CMOS 逻辑门转换为

绝热门，必须用互补传输门(T 门)网络替换上拉和下拉网络。执行上拉功能的传输门网络用来驱动绝热门的真正输出，而执行下拉功能的传输门网络则用来驱动互补输出节点。注意，在互补方式下，所有的输入也都是可利用的。在绝热逻辑电路中的这两个网络都用来对输出电容充电和放电，这就确保了储存在输出节点的能量在每个周期结束时通过电源重新获得。为了实现绝热操作，原电路的直流电压源必须用具有线性上升电压输出的脉冲电源代替。注意，把基本 CMOS 逻辑电路转换为绝热逻辑电路对电路做的必要修改会使器件数量增加两倍甚至更多。在一般情况下，能量消耗的减少是以降低开关速度为代价的，这就需要在所有的绝热方法中对二者加以权衡。

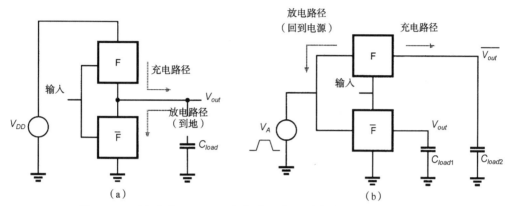

图 11.30　(a)基本 CMOS 逻辑门的一般电路拓扑；(b)执行相同功
能的绝热逻辑门拓扑(注意，输出电容充放电路径不同)

图 11.31 给出了一个绝热两输入与／与非门的电路图，它由两个互补传输门网络构成。注意，这个网络由两个以串联连接的 CMOS 传输门构成，用于实现两输入变量的"与"功能，而由两个并联的 CMOS 传输门构成的网络用于实现互补的"与非"功能。

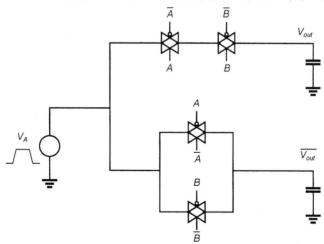

图 11.31　一个绝热 CMOS 与/与非门电路图

11.6.3　分步充电电路

前面已经看到在一个充电事件期间可以使功耗达到最小，在理想情况下，采用恒流源可以使功耗降低到 0。这要求电源能够产生线性上升电压。通过使用谐振电感电路去逼近恒定的输出电流和正弦信号的线性上升电压可以构造实际的电源。但是在电路中使用电感会带来一些困难，特别是考虑到芯片级集成和总效率。

可以用台阶式电源电压波形代替完全线性上升电压波形，这里的电源输出电压在充放电过程中是以一个小的增量增加或减小的。因为功耗取决于由电荷流入负载电容所引起的平均电压降，所以使用较小的电压阶梯或增量可以大幅降低功耗。

图 11.32 示出了一个由台阶式源电压波形驱动的 CMOS 反相器。假设输出电压初始值为零，将输入电压设置为逻辑低电平，电源电压 V_A 从 0 按 n 个等高的电压台阶上升到 V_{DD}，如图 11.33 所示。因为 pMOS 晶体管在这个转换过程中导通，所以输出电容负载就会以分步方式充电。用线性电阻 R 表示 pMOS 晶体管的阻抗。因此，输出负载电容就通过一个电阻以小的电压增量充电。就第 i 段时间而言，电容器的电流值可表示为

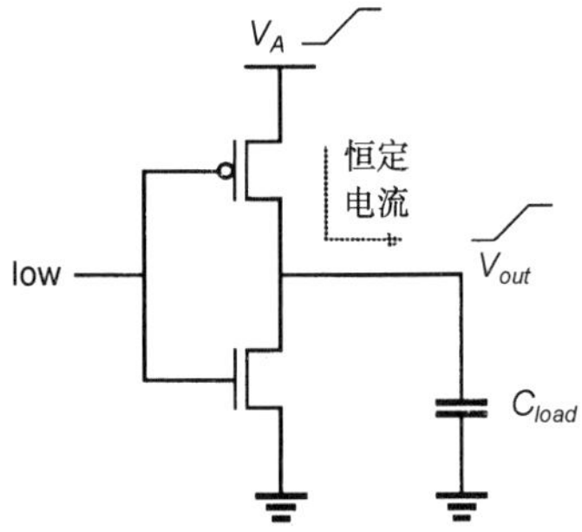

$$i_C = C\frac{\mathrm{d}V_{out}}{\mathrm{d}t} = \frac{V_A^{(i+1)} - V_{out}}{R} \tag{11.28}$$

用初始条件 $V_{out}(t_i) = V_A^{(i)}$ 解微分方程，得到

$$V_{out}(t) = V_A^{(i+1)} - \frac{V_{DD}}{n}\mathrm{e}^{-t/RC} \tag{11.29}$$

这里，n 是源电压波形的台阶级数。在一个电压增量过程中消耗的能量可以表示为

$$E_{step} = \int_0^\infty i_C^2 R\,\mathrm{d}t = \frac{1}{n^2}C\frac{V_{DD}^2}{2} \tag{11.30}$$

因为分 n 步将电容充电至 V_{DD}，所以总功耗为

$$E_{total} = n \cdot E_{step} = \frac{1}{n}C\frac{V_{DD}^2}{2} \tag{11.31}$$

图 11.32　一个渐增电源供给的 CMOS 反相器电路

根据这种简化分析，用有 n 个电压台阶或增量的分步方式对输出电容充电，可以使每个周期内的能量消耗降为原来的 $1/n$。因此，采用分步充电总功耗也可以降为原来的 $1/n$。这个结论表明，如果电压台阶非常小，电压台阶数 n 趋于无穷大(即，如果源电压为一个线性慢变斜线)，能量消耗将趋于 0。

另一个简单的分步充电电路的例子是用 nMOS 器件实现的电容负载的分步驱动器，如图 11.34 所示。这里，采用一排 n 个电平均匀分布的恒压源。利用一个开关器件阵列，负载电容通过依次把恒压源 V_1 到 V_N 连接到负载而充电。为了对负载电容放电，恒压源以反向顺序连接在负载上。

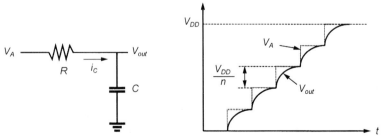

图 11.33　图 11.32 所示的等效电路和 CMOS 反相器电路的输入/输出电压波形(分步充电的情况)

图 11.34 中的开关器件用 nMOS 晶体管表示。然而，为了避免在高电平时发生不希望的阈值的压降问题和衬底偏置的影响，它们中的一部分可以用 pMOS 晶体管来替代。但这种电路结构的严重缺点之一是需要多个电压源。一个能够有效地产生 n 个不同电平的电源电压系统是很复杂和昂贵的。而且，在一个大系统中把 n 个不同的电源电压连接到每一个电路也会带来很大的开销。除此之外，这一概念也很难在基本逻辑门中得到推广。因此，分步充电驱动电路最好用于驱动如输出缓冲器和大的数据总线等电路中产生的功耗占总功耗的绝大部分的那些关键节点。

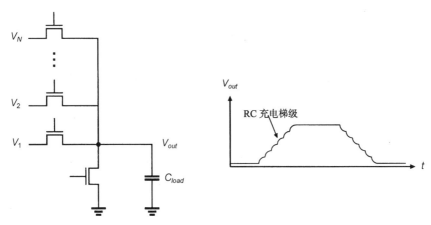

图 11.34　用于电容负载的分步驱动电路。通过一个开关器件阵列负载电容被顺序地连接在恒压源 V_i 上

到目前为止，我们已经看到绝热逻辑电路能够明显地减少能量消耗，但通常是以开关时间为代价的。因此，这种绝热逻辑电路最好用于对延迟没有严格要求的场合。而且，要在绝热电路结构中实现非传统的电源一般会导致总能量消耗和硅面积的两方面开销。当绝热逻辑被用来作为低功耗设计的一种方法时，这些问题都应该认真考虑。

习题

11.1　对一个典型的 CMOS 反相器电路(用习题 6.6 中的器件参数)：
(a) 对应于阶跃输入，画出从低到高输出转换过程中 pMOS 晶体管两端的电压波形图。
(b) 画出开关事件中的瞬时功耗并计算平均功耗。

11.2　对于习题 11.1 中考虑的 CMOS 反相器，用一个转换时间为 3 ns，幅度从 0 V 变到 3 V 的线性上升电压源代替其恒压源，对这个电路重新完成上题步骤中的(a)和(b)。

11.3　设计一个双输入的绝热与/与非门(电路拓扑见图 11.31)。计算当线性上升电压在(a) 3 ns 和(b) 30 ns 时从 0 变到 3 V 情况下的功耗。

11.4　设计一个绝热的全加器电路，比较它与(a)基本 CMOS 全加器和(b)传输晶体管全加器电路中的晶体管数。

第 12 章　算术组合模块

12.1　概述

为了计算二进制数据，在微处理器、数字信号处理器和基带处理器中要用到多种算术组合模块，比如加法器/减法器、乘法器/除法器、移位器、比较器以及 1/0 检测器。根据应用，数据通路设计优先考虑运算速度、功耗、面积或设计时间。在很多情况下，高运算速度和低功耗是最重要的两个设计目标。特别是微处理器和信号处理器的速度很大程度依赖于算术单元的速度。在给定制作工艺中，决定通路速度的关键是数据通路架构及其电路实现。尽管制作工艺不仅显著影响数据通路速度，也影响功耗和稳定性，但本章的重点是算术单元的结构和电路实现。本章介绍基本的算术组合模块，包括加法器，乘法器，移位器和 1/0 检测器，另外讲述如何对几个设计规则进行折中。设计一个数据通路，一般会用到第 7 章介绍的组合逻辑电路，但要求高速应用时，也可采用动态逻辑电路，其代价是较高的功耗和较低的噪声容限。为了有效设计宽比特通路，微处理器常应用按位分法的数据通路。在这些电路中，相同权重的每一个比特要与所有算术单元一致。

12.2　加法器

本节先介绍全加器设计，再介绍另外几种加法器设计。

12.2.1　CMOS 全加器电路

一位全加器电路是在所有数据处理（运算）和数字信号处理中应用最广泛的组合模块之一。下面分析其电路结构和用传统 CMOS 设计风格来实现的全加器。

全加器的求和输出信号（sum_out）和进位信号（carry_out）定义为输入变量 A, B, C 的两种组合布尔函数：

$$求和输出信号 = A \oplus B \oplus C$$
$$= ABC + A\overline{B}\overline{C} + \overline{A}B\overline{C} + \overline{A}CB \tag{12.1}$$
$$进位信号 = AB + AC + BC \tag{12.2}$$

实现这两个函数的门级线路如图 12.1 所示。注意，不是单独实现这两个函数，而是用进位信号来产生求和输出信号。这种方法能减少电路的复杂度，因此节省了芯片面积。同样，用两个分隔开的子网络（虚线框内部分）各由几个门组成，利用晶体管来实现全加器电路。

CMOS 全加器的晶体管级设计如图 12.2 所示。注意，电路共包括 14 个 nMOS 管和 14 个 pMOS 管，还有两个用来产生输出的 CMOS 反相器。

起初，我们想将所有 nMOS 管和 pMOS 管的宽长比（W/L）设计为（90 nm/50 nm），该比值是制作工艺中所能容许的最小晶体管尺寸。为了优化电路的瞬态（时域）响应，通常必须调节各个管子的尺寸，这在第 6 章已经讲述过。图 12.3 所示的是 CMOS 全加器电路，其特性优化且更为紧凑的掩模版图。

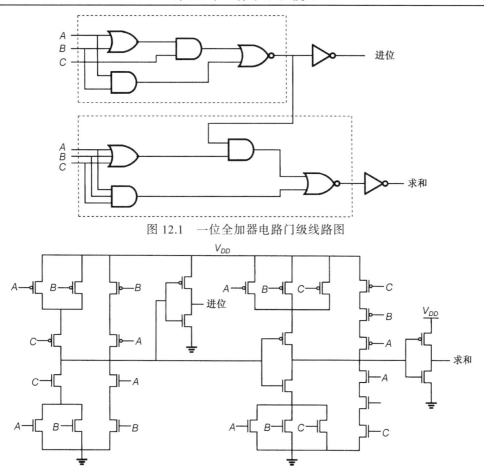

图 12.1　一位全加器电路门级线路图

图 12.2　一位 MOS 全加器电路晶体管级线路图

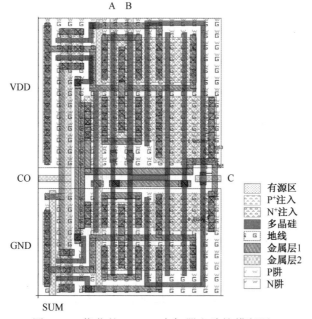

	有源区
	P⁺注入
	N⁺注入
	多晶硅
	地线
	金属层1
	金属层2
	P阱
	N阱

图 12.3　优化的 CMOS 全加器电路掩模版图

模拟得到的一位 CMOS 全加器输入和输出的电压波形如图 12.4 所示。更多设计信息请查阅第 1 章中的详细设计例子。

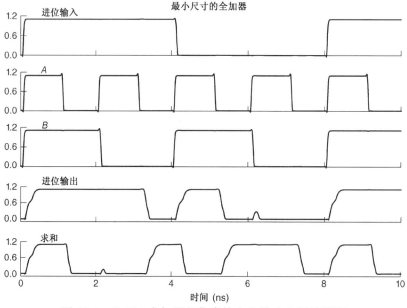

图 12.4   CMOS 全加器的仿真输入和输出电压波形图

12.2.2   并行加法器

上述全加器电路可以用作一般的 n 位二进制加法器的基本组合模块，它允许两个 n 位的二进制数作为输入，在输出端产生二进制和。最简单的 n 位加法器可由全加器串联构成，这里每级加法器实现两位加法运算，产生相应的求和位，再将进位输出传到下一级。因此，这种串联的加法器结构称为并行加法器(Ripple Carry Adder，RCA)(见图 12.5)。并行加法器的整体速度明显受限于进位链中进位信号的延时，因此，一个快速的进位响应对于加法器链的整体性能来说是很必要的。对于 n 位脉冲并行加法器来说，最差情况的进位输入到进位输出的传输延时与位数 n 成正比。

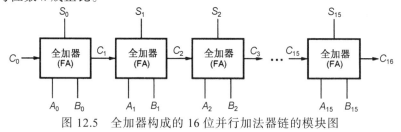

图 12.5   全加器构成的 16 位并行加法器链的模块图

12.2.3   进位选择加法器

尽管进位脉冲加法器是最简单的多位加法器结构，但位数达到 32 或 64 时进位信号延时将大大增加。提出了多种类型的加法器设计来缩短从最低有效位到最高有效位最差情况下的进位传播延时。进位选择加法器(Carry Select Adder, CSA)就是其中的一种加法器结构，通过将加法器子模块组合来缩短进位传播延时。进位选择加法器由两个完全相同的加法器构成，且有不同的进位输入分别为 0 和 1。每个模块的进位输出对由 0 和 1 两个进位输入进行预计算。之后，每个模块的和将根据先前模块的进位输出用图 12.6 所示的 2:1 MUX 选出。实际的进位信号也是由进位输出对产生的。进位选择加法器的 4 位加法器模块可用一个并行加法器实现。由于两个相同的加法器并联，进位选择加法器的面积大概是并行加法器面积的两倍。为了提高速度，这些 4 位加法器模块可以用更快的加法器来设计，比如超前进位加法器，这将在本章稍后部分介绍。除了这种加法器的子模块实现外，为了进一步提高速度，还可以优化每个模块的位宽。接下来研究如图 12.6 所示的 16 位进位选择加法器的内部路径延时。为了简化该问题，4 位加法器用一个 4 位并行加法器来实现，并且假定在产生真进位信号路径中，全加器单元和 OR_AND 单元有相同的 1 个单位延时。OR_AND 单元的输出是一个真进位信号，也被用作控制 MUX。除了 C_4、C_8、C_{12} 和 C_{16} 的延时分别是 4、5、6 和 7 个单位延时外，其他所有的 4 位并行加法器的输出延时是完全相同的(为 4 个单位延时)。因此，在 MUX 输入端和控制信号间，存在到达时间不一致的问题，而且最后一级的不一致现象最为严重。在这里，MUX 控制信号的到达时间有 6 个单位延时，而 MUX 输入信号的到达时间有 4 个单位延时，如图 12.6 中用黑点所示。因此，在这种情况下，为了使到达时间一致，我们使信号在 MUX 输入路径上减慢。一个 32 位平方根进位选择加法器结构图如图 12.7 所示。通过向后续的子加法器模块加更多位的方法，使得除最后一级外的各 MUX 的信号到达时间是相等的。因此，每个子加法器级有不同位数来缩短整体的加法器延时。第一级和第二级有 4 位，第三、四、五、六级分别有 5 位，6 位，7 位和 6 位。8 位子加法器级可以用来构成 34 位加法器，而且不增加关键路径延时。然而，当用 6 位加法器模块构成图 12.7 中的 32 位加法器时，最后一级 MUX 信号的到达时间并不匹配。到达时间可以很容易地根据结构图中的黑点上的数比较出来。加法器位数越多，一个平方根进位选择加法器的好处越多。

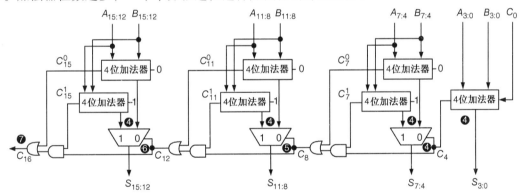

图 12.6 16 位进位选择加法器的结构图

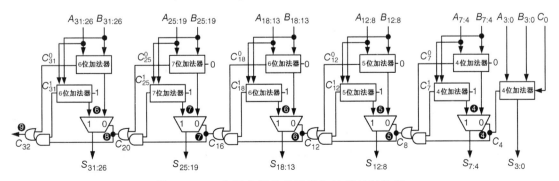

图 12.7 32 位平方根进位选择加法器的结构图

12.2.4　超前进位加法器

另一种常见的能减少从最低有效位到最高有效位的最坏情况进位传播延时的电路是超前进位加法器(Carry Lookahead Adder, CLA)。图 12.8 给出了一个 16 位超前进位加法器的结构图。超前进位加法器的每一位由一个改进型全加器产生一个进位产生信号 g_i 和一个进位传播信号 p_i。全加器的输入为 A_i 和 B_i。产生的等式表示如下：

$$g_i = A_i B_i$$
$$p_i = A_i + B_i \tag{12.3}$$

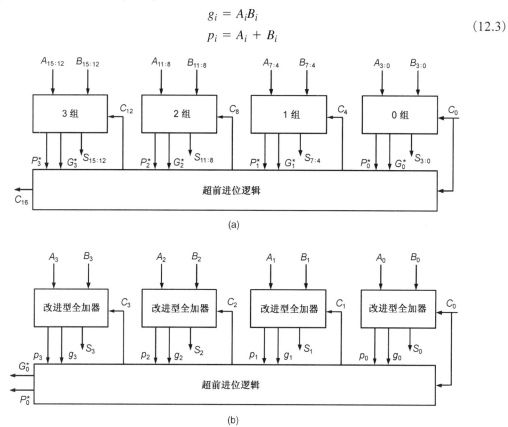

图 12.8　(a)16 位超前进位加法器结构图；(b)其子模块 0 组的内部结构

改进的全加器不像图 12.9 中所示的全加器单元一样产生进位输出，进位输出可由一个进位产生信号和一个进位传输信号计算得出。式(12.2)用 g_i 和 p_i 重写如下：

$$C_{i+1} = g_i + p_i C_i \tag{12.4}$$

从式(12.4)中看出，当 $g_i = 1(A_i = B_i = 1)$ 时，产生进位；当 $p_i = 1(A_i = 1$ 或 $B_i = 1)$ 时，传输进位输入，这两种情况都使得进位输出是 1。近似得到 $i+2$ 和 $i+3$ 级的进位输出如下：

$$C_{i+2} = g_{i+1} + p_{i+1}C_{i+1} = g_{i+1} + p_{i+1}(g_i + p_iC_i) = g_{i+1} + p_{i+1}g_i + p_{i+1}p_iC_i$$
$$= (g_{i+1} + p_{i+1}g_i) + (p_{i+1}p_i)C_i = G_{(i+1):i} + P_{(i+1):i}C_i \tag{12.5}$$

$$C_{i+3} = g_{i+2} + p_{i+2}g_{i+1} + p_{i+2}p_{i+1}g_i + p_{i+2}p_{i+1}p_iC_i = g_{i+2} + p_{i+2}C_{i+2} \tag{12.6}$$

C_{i+3} 不像并行加法器中 LSB 到 MSB 那样由进位传播产生，而是用进位产生信号 G_i 和进位传播信号 P_i 同时计算得到。由于消除了波纹效果，进位输出可同时得出，不依赖于位数。然而事实上，如果位数增加，超前模块的复杂度也会增加。这将反过来降低加法运算的速度。

因此，超前模块一般不超过 4 位。为了解决这个问题，对于图 12.8 所示的宽位加法器，使用整组进位信号 G_i^* 和 P_i^*。4 组以上的整组进位产生和传播信号定义为

$$G_i^* = g_{i+3} + p_{i+3}g_{i+2} + p_{i+3}p_{i+2}g_{i+1} + p_{i+3}p_{i+2}p_{i+1}g_i \tag{12.7}$$

$$P_i^* = p_{i+3}p_{i+2}p_{i+1}p_i \tag{12.8}$$

式 (12.7) 和式 (12.8) 中，每个 4 位组的进位输出由组进位信号表示如下：

$$C_4 = G_0^* + C_0P_0^*$$

$$C_8 = G_1^* + G_0^*P_1^* + C_0P_0^*P_1^* \tag{12.9}$$

$$C_{12} = G_2^* + G_1^*P_2^* + G_0^*P_1^*P_2^* + C_0P_0^*P_1^*P_2^*$$

通过这些等式，一个 4 位加法器产生的进位输出可以仅由 4 个门延时产生：第一个从式 (12.3) 得出，第二个从式 (12.8) 得出，第二个和第三个从式 (12.7) 得出，第三个和第四个从式 (12.9) 得出。16 位加法器的总进位输出延时有 10 个门延时，如图 12.9 所示。

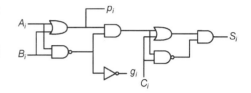

图 12.9　1 位改进型全加器门级原理图

12.2.5　并行前缀加法器

即使是对进位选择加法器和超前进位加法器来说，如果位数是 32、64 或 128，各级传递进位的延时会使最差情况延时缩到最小变得十分困难。其中一种解决该问题的方法是建立多级树状超前结构。这将能以 ($\log_2 n$) 倍地减小进位传播延时，这里的 n 是加法器的数量。这样的加法器称为对数超前加法器、树状加法器，或并行前缀加法器。Brent-Kung 加法器、Sklansky 加法器、Kogge-Stone 加法器和 Han-Carlson 加法器都是并行前缀加法器的典型例子。

详细分析并行前缀加法器之前，先来介绍下点运算符。

$$(G_1,P_1) \cdot (G_2,P_2) = (G_1 + P_1G_2, P_1P_2) \tag{12.10}$$

点运算满足结合律，但不满足交换律。通过式 (12.10)，(G_i,P_i) 可以定义为

$$(G_i,P_i) = \begin{cases} (g_i,p_i) & \text{当} i = 1 \\ (g_i,p_i) \cdot (G_{i-1},P_{i-1}) & \text{当} 2 \leq i \leq n \end{cases} \tag{12.11}$$

通过这些等式，最终进位可以由 $(G_i,P_i) = (g_i,p_i) \cdot (G_{i-1},p_{i-1})$ $\cdots (g_1,p_1)$ 来计算。图 12.10 展示了两个基本的点运算单元。并行前缀加法器由 PG 产生模块、黑点运算器和灰点运算器以及和产生模块构成。所有这些模块都是常规设计，因此减少了设计时间，而且有助于自动化设计。

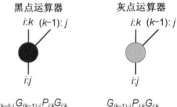

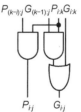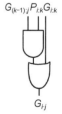

图 12.10　点运算器及其原理图

图 12.11 展示了四种并行前缀加法器。每种加法器都包括三个模块：预计算 (P 和 G 的产生) 模块、前缀网络 (点运算器，缓冲器) 模块以及后计算 (和的产生) 模块。缓冲器用来减轻关键路径上后面的非关键级的负荷。提出的几种加法器应该对前缀网络中的逻辑级数、扇出和水平布线路径进行折中。如图 12.11 (a) 所示，Brent-Kung 加法器以两位为一组计算前缀。与其他的加法器相比，更多的逻辑级数将限制 Brent-Kung 加法器的速度。相比于 Brent-Kung 加法器，图 12.11 (b) 和 (c) 中所示的 Sklansky 加法器和 Kogge-Stone 加法器减少了逻辑级数目。但是，Sklansky 加法器每级的最大扇出是 8，Kogge-Stone 加法器每级的最大布线路径是 8。Kogge-Stone 加法器的点运算单元数多于其他几个加法器，这造成了高功耗。大寄生电容降

低了 Kogge-Stone 加法器提速的可能，而高扇出限制了 Sklansky 加法器的性能。为了提高 Sklansky 加法器的性能，不同逻辑级中，每个逻辑门使用不同尺寸来限制高扇出。这样，Sklansky 加法器的版图将不规则。

Han-Carlson 加法器提供了折中的方法，解决了 Sklansky 加法器和 Kogge-Stone 加法器中扇出和线路轨迹不可兼顾的困难。如图 12.11 (d)所示，除了前缀网络最后一级外，Han-Carlson 加法器的偶数位没有点运算器。单元的第 0 位和第 1 位可以布局在同一条线路上，这可以一直应用到最后一位。通过这种方法，加法器版图的宽可缩至一半，这可以依次缩短级间互连的长度及其延时。Brent-Kung 加法器也可应用类似的方法。

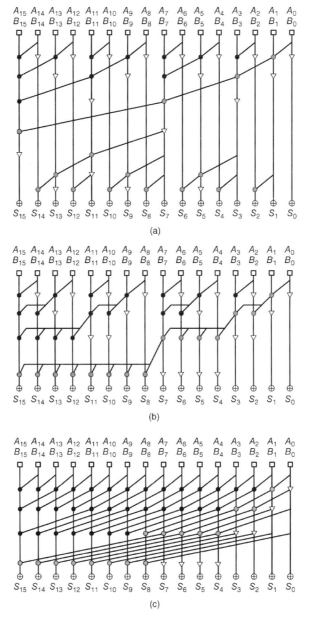

图 12.11 并行前缀加法器。(a) Brent-Kung 加法器；(b) Sklansky 加法器；(c) Kogge-Stone 加法器；(d) Han-Carlson 加法器

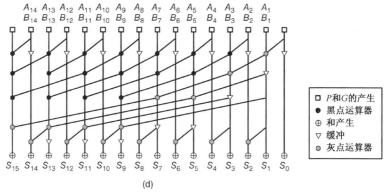

(d)

图 12.11（续）　并行前缀加法器。（a）Brent-Kung 加法器；（b）Sklansky
加法器；（c）Kogge-Stone 加法器；（d）Han-Carlson 加法器

计算前缀会用到很多种形式的电路。一个理想的 n 位加法器的前缀网络有 $\log_2 n$ 级逻辑，每级的扇出为 2，每级有一个 1 位水平布线路径。并行前缀加法器可以根据逻辑级、扇出和布线路径分类，它们分别由 l，f 和 t 表示。对于一个 n 位加法器，令 $L = \log_2 n$，l，f 和 t 可以描述为

$$\text{逻辑级：}\quad L + l$$
$$\text{扇出：}\quad 2^f + 1 \tag{12.12}$$
$$\text{在线路径：}\quad 2^t$$

其中，L，l，f 和 t 是 $[0，L-1]$ 范围内的整数。本章介绍的并行前缀网络满足 $l+f+t=L-1$。16 位并行前缀加法器的三维分类法如图 12.12 所示。实际中的逻辑级、扇出以及布线路径注释在每个轴上的圆括号内。在 $l+f+t=L-1$ 平面上，Brent-Kung 加法器（3,0,0），Sklansky 加法器（0,3,0），Kogge-Stone 加法器（0,0,3）占据了顶点。Han-Carlson 加法器则沿着斜线，因为它是由 Kogge-Stone 加法器和 Brent-Kung 加法器折中得到的。

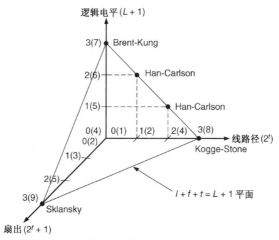

图 12.12　16 位并行前缀加法器的三维分类图

12.2.6　加法器设计中的折中

应用中要求加法器高速、低功率、高能效。在低速应用中，可选择并行加法器，其功耗小，面积小。实现高速加法器时，常用到多米诺逻辑电路，但它具有更高的功耗。然而，随着工艺技术的按比例缩小，低功耗是首要设计标准。为了减小功耗、提高由于泄漏电流产生的噪声容限，

数据通路中的多米诺逻辑电路用 CMOS 逻辑电路代替。为了实现加法器的高能效，可使用动态和静态逻辑电路的混合电路。对于 Kogge-Stone 加法器，随着输入位数的增加，延时将主要取决于长线长度。一般地，Sklansky 加法器是前缀加法器中速度最低的，因此也是最难设计的。Brent-Kung 加法器通常比 Kogge-Stone 加法器和 Han-Carlson 加法器的速度低。为了选择一个合适的加法器类型，应该考虑位数、逻辑电路、制作工艺和版图的位宽，以匹配设计规格。

12.3 乘法器

尽管乘法器在数字系统中的应用不如加法器多，但它们经常决定了系统性能，因为乘法器比加法器更复杂且速度更低。以前常使用简单的移位相加方法(即串行乘法器)，其运行速度低。另一方面，并行乘法器属于阵列乘法器和华莱士树乘法器。尽管并行乘法器阵列的互连复杂度更高，但是其运行速度要高于串行乘法器。本节主要介绍整数乘法，并把阵列乘法器实现整数乘法器作为开端。在研究阵列乘法器之前，先说明下两个整数 A 和 B 的乘法运算。A 和 B 分别是 m 位和 n 位二进制数，它们$(m+n)$位的运算结果 Z 可以表示为

$$\begin{aligned} Z = A \times B &= \left(\sum_{i=0}^{m-1} A_i 2^i\right)\left(\sum_{j=0}^{n-1} B_j 2^j\right) \\ &= \sum_{i=0}^{m-1}\left(\sum_{j=0}^{n-1} A_i B_j 2^{i+j}\right) \end{aligned} \tag{12.13}$$

其中，A 和 B 分别是被乘数和乘数。这种乘法运算产生了 $n \times m$ 位的部分积。产生这些部分积很容易——两个输入的各位先分别作与运算，再把得到的结果按乘数相应位的位置移位。图 12.13 所示是一个 5×4 位整数乘法的例子。例子中，可采用两种方式把 4 个 5 位的部分积相加。第一种是移位相加法，它需要一个 5 位进位传播加法器(Carry Propagate Adder，CPA)，并重复移位相加 4 次。第二种方法是用 3 个 6 位进位传播加法器，第一个进位传播加法器把前两个部分积相加，第二个进位传播加法器把最后两个部分积相加，第三个进位传播加法器把前两个进位传播加法器的输出相加。这些方法因为加法而耗时长，尤其是宽位的情况。相比于第一种和第二种方法，阵列乘法器和华莱士树乘法器提供更快的乘法运算。

```
         10101     被乘数(m位, m = 5)
×         1101     乘数  (n位, n = 4)
--------------
         10101 \
        00000   |
       10101    |  部分积(n m位)
+     10101    /
--------------
     100010001     积[(m+n)位]
```

图 12.13 整数乘法

12.3.1 阵列乘法器

4×4 阵列乘法器的原理图如图 12.14 所示。4 位的输入 A 和 B 接到乘法器的 4 位的 0 输入上。乘法器方块包括一个与门和一个全加器。还可以使用 4 位的输入 C 代替 4 位 0 输入。这样，$(A \times B + C)$可以同时计算出来，而不是先算$(A \times B)$再与 C 相加。图 12.14 所示的阵列乘法器包括前四行的一个进位存储加法器和最后一行的一个 4 位进位传输加法器。在进位存储加法器中，每个全加器产生的进位不向同行的更高位传播。这与进位传播加法器不同。相反，每个位产生的进位可看成是位置上高 1 位的部分积的一部分。在进位存储加法器中，进位路径或求和路径会阻碍关键路径延时的减小。进位传播加法器应该快速运算，使阵列乘法器整体的乘法运算速度最小。因其规则性，设计阵列乘法器很简单。为了紧凑布局以节省空间，各单元布局如图 12.15 所示。

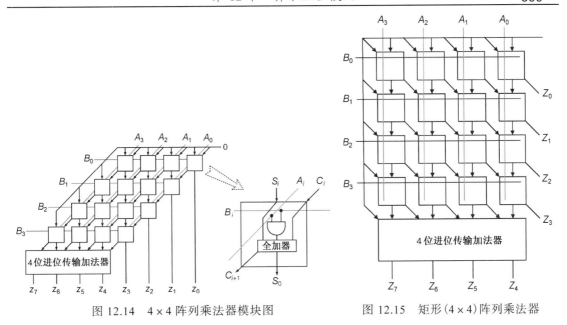

图 12.14　4 × 4 阵列乘法器模块图

图 12.15　矩形 (4 × 4) 阵列乘法器

12.3.2　华莱士 (**Wallace**) 树乘法器

$n \times n$ 阵列乘法器的乘法延时与位数 n 成正比。为了缩短乘法延时,乘法延时正比于 $\log_2 n$ 时可采用华莱士树乘法器。阵列乘法器中的部分积是一个一个连续相加的。相反,华莱士树乘法器的部分积是并行求和的:部分积矩阵减为一个两行矩阵,接着两个数由进位传输加法器相加得到结果。尽管华莱士树可以缩短一个长字乘法器的乘法运算时间,但是它的布局比阵列型的更复杂,这是由于全加器间的布线很不规则。采用 4:2 压缩器可以从常规形状上简化部分积矩阵,并且能降低布线复杂度。一个简单的减少部分积的例子如图 12.16 所示。图 12.17 展示了 4:2 压缩器的原理图。它有 5 个输入 (P_1, P_2, P_3, P_4 和 C_{in}) 和 3 个输出 (C, S, C_{out})。输入信号与输出信号间的关系表示为

$$2C_{out} + 2C + S = P_1 + P_2 + P_3 + P_4 + C_{in} \tag{12.14}$$

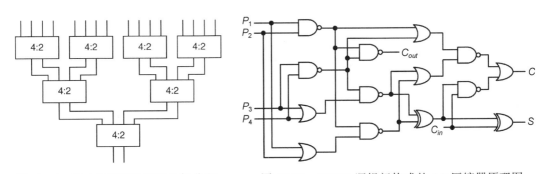

图 12.16　用 4:2 压缩器来减少部分积

图 12.17　CMOS 逻辑门构成的 4:2 压缩器原理图

例 12.1

设计 4:2 压缩器有多种方法。可以使用 MUX 电路使得晶体管数量最少。画出一个采用 MUX 元件设计的 4:2 压缩器原理图。

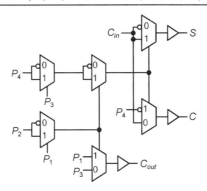

12.3.3 布思(Booth)乘法器

布思算法广泛用于减少两个补码乘法的部分积个数。其基本思路是用一串 0 或 1 来减少部分积个数。乘数中如果有 m 个连续的 0，则不会产生部分积，只需右移 m 位。如果乘数中有 n 个连续的 1，比如 0<111..11>0，可以写成：

$$..0 < 111..11 > 0.. = ..1 < 000..00 > 0.. - ..0 < 000..01 > 0..$$
$$= ..1 < 000..0\bar{1} > 0.. \tag{12.15}$$

因此，部分积是两个而不是 m 个。布思算法总结在表 12.1 中，其中 x_i 表示新产生的部分积。

表 12.1　布思算法

	$b_i\, b_{i-1}$	操　　作	x_i
00	连续 0	移位	0
11	连续 1	移位	0
10	连续 1 的最低有效位	减法和移位	$\bar{1}$
01	连续 1 的最高有效位	加法和移位	1

表中所示算法可以减少部分积个数。然而，加法、减法和移位的次数将根据乘数中 1 的个数产生变化。另外，在某些情况下，加法和减法的次数并不会减少。例如，在 001010101 的最低有效位一侧添一个 0(001010101→0010101010)，根据表 12.1 重新编码为 $01\bar{1}1\bar{1}1\bar{1}1\bar{1}$，这将使 4 次加/减法增加到 8 次。每次运算时把 2 位一组换成 3 位一组，可以克服上述两种困难。部分积 x_i 和 x_{i-1} 根据乘数上相邻 3 位 b_i，b_{i-1} 和 b_{i-2} 重新编码。相似地，x_{i-2} 和 x_{i-3} 可根据 b_{i-2}，b_{i-3} 和 b_{i-4} 重新编码。把 3 位划分为一组前，在乘数的最低有效位右侧添上一位为 0 的 b_{-1}，之后从最低有效位和扩展的 0 开始，将相邻三位划为一组。每组有 1 位重叠，过程如下所示：

$$\cdots \overbrace{b_7 \quad b_6 \quad \underbrace{b_5 \quad b_4 \quad \overbrace{b_3}}_{\chi_5\chi_4}}^{\chi_7\chi_6} \quad b_2 \quad \underbrace{b_1 \quad b_0 \ (b_{-1})}_{\chi_1\chi_0}$$

表 12.2 中列出新产生的 x_i 的值，该值为 0,1 或 −1 中的某一个。如果把 x_i 和 x_{i-1} 合起来，结果将会是 0、1、2、−1 或 −2 中的某个值，这称为基 4 布思算法，它能有效地处理不连续的 1 或 0。与标准布思算法相比，尽管因为要从五个加数中选择一个，基 4 改进型布思算法在一个周期中的运算多了一位的复杂度，却少了一半的循环数。

表 12.2　改进的布思算法

	$b_i b_{i-1} b_{i-2}$	x_i	x_{i-1}	操　　作
000	一串 0	00	+0	PP 右移 2 位
001	以一串 1 开始	01	+A	PP 加被乘数，新 PP 右移 2 位
010	无连续 1	01	+A	PP 加被乘数，新 PP 右移 2 位
011	以一串 1 开始	10	+2A	PP 加被乘数两次，新 PP 右移 2 位
100	以一串 1 结束	$\overline{1}0$	−2A	PP 减被乘数两次，新 PP 右移 2 位
101	无连续 0	$0\overline{1}$	−A	PP 减被乘数，新 PP 右移 2 位
110	以一串 1 结束	$0\overline{1}$	−A	PP 减被乘数两次，新 PP 右移 2 位
111	一串 1	00	0=(+0)	PP 右移 2 位

例 12.2

用改进的布思算法计算 00010101_2 和 11101001_2 的乘积。

```
              0 0 0 1 0 1 0 1        +21
符号扩展  ×) 1 1 1 0 1 0 0 1        −23
    0 0 0 0 0 0 0 0 0 0 0 1 0 1 0 1   +A(010)
    1 1 1 1 1 1 1 1 0 1 0 1 1 0       −2A(100)
    1 1 1 1 1 1 1 0 1 0 1 1           −A(101)
    0 0 0 0 0 0 0 0 0 0               −0(111)
  ─────────────────────────────
    1 1 1 1 1 1 1 0 0 0 0 1 1 1 0 1   −483
```

12.3.4　并行乘法器的整体设计

　　如图 12.18 所示，用改进的布思算法、华莱士树和一个快速进位传输加法器(CPA)可以设计出一个快速且紧凑的乘法器。如之前所述，4:2 压缩器广泛应用。根据乘数和被乘数的位数，选择非布思型、基-4 改进型或基-8 改进型布思算法，可以最小化乘法运算时间。如果在很多乘法运算情况下，速度不是主要标准，面积和功耗则是设计中重要的因素。同样，在基于减少位数和部分积个数的方法上，可以选择非布思型、基-4 改进的或基-8 改进的布思算法。位数较小的乘法器，像 24 位的、非布思型的和基-4 乘法器，它们的性能相似。因此，简单运算可以采用非布思乘法器。一般地，基-4 布思乘法器的乘法运算时间比基-8 布思乘法器的更短，但却占用更大的面积。

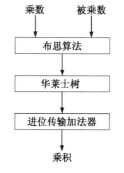

图 12.18　乘法器整体结构原理图

12.4　移位器

　　在数字系统中，移位器能以特定位数移动或循环数据的重要组合模块。它可以通过对数据的左移或右移，分别来完成对 2 的幂数的简单乘法或除法。桶形移位器是一种常用的移位结构，本质上是一种 n 位的 n:1 MUX，能根据 S 的位置选择移位输入。原则上，桶形移位器的输入到输出延时与单个门的延时一样小。然而，它需要大量的元件，而且当输入扇出 n 个元件时，导线的高电容使延时更长。不同于其他算术组合模块，导线而不是晶体管占据了最大的版图面积。8 位桶形移位器原理图如图 12.19 所示。通常把解码器的输出作为 8 位输入。如果选择信号 $S_0 : S_7$ 是 10000000，数据将会被移动 7 位。较长的互连线要求选择大小适当的缓冲区。

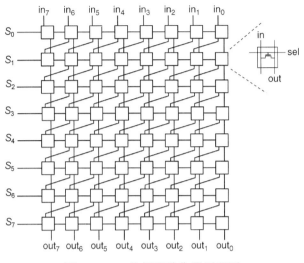

图 12.19　8 位桶形移位器原理图

大量移位应选择对数移位器，因为对数移位器采用分级设计，按 2 的幂数来完成输入的移位。每级按 2 的幂数移位或直接传递数据，移位总数是每级移位之和。与逐位移位器相比，对数移位器的延时呈对数级减少。8 位对数移位器的原理图如图 12.20 所示。高级、中级和低级传递数据或分别按 4 位、2 位和 1 位来移位。如果选择信号 $S_0 : S_2$ 是 111，数据将会被移动 7 位。如果位宽很大，那么对数移位器比桶形移位器更适合。然而，位宽的增加会导致速度减慢，因为相连晶体管间的电阻会增大。

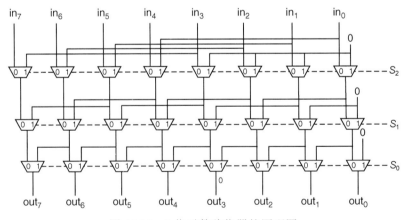

图 12.20　8 位对数移位器的原理图

习题

12.1　两个 16 位数分别为 $A = 0101\ 1000\ 0011\ 1001$，$B = 1101\ 0100\ 0000\ 0101$。求 g_i，p_i，P_i 和 G_i 的值以及两数的最终进位输出。

12.2 用静态电路设计一个 16 位 Han-Carlson 加法器，加法器的每个输出上有 100 fF 的电容
负载。用 SPICE 仿真来检验加法器的平均功耗和最差情况延时。A 和 B 每 2 ns 输入到
加法器一次。

12.3 画出习题 12.2 中设计的加法器的版图，算出寄生电容和电阻。把算出的寄生参数加入
到 SPICE 仿真中，比较加法器的平均功耗和最差情况延时。如果结果不同，阐释原因。

12.4 用布思算法计算 A 和 B 的乘法，其中 $A = 3$，$B = -2$。

12.5 如图 P12.5 所示，用 4 位进位级来说明 16 位跳跃进位(进位旁路)加法器的运算。画出
简易的结构图，包括所有重要的信号线和数据流。假设本设计中用到的 1 位全加器单
元有如下延时：

输入到求和输出的延时 = 0.15 ns

输入到进位输出的延时 = 0.1 ns

进位输入到进位输出的延时 = 0.08 ns

进位输入到求和输出的延时 = 0.15 ns

本设计中用到的 2-1 多路复用器输入到输出的延时：MUX 延时= 0.05 ns。

a. 计算整体 16 位加法运算的最差情况延时。

b. 与常规并行加法器比较速度和面积，简述该设计的优缺点。

c. 说明以下输入时每级的运算：

0011001111001011 　　　　　　LSB

0101110000110010

提示：为 4 位级建立进位跳跃路径

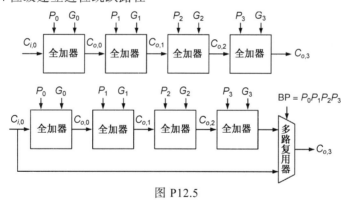

图 P12.5

12.6 用 4 位进位级说明 16 位进位选择加法器的运算。画出简易的结构图，包括所有重要的
信号线和数据流。说明该加法器的最差情况延时条件。假设本设计中用到的 1 位全加
器单元面积 $A = 5 \ \mu m^2$，且有如下延时：

$$求和输出延时 \ = 0.15 \ ns$$

$$进位输出延时 \ = 0.08 \ ns$$

本设计中用到的 2-1 多路复用器面积 $A = 1 \ \mu m^2$，且输入到输出的延时：MUX 延时 = 0.05 ns。

a. 计算整体 16 位加法运算的最差情况延时。

b. 与常规 16 位并行加法器比较速度和面积，该并行加法器由上述同样的组合模块(一
位全加器)构成。

12.7 有一个 8 位连续乘法器，如图 P12.7 所示，其核心运算模块为一个并行加法器。注意，

在连续乘法器中，部分积是一行接一行排列的，每一行新的部分积要与寄存器中储存的中间和相加。

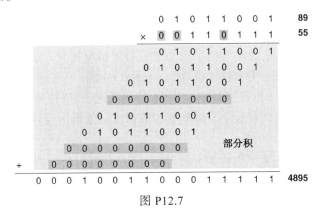

图 P12.7

元件的特定参数如下：

1 位全加器	求和输出延时 = 0.13 ns
	进位输出延时 = 0.05 ns
触发电路	建立时间 = 0.05 ns
	输出延时 = 0.05 ns
与门	输出延时 = 0.05 ns

a. 画出简易结构图，包括所有元件。

b. 计算关键路径延时(ns)。

c. 计算运算频率(MHz)

d. 计算增长速度(乘法每秒)

12.8　如图 P12.8 所示为一个 16 位并行加法器电路($n = 16$)。假设本设计中用的 1 位全加器单元有如下延时：

输入到求和输出的延时 = 0.2 ns

输入到进位输出的延时 = 0.1 ns

进位输入到进位输出的延时 = 0.05 ns

进位输入到求和输出的延时 = 0.1 ns

研究加法器的运算过程，输入如下：

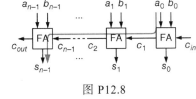

图 P12.8

　　1 0 1 1 0 1 0 1 1 1 0 1 0 1 1 1　　　　LSB

+　0 0 0 0 1 0 1 1 0 0 1 0 1 1 1 1

a. 最长进位传输路径是什么？

b. 计算到所有输出(求和输出)位输出时的总延时？

再研究以 4 位跳跃级建立一个跳跃进位加法器。

c. 画出结构图。

d. 说明每个跳跃进位模块是如何处理所示输入的。

e. 假设跳跃路径延时为 0.1 ns，计算到所有输出(求和输出)位输出时的总延时。

f. 如果所有跳跃路径(旁路路径)在一个特定输入求和时都无效将会发生什么？你能算出该情况下的最大延时吗？

12.9 Brent-Kung 并行前缀加法器的进位前缀模块如图 P12.9 所示。

a. 说明进位前缀模块的运算。

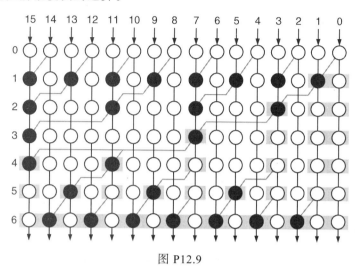

图 P12.9

b. 假设每个产生/传输器的输入到输出的延时等于 0.2 ns。整个进位前缀模块的最差情况延时是多少？

c. 说明该设计的优缺点。

d. 画出一个实现 16 位进位前缀功能的不同设计，可以使用四级构成一个加法器吗？

12.10 研究下面并行前缀加法器阵列。

a. 已知每条线代表并行的两个信号 (g, p)，黑点和灰点的功能同图 12.10 中的定义。写出 X 点得到的输出信号表达式。描述该函数，并给出一种可选择的实现该函数的方案(用点符号实现)。哪种方案更有效，为什么？

b. 画出该四列的门等效电路(用与/或门)。

c. 研究图 12.11(b)和图 12.11(c)所示的两个 16 位并行前缀加法器，比较它们的面积、延时、线长和功耗。

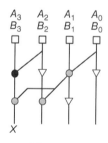

图 P12.10

第 13 章 时钟电路与输入/输出电路

13.1 概述

时钟生成和时钟分配电路及输入/输出(I/O)电路的设计在超大规模集成电路的设计中至关重要。这些电路的设计质量是影响系统环境下芯片工作的可靠性、信号完整性及片间传输速度的重要因素。大多数超大规模集成电路芯片由同一时钟源提供时钟信号，然后逐个生成内部时钟信号。虽然时钟模块的理想位置是放在集成芯片的中心，但由于焊线连接的限制，多数情况下只能将其放在 I/O 结构中。然而，一些用倒装焊技术连接到印制电路板或多芯片模块上的新型集成芯片把时钟电路设置在中心，从而实现了时钟信号在片内直接分配，并减小了时钟失真。

如果封装可看作芯片的一个保护层，那么输入/输出电路和时钟电路的 I/O 结构可视为第二保护层。任何外部危害如静电放电、噪声等在传输到内部电路前均被保护层滤除，从而对内部电路起到保护作用。此外，对那些要与晶体管-晶体管逻辑(Transistor-Transistor Logic, TTL)或发射极耦合逻辑(Emitter-Coupled Logic, ECL)的双极型电路芯片相连的集成电路来说，输入/输出电路必须提供适当的电平转移，以便使传输的信号能被 CMOS 芯片正确地接收或发送。本章将讨论静电放电保护电路、输入电路、片内时钟生成和分配电路、输出电路、由输出焊盘连线的寄生电感造成的片内噪声、超级缓冲电路设计以及由于 CMOS 芯片中寄生双极型晶体管导致的 I/O 模块内的"闩锁现象"及其抑制方法。

13.2 静电放电(ESD)保护

在芯片制造业和应用领域，静电放电(ElectroStatic Discharge, ESD)效应是造成芯片故障的普遍原因之一，当存储在机器或人体上的电荷与芯片接触或因静电感应而放电时，就会发生静电放电现象。不同的静电放电检测电路模型如图 13.1 所示，它们分别为人体模型(HBM)、机器模型(MM)和充电器件模型(CDM)。

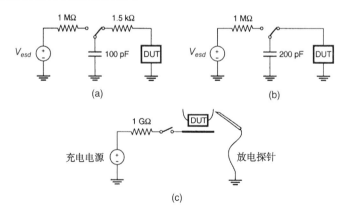

图 13.1 (a)人体模型；(b)机器模型；(c)用于静电放电测试的充电器件模型

当人走过八成湿的合成地毯时会产生 1.5 kV 的感应电压，在图 13.1(a)所示的人体模型(HBM)中(MIL-STD-883C,3015 方法,1988)，微量带电的手指可以用 100 pF 电容通过 1.5 kΩ 电阻放电来模拟。在芯片的 I/O 电路中设计一些保护网络是很重要的，这样可以使静电放电效应在传入内部逻辑电路前被滤除，有效的保护电路应能承受高达 8 kV 的 HBM ESD 感应电压。

除了人体操作外，接触其他机器也会产生静电放电感应电压。因为不存在人体电阻，所以会产生更大的感应电流，图 13.1(b)为机器模型(MM)的原理图。

第三种模型是如图 13.1(c)所示的充电器件模型(CDM)。这表示封装集成电路的放电模式，这些电荷是在芯片组装过程或装运套管中积聚的。充电器件模型静电放电测试者给被测器件(DUT)充电，然后对地放电，从而测试出被测器件短暂的高电流脉冲。

对于人体模型和机器模型中静电放电测试者来说，简化的集总电路模型参数及其相应参数值如图 13.2 所示。

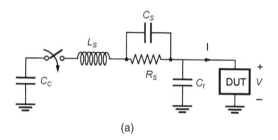

元件	人体模型	机器模型
C_C (pF)	100	200
R_S (Ω)	1500	25
L_S (μH)	5	2.5
C_S (pF)	1	0
C_t (pF)	10	10

(a)　　　　　　　　　　　　　　　(b)

图 13.2　(a)简化的集总电路模型；(b)模型参数值

保护网络(Protection Network, PN)一般由分布电阻二极管组成，它的等效电路模型如图 13.3 所示。输入电阻一般为 1～3 kΩ，这个节点上的电阻与扩散电容、二极管和输入晶体管栅电容一起把静电放电电压钳位到安全水平，但 RC 时间常数应足够小，否则会使电路延时非常大。

实质上，为减小静电放电的影响，二极管把信号电平钳位到一定的电压范围：

$$-0.7\ V < V_A < V_{DD} + 0.7\ V \qquad (13.1)$$

采用这个惯例是为了满足工业标准(JEDEC 标准 No.7)，从而避免用户使用时对芯片造成损坏。为了不永久性地损坏二极管的结构，流过二极管

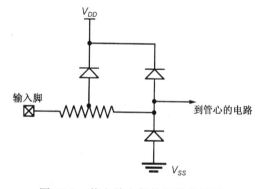

图 13.3　静电放电保护网络的例子

的电流应当限制在几十毫安以下。由于大电场下介质很容易被击穿，通过试验，采用多晶硅串联电阻器的保护电路均告失败。采用附加厚氧化层的 nMOS 的保护电路如图 13.4 所示，在人体模型/静电放电测试时证明非常有效并且可产生超过 3 kV 的保护电压。在这个电路中，M_1 是厚氧化层击穿元件，M_2 是厚氧化层 nMOS 管，M_3 是工作在饱和状态的薄氧化层 nMOS 管。当输入高电平时，M_1 和 M_2 的门限值为 20～30 V。

图 13.5 所示为一个 nMOS 管内由静电放电引起热耗散而丧失功能的典型静电放电故障模型，以及扫描电子显微镜(SEM)得出的丧失功能的 nMOS 管的图片。即使大驱动晶体管的扩散区以及它的衬底或阱结构具有一定的内部保护能力，类似的保护电路也可用到输出端。

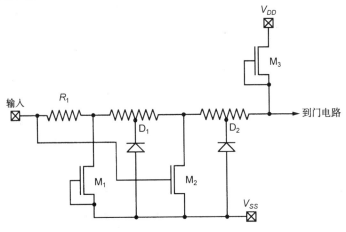

图 13.4　采用厚氧化层晶体管的保护电路

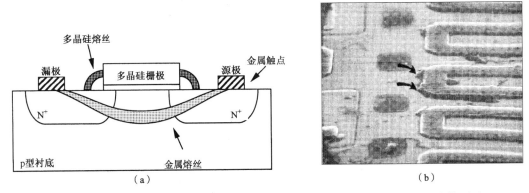

图 13.5　(a)典型的静电放电故障模型；(b)失效的 nMOS 管扫描电子显微镜图片
(N.H.E. Weste and D.M. Harris, *CMOS VLSI Design—A Circuits and Systems Perspective,* Fourth Edition, Reading, MA: Addison-Wesley, 2011.)

13.3　输入电路

一个由使能信号(E)激励的传输门和其他部分组成的简单输入电路如图13.6所示。

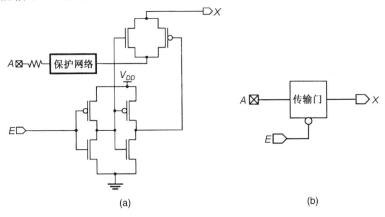

图 13.6　(a)输入级传输门电路；(b)简化电路图

　　输入信号 A 从芯片的焊盘通过保护网络进入传输门。使能信号由片内产生并且控制输入信号门：

- 当 $E=0$ 时，$X=A$；
- E 为其他值时，X 为高阻态。

所有没用到的集成芯片输入端均应采用外部上拉或下拉电阻连接到 V_{DD} 或 V_{SS}。一些输入缓冲电路具有内置上拉或下拉电阻或具有 200 kW 到 1 MΩ 的有源负载（即正常开启的晶体管）。

　　由保护网络和 CMOS 反相器组成的反相输入电路如图 13.7 所示，V_{IL} 和 V_{IH} 的参考值分别为 $0.3V_{DD}$ 和 $0.7V_{DD}$，各自的噪声容限约为 30%。

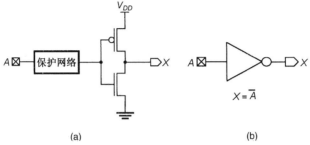

(a)　　　　　　　　　　　　　(b)

图 13.7　(a)带保护网络的反相输入电路；(b)简化图

　　这个基本的输入电路通过调整反相器中 pMOS 和 nMOS 管沟道的宽度比完成为 CMOS 逻辑电路接收 TTL 信号的功能。图 13.8 所示为 TTL 到 CMOS 逻辑电平的转换原理。

　　TTL 电路中最坏情况的输出信号电平是：

- $V_{OL}=0.8\,\text{V}$
- $V_{OH}=2.0\,\text{V}$

所以，输入电压小于或等于 0.8 V 时可视为逻辑低电平，输入电压大于或等于 2.0 V 时可视为逻辑高电平。

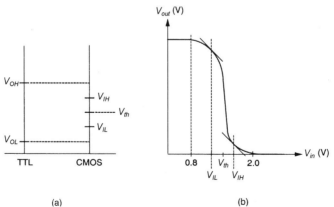

(a)　　　　　　　　　　　　　(b)

图 13.8　(a)TTL 到 CMOS 的电平转换；(b)对应的电压转移特性曲线

　　经过输入保护电路后，应根据输入信号的电压值进行适当的电平转换。例如，如果输入信号来自 TTL 驱动器，则其输出低电压可能高达 0.8 V 且输出高电压可能低至 2.0 V，因此在将其转换为 CMOS 门电压时应慎重，如图 13.8 所示。

　　通过合理设计 CMOS 反相门接收器的 pMOS 和 nMOS 管的比值可完成 TTL 驱动器和 CMOS 门电平之间的转移。实际的方法是调节反相门的晶体管比值将饱和电压设置在 0.8 V

和 2.0 V 的中点。在该电压中点晶体管均工作在饱和状态。用 MOS 管一级模型可知，反相门的饱和电压可表示为

$$V_{th} = \frac{V_{DD} + V_{Tp} + rV_{Tn}}{1 + r} \tag{13.2}$$

$$r = \sqrt{\frac{\mu_n C_{ox} W_n / L_n}{\mu_p C_{ox} W_p / L_p}} \tag{13.3}$$

由上两式可得

$$\frac{W_n / L_n}{W_p / L_p} = \frac{\mu_p}{\mu_n} \left[\frac{V_{DD} + V_{Tp} - V_{sat}}{V_{sat} - V_{Tn}} \right]^2 \tag{13.4}$$

例如，如果 $\mu_n = 3\mu_p$，$V_{Tn} = -V_{Tp} = 1.0\text{ V}$ 且 $V_{DD} = 5\text{ V}$，若要求

$$V_{sat} = \frac{0.8 + 2.0}{2} = 1.4\text{ V}$$

则 nMOS 管和 pMOS 管栅宽长比为

$$\frac{W_n / L_n}{W_p / L_p} = \frac{1}{3} \left[\frac{5 - 1 - 1.5}{1.4 - 1} \right]^2 = \frac{169}{12}$$

由上面计算可确定 $r = 6.5$，而且

$$V_{IL} = \frac{2V_{out} - V_{DD} + r^2 V_{Tn} + V_{Tp}}{r^2 + 1} = \frac{2V_{out} + 36.25}{43.25}$$

其中，V_{out} 满足下面的电流方程：

$$\frac{r^2}{2}(V_{IL} - V_{Tn})^2 = (V_{DD} - V_{IL} + V_{Tp})(V_{DD} - V_{out}) - \frac{1}{2}(V_{DD} - V_{out})^2$$

或

$$21.125(V_{IL} - 1)^2 = (4 - V_{IL})(5 - V_{out}) - \frac{1}{2}(5 - V_{out})^2$$

综合这两个方程，可得：

$$21.125 \left[\frac{2V_{out} - 7}{43.25} \right]^2 = \left[\frac{136.75 - 2V_{out}}{43.25} \right](5 - V_{out}) - \frac{1}{2}(5 - V_{out})^2$$

$$V_{out} = 4.97\text{ V}$$

且有

$$V_{IL} = \frac{2 \times 4.97 + 36.25}{43.25} = 1.07\text{ V}$$

同理：

$$V_{IH} = \frac{r^2(2V_{out} + V_{Tn}) + V_{DD} + V_{Tp}}{r^2 + 1} = \frac{84.5V_{out} + 47.25}{43.25}$$

其中，V_{out} 满足下面的电流方程：

$$\frac{1}{2}(V_{DD} - V_{IH} + V_{Tp})^2 = r^2 \left[(V_{IH} - V_{Tn})V_{out} - \frac{1}{2}V_{out}^2 \right]$$

或

$$\frac{1}{2}(4 - V_{IH})^2 = 6.5^2 \left[(V_{IH} - 1)V_{out} - \frac{1}{2}V_{out}^2 \right]$$

综合这两个方程, 可得

$$\frac{1}{2}\left(4 - \frac{84.5V_{out} + 47.25}{43.25}\right)^2 = 42.25\left[\left(\frac{84.5V_{out} + 4}{43.25}\right)V_{out} - \frac{1}{2}V_{out}^2\right]$$

解 V_{out} 和 V_{IH} 得

$$V_{out} = 0.206 \text{ V} \quad 和 \quad V_{IH} = 1.47 \text{ V}$$

看上去这个电路设计满足CMOS反相器电平转移的设计要求, 对达到 0.8 V(低于 $V_{IL} = 1.07$ V) 的 TTL 输入电压提供的输出逻辑电平为 1; 对不低于 2.0 V 的 TTL 输入电压提供的输出逻辑电平为 0。当 $V_{in} = 1.47$ V 时输出电压为 0.206 V, 远低于下一级 n 沟道阈值电压。然而, 要保证电路在任何情况下都能正常工作, 必须对工艺条件的变化、元件温度、电源电压等因素进行仔细的电路仿真。值得注意的是, 由于工艺变化, 某些芯片可能会形成强 pMOS 弱 nMOS(PH-NL)组合或者强 nMOS 弱 pMOS(PL-NH)组合, 这些变化如图 13.9 所示。

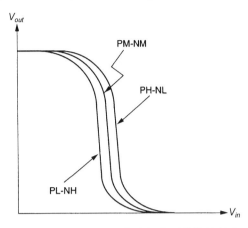

图 13.9 由于工艺变化引起电压传输特性电平转移的变化, 克服这些变化的数字分析和设计将在第 14 章中讨论

图 13.10 所示为非反相的 TTL 电平转移电路。该电路中电平转移在第一级完成, 第二级是反相器。

图 13.11 所示的是一个施密特触发器和 70 kΩ 的下拉电阻构成的输入缓冲电路。该电路提供 1 V 的负逻辑门限电压和 4 V 的正逻辑门限电压, 其电源电压为 5 V。

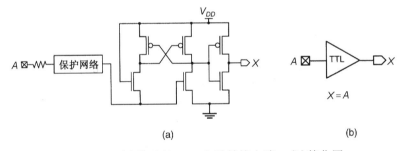

(a)　　　　　　　　(b)

图 13.10 (a)非反相 TTL 电平转换电路; (b)简化图

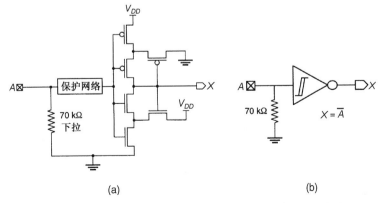

(a)　　　　　　　　(b)

图 13.11 (a)采用施密特触发器的输入缓冲电路; (b)简化图

13.4   输出电路和 $L(\mathrm{d}i/\mathrm{d}t)$ 噪声

超大规模集成电路芯片输出电路可设计成如图13.12所示的三稳态电路。图13.12(b)所示的电路比图13.12(c)所示的电路多 12 个晶体管，如果忽略极性的话，图13.12(c)的电路只需要 4 个晶体管。但是从硅片面积来说，图 13.12(b)所用面积要比图 13.12(c)小得多。因为图 13.12(c)的末级管必须选用大尺寸以提供足够大的电流漏和电流源的能力，并且还要减小延迟时间。遗憾的是，要满足这种需求就要求有一个很高的电流变化率 $\mathrm{d}i/\mathrm{d}t$，且由于输出焊盘和封装框架之间的压焊线有电感压降 $L(\mathrm{d}i/\mathrm{d}t)$，这样将产生严重的片上噪声。

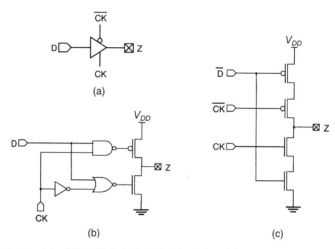

图 13.12   (a)三稳态输出电路简化图；(b)，(c)两种不同的电路形式

举例来说，考虑负载电容初始充电到 $V_{DD}=5\,\mathrm{V}$ 的情况，且时钟信号开启 nMOS 管将电流流向地。图13.13表示跳变期间的电流波形。实线表示实际电流波形，而虚线三角形表示电流的近似波形。采用近似式：

$$I_{max}\frac{t_s}{2} = C_{load}V_{DD} \qquad (13.5)$$

并且

$$\left[\frac{\mathrm{d}i}{\mathrm{d}t}\right]_{max} \geqslant \frac{I_{max}}{t_s/2} = \frac{2I_{max}}{t_s} \qquad (13.6)$$

所以，可得以下不等式：

$$\left[\frac{\mathrm{d}i}{\mathrm{d}t}\right]_{max} \geqslant \frac{4C_{load}V_{DD}}{t_s^2} \qquad (13.7)$$

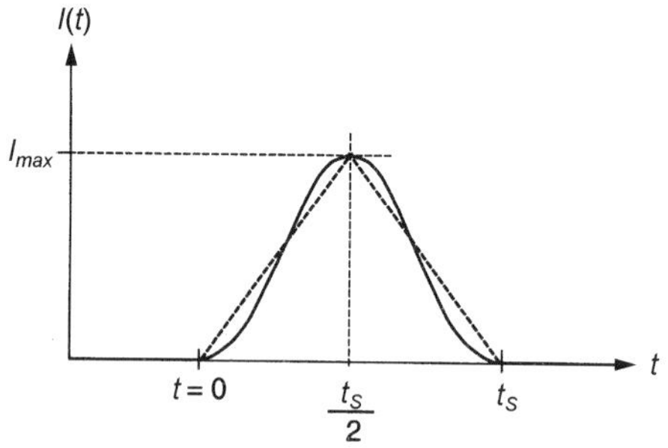

图 13.13   在跳变期间输出电路的电流波形

例如，若 $C_{load}=100\,\mathrm{pF}$，$t_s=5\,\mathrm{ns}$，那么

$$\left[\frac{\mathrm{d}i}{\mathrm{d}t}\right]_{max} \geqslant \frac{4\times 100\times 10^{-12}\times 5}{(5\times 10^{-9})^2} = 80\,\frac{\mathrm{mA}}{\mathrm{ns}}$$

如果压焊线电感 $L=2\,\mathrm{nH}$，则电感压降 $L(\mathrm{d}i/\mathrm{d}t)$ 可能高达：

$$L\left[\frac{\mathrm{d}i}{\mathrm{d}t}\right]_{max} \geqslant 160\ \mathrm{mV}$$

值得注意的是，如果 t_s 减小到原来的 1/2，该电压降增大三倍，这表明了延迟时间和噪声之间的严重矛盾。据测量，在 1.2 μm 工艺的 CMOS 芯片中，从电源到地的电流变化速率可高达 1100 mA/ns。

对于 32 位或者更多数据总线的高端微处理器集成芯片来说，所有的输出驱动器同时工作时，噪声问题变得更为严重。在这种情况下，希望用时钟分配网络内建延迟时间来延缓跳变时间，即用牺牲芯片速度来减小噪声。

图 13.14 所示是减小 di / dt 的一种电路技术。该电路需要附加一个选通信号，因此使时序设计变得复杂，但可以明显减小 di / dt 的幅度。

由选通信号控制的两个 nMOS 管用来给最后一级驱动管的栅极电位预充电到近似于负载电容初始值和终值的平均电位。例如，如果 pMOS 和 nMOS 驱动对管的 $r=1$，ST 为高电平，则 CK 变为高电平之前，驱动管栅极电压可被充电到 V_{DD} / 2。

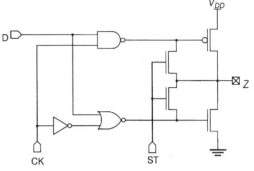

图 13.14　减少（di / dt）噪声的电路结构

另一种解决输出驱动问题的方法是采用图 13.15 所示仅发送数据码型变化的基本的驱动电路。借助于一个延迟单元，输入信号极性变化时，电路仅在 B 节点和 C 节点产生延时的脉冲。因而，驱动器只传输差分信号而不是完整的数字波形。如图 13.15(b) 所示，在等价于三态期间的静态期间，参考输出电压值维持在 V_{DD} / 2。输出驱动器用一个分相器产生差分对信号。相应的接收电路对这些差分数据进行读取、锁存和电平转移。图 13.16 所示的电路可以完成这些功能。

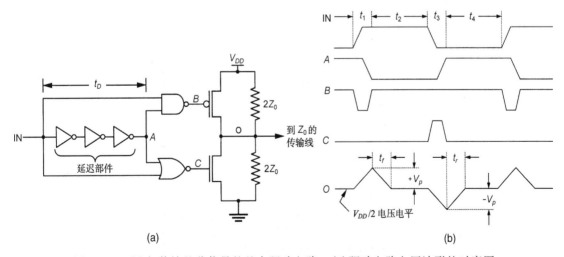

图 13.15　(a)仅传输差分信号的基本驱动电路；(b)驱动电路电压波形的时序图

一对输入/输出电路能组合成一个双向信号 I/O 电路，如图 13.17 所示。双向电路的版图范例如图 13.18 所示，其中有连接焊盘、保护二极管、扩散电阻器和输入/输出电路。

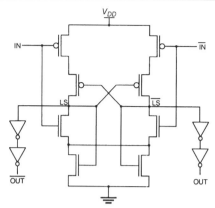

图 13.16　对差分数据信号进行读取、锁存和电平转换的接收电路

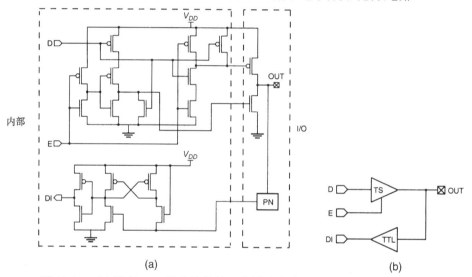

(a)　　　　　　　　　　　　　　　　　(b)

图 13.17　(a)具有 TTL 输入性能的双向缓冲电路图；(b)双向缓冲器框图

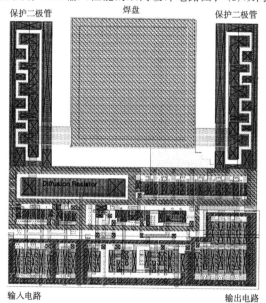

图 13.18　双向 I/O 电路的版图

13.5 片内时钟生成和分配

时钟信号好比是数字系统的心脏搏动，所以其稳定性至关重要。理想时钟信号应有最小的上升和下降时间、确定的工作周期，零偏移和抖动。偏移是一种空间上的时钟不确定性，由时钟分配网络中工艺、电压、温度等的差异引起。相对的，抖动是一种时间上的时钟不确定性，主要从时钟生成器和时钟缓冲器中产生。实际上时钟信号存在着非零偏移和明显的上升下降时间，工作周期也会变化。在大型计算机系统中，只允许时钟偏移和时钟抖动小于机器周期的 10%。在大规模集成电路芯片设计中时钟偏移问题更加严重。

13.5.1 简单的时钟生成器

用环型振荡器在片内生成一个原始的时钟信号的简单方法如图13.19所示。这种时钟生成电路已经运用到低端微处理芯片中。

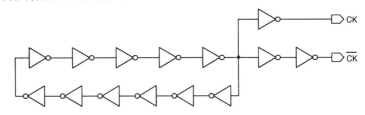

图 13.19 采用环形振荡器的片内时钟生成电路

但这样生成的时钟信号极不稳定，而且与工艺有关。因此，采用晶振构成的分立时钟芯片应用于高性能的超大规模集成电路芯片。图13.20所示为具有高光谱纯度的皮尔斯(Pierce)
晶振原理图。该电路类似串联谐振电路，其中晶体可看成在两端点之间的一个低负载阻抗。晶体具有一个串联谐振频率，决定谐振频率的主要因素是其内部串联电阻。在等效电路中，晶体可用串联 RLC 电路代替。晶体两端点的外部负载对振荡频率及光谱纯度也有很大影响。跨接在晶体上的反相器提供必要的电压增益，外部反相器提供放大的电压驱动时钟负载。注意，这里的振荡电路并不是代表技术发展水平的典型例子，仅仅是一个简单范例。

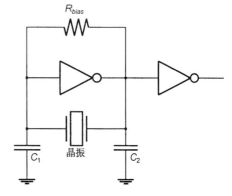

图 13.20 皮尔斯晶振原理图

13.5.2 锁相环

大多数常见的片上时钟发生器都是基于锁相环(Phase-Locked Loops，PLL)和延迟锁定环的。图 13.21 给出了锁相环的总体架构。鉴频鉴相器(PFD)接收来自晶体的参考时钟，并将其与来自压控振荡器(VCO)的分频时钟进行比较。根据参考时钟和压控振荡器分频时钟之间的相位差，鉴频鉴相器(PFD)产生 UP 和 DN 信号。电荷泵(CP)接收来自相频检测器的相位误差脉冲，然后产生一个正比于相位误差的电流，该电流是流入还是流出环路滤波器(LF)取决于相位差的极性。当压控振荡器分频时钟比参考时钟快时，鉴频鉴相器产生一个正比于相位差的 DN脉冲，且电荷泵吸收来自环路滤波器的电流。当压控振荡器分频时钟比参考时钟慢时，鉴频鉴相器产生一个 UP 脉冲，且电荷泵产生电流并流入环路滤波器。环路滤波器将电流转换成电压并平滑电压信号。环路滤波器电压控制压控振荡器的频率。压控振荡器产生单相或多相时钟。压控振荡器是锁相环的重要组成部分，影响锁相环的整体抖动性能。输出时钟的频率比参考时钟的频率快 N 倍。所以，通过锁相环中的分频器可以很容易地产生输出频率。下面将对锁相环的组成部分——介绍。

鉴频鉴相器(PFD)　鉴频鉴相器用于检测参考时钟与压控振荡器分频时钟之间的频率和相位差。传统的相频检测器结构采用基本的数字单元，如图 13.22 所示，该结构是一个三态的时序逻辑电路。如果参考时钟到达早于分频压控振荡器时钟，UP 信号变为高电平，然后，在压控振荡器分频时钟的上升沿，DN 信号变为高电平，如图 13.23(a)所示。相反，如果压控振荡器分频时钟到达早于参考时钟，DN 信号变为逻辑高电平，在参考时钟的上升沿 UP 信号变为高电平，如图 13.23(b)所示。一旦 UP 与 DN 都变为高电平，AND 门将产生一个复位信号，该复位信号将 UP 与 DN 信号都重置为低电平状态。因此，UP 与 DN 信号的脉冲宽度差与参考时钟和压控振荡器分频时钟之间的相位差是一样的，如图 13.24 所示。鉴频鉴相器根据频率差产生不同的双向脉冲。因此，鉴频鉴相器不仅可以检测相位差，还可以检测频率差。如果这两个时钟到达非常接近，就是所谓的锁相环的锁定状态，UP 和 DN 信号均处于低电平状态。

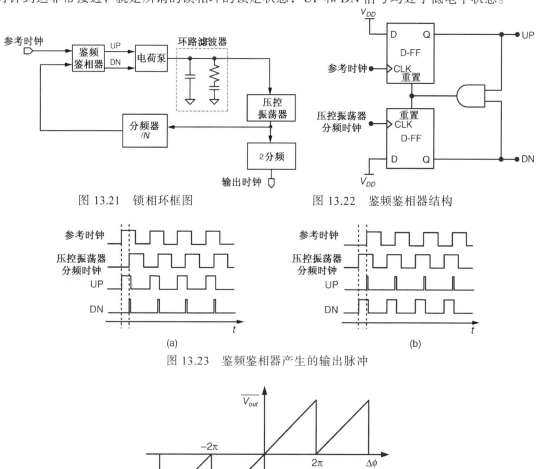

图 13.21　锁相环框图　　　　　　　图 13.22　鉴频鉴相器结构

(a)　　　　　　　　　　　　　(b)

图 13.23　鉴频鉴相器产生的输出脉冲

图 13.24　鉴频鉴相器的输入/输出特性

如果鉴频鉴相器两个输入的相位差小，例如，几皮秒，则鉴频鉴相器不能产生适当的脉冲，因为鉴频鉴相器电路需要时间对输入信号作出响应。在这种情况下，鉴频鉴相器输出信号的脉冲宽度将太小而无法准确表示相位差，这就是所谓的死区问题。可以通过在复位路径中插入一个缓冲器以增加一些延迟来解决。通过缓冲延迟，产生复位信号的时间将被延迟，于是在保持相位差恒定的同时，UP 与 DN 脉冲宽度将增加。

压控振荡器(VCO)及其电源噪声抑制　该振荡器是一个产生周期信号的不稳定系统，例如自己产生的时钟。必须满足一些条件：环路增益必须大于 1 以及总的相移应该为 180，振荡器才会发生振荡。巴克豪森(Barkhausen)准则是一个在伯特图上检查振荡条件的简单而直观的方法。但是，它有时也会给出错误的预测，因为该准则是一个必要条件，而不是充分条件。奈奎斯特(Nyquist)稳定性准则用于根轨迹图。

与振荡器不同，压控振荡器，顾名思义，是一种由电压控制频率的振荡器。它是锁相环的中心组成部分——锁相环的整体抖动性能和环路带宽由压控振荡器的噪声预算决定。

在理想压控振荡器中，输出频率与输入控制电压成线性比例关系。输入与输出之间的关系可由以下方程表示：

$$\omega_{out} = \omega_0 + K_{VCO}V_{CTRL}$$

其中，ω_{out}, ω_0, K_{VCO} 和 V_{CTRL} 分别为压控振荡器的输出频率、起始频率、增益和控制电压。压控振荡器增益 K_{VCO} 由输出频率范围与输入控制电压范围的比率来衡量。一般来说，具有较大增益的压控振荡器能工作在较大范围，但是在这种情况下由于纹波的增加，锁相环的输出抖动也可能会增加。

在设计压控振荡器时必须考虑几个因素，如自由振荡频率、调节范围、噪声抑制能力、功耗，以及最重要的输出信号的纯度。自由振荡频率是指在没有控制电压的情况下压控振荡器的工作频率。调节范围是压控振荡器可以产生的频率的范围。通常，压控振荡器调节范围限制了锁相环的工作范围。噪声抑制能力用来衡量压控振荡器可以抑制多少来自外部环境的噪声。在噪声抑制能力中，电源噪声抑制和共模噪声抑制是主要问题。在低功率应用中，功耗变得越来越重要。随着时钟发生器与几乎所有的数字电路广泛集成，在锁相环设计中应确保高的电源噪声抑制。消耗更多的功率，获取更佳的抖动性能，反之亦然。输出信号的纯度是最重要的设计因素，并通过优化上述因素来控制。时钟抖动和相位噪声是表示信号纯度的具有代表性的值，设计者对这些因素进行折中选择。

有两种压控振荡器——谐波振荡器和弛张振荡器。谐波振荡器由如 LC 谐振回路的储能元件的共振产生输出信号。然而，弛张振荡器由一串延迟元件产生。谐波振荡器表现出良好的信号纯度，但很难设计其集成元件，如电感器和电容器，而且它们体积大。而且，它们的调谐范围窄，在数字系统中不适合作为时钟发生器。弛张振荡器易于设计，而且它们的尺寸紧凑，但是信号纯度比谐振荡器的要差。环形振荡器是弛张振荡器的代表，LC 振荡器是谐波振荡器的代表。它们典型的原理图如图 13.25 所示。

对于环形振荡器的设计，具有电源噪声抑制方案的压控振荡器如图 13.26 所示。延迟单元由节点"ctrli"的内部调节电压控制，这使得压控振荡器对抑制电源噪声具有鲁棒性。运算放大器具有比锁相环系统更宽的带宽，所以它可以减小对系统运行的影响。一般，调节晶体管 M_1 的尺寸，所以对于压控振荡器的宽工作范围，电压裕量是足够的。增加 M_2 来抑制节点"ctrli"的电压纹波。节点"ctrli"上的这个大电容和调整晶体管 M_1 上的大电容产生主极点，从而导致稳定性问题。因此，为了超前-滞后补偿，在节点"biasi"和"ctrli"之间必须放置额外的电容和电阻。

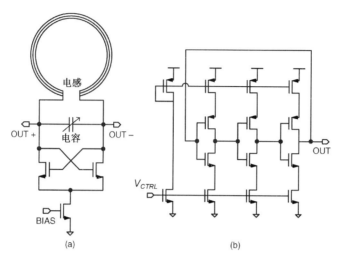

图 13.25　(a)谐波振荡器；(b)弛张振荡器

　　每个延迟单元的原理图如图 13.27 所示。它是伪差分类型的，其中在输出节点之间插入背到背的反相器，延迟通过改变延迟单元的电源节点"ctrli"控制。在延迟单元中，pMOS 的衬底与源极节点(ctrli)连接在一起，它不会引起 V_{th} 变化并实现频率的线性变化。

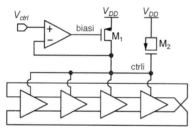

图 13.26　压控振荡器结构

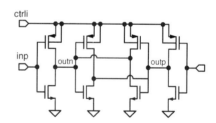

图 13.27　延迟单元原理图

　　许多噪声源降低了锁相环的抖动性能，特别是集成在同一芯片上数字系统的时钟发生器，如通过同一裸片和电源噪声的其他电路衬底的开关噪声。在时钟发生器中，抖动的主要来源是电源噪声。当电源噪声注入到延迟单元时，压控振荡器受到瞬态变化的影响。因此，需要一个具有高抑制瞬态电源噪声能力的压控振荡器。在解决这一问题的方法中，压控振荡器中常用电源调节方案来抑制电源噪声。

　　如图 13.21 所示，基于锁相环的时钟发生器采用了一个压控振荡器和两个分频器。一个分频器(分频比为 N)乘以输入参考信号，另一个(分频比为 2)在输出端产生一个占空比为 50% 的时钟。

　　电荷泵(CP)概念上的结构如图 13.28(a)所示。它由 UP 和 DN 电流源和开关组成。开关 S_1 和 S_2 分别由信号 UP 和 DN 控制。根据开关，电荷泵产生携带相位差信息的电流 I_{cp}。在电荷泵的设计中最引人注目的问题是要确保电流 I_{UP} 和 I_{DN} 相等。理想的情况如图 13.28(b)所示。I_a 是流入环路滤波器的实际电流。

　　电荷泵将由相频检测器检测到的相位差变换为电流。然而，压控振荡器是由电压而不是电流控制。环路滤波器是一种将电流转换成电压的方法，从而可以控制压控振荡器。为了将电流转换成电压，电容器可用于获得被控电流，如图 13.29(a)所示。因为电容器平均和蓄积由电荷泵产生的废弃电荷。环路滤波器具有低通滤波器的特性。

$$\frac{V_{ctrl}}{I_{cp}} = \frac{1}{sC} \tag{13.8}$$

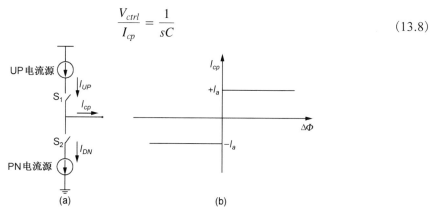

图 13.28　(a)电荷泵的概念结构；(b)电荷泵产生的理想输出电流

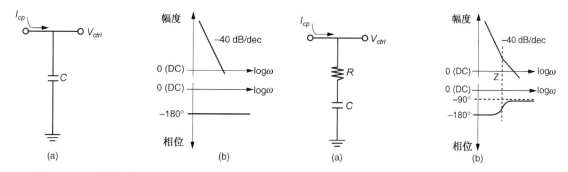

图 13.29　(a)含有一个电容的环路滤波器；(b)使用图(a)所示滤波器时锁相环的环路增益特性

图 13.30　(a)含有一个电容和串联电阻的环路滤波器；(b)使用图(a)所示滤波器时锁相环的环路增益特性

从式(13.8)可知，反馈回路(PLL)产生一个额外的极点。当使用图 13.29(a)所示的环路滤波器时，因为压控振荡器在直流中有一个极点，所以锁相环环路增益只有两个极点(类型Ⅱ)。由于两个极点存在直流，相位裕度为理想的 0 度[见图 13.29(b)]，因此锁相环是不稳定的。为了获得较大的相位裕度，应引入额外的零点。这可以通过在电容所在支路上串联一个电阻实现，如图 13.30(a)所示，其传递函数为

$$\frac{V_{ctrl}}{I_{cp}} = R + \frac{1}{sC} = \frac{sRC + 1}{sC} \tag{13.9}$$

虽然它有助于稳定，但是电荷泵的每个电流中会有一个大的波动被注入到环路滤波器，因为当电荷泵导通时，直接产生 IR 压降。为了解决这个问题，应添加另一个与图 13.30(a)电容并联的电容，如图 13.31(a)所示。因而，它成为环路滤波器的基本结构，其传递函数为

$$\frac{V_{ctrl}}{I_{cp}} = \left(R + \frac{1}{sC_1} \right) \middle\| \left(\frac{1}{sC_2} \right) = \frac{1 + sRC_1}{s^2 RC_1 C_2 + s(C_1 + C_2)} \tag{13.10}$$

由于环路滤波器用于消除高频噪声，这有利于时钟抖动，优选更高阶的环路滤波器可以提供更精确的噪声滤波。图 13.31(b)示出一个用于增加环路滤波器阶数的一般扩展方法。然而，

这种扩展使得压控振荡器控制电压低于电荷泵输出电压，且难以涵盖广泛。有源滤波器可以在不改变锁相环的调谐范围内，用来增加环路滤波器的阶数，而且因为电容和电阻数量的减少，它占用的面积也小于无源滤波器。然而，来自有源器件的附加噪声会加入到带内相位噪声中。

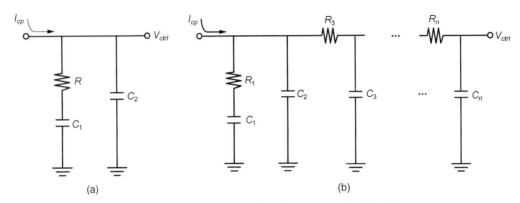

图 13.31　(a)含有一个电容、串联电阻和并联电容的
环路滤波器；(b)增加滤波器阶段的扩展

　　随着工艺的按比例缩小，在传统的模拟锁相环设计中出现了一些问题。首先，也是最重要的，在深亚微米工艺中有较大的漏电流。电容的漏电流降低了环路滤波器的特性，同时也增加了稳态功耗和长期抖动。此外，电源电压越小以及阈值电压越高，则锁相环的工作范围越窄。这些特性增加了锁相环的噪声敏感度。

　　为了克服这一点，引入了全数字锁相环(ADPLL)(见图 13.32)。全数字锁相环包括一个鉴频鉴相器、一个取代电荷泵并将相位差转化为数据字的时间-数字转换器(TDC)、一个用于对数字输入字滤波的数字环路滤波器(DLF)、一个代替压控振荡器的数控振荡器(DCO)和一个分频器。全数字锁相环通过数字信号处理器(DSP)处理其反馈方式，因此它的信号比模拟类型的更容易，也更快速地被处理。此外，在深亚微米工艺中，数字电路的性能优于模拟电路：在高速应用中，它提供了极佳的计时精度，因为模拟电路的可用电压裕度小——这归因于低的电源电压和相对较高的阈值电压。由于只有数字转换器和数控振荡器对工艺、电压和温度变化敏感，所以全数字锁相环比模拟锁相环的鲁棒性更强。

　　然而，全数字锁相环在通过数字转换器的相位检测和通过数控振荡器的频率控制方面精度有限。因此，它可能会产生比模拟锁相环更大的抖动。为了克服这一点，需要高精度的数字转换器和数控振荡器。

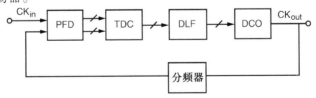

图 13.32　全数字锁相环

　　另一种常用的用于控制时钟相位的系统是延迟锁相环(DLL)。延迟锁相环与由时钟相位控制的锁相环在目的上是相似的，但是实现方法不同。延迟锁相环的基本模块与锁相环相似。如图 13.33 所示，延迟锁相环包括一个鉴相器(PD)，电荷泵，环路滤波器和电压控制延时线(VCDL)。两者的主要区别是，延迟锁相环中用电压控制延时线代替了压控振荡器。

相位检测器检测参考时钟和电压控制延迟线输出时钟之间的相位差。根据相位差，电荷泵向环路滤波器充电或放电。环路滤波器产生电压控制延迟线的控制电压。电压控制延迟线根据该控制电压来增大或减小自身的延时。

延迟锁相环通过改变电压控制延时线的相位，调整参考时钟与输出时钟之间的相位差。然而，锁相环通过改变时钟频率，调节输出时钟的相位。这是锁相环和延迟锁相环之间的主要区别。由于这个原因，锁相环的压控振荡器中多出一个极点，且锁相环的基本传递函数是二阶的。因此，在设计锁相环时，考虑稳定性是非常重要的，但是在延时锁相环设计中无须关注这个问题。

图 13.34 显示了使用 C++进行行为级仿真中延时锁相环的锁定过程。通常，提前进行行为级仿真来优化性能，因为晶体管级的仿真需要花费更多的时间。观察环路滤波器的电压，其中 y 轴显示从初始零值开始的相对值。当分别在开始和 500 ns 突然发生相移时，电压控制延迟线的控制电压，即环路滤波器，会发生变化。

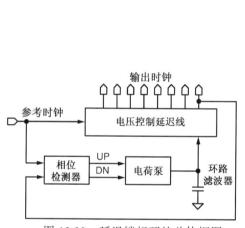

图 13.33　延迟锁相环的总体框图

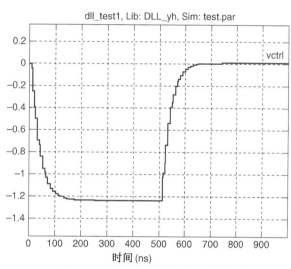

图 13.34　延迟锁相环的相位锁定过程

现代高性能微处理器在其内部集成了具有锁相环的片上时钟发生器。然而，锁相环作为一个高阶系统，在其设计中提出了一些挑战。工艺、电压和温度(PVT)变化影响其环路带宽，这对于系统稳定工作至关重要。

在锁相环中，压控振荡器经过多个振荡周期其输出时序的不确定性累积，且受到锁相环时间响应的限制。现代微处理器工作的环境变得越来越嘈杂，这将导致因显著电源/衬底噪声而产生的延时变化。锁相环不能立即纠正这些变化。延迟锁相环被广泛应用在 DRAM 中，因为其时钟频率并不需要相乘且仅有相位校准是必须的。作为一个一阶系统，延迟锁相环默认是稳定的。最终，延迟锁相环的设计需要相对较少的工作量。表 13.1 总结了锁相环与延迟锁相环的特征。除传统的输入和输出频率是一样的延时锁相环外，一些基于延时锁相环的倍频器或倍乘的延时锁相环已有报道。相比于延时锁相环，锁相环具有输入抖动可被抑制，且没有限定的锁定问题等优点。

具有分频器和压控振荡器的锁相环能够产生倍频信号。然而，如果电源噪声持续超过压控振荡器时钟的几个周期，则抖动的积累将导致每个时钟边沿越来越远地偏离理想的边沿位置，因为每个振荡结束时的时间抖动将是下一个振荡的起点。此外，工作在两倍输出时钟频率的压控振荡器和分频器消耗大量功率，并可能导致高频电磁干扰(EMI)。关于这个问题，使用电压控制延迟线的基于延迟锁相环的时钟发生器要优于基于锁相环的时钟发生器。对于开环电压控制延迟线，抖动仅在单个延迟线内积累。纯净的时钟信号可以由具有高 Q 值的晶体振荡器实现的基于延迟锁定环的时钟发生器得到。高频高质量的时钟振荡器的设计是一项艰巨的任务，但不在本节的研究范围内。

表 13.1   锁相环和延迟锁相环作为时钟发生器的比较

锁 相 环	延迟锁定环
■ 压控振荡器	■ 电压控制延迟线
□ 抖动积累	□ 无抖动积累
■ 高阶系统	■ 一阶系统
□ 可能不稳定	□ 始终稳定
□ 难于设计	□ 易于设计
■ 集成环路滤波器代价高	■ 易于集成环路滤波器
■ 对参考信号的依赖小	■ 依赖参考信号
■ 易于倍频	■ 难于倍频
	■ 有限的锁定范围
	$\dfrac{T_{Ref}}{2} < \text{VCDL}_{delay} < \dfrac{3T_{Ref}}{2}$

通常，超大规模集成电路芯片接收来自外部时钟芯片电路的一个或多个时钟信号，并且依次产生供内部使用的衍生时钟。常常需要采用两个互不重叠的时钟，它们的逻辑乘始终为零。由原始时钟 CK 生成 CK1、CK2 的简单电路如图 13.35 所示。图 13.36 显示了包括主时钟信号和生成四种状态的时钟译码电路。

由于时钟信号需要近乎均匀地分布在芯片面积上，因此希望被分配的所有时钟信号具有相同的延迟时间。一个理想的时钟分配网络应具有图 13.37 所示的 H 形结构。在这个结构中从中心到分支点的距离相同，所以信号延迟时间也相同。然而，由于走线限制和不同扇出的要求，使得该电路实际上很难实现。一种更切合实际的时钟分配电路的设计方法是通过主时钟信号传送给宏字块，并利用局部时钟译码器来平衡不同负载条件下的延迟时间。

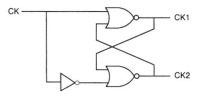

图 13.35   由 CK 生成一对无重叠的时钟信号的简单电路

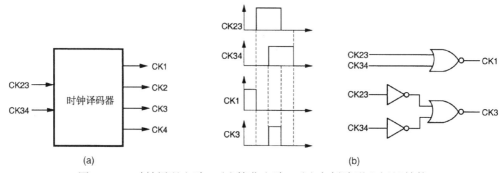

图 13.36   时钟译码电路。(a)简化电路；(b)实例波形和门级结构

由于时钟到达时间的不同和负载条件变化导致的时钟波形变化会产生时钟偏移，因此如何减小时钟偏移成为高速超大规模集成电路设计的一个重要问题。除了上述均匀分配时钟网

络(H 形结构)和平衡局部偏移的电路设计外，许多新的计算机辅助设计技术已发展到能自动生成具有零偏移的最佳时钟分配网络的版图。图 13.38 所示为考虑了布线寄生效应的零偏移时钟网络。

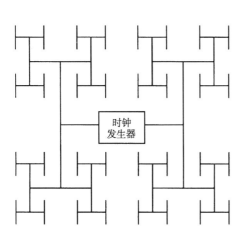

图 13.37　H 形时钟分配网络简略版图

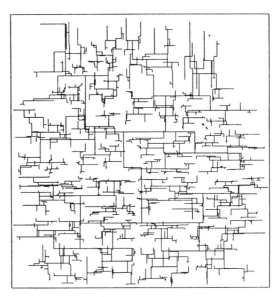

图 13.38　一个由计算机辅助设计工具生成的零偏移时钟布线网络的例子

　　不论时钟分配网络的几何构造怎样精确，时钟信号必须进行如图 13.39 所示的多级缓冲，以便与较大的扇出负载匹配。需要注意的是，每级缓冲驱动相同数量的扇出门电路，以确保时钟延时平衡。如图 13.40 所示的布线方法(用于 DEC Alpha 芯片设计)，为了使时钟信号在整个芯片上同相，互连线用网格形式的垂直金属带交叉连接。

　　至此可以看到，为了以最小失真和完整的信号波形对时钟信号进行分配，需要相等的互连线长度和大量的缓冲。实际上，设计者必须花费大量的时间和精力来调节缓冲器(反相器)晶体管的尺寸和互连线的宽度。加宽互连线的宽度可减小串联电阻，但会使寄生电容变大。

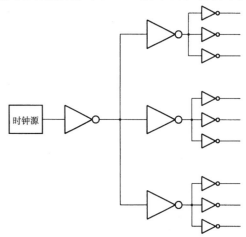

图 13.39　三级缓冲时钟分配网络

　　在数字系统设计特别是高速超大规模集成电路设计时应注意以下几点：

- 时钟信号的理想占空比是 50%，此时，信号在一系列反相缓冲器中传播速度最快。时钟信号的占空比可以通过平均电压的反馈改善到占空比接近 50%。
- 为了抑制互连线网络的反射，时钟信号的上升和下降时间不能过小。
- 通过减小扇出、互连线长度和栅电容，可最大限度地减少负载电容的影响。
- 通过适当增加 w/h 比率(连线的线宽和连线到衬底的垂直距离之比)可降低时钟分配线路的特性阻抗。

- 感性负载可用来部分抵消时钟接收器(匹配网络)的寄生电容效应。
- 高速芯片内导线间应保持足够大的间隔以减小线间干扰。此外，在两条高速线之间放置一条电源线或地线也是一种有效措施。

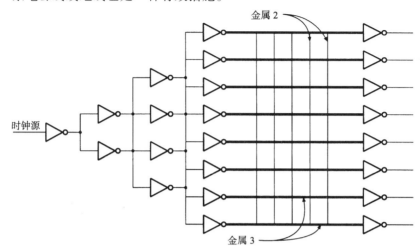

图 13.40　DEC Alpha 微处理器芯片常用的时钟分配网络结构

13.6　闪锁现象及其预防措施

闪锁现象定义为：由于寄生 pnp 和 npn 双极型晶体管(BJT)的相互作用导致在 CMOS 芯片内电源线与地线路径之间形成低阻抗。这些双极型晶体管形成一个带正反馈的可控硅整流器(Silicon-Controlled Rectifier，SCR)，使电源到地形成事实上的短路，从而引起一个很大的电流流动，甚至造成器件的永久性损害。可以采用外延层和其他改进工艺来减少闪锁问题的危害，但随着特征尺寸和间距的减少，封装密度不断增大，尤其是 I/O 电路的可靠性继续与闪锁现象有关。对闪锁的敏感度与衬底掺杂浓度和间距的平方成反比。换句话说，如果间距减小一半，衬底掺杂浓度增加两倍，那么对闪锁的敏感度将增加两倍。图13.41 所示为具有寄生 npn 和 pnp 双极型晶体管的 CMOS 反相器的剖面图。

在等效电路图中，Q_1 是垂直双发射极 pnp 型晶体管，该管的基极由 n 阱形成，它的基极到集电极电流增益(β_1)可高达几百。Q_2 是横向双发射极 npn 型晶体管，其基极由 p 型衬底形成，这个横向晶体管基极到集电极电流增益(β_2)在几十分之一到几十范围内变化。R_{well} 表示 n 阱结构的寄生电阻，其值约为 $1\sim20\ k\Omega$。衬底电阻 R_{sub} 主要取决于衬底的结构，是简单的 p^- 或是在相当于地平面的 p^+ 衬底顶上生成的 p^- 外延层。前一种情况下，R_{sub} 可高达几百欧姆，而后一种情况下，该电阻可低到几欧姆。

为考察闪锁现象，先假设寄生电阻 R_{well} 和 R_{sub} 足够大以至于可忽略(开路)。除非可控硅整流器由外部干扰触发，两晶体管集电极电流由集电极-基极结的反向漏电流构成，因此它们的电流增益很低。如果其中一个管的集电极电流由于外部干扰引起瞬时增大，导致的反馈回路会使电流突变到原来的($\beta_1 \cdot \beta_2$)倍，这个过程称为"可控硅整流器的触发"。一旦触发，一个晶体管通过正反馈驱动另一个晶体管，最终产生并维持电源和地之间的低阻抗路径，即闪锁。可以看到，如果满足以下条件，甚至触发干扰消失后，两个管子仍会维持产生一个大的饱和电流：

$$\beta_1 \cdot \beta_2 \geqslant 1$$

这种闩锁条件可表示成与集电极到发射极电流增益有关的方程,如下式所示:

$$\frac{\alpha_1}{1-\alpha_1} \cdot \frac{\alpha_2}{1-\alpha_2} \geqslant 1 \Rightarrow \alpha_1 + \alpha_2 \geqslant 1 \tag{13.11}$$

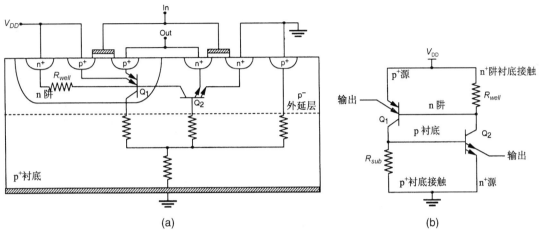

图 13.41　(a)带有寄生双极型晶体管的 CMOS 反相器剖面图;
(b)寄生双极型晶体管构成的可控硅整流器电路模型

图 13.42 所示为典型的可控硅整流器的 I-V 特性曲线。闩锁发生时,可控硅整流器的电压降为

$$V_H = V_{BE1,sat} + V_{CE2,sat}$$
$$= V_{BE2,sat} + V_{CE1,sat}$$

式中,V_H 为保持电压。已证明低阻抗状态时,通过可控硅整流器的电流大于由器件结构决定的维持电流 I_H。同时注意 I-V 曲线的斜率由电流路径上总的寄生电阻 R_T 决定。

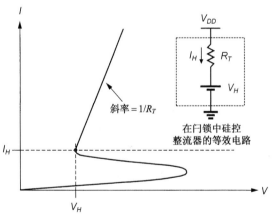

图 13.42　典型的可控硅整流器 I-V 特性曲线

导致出现闩锁的一些原因如下:

● 最初的起始阶段,由于衬底和阱内的结电容,V_{DD} 的偏移产生足够大的位移电流。如果转换速率足够大,就会引起闩锁。但是,当转换速率不大时,可控硅整流器在闩锁前具有动态恢复性。

● 当输入或输出信号摆幅远大于 V_{DD} 电平或远小于 V_{SS}(地)电平时,CMOS 芯片上的寄生可控硅整流器会产生巨大电流,因此注入一个触发电流。这种干扰可能在高速电路中由传输线的阻抗失配引起。

● 静电放电的高压通过保护电路钳位器件中的少数载流子注入衬底或阱,造成闩锁。

● 由于取决于可控硅整流器中双极型晶体管的许多驱动器同时跳变引起的电源或地总线的暂态传输。

- 阱结的漏电流可能产生足够大的横向电流。
- X 射线、宇宙射线或 α 粒子的辐射可在衬底和阱区中生成足够多的电子-空穴对,从而触发可控硅整流器。

在这里,我们根据寄生晶体管 Q_1 和 Q_2 的电流增益推导可控硅整流器维持电流 I_H 的表达式。作为简单示例,在图 13.43 中重新画出了图 13.41(b)电路中的重要参数,可以看出:

$$I = I_{E1} + I_{RW} \tag{13.12}$$

$$I = I_{E2} + I_{RS} \tag{13.13}$$

Q_1 和 Q_2 的集电极到发射极电流增益(α)的关系式如下:

$$I_{C1} = \alpha_1 I_{E1} = \alpha_1^0 I \tag{13.14}$$

$$I_{C2} = \alpha_2 I_{E2} = \alpha_2^0 I \tag{13.15}$$

其中,α_1^0 和 α_2^0 表示由寄生电阻对晶体管影响而等效的集电极到发射极电流增益。因此利用 Q_1 和 Q_2 时,图 13.43 中的电阻可视为开路。可控硅整流器的电流 I 可表示为

$$I = I_{C1} + I_{C2} + (I_{CBO1} + I_{CBO2}) \tag{13.16}$$

其中,I_{CBO1} 和 I_{CBO2} 表示集电极到基极结点的漏电流可以合成为 I_{CBO}。结合式(13.12)和式(13.16)可得下述表达式:

$$I = \frac{I_{CBO} - (I_{RS}\alpha_1 + I_{RW}\alpha_2)}{1 - (\alpha_1 + \alpha_2)} \tag{13.17}$$

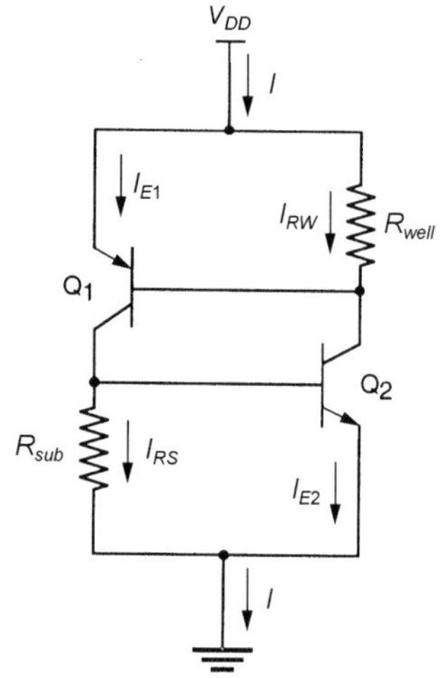

I_{CBO} 为零时的保持电流 I_H 可定义为

$$I_H = \frac{I_{RS}\alpha_1 + I_{RW}\alpha_2}{\alpha_1 + \alpha_2 - 1} \tag{13.18}$$

图 13.43　可控硅整流器的等效电路模型

显然,当 Q_1 和 Q_2 的集电极到发射极增益的总和接近 1 时,保持电流将明显变大。因此,使寄生双极型晶体管的增益保持低值很有必要。寄生电阻 R_{well} 和 R_{sub} 在闩锁中也起重要作用,因为它们的电流会使寄生晶体管的基极电流降低,所以,削弱了导致闩锁的反馈回路。因此降低这些电阻可以防止闩锁现象。考虑某一闩锁开始的可控硅整流器的电流式:

$$I \geqslant I_H = (V_{DD} - V_H)/R_T \tag{13.19}$$

此时两个晶体管均处于饱和状态,因此保持电压 $V_H = 2V_{BE}$,且 $V_{BE1} = V_{BE2} = V_{BE}$。这里可控硅整流器可模拟为一个与一个电阻 R_T 串联、电压值为 V_H 的直流电压源。结合可控硅整流器电流表达式(13.18)和式(13.19),并利用式(13.18),式中 $I_{RW} = V_{BE}/R_{well}$ 和 $I_{RS} = V_{BE}/R_{sub}$,可得

$$\alpha_1 + \alpha_2 \geqslant 1 + \left(\frac{\dfrac{R_T}{R_{well}}\alpha_1 + \dfrac{R_T}{R_{sub}}\alpha_2}{\left(\dfrac{V_{DD}}{V_{BE}} - 2 \right)} \right) \tag{13.20}$$

因为发生闩锁的条件是存在寄生电阻,把这个等式与给出的简单闩锁条件的方程式(13.11)比较后,为了满足闩锁条件和触发可控硅整流器,求式(13.20)右半部分的附加项的值应比两电流增益的总和大得多,因此为了避免闩锁,这个附加项应尽可能大,电阻 R_{sub} 和 R_{well} 应尽量减小。

图 13.44 给出的仿真结果说明在 CMOS 反相器结构(如图 13.45 所示)中的闩锁现象,它由电路输出点的脉冲触发。

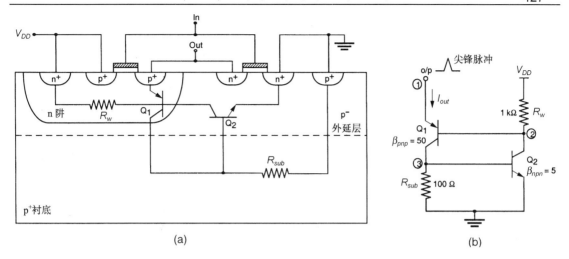

图 13.44　利用 CMOS 反相电路对闩锁现象仿真的例子

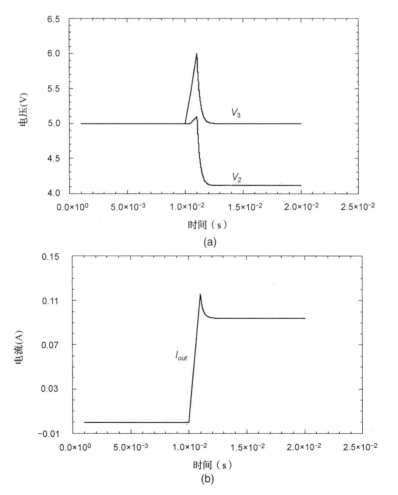

图 13.45　在闩锁现象中 CMOS 反相器电路的电压和电流仿真波形

避免闩锁的准则

- 通过掺金降低衬底的少数载流子的寿命(但不引起过量的漏电流),减小双极型晶体管的增益,或用肖特基(Schottky)源漏接触法,减小双极型晶体管发射极少数载流子注入效率。

- 对 nMOS 晶体管采用连接到地的 p⁺ 保护环,对 pMOS 晶体管采用连接到 V_{DD} 的 n⁺ 保护环。降低 R_w 和 R_{sub},在注入的少数载流子到达寄生双极型晶体管基极前将其捕获。

- 使衬底和阱与 MOS 晶体管的源极尽可能地靠近,以此降低 R_w 和 R_{sub} 的值。

- 用最小的 p 阱面积(在用双阱工艺或 n 型衬底的情况下),此时 p 阱的镜像电流在瞬时脉冲时可达最小值。

- 必须设置 pMOS 晶体管的源极扩散区,因此当电流在 V_{DD} 和 p 阱间流动时它们处于等电位线上。有一些 n 阱的 I/O 电路中,省去了阱而只用 nMOS 晶体管。

- 为了避免源漏结正向偏置,不能引入大电流,通过在高掺杂衬底上附加高掺杂外延层的方法可以从垂直晶体管通过低阻衬底影响并联横向电流。

- 在 n 沟道或 p 沟道晶体管的版图中,使所有的 nMOS 晶体管放在靠近 V_{SS} 的地方,pMOS 晶体管放在靠近 V_{DD} 的地方。同时使 pMOS 和 nMOS 晶体管之间有足够的空间。

为了防止闩锁,芯片制造厂会明确说明使用条件。例如,Mitel 的八进制接口器件 MD74SC540AC 要求电压 V_{DD} 高于 1.9 V,电流为 20 mA 和电压 V_{SS} 低于 1.0 V,电流为 90 mA 才会触发输出闩锁。应用闩锁准则设计出的 I/O 单元版图如图 13.46 所示,其中相同类型的晶体管并排放置。

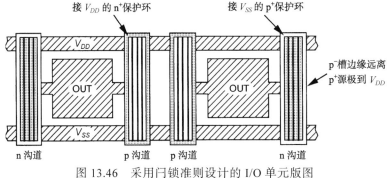

图 13.46　采用闩锁准则设计的 I/O 单元版图

附录　片上网络:下一代片上系统(SoC)的新模式

片上网络的基本原理

随着技术的进步,对于复杂片上系统实现超大规模集成电路器件,当今和未来的趋势使得系统集成面临许多挑战。复杂的片上系统的先进技术需要发展传统总线互连技术,以解决大规模甚深亚微米器件集成的问题。

- 越来越高的集成密度和工作频率,以及越来越低的片上电源电压,不利于信号的完整性(包括信噪比的电压裕度、串扰、电磁干扰、同步错误和亚稳定状态、软件错误等),因此系统级可靠性也是一个挑战。

- 系统级可靠性需要一个适应性强的综合解决方案来解决由各种来源引起的硬错误和软错误。这些来源包括生产工艺，环境（温度变化、高频电磁干扰、辐射），工作模式（超低电压工作），以及非决定性设计风格。
- 复杂片上系统上用通用互连线的处理部件，其传输延时比时钟周期长。当工艺尺寸缩减时，功率损耗主要由漏泄功率造成。因此，大规模片上系统用不同的电压岛来设计。在这些电压岛中，如第 11 章所述，用动态电压和频率计数电路来处理工作负载驱动的动态功率管理。全局异步和本地同步（Globally Asynchronous and Locally Synchronous，GALS）电路用来链接不同的同步域。

新兴的片上网络（Network-on-Chip，NoC）方案结合了联网方法和超大规模集成电路技术，允许设计者实现可扩展的、有效的、高性能的片上系统，并克服了传统（分层或流水线）的总线型结构带来的限制。一个基于片上网络的系统，基本包括以下几个关键部分：带有网络接口的处理部件（PE），交换结点，以及链路（如图 13A.1 所示）。

然而，不同于宏网络，对于许多适应片上环境的最优通信方法，微片上网络必须将带宽、延时和能量损耗进行折中。

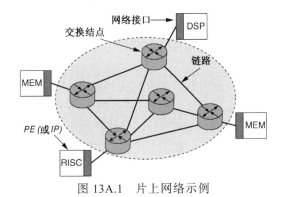

图 13A.1 片上网络示例

片上网络的介绍

片上网络（NoC）定义很广泛，其范围涵盖硬件通信基础结构、中间件和操作系统通信服务；设计方法论以及应用映像工具。片上网络这一概念直观上可定义为带有抽象层的微网络的适应性协议栈（如图 13A.2 所示），这些抽象层范围从物理通信到应用软件。

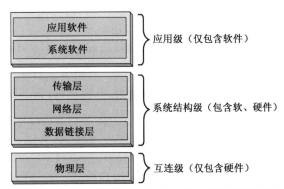

图 13A.2 片上网络分层协议栈包括物理层到应用软件

物理层 物理层主要集中于通用线和信号收发器的物理实现问题以及为满足片上功率、定时和面积预算的管线信号设计技术。传统的轨到轨电压模信号不足以在未来的通用互连中实现高速、高能效地传输。取而代之的是，低摆幅电流模信号能显著地减小功耗，同时保证高的数据速率。然而，电流模信号传输和数据转换之间需要折中，因为与电压模信号传输相比，电流模中的静态电流可以因有效因子过低而导致无功率消耗。在低摆幅电压技术中，最佳电压摆幅和接收机的设计需要十分稳定，这样才能减少由噪声敏感和传输延时引起的衰减。低摆幅技术中采用差动信号可以减小噪声，但布线成本提高了一倍。对于低功耗的片上网络的实现，总的通用线电容的减小可以通过加大线的空间或用串行技术这两种方式来实现减小布线面积。在串行技术中，用通用线将串行器和解串器(SERDES)接入线路接口，这样可以减少链接位宽。基于附加编解码器开销以及发送信息流的特征的一些信道编码技术可用于减小链路切模概率。基于网络负载的动态电压和频率的调节，也可用在链路上在需要的数据速率下的功耗优化。另外，波流水线技术可以减小链路上多时钟周期传输的风险。波流水线技术需要解决收发机端的数据同步和多路链路线中的相关歪斜失真的问题，需要设定分辨率来实现波流水线布置技术。用于片上通信的新的时钟电路不要求全局同步，比如均步、准同步和异步。除此之外，大规模片上网络的功率分配网络的实现对最小化电压降十分重要。

数据链路层 数据链路层认为物理层是易出错的传输媒介。如何检测和更正由物理层引起的错误的范例是用于高级前向纠错的传统纠错码。除此之外，片上链路共享媒介引起的竞争也在本层解决。

网络和传输层 在网络层，分组数据是根据交换选择和由网络拓扑结构决定的路由算法来传输的。文献中提到了一些点对点片上网络拓扑结构，例如，网格(mesh)、环面(torus)以及八边形(octagon)拓扑结构。传统的分组交换[包括存储转发(SAF)、虚跨步和虫孔]或电路交换可以根据应用情况以及片上面积和能量预算的折中选择交换技术。分组交换中，信源中的数据分成小的分组，之后向前传送至片上网络。这些小的分组在去信宿途中的交换结点处缓冲(或排队)。另一方面，电路交换技术在数据送出前就在网络中建立了专用路径。尽管最近有些片上系统设备是基于分组交换电路的，但是死锁(因为网络堵塞，分组数据不能前行)以及活锁(分组数据流经网络但找不到信宿)仍是潜藏的需要解决的问题。因为路由算法与交换技术紧密匹配，所以对于一个从信源到信宿的信息，用路由算法建立一条路径是必须的。片上系统中用到两种路由算法：确定性路由和自适应路由。确定性路由为从信源到信宿的数据提供一个固定的路径。相比之下，自适应路由根据网络状态和信道条件动态地为数据的传送提供一条路径。除去这些路由技术，片上系统还使用广播路由算法。传输层算法负责在信源/信宿对数据进行装配/拆分，并控制在网络层顶端的端对端通信。

应用级 应用级由系统和应用软件组成。应用软件是由基于片上网络系统的用户运行的应用。与此同时，系统软件抽象出并控制基础硬件平台。应用编程是基于片上系统平台上对应用进行有效分割和映像。这些程序可以通过手动优化或自动工具链来运行，紧密结合了以通信为中心的片上网络结构的内涵。迄今为止，软件问题仍是片上网络中最重要但不好理解的课题。

设计片上网络同时还要求专门的设计环境和 CAD 工具。分析工具对分析和评估相关片上网络的性能和折中参数十分重要。除此之外，片上网络综合工具有助于实现片上网络的自动化，包括片上网络结构(点对点式或专用)、网络拓扑结构和协议、实现案例等。最后，片上网络测试也需要点对点测试电路包括基于分组的测试、协议感知测试和片上网络可测性设计等。

片上网络的设计实现与未来趋势

片上网络应用广泛，例如：

● 基于片上网络的通用多处理器，该芯片使用各种处理核，采用通信业务模式，支持多种应用。

● 专用片上网络用于有特殊应用的专用芯片。

● 片上网络平台是具有一系列应用的特定的片上系统。

● 基于片上网络的现场可编程门阵列（FPGA）。

至今，学术上和工业中都有很多片上网络的实现方法。Intel 公司生产的通用 80 核处理器（如图 13A.3 所示）在 8×10 的网格拓扑结构中，通过虫孔交换来连接 80 个内核的片上网络结构。Tilera 公司生产的 TILE64 是一个 64 核通用处理器，它包含几个专业片上网络，旨在实现从网络到多媒体的嵌入式应用。

图 13A.3　Intel 公司的支持片上网络的 80 核可编程处理器（Intel）

片上网络技术用于数以百计的采用 65 nm CMOS 工艺的处理单元的集成系统，并且可能采用未来 45 nm CMOS 工艺的数以千计的内核。除此之外，使用 3D 芯片实现方法、无线传输或用于片上连接的光子传输已成为新兴的研究趋势。这些趋势将为未来的片上网络带来更多的新的应用机会，同时也会产生更多的设计挑战。

习题

13.1 在低功率设计中，用片上电压转换器生成多个电源电压。芯片接入5 V 电压，然后依次生成除了 5 V 外的电压和 3.3 V 电源电压。设计一个使 3.3 V 逻辑与 5 V 逻辑联系的电平转移电路。已知 $|V_{T0}| = 1.0$ V，$\mu_n / \mu_p = 3$。

13.2 为了减小设计的复杂度，时钟信号分配时不考虑信号偏移。但有时时钟偏移又被用来解决非常棘手的定时预算问题。请找出应用时钟偏移的例子。

13.3 设计一个时钟译码电路，该电路由两路主时钟信号产生四路同相时钟信号。

13.4 由于典型时钟信号的扇出数非常高，所以选择恰当的互连线的尺寸非常重要。寄生连接电阻和电容已在第 6 章中讨论过，金属线中的寄生电阻假设为 0.03 Ω/方块。

　　a. 已知 t=0.4 mm，h=1 μm，l=1000 μm，w=2 μm时，利用 Elmore 延时公式计算扇出电容为 5 pF 的电容负载的互连线延时。若考虑分布寄生效应，总线长可分为 10 段长为 100 μm 的线段。

　　b. 利用 SPICE 仿真验证（a）中的答案。

13.5 输入/输出电路中的焊盘都是采用尺寸为 75 μm × 75 μm 的最高金属层，如果最高金属层用 SiO_2 从公共衬底层（地面）离开达 1 μm，那么：

　　a. 焊盘的寄生电容是多少？

　　b. 如果它和CMOS 反相门（W_p=10 μm，W_n=5 μm，L_M=1 μm）三态缓冲器（W_p=1000 μm，

W_n=500 μm，L_M=1 μm)输出相连时，焊盘的总寄生电容是多少？另一个条件：漏极区尺寸为 3 μm，漏极寄生电容 C_{j0}= 0.3 fF/μm²，C_{jsw}= 0.5 fF/μm。

13.6 用 SPICE 仿真验证晶体管-晶体管逻辑(TTL)与 CMOS 之间电平转移的正确性。

13.7 为了提供足够的电流驱动能力，芯片输出缓冲器最后一级的晶体管通常选择较大的尺寸。讨论在焊盘区域内设计这些大尺寸晶体管的版图策略。

13.8 在芯片输出驱动电路中，电源线和地线之间的切换噪声可能会大到由于耦合噪声使内部电路附近的逻辑电平受到干扰的程度。讨论：通过分离输入/输出电路(含噪声)和内部电路(无噪声)的电源线和地线能否避免上述问题。

13.9 压焊线的电感是 2 nH，负载电容是 100 pF，50%的转换延时是 5 ns。

    a. 估算最大的 $L(di/dt)$ 噪声。

    b. 说明在很低的工作温度和很高的电源电压下这个噪声是怎样变化的。

    c. 计算当 32 个这样的输出焊盘同时转换和当 32 位输出焊盘从第一个位到最后一个位有 3.2 ns 的偏移时总的噪声电压峰值。

    d. 用合适的模型和 SPICE 仿真验证你的结果。

13.10 讨论输入/输出电路电平转移对工艺偏差，尤其是对沟道长度偏差的灵敏度，如何能够通过特殊 W/L 值的掩模设计加以减小？能选择允许的最小长度 L 吗？

13.11 在高速电路中从阻抗匹配的角度讨论采用连接到输入/输出焊盘的上拉和下拉电阻的优点和缺点。

第 14 章 产品化设计

14.1 概述

数字电路必须仔细进行设计，从而满足说明书中给出的性能，例如在所有工作状态下的速度和功耗等。然而在制造过程中参数的随机波动会对电路的性能造成影响，而且电路工作状态下如电源电压 V_{DD} 和工作温度的随机变化也会引起电路性能的变化。性能较大的偏离会造成重大的损失，引起产品单位成本增加，因此在电路设计过程中对这些必然发生的制造工艺过程和环境条件对电路的影响应及早考虑。电路性能对这些变化应具有最低的敏感度且具有足够的安全系数。这里的安全系数指的是制造出来的电路大部分都满足可以接受的标准。这是产品化设计 (Design For Manufacturability, DFM) 的根本动机。

"产品化设计 (在计算机辅助设计业中也称统计设计)" 这个术语包含许多方法和技术。本章简要地讨论在产品化设计中对数字电路设计技术有影响的一些重要问题。详细地说，这些问题包括参数成品率估计、参数成品率最大值、最坏情况分析和最小可变性问题。我们将讨论这些问题的表达和解决的方法。

制造工艺和器件参数之间的关系以及它们对电路和系统性能的影响如图 14.1 所示。

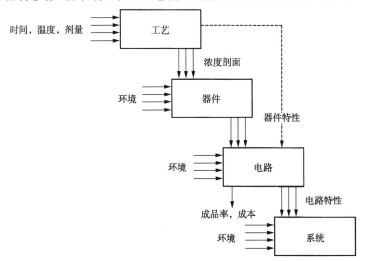

图 14.1 制造工艺和器件参数及电路系统性能之间的关系

14.2 工艺变化

图 14.2 所示为室温下额定电压为 $V_{DD} = 1.1\,\text{V}$ 的 4 位加法器电路输出电压的 SPICE 仿真波形图。由图可以看出随着工艺波动引起器件参数变化，输出也发生明显变化。尽管采用掩模技术来制作集成电路，不同集成芯片仍将产生或长或短不同程度的延迟。换句话说，由于生产线不可预测的变化，生产的电路性能也不尽相同。因而，电路设计的任务之一就是最大程度地减小工艺偏差对电路性能的影响。

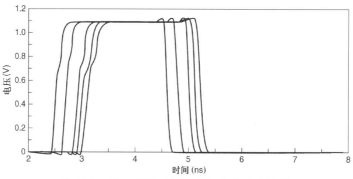

图 14.2   受工艺影响的 4 位加法器输出波形

在第 2 章的分析中得知，CMOS 集成电路生产过程极其复杂。大多数亚微米 MOS 技术用三十几层掩模经过两百多步化学反应来沉积氧化层和光刻胶材料并通过光学制版和化学蚀刻将掩模转为芯片。即使是用计算机控制的高精度生产工序，在掩模对准、掺杂或定量杂质的注入、MOS 管多晶硅栅长的化学蚀刻和薄栅氧化层的厚度控制等过程中，各种偏差都是不可避免的。

数字电路的性能极大程度上依赖 MOS 管的 *I-V* 特性以及互连线的寄生效应，而这两者又随工艺变化而变化。某芯片内特定管的漏极电流比同一晶圆上另一芯片相应晶体管的漏极电流可能高也可能低，这种偏差对不同晶圆上的芯片来说可能更大。对于互连线上的寄生电阻和电容来说，也有上述类似结论。这一章将集中讨论晶体管特性的变化，因为相对于不可忽略的互连线寄生效应偏差的影响来说，它的影响更大。

我们沿用 MOS 管漏极电流表达式：

$$I_d = \mu C_{ox} \frac{W}{L} f(V_{DS}, V_{GS}, V_T) \tag{14.1}$$

其中，μ 为 nMOS(在 pMOS 阱内)的电子迁移速率，$C_{ox} = \varepsilon_{ox}/t_{ox}$ 是单位面积的栅极氧化层电容，W/L 是沟道宽长比，V_T 是晶体管的阈值电压。

沟道表面多子迁移率由衬底或阱的掺杂浓度决定。阈值电压由 MOS 系统的平带电压和衬底掺杂浓度共同决定。同时，C_{ox} 与栅极氧化层厚度 t_{ox} 成反比。即使在同一衬底偏置条件下，μ、t_{ox}、W/L 和 V_T 的随机波动也会导致漏极电流发生变化。漏极电流的随机变化可能转变为电路性能的随机变化，如延迟功耗和逻辑门限电压的变化。在式(14.1)中，只有 W/L 的比值可由设计者控制。因而要使电路性能受工艺变化影响最小，最好的设计方法是决定电路中各 MOS 管 W 和 L 的最佳值。同时，在版图设计中合理摆放晶体管的位置也可减少工艺变化对电路性能的影响(这一点对模拟电路尤其重要)。除了灵敏度较高的电路，如第 13 章讲的电平转移电路和沟道泄漏备受关注的存储单元电路之外，在数字电路中 L 通常取所允许的最小值。在模拟电路中，为使工艺变化对电路性能影响最小，L 取值一般比最小值大一个数量级。

14.3   基本概念和定义

本节将引入一些产品化过程中常用的基本概念和术语。

14.3.1   电路参数

由于制造工艺和工作条件中随机变化的影响，电路参数的实际值与预期的标称值或目标值不同。例如，MOS 管的实际沟道宽度 W 可分解为统计变量 ΔW 与标称值 W^o 两部分，即

$W = W^o + \Delta W$。一般来说,任一电路参数均可认为由标称部分和不可控的统计变量组成,如表 14.1 所示。

表 14.1 电路参数标称和随机分量的和

	实 际 值	=	标 称 值	+	随 机 值
几何参数:					
MOS 沟道宽度	W	=	W^o	+	ΔW
MOS 沟道长度	L	=	L^o	+	ΔL
器件模型参数:					
阈值电压	V_T	=	V_T^o	+	ΔV_T
栅极氧化层厚度	t_{ox}	=	t_{ox}^o	+	Δt_{ox}
迁移率	μ	=	μ^o	+	$\Delta \mu$
工作条件:					
电源电压	V_{DD}	=	V_{DD}^o	+	ΔV_{DD}
温度	T	=	T^o	+	ΔT

在表 14.1 中,几何参数具有一个由电路设计者设定为特定值的标称部分。这样的标称部分称为可设计或可控的分量,如 W^o 和 L^o。几何参数中的统计变量部分称为噪声分量,相对于可设计分量,它们代表电路参数中不可控制的波动,如 ΔW 和 ΔL。对器件模型参数和工作条件,标称分量不是由设计者控制而是由标准工艺和工作条件决定的。对于这些参数,标称分量和随机分量加起来称为噪声分量,如 V_T 和 V_{DD}。一般来讲,任何电路参数 x_i 均可表示为

$$x_i = d_i + s_i \tag{14.2}$$

其中,d_i 为可设计分量,s_i 为随机噪声分量。对于没有可设计分量的电路参数,d_i 被设置为零。同样,对于完全可控的电路参数,s_i 被设置为零。

所有可设计分量组成的一组参数称为可设计参数,这些参数可用矢量 $\boldsymbol{d}$ 表示。同样,所有含噪声分量组成的一组参数称为含噪声参数,这些参数用随机矢量 $\boldsymbol{s}$ 表示。式(14.2)用矢量表示为

$$\boldsymbol{x} = \boldsymbol{d} + \boldsymbol{s} \tag{14.3}$$

其他常用含噪声参量的术语分类基于涉及制造工艺或工作条件波动的参数变化。制造工艺称为内部含噪声参数,工作条件称为外部含噪声参数。例如,V_T 为内部含噪声参数而 V_{DD} 是外部含噪声参数。

14.3.2 含噪声参数的分布

含噪声参数被作为随机变量,因为每个电路参数由可设计分量和噪声分量组成,所以电路参数也可作为随机变量。任意随机变量的特性可用概率密度函数来描述(意思是标准偏差取决于密度函数),噪声参数矢量 $\boldsymbol{s}$ 可看成随机矢量,可以用联合概率密度函数(JPDF)表示,我们将含噪声参数的 JPDF 记为 $f(\boldsymbol{s})$。电路参数矢量 $\boldsymbol{x}$ 也为随机矢量,它的 JPDF 记为 $f(\boldsymbol{x})$ 或 $f(\boldsymbol{d+s})$。第二种表示方法突出了电路参数的变化来自于噪声分量,但其 JPDF 也可能依赖于可设计分量。

内部含噪声参数的统计分布可通过对测试结构的实测和参数提取而得到。然而,为了简化分析过程,一般可假设内部含噪声参数服从高斯分布,而外部随机噪声参数服从均匀分布,

如图14.3 所示。由于工艺步骤的连续性，内部含噪声参数是统计相关的。但外部含噪声参数为统计独立的随机变量。所以内部含噪声参数作为相关的高斯型随机矢量，外部含噪声参数作为独立分布随机矢量。当含噪声矢量 s 为多元高斯型时，其分布完全可以用其平均矢量 μ 和协方差矩阵 Q 描述，即 $s \sim \text{MVG}(\mu, Q)$。

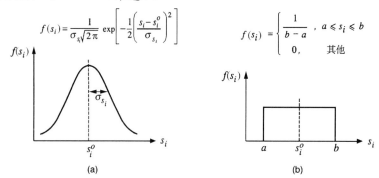

$$f(s_i) = \frac{1}{\sigma_{s_i}\sqrt{2\pi}} \exp\left[-\frac{1}{2}\left(\frac{s_i - s_i^o}{\sigma_{s_i}}\right)^2\right]$$

$$f(s_i) = \begin{cases} \dfrac{1}{b-a} & , \ a \leqslant s_i \leqslant b \\ 0, & \text{其他} \end{cases}$$

图 14.3　概率密度函数。(a)高斯分布随机变量；(b)均匀分布随机变量

14.3.3　电路性能指标

电路性能指标用来衡量电路的工作性能。举例来说，反相器传输延迟或时钟分布导致的各分支信号失真等可看成电路性能指标。

分析图 14.4 所示的简单 CMOS 反相器电路，为说明一些基本概念，对电路参数进行如下假设：

- MOS 管的宽度和长度已确定而且不受统计变量的影响，即 W_1、L_1、W_2 和 L_2 均为可设计参数。
- 内部含噪声参数是 MN 和 MP 的阈值电压 $V_{T,n}$ 和 $V_{T,p}$ 及共同的栅极氧化层厚度 t_{ox}。为简单起见，假设它们为高斯型独立的随机变量。阈值电压 $V_{T,n}$ 的平均值为 0.541 V 且标准偏差为 0.115 V，

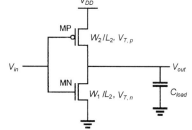

图 14.4　CMOS 反相器电路

$V_{T,p}$ 的平均值为 -0.493 V，标准偏差为 0.093 V，t_{ox} 的平均值为 1.6 nm，标准偏差为 0.242 nm。

- 外部含噪声参数为电源电压 V_{DD} 在(0.8 V，1.2 V)范围内服从均匀分布，工作环境温度 T 在(30℃，90℃)范围内服从均匀分布。而且 V_{DD} 和 T 均视为独立的随机变量。

假设将反相器传输延迟作为关注的电路性能指标。CMOS 反相器的传输延迟 τ_p 由式(6.4)给出，为方便起见，由高电平到低电平和由低电平到高电平的传输延迟分别由式(6.18b)和式(6.19b)重新给出：

$$\tau_{PHL} = \frac{C_{load}}{k_n} \cdot \frac{2}{E_{C,n}L_n} \cdot \frac{V_{50\%}[(V_{DD} - V_{T,n}) + E_{C,n}L_n]}{(V_{DD} - V_{T,n})^2} \tag{14.4a}$$

$$\tau_{PLH} = \frac{C_{load}}{k_p} \cdot \frac{2}{E_{C,p}L_p} \cdot \frac{V_{50\%}(V_{DD} - |V_{T,p}| + E_{C,p}L_p)}{(V_{DD} - |V_{T,p}|)^2} \tag{14.4b}$$

由上面两个方程可知，两个传输延迟由 MOS 管的宽度和长度、晶体管阈值电压和栅极氧化层厚度共同决定。很明显，两者也依赖于电源电压，虽然工作温度没有直接影响延迟，

但它也影响到一些器件参数，如电子迁移率和 MOS 管的阈值电压。由此可知，电路性能指标 r 是电路内部和外部含噪声参数的可设计函数，即：

$$r = r(d + s) = r(x) \tag{14.5}$$

在某些情况下（如上述传输延迟），根据所考虑的电路参数用闭合解析方程表示电路性能指标，但更多情况（尤其是大型电路）下，电路性能指标不可能直接用电路参数表示出来，这些情况可以用给定电路参数通过电路仿真来得到电路性能指标。

假设内部和外部含噪声参数取其平均值时相应的电路性能指标值称为标称值。由于仅依赖于可设计参数，所以电路性能指标 r 的标称值表示为

$$r^o(d) = r(d + s^o) \tag{14.6}$$

其中，s^o 为含噪声参数的均值矢量。以负载电容 $C_{load} = 0.1\,\text{pF}$ 的反相器为例，传输延迟 τ_P 的标称值记为 $\tau_P^o = 0.186\,\text{ns}$。

由于统计误差是不可避免的，性能指标值总是围绕标称值分布。为证明电路性能的变化，固定可设计参数（MOS 沟道的长和宽）而改变内部与外部含噪声参数。首先，保持含外部噪声参数不变，按照它们的统计分布改变 $V_{T,n}$、$V_{T,p}$ 和 t_{ox} 的值。这种方法得到 1000 个取样值用 SPICE 仿真计算出 τ_P 的结果。图 14.5 比较了标称值抽样中的最好情况（最小延迟）和最坏情况（最大延迟）的瞬时波形。图 14.6 是传输延迟分布的直方图。这个直方图显示出 τ_P 的值主要分布在 68 ps 和 202 ps 范围内。下一步将改变外部含噪声参数 V_{DD} 和 T，保持内部含噪声参数为标称值不变。这种情况下的直方图如图 14.7 所示，τ_P 值分布在 70 ps 和 193 ps 这个更小的范围内。

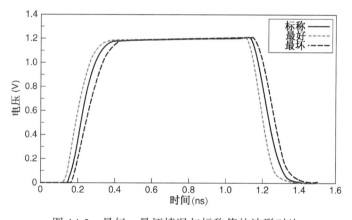

图 14.5　最好、最坏情况与标称值的波形对比

电路性能指标是电路随机参数的函数，也是随机变量。因此，性能指标值也有均值和标准偏差。图 14.6 和图 14.7 的直方图描述了 τ_P 的近似分布。通常，电路性能指标与电路参数之间的关系并不明确，因而性能指标的概率分布也不明确，其均值及标准偏差只能估计得到。在反相器一例中，当仅存在内部含噪声参数变化时（这种情况对应于图 14.6 所示的直方图），τ_P 的均值和标准偏差分别估计为 104.9 ps 和 17.9 ps。值得注意的是，性能指标的标称值并不等于其均值。然而，像标称值一样，电路性能指标的均值和标准偏差仅为可设计参数的函数，因为含噪声参数的影响"最终达到平衡"。

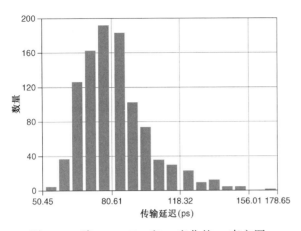

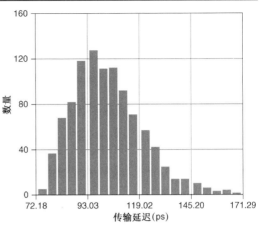

图 14.6　随 $V_{T,n}$、$V_{T,p}$ 和 t_{ox} 变化的 τ_P 直方图

图 14.7　随 V_{DD} 和 T 变化的 τ_P 直方图，注意，延迟值的分布范围比图 14.6 小得多

14.3.4　参数成品率和性能可变性

关于电路性能的另一个重要概念是成品率。产品化设计的一个中心任务就是使成品率损失最低。导致成品率减小的原因有许多，如材料缺陷，掩模版未对齐，制作工艺变化和设计的安全系数不够等。"致命错误"指的是导致电路故障的开路或短路，而"参数错误"是指器件或电路性能的改变。有参数错误的电路可能合乎逻辑功能但使一些特殊性能技术要求有所下降。每个电路性能与决定电路可用性的技术指标有关。如果每一个电路的性能都满足它的技术指标就称为可用电路。成品率(也叫参数成品率以区别于功能成品率)被定义为可用电路的总数与产品电路总数的比值，即：

$$参数成品率 = \frac{可用电路总数}{产品电路总数} \tag{14.7}$$

电路的成品率直接决定产品的效益，因此最大程度地提高成品率成为产品化设计的主要目标。在前面反相器的例子中，假设只考虑内部含噪声参数变化的影响且电路可用标准为 $\tau_P < 0.19$ ns。从图 14.6 所示的直方图可看出大部分电路样品都不能满足可用标准，导致了只有 61.2% 的低成品率。注意，即使性能指标的标称值满足技术指标，成品率也可能很低。

由于电路参数中的不可控统计变量，电路性能的可变性是衡量性能标准分布的尺度。可变性的最低估计是工艺设计的另一重要任务，因为这样才会生产出符合要求的统一产品。实际采用的可变性指标有以下几个：标准差或方差，标准差与均值的比，性能指标值的变化范围等。

本节小结：

- 电路参数由可设计参数和含噪声参数组成。
- 含噪声参数表示由于工业生产和环境生产的波动导致的统计变量。
- 可设计参数是确定的，而含噪声参数是随机的。
- 电路性能是可设计参数和含噪声参数的函数。
- 电路性能指标通常用估计表示概率分布的特性。
- 一个标称值性能指标满足要求的电路其成品率可能会很低。

14.4　实验设计与性能建模

假设电路中所考虑的参数有 n 个，记为 $\boldsymbol{x} = (x_1, x_2, \cdots, x_n)$。这些参数可以是可设计参数，也可以是含噪声参数。如前所述，电路性能指标 r 是这些参数的函数 $r(\boldsymbol{x})$。通常这个函数不能明确表示出来，对于特定的 $\boldsymbol{x}$ 值，可以通过仿真器(如 SPICE)求得 r 值。电路仿真(尤其是如果电路规模很大或进行瞬态仿真时)的计算量相当大。最好的选择是建立一个以电路参数 $\boldsymbol{x}$ 为变量的电路性能简化模型，然后用性能模型代替电路仿真来估算电路性能。这一近似方法的实用性取决于两个准则：第一，建立的模型计算效率要高，使得完成测算能节约大量的计算量；第二，模型应该精确。显然，这两点要求相互冲突。为了开发出好的模型，最理想的做法是进行折中选择。

下一个问题就是怎样建立这样一个模型。由于该模型是仿真器中用来代替电路的，因而应该通过电路仿真获得 r 值来建立此模型，图 14.8 所示为开发这样一个模型的步骤。模型建立过程分以下四步：第一，在 $\boldsymbol{x}$ 向量空间中选出 m 个训练点，第 i 个训练点记为 $\boldsymbol{x}_i = (x_{1i}, x_{2i}, \cdots, x_{ni})$。第二，在 m 个训练点进行电路仿真，由电路仿真结果获得电路性能指标值为 $r(\boldsymbol{x}_1), \cdots, r(\boldsymbol{x}_m)$。第三，预先指定的关于 $\boldsymbol{x}$ 的函数 r 与数据进行拟合。最后一步，判断模型是否达到精度要求。如果模型不满足精度要求，那么选取更多的训练点重复模型建立步骤，或建立另外一种模型。

这个模型称之为性能的响应表面模型(RSM)。模型的计算费用取决于训练点数 m 和把模拟数据与模型相拟合的模型步骤。模型的精度通过计算确定"拟合优度"的误差测量数值来校正。得到的模型精度受从 $\boldsymbol{x}$ 空间选择训练点的方法影响很大。实验设计方法就是以最佳方式系统地选择训练点，这种情况下所需的训练点数量最少，但它们能获得最精确的模型。

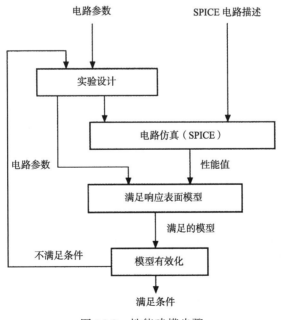

图 14.8　性能建模步骤

实验设计(DOE)是统计学的一个分支，自从 20 世纪 20 年代就已成功应用到许多工业制造领域。本章通过讨论一些常用的实验设计方法来简单介绍集成电路制造业的设计规律。为说明某些特点，假设关于性能指标 r 的响应表面模型为电路参数 x_i 的二次多项式，$i = 1, 2, \cdots, n$，特别是下式用于响应表面模型：

$$r'(\boldsymbol{x}) = \alpha_0 + \sum_{i=1}^{n} \alpha_i x_i + \sum_{i=1}^{n} \sum_{j=1}^{n} \alpha_{ij} x_i x_j \tag{14.8}$$

其中 α_0、α_i 和 α_{ij} 系数是模型中的拟合参数。注意，这些讨论对其他响应表面模型同样有效。

14.4.1　因子设计

在这种实验设计方法中，每个参数($x_1, x_2, \cdots x_n$)被量化为两个级别或定位(在最大值和最小值的范围之内)。为了不失一般性，假设经过标准化后，每个参数的值为+1 或–1。完全因子设计由所有可能的 n 个参数值的集合组成，因此 n 个参数的完全因子设计需要 2^n 个训练点或实验类型，$n = 3$ 时的设计矩阵由表 14.2 给出，设计图如图 14.9 所示。第 k 组的性能指标记为 r_k。完全因子设计为参数 x_i 与性能指标 r 之间的关系提供许多信息。例如，人们能估算出参数 x_i 的主要或独特作用，从而确定该参数对电路性能的影响程度。主要结果是当参数分别为高级别(+1)和低级别(–1)之间平均性能值的差别。x_i 的主要作用是式(14.8)中响应表面模型的系数。人们也能确定两个或更多参数的相互影响，从而算出那些因子对电路性能的共同影响。当两个参数分别是同样级别和不同级别时的平均性能值且有差别时，可以估算出两因子的相互影响。x_i 和 x_j 参数的两因子的相互影响是式(14.8)中 $x_i x_j$ 项的系数。更高阶的复杂因子的相互影响可通过递归的方法计算得到。

表 14.2　$n = 3$ 的完全因子设计

组　号	参　　　数			相　互　影　响				
	x_1	x_2	x_3	$x_1 \times x_2$	$x_1 \times x_3$	$x_2 \times x_3$	$x_1 \times x_2 \times x_3$	r
1	–1	–1	–1	+1	+1	+1	–1	r_1
2	–1	–1	+1	+1	–1	–1	+1	r_2
3	–1	+1	–1	–1	+1	–1	+1	r_3
4	–1	+1	+1	–1	–1	+1	–1	r_4
5	+1	–1	–1	–1	–1	+1	+1	r_5
6	+1	–1	+1	–1	+1	–1	–1	r_6
7	+1	+1	–1	+1	–1	–1	–1	r_7
8	+1	+1	+1	+1	+1	+1	+1	r_8

因此，完全因子设计允许我们通过式(14.8)估算响应表面模型的一阶或交叉二阶系数。可是，它不能估算纯二次方程式 x_i^2 项的系数。此外，随着参数的增多，实验类型的数目呈指数增加。在大多数建模过程中，关于高阶因子的相互影响性通常是无足轻重的，因此可减小完全因子设计的而不影响主要效应和低阶相互影响的精度。可通过系统地删除一些运算而只考虑原来完全设计的一部分来实现。

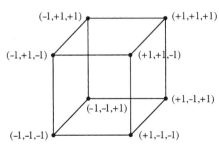

图 14.9　$n = 3$ 的完全因子设计图形表示

这种设计称为部分因子设计。如果 k 表示"部分"的次数（$k=1$ 表示 1/2，$k=2$ 表示 1/4），因而这种设计有 2^{n-k} 个实验类型并被称为 2^{n-k} 设计。表 14.2 为完全设计的半部分设计中的一种，如表14.3所示。我们观察到表 14.3 的某些列是相同的，不可能区分相同列之间的影响，这种作用称为相互混乱的或混淆。表 14.3 的部分设计中，可看到 x_3 的主要作用与 x_1 和 x_2 相互影响相混乱。而且，列 $x_1 \times x_2 \times x_3$ 对于 1s 的列是相同的。这意味着三因子相互影响作用与性能指标的主要平均相混乱。由于大多数应用领域中，高阶复因子相互影响可以忽略，因此"混淆问题"不是真正要考虑的。在式 (14.8) 的响应表面模型二项式中，只有主要作用和二因子互相影响的作用是重要的，并且可以假设所有高阶互相影响都不存在。部分因子设计最大的特征是这些设计是正交的，允许在最小误差的情况下测算模型系数。

表 14.3 $n = 3$ 的完全因子设计的半部分

组 号	参 数			相 互 影 响				r
	x_1	x_2	x_3	$x_1 \times x_2$	$x_1 \times x_3$	$x_2 \times x_3$	$x_1 \times x_2 \times x_3$	
1	−1	−1	+1	+1	−1	−1	+1	r_1
2	−1	+1	−1	−1	−1	−1	+1	r_2
3	+1	−1	−1	−1	+1	+1	+1	r_3
4	+1	+1	+1	+1	+1	+1	+1	r_4

14.4.2 中心组合设计

由上面所述，公式 (14.8) 中响应表面模型因子设计存在的一个问题是不能对纯二次项的系数进行估算。这可以采用中心组合设计来解决，中心组合设计由因子（完全因子或部分因子）设计和星形设计组成。图 14.10 为 $n=3$ 时的中心组合设计。因子设计是立方设计，用虚线表示，星形设计用实线表示。这种设计中每个参数采用 5 个级别：$0, \pm 1, \pm \gamma$，其中 $0 < \gamma < 1$，并且设计的星形部分由 $2n+1$ 个类型组成，其中包括：

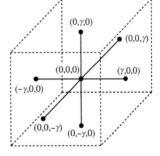

图 14.10 $n = 3$ 的中心组合设计

- 一个中心点，其中所有参数取 0。
- $2n$ 个轴向点，其中轴对称值取为 $+\gamma$ 和 $-\gamma$，而所有其他参数为 0。

参数 γ 通常由设计者选定。中心组合设计的主要优点是用合理的仿真数字估算式 (14.8) 中的所有系数。

14.4.3 Taguchi 正交阵列

另一种受欢迎的实验设计方法是应用正交阵列（Orthogonal Arrays，OA）的 Taguchi 法。正交阵列是部分因子设计矩阵，它允许任何参数的级别或参数相互影响之间有一个平衡和公平的比较。这些易于用表格形式排列的正交阵列有两种类型：第一类正交阵列与量化为两级别的参数对应，第二类正交阵列与量化为三级别的参数对应。这些阵列的表可在介绍 Taguchi 方法的书中查到。我们以表 14.4 所示的 L18 正交阵列为例进行介绍，阵列的列数表示实验的运行次数。L18 正交阵列属于第二类设计，即每个参数有三个级别。在 Taguchi 方法中，关于可设计或可控制参数的实验设计矩阵称为固有阵列，而关于噪声参数的矩阵称为外部阵列。表 14.4 所示的 L18 设计既可用作固有阵列也可用作外部阵列。

表 14.4　Taguchi L18 正交阵列

组　号	参数							
	1	2	3	4	5	6	7	8
1	1	1	1	1	1	1	1	1
2	1	1	2	2	2	2	2	2
3	1	1	3	3	3	3	3	3
4	1	2	1	1	2	2	3	3
5	1	2	2	2	3	3	1	1
6	1	2	3	3	1	1	2	2
7	1	3	1	2	1	3	2	3
8	1	3	2	3	2	1	3	1
9	1	3	3	1	3	2	1	2
10	2	1	1	3	3	2	2	1
11	2	1	2	1	1	3	3	2
12	2	1	3	2	2	1	1	3
13	2	2	1	2	3	1	3	2
14	2	2	2	3	1	2	1	3
15	2	2	3	1	2	3	2	1
16	2	3	1	3	2	3	1	2
17	2	3	2	1	3	1	2	3
18	2	3	3	2	1	2	3	1

14.4.4　拉丁超立方抽样

上述因子设计与中心组合实验设计是将参数设定在某些级别或是其变化范围内的量化值上，这导致大部分参数空间没有被抽到，因而希望采用一种"空间充满的"的抽样方法。得到更完全覆盖参数空间的最明显方法是采用最简单的抽样法，即通过随机抽样来得到参数空间的训练点。工程上随机抽样由概率密度函数得到。内部和外部含噪声参数均为随机变量且有联合概率密度函数，但可设计参数是确定性变量。为了抽样，假设可设计参数在其变化范围内等概率出现。换句话说，可设计参数相互独立且为均匀分布的随机变量。一旦进行随机抽样，电路经仿真后，其性能参数的值就可以计算出来。随机抽样在理论上很容易产生，并且可由性能的概率分布得到很多推论。这种随机抽样又称蒙特卡罗抽样。随机抽样存在的问题是需要有大量抽样值才能使量化的误差足够小。而且随机抽样也并不能保证是空间充满的。这可由图 14.3(a) 所示的钟形高斯分布函数看出。在随机抽样过程中，钟形曲线峰值附近的值最有可能被抽到，因为其出现的概率较大。相反，远离中心分布区域的值不能很好地由抽样反映出来。

拉丁超立方抽样 (Latin Hypercube Sampling，LHS)是缓解该问题的一种方法。它保证了每个参数 x_i 的各分布部分均被抽样值反映。如果 S 为抽样尺寸，则每个 x_i ($i = 1$, 2, …, n)的范围分为 S 个边概率为 $1/S$ 的互不重叠区间。每个区间抽样一次得到各个参数的 S 值。一个参数的 S 值与另一个参数的 S 值随机组合成对，等等。这个过程如图 14.11 所示，其中 x_1 为均匀分布随机变量，x_2 为高斯分布随机变量，且 $S = 5$。注意，边概率为每个概

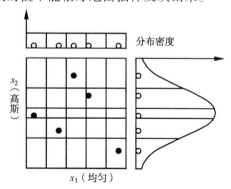

图 14.11　均匀和高斯型参数的拉丁超立方抽样

率密度曲线下的面积，因而等概率区间是那些概率密度曲线下面积相同的部分。对于均匀分布的随机变量 x_1，每个区间等长。对 x_2 来说，中部区间(因为密度较高)长度比远离中央的区间要短(因为密度较小)。图 14.11 也显示了从 x_1 和 x_2 各自区间抽样得到的 $S = 5$ 的值，然后将这些值随机配对得到抽样点(图中实心点表示)。此例也表现了拉丁超立方抽样法的优点：首先，它比其他实验设计对输入参数空间提供更均匀的覆盖；其次，易于进行任何尺寸的抽样并且可处理所有类型的概率分布。

14.4.5　模型拟合

一旦实验电路设计完成并选好 x 空间的训练点，电路就会按这些点仿真并从仿真结果中提取出电路性能参数的值。现在令 S 表示训练点的数目，那么 x 空间就有 S 个点以及其相应的 r 值。我们来介绍确定公式(14.8)中二次方程响应表面模型的拟合方法，这种拟合方法可用来确定任何响应表面模型。模型拟合的目的是确定模型系数以使模型尽可能精确地拟合数据，即拟合误差最小化。公式(14.8)的二次响应表面模型方程中系数的个数为 $C = (n+1)(n+2)/2$，其中 n 是模型参数的个数。内插法可以用比系数少的数据点数来拟合二次方程响应表面模型，即 $S < C$。但我们只考虑 $S \geqslant C$ 的情况，如果 $S = C$，就会有与未知数同样多的方程，以至于通过简单的求解联立方程就会得出相关系数的值。这种情况下，不需要最小化拟合误差。一个更实际的方法是收集比系数个数更多的数据点，从而确定优化的模型参数。这种方法称为最小平方拟合法(在数值分析范围中)或线性衰减法(在统计学范围中)。误差指标称为平方误差和，即：

$$\varepsilon = \sum_{k=1}^{S} (r(\boldsymbol{x}_k) - r'(\boldsymbol{x}_k))^2 \tag{14.9}$$

其中，$r(\boldsymbol{x}_k)$ 是第 k 个数据点仿真得到的性能参数值，$r'(\boldsymbol{x}_k)$ 是模型的预测值。注意，$r'(\boldsymbol{x}_k)$ 和 ε 由模型系数决定。最小平方拟合的目的是得到使误差最小的系数值。严格来讲，最小平方拟合就是下面的最优化问题：

$$\text{最小化}_{\alpha_i} \left[\varepsilon = \sum_{k=1}^{S} (r(\boldsymbol{x}_k) - r'(\boldsymbol{x}_k))^2 \right] \tag{14.10}$$

误差 ε 用来确立模型的适当性。如果模型精度不够，那么必须采用更多的训练点重复建模过程或采用不同的设计方案或用性能指标不同的模型来重新设计。模型精度的一些衡量指标在许多统计学书中可以看到，这里不再讨论。

14.5　参数成品率的评估

参数成品率用来表示电路的可制造性。正如式(14.7)中定义的那样，参数成品率只是满足全部可接受标准的成品电路的一小部分。假设 $\boldsymbol{r} = (r_1, r_2, \cdots, r_p)$ 表示 p 个重要的电路性能参数。每个性能参数都有一个可接受的范围，即：

$$a_k \leqslant r_k \leqslant b_k, \quad k = 1, 2, \cdots, p \tag{14.11}$$

其中，a_k 和 b_k 分别代表第 k 个性能参数的可接受的下限和上限。这种对电路性能参数的标准在 p 维性能空间中定义了一个可接受区域，用 A_r 表示如下：

$$A_r = \{ \boldsymbol{r} \mid a_k \leqslant r_k \leqslant b_k, \quad k = 1, 2, \cdots, p \} \tag{14.12}$$

例如，加法器电路的性能参数是指功耗 P_d 和传输延迟 τ_P，假设标准如下：

$$P_d \leqslant 0.5 \text{ mW}$$
$$\tau_P \leqslant 0.16 \text{ ns} \tag{14.13}$$

图14.12说明此例在性能空间中的可接受区域。参数成品率被定义为成品电路中可以接受的一部分，而且由于电路性能是一个随机变量，所以参数成品率可表示为

$$Y = \Pr(\boldsymbol{r} \in A_r) \tag{14.14}$$

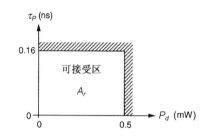

由于不可能清楚地知道电路性能参数的概率密度函数，因此上述概率很难计算，所以常用另一种方法来估计参数成品率。

图 14.12　加法器的性能空间可接受区

除了性能规范，电路参数也可能被限制在参数空间的子集内。这些限制条件可能由物理因素如电阻值非负引起。令 $\boldsymbol{X}$ 表示允许的电路参数空间，那么，可以定义如下一个电路参数空间，称为可接受区或可行区 A_x，

$$A_x = \{\boldsymbol{x} \mid a_k \leqslant r_k(\boldsymbol{x}) \leqslant b_k, \quad k = 1, 2, \cdots, p \text{ 且 } \boldsymbol{x} \in \boldsymbol{X}\} \tag{14.15}$$

注意，A_r 和 A_x 的区别为：A_r 表示性能空间的可接受区，而 A_x 表示电路参数空间的可接受区，显然，A_x 是 $\boldsymbol{X}$ 的子集，即 $\boldsymbol{X} \supset A_x$。从电路参数空间到性能空间的映射 $\boldsymbol{x} \to \boldsymbol{r}$ 由函数 $r_k(\boldsymbol{x})$ 决定，$k = 1, 2, \cdots, p$。这些函数都是未知的(即它们必须通过电路仿真求出)或利用前面章节提到的表面响应模型进行近似。而从性能空间到电路参数空间的逆映射 $\boldsymbol{r} \to \boldsymbol{x}$ 通常是未知的。因此，定义参数空间中的可接受区的边界还不能简单地确定下来。

图 14.13 所示的是 $p = 2$ 且 $n = 2$ 的参数空间的一种假设的可接受区模型。在图中可设计的参数矢量(也指设计点)记作 $P = (d_1, d_2)$，点外围的圆表示由统计变量得到的可实现的电路参数实际值(x_1，x_2)。容易看到，这个设计点的可接受电路的电路参数是圆和可接受区 A_x 的相交部分。换句话说，这个设计点的电路参数成品率 Y 是交集区域(从概率意义来讲)。注意，对于一个给定的工艺，Y 可以表示为独立的可设计参数的函数，因为噪声分量在区域计算时已抵消掉了。从图 14.13 中可以看出，当设计点(位于参数变量圆的中心)向可接受区的中心移动时，参数成品率增加。

假设可接受区 A_x 由电路性能参数符合规范的电路参数值组成，则在设计点 $\boldsymbol{d}$ 处的参数成品率 Y 可被定义为实际电路参数 $\boldsymbol{x}$ 属于 A_x 的概率，数学上表示为

$$Y(\boldsymbol{d}) = \Pr(\boldsymbol{x} \in A_x) = \Pr(\boldsymbol{d} + \boldsymbol{s} \in A_x) = \int_{A_x} f(\boldsymbol{d} + \boldsymbol{s}) \, \mathrm{d}\boldsymbol{s} \tag{14.16}$$

定义一个指示函数 $I(r_1, r_2, \cdots, r_p)$ 如下：

$$I(r_1, r_2, \cdots, r_p) = \begin{cases} 1, & \text{对于所有 } k, \ a_k \leqslant r_k \leqslant b_k \\ 0, & \text{其他} \end{cases} \tag{14.17}$$

则成品率表达式可重写为：

$$Y(\boldsymbol{d}) = \int I(r_1(\boldsymbol{d} + \boldsymbol{s}), r_2(\boldsymbol{d} + \boldsymbol{s}), \cdots, r_p(\boldsymbol{d} + \boldsymbol{s})) f(\boldsymbol{d} + \boldsymbol{s}) \, \mathrm{d}\boldsymbol{s} \tag{14.18}$$

接下来讨论对参数成品率估算的两种简单方法。

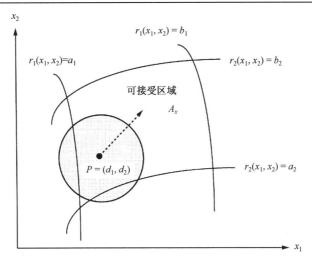

图 14.13 $p=2$ 且 $n=2$ 的电路参数空间可接受区

14.5.1 直接蒙特卡罗方法

对于参数成品率的估算，蒙特卡罗方法或简单随机抽样方法是应用最广泛的方法，各步骤概括如下：

步骤 1：从含噪声参数 $f(s)$ 的联合概率分布中产生含噪声参数的大量抽样值 s_i，$i=1,2,\cdots,N_{MC}$。

步骤 2：通过电路仿真可得到 $r_1(d+s_i)$，$r_2(d+s_i)$，$\cdots$，$r_p(d+s_i)$，$i=1, 2, \cdots, N_{MC}$。

步骤 3：根据可接受的抽样部分计算估计成品率。

$$Y'(\boldsymbol{d}) = \frac{1}{N_{MC}} \sum_{i=1}^{N_{MC}} I(r_1(\boldsymbol{d}+\boldsymbol{s}_i), r_2(\boldsymbol{d}+\boldsymbol{s}_i), \ldots, r_p(\boldsymbol{d}+\boldsymbol{s}_i)) \tag{14.19}$$

成品率估算的误差为

$$\sigma(Y') = \left[\frac{Y'(1-Y')}{N_{MC}-1}\right]^{1/2} \tag{14.20}$$

因此成品率估算的精确度反比于抽样大小的平方根。蒙特卡罗方法有如下优点：

- 提供了估算成品率的误差。
- 抽样大小 N_{MC} 与电路参数的数量无关。
- 对联合概率密度函数 $f(s)$ 的特性没有限制。
- 对电路参数和电路性能的关系特性没有限制。

尽管有不同方法可以减少抽样规模，例如，减小方差，重点抽样，可控制变量和分层抽样等，但由于抽样数目较大，电路仿真耗时较大，蒙特卡罗法的计算代价仍然很高。

14.5.2 性能模型方法

在这个方法中，电路性能参数测定的表面响应模型常用来对一组给定电路参数值的电路性能值进行评测，这就避免了大量的电路仿真并使成品率分析有效。由于可设计的参数矢量 $\boldsymbol{d}$ 在成品率估计中是固定的，而电路性能的表面响应模型可表示为仅与含噪声参数相关。这些表面响应模

型用 $r'_k(s)$ 表示。例如式(14.8)中的二次响应表面模型可用 x_i 替换 s_i。成品率估算过程的各个步骤如下：

步骤 1：设计一个实验并在训练点上进行电路仿真。

步骤 2：将性能参数 $r'_1(s), r'_2(s), \cdots, r'_p(s)$ 代入响应表面模型中，如有需要可提高模型精度。

步骤 3：通过蒙特卡罗抽样利用响应表面模型可得到参数成品率 Y。从联合密度函数 s 中产生大量含噪声参数的抽样，即 s_i，$i = 1, 2, \cdots, N_{MC}$。

步骤 4：计算 $k = 1, 2, \dots, p$ 和 $i = 1, 2, \cdots, N_{MC}$ 时的 $r'_k(s_i)$。

步骤 5：用 r'_k 替换式(14.19)中给出的评估参数成品率中的 r_k。

这种方法继承了成品率估计的蒙特卡罗方法的优点，同时减少了计算量。

14.5.3   一个参数成品率评估的简单范例

考虑图 14.4 给出的简单反相器的例子。为了说明成品率评估的过程，做如下假设：

- 工作条件并不影响统计变量，即没有外部含噪声参数。

- MN 和 MP 的沟道长度也不影响统计变量。而且假设两个沟道的长度都固定为 0.8 μm。MOS 晶体管的沟道宽度是可设计(标称)分量和噪声分量的和。对于晶体管 MN 和 MP 的可设计分量分别为 W^o_1 和 W^o_2，与此对应的噪声分量为 ΔW_1 和 ΔW_2。

- 两个附加的含噪声参量是由 MN 和 MP($V_{T,n}$ 和 $V_{T,p}$)的阈值电压随机变化产生的。假设 4 个含噪声参数均为相互独立的高斯随机变量。它们的均值和标准差如下所示。

$$\Delta W_1: \quad \text{均值} = 0 \text{ μm}, \quad \text{标准差} = 0.03 \text{ μm}$$
$$\Delta W_2: \quad \text{均值} = 0 \text{ μm}, \quad \text{标准差} = 0.06 \text{ μm}$$
$$V_{T,n}: \quad \text{均值} = 0.8 \text{ V}, \quad \text{标准差} = 0.067 \text{ V}$$
$$V_{T,p}: \quad \text{均值} = -0.9 \text{ V}, \quad \text{标准差} = 0.067 \text{ V}$$

- 这里有两个重要的参数指标。第一个是前面定义的传输延迟 τ_P，第二个是电路面积。因为在没有版图数据的条件下无法精确地计算出面积，所以假设通过电路中的所有 MOS 晶体管的长、宽总和来确定面积。此外，由于晶体管的长度是固定的，则面积测度可简化为所有晶体管的宽度的总和。因此面积测度 A_m 为

$$A_m = W_1 + W_2 = W^o_1 + \Delta W_1 + W^o_2 + \Delta W_2 \tag{14.21}$$

- 两个性能参数的范围是 $\tau_P \leqslant 0.172$ ns 和 $A_m \leqslant 35$ μm。

在这些假设条件下，设计点 $d_{init} = (W^o_1 = 10, W^o_2 = 20)$ 上的参数成品率可通过这两种方法计算得出，其中所有宽度的单位都是 μm，而两种方法中用到的 N_{MC} 值均为 1000。在直接蒙特卡罗方法中，在 d 点进行 N_{MC} 次电路仿真得到的估计参数成品率为 79.5%[据式(14.20)可知，估计误差为 1.28%]。在性能模型方法中，10 次电路仿真得到构成与噪声参数有关的传输延迟 τ_P 的线性响应表面模型如下：

$$\tau'_P = 0.169 + 0.0069V_{T,n} - 0.0071V_{T,p} - 0.0007\Delta W_1 - 0.0008\Delta W_2 \tag{14.22}$$

注意，对于面积测度来说响应表面模型是不需要的，因为式(14.21)已经精确地表达了它和电路参数的关系。而且正如前面已讨论过的那样，由于设计点是固定的，给定的传输延迟响应表面模型仅与噪声参数有关。基于响应表面模型，参数成品率估算值为 79.6%(估算误差为 1.27%)。相比于用 1000 次仿真的直接蒙特卡罗方法，性能模型方法仅需要进行 10 次电路仿真。这个例子说明性能模型方法比较精确并能使电路仿真次数大大减少。

14.6　参数成品率的最大值

如前面章节提到的那样，参数成品率是可设计参数值的函数，因此可以通过调整可设计参数使成品率达到最大值。这是参数成品率最大值的基本思想。近年来出现了不同的成品率最大值的方法。这些方法可分为两类：基于蒙特卡罗的方法和几何方法。

14.6.1　基于蒙特卡罗的方法

在这些方法中，通过前面的蒙特卡罗方法(或改进型蒙特卡罗方法)可计算出式(14.16)和式(14.18)的成品率的积分，那么可使成品率达到最大值。在成品率达到最大值的过程中有几种最优化技术可供选择。一些技术并不需要推导出成品率与设计参数的关系，然而这些方法比需要推导的方法慢。由于成品率包含统计分布的多重积分，所以推导的公式通常无效。可以用很多综合方法来近似这些推导过程，最简单的一种方法是有限差分法。基于蒙特卡罗的方法没有明确推出可接受区，然而通过性能评估和确认它们是否满足规范可以确定一组电路参数值是否属于可接受区。这种电路性能的评估可通过实际电路仿真或构造电路性能的表面响应模型而得到。

14.6.2　几何方法

这种方法建立了一个可接受区 A_x 的近似区，并且被应用于成品率最大化。这里有两种方法可用于近似 A_x。第一种方法进一步地构造几何近似，例如 A_x 的简化，这种技术称为简化近似。这种简化近似方法有一个主要缺点：构建 A_x 的近似区和最大化成品率的代价随电路参数的增加呈指数率增长。这个问题常被称为"维数现象"。第二种技术使用电路性能参数的分析模型，例如前面介绍过的表面响应模型。那么 A_x 的边界可通过约束方程 $r_k' = a_k$ 和 $r_k' = b_k$ 得出，其中 r_k' 代表第 k 个性能参数的性能模型，a_k 和 b_k 分别是可接受条件的上限和下限。许多方法采用简化的可接受区是因为对于大量的电路参数来说计算量较小。只要可接受区的近似区构建完成，成品率最大化就可以引入一种称为设计中心法的技术，其作用是将设计点移至可接受区的中心。设计中心法是一种很有吸引力的方法，并且已出现了许多种设计中心法。

14.6.3　一个简单的成品率最大化方法

因为对成品率最大化方法的详细介绍已超出本书的范围，所以下面介绍参数成品率最大化的一种简单方法。此方法属于前面介绍的基于蒙特卡罗的方法。

步骤 1：假设关于可设计参数和含噪声参数的所有电路性能参数的模型用 $r_k'(x)$ 或 $r_k'(d+s)$ 表示，$k=1,2,\cdots,p$。

步骤 2：设计一个实验，然后在测试点对电路仿真。

步骤 3：将性能参数代入模型并使模型生效。

步骤 4：电路在设计点 d 的参数成品率通过绘制噪声参数的蒙特卡罗样值图并用式(14.19)进行估计。

步骤 5：采用某种优化算法最大化关于 d 的估计成品率 $Y'(d)$。优化时在每一个新设计点使用相同的含噪声参数的蒙特卡罗抽样。设最终设计点为 d^*。在 d^* 得到一个确定的成品率估计值。

在上面的过程中，步骤 2 中的实验性设计和步骤 3 的模型均与可设计参数和含噪声参数有关。然而，步骤 4 中的蒙特卡罗样值仅与含噪声参数有关。

14.6.4 参数成品率最大化的一个简单例子

考虑一个熟悉的反相器的例子。这里给出与 14.5 节中分析的成品率估计过程相同的假设。可设计参数分别是 MN 和 MP 的标称沟道宽度——W_1^o 和 W_2^o。在此之前，我们已经估计了在点 $\boldsymbol{d}_{init} = (W_1^o = 10, W_2^o = 20)$ 的参数成品率为 $Y'(\boldsymbol{d}_{init}) = 79.6\%$，并且使用了上面介绍的参数成品率最大化的步骤，对 τ_P 与可设计参数 W_1^o 和 W_2^o 与含噪声参数 $V_{T,n}$、$V_{T,p}$、ΔW_1 和 ΔW_2 的关系构建一个响应表面模型。在每一个设计点，从 4 个噪声参数的蒙特卡罗样值中估计出成品率。优化后最终的设计点是 $\boldsymbol{d}_{final} = (W_1^o = 11, W_2^o = 22)$ 时的点。在 $\boldsymbol{d}_{final}$ 点，参数成品率的估计值是 100%。图14.14 所示是在成品率最大化前后 τ_P 和 A_m 值的分布比较。此图表明在 $\boldsymbol{d}_{init}$ 点，τ_P 在许多点不符合 τ_P 的技术要求，而面积测量值在所有点均满足技术要求。

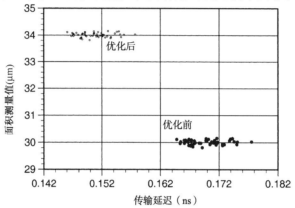

图 14.14　优化前后电路性能的比较。在成品率最大化过程中，延迟和面积值均折中以使在点 $\boldsymbol{d}_{final}$ 及所有点都满足延迟和面积的技术要求

14.7　最坏情况分析

最坏情况分析是数字集成电路设计中考虑制造工艺容差的一项最常用的方法。这种方法与成品率最大化法相比，计算量和设计者的工作量较小，并且可以得到很高的参数成品率。在任一设计点，电路参数的不可控制的波动都会导致电路性能与标称设计值的偏差。最坏情况分析法的目的就在于确定在这些波动情况下电路性能的最坏情况。除了找到电路性能的最差值外，这种分析方法同样可以找到相应的含噪声参数最差值。这些最坏情况含噪声参数向量在电路仿真中用于确定在这种最坏情况下电路的性能是否可接受。与最坏情况分析类似，也可以进行最佳情况分析。事实上工业上的设计常常在最佳、最坏、标称噪声参数这几种情况下对电路仿真，这样可以使设计者对电路性能参数的变化范围有一个快速的估计。

对于延迟一类的电路性能参数，其值越大越差。而对于另一些性能参数，比如功耗，其值则是越小越好。对于每一个性能参数 r，可以定义一个"最坏情况方向"如下：

$$w = \begin{cases} +1, & \text{值越大越差} \\ -1, & \text{值越小越差} \end{cases} \tag{14.23}$$

这种最坏情况性能可定义为所需性能值与可能的性能值的百分比。这种百分比或概率称为最

坏情况概率 ρ。因此，最坏情况电路的性能值 r^{wc} 可定义为

$$\rho = \begin{cases} \Pr(r \geq r^{wc}), & \text{若 } w = +1 \\ \Pr(r \leq r^{wc}), & \text{若 } w = -1 \end{cases} \tag{14.24}$$

这种定义的图示说明见图14.15，图中，性能 r 的概率密度函数用 $f(r)$ 表示。这里最坏情况的性能值是比分布的一部分 ρ 更差的值。注意，对于任何随机变量都有一个概率分布函数（区别于概率密度函数）表示随机变量小于某个特定值的概率大小。对于性能参数 r，定义其概率分布函数 $F(\ )$ 如下：

$$F(a) = \Pr(r \leq a) \tag{14.25}$$

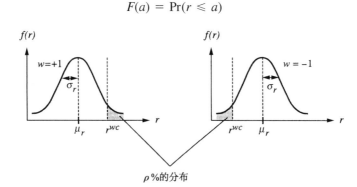

图 14.15　最坏情况性能 r^{wc} 的定义

现在，最坏情况性能值 r^{wc} 可根据概率分布函数定义如下：

$$\rho = \begin{cases} 1 - F(r^{wc}), & \text{若 } w = +1 \\ F(r^{wc}), & \text{若 } w = -1 \end{cases} \tag{14.26}$$

有人可能会提出这样一个问题，电路的最坏情况分析与参数成品率之间有何联系。传统的最坏情况分析法没有解决成品率最大化问题，而是为设计者提供了关于性能参数变化的一种单端测试法。如果一个设计好的电路中所有的最坏情况参数值都满足技术要求，即

$$a_k \leq r_k^{wc} \leq b_k, \quad \text{当 } k = 1, 2, \cdots, p \tag{14.27}$$

那么电路的参数成品率至少为 $(1-\rho)$%。然而，在最坏情况下如果不是所有的指标都满足技术要求，那么就不能肯定得到上述关于电路参数成品率的结论。

　　下面介绍两种最坏情况分析的方法。第一种常称为"转角技术"，是一种简化且常用的方法。但许多情况下，这种技术太保守（过于悲观），因而会产生设计瓶颈。第二种技术更为精确且实际。读者必须记住可设计参数在最坏情况分析时是固定的，所以在以下的讨论中不再出现。而且，因为对于所有的性能指标讨论的过程都是一致的，故下面的讨论中就只用性能指标 r 来分析。

14.7.1　转角技术

　　在转角技术中每个含噪声参数分别设为各自的极值。对于一个含噪声参数 s_i 有均值 s_i^o 和标准差 σ_i，一个典型的极值为

$$s_i = s_i^o \pm 3\sigma_i, \quad i = 1, 2, \cdots, n_s \tag{14.28}$$

其中，n_s 为含噪声参数的个数。含噪声参数偏离均值的方向（即在式（14.28）中取"+"号还是取"−"号）取决于是增大还是减小含噪声参数 s_i 使性能值变得更糟。这是由灵敏度分析决定

的，即通过计算性能关于含噪声参量的导数，得到导数的符号来决定的。对于每一个含噪声参数 n_s，在它的标称值(或均值)计算灵敏度。因为这种方法把每个含噪声参数设置为其极值或称角值，所以称它为"转角技术"或"一次一个"技术。

只要得到含噪声参数的最坏情况值，最坏情况性能值 r^{wc} 就可用这些值进行电路仿真计算而得出(在固定的设计点)。这种方法非常保守，因为所有的含噪声参数都设为它们各自的极值，这种含噪声参数值的组合在实际电路中出现的概率极小，因此，预测的电路最坏情况性能值过于悲观。如果在这些条件下设计电路使电路满足所有的技术要求，那么参数成品率肯定很高。但是在许多情况下，这样的设计实现不了，因而造成严重的瓶颈。

14.7.2　一种更实际的最坏情况分析法

在这种方法中，首先计算最坏情况性能值，它是如何计算的呢？根据性能值是否服从高斯分布，有两种可能的情况。

高斯分布性能值的测量　如果性能值 r 服从高斯分布，那么它的密度函数完全由其均值 μ_r 和标准方差 σ_r 所确定。而且如果给定一个最坏情况概率 ρ，就可以依据标准高斯随机变量分布函数表来确定 r^{wc} 的值。标准的高斯随机变量均值为 0，标准差为 1。随机变量 r 可以通过变换式 $q = (r - \mu_r)/\sigma_r$ 转换为标准高斯随机变量。$\Phi(\ )$ 是标准高斯随机变量的分布函数的标准记号，$\Phi^{-1}(\ )$ 是它的反函数。在这种情况下，式(14.26)的解可写成：

$$r^{wc} = \mu_r + \Phi^{-1}(1 - \rho)w\sigma_r \tag{14.29}$$

非高斯分布性能值的测量　如果性能值 r 不服从高斯分布，式(14.26)就不能用来计算 r^{wc}，在这种情况下，分布函数 $F(\ )$ 可以用蒙特卡罗方法来估计。因为蒙特卡罗方法需要大量的抽样值，所以通常采用响应表面模型进行性能值测量。给定 ρ 值和估计的 $F(\ )$，常采用著名的牛顿-瑞伏森方法求解式(14.26)得到 r^{wc} 的值。

求得 r^{wc} 之后，就必须计算出相应的导致最坏情况性能的噪声参数集，前面已经说过，可设计参数值是固定的，电路性能参数仅仅是含噪声参数的函数，即 $\tilde{r}(s)$。因此，最坏情况下含噪声参数向量 s^{wc} 是以下方程的解：

$$\tilde{r}(s^{wc}) = r^{wc} \tag{14.30}$$

注意，方程(14.30)有 n_s 个未知数，所以最坏情况含噪声向量有无穷多个解(或解表面)。解表面上任何一组含噪声参数值都可以得到最坏情况。这样，就需要一个附加的约束条件来唯一地确定 s^{wc}。最直观的最坏情况向量最可能是满足式(14.30)的解。这个解对应于在制造好的电路中产生最坏情况的含噪声参数值的最可能的组合。由前面的知识可以知道含噪声参数向量是用联合概率密度函数 $f(s)$ 来描述的，因此计算下面的有约束条件的最大化问题可以确定最坏情况时的含噪声向量：

$$\begin{aligned} &最大化 \quad f(s) \\ &服从 \quad \tilde{r}(s) = r^{wc} \end{aligned} \tag{14.31}$$

在上述问题中，密度的最大化问题等价于概率的最大化问题，且约束条件保证了最坏情况的性能值的产生。

如果含噪声参数的联合噪声密度服从高斯分布，则优化具有简单的含义。在这种情况下式(14.31)的解 s^{wc} 是式(14.30)表面上最接近于均值向量 s^o 的点(从概率的意义上说)。

图 14.16 所示是 $n_s = 2$ 的情况。如果假设含噪声参数 s_1 和 s_2 相互独立，则等概率密度线 $f(s_1, s_2)$ 是以均值点 (s_1^o, s_2^o) 为圆心的圆。式 (14.31) 的求解是在 $r(s_1, s_2) = r^{wc}$ 的表面移动找出最靠近均值点 (s_1^o, s_2^o) 的点。

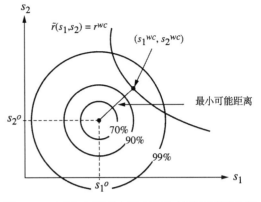

图 14.16　两个高斯型含噪声参数的最坏情况分析

如果除了已知含噪声参数服从高斯分布外，还知道性能值 r 是含噪声参数的线性函数，那么解式 (14.31) 可得最坏情况含噪声向量的一个闭合形式的解。在其他情况下，带约束条件的最大化问题必须使用优化方法进行数值求解。

14.7.3　一个最坏情况分析的简单例子

为了说明最坏情况分析的过程，再来考察图 14.4 所示的反相器的例子。有 4 个含噪声参数 $V_{T,n}$、$V_{T,p}$、ΔW_1 和 ΔW_2，它们的统计分布情况在 14.5 节中已经列出。传输延迟 τ_P 是一个越小越好的性能值，所以它的最坏情况方向是 $w = +1$。在这个电路中，相对来说 τ_P 对 ΔW_1 和 ΔW_2 的变化不敏感，这一点可从式 (14.22) 的响应表面模型中明显地看出，ΔW_1 和 ΔW_2 的线性项系数很小。因此，在此例中，我们忽略了这两个含噪声参数。这是一个称之为参数扫描的通用技术的例子，它在许多可制造的设计方法中常常使用。扫描可以减少需考虑的参数的数量，因此也减少了计算量。

在最坏情况分析中使用的固定设计点是最终设计点 $\boldsymbol{d}_{final}$，它是由前面章节的参数成品率最大化的例子得到的：$\boldsymbol{d}_{final} = (W_1^o = 12, W_2^o = 22)$。对于传输延迟 τ_P 构造响应表面模型如下：

$$\tau_P' = 0.151 + 0.0056 V_{T,n} - 0.0073 V_{T,p} \tag{14.32}$$

当 τ_P 表示成独立高斯型随机变量 $V_{T,n}$ 和 $V_{T,p}$ 的线性函数后，它也成为一个高斯型随机变量。它的均值和方差的估计值分别为 0.151 ns 和 0.0028 ns。当最坏情况概率 ρ 等于 0.13% 时，利用式 (14.29) 计算出最坏情况下的值为 $\tau_P^{wc} = 0.159$ ns。相应的最坏情况下的 $V_{T,n}$ 和 $V_{T,p}$ 的值可通过求解式 (14.31) 得到，$V_{T,n}^{wc} = 0.91$ V，$V_{T,p}^{wc} = -1.06$ V。注意，这些值与转角法求得的值不同。

由式 (14.32) 的线性表面响应法求得的最坏情况值必须进行验证。为了验证，传输延迟的最坏情况值可通过使用前面介绍过的非高斯性能测量过程求解式 (14.26) 得 $\tau_P^{wc} = 0.159$ ns。为了找到相应的最坏情况噪声参数集，首先绘制一个噪声参数的蒙特卡罗样本，然后对反相器电路进行仿真得到每一个样本的传输延迟。第二步，把样本点分开，这些样本点的性能值在一个很小的偏差内（这里用 0.0005 ns）且概率密度最大。然后在这个点周围很小的区域内绘制另一个蒙特卡洛罗本图，重复这个过程直至得到足够精确的估计值。图 14.17 所示的是最后的采样点集的传输延迟和概率密度。选择概率密度最大值的点（图 14.17 的最右边的点）作为最坏情况含噪声参数向量 $V_{T,n}^{wc} = 0.89$ V，$V_{T,p}^{wc} = -1.07$ V。这样使用表面响应法进行最坏情况分析就得到了验证。

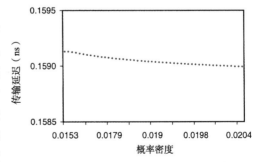

图 14.17　最坏情况分析的蒙特卡罗确认

14.8　性能参数变化的最小化

电路性能参数的变化是由于工艺和环境变化引起的。性能参数变化的最小化是可制造设计中另一个重要的问题。性能参数变化小的电路将产生更一致且质量更好的产品。前面已提到过一些用于衡量性能变化的参量。我们用性能参数 r 的方差 σ^2 来量化其变化情况。在 14.3 节提到的两点这里再重述如下：首先，因为噪声参数的影响已经抵消，所以性能参数的均值和方差仅仅是可设计参数的函数。这就说明可以通过选择合适的可设计参数的值来使性能参数的变化最小化。这是变化最小化的基本思想。第二，由于性能参数的概率密度是未知的，所以性能参数的均值和方差都需要估计。为了在设计点估计这两个量，可绘制一个噪声参数蒙特卡罗样本图：s_i，$i = 1, 2, \cdots, N_{MC}$。因而可由下式给出的样本均值表达式来估计均值 μ：

$$\mu(\boldsymbol{d}) = \frac{1}{N_{MC}} \sum_{i=1}^{N_{MC}} r(\boldsymbol{d} + \boldsymbol{s}_i) \tag{14.33}$$

同样，由下式给出样本的方差得到方差 σ^2：

$$\sigma^2(\boldsymbol{d}) = \frac{1}{N_{MC} - 1} \sum_{i=1}^{N_{MC}} r(\boldsymbol{d} + \boldsymbol{s}_i)^2 - \frac{N_{MC}}{N_{MC} - 1} \mu^2 \tag{14.34}$$

电路性能参数变化范围的约束条件可用下式表示：

$$\sigma_k^2 \leqslant c_k, \quad k = 1, 2, \cdots, p \tag{14.35}$$

其中，σ_k^2 表示性能参数 r_k 的方差，p 表示电路中性能参数的个数。除了变化范围有约束条件外，电路性能参数的标称值也有约束条件：

$$a_k \leqslant r_k^o \leqslant b_k, \quad k = 1, 2, \cdots, p \tag{14.36}$$

所以，变化最小化问题是为了确定一组最佳可设计性能参数值以符合性能参数变化范围和标称值的技术要求。在参数成品率最大化方法中，只有一个目标函数需要优化，即成品率。在变化最小化问题中可能会有多个目标函数，因为每个性能参数都有两个目标，并且对于一个特定的电路可能要关心多个性能参数。这种优化问题称为多标准优化问题。许多文献都介绍了解决此类问题的方法，本节仅介绍一种简单的(尽管不是最有效的)解决方法。

对每一个性能参数 r_k，用方差 σ_k^2 定义一个可变处罚值 A_k 如下：

$$A_k(\boldsymbol{d}) = 100\left(\frac{\sigma_k^2(\boldsymbol{d})}{c_k}\right) \tag{14.37}$$

图 14.18(a)所示的是 σ_k^2 和 A_k 的线性关系。σ_k^2 的最佳值是 0，相应的处罚值是 0；σ_k^2 增大，处罚值增大。下一步定义一个性能处罚值 B_k，它取决于性能标称值 r_k^o，对应于图 14.18(b)至图 14.18(d)中的关系之一。图 14.18(b)是性能值越小越好时 B_k 的定义。图 14.18(c)则是相反情形下 B_k 的定义。图 14.18(c)所示的是所有值同时满足技术要求时 B_k 的定义。注意，上述处罚值的定义都是线性的。根据性能值，相应的需求也可以定义成各种非线性的关系。以上是每个性能参数的可变处罚值和性能处罚值的定义。

下面，在设计点上定义一个电路处罚量 $Z(\boldsymbol{d})$ 为

$$Z(\boldsymbol{d}) = \max_{1 \leqslant k \leqslant p} \{A_k(\boldsymbol{d}), B_k(\boldsymbol{d})\} \tag{14.38}$$

电路处罚值表示关于可变性能和标准性能技术要求的设计的整体质量。现在，可以把变化最小化问题变为电路处罚值的最小化问题。就形式而言，变化最小化问题就是：

$$最小化 \ Z(\boldsymbol{d}) \tag{14.39}$$

这样，我们就把多标准优化问题转化为一个单目标函数的优化问题。如此，我们的目标函数不再是可微分的。因此选择对式(14.39)最小化的优化时不需要目标函数是可微分的。

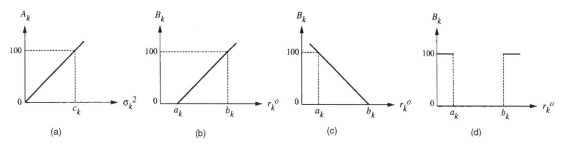

图 14.18　A_k 与 B_k 的定义。(a)可变处罚值；(b)越小越好情况下的性能处罚值；(c)越大越好情况下的性能处罚值；(d)所有可接受的值都满足条件时的性能处罚值

一个变化最小化的例子

考察如图 14.19 所示的 CMOS 时钟驱动电路。上下两条支路各有三个和两个反相器，此图可说明在许多时钟树中出现的信号偏差的问题。

为了说明问题，我们定义一个偏差量，表现在 CLK 和它的互补信号 $\overline{\text{CLK}}$ 在过 $0.5V_{DD}$ 时的偏差。定义如图 14.20 所示，图中有两个偏差量，分别对应 CLK 的上升沿 (ΔS_r) 和下降沿 (ΔS_f)。信号偏差 ΔS 的定义为两个偏差中较大的一个，它是该电路中要关注的性能测度。

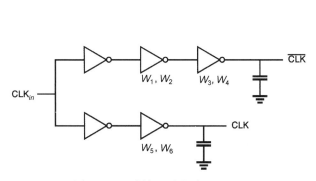

图 14.19　时钟驱动电路

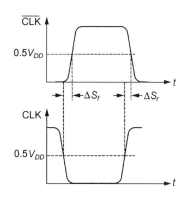

图 14.20　时钟偏差的上升沿和下降沿的定义

变化最小化问题就是要确保：

(1) ΔS 的变化范围小于 0.05 ns。

(2) ΔS 的标称值小于 0.5 ns。

ΔS 的变化范围定义为 ΔS 的最小值和最大值之差。

电路中的可设计参数为上面支路后两个和下面支路最后一个反相器中晶体管的标称沟道宽度，如图 14.19 所示。内部噪声参数是电路中所有 nMOS 和 pMOS 管沟道宽度和长度以及共同的栅极氧化层厚度的噪声分量。外部噪声参数是电源电压 V_{DD} 和工作温度。为了解决这个变化最小化问题，根据关于可设计的内部和外部的噪声参数构建一个 ΔS 表面响应模型。使用响应表面模型估计出 ΔS 的变化范围和标称值。初始设计点为 $\boldsymbol{d}_{init}=(W_1=3,\ W_2=6,\ W_3=3,$ $W_4=6,\ W_5=3,\ W_6=6)$，所有的宽度单位均取μm。ΔS 在 $\boldsymbol{d}_{init}$ 点的变化范围和标称值分别估计为 0.311 ns 和 1.398 ns。最小化之后，得到最终的设计点是 $\boldsymbol{d}_{final}=(1.7,\ 11.1,\ 16.3,\ 26.9,\ 2.5,$ 38.6)。在 $\boldsymbol{d}_{final}$ 点 ΔS 的变化范围和标称值大小可分别估计为 0.04 ns 和 0.384 ns。如果用电路的可接受准则作为 ΔS 的变化范围和标称值的规范，则在 $\boldsymbol{d}_{init}$ 处参数成品率为0%，这表明初始设计点的标称值指标是不合格的。在 $\boldsymbol{d}_{final}$，参数成品率为100%。最终实现将 ΔS 的标称值减小了 72.5%，同时将 ΔS 的变化范围减小了 87%。

习题

14.1 考虑一个 CMOS 芯片内点到点互连的简单的 RC 电路模型。阶跃输入脉冲的 50% 延迟时间是：

$$\tau_{50\%}=0.38RC$$

因为存在工艺容差，所以 R 和 C 的值服从随机波动。

a. 写出 $\tau_{50\%}$ 关于 R 和 C 的灵敏度表达式。

b. 假设 R 和 C 的值的变化是相互独立的，写出随 R 和 C 值的百分比变化而变化的延迟时间的百分比的表达式。

c. 求出 R 和 C 值的变化在 ±10% 范围内引起的最大延迟增量。

14.2 多数载流子的体迁移率与掺杂浓度之间的一个经验公式为

$$\mu=\mu_{min}+\frac{\mu_{max}-\mu_{min}}{1+\left(\dfrac{N}{N_0}\right)^{\alpha}}\ [\text{cm}^2/\text{V}\cdot\text{s}]$$

其中，电子对应的参数为 $\mu_{max}=1360\ \text{cm}^2/\text{V}\cdot\text{s}$， $\mu_{min}=92\ \text{cm}^2/\text{V}\cdot\text{s}$，$N_0=1.3\times10^{17}/\text{cm}^3$，$\alpha=0.91$；空穴对应的参数为：$\mu_{max}=495\ \text{cm}^2/\text{V}\cdot\text{s}$, $\mu_{min}=48\ \text{cm}^2/\text{V}\cdot\text{s}$，$N_0=6.3\times10^{16}/\text{cm}^3$，$\alpha=0.76$。

a. 写出迁移率 μ 关于掺杂浓度 N 的灵敏度表达式。

b. 求出当掺杂浓度 μ 变化 10% 时，电子和空穴的掺杂浓度分别偏离标称值多少。

14.3 迁移率随温度变化的经验公式是：

$$\mu(T)=\frac{\mu(300\ \text{K})}{\left(\dfrac{T}{300}\right)^{1.5}}$$

a. 推导出 $\Delta\mu/\mu$ 随 $\Delta T/T$ 变化的关系式。

b. 对于 $\mu(300\ \text{K})=980\ \text{cm}^2/\text{V}\cdot\text{s}$，计算温度从 300 K 到上升 5% 所引起的 μ 值的百分比变化。

14.4 考虑器件的跨导参数：

$$k=\mu C_{ox}\frac{W}{L}$$

由于存在工艺容差，式中 4 个变量 μ、C_{ox}、W 和 L 都是随机变量。

a. 求出 k 的百分比变化关于 μ、C_{ox}、W 和 L 百分比变化的表达式。

b. 假设 4 个参数的变化是相互独立的(转角工艺),4 个参数的标称值分别为 $(\mu^o, C_{ox}^o, W^o, L^o) = (980\ \text{cm}^2/\text{V}\cdot\text{s}, 35\times10^{-8}\ \text{F/cm}^2, 5\ \mu\text{m}, 1.0\ \mu\text{m})$,当 4 个参数都变化 5% 时,$k$ 的最大百分比变化量是多少?

14.5 由式(5.87)得到 CMOS 反相器的逻辑门限电平 V_{th} 是

$$V_{th} = \frac{V_{T0,n} + \sqrt{\dfrac{1}{k_R}}(V_{DD} + V_{T0,p})}{1 + \sqrt{\dfrac{1}{k_R}}}$$

其中:

$$k_R = \frac{k_n}{k_p} = \frac{\mu_n C_{ox} \dfrac{W_n}{L_n}}{\mu_p C_{ox} \dfrac{W_p}{L_p}}$$

a. 为了简化,假设 $\mu_n = 2.5\mu_p$,$L_n = L_p$,推导 V_{th} 百分比变化关于 $V_{T0,n}$、$V_{T0,p}$ 和 W_p / W_n 百分比变化的表达式。

b. 给定标称值 $V_{T0,n} = 0.8\ \text{V}$、$V_{T0,p} = -0.8\ \text{V}$ 和 $W_p = 2.5W_n$,求出在 $V_{T0,n}$ 和 $V_{T0,p}$ 变化 $\pm0.1\ \text{V}$、W_p / W_n 变化 $\pm15\%$ 范围内 V_{th} 的最大(最坏情况)偏差。

14.6 假设一个 CMOS 芯片有三个信号输入端、一个输出端、一个电源和一个接地端。输入信号电压的变化范围为 0~5 V,电源为 4.5~5.5 V,工作温度为 0℃~85℃。

设计一个实验,用关于三个输入、电源、温度的二次表面响应模型来描述芯片的直流响应。

a. 设计一个全因子实验。

b. 设计一个拉丁超立方实验。

c. 设计 Taguchi 正交阵列。

14.7 设计一个 CMOS 全加器电路,nMOS 管版图采用 $W/L=5/2$,pMOS 管采用 $W/L=10/2$。对于 1 pF 的电容负载,求出当电源电压的变化范围为 4.5~5.5 V 且工作温度的变化范围为 25℃~85℃时,设计最坏情况下的延迟。同时假设两种晶体管阈值电压的变化范围均为 0.8~1.2 V。其他参数值假定为它们的标称值。

14.8 求出在习题 14.7 的设计中最坏情况下的功耗。

14.9 假设噪声参数服从联合高斯分布。高斯随机向量 s 的联合概率密度函数如下,其中 s 的均值为 s^o,方差 / 协方差矩阵为 $\boldsymbol{Q}$,二者的关系式如下:

$$f(\boldsymbol{s}) = \frac{1}{(\sqrt{2\pi})^{n_s}(\sigma_1\sigma_2\cdots\sigma_{n_s})} \exp\left[-\frac{1}{2}(\boldsymbol{s} - \boldsymbol{s}^o)^{\mathrm{T}}\boldsymbol{Q}^{-1}(\boldsymbol{s} - \boldsymbol{s}^o)\right]$$

考虑习题 14.1 中的 RC 电路模型,其中性能参数是 50% 的延迟时间 $\tau_{50\%}$。假定 R 和 C 是互相独立的高斯型随机变量,R 的均值为 $R^o = 1\ \text{k}\Omega$,标准差 $\sigma_R = 1000\ \Omega$。C 的均值为 $C^o = 10\ \text{pF}$,标准差 $\sigma_C = 1\ \text{pF}$。$\tau_{50\%}$ 的最坏情况方向是 +1。

a. 求出 $\tau_{50\%}$ 的均值和标准差。

b. $\tau_{50\%}$ 不是高斯型随机变量。为了验证,可画一幅 R 和 C 的蒙特卡罗抽样图,由习题 14.1 所给的公式计算 $\tau_{50\%}$，并绘制 $\tau_{50\%}$ 的密度函数图形，并将其与具有相同的均值和标准差的高斯随机变量进行比较。

c. $\tau_{50\%}$ 的最坏情况值可利用最坏情况分析中的非高斯型的性能参数使用的过程求解。这个值用 $\tau_{50\%}^{wc}$ 表示。为求出最坏情况下 R 和 C 的值，需要求解式(14.31)。利用高斯随机变量的联合概率密度函数公式把式(14.31)的最大化问题转化为最小化问题，这个最小化的目标函数称为"概率距离"。对这个例子而言，最小化问题可以用手工分析，得到最小化的条件。

d. 利用条件 $R^o = C^o$ 和 $\sigma_R = \sigma_C$ 求出关于 $\tau_{50\%}^{wc}$ 的 R^{wc} 和 C^{wc} 的表达式。

14.10   a. 从参数成品率、设计复杂度和项目时间表几个方面，列出使用悲观的最坏情况分析法得到的集成电路设计的优点和缺点。

b. 采用简单的悲观的最坏情况分析技术(如转角技术)总能缩短开发时间吗？

c. 在一个包含许多不同组织的大的开发项目中，悲观分析面临的最严重的问题是什么？

14.11   即使对相同的电路，最坏情况模型也因性能不同而不同。例如，延迟时间的最坏情况 MOS 模型就不同于功耗的最坏情况 MOS 模型。且许多设计实践中对于 nMOS 和 pMOS 管都设计了慢速、中速、快速晶体管模型。讨论在这些情况下如何仿真一个 CMOS 时钟分布电路的时钟偏移。如果晶体管模型可由设计者自定义，怎样正确地仿真时钟偏移？

14.12   讨论如何从阈值电压的控制、沟道长度和宽度的变化、栅极氧化层厚度和衬底与阱的掺杂几个方面开发芯片的可制造工艺规范。

14.13   一种所谓的"抛过墙法"(throw-over-the-wall)引起了竞争对手的过度消耗。讨论如何用共担责任的方法避免这种过度消耗，使得整个技术的开发更加经济。

14.14   Taguchi 的正交阵列法之所以吸引设计者是因为它的简单，实验设计采用表格形式非常有效，运用 MOS 电路设计中的 L18 自己选一个例子设计一个电路来证明统计设计的基本原理。

14.15   由式(14.31)和式(14.32)推导出最坏情况含噪声向量的表达式，其中两个相互独立的高斯随机变量均值为 0，标准差为 1。

第 15 章　可测试性设计

15.1　概述

判定制造好的芯片是否所有功能都合格是非常复杂且耗时的过程，但是如果由于不适当的测试过程而未能筛除有故障的芯片，就可能造成系统设计失败而且给系统调试带来很大困难。大家都知道，调试的费用从芯片到印制电路板再到整个系统逐级增加10倍左右。所以，尽早检测到故障是非常重要的。随着单块芯片上集成晶体管数量的增加，芯片测试对于确保其正常运行变得越来越困难。为了使产品尽快投入市场，在生产过程中，对芯片的测试必须在短时间内完成。为了克服这些难点，可测试性设计变得至关重要。本章将讨论故障类型及相应模型、可测试电路和自测电路的设计。可测试性可定义为可观察和可控制性，它也常用于控制和系统理论中。本章的介绍大部分是以 Patel 的论文为基础的。要想深入了解这些问题，建议读者参考 Abramovici 等人 1990 年的著作或其他相关资料。

15.2　故障类型和模型

一般来说，芯片测试通常有多重目的，它试图检测出在设计、制造和恶劣工作环境中引起的故障，即可靠性问题。首先需要生成标准输入向量，用它来激励待测器件(DUT)或待测电路(CUT)。然后把测量到的输出与预测响应做比较，判断此待测器件是否良好(通过)或存在故障(不通过)。测试的主要困难在于只有待测器件的输入/输出引脚才是可存取的，虽然在先进的实验室中，可在测试台上用探针测试未封装且未钝化的芯片的顶层金属内部节点，但随着芯片工作时钟频率的升高，高速测试也成为难题。这是因为在测试设备向待测器件传送测试信号和从待测器件中检测响应信号时，测试设备互连时的阻抗不匹配和传输线问题会导致信号完整性(瞬态响应)问题。阻抗失配已在芯片 I/O 设计时得到部分解决，也可通过查表法来校正延迟测量误差。除了以上测试设备的难题外，利用手工或通过自动测试码型发生器(ATPG)产生正确的测试向量以检测复杂芯片中的典型故障和设计上的错误也很困难。本章只讨论器件物理性缺陷造成的故障。

物理性缺陷包括：

- 硅衬底缺陷
- 光刻缺陷
- 掩模版污染和划痕
- 工艺变化和异常
- 氧化物缺陷

物理缺陷可导致电路故障和逻辑故障。其中，电路故障有：

- 短路(分流故障)

- 开路
- 晶体管固定导通或固定开路
- 电阻性短路和开路
- 阈值电压变化过大
- 静态电流过大

电路故障可依次导致以下逻辑故障。逻辑故障包括：

- 逻辑固定在 0 或固定在 1
- 转换缓慢(延迟故障)
- 与门桥接，或门桥接

图 15.1 显示了一个简单双输入或非门的物理缺陷、电气故障和逻辑故障三者之间的关系。在图 15.1(a)中，n 型扩散区的漏极和接地总线之间有一个金属斑点(物理缺陷)，可模拟为图 15.1(b)所示的输出节点 Z 和地之间阻抗短路的模型，也可等效为图 15.1(c)的模型。当电阻很小时，输出端 Z 为固定为 0 故障(stuck-at-0，s-a-0)，当阻值很大时，形成上拉延迟故障。

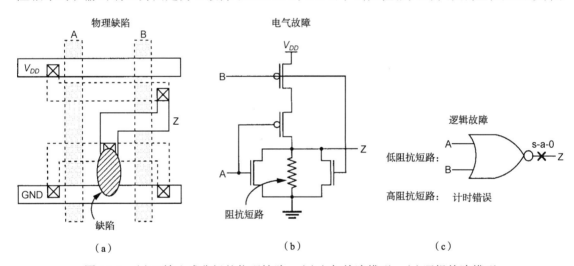

图 15.1　(a)双输入或非门的物理缺陷；(b)电气故障模型；(c)逻辑故障模型

图 15.2 显示了由双输入或非门、与非门和反相门构成的 CMOS 电路中的其他类型故障。在这个电路中输入引线 B 与电源短接造成了固定为 1 故障(s-a-1)。第一级的或非门中的 pMOS 管因工艺问题使源漏极短路造成了固定导通。另外，双输入与非门上的 nMOS 管处于固定开路状态，这是由于源极或漏极节点处接触不良(断开)，或是因为源极或漏极的扩散区离栅极太远，这时，不管输入 C 的电压多大，晶体管都不能导通。固定导通和固定开路故障如图 15.3 所示。反相器输出引线和输入引线 C 间的短路故障是由两条线任意部分的制造缺陷引起的短路。虽然在电路图中两条线看似相距很远，但在实际版图中，两条线的某些部分可能挨得很近。这样，版图可能因为在布线蚀刻时造成两条线短路。

虽然待测器件不一定导致单固定性故障，但单固定性故障模型却得到了广泛应用，部分原因是：

- 生成测试的复杂性已得到很大程度的降低。
- 单固定性故障与技术水平和设计风格不相关。

- 单固定性故障测试可检测出大部分多固定性故障。
- 单固定性故障测试还能检测出尚未建模的物理缺陷。

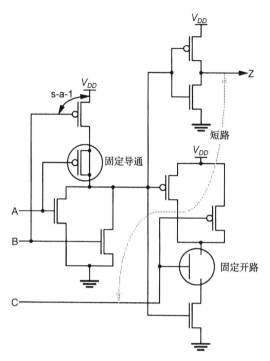

图 15.2　由双输入或非门、与非门和反相门构成的 CMOS 电路中的一些工艺缺陷

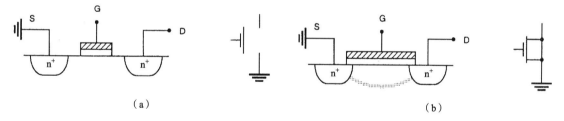

图 15.3　(a)固定开路(断开)故障 MOS 管；(b)固定导通(短路)故障 MOS 管

　　事实上，在没有冗余的两电平电路中，用任何完整的包含全部单固定性故障的测试集就可测出所有的固定性故障。复合固定型故障模型应用于熔丝或反熔丝的可编程设计，如可编程门阵列、现场可编程门阵列(FPGA)和 RAM。

　　延迟故障导致在目标速度上的定时错误，其原因有：

- 对片内互连延迟和其他影响到定时因素的错误估计。
- 过量的制造工艺误差导致电路延迟和时钟偏移的严重改变。
- 连接并联晶体管的金属线开路使晶体管有效尺寸变小。
- 老化效应，如热载流子引起延迟增大。

　　稳态下延迟故障的检测比功能性故障检测要困难。受测试设备的限制，功能性故障常常在低于目标工作速度下测试。在一个低速测试设备上，用一个特殊的时钟测试延迟故障。上述故障类型应用在故障模拟中，目的在于：

- 生成测试
- 构造故障库
- 存在故障情况下的电路分析

故障库保存每一个有故障电路的期望输出，这些值模拟故障对特定测试向量的响应。

15.3　可控性和可观察性

电路的可控性是控制者(测试工程师)衡量在电路输入端各节点得到特殊信号值的难易程度。可观察性是通过控制电路衡量原初输入和观察它的原初输出来确定任意逻辑点信号值的难易程度。这里的"原初"是指待测电路的输入/输出边界。电路的可控性和可观察性程度(即可测试性程度)可由测试向量是确定的还是随机产生的来衡量。例如，一个节点在通过一长串随机测试向量后才为 1 或 0，这个节点可描述为随机可控性差，因为在随机测试中产生的这个向量概率是很低的。在实际测试中还有时间上的限制，这时可认为此电路是不可测的。对组合电路来说，其测试向量的生成有固定步骤，如 D 算法，利用递归查找步骤一次查找一个门然后再返回，必要的话，直至测出所有的故障。用 D 算法需要大量计算时间。为了克服这个缺点，一些改进的算法应运而生，如面向路径决策(PODEM)算法和面向扇出测试生成(FAN)算法。时序电路的测试生成比以上算法要难几个数量级。为简化自动测试码型生成(ATPG)，通常使用可测试设计(DFT)技术。

现在分析图 15.4 中由 4 个简单逻辑门组成的简单电路。要检测导线 8 的所有故障，原初输入 A 和 B 必须设为逻辑 1，但这样的设定会使导线 7 为逻辑 1。因此，导线 7 上任何固定 1 型(s-a-1)故障都无法在原初输出中测试出来，即使没有这个故障，导线 7 的逻辑值可完全由原初输入 B、C 和 D 控制，所以这个电路不是完全可测的，该电路中这个问题的主要原因是输入 B 扇出到导线 5 和 6，经三输入或门后，两线上的信号又都输入到三输入与门中。这种扇出称为再集中扇出，它使电路测试更加困难。

如果需要大量输入向量才能使一个特定节点值为 1 或 0(故障激发)，并且把节点上的错误传递到输出(故障效应传递)，那么可测试性就很低。可控性差的电路包含反馈、解码和时钟发生器。可观察性差的电路包含带有长反馈环路的时序电路，带有再集中扇出冗余节点如 RAM、ROM、PLA 嵌入式存储器的电路。

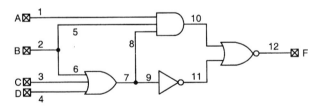

图 15.4　由带有 4 个原初输入和 1 个原初输出的 4 个逻辑门组成的简单电路

15.4　专用可测试性设计技术

增加电路可测试性的一种方法是以增加费用为代价，在原设计中插入更多的存取电路使节点更易存取。以下列出的就是一些专用(ad hoc)可测试性设计技术。

分接与复接技术

因为许多串联门、功能块或者大规模电路的顺序难以测试，所以这样的电路可被分割开来，然后加入复接器(MUXes)，使一些原初输入通过带有可控制信号的复接器输入到分割块。运用该设计技术增加了可接入节点的数目并且减少了测试模型数目。比如32位计数器，把它划分为两个16位计数器，理论上测试时间减少了 2^{15} 倍。然而电路的分割和增加复接器会增加芯片面积和电路延迟。这种方法不是唯一的，它类似于解决大而复杂问题中用到的分步求解的方法，如图 15.5 所示。

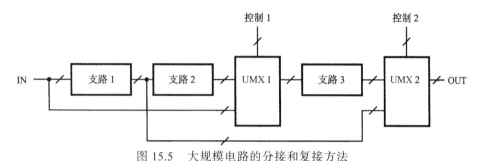

图 15.5 大规模电路的分接和复接方法

初始化时序电路

当给一个时序电路加电时，它的初始化状态是随机的未知状态。在这种情况下，它不可能正确启动测试序列。通过初始化，就可确定时序电路的状态。在很多设计中，通过将从原初或可控的输入到触发器或锁存器之间的异步预置或清零输入信号连接起来实现初始化。

禁用内部振荡器和时钟

检测时为避免同步问题，应使芯片内部振荡器和时钟无效。例如，片内振荡器与电路不直接相连，时钟信号与带有插入测试信号的禁用信号相"或"，如图 15.6 所示。

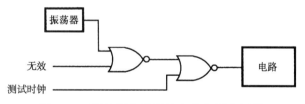

图 15.6 通过振荡器无效来避免同步问题

避免异步逻辑和冗余逻辑

提高可测试性需要认真地进行折中考虑，异步逻辑电路比对应的同步逻辑电路速度要快，而其设计和测试要比同步逻辑电路复杂，并且它的状态转换时间很难预料。而且异步逻辑电路的操作对输入测试码型很敏感，经常会导致竞争问题，并有瞬时信号值与期望值相反的风险。有时设计的逻辑冗余是为了可靠性而用来掩盖静态冒险。但是冗余节点是观察不了的，因为原初输出值并不依赖于冗余节点值，因此就不能测试和发现冗余节点上的某些故障。图 15.7 底部的双输入与非门是冗余的，其输出线上的固定 1 型故障不能被发现。如果故障不能被发现，那么与之相关的线或者门都可以移去而不会改变其逻辑功能。

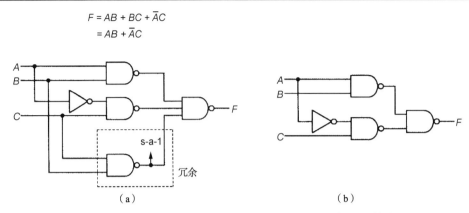

图 15.7　(a)一个有冗余的逻辑门实例；(b)移除冗余后的等效门

　　虽然测试作为备用部分以提高电路的可靠性或是增加制造成品率的冗余节点是不重要的，但冗余电路的使用将使测试生成更加复杂和困难。实际上测试生成器(特别是随机或确定型测试生成器)不能识别出这样的设计意图。有些电路中的冗余是由于缺乏设计经验而无意引入的。

避免延迟相关逻辑

　　用多级反相器来设计延迟，并使用输入以及输出的“与”操作来产生脉冲，如图 15.8 所示。

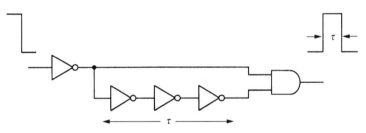

图 15.8　使用三级反相器的脉冲产生电路

　　大多数自动测试码型生成(ATPG)程序不包含逻辑延迟以使程序复杂性减小，结果延迟相关逻辑被看为冗余组合逻辑，且再汇集门的输出一直设置为逻辑零，这样做是不正确的，因此在可测试性设计中要避免使用延迟相关逻辑。

15.5　基于扫描的技术

　　如前所述，通过使用额外的原初输入线和复接器来增加更多的逻辑节点可提高可控性和可观察性。但使用额外的 I/O 引脚不仅会增加芯片制造费用，还会使封装的费用变得昂贵。普遍采用的解决方法是用带有可移位、可并行负载能力的扫描寄存器。扫描设计技术是设计时序电路中可测试性问题的结构方法。寄存器中的存储单元用作观察点、控制点或是两者兼备。通过使用扫描设计技术可把时序电路的测试转换为对组合电路的测试。

　　通常，一个时序电路由组合电路和一些存储器件构成。在基于扫描的设计中，用复接器和模式(测试／正常)控制信号把存储器件链接起来形成长序列移位寄存器，即所谓的扫描路径，如图 15.9 所示。

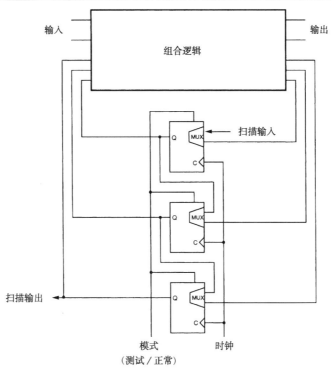

图 15.9　基于扫描设计的一般结构

　　在测试模式时，扫描输入信号在时钟作用下进入扫描路径，最后一级锁存器的输出也通过扫描输出。在正常模式下，扫描输入路径无效，其电路功能仍是时序电路。测试步骤如下：

　　步骤 1：置为测试模式并让锁存器接收来自扫描输入的数据。
　　步骤 2：通过移入和移出测试数据来核对扫描路径。
　　步骤 3：把要求的状态向量扫描进入（移位进入）移位寄存器。
　　步骤 4：把测试模型加到原初输入引脚。
　　步骤 5：置为正常模式，在足够时间传播后，观察电路原初输出。
　　步骤 6：设置一个机器周期的电路时钟，获得组合逻辑电路的输出并送入寄存器。
　　步骤 7：返回测试模式，扫描输出寄存器的内容，同时扫描输入下一组测试模型。
　　步骤 8：重复步骤 3～7，直到测试完所有的模型。

　　在扫描设计中的存储单元可以采用边沿 D 触发器，主从触发器或由互补的时钟信号控制电平敏感锁存器来实现，确保无竞争操作。上述锁存器和触发器在第 8 章中已经详细讨论过。图15.10 给出了基于边沿 D 触发器的扫描设计。在大规模高速电路中，优化一个时钟信号，使它既能正常工作又能进行移位操作等是很困难的。为了解决这个困难，使用两个独立的时钟信号，一个用于正常工作，一个用于移位操作。因为移位操作不必以目标速度运行，所以对它的时钟没有太多限制。

　　基于扫描设计的一个重要方法是电平敏感扫描设计法（LSSD），它用移位寄存器把电平敏感法和路径扫描法结合起来。电平敏感法确保时序电路响应独立于电路的瞬态特性，如器件和连线延迟，所以在电平敏感扫描设计法中没有冒险和竞争现象发生。它的自动测试码型生成器（ATPG）也因为只产生组合逻辑电路部分测试而得到简化。

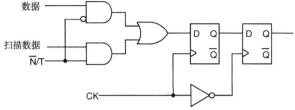

图 15.10　边沿 D 触发器的扫描设计

边沿扫描测试法也用于测试印制电路板(PCB)和多芯片模块(MCM),移位寄存器被放在每块芯片中接近输入/输出引脚的地方,使得在测试的电路板周围形成一条链。通过边界扫描方法的成功实施,可用更简单的测试器来测试印制电路板。

不足的一面是,扫描设计使用更复杂的锁存器、触发器、I/O 引脚和连接导线,因此要求更大的芯片面积。每种测试模式的测试时间也因为寄存器的移位时间长而增加。

15.6　内建自测(BIST)技术

在内建自测(BIST)设计中,电路的一部分用来测试电路自身。在线内建自测用于实现正常工作时的测试,而下线内建自测用于实现脱机时的测试。内建自测所需的必要电路模块包括:

- 伪随机码发生器(PRPG)
- 输出响应分析仪(ORA)

两个模块的作用如图 15.11 所示。伪随机码发生器和输出响应分析仪都可用线性反馈移位寄存器(LFSR)来实现。

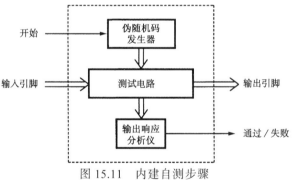

图 15.11　内建自测步骤

伪随机码发生器

要测试电路,首先要由伪随机码发生器、加权测试发生器、自适应式测试发生器或其他方法产生测试模式。伪随机测试发生器电路可使用线性反馈移位寄存器,如图 15.12 所示。

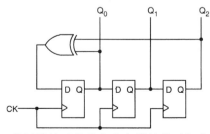

图 15.12　使用线性反馈移位寄存器的伪随机序列发生器

作为输出响应分析仪的线性反馈移位寄存器

为了降低芯片面积增加造成的不利，可采用数据压缩方案来比较经压缩的测试响应而不是比较整个原始测试数据。以循环冗余检测的概念为基础的签名分析是流行的数据压缩方案之一。它使用多项式除法，将测试输出数据的多项式与特征多项式相除，得出的余数作为信号，再把信号与预期的信号相比较，从而判断测试的器件有无故障。众所周知，压缩会引起故障覆盖方面的一些损失，一个有故障电路的输出可能与无故障电路输出相一致。所以，在签名分析中故障是不可测的，这种现象可称为混淆现象。

如图15.13所示，在最简单的形式中，信号发生器由一个单端输入的线性反馈移位寄存器(LFSR)组成，图中所有的锁存器都是边沿触发的。此时，数字签名就是寄存器经上一次采样后的内容。用多项式 $G(x)$ 代表输入序列 $\{a_n\}$，$Q(x)$ 代表输出序列，由此可见，$G(x) = Q(x)P(x) + R(x)$，其中 $P(x)$ 是线性反馈移位寄存器的特征多项式，$R(x)$ 是余数，$R(x)$ 的次方数低于 $P(x)$。例如图15.13中的简单情况，特征多项式为

$$P(x) = 1 + x^2 + x^4 + x^5$$

设 8 位输入序列为 $\{11110101\}$，则相应的输入多项式为

$$G(x) = x^7 + x^6 + x^5 + x^4 + x^2 + 1$$

而余数就是 $R(x) = x^4 + x^2$，它与寄存器的内容 $\{0\,0\,1\,0\,1\}$ 相对应。

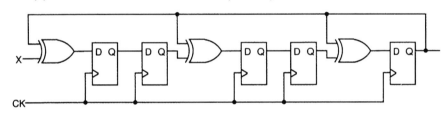

图 15.13　使用线性反馈移位寄存器的信号分析多项式除法

输出响应分析仪

考虑到芯片面积的因素，在芯片上建立一个包含了所有测试输入及其相应输出的故障库是非常昂贵的。简单的替代方法是比较在同一输入下的两个相同电路的输出，以其中一个作为参考。然而，如果两个电路具有相同的故障，它们的输出也相同。该技术不能测出这些故障，尽管两个相同电路具有相同故障的概率很小。

除了上述用于内建自测的电路外，自检查设计技术也可用于在线工作时自发检测故障。通常是插入一个检查电路，当在线故障发生时，检查器产生并输出一个信号。检查器分布在超大规模数字电路或系统中，通过跟踪发出故障信号的检查器就可以提供故障位置的快速检测。自检查电路的使用使软件诊断程序的开发得到简化。但是检查器需要增加硬件，并且它需要有自检查能力。如果要求检查器本身有自检查能力，那么单输出检查器是不够的，因为输出可能有固定性故障，这样妨碍了电路检测中对实际故障的检测。可以用带有一对输出的检查器来解决这个问题。

内建逻辑模块观察器

内建逻辑模块观察器(BILBO)寄存器是输出响应分析仪的一种形式,它可用在划分出的寄存器的每一个簇内。图 15.14 所示为一个基本的内建逻辑模块观察电路,它允许有四种不同模式,通过 C_0 和 C_1 信号来控制。

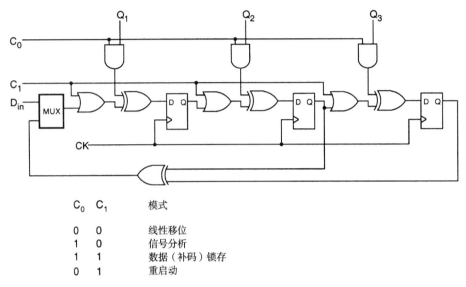

C_0	C_1	模式
0	0	线性移位
1	0	信号分析
1	1	数据(补码)锁存
0	1	重启动

图 15.14 三位内建逻辑模块观察器(BILBO)实例

内建逻辑模块观察操作允许在多点通过异或输入到线性反馈移位寄存器来检测电路工作情况,它相当于带有多路输入的信号分析仪。

15.7 电流监控 I_{DDQ} 检测

一种常用的制造缺陷测试技术是 I_{DDQ} 测试。若有分流错误,CMOS 电路中由电源引起的静态电流会非常高,远远地超过预期的泄漏电流范围。例如,在 CMOS 反相器中,若 pMOS 晶体管的漏极与电源之间由于分流错误被短路,即使输入很高,它的 I_{DDQ} 电流也会很大。这种方法还可以检测出其他测试方法不易检测出的制造缺陷,包括:

- 栅极氧化物短路
- 沟道击穿
- pn 二极管泄漏
- 传输门故障

I_{DDQ} 测试包括提供测试向量和在 DC 稳态下监控电源引起的电流。虽然这种测试方法需要更多的测试时间,但是由于在待测器件不同部分用来监测 I_{DDQ} 的小电路开支,使得它的故障检测能力大大提高。

一般固定性检测需要经过故障敏化和故障效应传递,I_{DDQ} 测试只要求故障敏化。但它在漏极开路和门开路时工作效率不高。I_{DDQ} 故障范围很容易得到,且对于大规模设计来说,它可能具备覆盖全芯片的能力。

I_{DDQ} 的测试性设计指标如下：

- 低静态电流状态。例如，全 CMOS 更可取。
- 没有有源的上拉和下拉网络。
- 无内部驱动冲突。例如，驱动器共享一条总线。
- 电路中无浮动节点。
- 无退化的电压。例如，必须使 $V_{OH} = V_{DD}$ 和 $V_{OL} = 0$。

习题

15.1　给出一个逻辑电路实例，它的固定 1 型故障和固定 0 型故障不可区分。

15.2　证明图 15.13 中线性反馈移位寄存器的余数确实为 $R(x) = x^4 + x^2$。

15.3　说明总线结构对于可测试性的利与弊，总线结构是如何影响到芯片面积开销的？

15.4　判断芯片的漏电流测试应在功能测试之前还是之后进行？对于包含设计用于工作在超高频下动态电路的芯片，对它的测试频率有何说明？频率过低会造成功能测试失败吗？如果是，请解释为什么？

15.5　给出一些逻辑电路的例子，它们的逻辑故障范围依赖于测试向量顺序。

15.6　找出图 15.2 中检测导线 B 上固定 0 型故障的所有测试向量集和导线 C 上固定 1 型故障的所有测试向量集。

15.7　假设在一个组合电路中存在不可测的固定性故障，证明此电路可按照下面的规则进行简化(以下给出的是或门的简化规则)。试证明并找出与门、或非门、与非门和异或门的简化规则)。

不可测故障	或门简化规则
输入 x_i s-a-0	移去输入 x_i
输入 x_i s-a-1	移去或门，输出和 1 相连
输出 s-a-0	移去或门，输出和 0 相连
输出 s-a-1	移去或门，输出和 1 相连

15.8　用习题 15.7 中的规则简化图15.7 所示的电路。

参 考 文 献

Abramovici, M., Breuer, M.A., and Friedman, A.D., *Digital Systems Testing and Testable Design,* New York, NY: Computer Science Press, 1990.

Alvarez, A.R., ed., *BiCMOS Technology and Applications,* second edition, Boston, MA: Kluwer Academic Publishers, 1994.

Annaratone, M., *Digital CMOS Circuit Design,* Norwell, MA: Kluwer, 1986.

Anner, G.E., *Planar Processing Primer,* New York, NY: Van Nostrand Rheinhold, 1990.

Athas, W.C., Swensson, L., Koller, J.G., and Chou, E., "Low-power digital systems based on adiabatic-switching principles," *IEEE Transactions on VLSI Systems,* vol. 2, pp. 398–407, December 1994.

Bakoglu, H.B., *Circuits, Interconnections and Packaging for VLSI,* Reading, MA: Addison-Wesley, 1990.

Barber, M.R., "Fundamental timing problems in testing MOS VLSI on modern ATE," *IEEE Design and Test,* pp. 90–97, August 1984.

Bell, S., Edwards, B., Amann, J., Conlin, R., Joyce, K., Leung, V., MacKay, J., Reif, M., Liewei, B., Brown, J., Mattina, M., Chyi-Chang, M., Ramey, C., Wentzlaff, D., Anderson, W., Berger, E., Fairbanks, N., Khan, D., Montenegro, F., Stickney, J., and Zook, J., "TILE64—processor: a 64-Core SoC with mesh interconnect," in *ISSCC Dig. Tech. Papers,* pp. 88–598, 2008.

Bellaouar, A. and Elmasry, M.I., *Low-Power Digital VLSI Design,* Norwell, MA: Kluwer Academic Publishers, 1995.

Benini, L. and De Micheli, G., "Networks on chips: a new SoC paradigm," *IEEE Computer,* vol. 35, no. 1, pp. 70–78, 2002.

Bernstein, K. and Rohrer, N.J., *SOI Circuit Design Concepts,* Dordrecht, The Netherlands: Kluwer Academic Publishers, 2000.

Bernstein, K., Frank, D.J., Gattiker, A.E., Haensch, W., Ji, B.L., Nassif, S.R., Nowak, E.J., Pearson, D.J., and Rohrer, N.J., "High-performance CMOS variability in the 65-nm regime and beyond," *IBM J. Res. & Dev.,* vol. 50, no. 4, July 2006.

Berridge, R., et al., "IBM Power6 microprocessor physical design and design methodology," *IBM Journal of Research and Development,* vol. 51, no. 6, pp. 685–714, Nov. 2007.

Bilardi, G., Pracchi, M., and Preparata, F.P., "A critique of network speed in VLSI models of computation," *IEEE Journal of Solid-State Circuits,* vol. DC-17, no. 4, pp. 696–702, August 1982.

Box, G.E.P. and Draper, N.R., *Empirical Model Building and Response Surfaces,* New York, NY: John Wiley and Sons, Inc., 1987.

Box, G.E.P., Hunter, W.G., and Hunter, J.S., *Statistics for Experimenters: An Introduction to Design, Data Analysis and Model Building,* New York, NY: John Wiley and Sons, Inc., 1978.

Breuer, M.A. and Friedman, A.D., *Reliable Design of Digital Systems,* Rockville, MD: Computer Science Press, 1976.

Brews, J.R., "A charge-sheet model of the MOSFET," *Solid-State Electronics,* vol. 21, pp. 345–355, 1978.

Brown, W.D. and Brewer, J.E., *Nonvolatile Semiconductor Memory Technology: A Comprehensive Guide to Understanding and Using NVSM Devices, IEEE Press Series on Microelectronic Systems,* 1997.

Chan, V., Rim, K., Ieong, M., Yang, S., Malik, R., Teh, Y., Yang, M., and Ouyang, Q., "Strain for CMOS performance improvement," *IEEE Custom Integrated Circuits Conference,* pp. 667–674, Sept. 2005.

Chandrakasan, A.P. and Brodersen, R.W., *Low Power Digital CMOS Design,* Norwell, MA: Kluwer Academic Publishers, 1995.

Chang, C.Y. and Sze, S.M., *ULSI Technology,* New York, NY: McGraw-Hill, 1996.

Chang, R. and Spanos, C.J., "Dishing-radius model of copper CMP dishing effects," *IEEE Transactions on Semiconductor Manufacturing,* vol. 18, no. 2, pp. 297–303, May 2005.

Chen, H.Y. and Kang, S.M., "iCOACH: A circuit optimization aid for CMOS high-performance circuits," *Integration, the VLSI Journal,* 10, pp. 185–212, 1991.

Cheng, Y., Chan, M., Hui, K., Jeng, M., Liu, Z., Huang, J., Chen, K., Tu, R., Ko, P.K., and Hu, C., *BSIM3v3 Manual,* Department of Electrical Engineering and Computer Science, University of California, Berkeley, 1996.

Christie, P. and Stroobandt, D., "The interpretation and application of Rent's Rule." *IEEE Trans. on VLSI Systems,* vol. 8, no. 6, pp. 639–648, Dec. 2000.

Colinge, J.-P., *FinFETs and Other Multi-Gate Transistors,* New York, NY: Springer, 2008.

Cong, J. and He, L., "Optimal wiresizing for interconnects with multiple sources," *ACM Transaction on Design Automation of Electronic Systems,* vol. 1, no. 4, pp. 478–511, October 1996.

Cong, J., He, L., Koh, C.K., and Pan, Z., "Global

interconnect sizing and spacing with consideration of coupling capacitance," *Proc. IEEE Int'l Conf. on Computer-Aided Design,* San Jose, CA, pp. 628–633, November 1997.

Dally, W.J., and Towles, B., "Route packets, not wires: on-chip interconnection networks," *Proc. ACM/IEEE Design Automation Conference,* pp. 684–689, Austin, TX, 2001.

De Los Santos, H.J. and Hoefflinger, B., "Optimization and scaling of CMOS bipolar drivers for VLSI interconnects," *IEEE Transactions on Electron Devices,* vol. ED-33, pp. 1722–1729, November 1986.

DeWilde, P., "New algebraic methods for modelling large-scale integrated circuits," *International Journal of Circuit Theory and Applications,* vol. 16, no. 4, pp. 473–503, October 1988.

Diaz, C.H., Kang, S.M., and Duvvury, C., *Modeling of Electrical Overstress in Integrated Circuits,* Norwell, MA: Kluwer Academic Publishers, 1994.

Diaz, C.H., Kang, S.M., and Leblebici, Y., "An accurate analytical delay model for BiCMOS driver circuits," *IEEE Transactions on Computer-Aided Design,* vol. 10, pp. 577–588, May 1991.

Digital/Analog Communications Handbook, Issue 9, *Mitel Semiconductor,* 1993.

Dillinger, T.E., *VLSI Engineering,* Englewood Cliffs, NJ: Prentice-Hall, Inc., 1988.

Dobberpuhl, D. et al., "A 200 MHz 64-b dual issue CMOS microprocessor," *IEEE J. Solid-State Circuits,* vol. 27, pp. 1555–1567, November 1992.

Embabi, S.H.K., Bellaouar, A., and Elmasry, M.I., *Digital BiCMOS Integrated Circuit Design,* Boston, MA: Kluwer Academic Publishers, 1993.

Enz, C., Krummenacher, F., and Vittoz, E., "An analytical MOS transistor model valid in all regions of operation and dedicated to low voltage and low current applications," *Analog Int. Circ. and Signal Proc.,* vol. 8, pp. 83–114, 1995.

Enz, C.C. and Vittoz, E.A., *Charge-based MOS Transistor Modeling: The EKV Model for Low-power and RF IC Design,* London, England: John Wiley & Sons, Inc., 2006.

Ferris-Prabhu, A.V., "On the assumptions contained in semiconductor yield models," *IEEE Transactions on Computer-Aided Design,* vol. 11, pp. 955–965, August 1992.

Fey, C.F., "Custom LSI/VLSI chip design complexity," *IEEE Journal of Solid-State Circuits,* vol. SC-20, no. 2, April 1985.

Flynn, M.J. and Oberman, S.F., *Advanced Computer Arithmetic Design,* New York, NY: John Wiley & Sons, Inc., 2001.

Foty, D., *MOSFET Modeling with SPICE,* Englewood Cliffs, NJ: Prentice-Hall, 1997.

Gabara, T.J. and Thompson, D.W., "High speed, low power CMOS transmitter-receiver system," *IEEE International Conference on Computer Design,* pp. 344–347, October 1988.

Glasser, L.A. and Dobberpuhl, D.W., *The Design and Analysis of VLSI Circuits,* Reading, MA: Addison-Wesley Publishing Co., 1985.

Goncalves, N.F. and De Man, H., "NORA: A racefree dynamic CMOS technique for pipelined logic structures," *IEEE Journal of Solid-State Circuits,* vol. SC-18, no. 3, pp. 261–266, June 1983.

Gray, P.R. and Meyer, R.G., *Analysis and Design of Analog Integrated Circuits,* fourth edition, New York, NY: John Wiley & Sons, Inc., 2001.

Greason, W.D., *Electrostatic Damage in Electronics: Devices and Systems,* Somerset, England: Research Studies Press, Ltd., 1987.

Grove, A.S., *Physics and Technology of Semiconductor Devices,* New York, NY: John Wiley & Sons, Inc., 1967.

Harris, D., "A taxonomy of prefix networks," *Proc. 37th Asilomar Conf. Signals, Systems, and Computers,* pp. 2213–2217. November 2003.

Harris Semiconductor, *SC3000 1.5-Micron CMOS Standard Cells,* 1989.

Haznedar, H., *Digital Microelectronics,* Redwood City, CA: Benjamin/Cummings, 1991.

Hedenstierna, N. and Jeppson, K.O., "Comments on the optimum CMOS tapered buffer problem," *IEEE Journal of Solid-State Circuits,* vol. 29, no. 2, pp. 155–158, February 1994.

Henson, W.K., Yang, N., Kubicek, S., Vogel, E.M., Worthman, J.J., Meyer, K.D., and Naem, A., "Analysis of leakage currents and impact on off-state power consumption for CMOS Technology in the 100nm regime," *IEEE Transactions on Electron Devices,* vol. 47, pp. 1393–1400, July 2000.

Hilewitz Y., and Lee, R.B., "A new basis for shifters in general-purpose processors for existing and advanced bit manipulations," *IEEE Transactions on Computers,* vol. 58, no. 8, pp. 1035–1048, Aug. 2009.

Hill, F.J. and Peterson, G.R., *Computer-Aided Logical Design with Emphasis on VLSI,* fourth edition, New York, NY: John Wiley & Sons, Inc., 1993.

Ho, R., Mai, K.W., and Horowitz, M.A., "The future of wires," *Proceedings of the IEEE,* vol. 89, no. 4, pp. 490–504, 2001.

Hollis, E.E., *Design of VLSI Gate Array ICs,* Englewood Cliffs, NJ: Prentice Hall, Inc., 1987.

Horowitz, M. and Dutton, R.W., "Resistance extraction from mask layout data," *IEEE Transactions on*

Computer-Aided Design, vol. CAD-2, no. 3, pp. 145–150, July 1983.

Horst, E., Muller-Schloer, C., and Schwartzel, H., *Design of VLSI Circuits,* Heidelberg: Springer-Verlag, 1987.

Hu, T.C. and Kuh, E.S., *VLSI Circuit Layout: Theory and Design,* IEEE Press, 1985.

Hwang, I.S. and Fisher, A.L., "Ultrafast compact 32-bit CMOS adders in multiple-output domino logic," *IEEE Journal of Solid-State Circuits,* vol. 24, no. 2, pp. 358–369, June 1982.

Ikeda, T., Watanabe, A., Nishio, Y., Masuda, I., Tamba, N., Odaka, M., and Ogiue, K., "High-speed BiCMOS technology with a buried twin well structure," *IEEE Transactions on Electron Devices,* vol. ED-34, pp. 1304–1309, June 1987.

International Technology Roadmap for Semiconductors 2005, www.itrs.net.

Itoh, K., *VLSI Memory Chip Design,* Springer Series in Advanced Microelectronics 5, 2001.

Jeng, M.C., Lee, P.M., Kuo, M.M., Ko, P.K., and Hu, C., *Theory, Algorithms, and User's Guide for BSIM and SCALP,* Electronic Research Laboratory Memorandum, UCB/ERL M87/35, Berkeley, CA: University of California, 1983.

Jha, N. and Kundu, S., *Testing and Reliable Design of CMOS Circuits,* Norwell, MA: Kluwer Academic Publishers, 1990.

Johnson, H.W. and Graham, M., *High-Speed Digital Design,* Englewood Cliffs, NJ: Prentice-Hall PTR, 1993.

Kang, S.M., "Accurate simulation of power dissipation in VLSI circuits," *IEEE Journal of Solid-State Circuits,* vol. SC-21, no. 10, pp. 889–891, October 1986.

Kang, S.M., Krambeck, R.H., Law, H.-F.S., and Lopez, A.D., "Gate matrix layout of random logic in a 32-bit CMOS CPU chip adaptable to evolving logic design," *IEEE Transactions on Computer-Aided Design,* vol. CAD-2, no. 1, pp. 18–29, January 1983.

Karen, I., *Computer Arithmetic Algorithms,* second edition, Natick, MA: A K Peters, 2002.

Kim, C., Hwang, I.-C., and Kang, S.-M., "Low-power small-area 7.28ps jitter 1-GHz DLL-based clock generator," *IEEE Journal of Solid-State Circuits,* vol. 37, no. 11, pp. 1414–1420, November 2002.

Krambeck, R.H., Lee, C.M., and Law, H.-F.S., "High-speed compact circuits with CMOS," *IEEE Journal of Solid-State Circuits,* vol. SC-17, no. 3, pp. 614–619, June 1982.

Kwak, Y.-H., Jung, I., and Kim, C., "A Gbps+ slew-rate/impedance controlled output driver with single-cycle compensation time," *IEEE Transactions on Circuits and Systems II,* vol. 57, no. 2, pp. 120–125, Feb. 2010.

Landman, B.S., and Russo, R.L., "On a pin versus block relationship for partitions of logic graphs," *IEEE*

Trans. on Computer, C-20, pp. 1469–1479, 1971.

Leblebici, Y. and Kang, S.M., *Hot-Carrier Reliability of MOS VLSI Circuits,* Norwell, MA: Kluwer Academic Publishers, 1993.

Lee, C.M. and Szeto, E.W., "Zipper CMOS," *IEEE Circuits and Devices Magazine,* pp. 10–16, May 1986.

Lee, K., Shur, M., Fjeldly, T.A., and Ytterdal, Y., *Semiconductor Device Modeling for VLSI,* Englewood Cliffs, NJ: Prentice-Hall, Inc., 1993.

Lee, S.-W. and Rennick, R.C., "A compact IGFET model-ASIM," *IEEE Transactions on Computer-Aided Design,* vol. 7, no. 9, pp. 952–975, September 1988.

Lin, H.C., Ho, J.C., Iyer, R.R., and Kwong, K., "Complementary MOS-bipolar transistor structure," *IEEE Transactions on Electron Devices,* vol. ED-16, pp. 945–951, November 1969.

Liu, Z.-H., Hu, C., Huang J.-H., Chan, T.-Y., Jeng, M.-C., Ko P.K., and Cheng, Y.C., "Threshold voltage model for deep-submicrometer MOSFETs," *IEEE Transactions on Electron Devices,* vol. 40, no. 1, pp. 86–95, January 1993.

Lopez, A.D. and Law, H.-F.S., "A dense gate matrix layout method for MOS VLSI," *IEEE Transactions on Electron Devices,* vol. ED-27, no. 8, pp. 1671–1675, August 1980.

Mahoney, P., Fetzer, E., Doyle, B., and Naffziger, S., "Clock distribution on a dual-core, multi-threaded Itanium®-family processor," *IEEE International Solid-State Circuits Conference,* Feb. 2005, San Francisco, CA.

Maly, W., *Atlas of IC Technologies,* Menlo Park, CA: Benjamin/Cummings, 1987.

Maly, W. and Director, S.W., eds., *Statistical Approach to VLSI,* Amsterdam: North Holland, 1994.

Massobrio, G. and Antognetti, P., *Semiconductor Device Modeling with SPICE,* second edition, New York, NY: McGraw-Hill, 1993.

Matthys, R.J., *Crystal Oscillator Circuits,* New York, NY: John Wiley & Sons, Inc., 1983.

McClurkey, E.J., *Logic Design Principles with Emphasis on Testable VLSI Circuits,* Englewood Cliffs, NJ: Prentice-Hall, Inc., 1986.

Mead, C. and Conway, L., *Introduction to VLSI Systems,* Reading, MA: Addison-Wesley Publishing Company, Inc., 1980.

Meyer, J.E., "MOS models and circuit simulation," *RCA Review,* 32, pp. 42–63, March 1971.

Miller, I. and Freund, E., *Probability and Statistics for Engineers,* second edition, Englewood Cliffs, NJ: Prentice Hall, Inc., 1977.

Mokhari-Bolhassan, M.E. and Kang, S.M., "Analysis and correction of VLSI delay measurement errors due to transmission-line effects," *IEEE Trans. Circuits and Systems,* vol. 35, pp. 19–25, January 1988.

Momose, H., Shibata, H., Saitoh, S., Miyamoto, J., Kanzaki, K., and Kohyama, S., "1.0-mm n-well CMOS/bipolar technology," *IEEE Transactions on Electron Devices,* vol. ED-32, pp. 217–223, February 1985.

Mukhopadhyay, S., Neau, C., Cakici, R.T., Agarwal, A., Kim, C.H., and Roy, K., "Gate leakage reduction for scaled devices using transistor stacking," *IEEE Transactions on VLSI Systems,* vol. 11, pp. 716–730, August 2003.

Muller, R.S. and Kamins T., *Device Electronics for Integrated Circuits,* second edition, New York, NY: John Wiley & Sons, Inc., 1986.

Murphy, B.T., "Cost-size optima of monolithic integrated circuits," *Proceedings of IEEE,* vol. 52, pp. 1937–1945, December 1964.

Nagel, L.W., *SPICE2: A Computer Program to Simulate Semiconductor Circuits,* Memo ERL-M520, Berkeley, CA: University of California, 1975.

Najm, F., "A survey of power estimation techniques in VLSI circuits," *IEEE Transactions on VLSI Systems,* vol. 2, pp. 446–455, December 1994.

Oklobdzija, V.G., Stojanovic, V.M., Markovic, D.M., and Nedovic, N.M., *Digital System Clocking High-Performance and Low-Power Aspects,* New York, NY: John Wiley & Sons, Inc., 2003.

Osseiran, A., *Design for Testability,* Swiss Federal Institute of Technology (EPFL) Intensive Summer Course Note, 1993.

Packan, P., *IEEE Electron Device Meeting Short Course,* 2007.

Patel, J.H., *ECE443 Class Notes,* University of Illinois at Urbana-Champaign, Spring 1994.

Pelgrom, M., *Analog-to-digital Conversion,* second edition, New York, NY: Springer, 2013.

Plummer, J.D., Deal, M.D., and Griffin, P.B., *Silicon VLSI Technology,* Upper Saddle River, NJ: Prentice Hall, Inc., 2000.

Prince, B., *Semiconductor Memories: A Handbook of Design, Manufacture and Application,* second edition, New York, NY: John Wiley & Sons, Inc., 1996.

Rabaey, J.M. and Pedram, M., ed., *Low Power Design Methodologies,* Norwell, MA: Kluwer Academic Publishers, 1995.

Razavi, B., *Monolithic Phase-Locked Loops and Clock Recovery Circuits,* New York, NY: IEEE Press, 1996.

Rogers, J., Plett, C., and Dai, F., *Integrated Circuit Design for High-speed Frequency Synthesis,* Norwood, MA: Artech House, 2006.

Ross, P.J., *Taguchi Techniques for Quality Engineering,* New York: McGraw-Hill, 1988.

Rosseel, G.P. and Dutton, R.W., "Influence of device parameters on the switching speed of BiCMOS buffers," *IEEE Journal of Solid-State Circuits,* vol. 24, pp. 90–99, February 1989.

Roy, K., Mukhopadhyay, S., Mahmoodi-Meimand, H., "Leakage current mechanisms and leakage reduction techniques in deep-submicrometer CMOS circuits," *Proceedings of the IEEE,* vol. 91, no. 2, pp. 305–327, 2003.

Ruehli, A.E. and Brennan, P.A., "Efficient capacitance calculations for three-dimensional multiconductor systems," *IEEE Transactions on Microwave Theory and Applications,* vol. MTT-21, no. 2, pp. 76–82, February 1973.

Sah, C.-T., *Fundamentals of Solid-State Electronics,* River Ridge, NJ: World Scientific Publishing Co., 1991.

Sakurai, T. and Kuroda, T., *Low Power CMOS Technology and Circuit Design for Multimedia Applications,* Lecture notes, Advanced Course on Architectural and Circuit Design for Portable Electronic Systems, EPFL—Swiss Federal Institute of Technology, Lausanne, June 1997.

Sakurai, T. and Newton, A.R., "Alpha-power law MOSFET model and its application to CMOS inverter delay and other formulas," *IEEE Journal of Solid-State Circuits,* vol. 25, no. 2, pp. 584–594, April 1990.

Sakurai, T. and Newton, A.R., "Delay analysis of series-connected MOSFET circuits," *IEEE Journal of Solid-State Circuits,* vol. 26, no. 2, pp. 122–131, February 1991.

Sapatnekar, S.S. and Kang, S.M., *Design Automation for Timing-Driven Layout Sythesis,* Norwell, MA: Kluwer Academic Publishers, 1993.

Schichman, H. and Hodges, D.A., "Modeling and simulation of insulated-gate field-effect transistors," *IEEE Journal of Solid-State Circuits,* vol. SC-3, no. 5, pp. 285–289, September 1968.

Sechen, C. and Sangiovanni-Vincentelli, A., "The TimberWolf placement and routing package," *IEEE Journal of Solid-State Circuits,* vol. SC-20, no. 2, pp. 510–522, April 1985.

Sheu, B.J., Scharfetter, D.L., Ko, P.K., and Jeng, M.C., "BSIM, Berkeley short-channel IGFET model," *IEEE Journal of Solid-State Circuits,* vol. SC-22, pp. 558–566, 1987.

Shoji, M., "FET scaling in domino CMOS gates," *IEEE Journal of Solid-State Circuits,* vol. SC-20, no. 5, pp. 1067–1071, October 1985.

Shoji, M., *CMOS Digital Circuit Technology,* Englewood Cliffs, NJ: Prentice-Hall, Inc., 1988.

Shoji, M., *Theory of CMOS Digital Integrated Circuits and Circuit Failures,* Princeton, NJ: Princeton University Press, 1992.

Strojwas, A., ed., *Selected Papers on Statistical Design of Integrated Circuits,* IEEE Press, 1987.

Svensson, C. and Liu, D., "A power estimation tool and prospects of power savings in CMOS VLSI chips," *Proceedings of International Workshop on Low*

Power Design, 1994.

Sze, S.M., *Physics of Semiconductor Devices,* second edition, New York, NY: John Wiley & Sons, Inc., 1981.

Sze, S.M., *VLSI Technology,* New York, NY: McGraw-Hill, 1983.

Tsay, R.S., "An exact zero-skew clock routing algorithm," *IEEE Trans. Computer-Aided Design,* vol. 12, pp. 242–249, February 1993.

Tsividis, Y.P., *Operation and Modeling of the MOS Transistor,* New York, NY: McGraw-Hill, 1987.

Tummala, R.R., *Fundamentals of Microsystems Packaging,* New York, NY: McGraw-Hill, 2001.

Uehara, T. and Van Cleemput, W.M., "Optimal layout of CMOS functional arrays," *IEEE Transactions on Computers,* vol. C-30, no. 5, pp. 305–313, May 1981.

Uyemura, J.P., *Fundamentals of MOS Digital Integrated Circuits,* Reading, MA: Addison-Wesley, 1988.

Vangal, S., Howard, J., Ruhl, G., Dighe, S., Wilson, H., Tschanz, J., Finan, D., Iyer, P., Singh, A., Jacob, T., Jain, S., Venkataraman, S., Hoskote, Y., and Borkar, N., "An 80-Tile 1.28TFLOPS Network-on-Chip in 65nm CMOS," *ISSCC Dig. Tech. Papers,* pp. 98–589, 2007.

Wadsack, R.L., "Fault modeling and logic simulation of CMOS and MOS integrated circuits," *Bell System Technical Journal,* vol. 57, no. 5, pp. 1449–1474, May-June 1978.

Weste, N.H.E. and Eshraghian, K., *Principles of CMOS VLSI Design—A Systems Perspective,* second edition, Reading, MA: Addison-Wesley Publishing Co., 1993.

Weste N.H.E. and Harris, D.M., *CMOS VLSI Design—A Circuits and Systems Perspective,* fourth edition, Reading, MA: Addison-Wesley, 2011.

Wolf, S. and Tauber, R.N., *Silicon Processing for the VLSI Era: Process Technology* (Volume 1), Sunset Beach, CA: Lattice Press, 1986.

Wolf, S., *Silicon Processing for the VLSI Era: Process Integration* (Volume 2), Sunset Beach, CA: Lattice Press, 1990.

Wong, B.P., Mittal, A., Cao, Y., and Starr, G., *Nano-CMOS Circuit and Physical Design,* New York, NY: John Wiley & Sons, Inc., 2005.

Yang, P. and Chatterjee, P.K., "SPICE modeling for small geometry MOSFET circuits," *IEEE Transactions on Computer-Aided Design,* vol. CAD-1, no. 4, pp. 169–182, 1982.

Yang, W., Dunga, M.V., Xi, X., He, J., Liu, W., Kanyu, L., Cao, M., Jin, X., Ou, J., Chan, M., Kiknejad, A., and Hu, C., *BSIM4.6.2 MOSFET Model–User's Manual,* Department of Electrical Engineering and Computer Science, University of California, Berkeley, 2008.

Yoo, S.M. and Kang, S.M., "New high performance sub-1V circuit technique with reduced standby current and robust data handling," *IEEE International Symposium on Circuits and Systems,* May 28–31, 2000, Geneva, Switzerland.

Yuan, C.P. and Trick, T.N., "A simple formula for the estimation of capacitance of two-dimensional interconnects in VLSI circuits," *IEEE Electron Device Letters,* vol. EDL-3, no. 12, pp. 391–393, December 1982.

Yuan, J. and Svensson, C., "High-speed CMOS circuit technique," *IEEE Journal of Solid-State Circuits,* vol. 24, no.1, pp. 62–70, February 1989.

Zhou, D., Preparata, F.P., and Kang, S.M., "Interconnection delay in very high-speed VLSI," *IEEE Transactions on Circuits and Systems,* vol. 38, no. 7, pp. 779–790, July 1991.

Zhou, X., Lim, K.Y., and Lim, D., "A general approach to compact threshold voltage formulation based on 2-D numerical simulation and experimental correlation for deep-submicron ULSI technology development," *IEEE Transactions on Electron Devices,* vol. 47, no. 1, pp. 214–221, January 2000.

Zimmermann, R. and Fichtner, W., "Low-power logic styles: CMOS versus pass-transistor logic," *IEEE Journal of Solid-State Circuits,* vol. 32, no. 7, pp. 1079–1090, July 1997.

物理和材料常数

玻耳兹曼常数	k	1.38×10^{-23}	J/K
电子电荷	q	1.6×10^{-19}	C
热电压	kT/q	0.026 (at $T = 300$ K)	V
硅(Si)的能隙	E_g	1.12 (at $T = 300$ K)	eV
硅(Si)的本征载流子浓度	n_i	1.45×10^{10} (at $T = 300$ K)	cm^{-3}
真空介电常数	ε_0	8.85×10^{-14}	F/cm
硅(Si)的介电常数	ε_{Si}	$11.7 \times \varepsilon_0$	F/cm
二氧化硅(SiO$_2$)介电常数	ε_{ox}	$3.97 \times \varepsilon_0$	F/cm

常用位数后缀

十亿	G	10^9
兆	M	10^6
千	k	10^3
毫	m	10^{-3}
微	μ	10^{-6}
纳	n	10^{-9}
微微	p	10^{-12}
毫微微	f	10^{-15}

公 式

MOSFET漏极电流方程

n沟道MOSFET：

$$I_D(lin) = \frac{\mu_n \cdot C_{ox}}{2} \cdot \frac{W}{L} \cdot \frac{1}{1 + \left(\dfrac{V_{DS}}{E_c L}\right)} \cdot \left[2 \cdot (V_{GS} - V_T) \cdot V_{DS} - V_{DS}^2\right] \qquad 当 \quad V_{GS} \geqslant V_T$$

$$且 \quad V_{DS} < \frac{(V_{GS} - V_T) \cdot E_c L}{(V_{GS} - V_T) + E_c L}$$

$$I_D(sat) = W \cdot v_{sat,n} \cdot C_{ox} \cdot \frac{(V_{GS} - V_T)^2}{(V_{GS} - V_T) + E_c L} \cdot (1 + \lambda \cdot V_{DS}) \qquad 当 \quad V_{GS} \geqslant V_T$$

$$且 \quad V_{DS} \geqslant \frac{(V_{GS} - V_T) \cdot E_c L}{(V_{GS} - V_T) + E_c L}$$

p沟道MOSFET：

$$I_D(lin) = \frac{\mu_p \cdot C_{ox}}{2} \cdot \frac{W}{L} \cdot \frac{1}{1 + \left(\dfrac{V_{DS}}{E_c L}\right)} \cdot \left[2 \cdot (V_{SG} - |V_T|) \cdot V_{SD} - V_{DS}^2\right] \qquad 当 \quad V_{SG} \geqslant |V_T|$$

$$且 \quad V_{SD} > \frac{(V_{SG} - |V_T|) \cdot E_c L}{(V_{SG} - |V_T|) + E_c L}$$

$$I_D(sat) = W \cdot v_{sat,p} \cdot C_{ox} \cdot \frac{(V_{SG} - |V_T|)^2}{(V_{SG} - |V_T|) + E_c L} \cdot (1 + \lambda \cdot V_{SD}) \qquad 当 \quad V_{SG} \geqslant |V_T|$$

$$且 \quad V_{SD} \leqslant \frac{(V_{SG} - |V_T|) \cdot E_c L}{(V_{SG} - |V_T|) + E_c L}$$

CMOS反相器开关门限电压

$$V_{th} = \frac{V_{T0,n} + \sqrt{\kappa} \cdot (V_{DD} - |V_{T0,p}|)}{1 + \sqrt{\kappa}} \qquad 当 \quad \kappa = \frac{W_p}{W_n} \cdot \frac{E_{C,n} \cdot L_n}{E_{C,p} \cdot L_p} = \frac{W_p \cdot E_{C,n}}{W_n \cdot E_{C,p}}$$

CMOS反相器传输延时

$$\tau_{PHL} = \frac{C_{load}}{k_n} \cdot \frac{2}{E_{C,n} L_n} \cdot \frac{V_{50\%}[(V_{DD} - V_{T,n}) + E_{C,n} L_n]}{(V_{DD} - V_{T,n})^2}$$

$$\tau_{PHL} = \frac{C_{load}}{k_{n,load} |V_{T,load}|} \left[\frac{2(V_{DD} - |V_{T,load}|) - V_{OL})}{|V_{T,load}|} + \ln\left(\frac{2(|V_{T,load}| - (V_{DD} - V_{50\%}))}{V_{DD} - V_{50\%}}\right)\right]$$

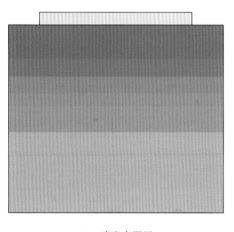

A．确定有源区

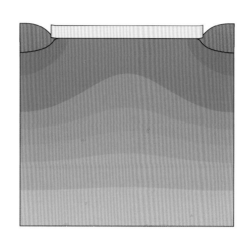

B．退火和场氧化物生成

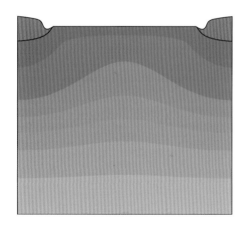

C．沟道注入

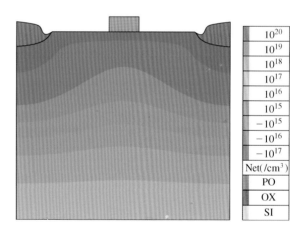

D．栅极形成（多晶硅淀积）

| 10^{20} |
| 10^{19} |
| 10^{18} |
| 10^{17} |
| 10^{16} |
| 10^{15} |
| -10^{15} |
| -10^{16} |
| -10^{17} |
| Net(/cm³) |
| PO |
| OX |
| SI |

插图 1　p 型硅衬底上的 nMOS 管制造步骤

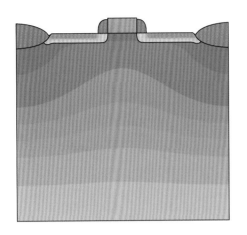

E. 镶壁形成和注入源、漏区

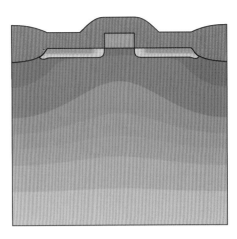

F. 氧化物淀积

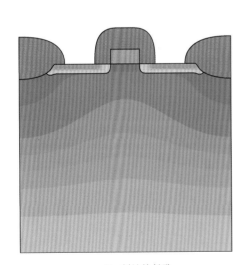

G. 刻蚀接触孔

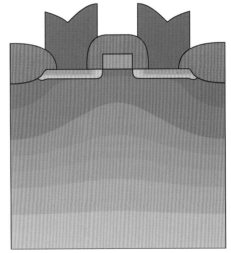

H. 金属淀积

—	pn
	10^{19}
	10^{18}
	10^{17}
	10^{16}
	10^{15}
	0
	-10^{15}
	-10^{16}
	-10^{17}
Net(/cm³)	
	AL
	PO
	OX
	SI

插图 2　p 型硅衬底上的 nMOS 管制造步骤(插图 1 续)

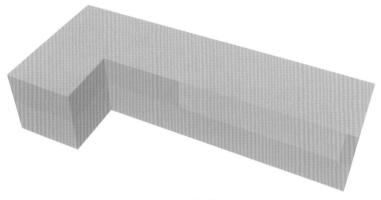

(A) 生成n阱

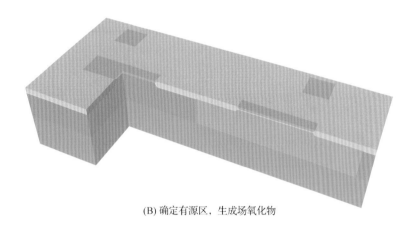

(B) 确定有源区，生成场氧化物

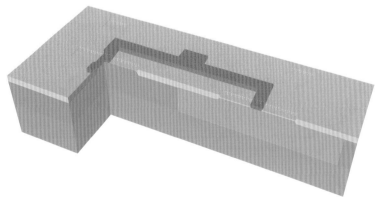

(C) 多晶硅淀积

插图 3　CMOS 反相器制造步骤的剖面示意图

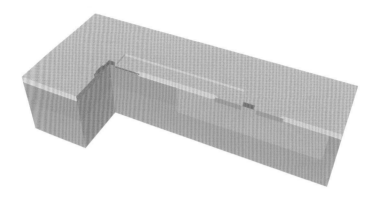

(D) 注入源/漏区

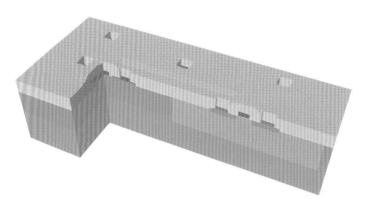

(E) 氧化物SiO$_2$淀积和刻蚀接触孔

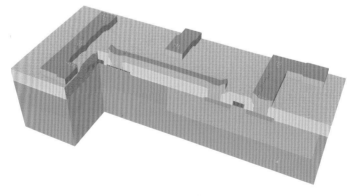

(F) 第一层金属淀积

插图 4　CMOS 反相器制造步骤的剖面示意图(插图 3 续)

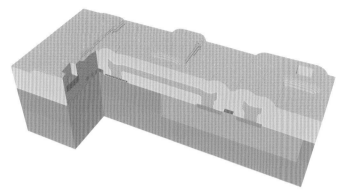

(G) 氧化物淀积和刻蚀接触孔

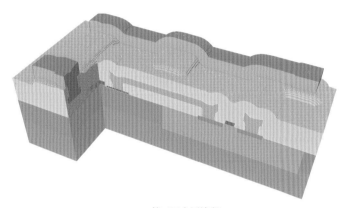

(H) 第二层金属淀积

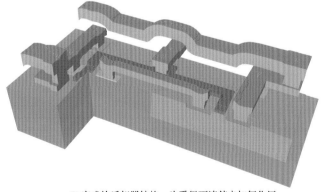

(I) 完成的反相器结构，为看得更清楚未加氧化层

插图 5　CMOS 反相器制造步骤的剖面示意图(插图 4 续)

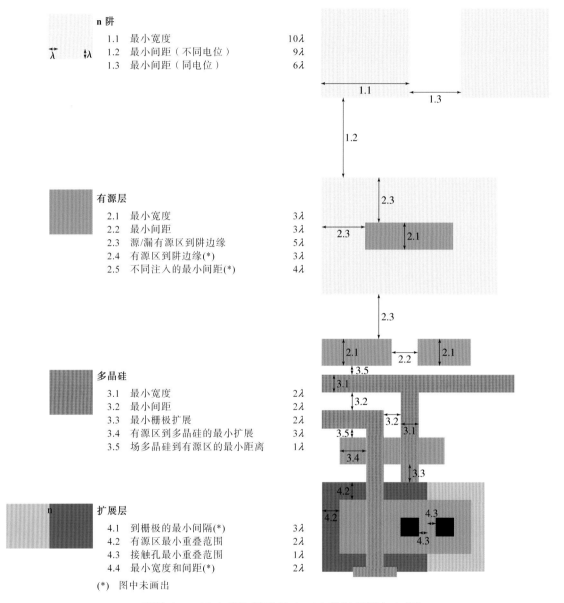

n 阱

1.1	最小宽度	10λ
1.2	最小间距（不同电位）	9λ
1.3	最小间距（同电位）	6λ

有源层

2.1	最小宽度	3λ
2.2	最小间距	3λ
2.3	源/漏有源区到阱边缘	5λ
2.4	有源区到阱边缘(*)	3λ
2.5	不同注入的最小间距(*)	4λ

多晶硅

3.1	最小宽度	2λ
3.2	最小间距	2λ
3.3	最小栅极扩展	2λ
3.4	有源区到多晶硅的最小扩展	3λ
3.5	场多晶硅到有源区的最小距离	1λ

扩展层

4.1	到栅极的最小间隔(*)	3λ
4.2	有源区最小重叠范围	2λ
4.3	接触孔最小重叠范围	1λ
4.4	最小宽度和间距(*)	2λ

(*) 图中未画出

插图 6　MOSIS 按比例可变 CMOS 设计规则(7.2 版)

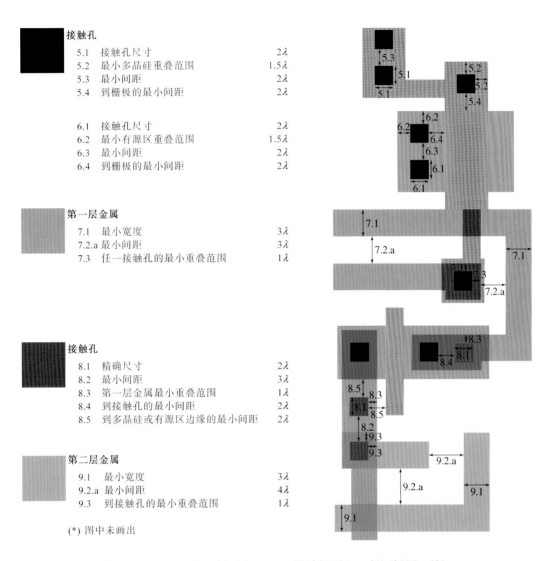

接触孔

5.1	接触孔尺寸	2λ
5.2	最小多晶硅重叠范围	1.5λ
5.3	最小间距	2λ
5.4	到栅极的最小间距	2λ

6.1	接触孔尺寸	2λ
6.2	最小有源区重叠范围	1.5λ
6.3	最小间距	2λ
6.4	到栅极的最小间距	2λ

第一层金属

7.1	最小宽度	3λ
7.2.a	最小间距	3λ
7.3	任一接触孔的最小重叠范围	1λ

接触孔

8.1	精确尺寸	2λ
8.2	最小间距	3λ
8.3	第一层金属最小重叠范围	1λ
8.4	到接触孔的最小间距	2λ
8.5	到多晶硅或有源区边缘的最小间距	2λ

第二层金属

9.1	最小宽度	3λ
9.2.a	最小间距	4λ
9.3	到接触孔的最小重叠范围	1λ

(*) 图中未画出

插图 7　MOSIS 按比例可变 CMOS 设计规则(7.2 版)(插图 6 续)

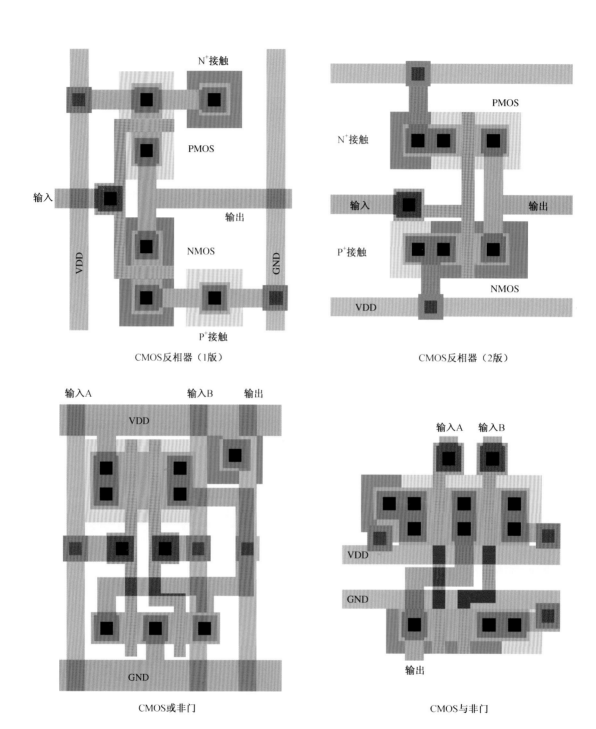

N⁺接触

PMOS

输入

输出

VDD

NMOS

GND

P⁺接触

CMOS反相器（1版）

PMOS

N⁺接触

输入

输出

P⁺接触

VDD

NMOS

CMOS反相器（2版）

输入A   输入B   输出

VDD

GND

CMOS或非门

输入A   输入B

VDD

GND

输出

CMOS与非门

插图 8　CMOS 反相器和简单逻辑门版图示例